LIMNOLOGICA
Ecology of Inland Waters

Vol. 21, No. 1

1990

Akademie-Verlag Berlin

LIMNOLOGICA

Ecology of Inland Waters

Zentralinstitut für Mikrobiologie und Experimentelle Therapie Jena
Redaktion LIMNOLOGICA
Beutenbergstraße 11
Jena O-6900

GENERAL INFORMATION

Scope. LIMNOLOGICA were founded by THEODOR SCHRÄDER in 1962. They will publish papers which fall in the scope of limnology, i.e. papers dealing with any aspects of ecology and hydrobiology of inland waters and adjacent biotopes, as well as reviews, discussions, and essays that develop limnological-ecological theory (including all qualitative and quantitative aspects of planktonic, periphytic, benthonic, neustonic, and nektonic organisms, nutrient and energy flow, bioindication, biomonitoring, water intern control mechanisms, ecological modelling and simulation, biological-ecotechnological water quality management). Proceedings of specialized symposia may also be accepted for publication, if the scientific standard set by the journal is met. Not acceptable is purely hydrological, hydrophysical, biochemical, physiological, genetical, or marine biological work, that, while using inland water test organisms, is unrelated to the scope of LIMNOLOGICA.

Submission of articles. Manuscript should be submitted to the editor-in-chief, the members of the editorial board, and the secretary.

Publication schedule. LIMNOLOGICA is published in one volume of nearly 320 pages per year. Each volume comprises two issues.

Subscriptions. All issues are available upon your usual supplier all over the world. If you can not get LIMNOLOGICA on this way, please directly send subscription orders to:
Akademie-Verlag Berlin
Leipziger Straße 3—4
Berlin O-1086

Please send orders to:
Kunst und Wissen
Erich Bieber GmbH
Ein Unternehmen der Faxon-Gruppe
Wilhelmstraße 4—6
W-7000 Stuttgart 1

Cover Photo:

View over Lake Kleiner Barsch-See near Reinsberg (Photo W. SCHEFFLER)

Limnologica (Berlin) **21** (1), 1—116, Oktober 1990

Technische Universität Berlin, Institut für Ökologie, Fachbereich Landschaftsentwicklung, Fachgebiet Limnologie

Regional-ökologische Studien zum Plankton und Benthos Berliner Gewässer
Regional-ecological Studies on the Plankton and Benthos of Waters in the Berlin Area

Von Wilhelm Ripl, Martina Motter, Elisabeth Wesseler & Wolfgang Fischer

Mit 53 Abbildungen

Inhalt

Der Spree
ist weh,
sie kann sich nicht entschließen,
in Berlin hineinzufließen,
wo die Gossen sich ergießen.
Wer mag es ihr verdenken?
Sie möchte lieber, wenn sie dürft, umlenken.

Hindurch doch muß sie schwerbeklommen,
sie kommt beim Oberbaum herein,
rein wie ein Schwan, um wie ein Schwein
beim Unterbaum herauszukommen.

(Friedrich Rückert, etwa 1845)

1. Einleitung

In Berlin wurde die Wasser- und Abwasserversorgung um 1850 zentralisiert. Damit war eine intensive Nutzung der Wasserressourcen verbunden, die zur Veränderung der limnischen Ökosysteme führte. Besonders in dichtbesiedelten Ballungsgebieten sind Eingriffe in den Naturhaushalt von zunehmender Bedeutung für Qualität und Verfügbarkeit von Wasser und damit für die Lebensmöglichkeit und -qualität von Mensch, Tier und Pflanze. Eine Stadt wie Berlin mit zahlreichen Gewässern bietet gute Möglichkeiten, die Einflüsse vielfältiger Nutzungen auf die Gewässerökosysteme zu beobachten. Gleichzeitig ist es für Berlin besonders wichtig, die Gewässerbewirtschaftung im Sinne von Ressourcenplanung und -erhaltung auf der Grundlage einer limnologisch orientierten Gewässerüberwachung durchzuführen.

Die Berliner Gewässer sind bezüglich der klimatischen Bedingungen, des geologischen Untergrundes, der Genese und der anthropogenen Belastung ähnlich. Unterschiedliche Bedingungen hingegen ergeben sich bezüglich Hydrologie, der Art und der Größe des Einzugsgebietes und des Belastungsmusters. Die Ähnlichkeiten und Unterschiede sowie die daraus folgenden Konsequenzen werden durch vergleichende regionale Studien der verschiedenen Organismengesellschaften in Wechselwirkung mit ihrer Umwelt und der daraus resultierenden Prozesse deutlicher erkennbar.

Die Begründer der „Regionalen Limnologie“, THIENEMANN und NAUMANN, stellten Anfang dieses Jahrhunderts aufgrund regionaler Studien von Gewässerchemie und Benthos bzw. Plankton ein System von Seentypen auf. Im Gegensatz zu den quantitativen, ganzheitlichen Ansätzen von THIENEMANN (1915) und NAUMANN (1932) stand das erstmals von KOLKWITZ & MARSSON (1902, 1908, 1909) beschriebene Konzept des Saprobiensystems, aufgebaut auf pflanzlichen und tierischen Indikatororganismen. Letzteres sollte ursprünglich den Verunreinigungsgrad von Fließgewässern durch fäulnisfähige organische Substanz charakterisieren, wird jedoch heute, nach Modifikationen durch z. B. LIEBMANN (1947), zur Klassifizierung fließender, manchmal auch stehender Gewässer herangezogen. Indikatorsysteme charakterisieren jedoch nur Teilaspekte der Gewässer und beziehen Amplitude, Frequenz und chemischen Charakter von Belastungen, die sich seit der Jahrhundertwende vervielfältigt haben, kaum mit ein. Um ein Gewässerökosystem in Struktur und Funktion zu verstehen, müssen seine wichtigsten Komponenten gleichzeitig bezüglich Qualität und Quantität erfaßt werden.

In einem mehrstufigen Untersuchungsansatz wurden am Institut für Ökologie, FG Limnologie der Technischen Universität Berlin u. a. folgende Aspekte untersucht:

- Wasserchemie und Plankton zu charakteristischen Jahreszeiten sowie in einigen Gewässern in Jahresgängen mit monatlicher Probenahme;
- Primärproduktion des Phytoplanktons, 14täglich im Sommerhalbjahr in ausgewählten Gewässern;
- Benthische Fauna der Weichsedimente im Frühjahr vor der Emergenz der Mückenlarven in ausgewählten Gewässern;
- Sedimente sowie Erhebungen bezüglich des hydrologischen Hintergrundes.

2. Untersuchungsgebiet

Für die Berliner Gewässer (Abb. 1) sind als regionaler Hintergrund trotz unterschiedlicher Morphologie und Hydrographie (Tab. 2) Klima (Tab. 1) sowie geologischer Untergrund und Genese weitgehend ähnlich.

Berlin liegt inmitten der norddeutschen Tiefebene, ca. 30 m üNN und befindet sich mit seiner Lage 52°31′ nördlicher Breite und 13°24′ östlicher Länge im Einflußbereich kontinentalen und semihumiden Klimas mit einer Jahresmitteltemperatur von ca. 8,8 °C und einem langjährigen Niederschlagsmittel von ca. 600 mm. Die Jahresniederschlagsmenge entspricht in etwa der jährlichen Verdunstung. Letztere findet jedoch überwiegend in den Sommermonaten statt und übertrifft dann die Niederschlagsmenge. Die Globalstrahlung kann in städtischen Ballungsgebieten durch Luftverunreinigung (Dunsthaube) bis zu 20% gegenüber dem Umland reduziert sein (HORBERT 1979). Sie betrug in Berlin-Dahlem ca. 115 Wh/cm^2/a. Eine geschlossene Eisdecke ist für die meisten Berliner Gewässer zwischen Ende Dezember und Mitte März zu erwarten. Mehr als die Hälfte der Niederschlagsmenge fällt während der Vegetationsperiode. Die meisten Stadtgewässer nehmen ungereinigte Straßenabläufe auf. Die Innenstadt, mit weiten Teilen der Bevölkerung, ist noch an eine Mischkanalisation angeschlossen. Diese Einträge von Abwasser und Regenwasser nach Regenfällen können besonders während der Sommerstagnation zu kritischen Belastungssituationen führen.

Die ursprünglich natürlich gebildeten Berliner Gewässer (Havel, Tegeler See, Spree, Grunewaldseenkette) sind durch morphologische Entwicklungen während der jüngsten Eiszeit (Weichselglazial), z. T. auch schon während des Saaleglazials, entstanden. Der Untergrund des Berliner Urstromtales wird durch kalkarme Talsande geprägt, während die Hochflächen des Einzugsgebietes aus kalkreichem Geschiebemergel bestehen. Die Seen im Berliner Raum sind mit ca. 3—10 m maximaler Tiefe relativ seicht (Tab. 2). Heute besitzen alle untersuchten Gewässer mehr oder weniger geschädigte Uferzonen und, mit Ausnahme des künstlich entstandenen Flughafensees, mächtige Faulschlammsedimente.

Die Grundwasser- und Entwässerungsverhältnisse in Berlin wurden ursprünglich durch die Lage der eiszeitlichen Schmelzwasserrinnen bestimmt. Sie wurden im Zuge der Stadtentwicklung durch Grundwasserentnahme, Flußregulierungen und Tiefbauarbeiten künstlich verändert. Bereits um die Jahrhundertwende war der Grundwasserstand deutlich abgesenkt (Kap. 5.1).

Entscheidende Bedeutung für die Hydrologie vieler Gewässer hat heute die Grundwasserentnahme, insbesondere ihr jahreszeitliches Muster mit der maximalen Förderung im Sommer zur Zeit von Niedrigwasserständen der Gewässer. Wassermengenwirtschaftlich betrachtet, dienen die Gewässer überwiegend zur Grundwasseranreicherung und Aufnahme von Straßenabwässern, z. T. auch von Abwasser. Darüberhinaus wird am Tegeler See, an der Unterhavel, am Schlachtensee

Tab. 1. Langjährige Monatsmittel (1909—1978) von Temperatur, Niederschlag, Globalstrahlung (ab 1965) und Zahl der Frosttage (Inst. f. Meteorologie, FU Berlin 1979)

	Temp. (°C in 2 m)	Niederschlag (mm)	Globalstrahlung (mWh/cm^2)	Tage mit mittl. Temp. ≦ −0.1 °C
Januar	— 0.4	46.6	59.5	14.0
Februar	0.2	36.8	113.0	11.4
März	3.7	33.9	237.3	5.7
April	8.6	42.8	344.4	0.2
Mai	13.6	49.0	466.9	
Juni	16.7	64.2	537.4	
Juli	18.3	72.1	516.3	
August	17.3	66.0	447.1	
September	13.9	45.7	294.2	
Oktober	9.0	44.2	153.2	0.2
November	4.2	47.7	73.7	3.7
Dezember	0.9	47.4	44.7	10.6
Summe		596.3	114337	45.8
Mittel	8.8		274.1	

Tab. 2. Daten zu Morphometrie und Hydrologie der untersuchten Gewässer. SMQ — mittlerer Sommerabfluß

Stehende Gewässer	Fläche (ha)	Volumen (Mio. m^3)	Tiefe (m) max.	Tiefe (m) mittl.	Füllzeit (Monate)
Heiligensee[4]	32	1.9	9.5	5.8	
Tegeler See[4]	408	32.0	16	8.0	4
Großer Wannsee[1,5]	275	16.1	9	5.6	
Pohlesee[1]	10		2		
Griebnitzsee[1]	30			3	
Schlachtensee[3]	42	2	9.5	4.7	6
Krumme Lanke[1,2,4]	14	0.4	5.5	2.9	
Waldsee (Zhdf)[1]	1.8				
Grunewaldsee[1,2,4]	17.5	0.4	3	2.3	
Herthasee[1,2,3]	1.3	0.03	3	2.3	
Hubertussee (W'df)[1,2,4]	2.5	0.05	3.5	2.0	
Halensee[1,2,3]	5.7	0.3	8	5.3	
Groß-Glienicker See[1]	28.5				
Flughafensee[4]	30	3.3	30	10.9	18—24

Fließgewässer	Fläche[1] (ha)	Fließgeschwindigkeit[6] mittl. bei SMQ (cm/s)	Abfluß SMQ[2] (m^3/s)	max. Tiefe (m)
Oberhavel	400	2—3	13	5
Unterhavel	1100	2—3	44	4—10
Nordgraben		50	1	
Panke		40	1	
Tegeler Fließ		20	0.5	
Hohenzollernkanal		±0	0.1	
Spree		25	28	
Landwehrkanal		10	4	
Teltowkanal		17	9	

[1] Senator für Stadtentwicklung und Umweltschutz (Sen Stadt Um) (1985)
[2] Kloos (1978)
[3] FISCHEREIAMT (1977) unveröff.
[4] Gewässerkarte Berlin (W) 1:25000, Stand 1979
[5] Kloos (1985)
[6] Heuer, Sen Stadt Um Abt. IV, mündl. Mitt.

und der Krummen Lanke überwiegend Uferfiltrat zur Trinkwassergewinnung entnommen.

Die Einhaltung wassermengenwirtschaftlicher Vorgaben ändert jedoch die gewässerinternen Prozesse. So wurde z. B. für Schlachtensee und Tegeler See die Entphosphatung des Zuflußwassers für notwendig erachtet.

3. Methoden

3.1. Untersuchungsprogramm

Das Untersuchungsprogramm ist in Tab. 3 zusammengestellt. Weitere am FG Limnologie erhobene Daten wurden in die Auswertung mit einbezogen. Die Proben für die Analysen von Wasser, Sediment und Plankton und die Primärproduktionsmessungen wurden jeweils zentral im Gewässerabschnitt entnommen.

Die benthische Fauna (Makrozoobenthos) wurde im Bereich der Weichsedimente an jeweils 3 Transektpunkten mit je 4 Parallelproben untersucht (Tab. 4, Abb. 36):

P1 — tiefste Stelle und meist zugleich Mitte des Gewässerabschnitts;
P2 — mittlere Stelle hinsichtlich Tiefe und Entfernung zum Ufer;
P3 — Grenze der Weichsedimente zum Sand bzw. zur Schalenzone.

3.2. Physikalisch-chemische Analysen

3.2.1. Feldmethoden

3.2.1.1. Wasseranalysen

Für die **chemisch-physikalischen** Analysen wurden die Proben mittels eines Ruttner-Schöpfers (2.5 l Volumen) mit Quecksilberthermometer (0.1 °C-Skalierung) in 0.5 m Wassertiefe genommen. In tieferen Gewässer (> 3 m) wurden die Wasserproben in mehreren Tiefenstufen, repräsentativ für Epi- und Hypolimnion, bis 0.5 über Grund entnommen (Tab. 3).

Die **Sauerstoff**proben wurden in 100 ml Glasflaschen mit konischen Glasstopfen eingefüllt und sofort mit $MnSO_4$- und NaOH/KJ-Lösung mit Azidzusatz fixiert.

Für **Metall-**, **SiO_2-** und **Alkalinitäts**analysen wurden die Proben stets in Polyethylenflaschen aufbewahrt, während für **Nährstoff**analysen säuregespülte Borosilikatflaschen zur Aufbewahrung dienten.

Nährstoffproben, die anschließend nicht sofort weiter verarbeitet werden konnten, wurden mit 4% $HgCl_2$-Lösung (0.5 ml auf 250 ml Probe) konserviert.

Zur **Sichttiefen**bestimmung diente eine weiße Secchi-Scheibe (24 cm Durchmesser).

Für **Chlorophyll-** und **Phäophytin**analysen wurden Mischproben mit Hilfe eines verschließbaren Plexiglasrohres (Innendurchmesser ca. 50 mm) entnommen, mit dem eine Wassersäule von etwa 1.5 m Tiefe erfaßt wurde. Die Proben wurden in 500 ml-Polyethylenflaschen abgefüllt, mit 3 ml gesättigter Magnesiumcarbonat-Lösung pro Liter stabilisiert und dunkel gestellt.

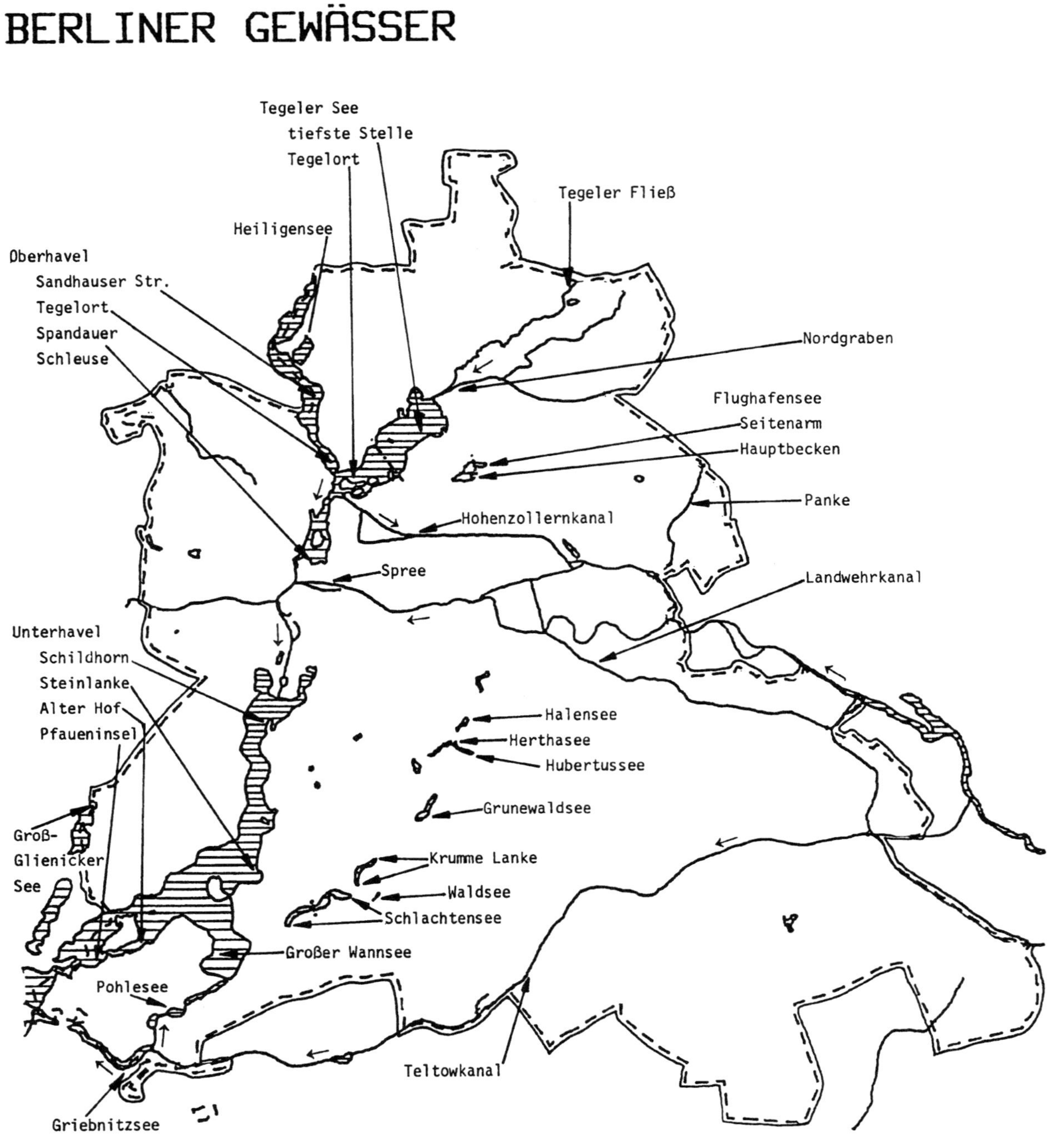

Abb. 1. Berliner Gewässer mit Probestellen.
— · — · — Gewässerabschnitte: Tegeler See tiefste Stelle, Schlachtensee Nord und Flughafensee Hauptbecken

3.2.1.2. Sedimentanalysen

Mit Hilfe eines modifizierten Sedimentgreifers nach BERGGREN (1972) wurden Sedimentkerne von 30—40 cm Länge in Plexiglasrohren (Länge 0.5 m, Außendurchmesser 75 mm, Innendurchmesser 69 mm) für sedimentchemische Untersuchungen gewonnen. Die Rohre wurden mit Gummistopfen luftdicht verschlossen und kühl und dunkel ins Labor transportiert.

3.2.2. Labormethoden

3.2.2.1. Wasseranalysen
Probentrennung, Verarbeitung und Aufschlüsse:

Zur Bestimmung von **Makrokonstituenten (Anionen und Kationen)** und von **SiO_2** wurden die Wasserproben durch mit Probewasser gespülte Faltenfilter der Type 595 1/2 der Fa. SCHLEICHER & SCHÜLL filtriert, während für **Chlorophyll-Phäophytin**analysen Glasfaserfilter der Type Whatman GF/C eingesetzt wurden.

Zur Trennung von **Nährstoff**fraktionen wurden Glasfaserfilter (Whatman GF/C) verwendet. Die Konservierung der filtrierten wie auch unfiltrierten Nährstofffraktionen wurde daraufhin vollzogen.

Verdünnungsschritte wurden mit Kolbenhubpipetten vorgenommen, um für die verschiedenen Analysenschritte optimale Konzentrationsbereiche zu erzielen.

Die **Metall**analysenproben wurden angesäuert (0.5 ml HNO_3 konz./50 ml Probe) und im Atomabsorptionsspektrometer (Graphitrohrküvette bzw. Flamme) weiterverarbeitet.

Einzelanalysen:

Bei den Einzelanalysen wurden stets Eichwerte sowie gegebenenfalls auch Blindwerte berücksichtigt.

Zur Bestimmung des **Sauerstoff**gehaltes wurden die Proben nach der WINKLER-Methode (modifiziert) behandelt. Das Probevolumen wurde der Kapazität der SCHILLING-Bürette (0.05 ml Skalierung) angepaßt und die Probe mit 0.01 N $Na_2S_2O_3$-Lösung titriert. Als Indikator diente Stärke-Lösung.

Die **pH**-Bestimmung erfolgte bei +20°C (+/—0.5 °C) mit einem pH-Meter der Fa. WTW, Typ 91, das mit einer Kalomel-Glaselektrodenmeßkette ausgerüstet war. Die Eichung erfolgte als 2-Punkteichung mit Eichpuffern der Fa. MERCK.

Die **Alkalinität**sbestimmung wurde nach der Methode von BERGER veröffentlicht bei KARLGREN (1962) durchgeführt. Unter Stickstoffgasspülung in einem mit Glasfritte versehenen Glaszylinder wurde mit 0.01 N HCl bis zum Endpunkt von pH 5.4 titriert. Der Endpunkt wurde mit einem isohydrisch eingestellten Bromkresolgrün-Methyl-

Tab. 3. Probenahmemuster berücksichtigter Zeitserien aus dem Monitoringprogramm des Fachgebietes Limnologie (W — physikalisch-chemische Wasseranalysen in 0.5 m; **W** — physikalisch-chemische Wasseranalysen im Tiefenprofil bis 0.5 m über Grund; P — Planktonanalysen; p — Primärproduktionsmessungen; B — Benthosanalysen; S — physikalisch-chemische Sediment- bzw. Korngrößenanalysen)

Probestellen	1982	1983	1984	1985	1986
	O N D	J F M A M J J A S O N D	J F M A M J J A S O N D	J F M A M J J A S O N D	J F M A M J J A S O N D
Heiligensee, Tegeler Fließ, Nordgraben, Panke, Oberhavel (Tegelort, Spandauer Schleuse), Unterhavel (Pfaueninsel), Großer Wannsee, Pohlesee, Griebnitzsee, Teltwokanal, Hohenzollernkanal, Spree, Landwehrkanal, Halensee, Herthasee, Hubertussee (W'df), Grunewaldsee, Krumme Lanke (Süd), Waldsee und Groß-Glienicker See	W W	W W W P P P			
Oberhavel (Sandhauser Str.)			**WWWWWWWWW**	**WWWWWWWWWWW** P BpS p	**WWWWWWWWWW** S B
Unterhavel (Schildhorn, Steinlanke)			WWWWWWWWW	WWWWWWWWWWW B S	WWWWWWWWWW B
Unterhavel (Alter Hof)			WWWWWWWWW P P P P P P P P P	WWWWWWWWWWW P P P P P P P P P P P B p S p	WWWWWWWWWW P P P P P P P P P P S B
Tegeler See (tiefste Stelle)	W	W W **W** **W** P P P	**WWWWWWWWW** P P P P P P P	**WWWWWWWWWWW** P P P P P P P P P P B p S p	**WWWWWWWWWW** P P P P P P B p p p p p p S S S S S S S S S
Tegeler See (Tegelort)				**WWWWWWWWWWW** B S	**WWWWWWWWWW** S S S S S S S S
Schlachtensee (Süd)	W	W W **W** **W** P P P	**WWWWWWWWW**	**WWWWWWWWWWW** S B	**W** B
Schlachtensee (Nord)	W	W W **W** **W** P P P	**WWWWWWWWW**	**WWWWWWWWWWW** P P P P P P P P P B S p	**WWWWWWWWWW** P P P P P P P P B p p p p p p
Krumme Lanke (Nord)			**WWWWWWWWW**	**WWWWWWWWWWW** B S	**W** S B
Flughafensee (Seitenarm)			**WWWWWWWWW**	**WWWWWWWWWWW** B S	**WWWWWWWWWW** B
Flughafensee (Hauptbecken)			**WWWWWWWWW** P P	**WWWWWWWWWWW** P P P P P P P B p	**WWWWWWWWWW** P P P P P P B p p p p p p

Tab. 4. Lage der Benthos-Probestellen bezüglich Wassertiefe (m) und Entfernung vom Ufer (m)

Benthos-Probestellen	Transektpunkte			Transektpunkte		
	P1	P2	P3	P1	P2	P3
	Tiefe (m)			Entfernung vom Ufer (m)		
Oberhavel	4.5/5.0	4.5	4.6	250	150	75
Unterhavel Schildhorn	4.0	3.9	3.8	200	150	100
Unterhavel Steinlanke	6.9	7.5	7.0	350	250	150
Unterhavel Alter Hof	5.0	5.0	5.0	150	100	75
Tegeler See Tegelort	5.5	5.1	5.0	220	160	100
Tegeler See tiefste Stelle	15.5	14.5	12.0	300	260	220
Schlachtensee Süd	7.0/7.5	6.5	5.0	150	110	50
Schlachtensee Nord	7.0	5.6	5.0	150	90	50
Krumme Lanke Nord	5.0/5.5	3.8	3.0	70	50	30
Flughafensee Seitenarm	12.5/13.0	10.0	6.8	50	30	15
Flughafensee Hauptbecken	30.0	20.0	13.0	240	120	50

rot-Farbindikator angezeigt, von dem je drei Tropfen auf ein Flüssigkeitsvolumen von 50 ml hinzugesetzt wurden. Seit 1985 erfolgte die Titration automatisch (PHM 82 Standard-pH-Meter, ABU 80 Autobürette, TTT 80 Titratale). Der Endpunkt wurde elektrometrisch gemessen.

Die **Leitfähigkeit** wurde bei 20 °C mit einer Meßsonde der Fa. WTW bestimmt.

Zur Bestimmung von **Chlorophyll-**, **Nährstoff-**, **Chlorid-** und **Sulfat**konzentrationen wurden photometrische Verfahren eingesetzt und die Extinktionen am Spektralphotometer Lambda 3 der Fa. PERKIN-ELMER oder basierend auf der Flow-Injection-Analysis-Methode (FIA) nach RUZICKA & HANSEN (1975) mit Hilfe des FIA-Analysators Serie 5005 der Fa. TECATOR-BIFOK, Schweden, unter steter Berücksichtigung von Eich- und Blindwerten gemessen.

Die Aufarbeitung der **Chlorophyll-Phäophytin**-Proben erfolgte nach STRICKLAND & PARSONS (1972). Nach der Probenfiltration wurden die Glasfaserfilter mit einem Homogenisator in 90% Aceton zerkleinert und anschließend 20 Stunden kühl und dunkel extrahiert. Die **Chlorophyll-a-** und **Phäophytin**konzentration wurde nach LORENZEN (1967) berechnet (Wellenlängen 750, 665 und 630 nm).

Zur **Gesamt-P**-Bestimmung der Wasserproben wurde ein Aufschluß nach KOROLEFF (1976) mit saurem $K_2S_2O_8$ im Autoklaven bei +120 °C vorgenommen. Anschließend wurden die Proben nach der Ortho-Phosphatbestimmungsmethode weiterbehandelt.

Die **Ortho-Phosphat**bestimmung, nach der auch die **Gesamt-P**-Gehalte der Sediment- und Wasserproben ermittelt wurden, basiert auf der Methode nach MURPHY & RILEY (1962). Hierbei wird ein Phosphormolybdänkomplex durch Ascorbinsäure und Kaliumantimonyltartrat (Wellenlänge 882 nm) oder durch Zinn-II-Chlorid (FIA-Methode, Wellenlänge 660 nm) zu Molybdänblau reduziert.

Zur **Gesamt-N**-Bestimmung der Wasserproben wurde nach KOROLEFF (1976) mit alkalischem $K_2S_2O_8$ autoklaviert und entsprechend der Nitratbestimmungsmethode weiterbehandelt.

Bei der **Nitrat**bestimmung wurde zunächst eine Reduktion zu Nitrit mit verkupfertem Cadmiumgranulat nach WOOD et al. (1967) durchgeführt und in Modifikation dazu eine Ammoniumchloridlösung als Regenerat verwendet. Die weitere Behandlung erfolgte analog der Methode zur Nitritbestimmung. Mit Hilfe der GRIES-ILOSVAY-Reaktion wurden die **Nitrit**konzentrationen nach BENDSCHNEIDER & ROBINSON (1952) als roter Azofarbstoff bestimmt (Wellenlänge 530 nm, FIA-Methode).

Die **Ammonium**konzentrationen wurden mittels der BERTHELOTschen Reaktion, basierend auf CHANEY & MARBACH (1962) als Indophenolblau bestimmt. Die Methode kann nach der Vorschrift der SVENSK STANDARD SVERIGES STANDARDISERINGS KOMMISSION (Förslag 1974-11-15) für Salinitäten bis 20‰ eingesetzt werden. Natriumcitrat wird als Puffer, 1.3-Dichlorcyanursäure als Chlorreagenz und Natriumnitroprussid als Katalysator eingesetzt (Wellenlänge 630 nm). Bei Einsatz der FIA-Methode wurde Ammoniak, auch nach dem KJELDAHL-Aufschluß, durch Injektion der Proben in wässrige NaOH freigesetzt und nach Diffusion durch eine Teflonmembran in einem Phenolrot-Indikator bestimmt (Wellenlänge 540 nm).

Die **Chlorid**gehalte wurden mit Hilfe der FIA-Methode nach RUZICKA et al. (1976) bestimmt. Chlorid reagiert mit Quecksilber(II) thiocyanat und Eisen(III)nitrat zu einem Eisen (III)thiocyanat-Komplex (Wellenlänge 463 nm).

Die **Sulfat**konzentrationen wurde mit einer FIA-Methode nach MADSEN & MURPHY (1981) bestimmt. Störende Kationen wurden vor der Messung mit einem Ionenaustauscher (DOWEX Typ 50 WX 8 in Natriumform) entfernt. Bei diesem Verfahren fällt Sulfat mit $BaCl_2$ quantitativ und in äquimolaren Verhältnissen aus; überschüssige Bariumionen bilden mit Methylthymolblau im basischen Milieu einen blauen Komplex (Wellenlänge 620 nm).

Lösliche **Kieselsäure** wurde als Molybdänblau-Komplex nach MULLIN & RILEY (1955) unter Maskierung störender Phosphationen photometrisch bestimmt (Wellenlänge 815 nm). Stets wurden Analysenansätze, Reagenzien und Eichstandards in Kunststoffgefäßen geführt.

Die Analysen der Metalle **Na** und **Ca**, wurden atomabsorptionsspektrometrisch mit dem Gerät Mod. 23800 der Fa. PERKIN-ELMER (unter teilweiser Verwendung einer Graphitrohrküvette HG A 400) mit steter Berücksichtigung von Eich- und Blindwerten durchgeführt. Zur Ioneninterferenzunterdrückung wurde bei der Bestimmung von **Na**-Ionen salzsaure CsCl- und $Al(NO_3)_3$-Lösung nach SCHUHKNECHT & SCHINKEL zugesetzt, während bei **Ca**-Analysen salzsaure La_2O_3-Lösung hinzugefügt wurde.

3.2.2.2. Sedimentanalysen Probentrennung, Verarbeitung und Aufschlüsse:

Die Sedimentkerne wurden bei +8 °C dunkel gelagert.

Für die Analysen des **Sedimentporenwassers** (Interstitialwasser) wurden halboffene, segmentierte, mit dest. Wasser gefüllte und mit Dialysemembran (Visking-Dialysierschlauch Type 20/32) überzogene Glasgeräte (RIPL 1978) in die Sedimentkerne eingeführt und 48 Stunden inkubiert. Nach Einstellung des Dialysegleichgewichtes wurde aus den Kammern das Probenwasser entnommen.

Das über den Sedimentkernen stehende Wasser wurde gesondert untersucht. Die Einzelanalysen wurden ähnlich wie die Sedimentaufschlüsse analysiert.

Mit einem Sedimenthobel wurden die Sedimentkerne in zehn 2.5 cm dicke Scheiben geteilt. Naßgewichte sowie **Trockengewichte** nach Konstanttrocknung bei +105 °C, wurden bestimmt. Durch Glühen bei +550 °C wurden **Glührückstand** und **Glühverlust** ermittelt.

Für **Nährstoff-** und **Metall**analysen wurden die Sedimentproben gefriergetrocknet und im Exsikkator aufbewahrt.

Korngrößenfraktionen der Sedimente wurden im Naßsiebverfahren mit Maschenweiten von 0.02, 0.032, 0.050, 0.071, 0.1, 0.2, 0.5, 0.9 und 1.4 mm bestimmt. Das Siebgut wurde bei 105 °C getrocknet und nach Abkühlung gewogen.

Einzelanalysen:

Zur Bestimmung des **Gesamt-P**-Gehaltes, der Metallkonzentrationen und des Gesamtschwefelgehaltes wurden 500 mg der Probe in ein Glasröhrchen mit Teflonverschluß eingewogen und mit 7 N HNO_3 bei +140 °C eine halbe Stunde autoklaviert.

Zur **Gesamt-N**-Bestimmung wurden die Proben mit Hilfe des KJELDAHL-Aufschlusses ($CuSO_4$- und K_2SO_4-Zusatz mit konz. H_2SO_4) in Aufschlußröhrchen der Fa. TECATOR mit Rückflußkühlung 4 Stunden bei +380 °C bis zur Farblosigkeit erhitzt.

Zur Bestimmung der **Sauerstoffzehrung** der Sedimentproben wurden pro Bohrkern zwei sukzessiv genommene Sedimentschichten (Höhe je 10 cm) in einem Sapromat der Fa. VOITH (bei +20 °C) 21 Tage inkubiert und über einen manometrisch gesteuerten Schalter mit elektrolytisch gebildetem Sauerstoff (unter Rühren der Sedimentproben) versorgt.

Die **Gesamt-P**-Gehalte der Sedimentproben wurden nach dem Aufschluß nach der Methode nach MURPHY & RILEY (1962) bestimmt. Hierbei wird ein Phosphor-Molybdänkomplex durch Zinn-II-Chlorid (FIA-Methode, Wellenlänge 660 nm) zu Molybdänblau reduziert.

Nach dem KJELDAHL-Aufschluß für **Gesamt-N**-Bestimmung wurde Ammoniak durch Injektion der Proben in wässrige NaOH freigesetzt und nach Diffusion durch eine Teflonmembran in einem Phenolrot-Indikator bestimmt (FIA-Methode, Wellenlänge 540 nm).

Die als **Sulfat** aufgeschlossenen **Gesamt-S**-Gehalte aus Sedimenten wurden mittels einer FIA-Methode bestimmt (s. Wasseranalysen).

Die Analysen der Metalle **Cr**, **Fe**, **Cu**, **Zn**, **Cd**, **Pb** und **Hg** wurden atomabsorptionsspektrometrisch durchgeführt (s. Wasseranalysen); die Hg-Analyse wurde mittels einer Kaltdampfküvette (MHS 20, Fa. PERKIN-ELMER) durchgeführt.

3.3. Plankton

3.3.1. Feldmethoden

Die Proben für die Planktonanalysen wurden mit einem 1.5 m langen durchsichtigen Plexiglasrohr (Innendurchmesser 50 mm) als integrierte Oberflächenproben entnommen. Für die **Phytoplankton**analyse wurden ca. 100 ml Originalprobe mit ca. 1 ml eisessigsaurer Lugol-Lösung (WILLÉN 1962) fixiert. Für die **Zooplankton**analyse wurden 5 l der integrierten Probe mit einem Planktonnetz (Maschenweite 45 µm) eingeengt und mit einer Zucker-Formalin-Lösung (Formalin-Endkonzentration 4%) fixiert (HANEY & HALL 1973). Ab 1986 wurde in den tieferen Gewässern (> 3 m Tiefe) zusätzlich eine Zooplanktonprobe durch Vertikalzug mit einem Planktonnetz (100 µm Maschenweite) genommen, um auch bewegliche und sich in tieferen Wasserschichten aufhaltende Zooplankter besser zu erfassen.

3.3.2. Qualitative Analyse

Ziel der Planktonuntersuchung war es, ein qualitatives und quantitatives Bild der planktischen Gemeinschaften (= Zönosen) zu erhalten. Daher wurden vor allem die häufigen Zoo- und Phytoplankter mit Hilfe eines Lichtmikroskops (LEITZ, Dialux 20) nach Möglichkeit bis zur Art bestimmt [Bestimmungsliteratur Phytoplankton: BOURRELLY (1968, 1972), GEITLER (1932), HINDAK (1978), HUBER-PESTALOZZI (1968—1976), KOMÁREK & ETTL (1958), STARMACH (1966); Zooplankton: FLÖSSNER (1972), HERBST (1976), KIEFER (1973, 1978), KOSTE (1978), PONTIN (1978), RUTTNER-KOLISKO (1972)]. Bei seltener auftretenden, insbesondere bei schwer bestimmbaren Taxa (z. B. einige Phyto-Flagellaten und bestimmte Crustaceen-Gruppen), wurde eine Bestimmung der Gattung bzw. höherer taxonomischer Ebenen als ausreichend angesehen, um ein Bild von der Zusammensetzung der Zönosen und -vielfalt und den Nahrungsbeziehungen im Plankton der verschiedenen Gewässer zu erhalten. In den dargestellten Gesamtartenzahlen im Phytoplankton sind also auch Gattungen (z. B. *Cryptomonas* spp.) und Sammelgruppen (z. B. Centrales) enthalten. Da die dargestellten Artenzahlen nur von einer Bearbeiterin in jeweils vergleichbaren Zeiträumen ermittelt wurden, werden sie dennoch als vergleichbar angesehen.

3.3.3. Quantitative Analyse

Die quantitative Auswertung der **Phytoplankton**proben erfolgte nach UTERMÖHL (1958) am umgekehrten Mikroskop (LEITZ Diavert) unter Verwendung von verschieden großen Zählkammern (2.5 ml, 5 ml, 10 ml, 25 ml, 50 ml Volumen). Die Sedimentationszeit betrug mindestens 12 Stunden. Bei Auftreten von Kolonien der Blaualge *Microcystis aeruginosa* wurden vor der Sedimentation der Algen die Gallertkolonien mit Hilfe eines Ultraschallgerätes (BRANSON-SONIFIER, Mod. B-12 mit Standard Microtip) desintegriert. Es wurde mindestens ein Transekt durch die Kammer und jeweils so viele Arten (1—12 Arten) ausgezählt, daß ca. 95% der Phytoplanktonbiomasse erfaßt wurden. Um diesen Prozentsatz zu erzielen, wurde für seltene Arten ihr Anteil am Gesamtphytoplanktonbiovolumen zunächst aufgrund geringer Individuenzahlen abgeschätzt. War dieser größer als 1—2%, wurden auch von dieser Art, ebenso wie von den anderen quantitativ wichtigen Arten, mindestens 100 Zellen gezählt. Bei fädigen Algen (*Melosira*, *Oscillatoria*, *Aphanizomenon*) wurde mit Hilfe eines im Okular installierten Gitters geeichter Kantenlänge die Fadenlänge gemessen und aufaddiert bis zu einer Gesamtlänge von mindestens 12000 µm. Bei stichpunktartig durchgeführten Mehrfachzählungen einzelner Proben entsprachen die ermittelten Vertrauensintervalle von 4—27% den Angaben in der Literatur (Fehlerbereich für fädige Algen bei einer Länge von 12000 µm: ±26% (WILLÉN 1976), für Einzelzellen bei Zählung von 100 Zellen: ±20% (LUND et al. 1958)).

Zur Bestimmung des Biovolumens wurden mindestens 20 Zellen pro Art in verschiedenen Dimensionen (z. B. Länge, Breite, Höhe) vermessen. Das Biovolumen der verschiedenen Arten wurde für einen der Zellform entsprechenden geometrischen Körper berechnet, wie von CRONBERG (1982), ROTT (1981) und WILLÉN (1976) beschrieben (Kap. 8.1) und mit den Zähldaten auf 1 Liter berechnet. Das Biovolumen der Kieselalgen wird bei dieser Methode überschätzt, da der Protoplast nur 30—50% (GUTELMACHER & PETROVA 1982) des gesamten Zellvolumens ausmacht. Die Oberfläche wurde bei Einzelzellen entsprechend den für die Biovolumenberechnung zugrunde gelegten geometrischen Körpern berechnet. Die Abschätzung der Oberfläche und des Oberfläche/Volumen-Verhältnisses für Coenobien erfolgte aufgrund eigener Messungen oder, soweit gekennzeichnet, nach Angaben von REYNOLDS (1984b) (Kap. 8.1).

Als dominant werden im folgenden Arten oder Gruppen bezeichnet, die mindestens 50% des Phytoplanktongesamtbiovolumens, als subdominant diejenigen, die 10—50% ausmachen.

Die **Zooplankton**proben wurden halbquantitativ mit Häufigkeitsklassen ausgewertet: 1 — Einzelfund, 2 — selten, 3 — mittel, 4 — häufig, 5 — massenhaft.

3.4. Primärproduktion und Respiration

3.4.1. Feldmethoden

Die **Primärproduktion** und **Respiration** wurde mit der O_2-Methode in Hell- und Dunkelflaschen bestimmt. Bei meist geringen Sichttiefen konnte die trophogene Zone als durchmischt und damit gleichmäßig erwärmt angesehen werden (Abb. 27). Mit einem 1.5 m langen durchsichtigen Plexiglasrohr (Innendurchmesser 50 mm) wurde eine integrierte Mischprobe (s. a. SOEDER & TALLING 1974) genommen, in O_2-Flaschen abgefüllt und in verschiedenen Wassertiefen (s. u.) exponiert. Bei hoher O_2-Übersättigung (> 130%) im Wasser zu Beginn der Messung wurde durch wiederholtes Umschütten der integrierten Probe die O_2-Sättigung auf ca. 100% gebracht, um ein Ausperlen von Sauerstoff während der Exposition und damit eine Unterschätzung der Primärproduktion zu verhindern.

Expositionstiefen: 0.1 m, 1/4, 1/2, 1- und 2—3fache Sichttiefe

Expositionszeit: jeweils 2—4 Stunden (je nach Sonnenstrahlung und O_2-Sättigung) um die Mittagszeit bei Tagesserien: sukzessive jeweils 2—4 Stunden von Sonnenaufgang bis -untergang.

Die **Strahlung** in den Expositionstiefen wurde mit Hilfe eines mit einem Selenphotoelement ausgestatteten Unterwasserphotometers der Fa. SCHENK gemessen. Hierbei wurden drei Filter mit optischen Durchlässigkeitsschwerpunkten bei 461 nm, 535 nm bzw. 660 nm verwendet. Ab Mitte 1986 wurde zur Messung der photosynthetisch aktiven Strahlung ein sphärischer Quantum-Sensor der Fa. LICOR verwendet. Die untere Grenze der euphotischen Zone (bei 1% der Strahlungsintensität an der Oberfläche) und die Wassertiefe, in der die Photosynthese bei der herrschenden Strahlungsintensität (I_k-Wert) ihr Maximum erreicht, wurden bestimmt.

Begleitend wurden (z. T. mehrmals während des Tages) Wasserproben zur Bestimmung von O_2-Konzentration, Chlorophyll-a-Konzentration und Phytoplanktonbiovolumen genommen.

3.4.2. Labormethoden und Auswertung

Die O_2-Konzentration in den verschiedenen Flaschen wurde nach WINKLER (modifiziert) bestimmt (Kap. 3.2). Die **Respiration** (O_2-Verbrauch) wurde aus den Dunkelflaschen bestimmt. Der O_2-Zuwachs in den Hellflaschen (Nettoprimärproduktion minus Atmung der Nichtprimärproduzenten) addiert zu dem entsprechenden Respirationswert ergibt die Photoassimilation (= **Bruttoproduktion** der Algen minus Photorespiration). Im weiteren wird hierfür der Begriff „Bruttoprimärpoduktion“ verwendet.

Die **O_2-Produktion pro m^2 Gewässeroberfläche** wurde durch Integration des O_2-Produktion-Tiefenprofils ermittelt. Die Tagesproduktion wurde aus den Produktionswerten für die Expositionszeit und mit Hilfe der Light division hours (LDH) nach TALLING (1957) ermittelt. Der Tagesgang der photosynthetisch aktiven Strahlung wurde aus Globalstrahlungsmessungen des Instituts für Meteorologie der Freien Universität Berlin abgeschätzt. Diese Methode ergab für die ein- bis zweimal im Jahr durchgeführten Tagesserien eine sehr gute Übereinstimmung zwischen berechneter und gemessener Tagesproduktion (Fehler um 5%).

Die **Tagesnettoproduktion** in der euphotischen Zone wurde unter der Annahme berechnet, daß die Respiration in der Dunkelphase in gleicher Intensität wie in der Hellphase abläuft. NIXDORF (1981) stellte am Müggelsee fest, daß diese Methode, insbesondere zur Zeit hoher O_2-Sättigung im Wasser, tagsüber zu einer Überbewertung der Respiration bis zu 100% führen kann. Die Nettoproduktionswerte sind also Mindestwerte.

Die **Summen von Brutto- bzw. Nettoproduktion** in der euphotischen Zone und der **O_2-Zehrung** in der tropholytischen Zone für die **Vegetationsperiode** (April—September 1986) wurden durch lineare Interpolation der ermittelten Brutto- bzw. Netto-Tageswerte abgeschätzt. Die Produktion in der Vegetationsperiode wurde als ca. 75% der Jahresproduktion angenommen.

Die Umrechnung von produziertem Sauerstoff in assimilierten Kohlenstoff erfolgte nach der Formel (OHLE 1952):

$$gO_2 \cdot 0.32 = gC$$

Die photosynthetisch aktive Strahlung wurde, sofern keine eigenen Messungen vorlagen, nach VOLLENWEIDER (1974) abgeschätzt:

Photosynthetisch aktive Strahlung (400—700 nm) = (Globalstrahlung an der Gew.-Oberfläche — 10%) · 0.46

Die Umrechnung der ermittelten Phytoplanktonbiovolumina erfolgte unter der Annahme, daß das Plankton eine Dichte von 1 besitzt und der Anteil des Kohlenstoffs am Frischgewicht 10% beträgt (VOLLENWEIDER 1974):

1 cm^3 Biovolumen = 1 g Biomassefrischgewicht = 0.1 g C

3.5. Benthos

3.5.1. Feldmethoden

Die **Zonierung des Untergrundes im Bodenprofil** wurde von Transektpunkt P1 (tiefste Stelle und Mitte des Gewässerabschnittes) bis zum Ufer mit Hilfe eines Bodengreifers kartiert. (Abb. 36, Tab. 4).

Die **Sedimententnahme** erfolgte mit einem EKMAN-BIRGE-Bodengreifer (225 cm^2) unter Einhaltung eines Standards von 14—16 cm Sedimenthöhe und überstehendem Wasser. Im Flughafensee konnten aufgrund der geringen Sedimentauflage und des sandigen Untergrundes auch mit einem beschwertem Greifer nur 8 cm Sediment entnommen werden. Zur Überprüfung des Standards von 15 cm Sedimenthöhe wurde an den Stellen Tegeler See (tiefste Stelle) und Unterhavel Alter Hof mit Hilfe eines 50 cm langen Sedimentgreifers bestätigt, daß sich ca. 90% des Makrozoobenthos in den obersten 15 cm Sediment aufhalten (s. a. BERG 1938 in JONASSON 1955).

Der Greiferinhalt wurde sofort nach Entnahme mit einem Sieb der Maschenweite 0.4 mm · 0.4 mm gesiebt. Die Maschenweite ist der Größe der im Frühjahr vorherrschenden Larvenstadien angepaßt (JONASSON 1955). Da sich Tubificiden bei Kontaktreiz zusammenknäulen, ist diese Maschenweite auch für Tubificiden mit einem kleineren Durchmesser als 0.4 mm geeignet.

3.5.2. Probenaufbereitung

Die Organismen wurden innerhalb eines Tages lebend, unter einer Stereolupe bei 8facher Vergrößerung, aus dem Siebrückstand abgesammelt. Chironomidenlarven wurden mit „Selters" (CO_2) zur Entspannung ihrer Mundwerkzeuge (Bestimmungsmerkmale) betäubt. Alle Organismengruppen wurden in 70% Ethanol konserviert. Von Chironomidenlarven und Tubificiden wurden mit Polyvinyllactophenol (BRINKHURST 1971; SCHLEE 1966) Dauerpräparate angefertigt.

3.5.3. Qualitative Analyse

Tubificiden und Chironomidenlarven wurden, soweit möglich, bis zur Art bzw. Gattung bestimmt (BRINKHURST 1963, 1966, 1971; WACHS 1967; OLIVER et al. 1978; WIEDERHOLM 1983). In den Abundanzlisten (Kap. 8.3) können der Rubrik „unbestimmbar mit Haarborsten" sowohl *Potamothrix hammoniensis*, *P. bavaricus*, *Tubifex tubifex* als auch *Ilyodrilus templetoni* zugeordnet werden, da diese in Stadien ohne Reproduktionsorgane nicht unterschieden werden können. Gruppen mit geringen Abundanzen wurden nicht genauer bestimmt.

3.5.4. Quantitative Analyse

3.5.4.1. Abundanz und Biovolumen

Für die **Abundanz** (Individuen/m^2) wurden alle vollständigen Individuen bzw. Vorderteile als arithmetisches Mittel aus 4 Parallelproben je Transektpunkt berechnet.

Das **Biovolumen** (mm^3/m^2) der Tubificiden und Chironomidenlarven wurde nach der Zylinderformel berechnet. Die Streckenmessungen erfolgten bei 50facher Vergrößerung mit einem Meßokular.

Der **mittlere Durchmesser** wurde für verschiedene Tubificidenarten und Individuen unterschiedlicher Länge bestimmt, indem bei 15 in Ethanol konservierten Tieren der Durchmesser in 1 mm-Abständen vermessen wurde. Da der mittlere Durchmesser dem des 5. Segmentes entspricht (Abb. 2), wurde dieser für die Volumenberechnung zugrunde gelegt.

Für Tubificiden der Arten *Limnodrilus hoffmeisteri*, *L. claparedeanus*, *Tubifex tubifex* und *Potamothrix hammoniensis* von 8—30 mm Länge (n = 30) bzw. von 0.2—0.9 mm Durchmesser (n = 60) wurde der **Einbettungsfaktor**, d. h. die Veränderung von Länge und Durchmesser durch die Behandlung zum Dauerpräparat, ermittelt. Die Messungen wurden mit den so ermittelten Einbettungsfaktoren von 1.1 für Länge bzw. 1.32 für Durchmesser korrigiert.

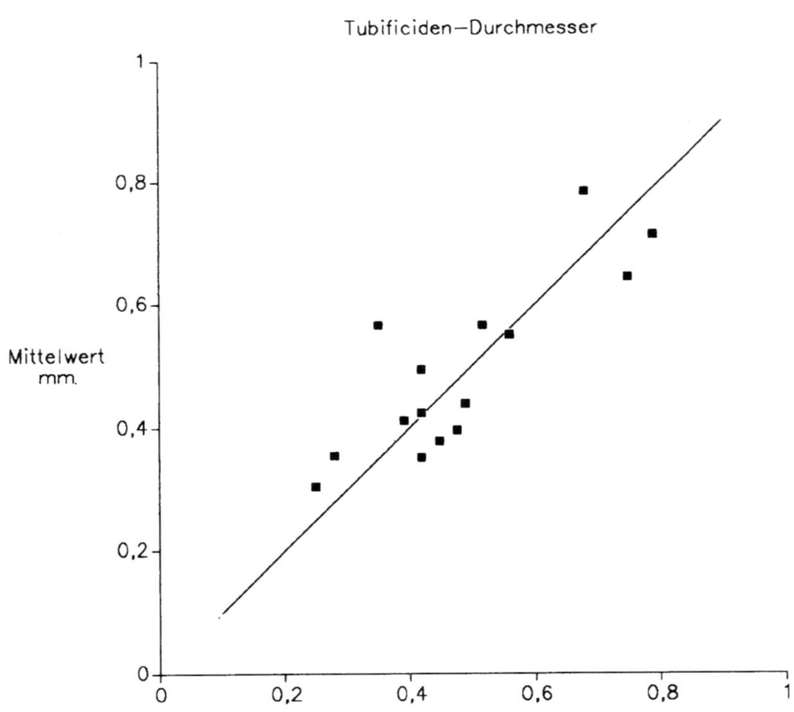

Abb. 2. Durchmesser am 5. Segment bei Tubificiden im Verhältnis zu ihrem mittleren Durchmesser (n = 15)

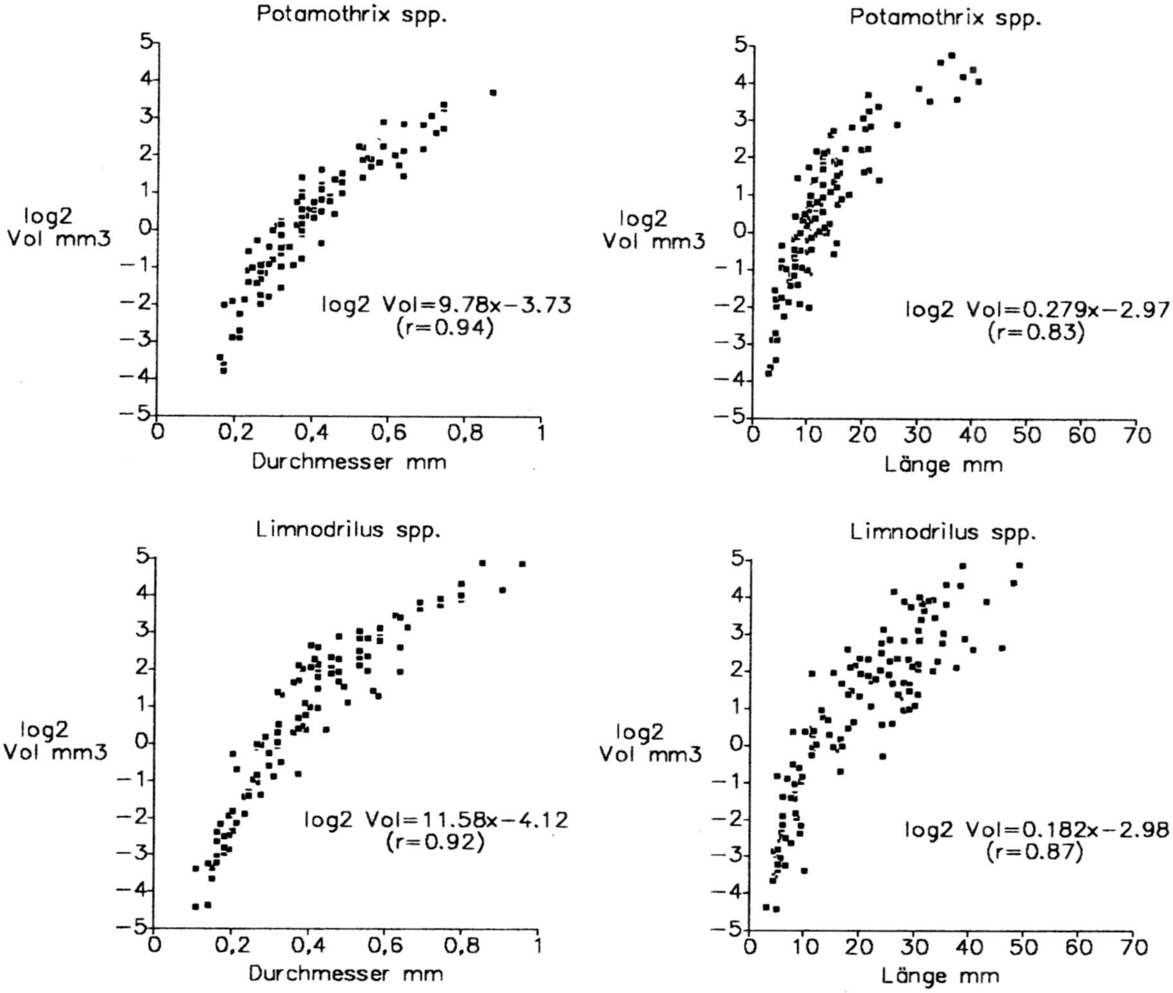

Abb. 3. Durchmesser-Volumen- und Länge-Volumen-Beziehung von *Potamothrix* spp. incl. haarborstentragende Tubificiden und *Limnodrilus* spp.

Für die Bestimmung des Biovolumens der Tubificiden wurden alle Individuen im Dauerpräparat vermessen. Für Proben mit hohen Abundanzen (z. B. Tegelort P1 1986) ergab die prozentuale Frequenzverteilung eine gute Übereinstimmung der 4 Parallelproben von ca. 10% Abweichung und eine mittlere Abweichung des Biovolumens von ca. 5%. Für solche abundanten Proben wird als Methode zur Bestimmung des Biovolumens vorgeschlagen, die Frequenz pro Volumenklasse von einer der vier ausgezählten Parallelproben genau zu bestimmen und diese prozentuale Verteilung für die restlichen Proben anzunehmen. Für Proben < 2000 Ind./m² (z. B. Alter Hof) sollten alle Tiere zur Volumenbestimmung vermessen werden, da sich hier schon die prozentuale Frequenzverteilung der 4 Parallelproben um mehr als 50% unterscheidet.

Tab. 5. Mittlere Biovolumina (mm³) mit Standardabweichung und Längenklasse für verschiedene Chironomiden-Taxa

Taxon	Länge (mm)	mittl. Vol. (mm³)	SD
Chironomus plumosus	18—24	29.03	4.45
Prodiamesia olivacea	13—15	8.64	2.33
Procladius sp.	8—11	3.82	0.23
Procladius sp.	4— 8	0.54	0.12
Polypedilum nubeculosum	8—11	0.84	0.18
Cladopelma sp.	3— 5	0.20	0.14

Das Volumen der Tubificiden, von denen nur das Vorderteil erhalten war, wurde über die Beziehung von Durchmesser (mm) zu Volumen (mm³), das an vollständigen Tieren ermittelt wurde, bestimmt (Abb. 3). Für diese Regressionen wurde von jedem Transektpunkt eine der vier Parallelproben vom März 1986 berücksichtigt.

Das **mittlere Biovolumen der Chironomidenlarven** wurde für jedes Taxon und jede Längenklasse (Tab. 5) exemplarisch an 6 in Ethanol konservierten Tieren bestimmt, indem aufgrund von Messungen in 1 mm-Abstand der mittlere Durchmesser ermittelt wurde.

Über Zuordnung der Individuen zu Taxon und Längenklasse (Tab. 5) wurde mit Hilfe des mittleren Volumens das Gesamtbiovolumen für jede Parallelprobe bestimmt.

3.5.4.2. Frequenz- und Volumenverteilung pro Volumenklasse

Als **Volumenklassen** (Tab. 6) wurden log_2-Klassen gewählt, da sich im Logarithmus zur Basis 2 die Volumenzunahme von niederen Organismen bzw. ihr Zellteilungsmuster widerspiegelt. Die Klassen im Bereich $> 0 \leq 2$ mm³ wurden zusammengefaßt, da im weiteren die Volumenklassen in Beziehung zum größenselektiven Fraßdruck durch Fische diskutiert werden. Die Frequenz und ihr prozentualer Anteil wurden als arithmetisches Mittel von je 4 Parallelproben ermittelt. Für jede Volumenklasse (Tab. 6) wurde das Volumen der dieser Klasse zugeordneten Individuen summiert.

3.5.4.3. Mittleres Volumen pro Volumenklasse

Das **mittlere Tubificiden-Volumen pro Volumenklasse** wurde jeweils als Summe der Mittelwerte (jede Probe n = 4) der Volumina sämtlicher Proben von 1985 und 1986 dividiert durch die Summe der mittleren Frequenzen sämtlicher Proben ermittelt (Tab. 6). Zur Ermittlung der Standardabweichung wurde jeder Volumenmittelwert mit der entsprechenden Frequenz gewichtet.

Tab. 6. Mittlere Biovolumen (mm^3) mit Standardabweichung und Frequenz der Tubificiden pro Volumenklasse sämtlicher Proben

Volumenklasse (mm^3)		mittl. Vol. (mm^3)	SD	Frequenz
1	> 0 ≦ 2	0.44	0.11	962667
2	> 2 ≦ 4	2.55	0.73	14759
3	> 4 ≦ 8	5.80	0.36	11701
4	> 8 ≦ 16	11.88	3.22	7047
5	> 16 ≦ 32	22.52	3.10	1064
6	> 32 ≦ 64	47.84	10.73	342

3.5.4.4. Produktionsabschätzung

Die jährliche **Produktion** für Tubificiden wurde abgeschätzt nach: Frequenz pro Volumenklasse (n) · mittleres Volumen der nächst größeren pro Volumenklasse (n + 1).

Hierbei wurde die Produktion der Volumenklassen 2 bis 6 addiert. Die dieser Schätzung zugrunde liegenden Annahmen werden diskutiert (Kap. 5.3).

Die Tubificidenproduktion wurde ohne Aufgliederung in Taxa abgeschätzt. Für die Chironomidenproduktion wurden Larven der *Chironomus plumosus*-Gruppe, (als Einzelfunde auch *Chironomus*. sp., *C. thummi* und *Einfeldia* sp.) als größte Larven mit meist > 85% Anteil am Gesamtbiovolumen berücksichtigt. Für den Flughafensee wurde die Produktion von *Prodiamesia olivacea*, der größten dort vorkommenden Art, abgeschätzt.

Für die Produktionsabschätzung der Chironomiden wurde angenommen, daß ihre prozentualen Frequenzen für die einzelnen Volumenklassen denen der Tubificiden entsprachen (5.3). Als Berechnungsgrundlage dienten die im März gefundenen Larven der *Chironomus plumosus*-Gruppe, die mit einem mittleren Volumen von 29 mm^3 (Tab. 5) der Volumenklasse 5 zugeordnet wurden. Die Volumenklassen 3 und 4 entfallen, da nach der Wachstumskurve von *Chironomus plumosus* nach Frank (1982) zwischen dem 3. und 4. Larvenstadium ein sehr starker Wachstumssprung von 2.5 auf 20 mg Frischgewicht stattfindet. Die prozentualen Frequenzanteile dieser beiden Volumenklassen wurden gleichmäßig auf die Volumenklassen 2, 5 und 6 verteilt (Tab. 7). Unter der Annahme, daß sich 2 Generationen im Jahr bilden, wurde die Produktion der Chironomidenlarven bei der Abschätzung mit dem Faktor 2 berücksichtigt.

Tab. 7. Prozentuale Frequenzverteilung (F%) (Mittelwert aus sämtlichen Parallelproben) pro Volumenklasse mit Standardabweichung für Tubificiden (ermittelt) und für Larven der *Chironomus plumosus*-Gruppe (hergeleitet) und mittleres Biovolumen pro Volumenklasse der Larven

Volumenklasse		Tubificiden		*Chironomus plumosus*	
(mm^3)		F (%)	SD	F (%)	mittl. Vol. (mm^3)
1	> 0 ≦ 2	72.4	16.4	72.4	0.5
2	> 2 ≦ 4	11.1	4.9	15.7	2.5
3	> 4 ≦ 8	8.8	6.2	—	—
4	> 8 ≦ 16	5.3	6.2	—	—
5	> 16 ≦ 32	1.7	2.7	6.4	20.0
6	> 32 ≦ 64	0.8	1.5	5.5	40.0

Unter der Annahme, daß das spezifische Gewicht der Organismen etwa 1 g/cm^3 beträgt, wurde die Produktion als Frischgewicht ($g/m^2/a$) geschätzt und nach Waters (1977) verrechnet:

12 g Benthos Frischgewicht = 1 g C

3.6. Datenbearbeitung

3.6.1. Statistik

Da die **Einzel- und Mittelwerte** für verschiedene chemische, physikalische und planktonbezogene Parameter im allgemeinen nicht normalverteilt waren, wurden weitgehend nicht-parametrische Statistikmethoden angewendet oder auf die graphische Auswertung direkt Bezug genommen. Die angegebenen Korrelationskoeffizienten sind, soweit nicht anders gekennzeichnet, Rangkorrelations-Koeffizienten nach Krueger-Spearman.

Das **kleinräumige Verteilungsmuster** der Tubificiden und Chironomiden und die Konfidenzintervalle der Mittelwerte der Benthosabundanzen wurde nach Elliot (1971) bestimmt.

Die **Streuung** der Parallelproben wurde mit dem Variabilitätskoeffizienten nach Pearson angegeben (Kap. 8.3).

3.6.2. Volumengewichtete Konzentrationen

Für die Ganglinien physikalisch-chemischer Parameter (Abb. 5—9) wurden die Meßwerte hinsichtlich vertikaler und horizontaler Verteilung im Gewässer als volumengewichtete Mittelwerte für Epi- und Hypolimnion und den gesamten Gewässerabschnitt dargestellt. Anhand der Temperaturprofile von jeweils April bis August 1984 bis 1987 wurde die mittlere Mächtigkeit des Epilimnions der **Seen** ermittelt, die in den Abbildungen vermerkt ist. Dieser mittlere Wert wurde für alle Monate zugrunde gelegt. Mit Hilfe der hypsographischen Diagramme des Gewässers bzw. Gewässerabschnitts (Abb. 4) wurden die Volumenanteile für jede Schicht, die durch eine Probe repräsentiert ist, bestimmt. Die Mächtigkeit der Schicht, wurde so gewählt, daß die Probe etwa aus der mittleren Tiefe dieser Schicht stammt. Für die durchmischte **Oberhavel** wurde die untere, vom Sediment beeinflußte Probe mit 34 Vol. % und die Oberflächenprobe mit 66 Vol. % bewertet. Für die ebenfalls durchmischte **Unterhavel** wurde aus sämtlichen Meßwerten eines Tages aus 0.5 m Tiefe das arithmetische Mittel gebildet.

4. Ergebnisse

4.1. Wasseruntersuchung

Sämtliche Berliner Seen mit Ausnahme des Flughafensees sind, limnologisch gesehen, mit Tiefen von weniger als 16 m seichte Seen. Durch die geringe Oberfläche und einen beschränkten Windangriff schichten sie sich jedoch mehr oder weniger stabil und weisen im Durchschnitt unterhalb 5 m Wassertiefe vom Volumen her geringe Hypolimnia auf, die während der Sommerstagnation O_2-frei werden.

Vom chemischen Grundcharakter her sind die Gewässer elektrolytreich und durch einen hohen Gehalt an Kalziumbikarbonat gut gepuffert. Eine Ausnahme sowohl bezüglich seiner Leitfähigkeit als auch der Ionenverteilung bildet der von Mooren umgebene kleine Pechsee. Torflager dichten ihn zum Untergrund ab und einzig Regenwasser prägt noch den Charakter dieses Sees.

Viele der größeren Gewässer in Berlin sind sowohl in Stoffgehalt und -zusammensetzung als auch im Phytoplanktonbild von den beiden Hauptflüssen Havel und Spree geprägt. Während die Havel in ihrem oberen Teil bis vor der Mündung der Spree noch urban weitgehend unbeeinflußtes Wasser führt — die Phosphorkonzentrationen liegen ähnlich wie in norddeutschen von Landwirtschaft geprägten Flachlandflüssen — ist die Spree schon stark von den urbanen Einflüssen aus Ostberlin geprägt. Regenabläufe und biologisch geklärte Abwässer aus Westberlin werden überwiegend erst im

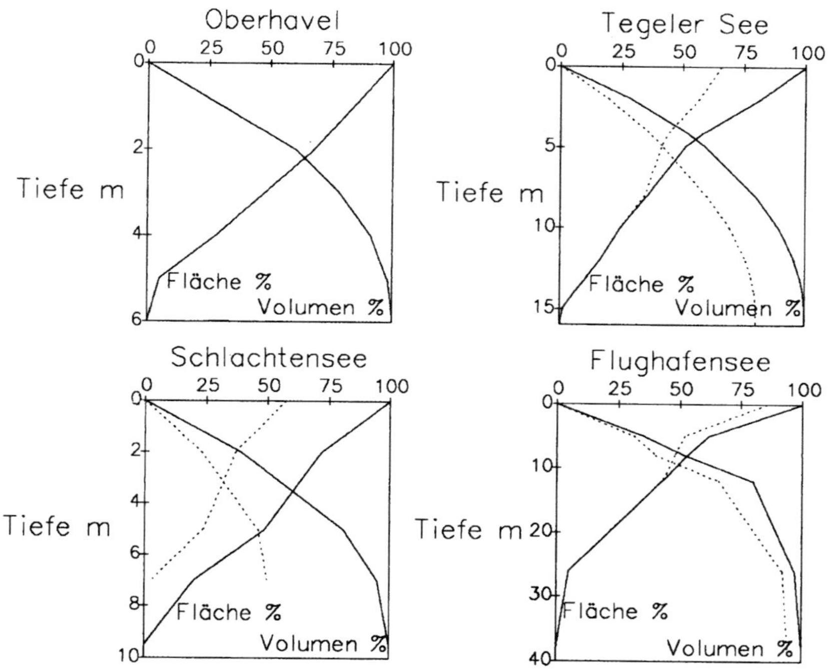

Abb. 4. Hypsographische Diagramme für Oberhavel, Tegeler See, Schlachtensee und Flughafensee,
.... Gewässerabschnitte: Tegeler See — tiefste Stelle, Schlachtensee Nord und Flughafensee Hauptbecken

Süden der Stadt, kurz vor Austreten der Havel in die DDR, über den Teltowkanal eingeleitet.

Zur Charakterisierung der physikalisch-chemischen Verhältnisse in den untersuchten Gewässern sind in Abb. 5—9 die Parameter Temperatur, Sauerstoffsättigung, Sichttiefe, Chlorophyll-a, pH, Alkalinität, Kieselsäure, Leitfähigkeit, Kalzium, Natrium, Chlorid, Sulfat, Gesamt-Phosphor, Phosphat-Phosphor, Gesamt-Stickstoff, Nitrat-Stickstoff und Ammonium-Stickstoff in Jahresganglinien, z. T. als volumengewichtete Mittelwerte für die Jahre 1984 bis 1986, dargestellt. Die Parameter Sauerstoffsättigung, Chlorophyll, Gesamt-P und Gesamt-N für die Jahre 1982 und 1983 zeigt Tab. 8.

a) Ober- und Unterhavel, Tegeler See und mit diesen in Verbindung stehende Gewässer: (Tegeler Fließ, Nordgraben, Spree, Panke, Landwehr-, Hohenzollern-, Teltowkanal, Heiligensee, Großer Wannsee, Pohle- und Griebnitzsee) (Abb. 1)

Der Tegeler See wird über den **Nordgraben** und das **Tegeler Fließ** gespeist. Der Nordgraben steht darüberhinaus durch ein Wehr mit der **Panke** in Verbindung. Nordgraben und Tegeler Fließ waren bis zur Inbetriebnahme der Phosphoreliminationsanlage (PEA) 1985 stark von Rieselfeldabflüssen und Straßenabläufen geprägt und wiesen demzufolge hohe N- und P-Konzentrationen und eine ständige O_2-Untersättigung auf (Tab. 8). Die Zuflüsse im Nordgraben wiesen während des Sommers der Untersuchungsjahre eine relativ geringe Wasserführung auf. Da die mittlere Kapazität der PEA 3 m^3/s beträgt, wird heute durch eine Seeleitung Wasser der Oberhavel in die PEA eingespeist und mitbehandelt. Dadurch wird während des ganzen Jahres ein stetiger Strom von Wasser aus dem Tegeler See in die Havel gewährleistet. Bis 1985 waren die südwestlich gelegenen Teile des Tegeler Sees während abflußarmer Perioden vom Wasser der Oberhavel beeinflußt. Am östlichen und westlichen Ufer des Tegeler Sees fördern die Berliner Wasserwerke Trinkwasser.

Im **Tegeler See** wurden Chlorophyll-a-Konzentrationen von ca. 25 µg/l im Mittel mit Maxima um 90 µg/l und O_2-Übersättigungen bis 170% im Epilimnion festgestellt. Die sedimentnahen Wasserschichten wiesen jedoch während des Sommers äußerst geringe Sauerstoffkonzentrationen und untypisch hohe Temperaturen auf (Abb. 7). Die thermische Schichtung, vor dem Einsatz der Tiefenwasserbelüfter noch stark ausgeprägt, ist durch Verkürzung der Entlüftungsrohre bis auf 2 m unter der Wasseroberfläche beeinträchtigt, weist nur schwache Gradienten auf und fördert dadurch auch während des Sommers eine Rezirkulation von Nährstoffen in der trophogenen Zone.

Seit Inbetriebnahme der PEA wurde durch zusätzliche Einleitungen von behandeltem Abwasser aus dem Klärwerk Nord (Schönerlinde/DDR) in den Nordgraben eine stark erhöhte Stickstoffbelastung festgestellt. Durch den Betrieb der Belüftungsaggregate im Tegeler See wird jedoch der als Ammonium eingeleitete Stickstoff nitrifiziert und an der Sediment-Wasser Grenzschicht denitrifiziert. Deshalb konnte bisher nur eine unbedeutend höhere Stickstoffbelastung auf die Unterhavel festgestellt werden.

Der Tegeler See fließt in den südlichen Teil der Oberhavel und zu einem geringen Teil in den **Hohenzollernkanal** ab. Dieses fast stehende Gewässer wies Nährstoff- und Chlorophyllkonzentrationen in der gleichen Größenordnung wie die Oberhavel auf (Tab. 8).

In der **Oberhavel** (Abb. 5) waren Stickstoff mit ca. 1,6 mg N/l und Phosphor mit ca. 0,2 mg P/l in reichem Ausmaß vorhanden. Der Jahresdurchschnitt der Chlorophyll-a-Konzentration lag um 50 µg/l. Die Oberhavel steht in Wasseraustausch mit dem **Heiligensee** und prägte diesen chemisch. Mit hohen Gesamt-P- und Chlorophyll-

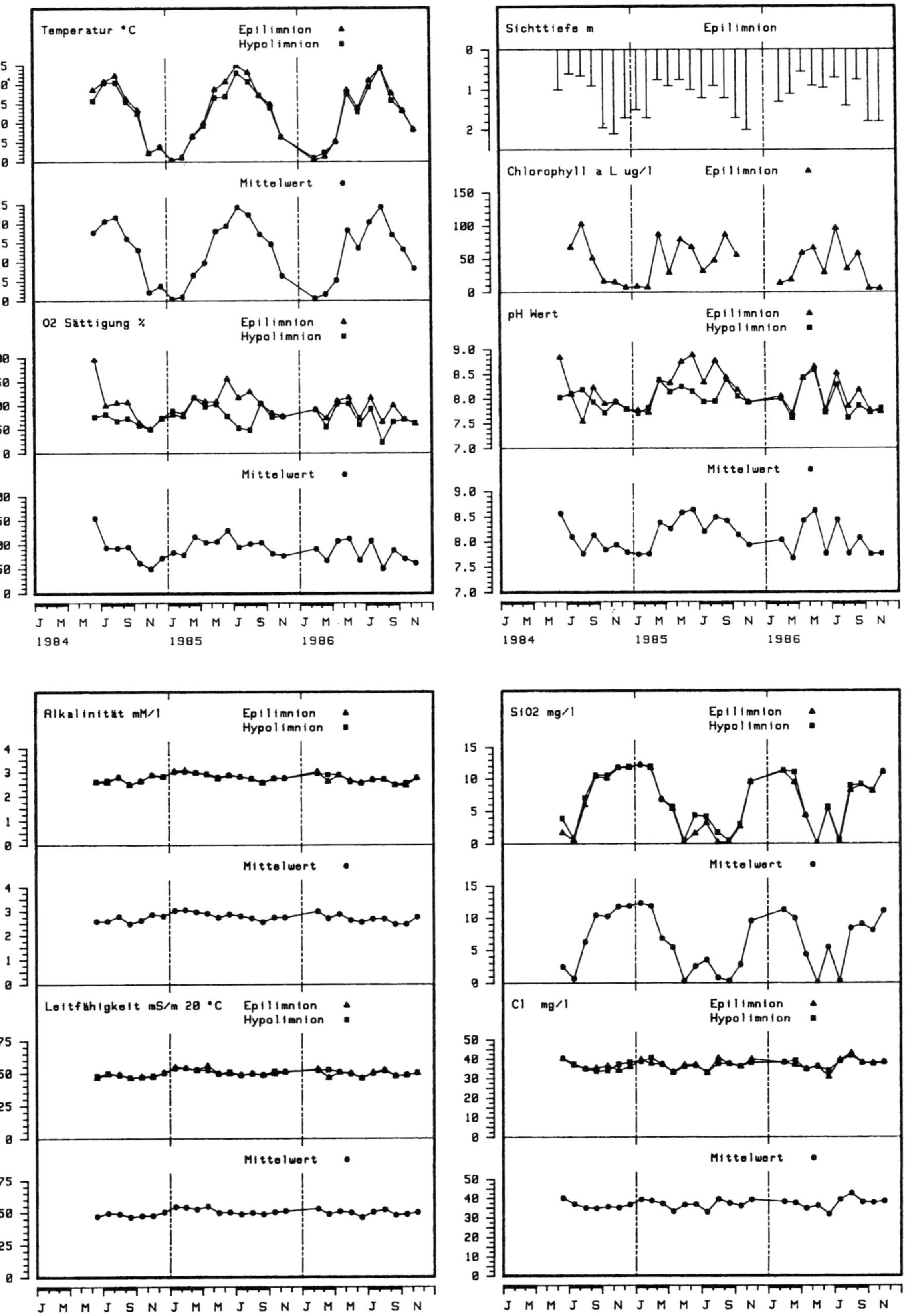

Abb. 5a. Ganglinien physikalisch-chemischer Parameter für die **Oberhavel**. Dargestellt sind volumengewichtete Meßwerte für Epilimnion (0—5 m), Hypolimnion (5—8 m) und den gesamten Gewässerabschnitt

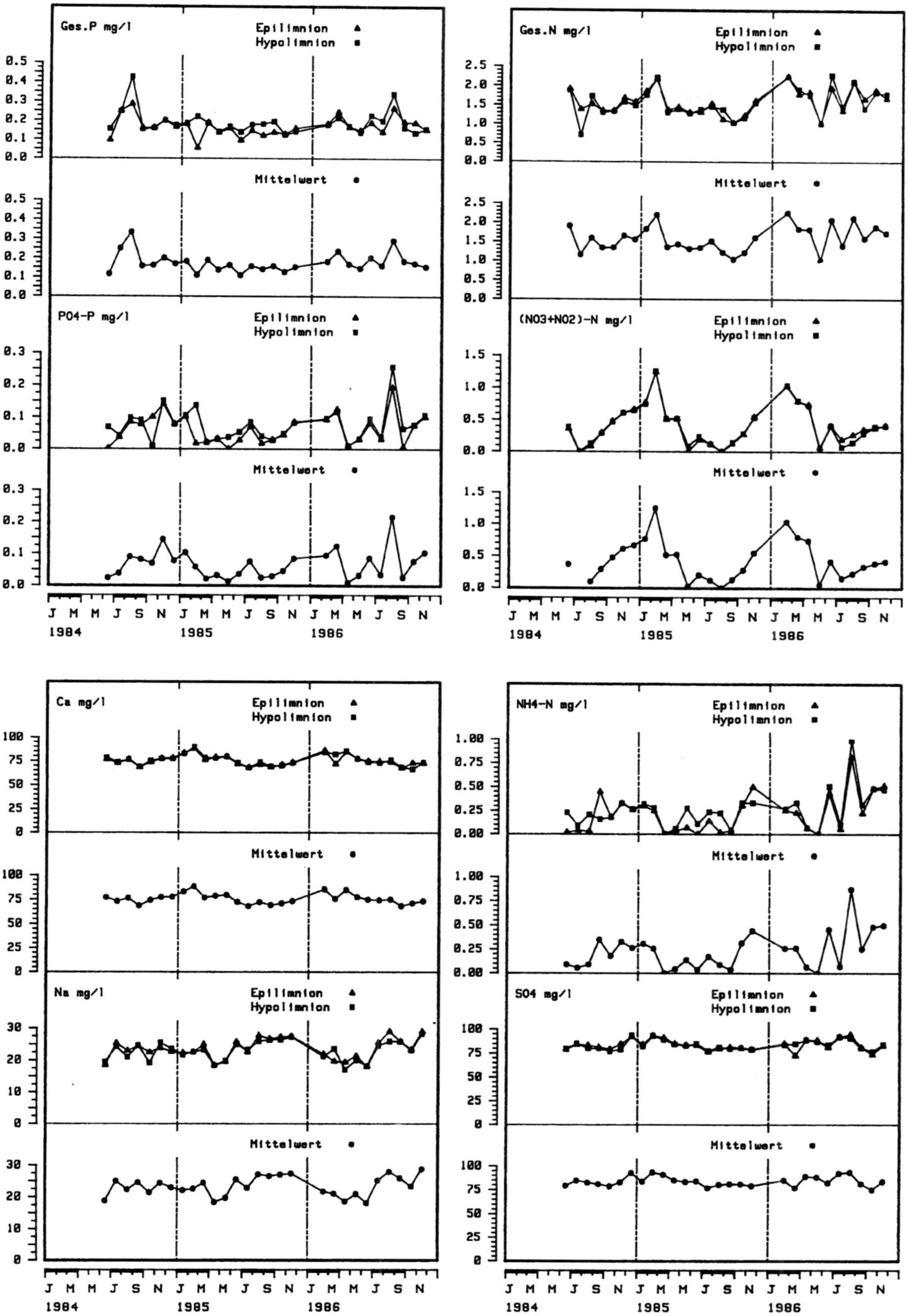

Abb. 5b. Ganglinien physikalisch-chemischer Parameter für die **Oberhavel**. Dargestellt sind volumengewichtete Meßwerte für Epilimnion (0—5 m), Hypolimnion (5—8 m) und den gesamten Gewässerabschnitt

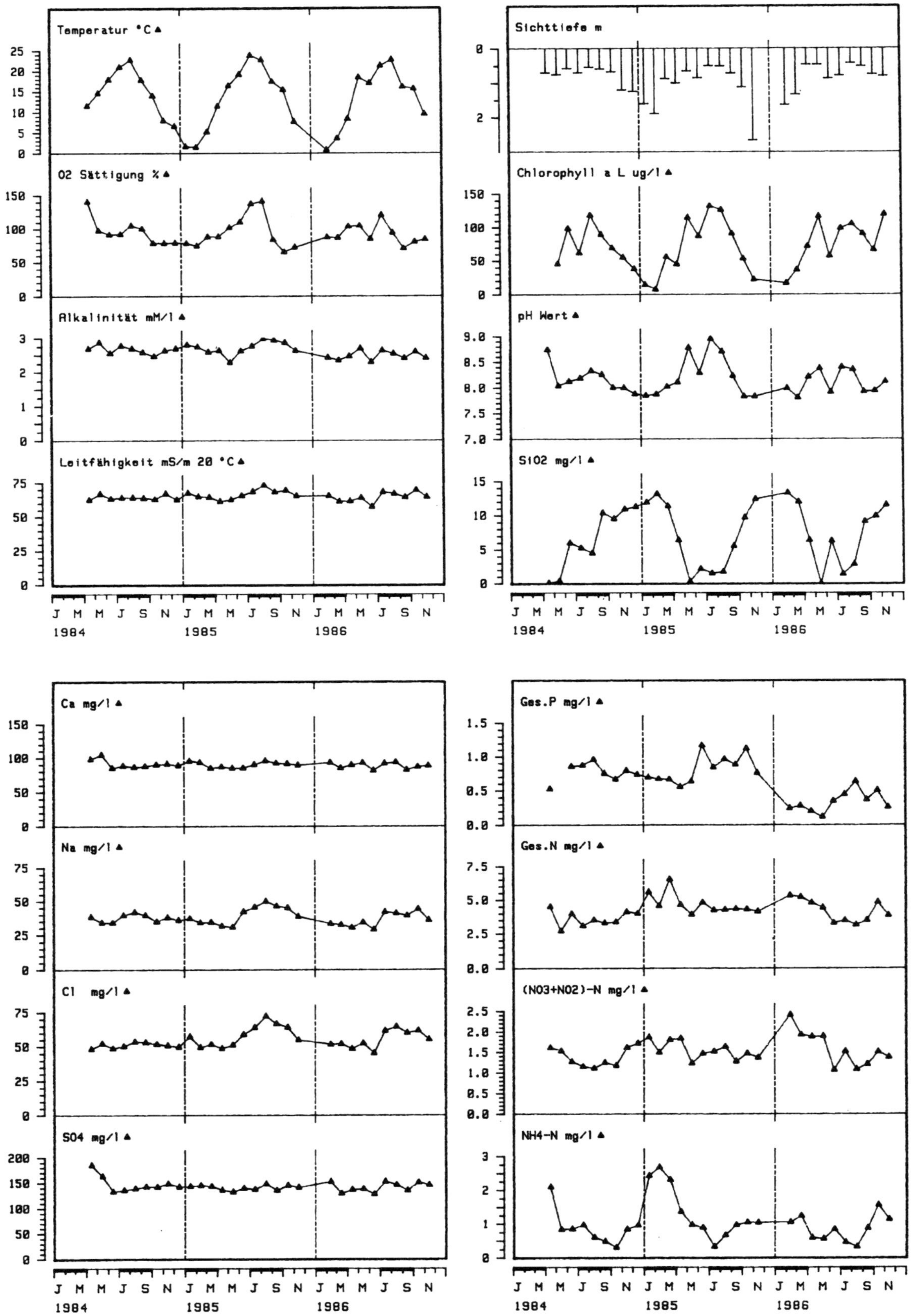

Abb. 6. Ganglinien physikalisch-chemischer Parameter für die **Unterhavel**. Dargestellt sind arithmetische Mittelwerte von jeweils 3—5 Meßstellen in 0.5 m Tiefe

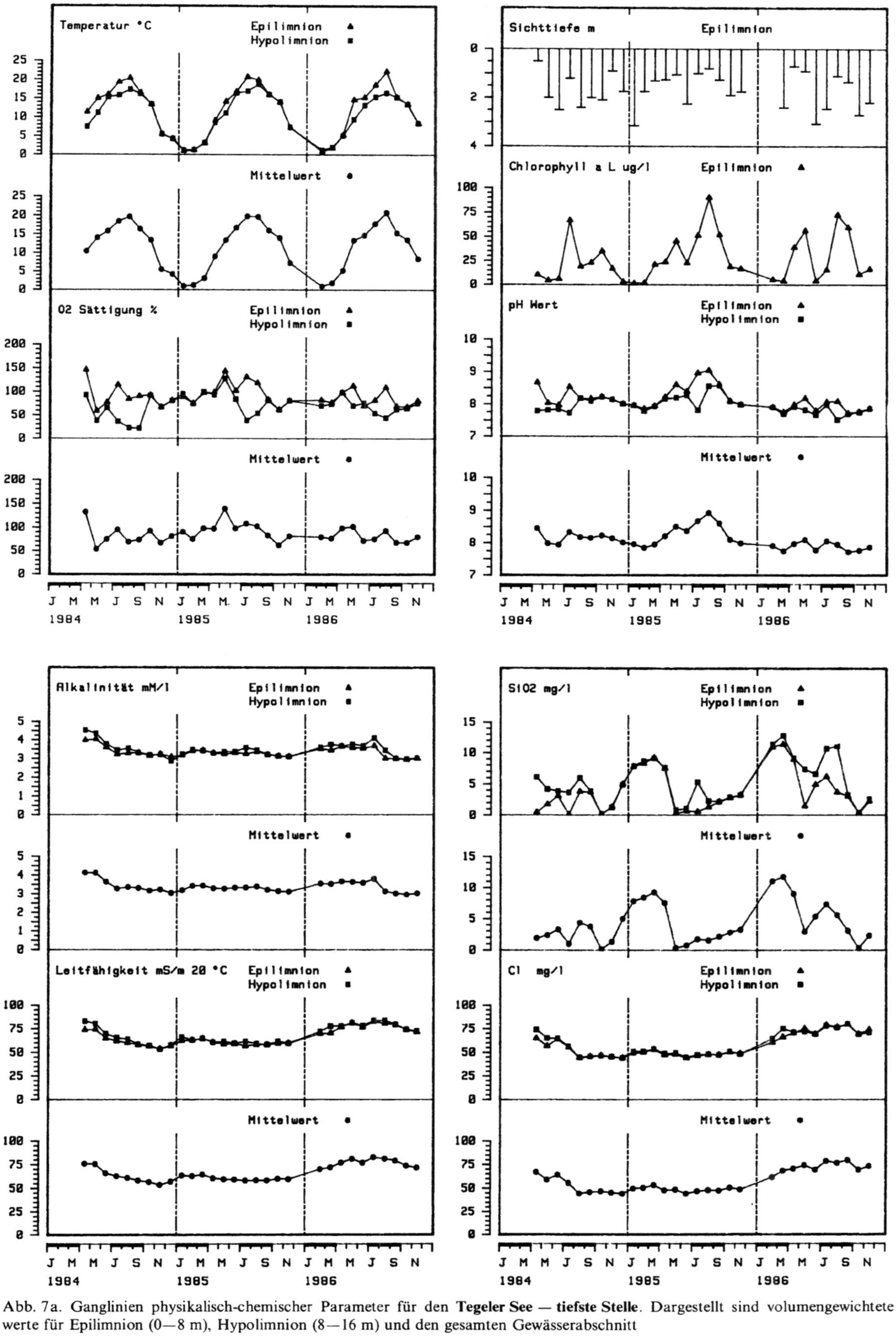

Abb. 7a. Ganglinien physikalisch-chemischer Parameter für den **Tegeler See — tiefste Stelle**. Dargestellt sind volumengewichtete Meßwerte für Epilimnion (0—8 m), Hypolimnion (8—16 m) und den gesamten Gewässerabschnitt

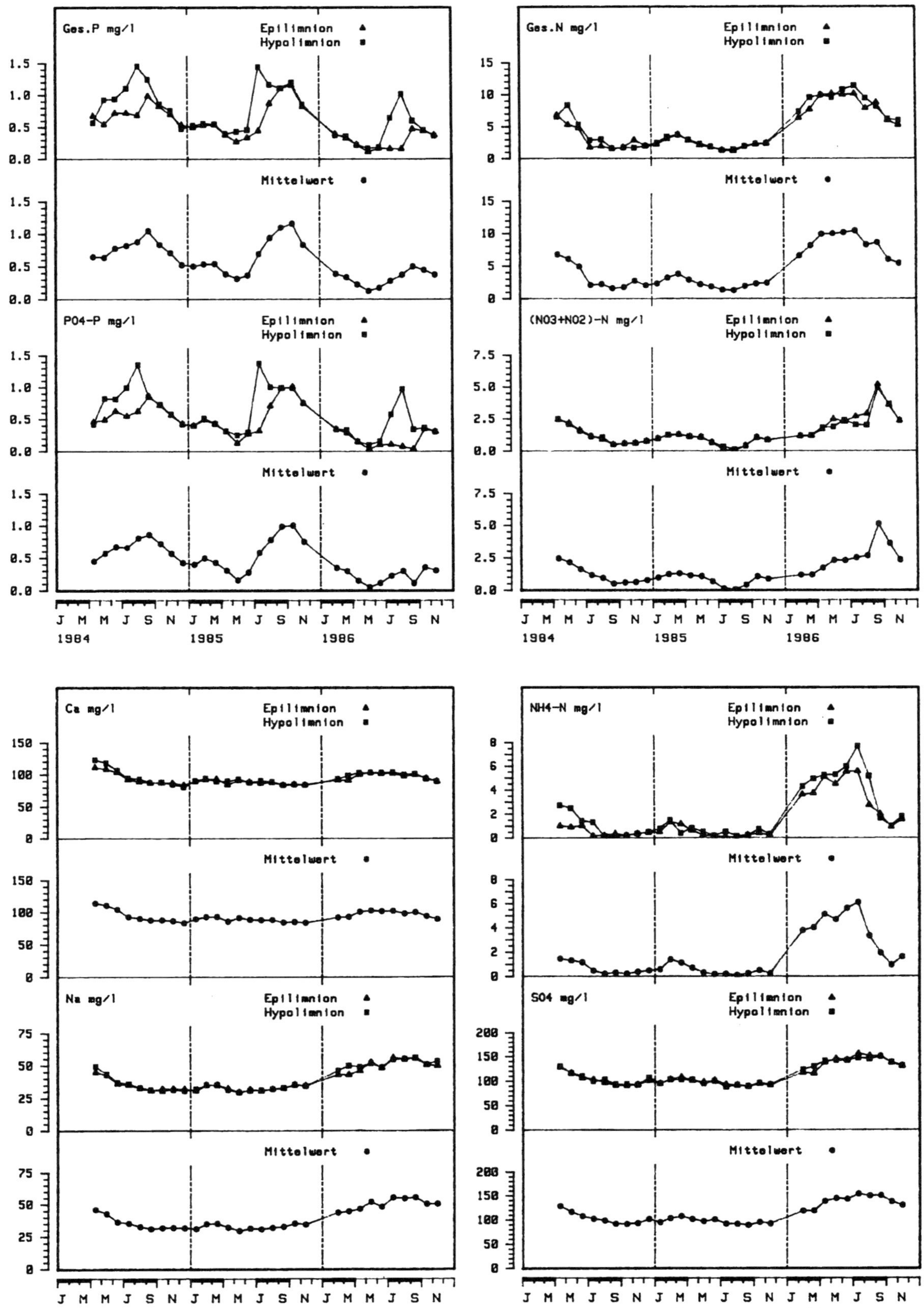

Abb. 7b. Ganglinien physikalisch-chemischer Parameter für den **Tegeler See — tiefste Stelle.** Dargestellt sind volumengewichtete Meßwerte für Epilimnion (0—8 m), Hypolimnion (8—16 m) und den gesamten Gewässerabschnitt

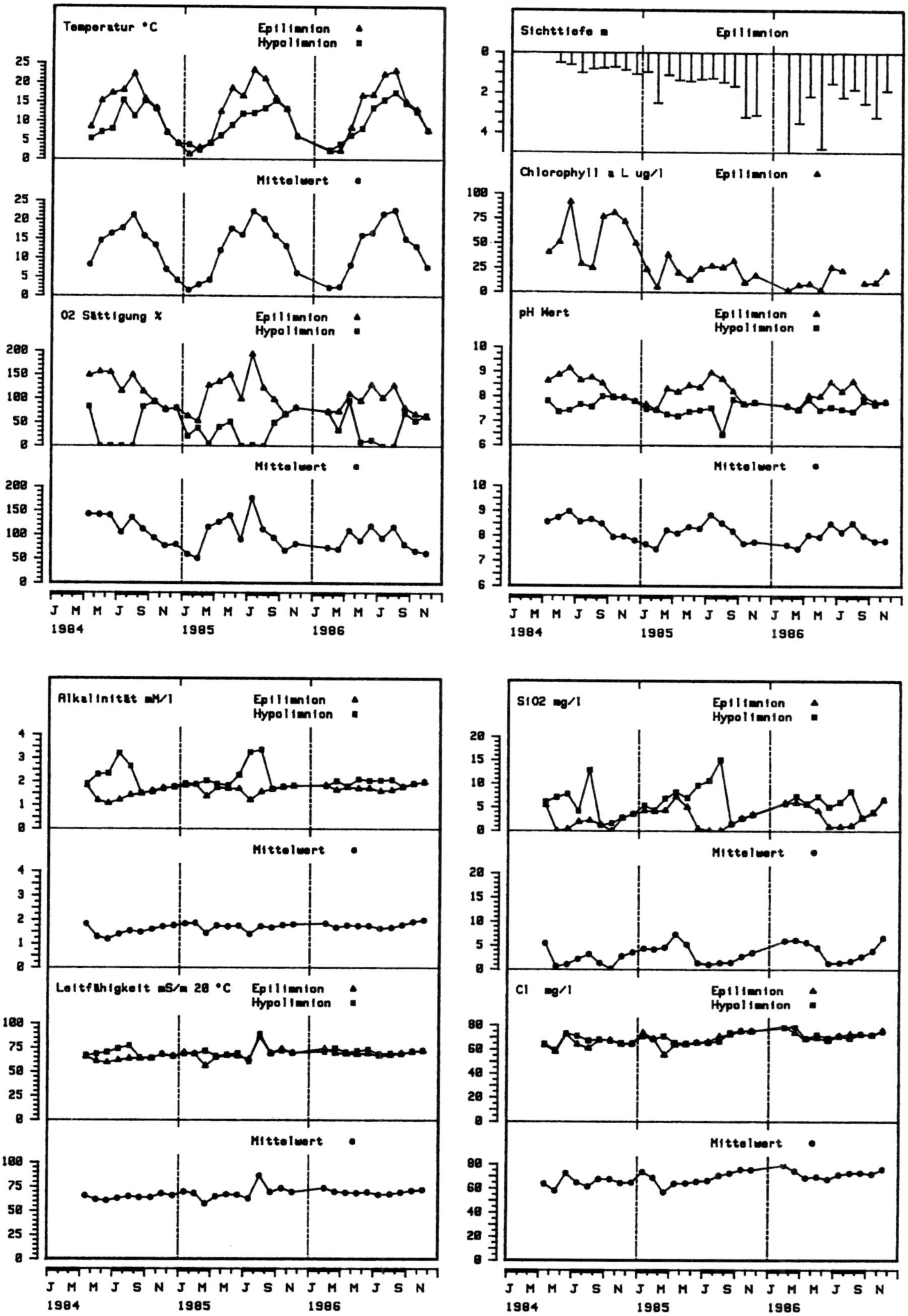

Abb. 8a. Ganglinien physikalisch-chemischer Parameter für den **Schlachtensee Nord**. Dargestellt sind volumengewichtete Meßwerte für Epilimnion (0—5 m), Hypolimnion (6—7 m) und den gesamten Gewässerabschnitt

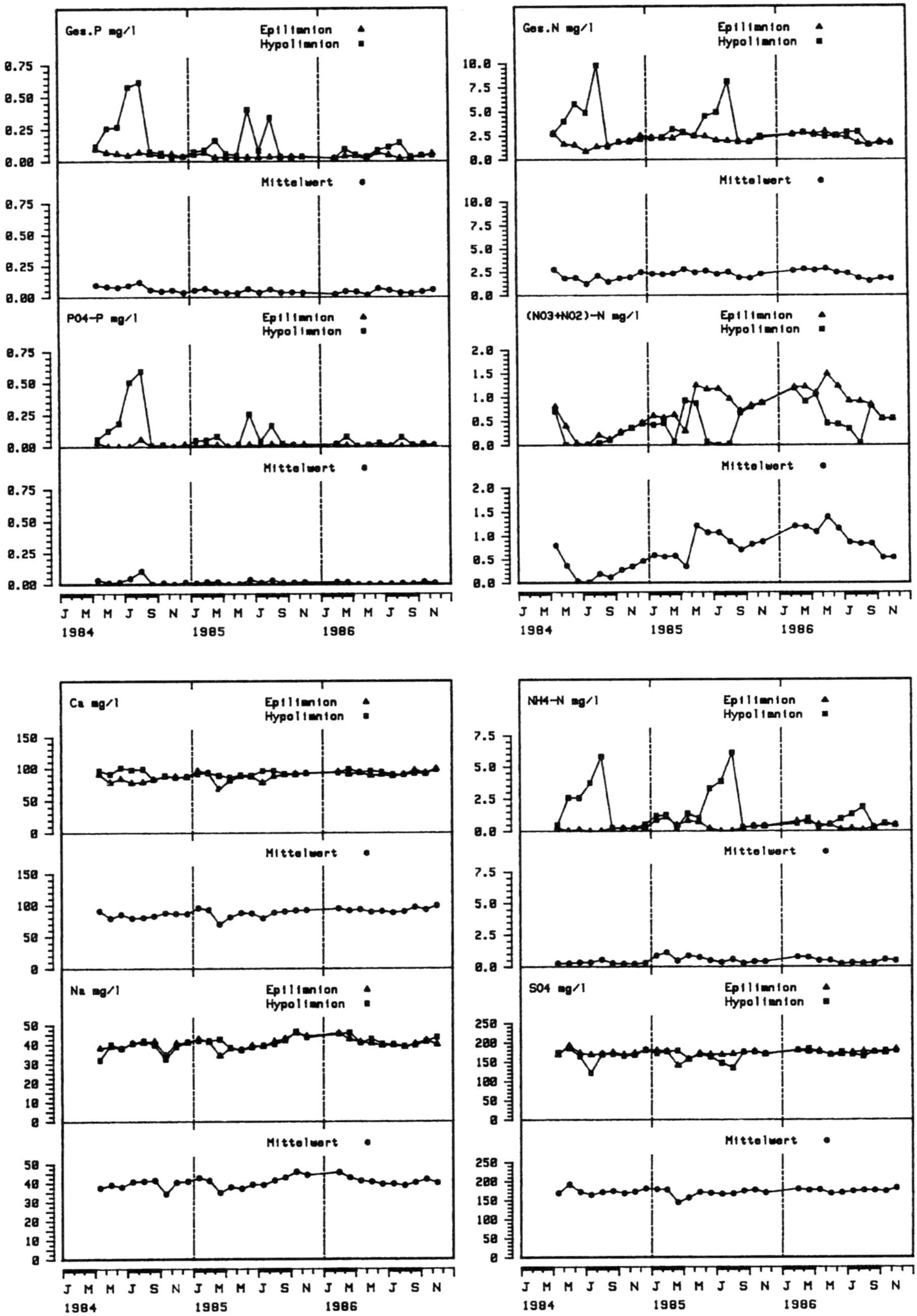

Abb. 8b. Ganglinien physikalisch-chemischer Parameter für den **Schlachtensee Nord.** Dargestellt sind volumengewichtete Meßwerte für Epilimnion (0—5 m), Hypolimnion (5—7 m) und den gesamten Gewässerabschnitt

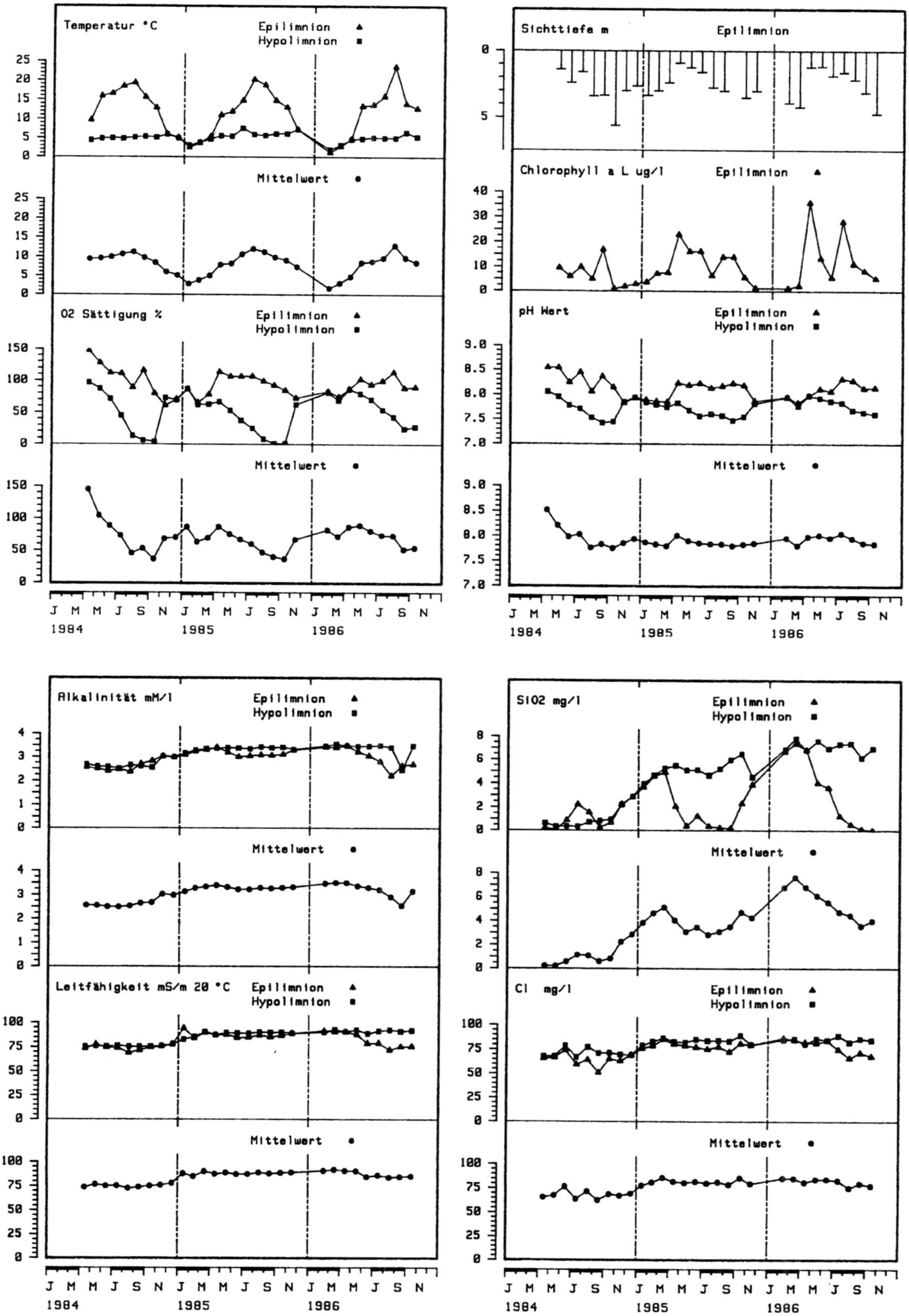

Abb. 9a. Ganglinien physikalisch-chemischer Parameter für den **Flughafensee Hauptbecken**. Dargestellt sind volumengewichtete Meßwerte für Epilimnion (0—7 m), Hypolimnion (7—38 m) und den gesamten Gewässerabschnitt

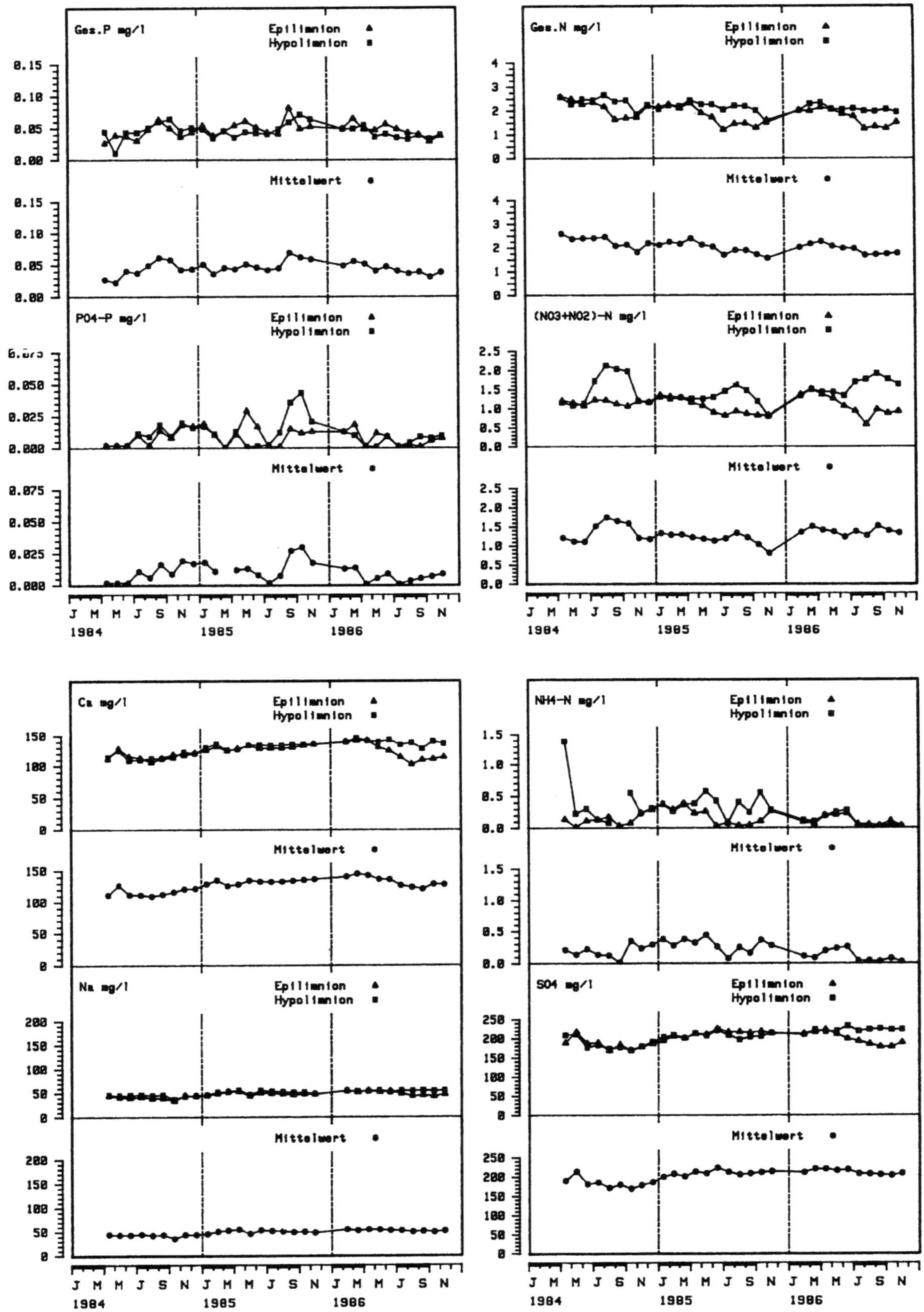

Abb. 9b. Ganglinien physikalisch-chemischer Parameter für den **Flughafensee Hauptbecken**. Dargestellt sind volumengewichtete Meßwerte für Epilimnion (0—7 m), Hypolimnion (7—38 m) und den gesamten Gewässerabschnitt

a-Konzentrationen (Tab. 8) und NO_3-N-Verknappung im Sommer wies der Heiligensee typische Merkmale hypertropher Seen auf. Bezüglich Tiefe, Schichtungsverhalten und gewässerchemischer Eigenschaften war er den Seen der südlichen Grunewaldseenkette ähnlich.

Die **Unterhavel** (Abb. 6) führt zu ca. 2/3 Spreewasser und wird durch diese letztlich auch von **Panke** und **Landwehrkanal** mit allgemein hohen Nährstoffgehalten gespeist. Diese Zuflüsse erreichten Chlorophyllkonzentrationen von 100 bis 150 µg Chl-a/l und wiesen ständig O_2-Untersättigung auf (Tab. 8).

Die Gesamtnährstoffkonzentrationen stiegen von der Ober- zur Unterhavel hin auf ca. 5 mg N/l und 0,8 mg P/l stark an. Ebenso stieg die Leitfähigkeit im Fließverlauf. Die Kieselsäure, die entsprechend dem Flußcharakter recht hoch lag, zeigte hingegen eine leichte Abnahme über die Fließstrecke.

Der Mittelwert der Chlorophyll-a-Konzentration lag in der Unterhavel bei ca. 80 µg/l. Die Sauerstoffkonzentrationen betrugen im Mittel in der gesamten Havel etwa 9 mg O_2/l und waren wie die pH-Werte von starken Schwankungen besonders während der Vegetationsperiode geprägt.

1986 sanken die Konzentrationen von Phosphor und stiegen die von Stickstoff in der Unterhavel durch Umleitung der Abwässer des Klärwerks Ruhleben in den Teltowkanal und Inbetriebnahme der weitergehenden Abwasserreinigung der Klärwerke Münchehofe und Falkenberg (DDR) ab 1. 1. 1986 (Sen Stadt Um 1987). Damit verbesserten sich die Werte in der **Spree** von durchschnittlich 0,8 mg Ges-P/l (1984 und 1985) auf 0,35 mg Ges-P/l (1986).

An den Ufern der Unterhavel liegen zahlreiche Brunnengalerien der Berliner Wasserwerke.

Der **Teltowkanal** fließt sowohl über den **Griebnitzsee** in die Unterhavel als auch durch Rückstau über den **Pohlesee** (Tab. 8) in den **Großen Wannsee**. Durch Spreewasser und u. a. Klärwerksabläufe wies der Teltowkanal wesentlich höhere Nährstoffkonzentrationen als die Havel auf. Insbesondere die NH_4-N-Belastung, im Mittel 5 mg/l, war sehr hoch. Im Sommer, bei Niedrigwasser, führt der Teltowkanal manchmal bis über 50% Abwasser. Das Wasser wies O_2-Untersättigung und Chlorophyll-a-Konzentrationen bis zu 150 µg Chl-a/l auf.

b) Grunewaldseenkette und Waldsee

Die Grunewaldseenkette gliedert sich einerseits in eine Reihe kleiner Seen, davon wurden Hertha-, Hubertus- und Halensee untersucht, die im Zuge der Bebauung von Wilmersdorf, Charlottenburg und vorrangig des Kurfürstendamms für die Entwässerung von versiegelten Flächen in verlandeten Mooren künstlich geschaffen wurden und die untere Grunewaldseenkette, die aus Grunewaldsee, Krumme Lanke und Schlachtensee besteht. Bis zum Jahre 1913 gab es einen natürlichen Abfluß über die Rehwiese in den Gr. Wannsee. Durch den Ausbau der Berliner Wasserwerke mit Beelitzhof und der Schaffung von Tiefbrunnen wurde den Seen soviel Wasser entzogen, daß im Gegensatz zu früher Wasser aus dem Wannsee über ein Pumpwerk dem Schlachtensee zugeführt werden mußte. Seit dieser Zeit ist auch die untere Grunewaldseenkette mehr und mehr eutrophiert worden. Es wurde befürchtet, daß die mangelhafte Wasserqualität eine Gewinnung von Trinkwasser auf Dauer nicht zulassen würde.

Eine PEA am Zufluß von Wannseewasser in den Schlachtensee wurde in den 70er Jahren geplant und 1981 in Betrieb genommen. Seither wird das in den Schlachtensee übergeleitete Wannseewasser (pro Jahr ca. 3,9 Mio m^3) von Phosphor weitestgehend, bis auf eine Restkonzentration von 10—15 µg P/l, befreit. Die Wasserqualität im Schlachtensee und in der Krummen Lanke hat sich seit der Inbetriebnahme der PEA wesentlich verbessert. Eine befürchtete Rücklösung von Phosphor aus dem Sediment hat nicht stattgefunden. Die chemischen Verhältnisse sind vorrangig in der kleinen Grunewaldseenkette äußerst instabil und von Regenabläufen geprägt. Der Wasserspiegel wird in der kleinen Grunewaldseenkette konstant gehalten. In Phasen mit überwiegender Verdunstung wird Wasser aus dem Grunewaldsee wieder der kleinen Grunewaldseenkette durch Pumpen zugeführt (Abb. 10).

Im **Schlachtensee** (Abb. 8) sanken durch die Phosphatelimination in der PEA die Konzentrationen des Phos-

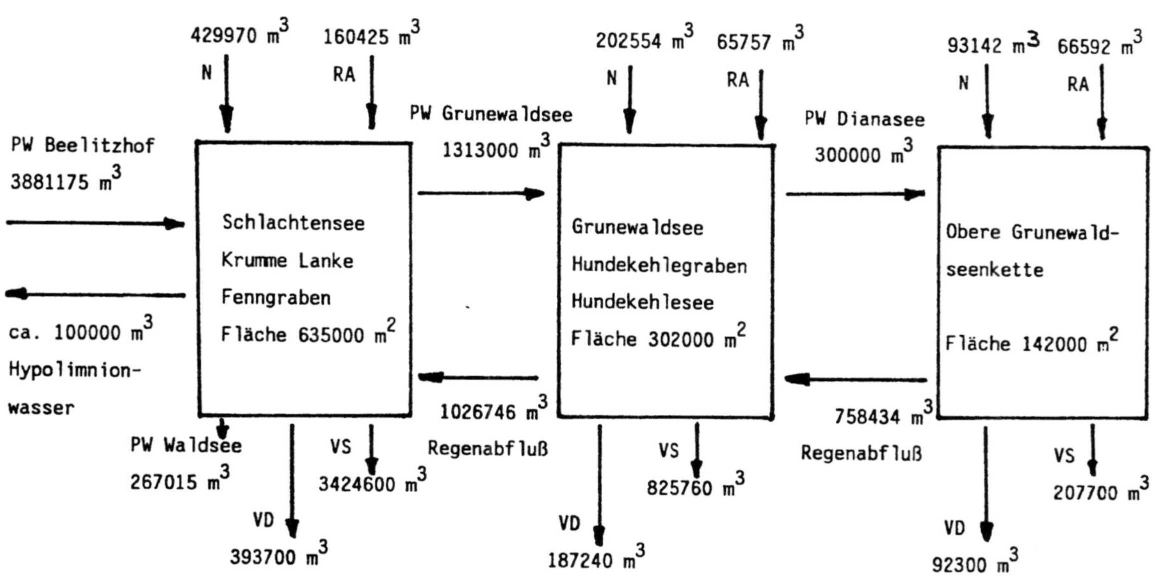

Abb. 10. Wassermengenbilanz für die Grunewaldseenkette 1985, mittleres Fließschema für N — Niederschlag, RA — Regenwassereinleitung, VD — Verdunstung, VS — Versickerung, PW — Pumpwerk (Ripl & Linnenweber 1987, unveröff. Bericht)

phors im See von ca. 0,8 mg P/l (1981) auf im Mittel 0,04 mg/l im Oberflächenwasser und 0,07 mg/l im Tiefenwasser (1986) und führten zu einer starken Abnahme der Biomasse des Planktons.

Die Chlorophyllkonzentration hat sich im Schlachtensee Nord von durchschnittlich 58 µg/l (1984) auf 13 µg/l im Mittel 1986 reduziert. Das hatte zur Folge, daß die sauerstofffreien Perioden im Hypolimnion verkürzt wurden. Starke Schwankungen des pH-Wertes (bis pH 9), hervorgerufen durch intensive Produktions- und Respirationsprozesse, sind ebenfalls ausgeglichener.

Die Gesamtkonzentration des Stickstoffs (2,3 mg/l, 1986) hat sich kaum verringert, was bei dem reichlichen Angebot aus dem Wasser des Wannsees (4 mg/l, 1986) auch nicht zu erwarten ist.

Bezüglich des Stickstoffs hat sich durch Rückgang der Algenbiomasse die starke Akkumulation von Ammoniumstickstoff im Hypolimnion und der Fraktion des organischen Stickstoffs im Epilimnion verringert, dagegen bildet Nitrat heute den dominanten Anteil der Stickstofffraktion.

Stark von den biologischen Verhältnissen ist das Vorkommen von gelöster Kieselsäure geprägt. Die Durchschnittswerte von 3,3 mg/l (1986) für den Schlachtensee waren geringer als die Konzentrationen im Großen Wannsee (ca. 8 mg/l) und reduzierten sich bis zum Grunewaldsee auf ca. 1 mg SiO_2/l.

In den **Waldsee** in Zehlendorf (Tab. 8) wird Wasser vom Schlachtensee gepumpt. Dieser wies ähnliche N- und P-Konzentrationen auf wie die anderen Seen der Grunewaldseenkette. Bei relativ niedrigen Chlorophyll-a-Konzentrationen wurde meist eine O_2-Untersättigung des Wassers festgestellt.

In der **Krummen Lanke** weist der Phosphorgehalt noch starke Schwankungen auf, beträgt im Mittel 0,07 mg/l und zeigte bis Ende 1985 einen geringfügigen Rückgang. In bezug auf Stickstoff war von 1984—85 in der Krummen Lanke ein ansteigender Trend feststellbar, wobei ähnlich wie im Schlachtensee der Nitratanteil im Verhältnis zum früher dominierenden Ammonium zunahm.

Die Chlorophyllkonzentration hat sich von maximal 80 µg/l im Sommer 1984 auf Werte um 30 µg/l im Sommer 1985 reduziert. Kieselsäure war mit 1,5 mg/l im Mittel nur in geringem Ausmaß vorhanden und wurde durch Diatomeen im Sommer auf Werte unter 0,1 mg/l reduziert.

Im **Grunewaldsee** lag die mittlere Gesamtphosphorkonzentration bei 0,08 mg/l; ein Maximum von 0,17 mg/l konnte im Sommer 1986 festgestellt werden. Die Konzentration des Gesamtstickstoffs lag im Mittel bei 1,48 mg/l.

Während des Sommers zeigte der Grunewaldsee O_2-Übersättigungen von bis zu 124% und pH Werte bis 9. Ganglinien der Alkalinität und der Kalziumkonzentration lassen im Sommer auf eine gewisse biogene Kalkfällung schließen.

Der **Hertha- und Hubertussee** (Tab. 8) zeichneten sich durch höhere Gesamt-P- und Gesamt-N-Konzentrationen aus als die Seen der unteren Grunewaldseenkette. Der starke Einfluß von Straßenabwässern wird, ebenso wie im weiter nördlich gelegenen **Halensee**, an stark schwankenden Leitfähigkeits- und Alkalinitätswerten sowie an zeitweise sehr hohen Na- und Cl-Konzentrationen deutlich. Chlorophyll- und O_2-Konzentrationen unterlagen in allen drei Seen starken Schwankungen mit hohen O_2-Übersättigungen (bis zu 250%) im Sommer. Im Halensee ist, im Gegensatz zu den anderen untersuchten Gewässern, die Na-Konzentration häufig höher als die des Kalziums.

c) Flughafensee

Der **Flughafensee** (Abb. 9) ist ein 1954 entstandener Baggersee und mit 38 m maximaler Tiefe der tiefste See in Berlin. Durch Straßenabwässer und Drainwässer vom Flughafen Tegel wurde er schnell eutrophiert und wies 1982 ein mikroaerobes Hypolimnion auf (FISCHER & WESSELER 1984, unveröff. Dipl.-Arb.). Der Seitenarm des Sees, in den sein Hauptzufluß mündet, wurde im Herbst 1985 durch eine Unterwassergummischürze abgetrennt. Seit Mai 1986 erfolgt eine Tiefenwasserbelüf-

Tab. 8. Ausgewählte chemische Parameter von Oberflächenproben 1982—1983

	Sauerstoff-Sättigung (%)					Chlorophyll-a (µg/l)					Ges-P (mg/l)					Ges-N (mg/l)				
	1982	1983				1982	1983				1982	1983				1982	1983			
Gewässer	Okt	Jan	Apr	Juni	Aug	Okt	Jan	Apr	Juni	Aug	Okt	Jan	Apr	Juni	Aug	Okt	Jan	Apr	Juni	Aug
Tegeler Fließ	40,7	50,7	79,9	43,9	50,8	14,1	5,4	39,1	16,7	42,8	2,41	1,87	2,23	3,01	3,45	8,82	9,11	9,36	8,58	14,70
Nordgraben	49,3	45,5	56,5	41,4	43,6	74,2	10,1	125,9	43,8	12,8	3,97	4,33	3,54	6,84	2,25	25,03	29,18	17,69	20,50	9.67
Panke	43,9	65,4	65,0	57,6	37,4	25,7	4,5	102,6	46,8	85,5	1,62	0,78	2,38	0,77	3,85	7,00	5,78	16,30	9,99	25,66
Heiligensee	56,9	67,3	153,3	133,2	144,3	59,3	2,1	46,2	22,0	24,1	0,21	0,83	0,12	0.09	0,03	1,61	1,66	0,58	0,51	0,72
Havel b. Tegelort	94,4	81,6	130,7	109,7	129,7	90,7	3,2	39.0	15,6	108,2	0,28	0,15	0,15	0,10	0.37	1,19	1.91	0,71	1,96	0,97
Tegeler See	61,7	69,2	137,4	111,2	164,7	33,5	1,1	84,3	1.6	21,7	1,59	0,89	2,19	0,96	0,92	4,09	6.17	14,30	6,89	1,46
Hohenzollernkanal	61,5	80,3	131,2	62,8	90,9	59,7	2,7	73,3	3,6	81,3	0,43	0,29	0,25	0,24	0,47	0,95	2,57	1,57	1,53	1,91
Spree	69,0	84,0	103,2	106,0	105,8	129,7	8,3	93,7	108,4	57,1	1,39	0,73	0,59	0,63	0,77	4,56	4,49	4,25	3,22	5,97
Landwehrkanal	39,4	68,5	98,1	46,5	63,8	41,7	4,9	64,6	43,8	151,8	0,83	0,46	0,37	0.85	1,12	2,94	3,48	3,80	3,57	2,96
Havel b. Spandau	75,6	81,3	123,3	110,0	123,1	73,8	3,7	90,5	23,7	124,0	0,63	0,30	0,18	0,15	0,50	2,21	2,52	1,19	2,52	4.58
Großer Wannsee	63.3	85,4	120,3	72,6	187,3	97,6	9,2	76,5	22,1	92,2	1,46	0,61	0,39	0,81	1,32	3,11	4,77	3,55	3,60	4.19
Havel b. Pfaueninsel	103,4	81,4	128,4	54,6	164,9	148,5	6,8	105,9	14,4	262,1	1,28	0,54	0,41	0,83	1,43	3,05	4,28	3,30	3,25	3,00
Pohlesee	35,4	38,0	101,9	153,2	119.6	28,5	7,7	50,8	127,2	215,1	1,59	1,81	1,11	1,50	1,85	8,11	10,24	7,94	22,30	8,65
Griebnitzsee	40,1	29,9	87,3	83,7	69,6	30,2	2,4	60,8	68,2	169,2	1,65	2,43	1,15	1,48	1,89	8,85	13,05	9,61	12,20	10,70
Teltowkanal	68,3	54,9	96,8	63,9	108,0	82,3	9,2	66,1	126,2	156,1	2,02	1,81	1,20	1,89	2,44	6,62	10,34	8,14	9,48	15,80
Schlachtensee Süd	38,5	72,6	145,3	162,2	112,2	57,1	19,3	93,8	59,7	11,4	0,13	0,11	0,09	0,11	0,05	2,05	3,47	2,44	1,81	1,02
Schlachtensee Nord	56,6	81,0	133,7	94.3	119,6	89,2	35,3	74,2	57,3	10,7	0,13	0,11	0,09	0,12	0,07	1,44	2,11	2,25	2,11	0,74
Krumme Lanke Süd	48,8	82,2	164,3	155,7	113,0	105,9	25,3	106,6	76,3	15,7	0,13	0,11	0,11	0,18	0,05	1,27	2,44	1,09	1,62	0,68
Waldsee (Zhld)	69,5	55,7	129,7	32,6	84,3	60,6	15,0	22,4	1,2	35,3	0,09	0,06	0,09	0,16	0,05	0.66	1,47	0,87	1,67	0,49
Grunewaldsee	62,5	93,0	136,2	167,1	118,7	132,6	35,3	75,1	73,1	89,2	0,13	0,11	0,12	0,16	0,10	1,06	1,48	0,72	1,65	1,26
Herthasee	50,3	53,1	114,7	84,7	165,7	11,8	1,9	79,6	26,9	47,4	0,21	0,32	0,16	0,21	0,10	1,93	2,13	1,62	1,40	0,88
Hubertussee (W'df)	93,2	46,5	102,3	88.6	183,5	4,8	1,3	71,6	17,1	119,3	0,25	0,38	0,19	0,20	0,23	1,69	2,22	2,07	1,55	1,20
Halensee	52,9	74,2	118.6	103.9	133,2	104,3	6,4	40,1	16,0	37,5	0,14	0,09	0,08	0,10	0,08	0,94	1,41	0,94	1,11	0,80
Groß-Glienicker See	26,3	71,0	110,2	182.5	149,5	12,4	1,8	19,3	58,5	13,3	0,66	0,74	0,77	0,45	0.67	1,19	2,85	2,65	1,20	0,84

tung des Seitenarmes mit einer Eintragskapazität von 350 kg O_2/d. Dieser Gewässerteil dient damit als biologisches Vorreinigungsbecken.

Die mittleren Nährstoffkonzentrationen lagen für das Seitenbecken 1985 um 0,06 mg P/l bzw. 2 mg N/l, im Hauptbecken um 0,05 mg P/l bzw. 2 mg N/l. Chlorophyll-Sommerwerte lagen zwischen 10 und 30 Chl-a µg/l.

Die Sauerstoffkonzentrationen im Hypolimnion des Hauptbeckens sanken während der Schichtungsperiode von April—September bis auf 0 mg O_2/l, wobei bereits im Sommer durch Sauerstofffreiheit an der Sediment-Wasser-Grenzschicht Rücklösungsprozesse von Eisen, Mangan und Phosphor aus den sedimentierenden Partikeln durch reduktive Prozesse ausgelöst wurden. Die Unterschiede zwischen verschiedenen Jahren sind dabei auf verschiedene Witterungsabläufe zurückzuführen.

Tab. 9. Schwermetallgehalte (µg/g TS) (Mittel 0—25 cm) in Weichsedimenten von Oberhavel, Unterhavel (Schildhorn, Steinlanke, Alter Hof), Tegeler See, Schlachtensee (Nord, Süd), Krumme Lanke (Nord) und Flughafensee (Seitenarm).

Probestelle	Cadmium (µg/g TS)	Zink (µg/g TS)	Blei (µg/g TS)	Kupfer (µg/g TS)	Chrom (µg/g TS)	Quecksilber (µg/g TS)
Oberhavel	10	1400	350	870	200	2
Schildhorn	10	2100	550	1870	140	8
Steinlanke	11	2100	640	1500	210	12
Alter Hof	13	2800	760	1400	200	23
Tegeler See	6	1000	200	300	90	5
Schlachtensee S	3	900	300	140	20	1
Schlachtensee N	2	400	240	80	15	26
Krumme Lanke N	3	800	280	110	25	1
Flughafensee S	4	1800	360	470	30	1

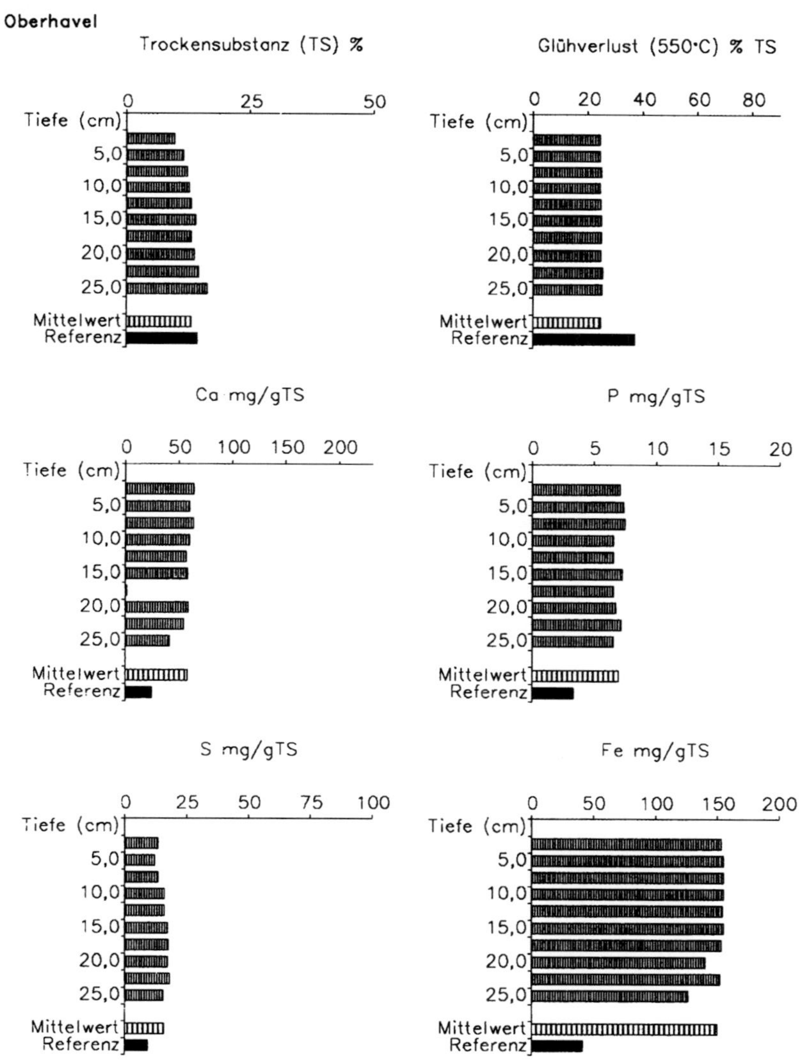

Abb. 11. Stoffverteilung im Sedimentkern (0—25 cm, Mittelwert, Referenz bei ca. 1 m) in der **Oberhavel**

d) Groß-Glienicker See

Der **Groß-Glienicker See** (Tab. 8) erhält Abwässer des Flughafens in Gatow und wies relativ hohe P- und NH_4-N-Konzentrationen auf. Es wurden Chlorophyll-a-Konzentrationen bis zu 60 µg/l festgestellt. Die O_2-Konzentration und der pH-Wert waren großen Schwankungen unterworfen (pH: 8—10; O_2: 26—182%).

4.2. Sedimentuntersuchung

4.2.1. Sedimentchemie

Die sedimentchemischen Verhältnisse von Oberhavel, Unterhavel (Schildhorn, Steinlanke, Alter Hof), Tegeler See, Schlachtensee (Nord, Süd), Krumme Lanke und Flughafensee (Seitenarm) sind in Abb. 11—15 dargestellt. Die untersuchten Sedimente stellen Stichproben am Transektpunkt P1 (tiefste Stelle) dar. Wie eine Sedimentkartierung mit 47 Sedimentkernen aus dem Tegeler Sees zeigte (RIPL et al. 1987 a, unveröff. Bericht), können Bereiche der Sedimente z. B. durch Munitionssuche gestört werden. Für den Tegeler See werden hier Mittelwerte der 47 Sedimentkerne angegeben. Im Tiefenprofil von 0—25 cm ergaben sich deutliche Gradienten nur für Phosphor und Schwefel, so daß im weiteren für alle Parameter Mittelwerte angegeben werden.

Um die Entwicklung der Ablagerungen grob abschätzen zu können, wurde zu den obersten Sedimenten jeweils eine Referenzprobe aus etwa 1 m Tiefe erbohrt. Diese wird im folgenden mit Referenz bezeichnet.

Die Sedimente der **Ober- und Unterhavel** (Abb. 11, 12) zeigten in bezug auf Trockensubstanz (TS) (13%) und Glühverlust (25% TS) ähnliche Verhältnisse. Für Phosphor, Schwefel und Eisen ergaben sich deutliche Unterschiede zwischen Ober- und Unterhavel. In der Unterhavel wurden mit 11 mg P/g TS und 30—40 mg S/g TS doppelt so hohe P- und S-Gehalte wie in der Oberhavel gefunden. Für Eisen ergaben sich gegenläufige Verhältnisse: während die Oberhavel 150 mg/g TS aufwies, enthielt die Unterhavel ca. die Hälfte. Die Schwermetallgehalte (Tab. 9) sind in der Ober- und Unterhavel sehr hoch und nehmen in Fließrichtung und im Vergleich zur Referenz zu.

Im **Tegeler See** (Abb. 13) zeigten Trockensubstanz (17% des Feuchtgewichtes) und Glühverlust (22% TS) im Vergleich zur Referenz eine deutlich höhere Ablagerung von organischer Substanz. Der Kalziumgehalt hat

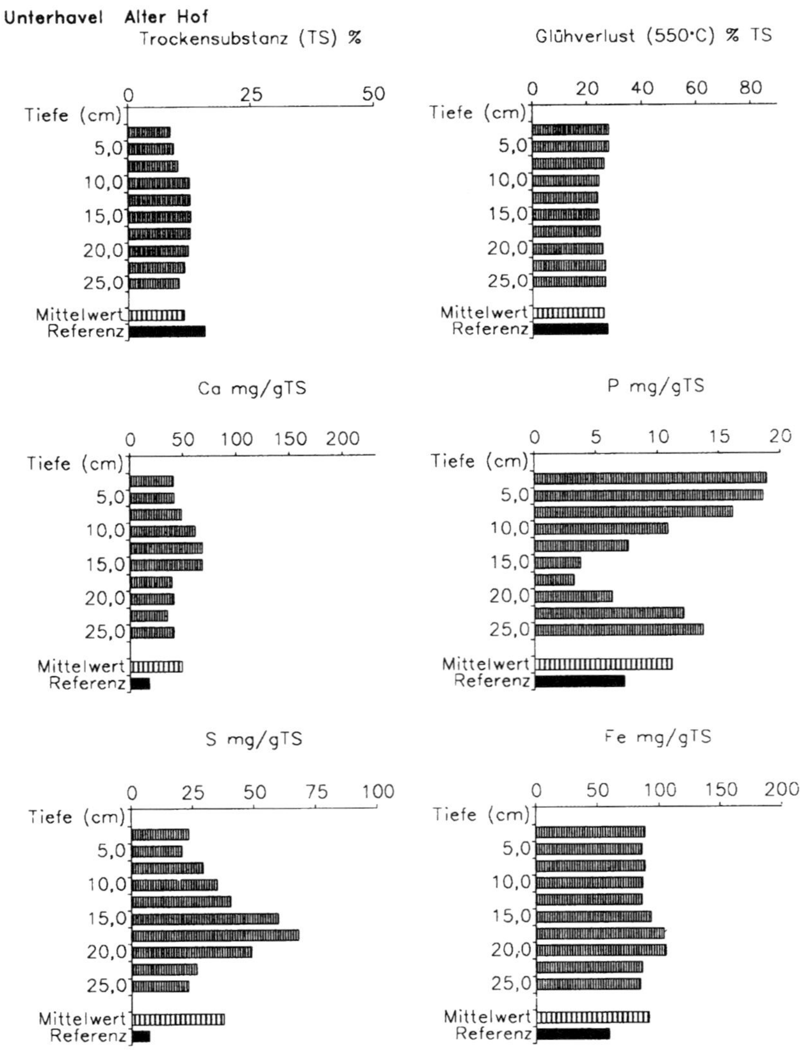

Abb. 12. Stoffverteilung im Sedimentkern (0—25 cm, Mittelwert, Referenz bei ca. 1 m) in der **Unterhavel**, **Alter Hof**

in den oberen Schichten um etwa die Hälfte auf 100 mg/g TS abgenommen, während der Phosphorgehalt von ca. 1 mg/g TS auf 3—4 mg/g TS zugenommen hat. Schwefel und Eisen wiesen Gehalte von ca. 25 bzw. 45 mg/g TS auf, wobei der Schwefel im Vergleich zur Probe aus ca. 1 m Tiefe um den Faktor 6 angereichert war.

Im Vergleich zur Havel war die Trockensubstanz im **Schlachtensee** (Abb. 14) und in der **Krummen Lanke** mit 5—10% niedrig, während der Glühverlust mit 35% TS relativ hoch war. Kalzium erreichte Gehalte um 100 mg/g TS, Phosphor ca. 1 mg/g TS. Die Schwefelgehalte lagen um 20 mg/g TS, die des Eisens um 20 mg/g TS. Alle analysierten Schwermetallparameter wiesen geringere Gehalte als die übrigen Berliner Sedimente auf. Jedoch waren auch hier die Metalle der oberen Schichten im Vergleich zur Referenz in ca. 1 m Tiefe angereichert und insgesamt als in hohen Gehalten vorliegend einzustufen.

Der Sedimentkern des **Flughafensees** (Seitenarm) (Abb. 15) darf nicht als repräsentativ für den gesamten See angesehen werden. Er wurde dem Bereich der mächtigsten Ablagerungen in der Nähe des Zuflusses entnommen. Die Sedimente waren sehr stark vom minerogenen Untergrund geprägt. Dies zeigten auch die für Berlin außergewöhnliche Anteile für Trockensubstanz (37%) und Glühverlust (10% TS). Der Phosphorgehalt war mit 1 mg/g TS im Vergleich zur Havel relativ niedrig. Der Schwefelgehalt lag bei 10 mg/g TS. Die Eisengehalte lagen mit ca. 32 mg/g TS im mittleren Bereich der bisher in Berlin gemessenen Werte. Eine deutliche Belastung durch Schwermetalle insbesondere durch Blei, Zink und Kupfer, wurde festgestellt.

4.2.2. Sedimentkorngrößen

Die kumulative Verteilung (%) der Korngrößenfraktionen in den Weichsedimente von Oberhavel, Unterhavel (Steinlanke, Alter Hof), Schlachtensee Nord, Krumme Lanke Nord und Tegeler See ist in Abb. 17 dargestellt.

Sämtliche Weichsedimente bestanden zu 50% aus Korngrößen <0,05 mm. Die gröbsten Fraktionen (>0,5 mm), die meist ca. 1% Anteil hatten, bestanden im allgemeinen aus Sand, in der Krummen Lanke meist aus Makrophytendetritus. Die Sedimentschichten 0—7,5 cm und 7,5—15 cm wiesen jeweils ähnliche Verhältnisse auf.

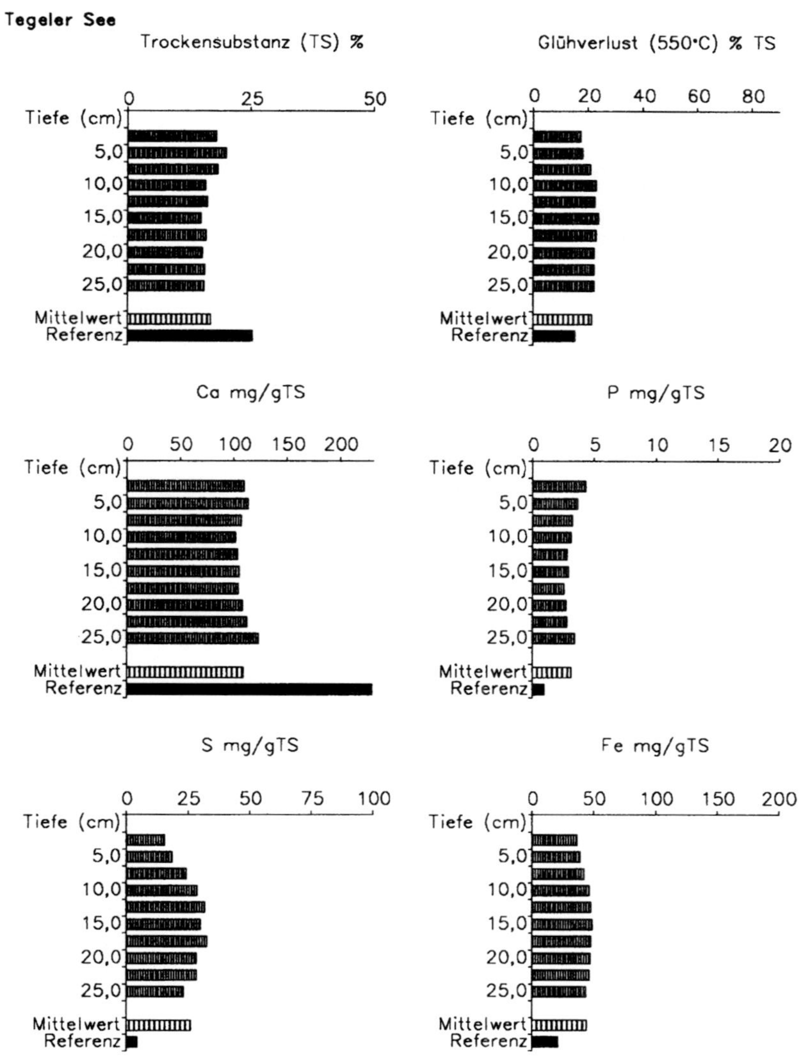

Abb. 13. Mittelwert der Stoffverteilung in 47 Sedimentkernen (0—25 cm, Mittelwert, Referenz bei ca. 1 m) im **Tegeler See**

4.3. Planktonuntersuchungen

Den folgenden Ergebnissen liegen verschiedene Untersuchungsserien zugrunde:

1982—1983: fünf Probenahmen zu charakteristischen Jahreszeiten (Oktober 1982, Januar, April, Juni, August 1983) an 24 Gewässern

1984—1986: monatliche Probenahme in der Unterhavel Alter Hof, im Tegeler See an der tiefsten Stelle, Flughafensee Hauptbecken und Schlachtensee Nord

4.3.1. Räumliche Verteilung des Planktons im Gewässer

Die **horizontale Verteilung** des Phytoplanktons wurde in einigen Gewässern durch Probenahme an verschiedenen Stellen untersucht. Für die Unterhavel mit großer Wasseraustauschrate (Tab. 2) sowie für Seen, z. B. Flughafensee und Schlachtensee, wurde teils durch parallele Biovolumenbestimmungen, teils durch parallele Chlorophyll-a-Messungen, eine relativ gute Übereinstimmung von Phytoplanktondichte bzw. -zusammensetzung an den verschiedenen untersuchten Stellen der Gewässer festgestellt (Abb. 16). Im Tegeler See mit seiner großen Fläche und im Vergleich mit der Havel geringen Austauschrate bilden sich Gradienten, die zu deutlichen Unterschieden führen.

Für das Zooplankton muß von einer sehr ungleichmäßigen horizontalen Verteilung ausgegangen werden.

Alle getroffenen Aussagen beziehen sich also im engeren Sinne auf den Gewässerteil, in dem die Proben genommen wurden.

Vertikalprofile für Chlorophyll-a wurden nur am Tegeler See aufgenommen. Er war meist bis in 6 m Wassertiefe gleichmäßig durchmischt und wies bis zu dieser Tiefe relativ konstante Chlorophyll-a-Konzentrationen auf.

Vergleichende Untersuchungen des Zooplanktons aus integrierten Oberflächenproben und aus Vertikalzugproben (Planktonnetz mit 100 µm Maschenweite) am Flughafensee für mehrere Probenahmetage ergaben bezüglich des Artenspektrums der Crustaceen keine signifikanten Unterschiede. Die Zahl der adulten Copepoden wird jedoch bei integrierten Oberflächenproben in tieferen stehenden Gewässern (> 3 m) wahrscheinlich unterschätzt, da die Tiere Vertikalwanderungen durchführen und sich tagsüber in tieferen Wasserschichten aufhalten.

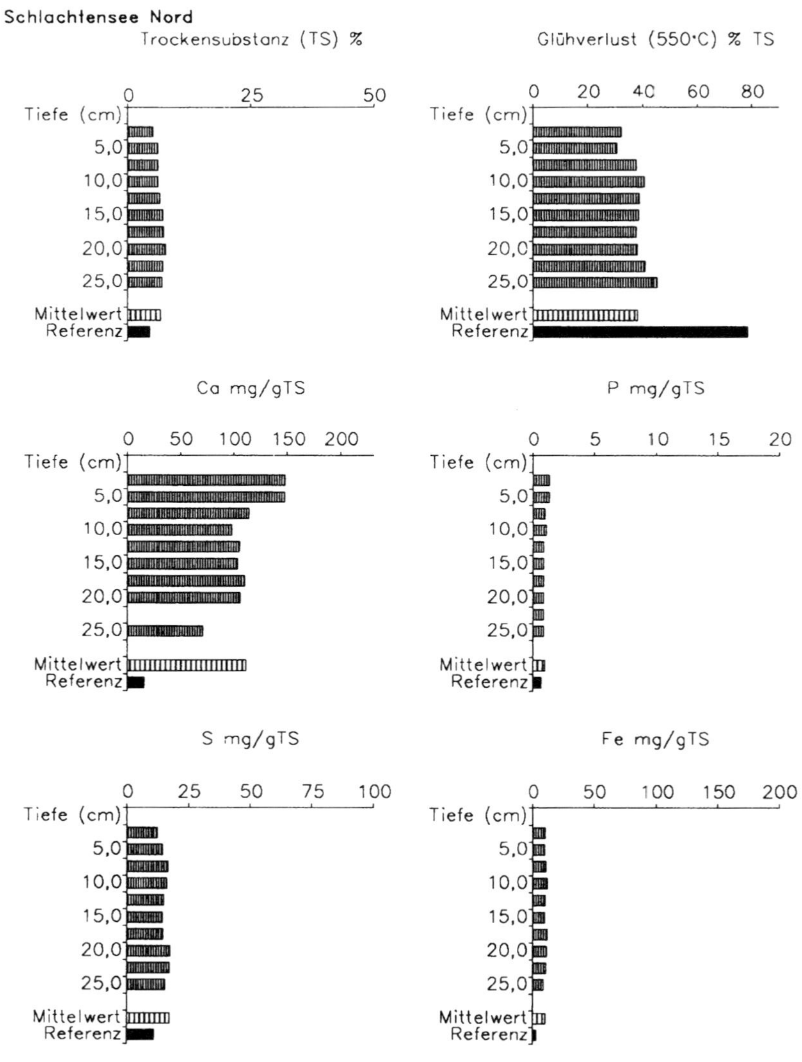

Abb. 14. Stoffverteilung im Sedimentkern (0—25 cm, Mittelwert, Referenz bei ca. 1 m) im **Schlachtensee Nord**

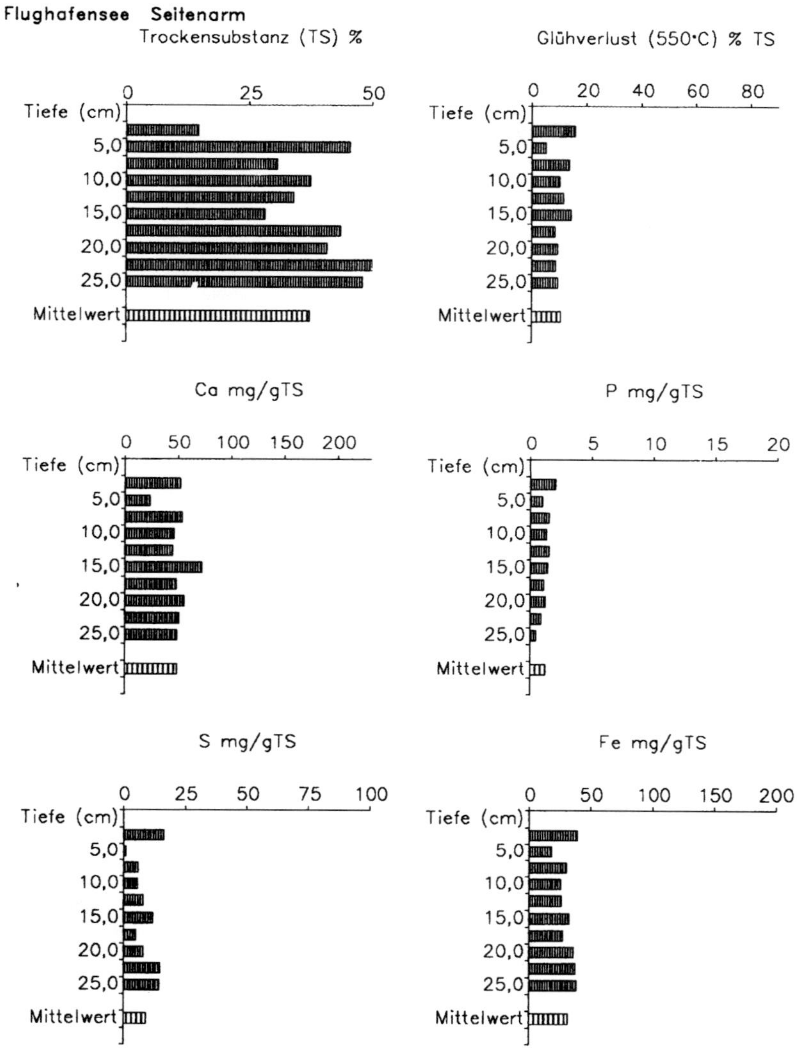

Abb. 15. Stoffverteilung im Sedimentkern (0—25 cm, Mittelwert) im **Flughafensee Seitenarm**

4.3.2. Planktonaspekte und Phytoplanktonbiovolumen

Phytoplanktonuntersuchungen (1982—1983):

Das Biovolumen der dominanten Algengruppen im Phytoplankton im Frühling, Früh- und Hochsommer in den größeren Berliner Gewässern ist in Abb. 16 dargestellt. Wegen der geringen Probezahl pro Gewässer und Jahr erhält der Stichprobencharakter der Ergebnisse besondere Bedeutung. Es lassen sich jedoch bestimmte Tendenzen bezüglich qualitativer und quantitativer Phytoplanktonstrukturen erkennen.

Aus den gegebenen Zusammenhängen im Gewässernetz und/oder von Ähnlichkeiten in der Phytoplanktonzönose lassen sich vier Gruppen von Gewässern unterscheiden, deren Plankton im folgenden zusammengefaßt dargestellt wird:

— Havel, Spree, Tegeler See und die von ihnen gespeisten Kanäle (Hohenzollernkanal, Landwehrkanal, Teltowkanal) und Seen (Großer Wannsee, Pohlesee, Griebnitzsee);
— Grunewaldseenkette (Schlachtensee, Krumme Lanke, Grunewaldsee, Herthasee, Hubertussee, Halensee) und Heiligensee;
— kleine Fließgewässer (Panke, Nordgraben, Tegeler Fließ);
— Groß-Glienicker See.

Da das Plankton in diesen Gewässern sehr vielfältig war, werden im Text nur charakteristische Grundzüge vorgestellt. Details sind den Artenlisten zu entnehmen.

Das Phytoplankton von **Havel, Spree** und **Tegeler See** sowie der meisten von ihnen gespeisten Kanäle (Hohenzollernkanal, Landwehrkanal, Teltowkanal) und Seen (Großer Wannsee, Pohlesee, Griebnitzsee) war im April 1983 durch meist centrische Bacillariophyceen (Kieselalgen) dominiert. Nach einem Klarwasserstadium Anfang Juni dominierten in einigen Gewässern, wie z. B. im Tegeler See und Großen Wannsee, im August Cyanophyceen (Blaualgen) (Abb. 18). In fast allen Gewässern dieser Gruppe wurde im August ein größeres Phytoplanktonbiovolumen festgestellt als im Frühjahr und Frühsommer. *Microcystis aeruginosa*, *M. wesenbergii* und *M. viridis* bildeten im Tegeler See, im Hohenzollernkanal und der Havel bei Spandau Algenblüten. In den übrigen Gewässern dieser Gruppe dominierte *Oscillatoria agardhii*, in der Oberhavel in Begleitung von centrischen Bacillariophyceen. In der Havel nahm im August die

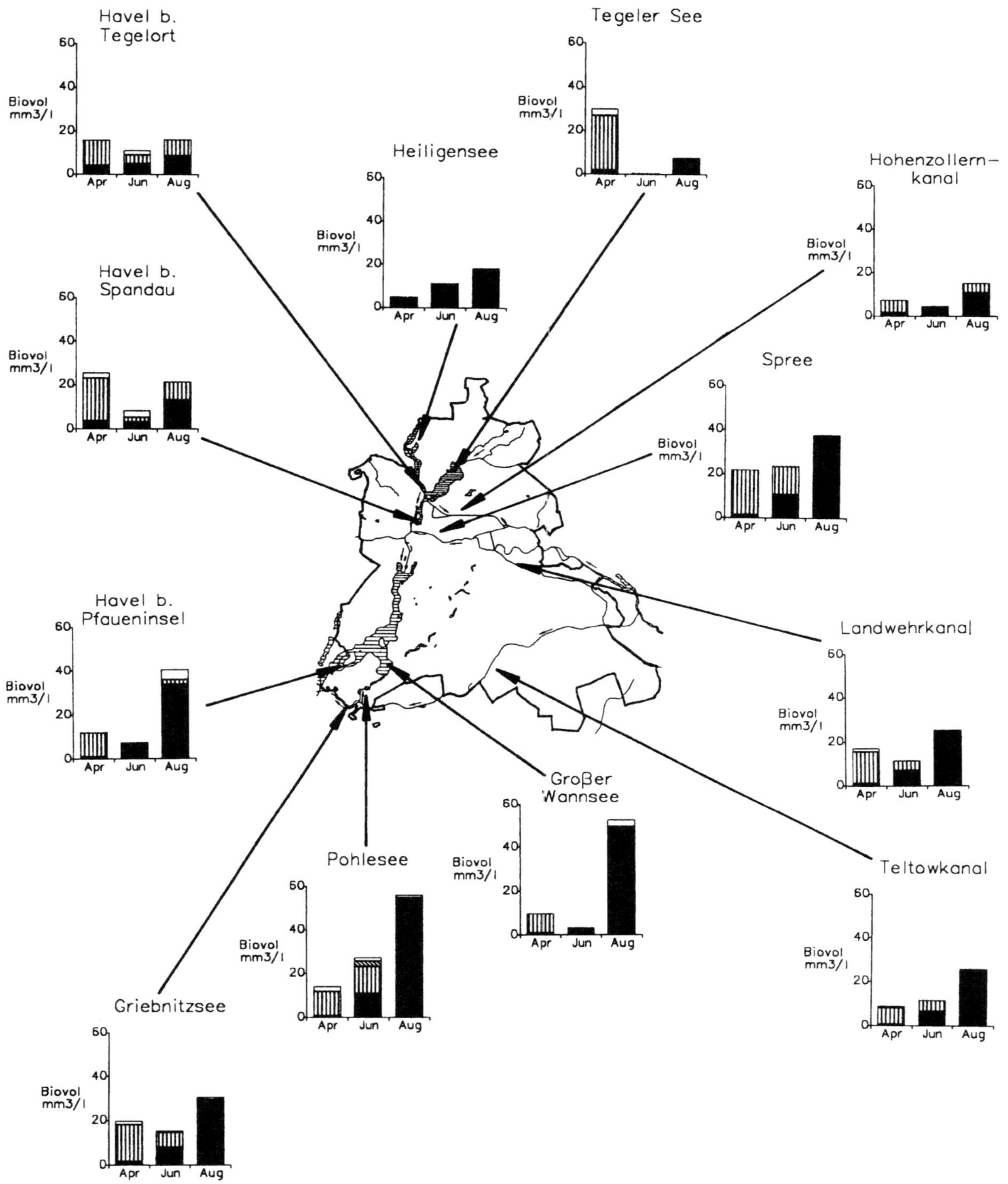

Abb. 16a. Biovolumen (mm³/l) der quantitativ wichtigen Algengruppen im Sommerhalbjahr 1983 im Tegeler See, in der Havel, Spree und einigen von ihnen gespeisten Seen und Kanälen.
■ Cyanophyceen, ▥ Bacillariophyceen, ▧ Chlorophyceen, □ sonstige

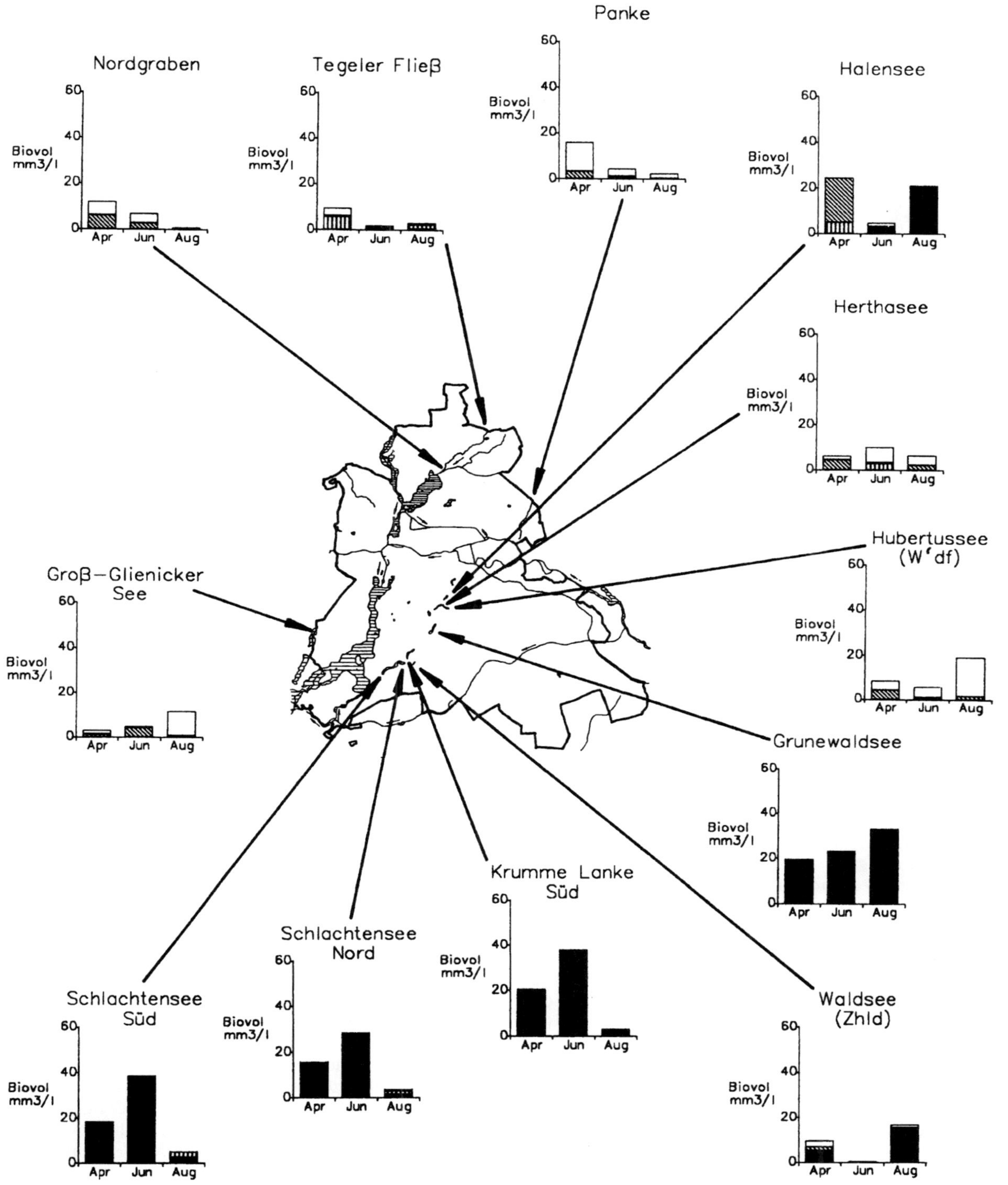

Abb. 16b. Biovolumen (mm³/l) der quantitativ wichtigen Algengruppen im Sommerhalbjahr 1983 in der Grunewaldseenkette, im Groß-Glienicker See und in kleinen Fließgewässern (Tegeler Fließ, Nordgraben, Panke). ■ Cyanophyceen, ▥ Bacillariophyceen, ▧ Chlorophyceen, □ sonstige

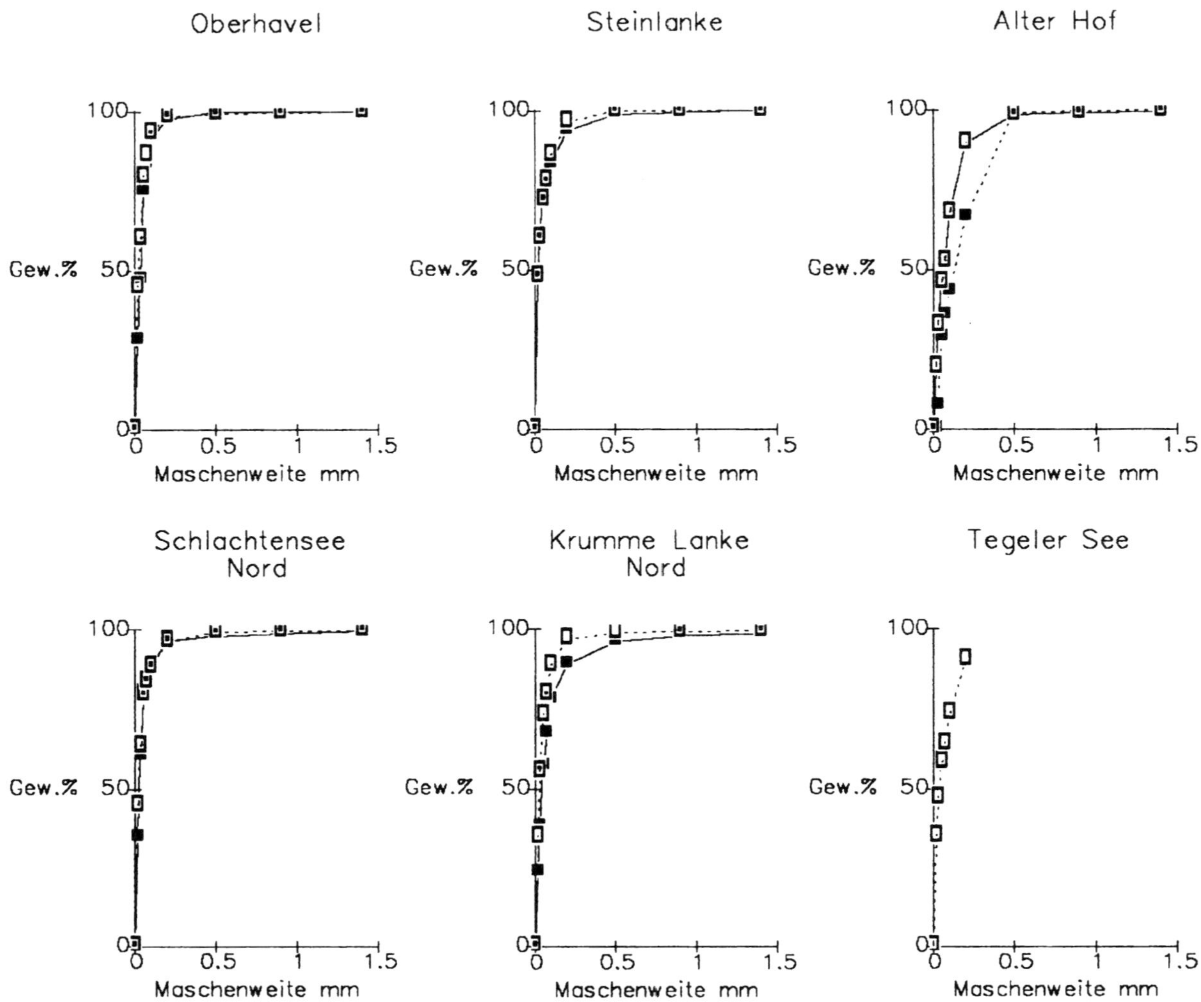

Abb. 17. Korngrößenfraktionen (Gewichtsprozent) in Berliner Weichsedimenten.
□ 0—7,5 cm und ■ 7.5—15 cm Sedimenttiefe von Oberhavel, Unterhavel (Steinlanke, Alter Hof), den Grunewaldseen (Krumme Lanke Nord, Schlachtensee Nord und Süd) und Tegeler See am Transektpunkt P1. Maschenweite in mm: 0.02, 0.032, 0.05, 0.071, 0.1, 0.2, 0.5, 0.9 und 1.4

Algendichte im Fließverlauf zu, im Pohlesee wurde mit 56 mm^3/l das größte Biovolumen sämtlicher Proben gefunden. Qualitative Analysen zeigen (Kap. 8.1), daß *Oscillatoria agardhii* auch im Oktober 1982 in den Gewässern dieser Gruppe außer im Tegeler See und im Hohenzollernkanal dominant war. Im Januar 1983 dominierten Bacillariophyceen.

Das Phytoplankton des **Heiligensees**, der mit der Oberhavel in Verbindung steht, und der südlichen **Grunewaldseenkette**, die vom Großen Wannsee gespeist wird, war im April, Juni und August von Cyanophyceen — *Oscillatoria redekei* und *O. agardhii* dominant, *Aphanizomenon flos-aquae* subdominant — beherrscht. Hertha- und Hubertussee wiesen ein abweichendes Planktonbild auf, obwohl sie im Wasseraustausch mit dem Grunewaldsee standen. Hier dominierten Chlamydomonaden, *Cryptomonas* spp., *Peridinium* sp. und *Mallomonas caudata*. Das Phytoplankton des Halensees war im April durch *Tetrastrum staurogeniaeforme* und im August, wie in der südlichen Grunewaldseenkette, durch *Oscillatoria agardhii* gekennzeichnet.

Qualitative Analysen (Kap. 8.1) ergaben auch für die Grunewaldseenkette außer für den Herthasee und den Hubertussee im Oktober 1982 eine Dominanz von *Oscillatoria agardhii*, im Januar 1983 von *Oscillatoria agardhii* und/oder von *Oscillatoria redekei*.

Die kleineren Fließgewässer **Panke, Nordgraben** und **Tegeler Fließ**, die in die Spree bzw. in den Tegeler See einmünden, wiesen keine deutliche Aspektfolge im Phytoplankton auf. Hier war die Gattung *Euglena*, die viele potentiell heterotrophe Arten umfaßt, ständig quantitativ wichtig. Auch der Groß-Glienicker See, der mit den anderen untersuchten Gewässern nicht in Verbindung steht, zeigte mit sommerlicher Dominanz von *Ceratium hirundinella* ein abweichendes Planktonbild.

Die Zusammenstellung der regional wichtigsten Taxa (Abb. 19) zeigt, daß *Oscillatoria agardhii* und *O. redekei* in der Hälfte der 72 Proben quantitativ wichtig waren. Erstere erreichte häufiger hohe und die am höchsten festgestellten Biovolumina (max. 55 mm^3/l im Pohlesee). Centrische Bacillariophyceen wurden, z. T. mit beachtlichem Biovolumen, in 26 Proben quantitativ erfaßt. Relativ häufig, jedoch meist in geringem Biovolumen, traten außerdem *Aphanizomenon flos-aquae*, pennate (stabförmige) Bacillariophyceen und Cryptophyceen auf.

Die Gesamtartenzahl im Phytoplankton (Abb. 21) enthält zwischen 15 und 70 Taxa. Im April und Juni 1983 war im Tegeler See, in der Havel, in der Wannsee-

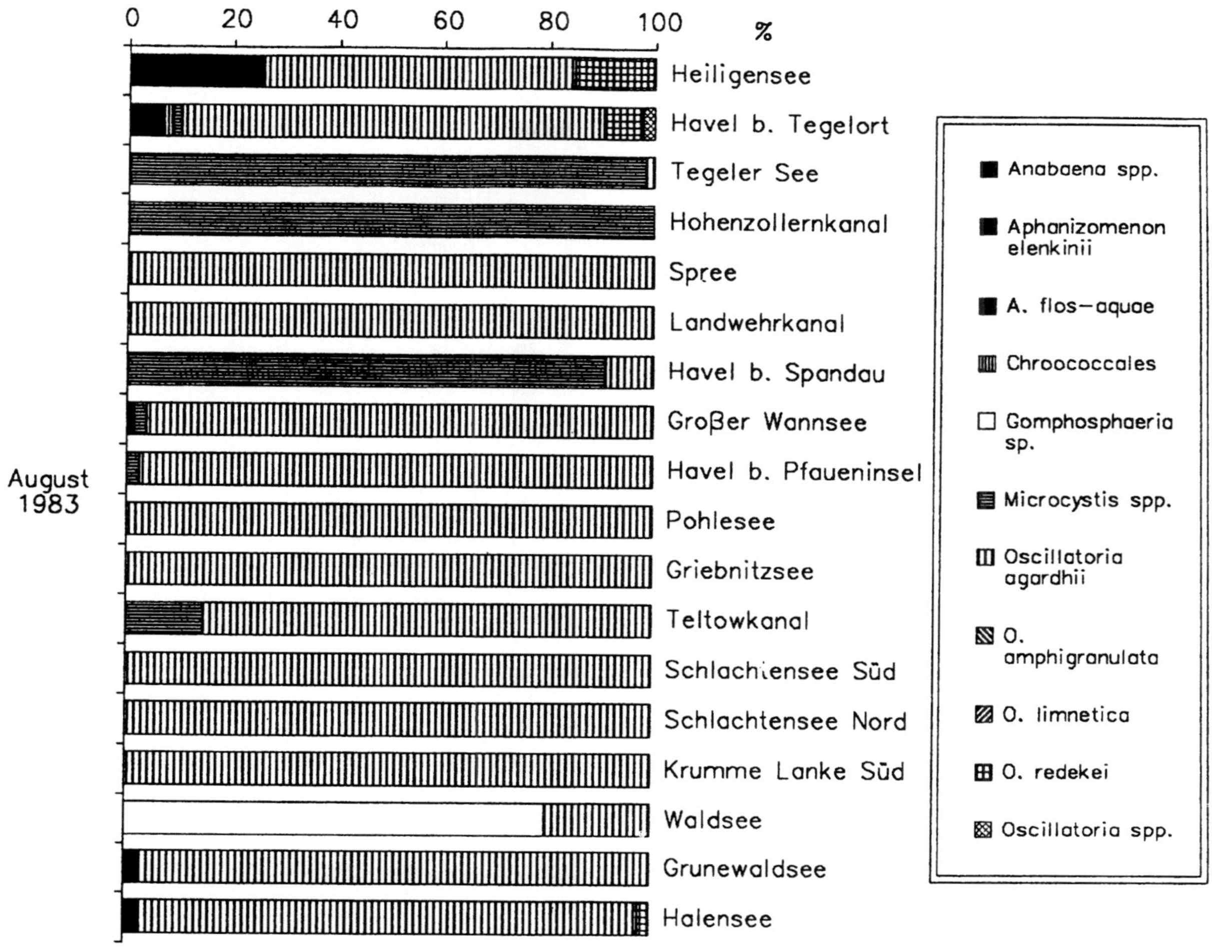

Abb. 18. Quantitativ wichtige Cyanophyceenarten mit ihrem prozentualen Anteil am Gesamt-Cyanophyceen-Biovolumen im August 1983 in verschiedenen Berliner Gewässern

kette und der Spree sowie den Kanälen die Artenzahl jeweils höher als in der Grunewaldseenkette. Hierbei machten die überwiegend in geringer Biomasse vorhandenen Chlorophyceen ca. die Hälfte der Gesamtartenzahl aus. Im August, zur Zeit der Cyanophyceendominanz, war die Artenzahl in der Havel und im Tegeler See im Schnitt niedriger als im Frühjahr und Frühsommer.

Zooplanktonuntersuchungen (1982—1983):

Zooplankton wurde in allen untersuchten Gewässern, auch in den kleinen und großen Fließgewässern, gefunden. In den integrierten Oberflächenproben war, besonders in Gewässern mit mehr als 3 m Tiefe, gut bewegliches Zooplankton, wie z. B. Calanoiden, zahlenmäßig wahrscheinlich unterrepräsentiert. Die festgestellte Artenzusammensetzung des Zooplanktons (Kap. 4.3) und auch die Tendenz zur Dominanz kleiner herbivorer Tiere (Rotatorien, kleine Cladoceren) wird jedoch als charakteristisch für die untersuchten Gewässer angesehen. Nur in wenigen Fällen (z. B. im Tegeler See, Groß-Glienicker See, Halensee, Flughafensee) wurden zeitweise auch große Filtrierer (Calanoiden, *Diaphanosoma* sp.) in großer Dichte festgestellt. Auftreten bzw. Fehlen von Zooplankton ist grundsätzlich immer auch in Zusammenhang mit der bekannten Fischzönose zu beurteilen.

Die Artenvielfalt des Zooplanktons war im April 1983 in der Havel und ihrem Einzugsgebiet größer als in der Grunewaldseenkette. In der Havel war sie zu allen Zeitpunkten etwa gleich, während sie in der Grunewaldseenkette im August bei verringertem Phytoplanktonbiovolumen deutlich angestiegen war.

Im **April 1983** (Kap. 8.2) waren in den meisten untersuchten Gewässern Rotatorien dominant, besonders ausgeprägt in der Havel (*Keratella* spp., *Brachionus* spp., *Polyarthra dolichoptera*). Eine Ausnahme bildete der Tegeler See, dessen Zooplankton zu diesem Zeitpunkt durch Calanoiden und große *Daphnia*-Arten (*D.* cf. *hyalina*, *D.* cf. *galeata*) charakterisiert war.

Im **Sommer 1983** (Kap. 8.2) wurden mehr Crustaceen gefunden: In der Havel traten *Bosmina longirostris*, *Eubosmina coregoni*, *Daphnia cucullata* und Chydoriden im Juni in größerer Individuenzahl auf.

In der Grunewaldseenkette und im Heiligensee dominierten im Juni, z. T. ausgeprägt, *Bosmina longirostris* in Begleitung von Rotatorien (*Filinia longiseta*, *Pompholyx sulcata*, *Keratella* spp., *Brachionus* spp., *Polyarthra dolichoptera*). Im August wurden Cyclopiden, *Daphnia cucullata*, Nauplien und Chydoriden quantitativ wichtig.

Im Tegeler See war im Juni und August jeweils eine Rotatorienart (*Keratella cochlearis* f. *tecta* bzw. *Filinia*

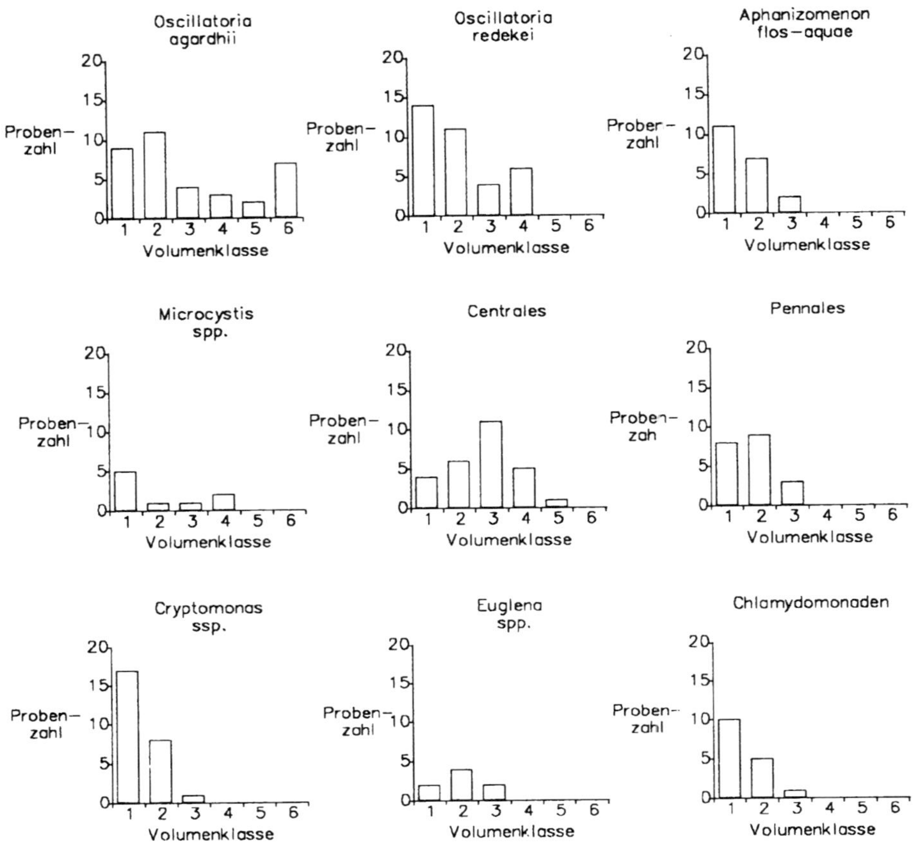

Abb. 19. Regional quantitativ wichtige Algenarten bzw. -taxa: Häufigkeitsverteilung des festgestellten Biovolumens (mm^3/l) (Gesamt-Probenzahl = 76).

Volumenklasse 1: < 2 mm^3/l	Volumenklasse 4: 10 < 20 mm^3/l
2: 2 < 5 mm^3/l	5: 20 < 30 mm^3/l
3: 4 < 10 mm^3/l	6: < 30 mm^3/l

Tab. 10. Typische Planktonassoziationen in den Berliner Gewässern in der Vegetationsperiode 1983

Phytoplankton	Zooplankton	Gewässer
APRIL 1983		
centrische Bacillariophyceen	*Brachionus angularis, B. calyciflorus, Keratella quadrata, K. cochlearis, Polyarthra dolichoptera*, Calanoiden, *Daphnia* cf. *hyalina* und *D.* cf. *galeata.*	Ober-, Unterhavel, Havel b. Spandau, Spree, Wannsee, Griebnitzsee, Hohenzollernkanal, Landwehrkanal, Teltowkanal und Tegeler Fließ.
Oscillatoria redekei u. *O. agardhii*	*Keratella cochlearis, K. quadrata* und *Polyarthra dolichoptera*, cf. *Coleps.*	Heiligensee, Schlachtensee Krumme Lanke und Grunewaldsee.
Chlamydomonaden	*Polyarthra dolichoptera* und Nauplien.	Herthasee, Hubertussee.
AUGUST 1983		
Oscillatoria agardhii	*Trichocerca similis, Pompholyx sulcata, Keratella cochl.* f. *tecta*, Cyclopiden, *Daphnia cucullata* und *Bosmina longirostris.*	Unterhavel, Spree, Wannsee, Pohlesee, Griebnitzsee, Landwehrkanal, Teltowkanal, Schlachtensee, Krumme Lanke, Grunewaldsee und Halensee.
Microcystis aeruginosa,	*Filnia longiseta, Trichocerca similis,*	Havel b. Spandau, Tegeler See und Hohenzollernkanal.
M. viridis u. *M. wesenbergii*	Chydoriden und *Eubosmina.*	
Ceratium hirundinella	Nauplien und *Diaphanosoma* sp.	Groß-Glienicker See.
Mallomonas caudata, Peridinium sp.	*Polyarthra dolichoptera, Epistylis rotans* und *Bosmina longirostris.*	Herthasee und Hubertussee
Euglena spp.	*Filnia longiseta* und Ciliaten.	Panke, Nordgraben und Tegeler Fließ.

longiseta) dominant. In den Kanälen und der Spree waren die Crustaceen neben Rotatorien (*Keratella cochlearis, Trichocerca similis*) von geringer Bedeutung. Besonders artenarm war der Groß-Glienicker See, hier traten nur Nauplien in größerer Zahl auf.

Phyto- und Zooplanktonuntersuchungen (1984—1986):

Hinsichtlich einer Optimierung der Probenahme ist besonders interessant, wie repräsentativ die Stichproben aus den Jahren 1982—1983 sind. Für den **Tegeler See** und die **Unterhavel** können die Ergebnisse verschiedener Untersuchungsserien (fünf Stichproben 1982—1983 und monatliche Probeserien 1984—1986) verglichen werden. Die Jahresgänge (Abb. 20) zeigen ein differenziertes Bild der zeitlichen Abfolge verschiedener Algengruppen und des erreichten Biovolumens. Die Stichproben aus den Jahren 1982—1983 (Abb. 16) repräsentieren jedoch recht gut die jeweilige Jahreszeit in den Gewässern.

Die Dominanz centrischer Bacillariophyceen im Frühjahr und von *Oscillatoria agardhii* bzw. *Microcystis* spp. im Sommer wiederholte sich in allen untersuchten Jahren. Die Dauer der Dominanz und das erreichte Biovolumen unterschied sich jedoch von Jahr zu Jahr erheblich. So dauerte 1985 die *Microcystis*-Blüte z. B. im Tegeler See drei Monate mit Biovolumina von maximal 17 mm³/l, während sie 1986 mit einem Biovolumen von weniger als 3 mm³/l festgestellt wurde und daneben *Melosira* (bis

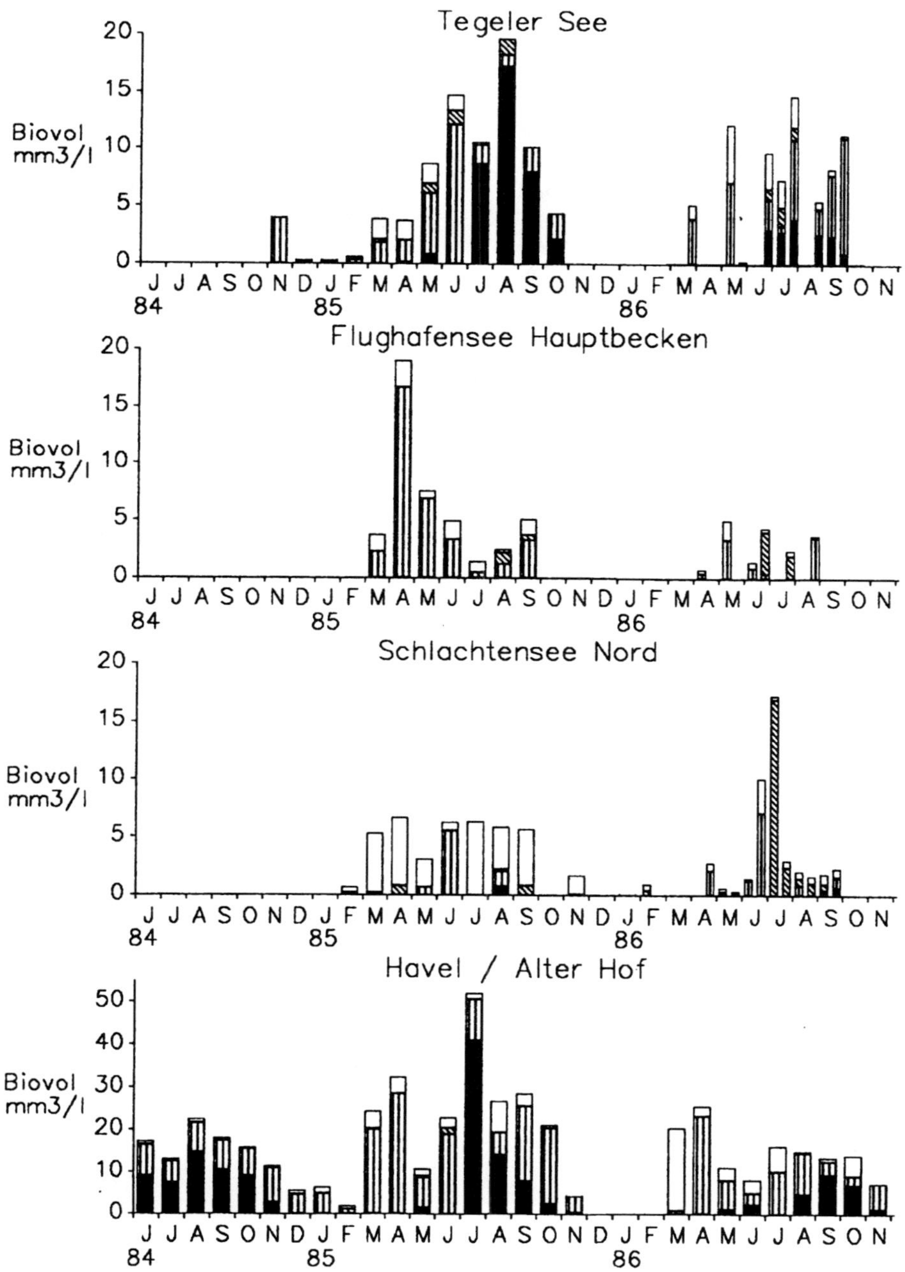

Abb. 20. Jahresgänge des Phytoplanktonbiovolumens (mm³/l) mit den quantitativ wichtigen Algengruppen in den Jahren 1984—1986 in der Havel, im Tegeler See, Schlachtensee Nord und Flughafensee Hauptbecken. Der abweichende Biovolumen-Maßstab für die Havel ist zu beachten.
■ Cyanophyceen, ▥ Bacillariophyceen, ▧ Chlorophyceen, □ sonstige

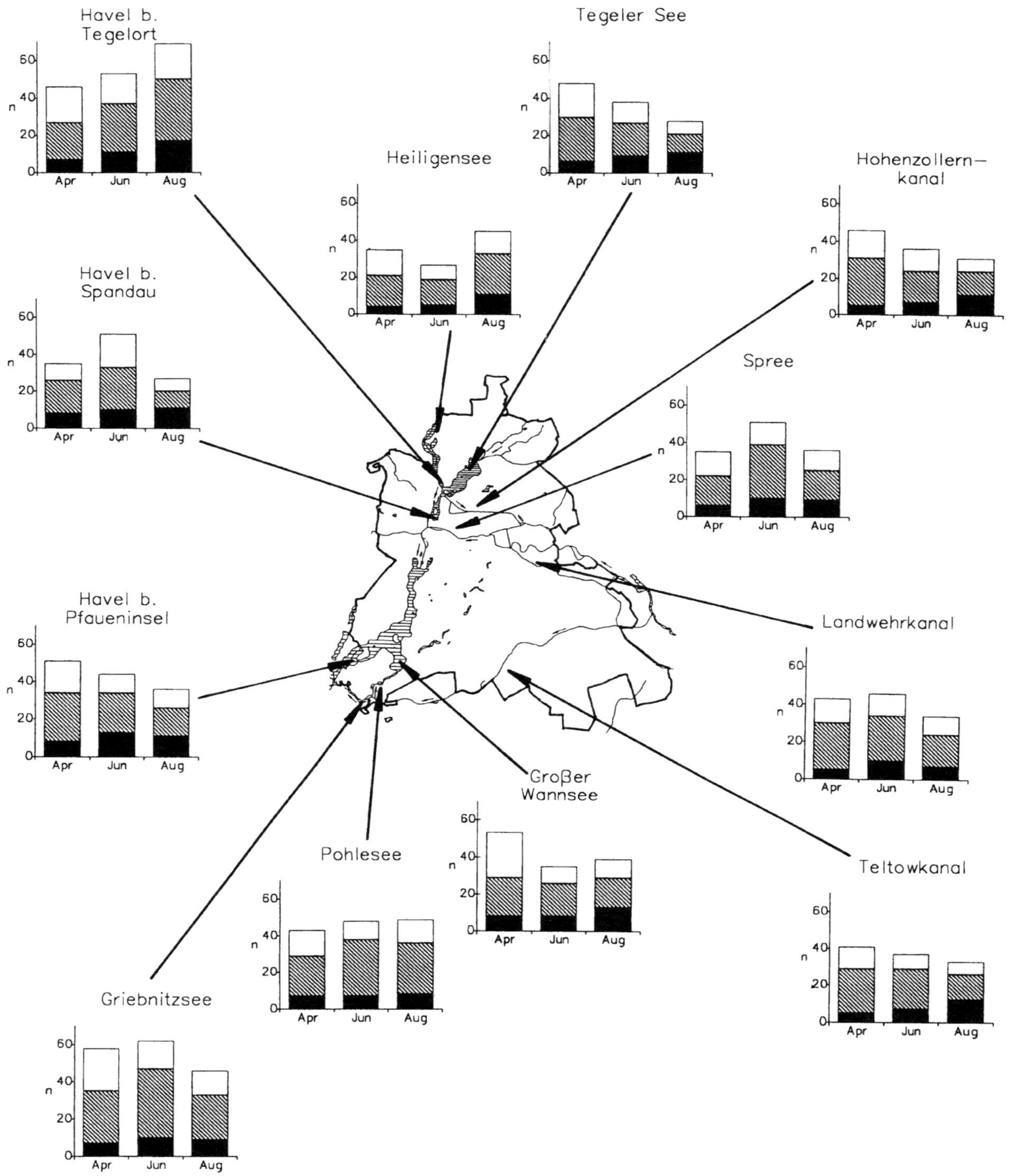

Abb. 21a. Gesamtartenzahl im Phytoplankton und Artenzahl (n) der quantitativ wichtigen Algengruppen im Sommerhalbjahr 1983 in der Havel, der Spree, im Tegeler See, und in einigen von ihnen gespeisten Seen und Kanälen. Die dargestellten Zahlen enthalten auch Gattungen und andere Sammelgruppen.

■ Cyanophyceen, ▨ Chlorophyceen, □ sonstige

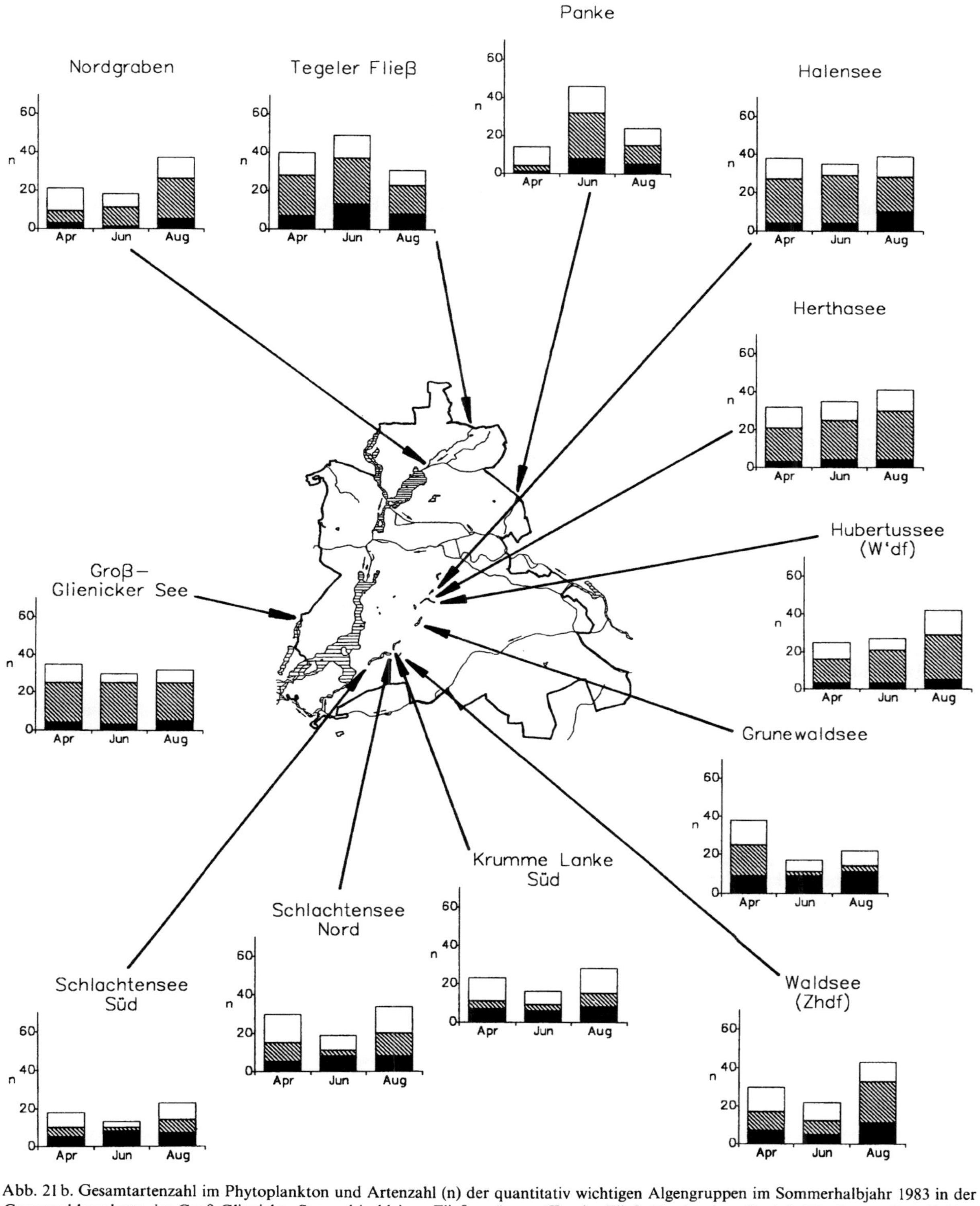

Abb. 21 b. Gesamtartenzahl im Phytoplankton und Artenzahl (n) der quantitativ wichtigen Algengruppen im Sommerhalbjahr 1983 in der Grunewaldseenkette, im Groß-Glienicker See und in kleinen Fließgewässern (Tegeler Fließ, Nordgraben, Panke). Die dargestellten Zahlen enthalten auch Gattungen und andere Sammelgruppen.
■ Cyanophyceen, ▧ Chlorophyceen, □ sonstige

4 mm³/l) und andere centrische Bacillariophyceen (bis 3 mm³/l) auftraten. In der Havel war die Dominanz von *Oscillatoria agardhii* 1984 von Juli bis September mit maximalem Biovolumen von 10 mm³/l deutlicher ausgeprägt als in den Jahren 1985 und 1986, in denen auch im Sommer Bacillariophyceen subdominant bis dominant waren und *Oscillatoria agardhii* nur in einer Probe (Juli 1985 bzw. Sept. 1986), allerdings 1985 mit 41 mm³/l, vorherrschte.

Im **Schlachtensee** (Abb. 20), dessen Zufluß vom Großen Wannsee seit 1981 entphosphatet wird, wurden im Februar 1985 die bis dahin dominierenden *Oscillatoria*-Arten abgelöst. Fast das ganze Jahr hindurch waren verschiedene Cryptophyceen-Arten (*Rhodomonas* spp., *Cryptomonas* spp.) sowie im Mai mehrere pennate Bacillariophyceen-Arten in stets geringem Biovolumen (maximal 7 mm³/l) vorhanden. 1986 wurde eine abwechslungsreiche Abfolge von pennaten Bacillariophyceen (u. a. *Asterionella formosa* und *Fragilaria crotonensis*) und verschiedenen Chlorophyceen (cf. *Eutetramorus* sp., *Volvox* sp.) gefunden. *Ceratium hirundinella* war im August und September subdominant. Im Zooplankton wurden mehr große *Daphnia*-Arten als in früheren Jahren beobachtet.

Der **Flughafensee** (Abb. 20) wies 1985 fast die ganze Vegetationsperiode hindurch ein von pennaten Bacillariophyceen (*Asterionella formosa* (mit maximal 16 mm³/l im April) und *Fragilaria crotonensis*) dominiertes Phytoplankton auf. Das Zooplankton war überwiegend durch Rotatorien und Ciliaten charakterisiert, im Juli 1985 waren daneben auch Nauplien und *Bosmina longirostris* quantitativ von Bedeutung. 1986 wurden deutlich geringere Phytoplanktondichten als im Vorjahr (max. 5 mm³/l im Mai) festgestellt. Neben pennaten Bacillariophyceen (*Asterionella formosa* im Frühjahr, *Fragilaria crotonensis* im Herbst) waren im Sommer auch nicht weiter bestimmte Chlorococcale und *Volvox* sp. von quantitativer Bedeutung.

4.3.3. Phytoplanktonbiovolumen und Chlorophyll-a

Zwischen Chlorophyll-a-Konzentration und Phytoplanktonbiovolumen bestand eine relativ enge Beziehung ($r = 0{,}805$, $n = 146$, Abb. 22).

Der Chlorophyll-a-Gehalt des Phytoplanktons variierte um mehr als einen Faktor 10 von 0,1 % bis mehr als 1,7 % des Biovolumens. Der Medianwert sämtlicher Proben ($n = 146$) lag bei 0,44 %. Weder verschiedene Zönosen noch Jahreszeiten unterschieden sich deutlich in ihrem Chlorophyll-a/Biovolumen-Verhältnis (Abb. 24). Hingegen wuchs bei sehr geringer Biovolumen-Dichte der Chlorophyll-a-Gehalt pro Biovolumen (Abb. 23).

4.3.4. Größe und Form des Phytoplanktons

Größe und Form der Algenarten haben zum einen Einfluß auf die Freßbarkeit durch das Zooplankton. Zum anderen lassen sie zusammen mit dem Oberflächen/Volumen-Verhältnis Rückschlüsse auf den Metabolismus der Arten zu. Da sich die Besiedlungsbedingungen zu verschiedenen Jahreszeiten z. B. in der Temperatur sowie den Licht- und Nährstoffverhältnissen unterscheiden, sind in Anpassung an die jeweiligen Gegebenheiten charakteristische saisonale Unterschiede in der Form des Phytoplanktons zu erwarten.

In Abb. 25 ist exemplarisch für einige Probenahmetage der prozentuale Anteil der quantitativ wichtigen Arten am Gesamtphytoplanktonbiovolumen kumulativ gegen die Zell- bzw. Coenobiengröße der einzelnen Arten aufgetragen, beginnend bei der kleinsten Art. Parallel dazu ist das Verhältnis von Oberfläche zu Volumen für die entsprechenden Arten in Abhängigkeit von ihrer Größe dargestellt. Am Beispiel von Phytoplanktonassoziationen, die für verschiedene Jahreszeiten typisch waren (Tab. 10) wird deutlich, daß im Frühjahr in den meisten Gewässern kleine Algenarten mit einem großem Oberflächen/Volumen-Verhältnis dominierten. Im Sommer überwogen, relativ unabhängig von der dominierenden Algengroßgruppe, größere Arten.

Aus dem schraffierten Bereich unter den kumulativen Biovolumen/Zellgröße-Kurven ist der Anteil des Phytoplanktons zu entnehmen, der kleiner als 1500 µm³ und damit für kleine Zooplankter in etwa als noch freßbar anzunehmen ist. Während für diese Mikrofiltrierer im Frühjahr in allen dargestellten Gewässern das gesamte vorhandene Phytoplankton ingestierbar war, konnten sie im Sommer, z. B. im Tegeler See (August 1983), keine der quantitativ erfaßten Algen wegen deren Größe direkt aufnehmen, im Flughafensee jedoch noch ca. 10 % des Phytoplanktons.

Das Oberflächen/Volumen-Verhältnis steht in inverser

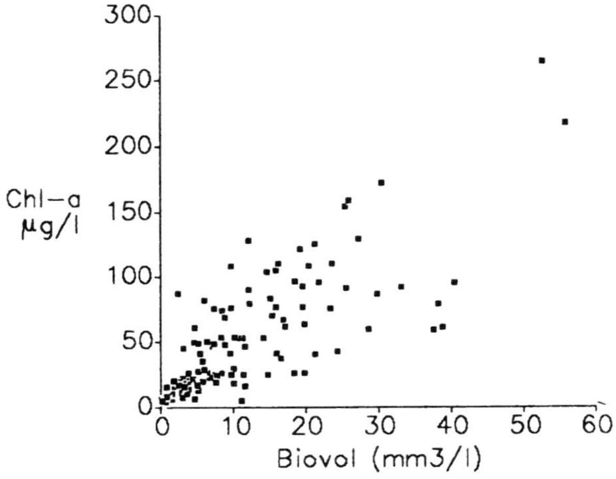

Abb. 22. Chlorophyll-a-Konzentration (µg/l) in Beziehung zum Phytoplanktonbiovolumen (mm³/l) von 146 untersuchten Proben

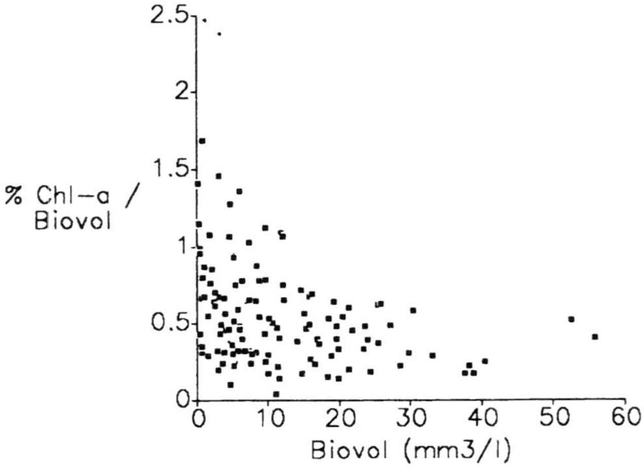

Abb. 23. Prozentualer Anteil des Chlorophyll-a am Phytoplanktonbiovolumen (%) in Beziehung zum Phytoplanktonbiovolumen (mm³/l) von 146 untersuchten Proben

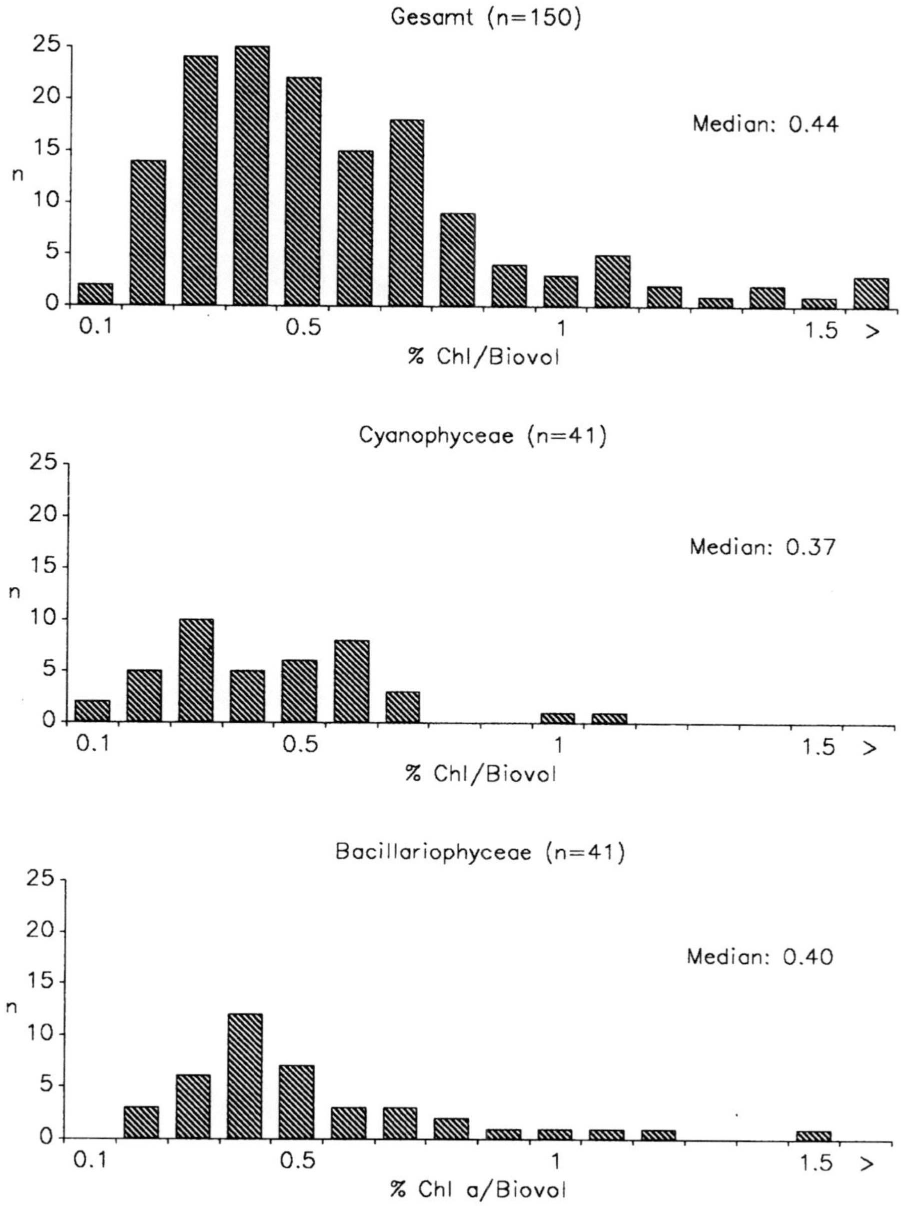

Abb. 24. Häufigkeitsverteilung des prozentualen Anteils des Chlorophyll-a am Phytoplanktonbiovolumen (%) aller untersuchten Proben (n = 146) und in Proben mit Dominanz (> 50% des Biovolumens) von Cyanophyceen (n = 41) und Bacillariophyceen (n = 41)

Beziehung zum Zell- bzw. Coenobium-Volumen der Algen (Abb. 25, z. B. Herthasee). Im Frühjahr war dieses Verhältnis relativ groß. Große Arten unterscheiden sich in Abhängigkeit von ihrer Form deutlich im Oberflächen/Volumen-Verhältnis. *Microcystis*-Kolonien oder Peridineen besitzen z. B. eine relativ geringe Oberfläche (Oberfläche/Volumen < 0,2). Dagegen ist das Oberflächen/Volumen-Verhältnis bei dünnen fädigen Algen (z. B. *Oscillatoria redekei*, *O. agardhii*) groß (1—>2). In Abhängigkeit von der Artenzusammensetzung sind im Sommer Phytoplanktongesellschaften mit sehr geringem (z. B. im Tegeler See und Herthasee) von solchen mit relativ großem Oberflächen/Volumen-Verhältnis (Unterhavel, Flughafensee) zu unterscheiden.

4.3.5. Struktur der Phytoplanktonassoziationen

Die ökologische Struktur der verschiedenen Phytoplanktonassoziationen (Tab. 10) läßt sich durch die Dominanzverhältnisse charakterisieren. Die Verteilung des pflanzlichen Biovolumens auf mehrere quantitativ wichtige Arten ist eine Grundlage für die Ausbildung eines vielfältig gekoppelten Nahrungsgefüges.

Die Dominanzverhältnisse im Phytoplankton sind in Abb. 26 exemplarisch anhand des kumulativen prozentualen Anteils der einzelnen quantitativ wichtigen Arten am Gesamtbiovolumen, beginnend bei der häufigsten Art dargestellt. Die Dominanz einer einzigen Art, wie z. B. in der Spree im August 1983, entspricht einem Ex-

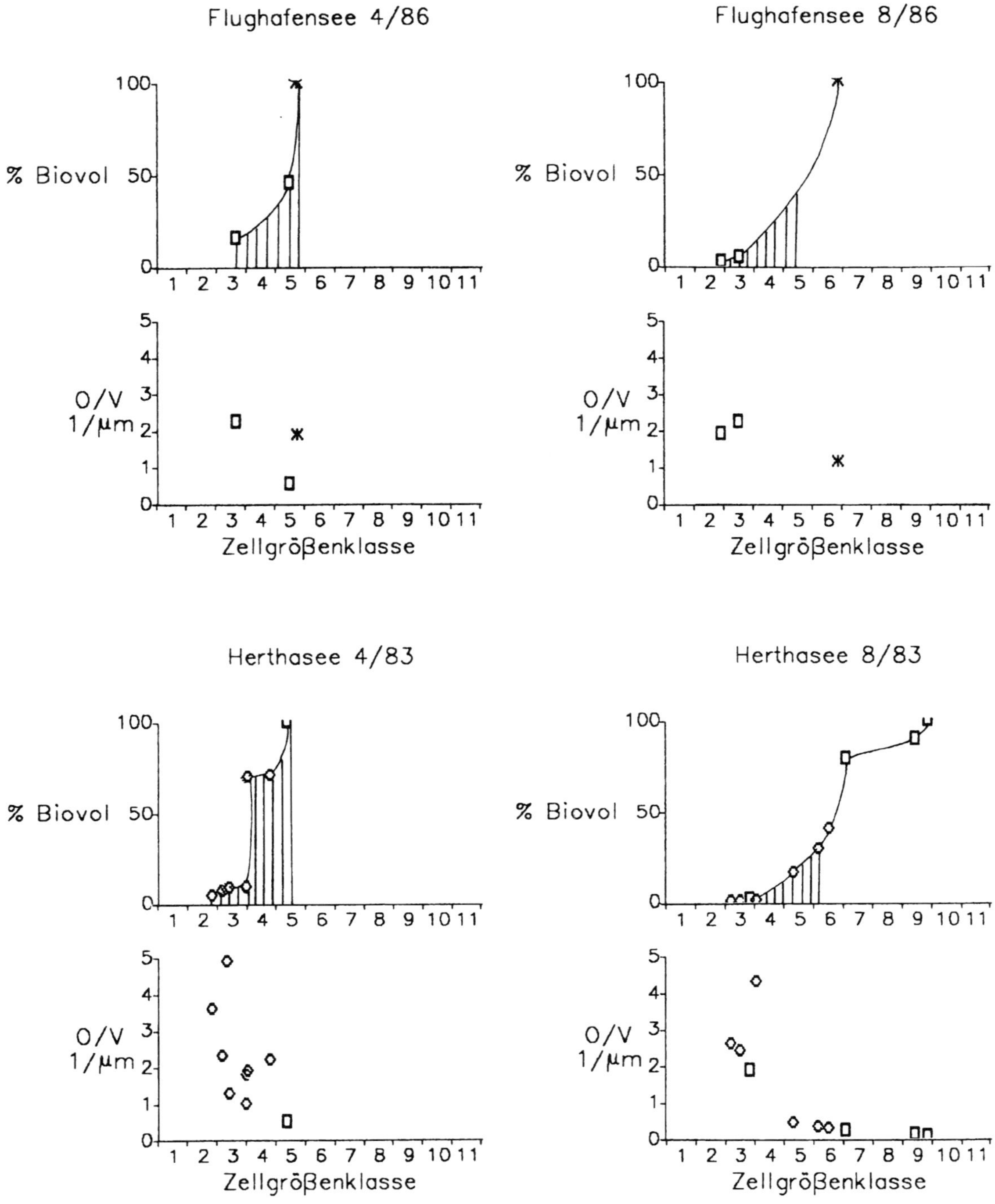

Abb. 25a. Zell- bzw. Coenobiumgröße und Oberflächen/Volumen-Verhältnis im Phytoplankton (s. Abb. 25b).

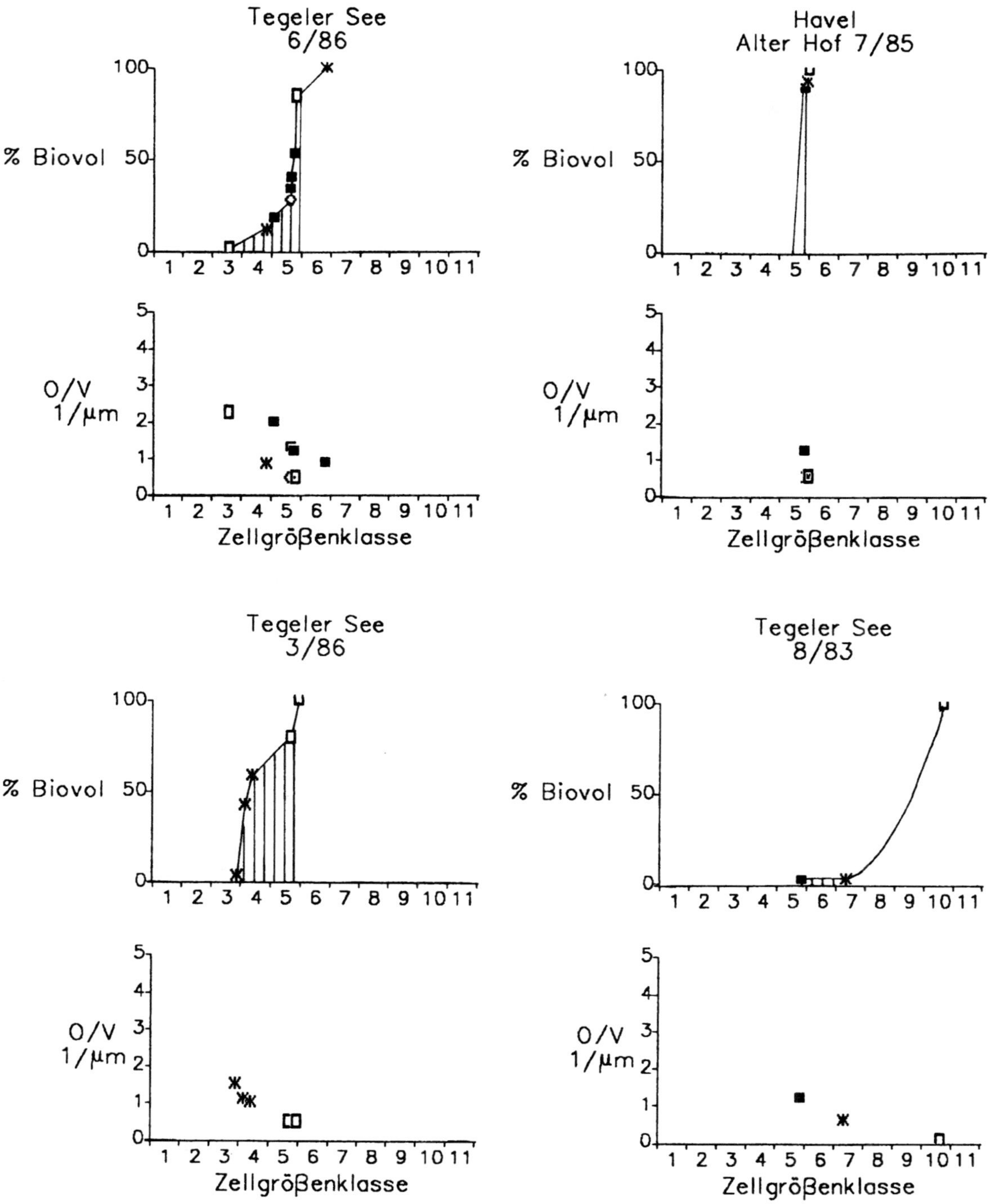

Abb. 25 b. Zell- bzw. Coenobiumgröße und Oberflächen/Volumen-Verhältnis im Phytoplankton im Frühjahr (links) und Sommer (rechts) in ausgewählten Gewässern:

oben: Prozentualer Anteil der quantitativ wichtigen Arten am Gesamtphytoplanktonbiovolumen (% Biovol) in Beziehung zur Zell- bzw. Coenobiengröße (μm^3) der jeweiligen Art, kumulativ aufgetragen, beginnend bei der kleinsten Art. Der schraffierte Bereich entspricht dem Anteil am Phytoplanktonbiovolumen, der kleiner als 1500 μm^3 ist und damit von kleinem Zooplankton gefressen werden kann.

unten: Oberflächen/Volumen-Verhältnis (O/V, $1/\mu m$) der quantitativ wichtigen Arten in Beziehung zu ihrer Größe $(\mu m)^3$.

Zellgrößenklasse 1 = Zellgröße 2^2 μm^3 ■ Cyanophyceen
Zellgrößenklasse 2 = Zellgröße 2^4 μm^3 × Bacillariophyceen
Zellgrößenklasse 3 = Zellgröße 2^6 μm^3 ○ Chlorophyceen
Zellgrößenklasse 11 = Zellgröße 2^{22} μm^3 □ sonstige

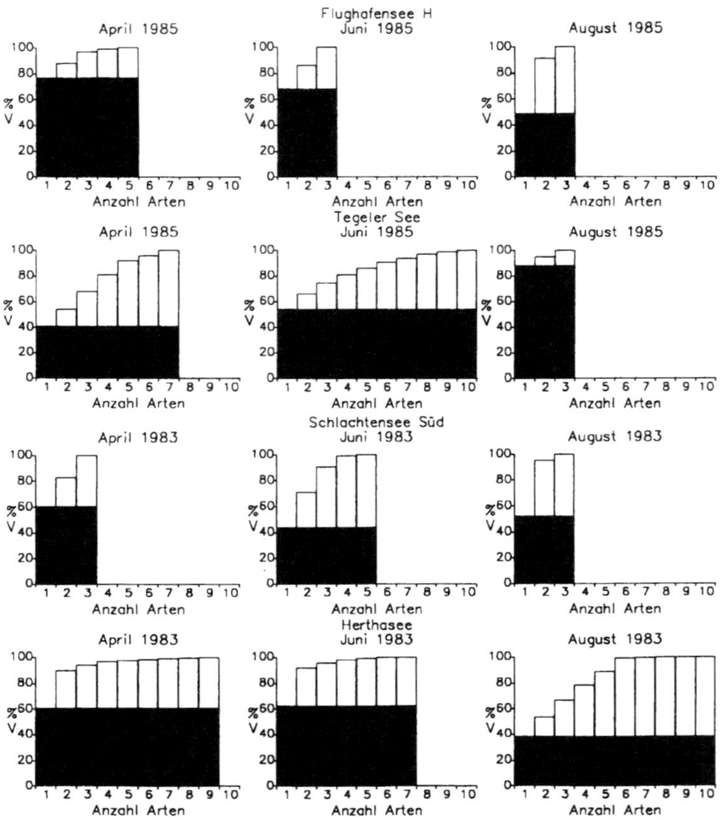

Abb. 26. Dominanzverhältnisse in den Phytoplanktonassoziationen ausgewählter Gewässer zu verschiedenen Jahreszeiten: Anteil der quantitativ wichtigen Arten am Gesamtphytoplanktonbiovolumen (% Biovol), kumulativ aufgetragen, beginnend bei der Art mit dem größten Biovolumen (schwarz)

trem. Dem anderen Extrem, maximal gleichmäßige Verteilung des Biovolumens auf viele Arten, entspricht eine gleichmäßig ansteigende Höhe der Säulen. Das Phytoplankton im Griebnitzsee im April 1983 kommt dieser Verteilung relativ nah.

Die südliche Grunewaldseenkette (z. B. Schlachtensee Süd) wies ebenso wie der Tegeler See, die Havelseen (z. B. Griebnitzsee), die Spree, die Kanäle und der Groß-Glienicker See im Frühjahr und Frühsommer 1983 eine gleichmäßigere Verteilung des Biovolumens auf mehrere Arten auf als im August (Abb. 26). Die ungleichmäßige Verteilung des Biovolumens im August 1983 fiel jeweils mit der Dominanz von Cyanophyceen bzw. *Ceratium hirundinella* (Groß-Glienicker See) zusammen. Auffallend ist die hohe Diversität im Tegeler See zur Zeit des Klarwasserstadiums 1985 (Abb. 26) mit 10 quantitativ wichtigen Arten.

Abweichend von diesem jahreszeitlichen Muster wiesen Herthasee und Hubertussee, Flughafensee, die kleinen Fließgewässer (Panke, Nordgraben, Tegeler Fließ) und die Havel zu allen Untersuchungszeitpunkten etwa ähnliche Dominanzverhältnisse im Phytoplankton auf (Abb. 26).

4.3.6. Untersuchung zur Primärproduktion des Phytoplanktons

Um Einblick in Aspekte des Stoffwechselgeschehens in verschiedenen Seentypen zu erhalten, wurden 1986 vierzehntägig am Tegeler See, Flughafensee (Hauptbecken) und Schlachtensee sowie in Stichproben 1985 zusätzlich an Ober- und Unterhavel Messungen zur Primärproduktion und Respiration durchgeführt.

In Abb. 27 sind die unterschiedlichen Photosynthese-Profile in den Seen dargestellt. Der in den Profilen unterschiedlich stark ausgeprägte Rückgang der Produktion mit steigender Wassertiefe entspricht der Strahlungsintensität unter Wasser, die mit zunehmender Tiefe in Abhängigkeit von der Wassertrübung exponentiell abnimmt. Bei starker Strahlung an der Oberfläche tritt bei dem Phytoplankton, das durch die für die Messungen verwendeten Flaschen künstlich längere Zeit in einer bestimmten Tiefe gehalten wird, eine lichtinduzierte Hemmung der Photosynthese kaum auf. Der maximal gemessene Primärproduktionswert (a_{max}) liegt deshalb meist zwischen 0,25 und 1 m Wassertiefe. Da *in situ* die Algen infolge der Durchmischung des Epilimnions ständig in den oberen Wasserschichten zirkulieren, hat die Lichthemmung unter natürlichen Bedingungen weniger oder keine Bedeutung.

Im **Tegeler See** mit seinen meist geringen Sichttiefen (Mittel = 1,6 m) und hohen Chlorophyll-a-Konzentrationen (Mittel = 45 µg/l) lag die trophogene Zone (mit Strahlungsintensitäten $>1\%$ des Oberflächenwertes) meist oberhalb von 3 m Wassertiefe. Die Primärproduktion pro Wasservolumen war meist sehr hoch; der Maximalwert lag bei 1,5 mg O_2/l/h. Die Produktion/m^2/d lag im Mittel bei 7,7 mg O_2/m^2/d. Deutlich ausgeprägt war das Klarwasserstadium im Mai/Juni 1986 mit geringer Photosyntheserate (Abb. 28).

Im **Flughafensee** und **Schlachtensee** war die Produktion/l mit maximal 0,27 mg bzw. 0,35 mg O_2/l/h niedrig.

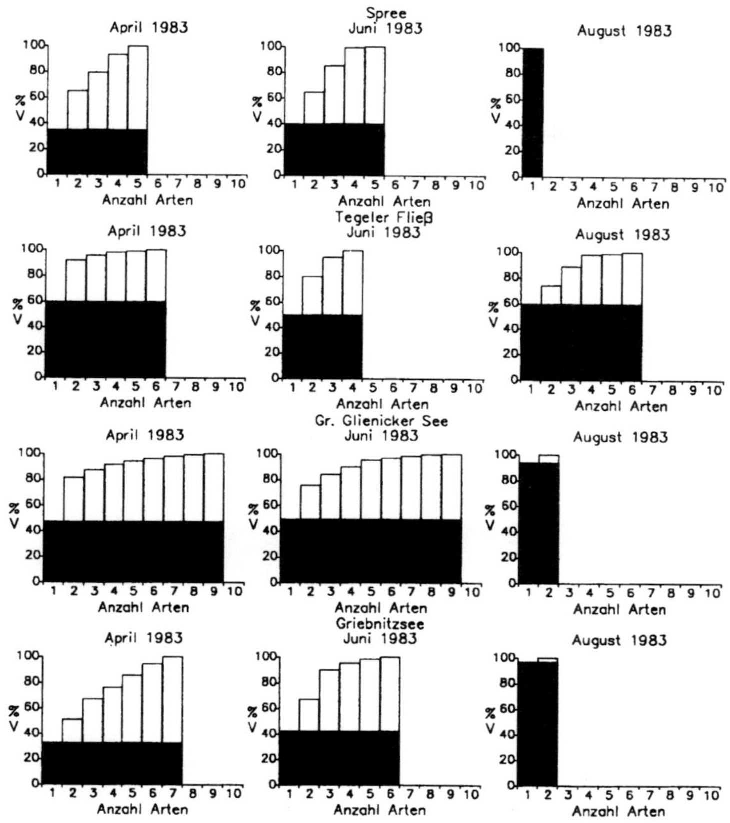

Die Photosynthese konnte jedoch in diesen beiden Seen noch in größeren Tiefen (> 6 m) stattfinden. So unterscheidet sich der maximale Produktionswert im Profil (a_{max}) im Schlachtensee und Flughafensee im Vergleich zum Tegeler See deutlicher als die Produktion/Fläche (Abb. 28, Tab. 11). Letztere lag im Mittel bei 5,8 mg $O_2/m^2/d$ im Schlachtensee bzw. bei 4,3 mg $O_2/m^2/d$ im Flughafensee.

Das Verhältnis von Photosyntheseintegral (Produktion/m^2) zu maximaler Produktion/l im Profil (BP/a_{max}, Abb. 28) charakterisiert die Produktionsverhältnisse im Tiefenprofil. Bei hoher Produktion/Volumen und flacher trophogener Zone ist es niedrig und umgekehrt. Es steht in inverser Beziehung zum Trophiegrad (AHLGREN 1978) und war im Tegeler See niedriger als in den beiden anderen Seen.

Der Umsatz des Phytoplanktons, d. h., das Verhältnis des an einem Tag assimiliertem Kohlenstoffs zu dem in Biomasse gebundenen Kohlenstoff, zeigte im Tegeler See und im Schlachtensee eine inverse Beziehung zum Phytoplanktonbiovolumen. Spitzenwerte liegen bei einem Umsatz von mehr als 6 mal pro Tag. Im Flughafensee war der Umsatz im Phytoplankton trotz meist geringen Biovolumens stets niedrig.

Die für die Vegetationsperiode (April—September 1986) abgeschätzte Produktionssumme (Tab. 11) lag im Tegeler See etwa doppelt so hoch wie im Schlachtensee und im Flughafensee.

Die Respiration war, ebenso wie die Bruttoprimärproduktion, im Flughafensee und im Schlachtensee meist kleiner als im Tegeler See (Tab. 11). Das Verhältnis von Respiration zu Bruttoproduktion war jedoch im Flughafensee und im Schlachtensee am größten. Dort wurden bereits im Durchschnitt in der trophogenen Zone über 80% der produzierten Biomasse wieder veratmet, während es im Tegeler See nur 65% waren. Somit errechnet sich für den Tegeler See, daß etwa 35% der Bruttoproduktion sedimentieren, während sich für den Schlachtensee und Flughafensee Werte von 19% bzw. 12% ergeben.

Die parallel zur Primärproduktion gemessenen in situ O_2-Konzentrationen zeigten eine lineare Beziehung zur O_2-Produktion, die aufgrund der Primärproduktionsmessungen ermittelt wurde ($r = 0{,}599$, $n = 40$, Abb. 29).

4.3.7. Photosynthese in Abhängigkeit von Umweltfaktoren

Die Brutto-Tagesproduktionen (Abb. 30a) stiegen im Bereich der gefundenen Konzentrationen mit steigenden Phytoplanktongesamtbiovolumina an und waren recht gut mit den euphotischen Chlorophyll-a-Konzentrationen korreliert ($r = 0{,}645$, Tab. 12). Entsprechend wurden bei Sichttiefen unter 1 m hohe und bei steigender Sichttiefe zurückgehende Produktionen/m^2 festgestellt (Abb. 30b, $r = -0{,}58$).

Für die Jahressumme der Photosynthese wurde für 49 im Rahmen eines OECD-Programms untersuchten Seen (VOLLENWEIDER 1982) eine Beziehung zur mittleren Chlorophyll-a-Konzentration gefunden. Flughafensee, Schlachtensee und Tegeler See lagen in bzw. über deren oberen Bereich (Abb. 32).

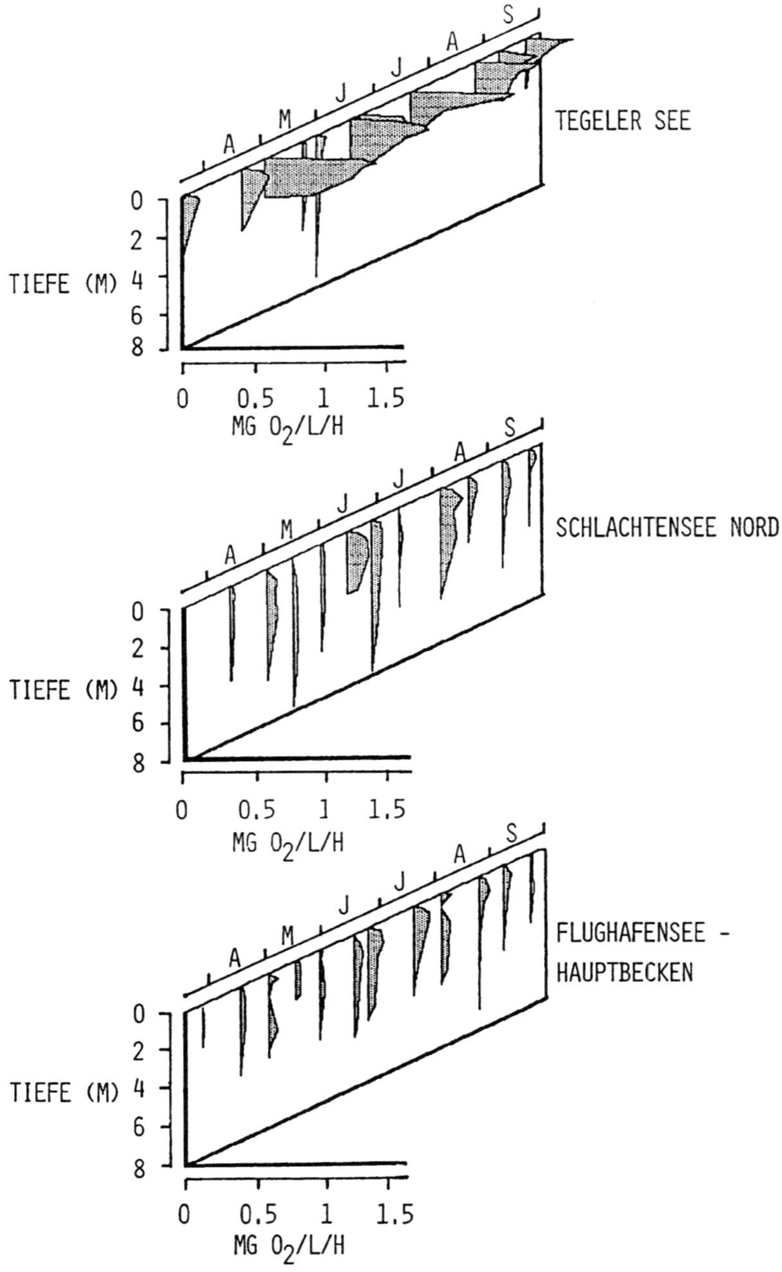

Abb. 27. Vertikalprofile der Bruttoprimärproduktion (mg O_2/l/h) 1986 im Tegeler See, Schlachtensee Nord und Flughafensee Hauptbecken

Tab. 11. Bruttoprimärproduktions- und Nettoproduktionssumme (g C bzw. O_2/m^2/Vegetationsperiode) prozentualer Anteil der Nettoproduktion an der Bruttoproduktion sowie Mittelwert und Standardabweichung des maximalen Produktionswertes im Profil (a_{max}, mg O_2/l/h) und der durchschnittlichen Respiration (mg O_2/l/h) in der trophogenen Zone von drei Berliner Gewässern (Meßzeitraum: April—September 1986)

	Tegeler See	Schlachtensee Nord	Flughafensee Hauptbecken
Bruttoproduktion (C)	551	324	261
Bruttoproduktion (O_2)	1722	1025	815
Nettoproduktion (C)	194	60	31
Nettoproduktion (O_2)	605	189	96
Nettoproduktion (%)	35	18.5	12
a_{max}	0.64 ± 0.48	0.17 ± 0.1	0.15 ± 0.07
Respiration	0.173 ± 0.19	0.065 ± 0.07	0.056 ± 0.05

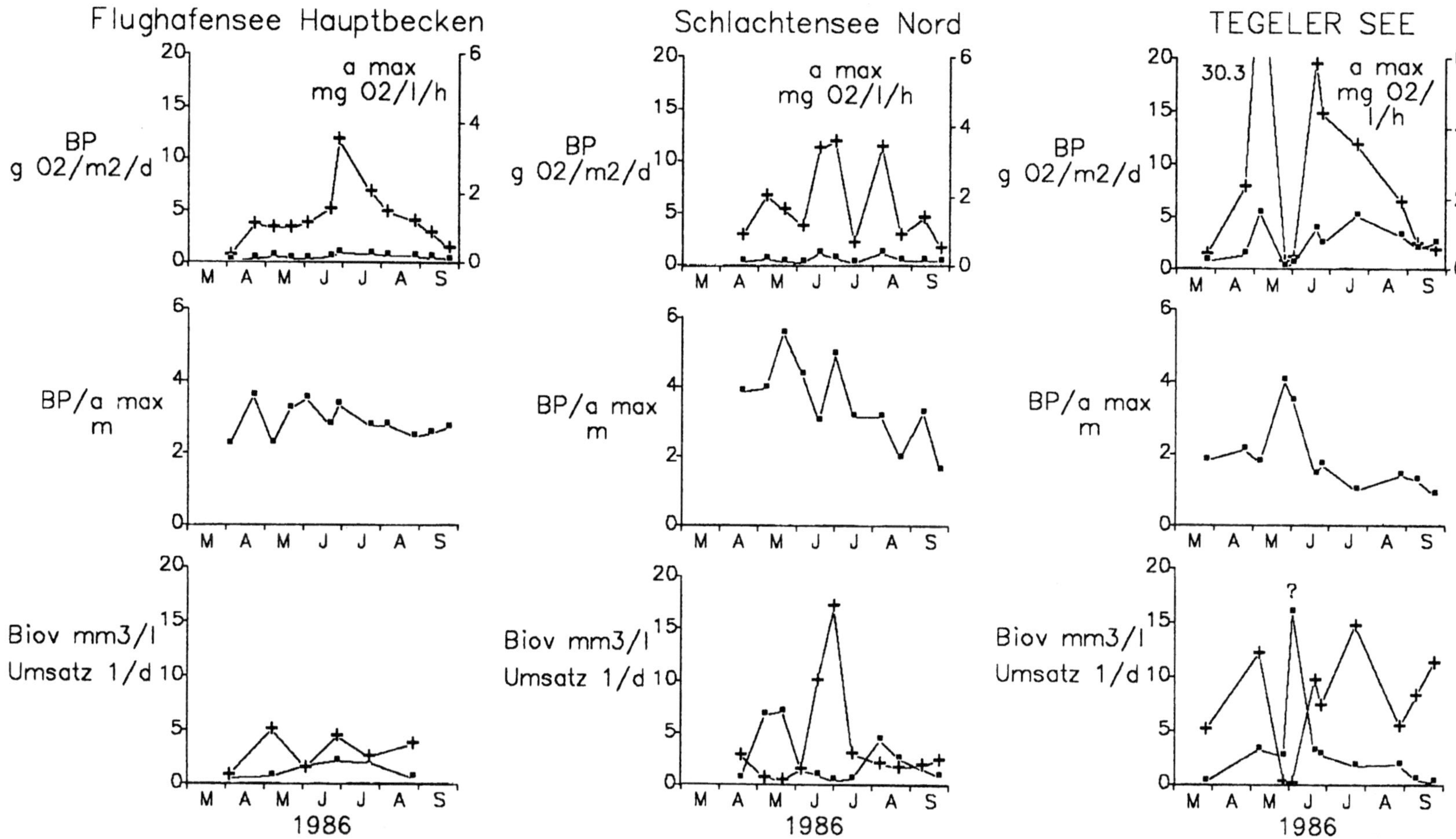

Abb. 28. Photosyntheseparameter im Flughafensee Hauptbecken, Schlachtensee Nord und Tegeler See im Sommerhalbjahr 1986:
oben: Bruttoprimärproduktion (BP, g $O_2/m^2/d$, +) und
maximaler Produktionswert im Profil (a_{max}, mg O_2/l/h, □);
Mitte: mittlere Tiefe der Photosyntheseprofile (BP/a_{max}, m, ■);
unten: Biovolumen (Biov, mm^3/l, ■) und Umsatz pro Tag (g C/g C/d +) des Phytoplanktons

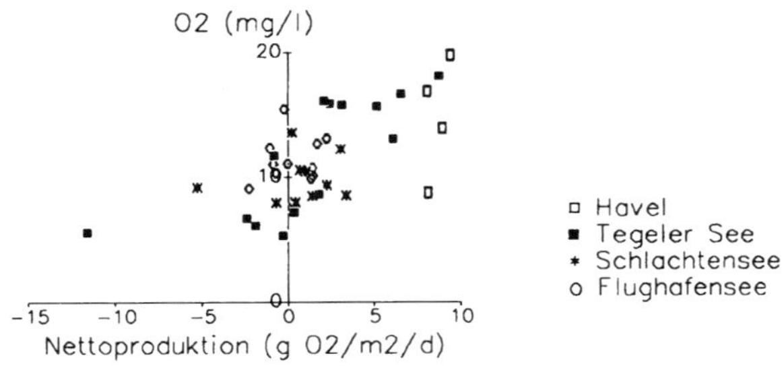

Abb. 29. O_2-Konzentration *in situ* (mg O_2/l) in Beziehung zur O_2-Nettoproduktion in der trophogenen Zone (g O_2/m^2/d) am jeweiligen Tag in der Havel, im Tegeler See, Schlachtensee und Flughafensee

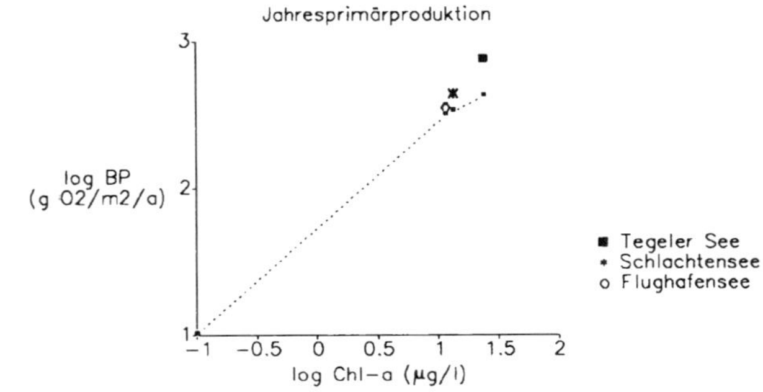

Abb. 32. Jahressumme der Bruttoprimärproduktion (BP, g O_2/m^2/a) in Abhängigkeit vom Jahresmittel der euphotischen Chlorophyll-a-Konzentration (µg Chl-a/l) im Tegeler See, Schlachtensee und Flughafensee [Linie entspricht der für 49 Seen eines OECD-Programms ermittelten Beziehung (veränd. nach Vollenweider (1982)]

Die Photosynthese zeigte außer zur vorhandenen Algendichte eine deutliche, wenn auch etwas schwächere Beziehung zur jeweils einfallenden Globalstrahlung (r = = 0,491). Die Tagesproduktionen/m^2 stiegen mit zunehmender Strahlung (Abb. 30c).

4.3.8. Kohlenstoff-Stoffwechsel im Phytoplankton

Die verschiedenen Phytoplanktonzönosen (Tab. 10) unterschieden sich in ihrem Bruttoumsatz (g C assim./g C/d) nur schwach: Zönosen, die zu mehr als 50% aus Bacillario-

Tab. 12. Rangkorrelationen (n = 40) zwischen Bruttoprimärproduktion bzw. Umsatz des Phytoplanktons und verschiedenen Einflußgrößen in der Havel, dem Tegeler See, Schlachtensee und Flughafensee (Signifikanz auf dem 95% (*), 99% (**) bzw. 99.9% (***) — Niveau)

	$Chl\text{-}a_{eu}$	Biovolumen	% Chl-a/Biov	Sichttiefe	Globalstr.
Bruttoprimärproduktion	0.645***	0.564**		—0.58***	0.491**
Umsatz		—0.397*	0.611*		

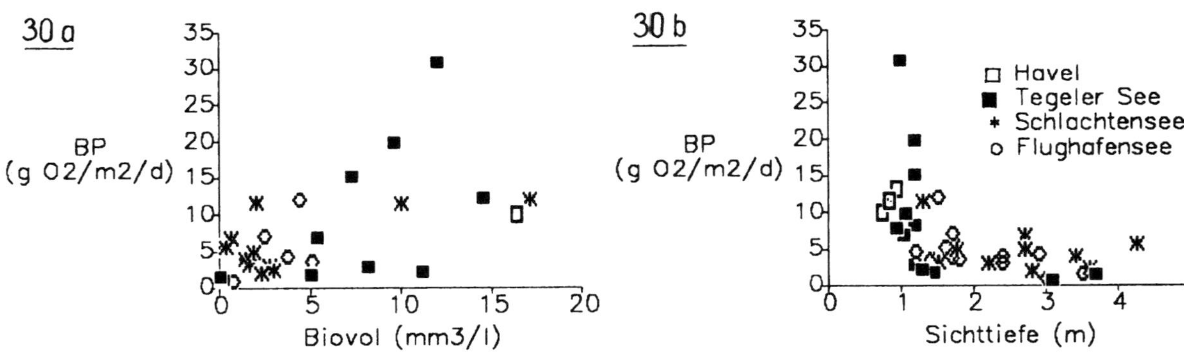

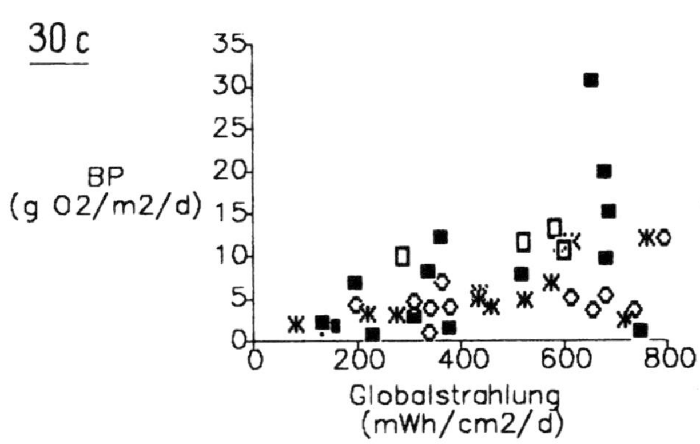

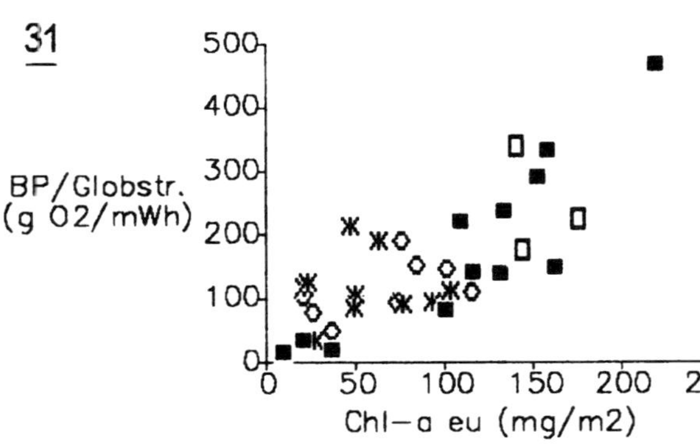

Abb. 30a, b, c. Bruttoprimärproduktion (BP, g O_2/m^2/d) in Beziehung zum Phytoplanktonbiovolumen (mm^3/l), zur Sichttiefe (m) und zur Globalstrahlung (mWh/cm^2/d) in der Havel, im Tegeler See, Schlachtensee und Flughafensee

Abb. 31. Bruttoprimärproduktion/Globalstrahlung-Verhältnis (g O_2/mWh) in Beziehung zur euphotischen Chlorophyll-a-Konzentration ($Chl\text{-}a_{eu}$, mg/m^2) in der Havel, im Tegeler See, Schlachtensee und Flughafensee; r = 0.85

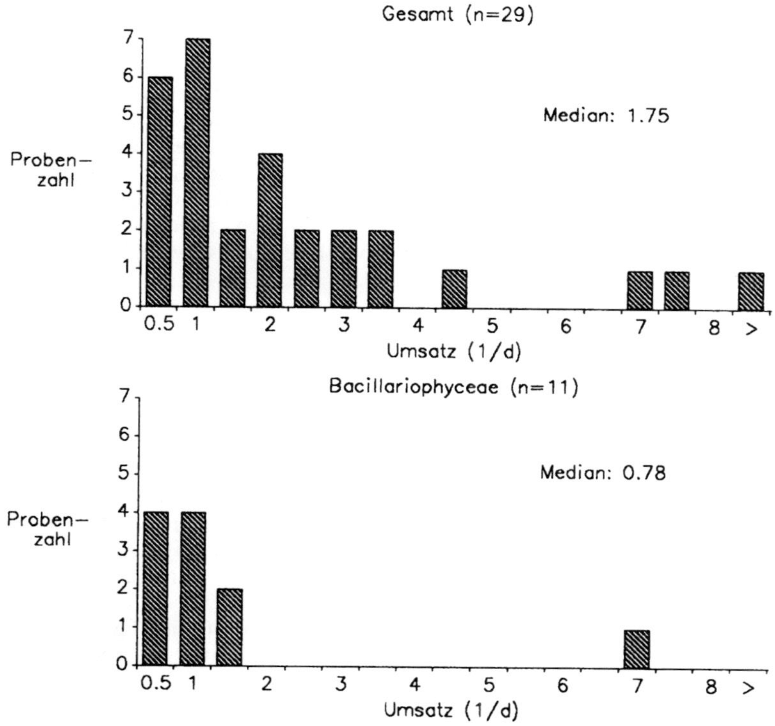

Abb. 33. Häufigkeitsverteilung verschiedener Umsatzgrößenklassen (g C/g C/d) im Phytoplankton in sämtlichen Proben und in den Proben mit Dominanz (>50% des Biovolumens) von Bacillariophyceen

phyceen bestanden, wiesen eher niedrige Werte auf (Median: 0,78, n = 11, Median für sämtliche Proben: 1,75, n = 29, Abb. 33). Dies kann allerdings z. T. durch eine Überschätzung des Biovolumens speziell bei dieser Gruppe (Kap. 3.3) bedingt sein. Für Cyanophyceen-dominierte Zönosen liegt aus eigenen Messungen nur ein allerdings kleiner Wert (0,6/d) vor. Erhebungen am Schlachtensee 1982/1983 (Chorus 1989) ergaben einen meist niedrigen Umsatz (im Mittel um 1/d) dieser Zönosen.

Die für jede Probe gemittelten Größen der Algenzellen bzw. Coenbien in einer Probe verhalten sich invers zum Umsatz des Phytoplanktons (Abb. 34). Großwüchsige Taxa, wie sie besonders im Sommer im Tegeler See und in der Havel dominierten, zeigten geringe Umsatzraten (min 0,2/d), während kleinere Formen, insbesondere bei

34

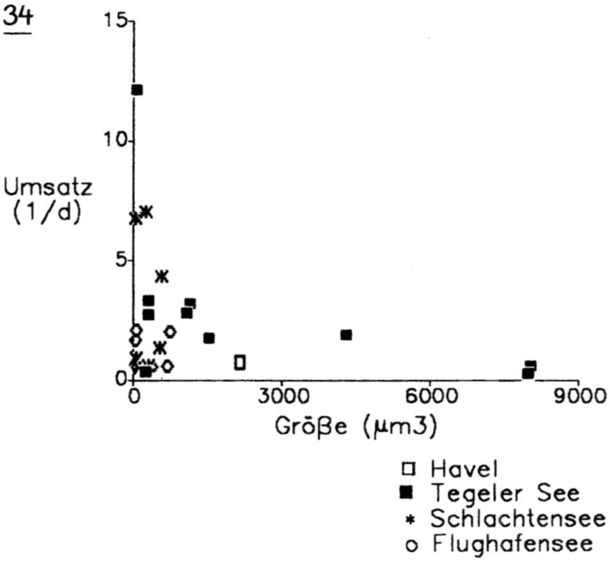

Abb. 34. Umsatz (g C/g C/d) im Phytoplankton in Abhängigkeit von der Größe (μm^3) der Einzelzelle bzw., soweit vorhanden, der Coenobien im Phytoplankton in der Havel, im Tegeler See, Schlachtensee und Flughafensee.

35

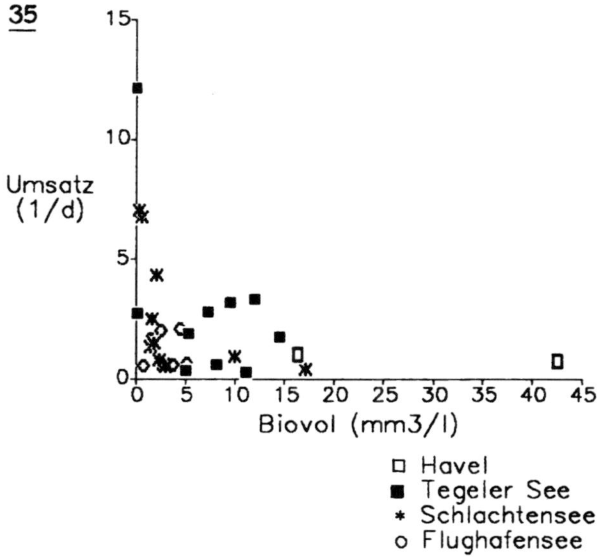

Abb. 35. Umsatz (g C/g C/d) im Phytoplankton in Abhängigkeit vom vorhandenen Phytoplanktonbiovolumen (mm^3/l) in der Havel, im Tegeler See, Schlachtensee und Flughafensee

geringer Biomasse, z. T. sehr hohe Umsatzraten zeigten (bis 7/d).

Die Zusammenhänge zwischen Umsatz und Zusammensetzung der Algenzönosen wurden durch andere Effekte überlagert: Zum einen verhielten sich Umsatz und Phytoplanktonbiovolumen gegenläufig: Bei geringem Biovolumen, z. B. während des Klarwasserstadiums im Tegeler See, war der Umsatz besonders hoch und bei hoher Algendichte niedrig (Abb. 35, Tab. 12). Zum anderen stieg der Umsatz mit zunehmendem Chlorophyll-a-Gehalt des Phytoplanktons (r = 0,611).

4.3.9. Abschätzung der Primärproduktion in verschiedenen Gewässern

Die erwarteten Zusammenhänge zwischen Bruttoprimärproduktion, Globalstrahlung und euphotischer Chlorophyll-a-Konzentration (Abb. 31) wurden deutlich. Deshalb wurde aus den Beziehungen zwischen diesen drei Größen, die in allen untersuchten Gewässern, auch bei einzelnen Stichproben in der Havel, dem selben Muster folgten, folgende empirische Gleichung aufgestellt:

$$BP = (0.13 \cdot \text{Chl-a}_{eu} + 2.98) \cdot \text{Globalstrahlung} \quad (r = 0.85)$$

BP — Bruttoprimärproduktion ($g\ O_2/m^2$/Vegetationsperiode);
Chl-a_{eu} — Chlorophyll-a-Konzentration (mg Chl-a/m^2) in der euphotischen Zone;
Globalstrahlung — Tagessumme der Globalstrahlung (Wh/cm^2).

Berechnungen der Produktion/m^2 aufgrund monatlicher Chlorophyll-a-Daten mit Hilfe dieser Gleichung ergeben für Ober- und Unterhavel für 1986 Jahressummen der gleichen Größenordnung (Tab. 13). In der Oberhavel werden die geringeren Chlorophyll-a-Konzentrationen durch größere Sichttiefen und damit größere trophogene Zonen kompensiert.

Am Beispiel des Tegeler Sees wird deutlich, daß die berechneten Werte umso näher an dem gemessenen Wert liegen, je mehr Chlorophyll-a-Daten einbezogen werden. Für die Havel, für die lediglich monatliche Daten vorliegen, wird im weiteren eine Produktion von 500—600 g C/m^2/Vegetationsperiode angenommen (Kap. 5.5).

Für den Schlachtensee bestimmte CHORUS (1989) die Primärproduktion als 1100 g O_2/m^2 in der Vegetationsperiode 1982. Die von Frau CHORUS zur Verfügung gestellten Daten für Chlorophyll-a-Konzentration und Sichttiefe ergeben mit obiger Formel für 1982 eine Produktion von 1285 g O_2/m^2/Vegetationsperiode und damit eine sehr gute Übereinstimmung mit dem gemessenen Wert.

Abschätzungen auf der Basis der für die Berliner Gewässer gefundenen Beziehung entsprechen der Phytoplanktonproduktion in den untersuchten Gewässern wesentlich besser als Werte, die auf der Basis einer im OECD-Programm für flache Gewässer aufgestellten Beziehung (CLASEN 1980) ermittelt wurden (Tab. 13). Dies belegt die Schwierigkeit, allgemeingültige Beziehungen selbst für bestimmte Seentypen wie „flache Seen" zu finden. Innerhalb eines engeren regionalen Raumes hingegen scheinen in verschiedenen Gewässern ähnliche Beziehungen zu gelten.

4.4. Benthosuntersuchungen

4.4.1. Artenzusammensetzung, Abundanz und Biovolumen

Die Makrozoobenthoszönosen der Weichsedimente in der Havel und im Tegeler See, Flughafensee, Schlachtensee und in der Krummen Lanke wurden im März 1985 und 1986 untersucht. Die flächenmäßige Ausdehnung dieser Akkumulationszonen wurde von der Morphometrie der Gewässer geprägt (Abb. 36).

Das Benthos dieser Gewässer setzte sich überwiegend aus Tubificiden und Chironomidenlarven zusammen. Insgesamt wurden 38 Taxa, für Tubificidae 8 und Chironomidae 24 Taxa, unterschieden (Kap. 8.3). Ferner wurden Schnecken (Gastropoda), Muscheln (Bivalvia), Milben (Acari), Büschelmückenlarven (Chaoboridae) und Gnitzenlarven (Ceratopogonidae) registriert. Fadenwürmer (Nematoda) und Muschelkrebse (Ostracoda) konnten aufgrund ihrer geringen Größe nur qualitativ erfaßt werden. Nur wenige Arten waren häufig vertreten (Tab. 14). Weitere Taxa traten wenig stetig und in geringen Abundanzen auf.

In der **Havel** war unter den Tubificiden *Limnodrilus hoffmeisteri* mit über 50% der Abundanz die dominante Art. Die Tubificiden-Abundanzen (Abb. 37) nahmen in Fließrichtung von ca. 14500 Ind./m^2 (Oberhavel) auf ca. 1000 Ind./m^2 (Alter Hof) ab. Diese Abundanzen entsprachen Biovolumina (Abb. 38) von ca. 140 cm^3/m^2 in der Oberhavel und 50 cm^3/m^2 in der Unterhavel am Alten Hof. Die Chironomidenlarven zeigten eine Abnahme der Abundanzen von ca. 2400 Ind./m^2 am Schildhorn auf ca. 1300 Ind./m^2 am Alten Hof innerhalb der Unterhavel. *Procladius* sp. nahm an allen Stellen über 50% der Chironomiden-Abundanzen ein und damit jedoch nur 10—15% des Chironomiden-Biovolumens. Abb. 39 zeigt die Verhältnisse von Länge und Biovolumen für verschiedene Chironomiden im Frühjahr. Daraus läßt sich im Vergleich verschiedener

Tab. 13. Abschätzungen der Bruttoprimärproduktion für 1985 und 1986 (g C/m^2/Vegetationsperiode) in verschiedenen Gewässern im Vergleich zu den gemessenen Werten [Berechnung aufgrund monatlicher (*) bzw. ca. zweiwöchentlicher (**) Chlorophyll-a-Daten, Chl-a_{eu} = Chl-a* Sichttiefe* 2.5 (sofern die euphotische Tiefe nicht durch Strahlungsmessungen ermittelt wurde), (+) Berechnung nach CLASEN (1980)]

	Gemessen	Abgeschätzt für die Jahre			
	1986	1986*	1986**	1985*	1986*
Oberhavel		447		504	350
Unterhavel		452		596	385
Tegeler See	551	444	525	496	299
Schlachtensee Nord	324	311		330	229
Krumme Lanke				395	
Flughafensee Hauptbecken	261	274		290	212

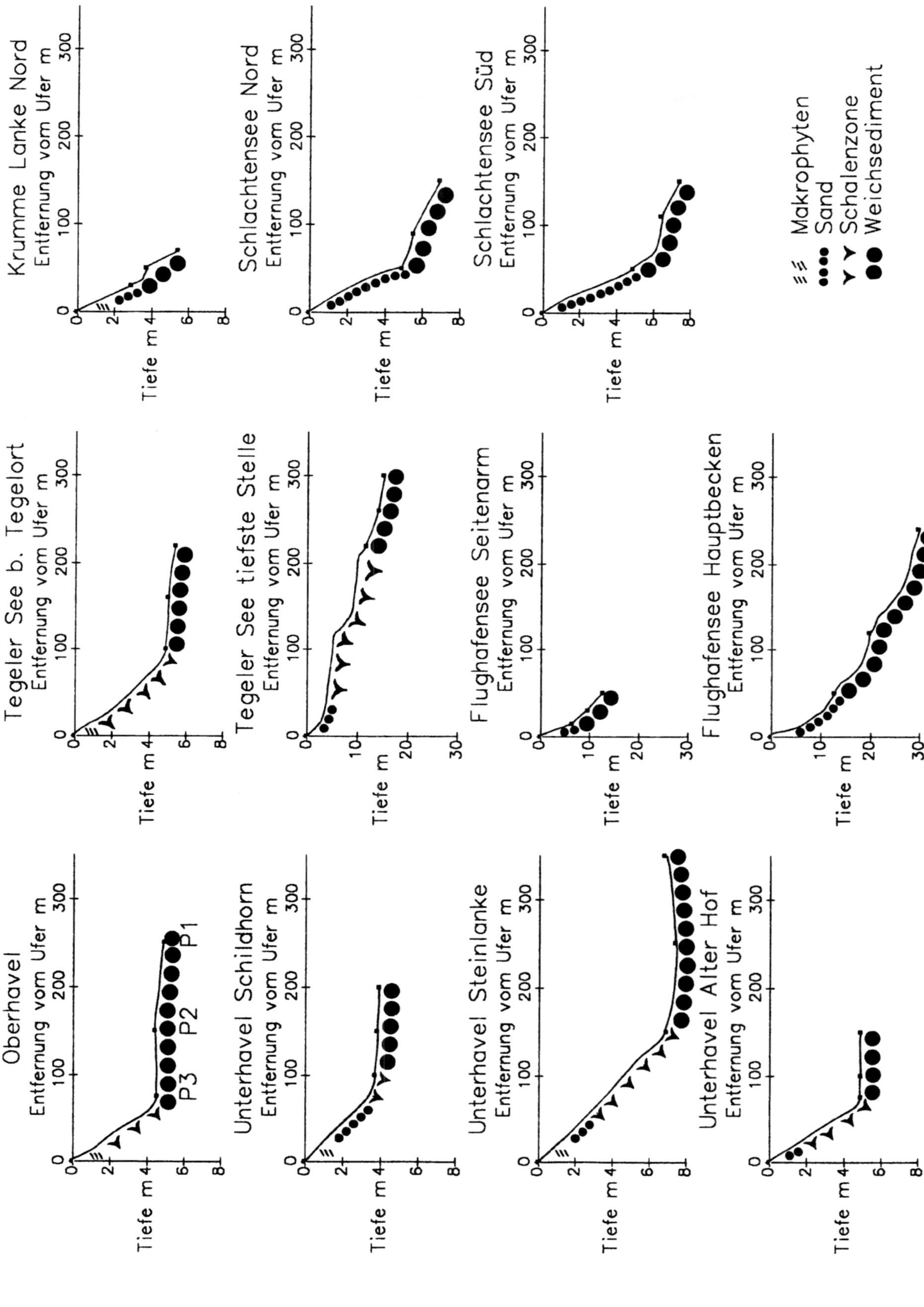

Abb. 36. Bodenzonierung im Profil an den Transektpunkten P1, P2 und P3 der Benthoskartierung. Reihenfolge der Transektpunkte jeweils wie im Diagramm Oberhavel

Tab. 14. Regional quantitativ wichtige Benthos-Taxa

Tubificidae	Chironomidae
Limnodrilus hoffmeisteri	*Procladius* sp.
Potamothrix hammoniensis	*Chironomus plumosus*-Gruppe

Taxa deren Bedeutung für das Benthos-Biovolumen ablesen. Larven der *Chironomus plumosus*-Gruppe hatten am Chironomiden-Biovolumen meist einen Anteil von mindestens 70%, dies entsprach 20—50% der Chironomiden-Abundanzen. Am Alten Hof wurden ausschließlich kleinwüchsige Gattungen wie *Procladius* und *Cladopelma* gefunden, so daß das Chironomiden-Biovolumen

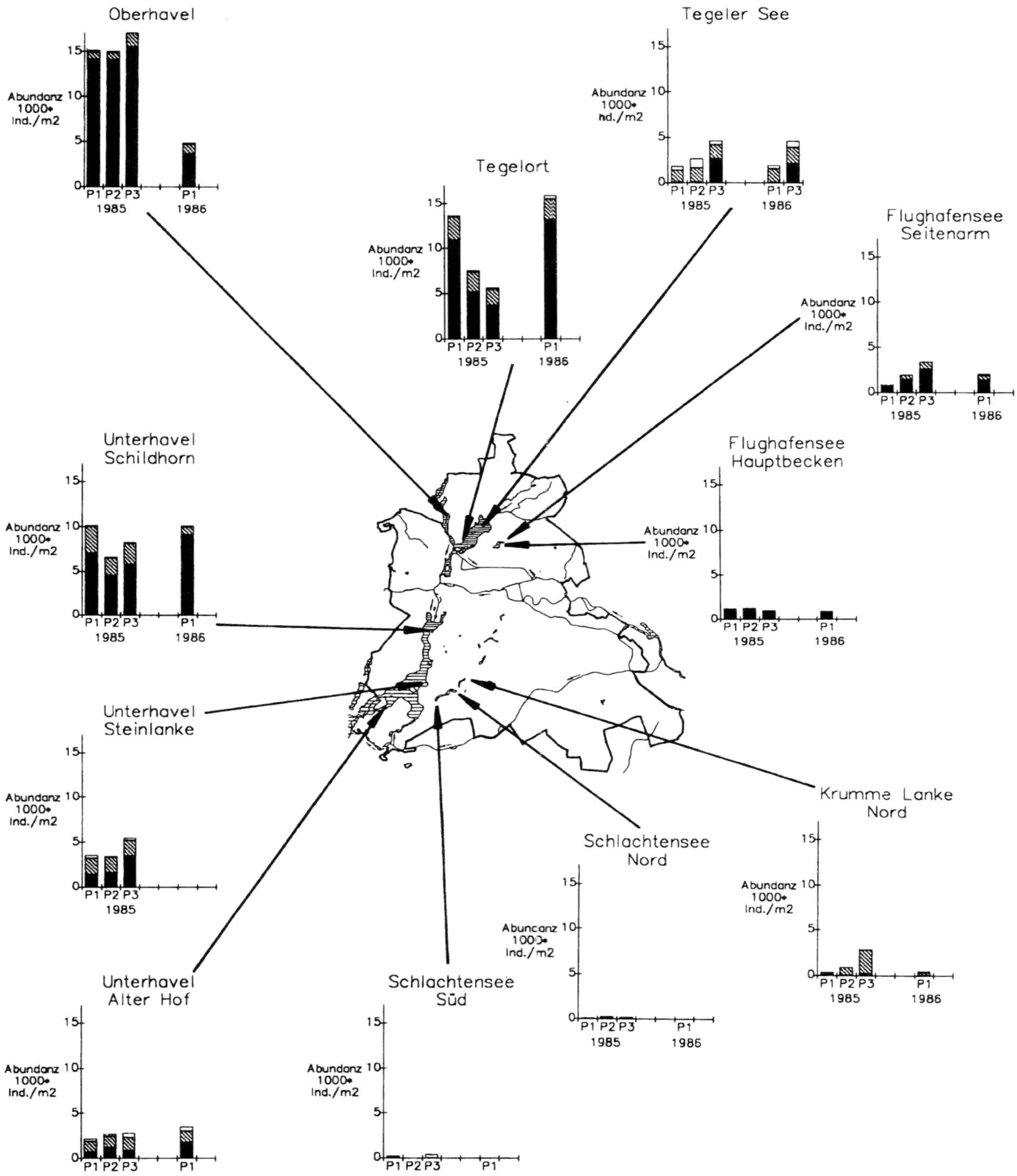

Abb. 37. Abundanzen (Individuen/m^2) der ■ Tubificiden, ▧ Chironomidenlarven und □ sonstiger Taxa im März 1985 und 1986 an den Transektpunkten P1, P2 und P3 (jeweils Mittel aus 4 Parallelproben).
P1 — tiefste Stelle und meist zugleich Mitte des Gewässerabschnittes;
P2 — mittlere Stelle hinsichtlich Tiefe und Entfernung zum Ufer;
P3 — Grenze der Weichsedimente zum Sand bzw. zur Schalenzone

insgesamt nur 2 bis 3 cm^3/m^2 betrug; an den restlichen Havelstellen jeweils ca. 140 cm^3/m^2.

Der **Tegeler See** bei Tegelort bot in bezug auf Abundanz (Abb. 37) und Biovolumen (Abb. 38) ein ähnliches Bild wie die Oberhavel. Im zentralen Becken des Tegeler Sees mit seiner tiefsten Stelle von 16 m fehlten Tubificiden. Sie besiedelten nur den äußersten Rand des Profundals (Transektpunkt P3) mit Abundanzen von 2500 Ind./m^2 bzw. einem Biovolumen von 3,2 cm^3/m^2. Die Chironomidenlarven, meist *Procladius* sp. und *Chironomus plumosus*, zeigten mit 1500 Ind./m^2 ähnlich hohe Abundanzen und Biovolumina (15 cm^3/m^2) wie in der Havel.

Die Artenzusammensetzungen, Abundanzen (Abb. 37) und Biovolumina (Abb. 38) im **Flughafensee** unterschieden sich an beiden Stellen deutlich von denen der anderen Gewässer. Im Seitenarm dominierte *Peloscolex ferox*, begleitet von *Tubifex tubifex*. Die Abundanz mit 700—2500 Ind./m^2 und das Biovolumen mit 1,3—4,5 cm^3/m^2

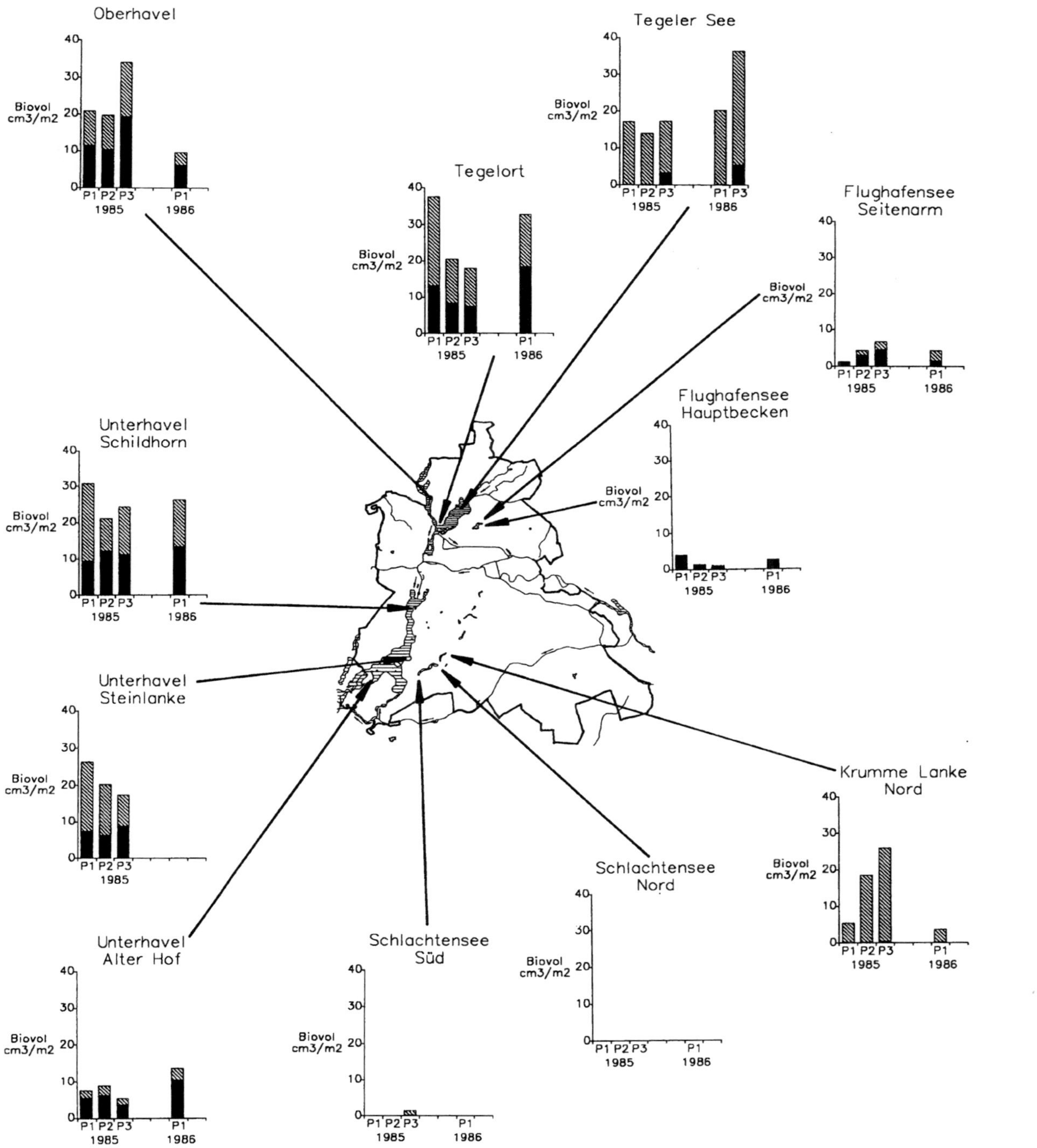

Abb. 38. Biovolumina (cm^3/m^2) der ■ Tubificiden und ▨ Chironomidenlarven im März 1985 und 1986 an den Transektpunkten P1, P2 und P3 (jeweils Mittel aus 4 Parallelproben).
P1 — tiefste Stelle und meist zugleich Mitte des Gewässerabschnittes;
P2 — mittlere Stelle hinsichtlich Tiefe und Entfernung zum Ufer;
P3 — Grenze der Weichsedimente zum Sand bzw. zur Schalenzone

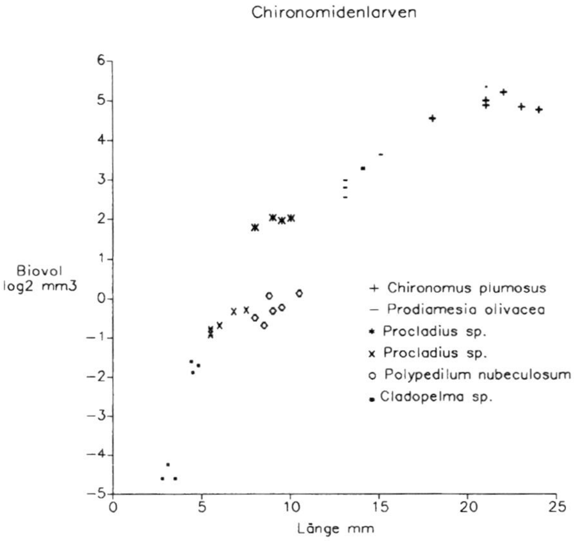

Abb. 39. Länge-Volumen-Beziehung (mm/mm^3) verschiedener Chironomidentaxa im März

war im Berliner Vergleich gering. Im Hauptbecken dominierte *Tubifex tubifex*; die Besiedlung war auch hier äußerst gering (900—1300 Ind./m^2, 1—4 cm^3/m^2). Die Chironomidenlarven waren sehr spärlich und nur mit kleinwüchsigen Formen vertreten (0—133 Ind./m^2, 0—0,2 cm^3/m^2).

Im **Schlachtensee** und in der **Krumme Lanke** fehlte die Benthoskomponente an den Transektpunkten P1 und P2 (> 5 m Tiefe) vollständig. In der Krummen Lanke wurden in 3 m Tiefe (P1) nur Chironomidenlarven mit Abundanzen von ca. 2500 Ind./m^2, bzw. mit einem Biovolumen von 25 cm^3/m^2 gefunden; Tubificiden fehlten auch hier.

4.4.2. Kleinräumige Verteilung und Konfidenzintervalle

Die Verteilung der Tubificiden entsprach in 25 der 32 Stichproben dem statistischen Modell einer negativ Binomialverteilung, die der Chironomiden in 31 der 38 Stichproben dem einer Poissonverteilung. Die Konfidenzintervalle, die mit 95% Wahrscheinlichkeit die mittleren Abundanzen enthalten, lagen meist von —50% bis +100% um das arithmetische Mittel (Tab. 15).

4.4.3. Frequenz- und Volumenverteilung pro Volumenklasse

Die Histogramme (Abb. 52) der Frequenz- und Volumenverteilung pro Volumenklasse charakterisieren die Zönosen hinsichtlich ihrer Längen- und Altersstruktur und damit ihrer größenbedingten Verfügbarkeit als Fischnahrung.

Die prozentuale Frequenz in den verschiedenen Volumenklassen zeigte an den meisten Stellen ähnliche Muster (Abb. 41). Als Gesamtmittelwert (Tab. 7) sind 72,4% (SD = 16,4) der Tubificiden in der Volumenklasse 1 enthalten. Abweichend von diesem Muster war am Alten Hof bei geringen Abundanzen der Tubificiden ein Trend zu größeren Individuen bzw. ein Fehlen von kleinen Individuen festzustellen.

Die Chironomiden zeigten an allen Stellen in den Volumenklassen 1 und 2 hohe Frequenzen, meist durch *Procladius* sp. repräsentiert. Die Biomasse wurde jedoch hauptsächlich von wenigen Individuen der großwüchsigen *Chironomus plumosus*-Gruppe (Volumenklasse 5) gebildet (Abb. 39).

4.4.4. Abschätzung der Jahresproduktion des Benthos

Anhand der Frequenz- und Volumenverteilung pro Volumenklassen (Kap. 3.5) wurde die Jahresproduktion 1985 und 1986 für Tubificiden und Chironomidenlarven abgeschätzt (Abb. 40). Berücksichtigt wurde die Produktion von Tubificiden mit einem Biovolumen > 2 mm^3 sowie großwüchsiger Chironomiden-Taxa wie *Chironomus plumosus*, *Einfeldia* (ca. 20 mm) und *Prodiamesia olivacea* (10—15 mm), die dem Fraßdruck durch die Fischpopulation ausgesetzt sind.

Tab. 15. Mittlere Abundanzen (Individuen/m^2) und 95% Konfidenzintervalle der Tubificiden (negativ Binomialverteilung) und Chironomidenlarven (Poissonverteilung) an den Transektpunkten P1, P2 und P3 im März 1985 und 1986. —% untere Intervallgrenze; +% obere Intervallgrenze

		P1 März 1985			P2 März 1985			P3 März 1985			P1 März 1986			P3 März 1986		
Probestelle	Taxon	Ind./m^2	—%	+%	Ind./m^2	—%	+%	Ind./m^2	—%	+%	Ind./m^2	—%	+%	Ind./m^2	—%	+%
Oberhavel	Tubificiden	14100	43	76	14044	41	102	15488	65	47	3674	87	14			
	Chironomiden	800	63	38	811	63	37	1511	73	27	1022	67	33			
Unterhavel	Tubificiden	7078	92	8	4566	38	113	5789	79	25	9077	47	87			
Schildhorn	Chironomiden	2956	80	20	1922	76	24	2289	78	22	867	64	36			
Unterhavel	Tubificiden	1433	55	64	1578	48	82	3455	31	137						
Steinlanke	Chironomiden	1767	76	25	1722	34	26	1700	74	26						
Unterhavel	Tubificiden	700	60	56	1223	56	51	845	60	55	1755	87	14			
Alter Hof	Chironomiden	1156	74	38	1211	66	26	1456	58	28	1222					
Tegeler See	Tubificiden	10887	45	93	5177	75	30	3733	32	133	13133	27	157			
Tegelort	Chironomiden	2600	79	21	2144	77	23	1700	74	26	2367	78	22			
Tegeler See	Tubificiden	33		255	33		155	2578	49	83	0			2122	40	105
tiefste Stelle	Chironomiden	1322	71	29	1589	54	94	1633	74	26	1556	73	27	1744	75	26
Schlachtensee-Süd	Tubificiden	0			0			0			0					
	Chironomiden	0			0			500	53	48	0					
Schlachtensee-Nord	Tubificiden	0			0			0			0					
	Chironomiden	0			22	100	800	44	100	445	0					
Krumme Lanke-	Tubificiden	0			0			200	100	342	0					
Nord	Chironomiden	200	23	155	867	64	36	2589	79	21	278	36	109			
Flughafensee-	Tubificiden	767	39	9	1411	17	242	2555	55	65	1378	50	79			
Seitenbecken	Chironomiden	67	100	333	500	53	47	811	63	37	467	51	49			
Flughafensee-	Tubificiden	1210	46	90	1278	54	71	899	19	192	765	23	172			
Hauptbecken	Chironomiden	0			33	100	566	133	15	186	11	100	999			

Die höchste Benthosproduktion in der Größenordnung von 100—200 g Frischgewicht/m^2/a wurde für den Tegeler See (am Transektpunkt P3 1985 und 1986) und die Oberhavel (1985) abgeschätzt (Tab. 16). In der Havel nahm die Produktion wie auch die Abundanzen in Fließrichtung stark ab (Abb. 40). Für die Unterhavel (Alter Hof) wurde eine Produktion von ca. 11 g/m^2/a abgeschätzt. Auch im Flughafensee war die Produktion mit ca. 20 g/m^2/a relativ gering. In der Krummen Lanke war das Benthos nur am Transektpunkt P3 und P2 mit ca. 150—110 g/m^2/a sehr produktiv, jedoch nur durch Chironomidenlarven geprägt.

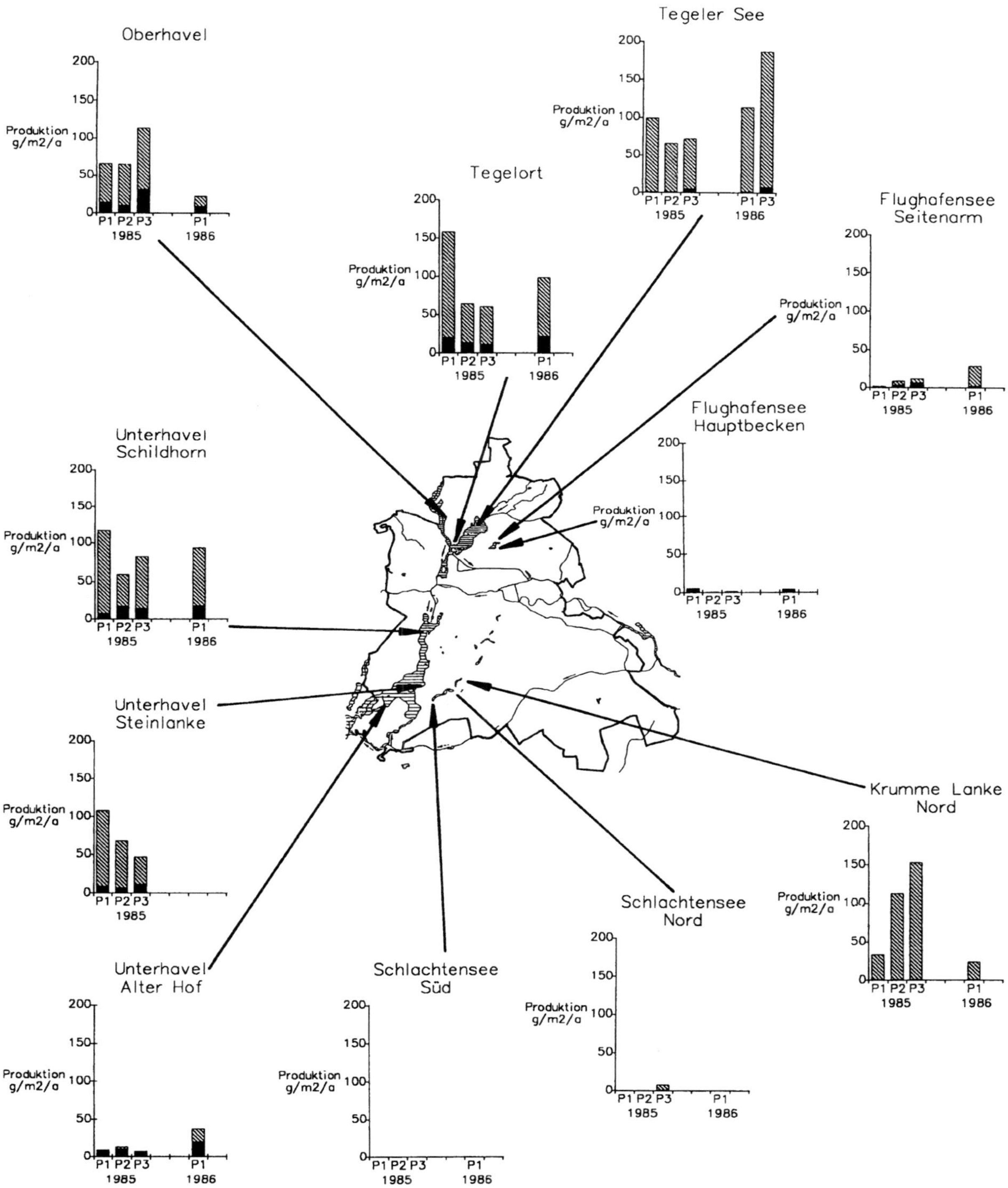

Abb. 40. Abschätzung der Jahresproduktion (g/m^2/a Frischgewicht) für ■ Tubificiden und ▨ Chironomidenlarven 1985 und 1986 an den Transektpunkten P1, P2 und P3.

P1 — tiefste Stelle und meist zugleich Mitte des Gewässerabschnittes;

P2 — mittlere Stelle hinsichtlich Tiefe und Entfernung zum Ufer;

P3 — Grenze der Weichsedimente zum Sand bzw. zur Schalenzone

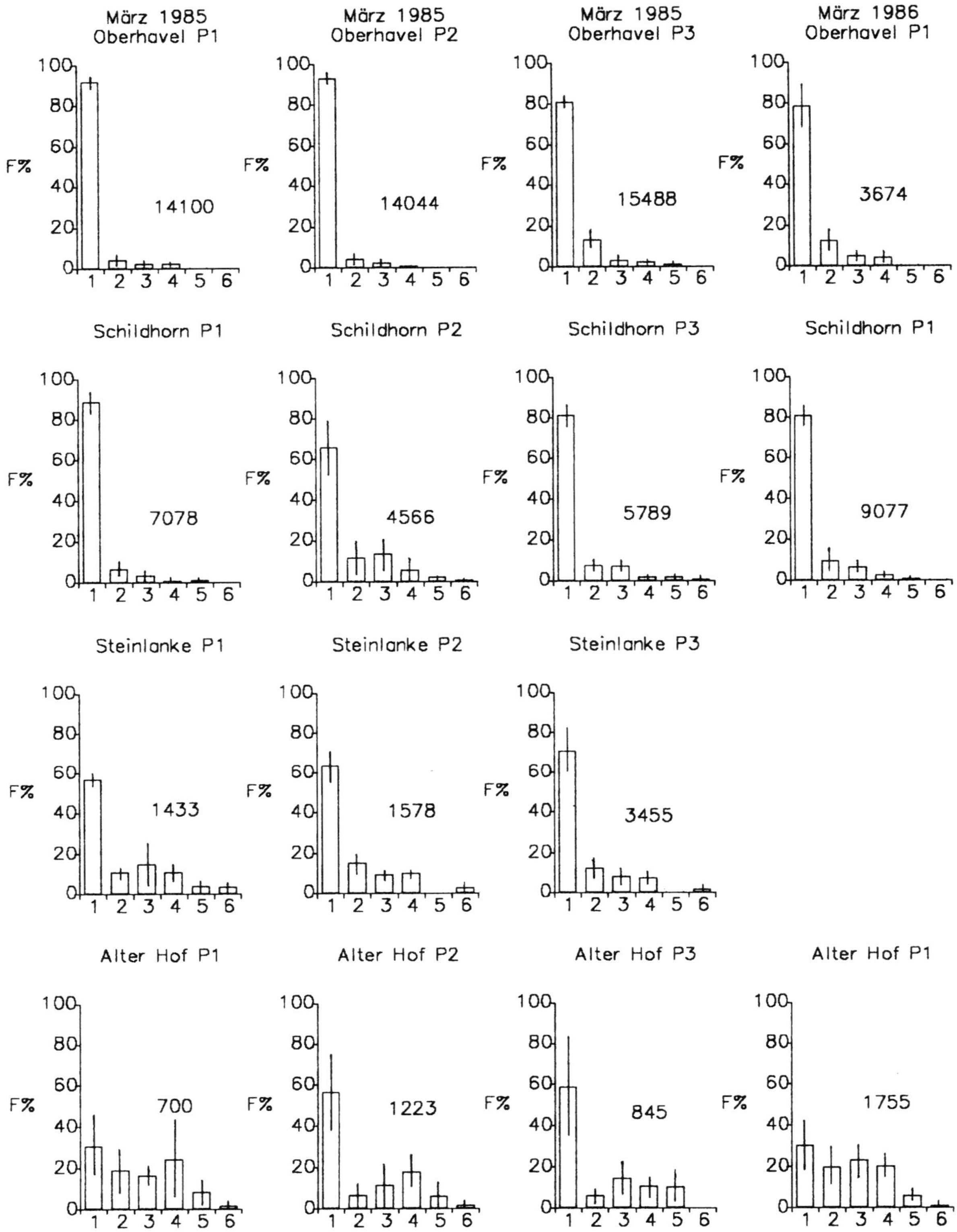

Abb. 41 a. Prozentuale Frequenzverteilung (F %) pro Volumenklasse der Tubificiden im März 1985 und 1986 in der Oberhavel und Unterhavel (Schildhorn, Steinlanke, Alter Hof) an den Transektpunkten P1, P2 und P3. Dargestellt ist der Mittelwert (n = 4) mit Standardabweichung und die Gesamtanzahl.

Volumenklasse 1: $0 \leq 2\ mm^3$
2: $>2 \leq 4\ mm^3$
3: $>4 \leq 8\ mm^3$

Volumenklasse 4: $> 8 \leq 16\ mm^3$
5: $>16 \leq 32\ mm^3$
6: $>32 \leq 64\ mm^3$

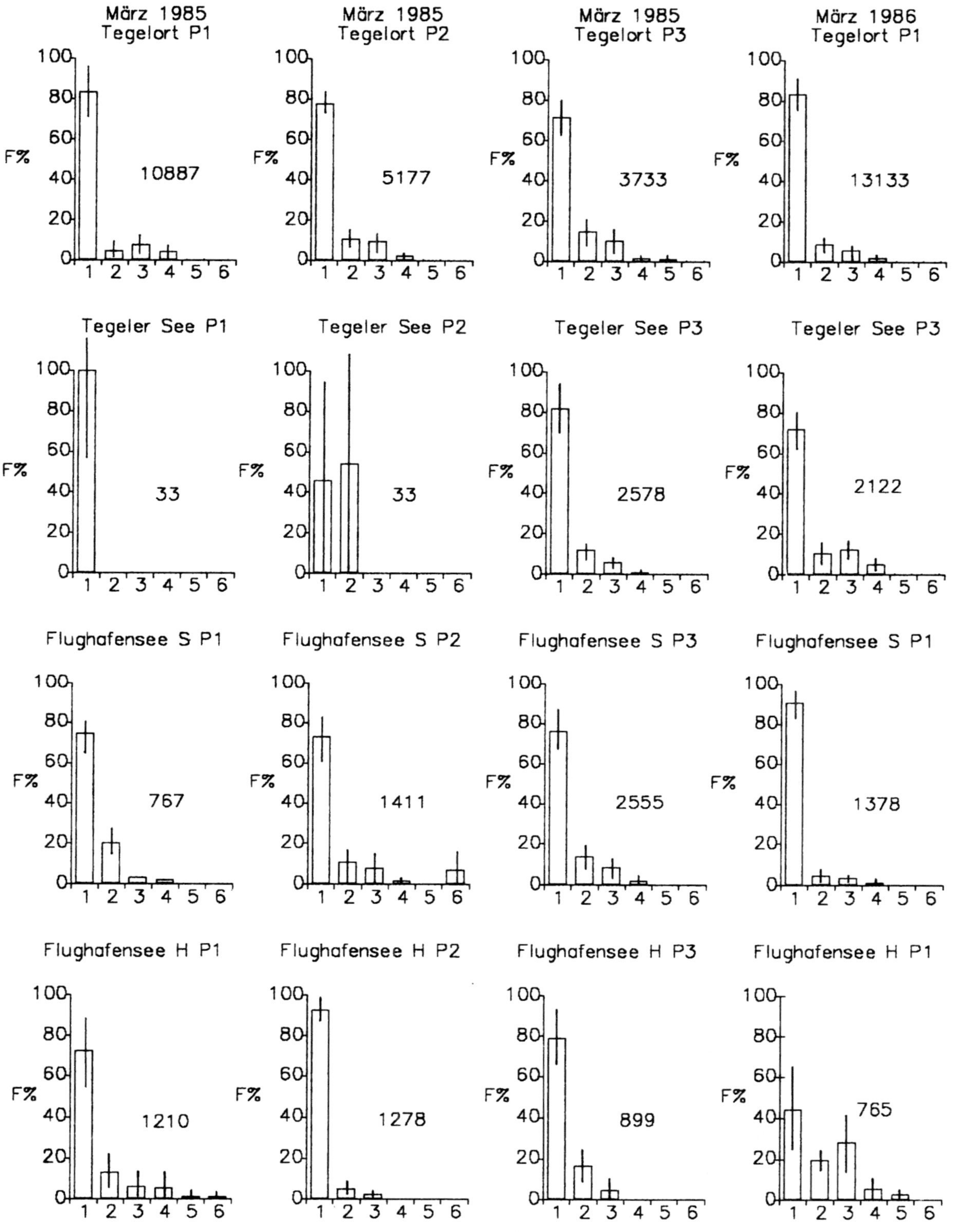

Abb. 41 b. Prozentuale Frequenzverteilung (F%) pro Volumenklasse der Tubificiden im März 1985 und 1986 im Tegeler See (Tegelort, tiefste Stelle) und Flughafensee (Seitenarm, Hauptbecken) an den Transektpunkten P1, P2 und P3. Dargestellt ist der Mittelwert (n = 4) mit Standardabweichung und die mittlere Abundanz (Ind./m^2).

Volumenklasse 1: $0 \leqq 2$ mm^3 Volumenklasse 4: $> 8 \leqq 16$ mm^3
2: $> 2 \leqq 4$ mm^3 5: $> 16 \leqq 32$ mm^3
3: $> 4 \leqq 8$ mm^3 6: $> 32 \leqq 64$ mm^3

Tab. 16. Abschätzung der Jahresproduktion für Tubificiden und Chironomidenlarven (kg/ha/a Frischgewicht) 1985 und 1986 an den Transektpunkten P1, P2 und P3 und der Mittelwert von P1, P2 und P3 für 1985

Gewässer	Taxon	1985 kg FG/ha/a			Mittel 1985 kg FG/ha/a	1986 kg FG/ha/a	
		P1	P2	P3	P1–P3	P1	P3
Oberhavel	Tubificiden	140	95	309	181	88	
	Chironomiden	515	554	828	632	139	
	Summe	654	649	1138	814	227	
Unterhavel	Tubificiden	72	175	143	130	180	
Schildhorn	Chironomiden	1088	417	673	726	752	
	Summe	1161	592	816	856	932	
Unterhavel	Tubificiden	86	67	109	87		
Steinlanke	Chironomiden	990	613	356	653		
	Summe	1077	680	465	741		
Unterhavel	Tubificiden	92	98	73	88	193	
Alter Hof	Chironomiden	0	35	0	12	178	
	Summe	92	133	73	99	371	
Tegeler See	Tubificiden	194	124	106	141	217	
Tegelort	Chironomiden	1386	519	495	800	771	
	Summe	1580	643	601	941	988	
Tegeler See	Tubificiden	0	1	44	15	8	74
tiefste Stelle	Chironomiden	990	652	673	772	1129	1801
	Summe	990	653	717	787	1137	1875
Schlachtensee	Tubificiden	0	0	0	0	0	
Süd	Chironomiden	0	0	0	0	0	
	Summe	0	0	0	0	0	
Schlachtensee	Tubificiden	0	0	0	0	0	
Nord	Chironomiden	0	0	78	26	0	
	Summe	0	0	78	26	0	
Krumme Lanke	Tubificiden	0	0	4	1	0	
Nord	Chironomiden	337	1128	1523	996	237	
	Summe	337	1128	1527	997	237	
Flughafensee	Tubificiden	18	29	60	36	13	
Seitenarm	Chironomiden	5	59	59	41	272	
	Summe	23	88	120	77	285	
Flughafensee	Tubificiden	53	8	12	24	43	
Hauptbecken	Chironomiden	0	0	0	0	0	
	Summe	53	8	12	24	43	

5. Diskussion

5.1. Zur Entwicklung der Gewässer im Berliner Raum

Die Betrachtung der zeitlichen Entwicklung und des naturräumlichen Zusammenhangs der Gewässer bietet einen Einstieg zur Limnologie Berlins. Über die Geschichte der Berliner Gewässer gibt es zahlreiche Arbeiten, die jedoch z. T. nur qualitative oder aus beispielsweise methodischen Gründen kaum vergleichbare Ergebnisse beinhalten. Im folgenden soll ein kurzer Abriß wichtiger Stationen in der zeitlichen Entwicklung einiger Gewässer im Berliner Raum gegeben werden.

Archäologische Siedlungsbefunde zeigen für den Berliner Raum schon für das Mittelalter im 10. und 12. Jh. jeweils plötzliche Wasser- bzw. Grundwasserspiegelanhebungen von mehreren Dezimetern. Diese werden in einen Zusammenhang mit Wasserbauten, insbesondere dem Spandauer Mühlenstau gestellt (BESCHOREN 1935). Dieser angehobene Wasserstand hat bis ins 18. Jh. angehalten und wurde erst durch den Abbau der Wassermühlen, Meliorationsmaßnahmen, Kanalisierung von Oberflächengewässern und Niederschlagswasser und weitgehender Versiegelung der Flächen gesenkt. Diese Tendenz zur Grundwasserabsenkung setzt sich mit Zunahme der Bevölkerung und Industrialisierung bis heute fort. Zwischen 1954 und 1978 wurde in der Innenstadt der Grundwasserspiegel um 1,2 m abgesenkt. So liegt heute der mittlere Grundwasserspiegel etwa bis 3 m unter dem Wasserspiegel der Berliner Gewässer (Tab. 22). Im Einflußbereich von Brunnen wird das Grundwasser so stark abgesenkt, daß ein Einstrom vom Grundwasser in die Gewässer eingeschränkt wird. Einzig der Teltowkanal liegt derart tief im Gelände, daß hier Grundwasser aus der Teltowhochfläche in den Kanal infiltrieren kann.

Die **Havel** war ursprünglich nach den Kriterien der fischereilichen Fließgewässerzonierung (MUUS & DAHLSTRÖM 1977) der Barbenregion zuzuordnen. Ende des letzten Jahrhunderts waren wahrscheinlich 28 Fischarten in Berlin heimisch (GROSCH 1980a). Das Phytoplankton der Havel und auch der Spree war hauptsächlich durch Bacillariophyceen (*Melosira*, *Asterionella*, *Fragilaria*) und Chlorophyceen (*Pediastrum*) gekennzeichnet (SPITTA 1900).

Zu Beginn des 20. Jh. wurden die hydraulischen Verhältnisse der Havel durch Schleusenbau und Stauhaltung (1911) für den Ausbau der Schiffahrtsstraße und durch Wasserstandsabsenkungen zugunsten der Landwirtschaft drastisch verändert. Gleichzeitig nahmen Einleitungen von Rieselfeldabflüssen und Mischkanalisation zu. Die in der Folge verstärkte Sedimentation förderte die Entwicklung der Röhrichtgürtel (GROSCH 1980b). Die Nährstoff- und Sulfatkonzentrationen zeigten im Großen Wannsee ebenso wie in anderen Berliner Gewässern

Tab. 17. Einzelwerte der NO_3-N-, NH_4-N-, PO_4-P- und SO_4-Konzentrationen in verschiedenen Berliner Gewässern zu Beginn des 20. Jahrhunderts (nach HÖLL 1928). nn — nicht nachweisbar

Gewässer	NO_3-N (mg/l)	NH_4-N (mg/l)	PO_4-P (mg/l)	SO_4 (mg/l)	Datum
Müggelsee	0.16	0.16	0.09	22	August 1926
Großer Wannsee	1.30	0.21	0.44	35	Juli 1927
Krumme Lanke/Schlachtensee		nn	0.41	22	Juli 1926
Teltowkanal	0.26	0.16	0.65	30	März 1927

(Tab. 17) eine zu heute vergleichsweise geringe Belastung an.

Anfang dieses Jahrhunderts wurde in der Havel die sommerliche „Schotensuppe" typisch, die außer von *Melosira* durch die Cyanophyceen *Microcystis*, *Anabaena* und *Aphanizomenon* gebildet wurde (CZENSNY 1938). Auch in der **Spree** und im **Teltowkanal** wurden zu dieser Zeit die genannten Cyanophyceenarten in größerer Menge beobachtet (MARSSON 1901; WILHELMI 1919).

Das Benthos der durchströmten Havel beschreibt WUNDSCH (1942/45) als eine *Plumosus-Procladius-Tubifex*-Gesellschaft im „dunklen Tiefenschlamm".

Mit verminderter Strömung in der Havel veränderte sich die Fließwasserfischfauna mit Barbe und Quappe zu einer Fischfauna der stehenden Gewässer. Blei, Güster und Plötze entwickelten sich zu Massenfischen. Daneben fanden Aal, Hecht, Karpfen und Karausche vor 1950 gute Wachstumsbedingungen in der Havel (GROSCH 1980a).

Eine weitere Veränderung der Fischfauna setzte Mitte der 50er Jahre im Zusammenhang mit dem Rückgang des Röhricht- und Schwimmblattpflanzengürtels in der Havel ein. Es kam zu Artenverarmung und -veränderung, so daß heute Blei, Güster und Plötze 80% des Fischbestandes der Havel ausmachen. Der Zander profitierte von den Folgen der Eutrophierung wie Zerstörung der Litoralvegetation mit Erosion der Ufer und Ausbildung von Algenblüten, da er auf Hartsubstrat laicht und in trüben Gewässern einen Konkurrenzvorteil gegenüber anderen nach Sicht jagenden Raubfischen, wie z. B. dem Hecht, hat. So hat sich der Zander heute zum Hauptwirtschaftsfisch in der Havel entwickelt. Der Fischertrag lag bis 1960 bei ca. 45 kg/ha/a und steigerte sich infolge der Eutrophierung auf das Doppelte (GROSCH 1980b).

Zwischen 1962 und 1977 ging der Röhrichtbestand an der Havel von 40% auf 16% der Uferlänge zurück (SUKOPP & KUNICK 1969; MARKSTEIN & SUKOPP 1983). Seitens des Senates wird seit den 70er Jahren versucht, den Röhrichtrückgang zum Stillstand zu bringen und durch Anpflanzungen die Ufererosion zu stoppen.

Für **stehende Gewässer** beschrieb WUNDSCH (1940) in den 30er Jahren als Gegensatz zu der meist kurzfristigen Dominanz von Cyanophyceen in den Fließgewässern ein neues Phänomen: die langfristige, von April bis November andauernde Dominanz von *Oscillatoria* spp., besonders von *Oscillatoria redekei*, im Havel-Spree-Seengebiet. In flachen, aber stabil geschichteten Seen mit hohen Nährstoffkonzentrationen (anorg. N > 5mg/l, PO_4-P bis 0,07 mg/l) entwickelte *Oscillatoria* spp. mit bis zu 60 mm^3/l ein sehr großes Biovolumen. In diesem Zusammenhang traten geringe Sichttiefen auf, H_2S-Bildung im Hypolimnion bereits im Frühsommer und ein Ausfall der Benthoskomponente im Profundal. Für die flachen Flußseen der Havel waren auch zu dieser Zeit flächenmäßig ausgedehnte „Zonen der toten Muscheln und Schnecken" typisch, während lebende Mollusken selten auftraten. Die Unterwasservegetation bildete sich u. a. infolge der Beschattung durch das Phytoplankton zurück. Innerhalb der Fischfauna in den märkischen Seen verminderte sich der Bestand an Krautlaichern, während der Zander als Hartsubstratlaicher sich stark verbreitete (WUNDSCH 1940). SCHÄPERCLAUS (1936 in WUNDSCH 1940) ordnete die märkischen Seen aufgrund ihrer geringen Fischerträge der untersten Wertklasse (bis zu 10 kg/ha/a) zu.

5.2. Plankton

5.2.1. Aspektfolge im Phytoplankton

Größe und Form der Algen lassen Rückschlüsse auf Stoffwechselaktivität, Austauschraten mit der Umgebung und Empfindlichkeit gegenüber verschiedenen Umweltfaktoren zu (REYNOLDS 1984a). Abb. 25 stellt schematisch Größen- und Formverhältnisse in Phytoplanktonzönosen zu verschiedenen Jahreszeiten des Jahres 1983 dar. Die Unterschiede charakterisieren die veränderten Besiedlungsbedingungen.

Gesetzmäßigkeiten der Aspektfolge im Phytoplankton werden bedingt durch Veränderungen der Lichtverhältnisse, der thermischen Schichtung und Turbulenz, der Nährstoffbedingungen und des Fraßdruckes im Laufe eines Jahres. Im Frühjahr verbessern sich durch zunehmende Lichtintensität und Temperatur relativ schnell die Lebensbedingungen für das Phytoplankton. Nährstoffe standen in den untersuchten Gewässern ausreichend zur Verfügung, so daß Arten im Vorteil waren, die sich schnell vermehren können.

In der vorliegenden Untersuchung wurde ein genereller Zusammenhang zwischen Zellgröße und Bruttoumsatz des Phytoplanktons deutlich (Abb. 34): je kleiner die Zellen, desto größer der Umsatz. Zahlreiche spezielle Arbeiten zum Umsatz (z. B. DESERTOVA 1976; GUTELMACHER & PETROVA 1982; MEGUIRE & NEILL 1971; WATT 1971) kommen zu entsprechenden Ergebnissen. SOMMER (1981) stellte allerdings eine solche Beziehung am Bodensee nur für coccale Algen fest, wohingegen dort die Wachstumsraten von Flagellaten (z. B. Cryptophyceen) unabhängig von der Zellgröße stark variierten. Insgesamt dominierten in den untersuchten Gewässern im Frühjahr kleine Algen mit großer Oberfläche (Abb. 25). Die begeißelten *Cryptomonas*-Arten (Abb. 25), mit ihrem relativ großen Zellvolumen, waren schon im Frühjahr häufig. Diese Ausnahme entspricht den Ergebnissen von SOMMER (1981) am Bodensee. Eine weitere Ausnahme bildeten große Bacillariophyceen (Kap. 5.2.2 Artenzusammensetzung).

Im Sommer waren die Besiedlungsbedingungen in vielen der untersuchten nährstoffreichen Gewässer von Lichtmangel, bedingt durch ausgeprägtes Planktonwachstum, und Verknappung bestimmter anorganischer Nährstoffe (z. B. Nitrat) sowie durch hohe Temperaturen gekennzeichnet. Zu dieser Zeit setzten sich in vielen Gewässern wenige oder einzelne großwüchsige Arten durch. Diese sind wegen ihrer relativ zu ihrem Volumen kleinen

Oberflächen und damit Austauschflächen mit der Umgebung auf höhere Temperaturen angewiesen, sind jedoch nach REYNOLDS (1984b) auch weniger empfindlich gegenüber Nährstofflimitierung und Lichthemmung. Die veränderten Größenverhältnisse im Jahresverlauf haben auch Auswirkungen auf die Nahrungsbeziehungen im Plankton (Kap. 5.2.5 Nahrungsbeziehungen).

Die in Berlin häufigen Fadenalgen (*Oscillatoria agardhii*, *Aphanizomenon flos-aquae*) unterscheiden sich durch ihr verhältnismäßig hohes Oberflächen/Volumen-Verhältnis von anderen Sommerformen (z. B. *Microcystis*, *Ceratium hirundinella*) der gleichen Volumengröße. Ihre Konkurrenzfähigkeit könnte durch potentiell hohen Austausch mit der Umgebung bei schlechter Freßbarkeit gefördert worden sein.

5.2.2. Zur Artenzusammensetzung im Phytoplankton

Die quantitativ wichtigsten Großgruppen im Phytoplankton der untersuchten größeren Gewässer waren 1983—1986 im Frühjahr Bacillariophyceen und im Sommer Cyanophyceen. Langfristig hat sich die Planktonzusammensetzung in den größeren Berliner Gewässern also nicht so sehr qualitativ, sondern eher quantitativ, d. h., bezüglich der Phytoplanktonbiomasse und der Zahl der Gewässer mit Massenvorkommen von Cyanophyceen, verändert (Kap. 5.1). Auch für den Müggelsee geht SCHELLENBERGER (1981) davon aus, daß sich im Plankton die Artenzusammensetzung seit den 30er Jahren wenig geändert hat, daß aber die absolute Biomasse stark angestiegen ist. Auch dort geht, wie in Gewässern von Berlin (West) schon früher, seit 1970 die Unterwasservegetation zurück.

Bacillariophyceae (Kieselalgen)

Für das Auftreten von Bacillariophyceen sind folgende Voraussetzungen wichtig:

1. ein ausreichendes Angebot an gelöster Kieselsäure für den Aufbau der Schalen;
2. Turbulenz des Wassers, durch Zirkulation, Strömung oder starken Wind (REYNOLDS & BUTTERWICK 1979), um ein Absinken der wenig eigenbeweglichen Algen mit ihren schweren Schalen zu verhindern.

Die Bedingungen in den Jahren 1983—1986 in den untersuchten Berliner Gewässern, in denen Bacillariophyceen quantitativ wichtig waren, erfüllen diese Voraussetzungen: gelöste SiO_2 stand aufgrund des Fließgewässercharakters (Havel, Spree, Kanäle) bzw. Si-reicher Zuflüsse (Flughafensee) meist in großer Menge (Flughafensee bis >7 mg SiO_2/l, Havel bis >15 mg SiO_2/l) zur Verfügung (Abb. 5, 6, 9). Die südliche Grunewaldseenkette stellt in diesem Zusammenhang einen Sonderfall dar, da den Seen jeweils Seewasser aus den benachbarten Seen der Kette zufließt (Abb. 10) und sich die Konzentration an gelöster Kieselsäure infolge biogener Silikatfällung in Fließrichtung verringerte. So waren Bacillariophyceen in den Jahren 1983—1986 in allen untersuchten Gewässern der Kette kaum oder nur kurzzeitig quantitativ wichtig.

Turbulenz war in den Fließgewässern ständig, im Tegeler See weitgehend und in den stehenden Gewässern dagegen nur zur Zeit der Zirkulation gegeben. In der Havel und den von ihr durchflossenen Seen, den Kanälen und dem Tegeler See waren entsprechend der relativ starken Turbulenz große centrische Bacillariophyceen (einzellige Arten, *Melosira*) häufig. Im Schlachtensee und Flughafensee herrschten hingegen z. T. zartere pennate Bacillariophyceen (z. B. *Asterionella*) vor. In den stehenden flachen Gewässern könnte sich für Bacillariophyceen ein weiterer Vorteil ergeben, da sie meroplanktisch sind und sich im Frühjahr aus dem Benthal rekrutieren (z. B. SOMMER et al. 1986).

Cyanophyceae (Blaualgen)

Cyanophyceen dominierten in den untersuchten Berliner Gewässern vorwiegend im Sommer (Zeitraum Juni bis September). Im Gegensatz zum Frühjahr oder Herbst, in denen durch Zirkulation vorübergehend in allen untersuchten Gewässern ein hohes Nährstoffangebot herrschte, ist diese Jahreszeit besonders charakteristisch hinsichtlich der Artenzusammensetzung und des Stoffwechsels in einem Gewässer.

In den größeren Berliner Gewässern lassen sich zwei Haupttypen der Cyanophyceen-Dominanz unterscheiden:

- Dominanz von *Oscillatoria agardhii* und/oder *Oscillatoria redekei*, z. T. mit *Aphanizomenon flos-aquae*. Dieser Typus trat 1983 in 14 der 23 untersuchten Gewässer auf (Abb. 18), in einigen Fließgewässern in Begleitung von Bacillariophyceen, und auch 1984—1986 in der Havel (Abb. 20). Besonders langfristige Dominanz von *Oscillatoria* spp. wurde im Schlachtensee, der Krummen Lanke und im Grunewaldsee beobachtet, wo verschiedene Arten dieser Gattung zu allen Probenahmezeitpunkten in den Jahren 1982/83 dominierten (Abb. 18). Eine solche langfristige Dominanz von Oscillatorien wurde in diesen Seen bereits in den 70er Jahren (RODIGER 1977, unveröff. Dipl.-Arb.) und, wie qualitative Planktonanalysen am FG Limnologie zeigen, im Schlachtensee auch 1984 bis Anfang 1985 festgestellt.
- Dominanz von *Microcystis aeruginosa*, *M. wesenbergii* und *M. viridis*, z. T. in Begleitung von Bacillariophyceen. Dieser Typus trat am ausgeprägtesten im Tegeler See (1983—1986) und dem von ihm beeinflußten Hohenzollernkanal und der Havel bei Spandau auf (Abb. 18). In der Havel bei Briest, von Berlin aus ca. 60 km flußabwärts, wurden 1970 als wichtigste Gruppen im Sommer *Microcystis flos-aquae* zusammen mit *Oscillatoria redekei* und *Aphanizomenon flos-aquae* gefunden (HANNEMANN 1980).

Massenvorkommen von Cyanophyceen sind nicht nur im Berliner Raum seit vielen Jahren (Kap. 5.1), sondern auch im weiteren regionalen Rahmen (Schweden: z. B. TIRÉN 1974; RIPL 1979; RIPL & LUNDQVIST 1977; Niederlande: VAN LIERE & MUR 1979) häufig zu beobachten.

Massenentwicklungen der in Berlin auftretenden Cyanophyceen sind aus folgenden Gründen unerwünscht: Sie können mit ihrer oft äußerst hohen Biomasse (Wasserblütenbildung, z. B. *Microcystis aeruginosa* im Tegeler See) eine starke Trübung der Gewässer bewirken und so die Wachstumsmöglichkeiten von höheren Unterwasserpflanzen, aber auch Freizeitnutzungen, wie Baden und Angeln, beeinträchtigen. Weiterhin können bestimmte Cyanophyceen (z. B. *Oscillatoria agardhii*) den Geschmack von Wasser und Fischen beeinflussen (PERSSON 1977 in: VAN LIERE & MUR 1979). Toxische Stoffwechselprodukte bestimmter Stämme von *Microcystis aeruginosa* und *Oscillatoria agardhii* (z. B. LEEUWANGH et al. 1983) können zu gesundheitlichen Beeinträchtigungen (Allergie, Durchfall) von Badenden führen.

Für das massenhafte Auftreten von verschiedenen

Cyanophyceenarten werden in der Literatur folgende Faktoren diskutiert:

1. Der Besitz von Vakuolen und deren Regulation ermöglicht es den Cyanophyceen, den Ort des optimalen Lichtangebots aufzusuchen (ROBARTS & ZOHARY 1984) bzw. die Trennung zwischen guten Licht- und Nährstoffverhältnissen zu überwinden (GANF & OLIVER 1982).
2. Licht ist der auslösende Faktor für die Sukzession von Chlorophyceen zu Cyanophyceen (MUR & BEIJDORFF 1978). In Laborstudien stellten LOOGMAN et al. (1979) hierzu fest, daß *Oscillatoria agardhii* eine geringere maximale Wachstumsrate hat als *Scenedesmus protuberans*, daß aber das minimale Energieniveau zur Erhaltung der Biomasse für die Blaualge geringer ist als für die Grünalge. So kann sich *Oscillatoria agardhii* bei hohen Phytoplanktondichten und bei Turbulenz, die kurze Aufenthaltszeiten in der euphotischen Zone bedingt, häufig durchsetzen (VAN LIERE & MUR 1979).
3. Cyanophyceen sind gute N-Kompetitoren, geringe N:P-Verhältnisse, wie sie in P-reichen Gewässern anzutreffen sind, fördern Cyanophyceen, insbesondere N_2-fixierende Arten (SCHINDLER 1977; FLETT et al. 1980; SMITH 1983).
4. Niedrige C:N-Verhältnisse im Wasser fördern Cyanophyceen, insbesondere zur N_2-Fixierung fähige, Heterocysten-tragende Arten (LEONARDSON 1984).
5. Kolonien-bildende Cyanophyceen sind mit Bakterien vergesellschaftet (CALDWELL & CALDWELL 1978), nehmen in den so gebildeten Subsystemen an einem äußerst effektiven kurzgeschlossenen Nährstoffkreislauf teil und können deshalb auch bei geringer Konzentration an gelöstem Stickstoff oder Kohlenstoff im Wasser gut wachsen.
6. Die Struktur des Nahrungsnetzes, speziell die Artenzusammensetzung des herbivoren Zooplanktons und dessen Möglichkeiten, große Algen zu fressen, beeinflußt die Größenverhältnisse in der Algenzönose (SHAPIRO 1980).

Zu These 1 und 2:

In den Berliner Gewässern ebenso wie z. B. in den schwedischen Seen Ringsjön (RYDING 1983) und Mälaren (TIRÉN 1974) geht eine zunehmende quantitative Entwicklung der Cyanophyceen mit zunehmender anthropogener Belastung einher. Der Belastungsgradient kann zeitlicher (wie in den Berliner Gewässern) oder räumlicher (wie im Mälaren) Natur sein. Die zunehmenden Nährstoffkonzentrationen in den Gewässern ermöglichen vermehrtes Algenwachstum, z. B. von Chlorophyceen, was zu einer Verschlechterung der Lichtverhältnisse führt. Ein geringer Mindestlichtanspruch und — jedoch nur in stehenden Gewässern — Beweglichkeit könnten unter diesen Bedingungen Cyanophyceen Vorteile verschaffen, die mit zunehmendem Wachstum der Cyanophyceen bestehen bleiben. Geringe Mindestlichtansprüche könnten auch für die Ausbildung metalimnischer Maxima von Cyanophyceen, z. B. im oligotrophen Stechlin (CASPER 1985), von Bedeutung sein.

Eine geringe maximale Wachstumsgeschwindigkeit macht zudem wahrscheinlich, daß sich Cyanophyceen nur unter relativ stabilen chemischen Verhältnissen etablieren können. Auf diese Weise könnte die Tatsache erklärt werden, daß im Hertha- und Hubertussee bei ausgeprägten, durch Zufluß von Straßenabwässern bedingten Pulsen keine Cyanophyceen festzustellen waren, obwohl diese Seen mit Cyanophyceen-führenden Seen in Wasseraustausch standen (Kap. 5.2.4 Nährstoffe). SOMMER (1984) fand einen entsprechenden Zusammenhang für den Bodensee, in dem je nach Stabilität der thermischen Schichtung mit allen Konsequenzen für den Stoffhaushalt (z. B. Rezirkulation von Si oder P aus dem Tiefenwasser) im Spätsommer Cyanophyceen oder Bacillariophyceen dominierten.

Zu These 3:

Versuche, dem Auftreten von Cyanophyceen in den untersuchten Berliner Gewässern bestimmte Nährstoffbedingungen und -quotienten zuzuordnen, führten nicht zu eindeutigen Ergebnissen. Zwischen dem Cyanophyceenbiovolumen und der Gesamt-P- oder Gesamt-N-Konzentration bestand keine Beziehung. Bei geringen N:P-Verhältnissen war der Biovolumenanteil der Cyanophyceen in der Havel, dem Tegeler See und dem Schlachtensee tendenziell hoch, er variierte jedoch auch bei höheren N:P-Verhältnissen stark (Abb. 42). Dieser mangelnde Zusammenhang zwischen dem N:P-Verhältnis und dem Vorkommen von Cyanophyceen wurde ebenfalls von SMITH in einer späteren Veröffentlichung (SMITH 1986) bei einer Analyse der Verhältnisse in 22 Seen weltweit festgestellt.

Ob die Nährstoffverhältnisse im Wasser oder Seston

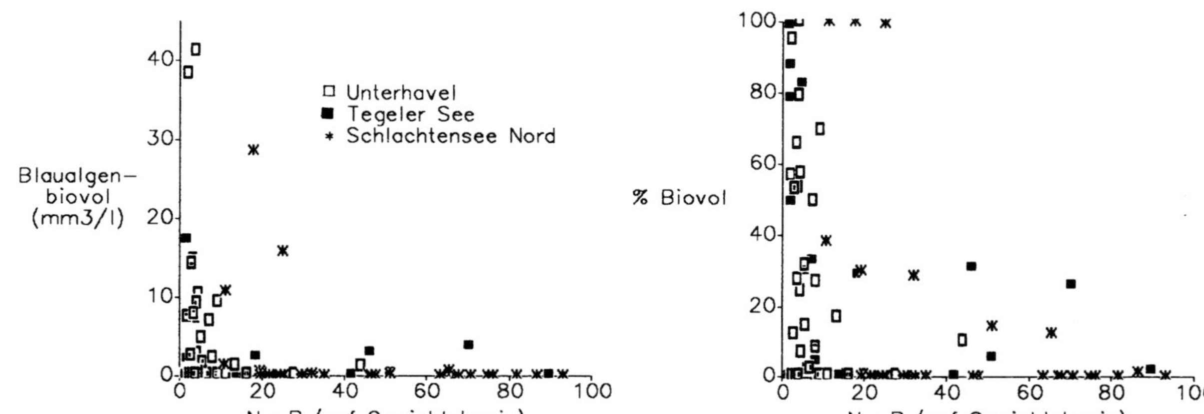

Abb. 42. Cyanophyceenbiovolumen (mm^3/l) (links) bzw. prozentualer Anteil der Cyanophyceen am Gesamtbiovolumen (% Biovol) (rechts) in Abhängigkeit vom Verhältnis der Ges-N- zur Ges-P-Konzentration (N:P, auf Gewichtsbasis) im Wasser am jeweiligen Tag in der Havel, im Tegeler See und Schlachtensee

(z. B. N:P) überhaupt als Indikatoren für die jeweilige Situation des Planktons herangezogen können, ist umstritten. ZEVENBOOM et al. (1982) stellten im Gegensatz zu SOMMER (mündl. Mitt.) in kombinierten Feld- und Laborstudien fest, daß *in situ* gefundene Nährstoffkonzentrationen und Lichtverhältnisse nicht direkt auf den jeweils limitierenden Faktor (N, P oder Licht) schließen lassen.

zu These 4 und 5:

Diese Thesen geben eine ökologische und physiologische Erklärung für die Thesen 3 und 4. Zu den Gesamt-C-Konzentrationen in den Berliner Gewässern liegen derzeit keine eigenen Daten vor. Hohe Gesamt-N-Konzentrationen bei gleichbleibenden C-Konzentrationen lassen auf geringe C:N-Verhältnisse schließen, so daß Kohlenstoffmangel möglicherweise vorübergehend auftrat. Eine Vergesellschaftung mit Bakterien, wie sie für *Microcystis* und *Oscillatoria* gefunden wurde (BRAUNGART 1986, unveröff. Dipl.-Arb.), könnte also durch die CO_2-Abgabe und den Nährstoffumsatz von Bakterien geringe Konzentrationen an Kohlenstoff oder sonstigen Nährstoffen im Wasser ausgleichen.

Zu These 6:

Das überwiegend kleine Zooplankton in den Berliner Gewässern (siehe z. B. EWALD 1988; BLANCA 1979, unveröff. Dipl.-Arb.) wie auch z. B. in den schwedischen Ringsjön (RYDING 1983) und Sjön Flaten (RIPL & LUNDQVIST 1977) kann die von SHAPIRO (1980) betonte Bedeutung der Nahrungsbeziehungen stützen: Wegen ihrer Größe sind die in Berlin vorherrschenden Cyanophyceen von Rotatorien und kleinen Cladoceren (*Bosmina longirostris*, *Daphnia cucullata*) schlecht freßbar, und Cyanophyceenpopulationen erleiden daher durch das Zooplankton kaum Verluste. Massenentwicklungen von großwüchsigen Cyanophyceenarten können in Berlin also indirekt auch durch den Weißfischreichtum der untersuchten Berliner Gewässer begünstigt worden sein, da adulte Tiere vieler Weißfischarten bei geringem Benthosvorkommen auf Zooplankton als Nahrung ausweichen und gezielt großes Zooplankton fressen. Da die kleinen Zooplankter das Phytoplankton nicht direkt nutzen können, sondern auf Bakterien und Detritus als Nahrungsgrundlage angewiesen sind, gewinnt im Plankton die Detritusnahrungskette mehr Bedeutung als direkte Fraßbeziehungen, und das Nahrungsnetz insgesamt wird weniger effizient.

5.2.3. Sauerstoffhaushalt

Das Phytoplankton ist bezüglich Biomasse und Produktion der wichtigste Primärproduzent in den größeren vorwiegend eutrophen Berliner Gewässern, da in diesen Makrophyten kaum oder gar nicht gedeihen, und hat daher auf den O_2-Haushalt den stärksten autochthonen Einfluß.

Die im Tegeler See, Schlachtensee (Nordbecken) und Flughafensee (Hauptbecken) ermittelten Produktionswerte in den verschiedenen Wassertiefen wurden volumengewichtet und für das jeweilige Gewässer bzw. den Gewässerteil berechnet. Auf dieser Grundlage wurden der durch Photosynthese bedingte O_2-Eintrag in die trophogene Zone (= Nettoproduktion in t O_2) und die theoretische O_2-Zehrung beim aeroben Abbau der netto produzierten Phytoplanktonbiomasse in der tropholytischen Zone des Wasserkörpers (Tab. 18, Abb. 43) unter Berücksichtigung des zeitlichen Musters der Produktion (Kap. 4.3) abgeschätzt.

Die geringe Wassertiefe der Berliner Gewässer führte zu einer sedimentierenden Planktonbiomasse, die nicht vollständig in der tropholytischen Zone abgebaut wird, bevor sie das Sediment erreicht, und damit den O_2-Haushalt weniger belastet. In Abhängigkeit von der Tiefe der tropholytischen Zone, der Abbaubarkeit des Planktons und der Rezirkulation in der trophogenen Zone müssen für die Gewässer unterschiedliche Depositionsraten angenommen werden. Im norddeutschen Flachgewässer Schlei (mittlere Tiefe ca. 2.5 m) wurden von ca. 700 g $C/m^2/a$ Bruttoprimärproduktion ca. 40—60% im Sediment deponiert (RIPL 1986). BENGTSSON et al. (1977) geben für den Södra Bergundasjön, Trummen und Hinnasjön (mittlere Tiefe: 1.8—2.3 m, 20—650 g $C/m^2/a$) an, daß durchschnittlich ca. 12% der Phytoplanktonbruttoproduktion im Sediment deponiert werden. Dieser Wert wird im folgenden für den Schlachtensee zugrunde gelegt. Der Flughafensee ist wesentlich tiefer als dieser See, so daß dort von einer geringeren Ablagerungsrate

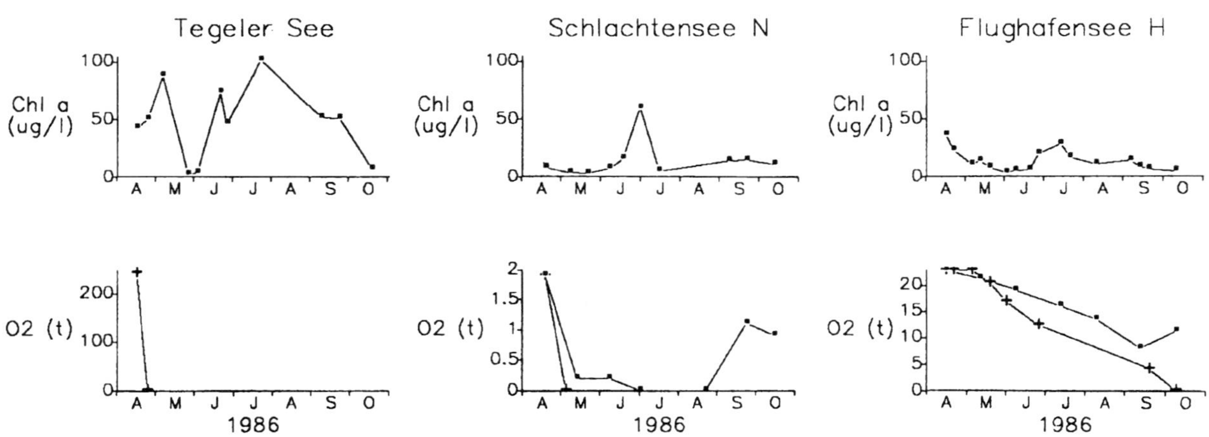

Abb. 43. Jahresganglinie der euphotischen Chlorophyll-a-Konzentration (Chl-a, µg/l) und des O_2-Gehaltes der tropholytischen Zone (O_2, +) im Tegeler See, Schlachtensee Nord und Flughafensee Hauptbecken. untere Abb.: + errechneter O_2-Gehalt in der tropholytischen Zone, abgeschätzt aus den Nettoproduktionswerten in der trophogenen Zone; ■ gemessener O_2-Gehalt in der tropholytischen Zone

Tab. 18. Volumengewichtete O_2-Nettoproduktion in der trophogenen Zone und errechnete O_2-Zehrung in der tropholytischen Zone im Tegeler See, Schlachtensee Nord und Flughafensee Hauptbecken in der Vegetationsperiode 1986 ohne Berücksichtigung eventueller externer Einflüsse auf den O_2-Haushalt
(a): Abschätzung unter der Annahme, daß 100% des brutto produzierten Phytoplanktonvolumens im Wasser abgebaut werden,
(b): ein Teil (12% (Schlachtensee) bzw. 25% (Tegeler See)) des brutto produzierten Phytoplanktonvolumens erreichen das Sediment (* tatsächlicher O_2-Gehalt: 8 t, siehe Text)

Gewässer	Trophogene Zone			Tropholytische Zone					
	Tiefe	Vol.	Nettoprod.	Vol.	O_2 4/86	O_2 errechnet 9/86		O_2-frei errechnet	
	(m)	(Mio m^3)	(t O_2)	(Mio m^3)	(t O_2)	(a)	(b)	(a)	(b)
						(t O_2)		nach Tagen	
Tegeler See	2.75	10.5	2627	19.5	244	−2383	−590	10	46
Schlachtensee N	4	0.37	17.5	0.16	1.9	− 15.6	− 6	18	45
Flughafensee H	5	1	19.9	2.1	22.9	+ 3*		180	

auszugehen ist. Im Tegeler See verläßt im Vergleich zum Schlachtensee (18.5%) und Flughafensee (12%) ein wesentlich größerer Teil (35%) der Bruttoproduktion die trophogene Zone (Kap. 4.3, Tab. 11). Deshalb, und in Übereinstimmung mit Sedimentationsraten, die für Sedimente im Tegeler See auf ca. 3 mm/a abgeschätzt wurden (Ripl et al. 1987, unveröff. Bericht), wird im folgenden für den Tegeler See eine Depositionsrate von 25% der Bruttoprimärproduktion angenommen. In Tab. 18 und Abb. 43 sind maximale Zehrungswerte (Abbau = 100%, Gleichung a) angegeben sowie in Tab. 18 zusätzlich noch Zehrungswerte (Gleichung b), die unter der Annahme ermittelt wurden, daß nur ein bestimmter Anteil der Phytoplanktonbruttoproduktion im Wasser abgebaut und der Rest im Sediment deponiert wird.

$$a: Z_{Hypol.} = O_{2\,Hypol.} - \Sigma Np_i \cdot \Delta t_i$$

$$b: Z_{Hypol.} = O_{2\,Hypol.} - \Sigma Bp_i \cdot f \cdot \Delta t_i$$

$Z_{Hypol.}$ — Zehrung im Hypolimnion ($t\ O_2$) von April—September;
$O_{2\,Hypol.}$ — O_2-Gehalt im Hypolimnion zur Frühjahrszirkulation ($t\ O_2$);
Np_i — Nettoproduktionswert, i — Einzelmessung (insges. 13 Messungen je Gewässer), ($t\ O_2$/d im gesamten Gewässer/Gewässerteil);
Bp_i — Bruttoproduktionswert, i — Einzelmessung (insges. 13 Messungen je Gewässer), ($t\ O_2$/d im gesamten Gewässer/Gewässerteil);
f — Faktor für unterschiedliche Depositionsraten;
Δt_i — zeitliche Wichtung der einzelnen Produktionswerte (d); Δt_i = 183 Tage (April—September).

Im Tegeler See wäre unter der Voraussetzung des vollständigen Abbaus des sedimentierenden Planktons in der tropholytischen Zone das Tiefenwasser 1986 innerhalb von 10 Tagen sauerstofffrei gewesen (Abb. 43). Bei Annahme einer Deposition von 25% verringert sich die abgeschätzte Belastung des O_2-Vorrates der tropholytischen Zone, und das Tiefenwasser wäre nach 46 Tagen anaerob gewesen, hätten nicht zahlreiche Belüfter den O_2-Verbrauch beim Abbau des Planktons kompensiert. Bis Ende September 1986 ergibt sich für den Tegeler See ein errechnetes O_2-Defizit von ca. 590 t O_2 und ein Sedimentzuwachs bezogen auf die gesamte Seefläche von knapp 2 mm/a (siehe auch Kap. 5.5). Die Auswirkungen der sedimentierten Planktonbiomasse auf das Sediment verdeutlicht die Tatsache, daß etwa ein bis zwei Monate nach einem Chlorophyll-a-Maximum das O_2-Zehrungspotential des Sediments deutlich ansteigt (Abb. 44).

Für den Flughafensee ist eine sehr geringe Ablagerungsrate anzunehmen, da bereits in der trophogenen Zone im Mittel knapp 90% der primärproduzierten Biomasse rezirkuliert wurden (Kap. 4.3, Tab. 11). Der Abbau der sedimentierenden Planktonbiomasse bewirkte im Sommer 1986 im Hauptbecken des Flughafensees mit seinem großen Hypolimnion keinen völligen O_2-Schwund bis zur Herbstzirkulation (Abb. 43). Ausgehend von der tatsächlichen O_2-Konzentration im Hypolimnion vor der Herbstzirkulation von 8 t O_2 im Untersuchungsjahr ergibt sich, daß ca. 3% der Bruttoprimärproduktion im Sediment abgelagert wurden. Unter dieser Annahme ergibt sich für den Flughafensee ein Sedimentzuwachs von 0,1 mm/a bezogen auf die gesamte Seefläche.

Die Ergebnisse zeigen, daß nicht nur das Produktionsniveau wichtig ist für den O_2-Haushalt eines Gewässers, sondern auch die Abbauverhältnisse im Hypolimnion. Für den Schlachtensee und den Flughafensee ergaben sich so, bei etwa gleicher Größenordnung der Nettoproduktion, ganz verschiedene O_2-Verhältnisse über dem Gewässergrund.

Ausreichende Sauerstoffverhältnisse im tieferen Wasser sind eine der wichtigsten Lebensvoraussetzung für Benthos und Fische. Nach Auszehrung des Sauerstoffs wird organische Substanz in diesen Seen zumeist durch Desulfurikation abgebaut, so daß durch H_2S-Bildung die benthische Fauna in ihrem Lebensraum eingeschränkt wird.

5.2.4. Nährstoffe

In vielen Gewässern der gemäßigten Klimazone wird Phosphor als einer der wichtigsten Regelfaktoren für das Algenwachstum angesehen. Das Verhältnis der Jahresmittel der Chlorophyll-a-Konzentration zur Gesamt-P-Konzentration in der euphotischen Zone im Flughafensee und im Schlachtensee in den Jahren 1985 und 1986 entsprach in etwa der Beziehung, die für 43 flache Seen im Rahmen eines OECD-Programmes (Clasen 1980) gefunden wurde (Abb. 45). In den meisten Gewässern (Havel, Tegeler See, Großer Wannsee, Griebnitzsee, Teltowkanal, z. T. Grunewaldseenkette) stieg die mittlere Chlorophyll-a-Konzentration jedoch mit zunehmender P-Konzentrationen nicht weiter an, sie lag also, bei Jahresmittelwerten von über 100 µg P/l, bereits im Sättigungsbereich der Chlorophyll-Phosphor-Beziehung. Hier waren andere Faktoren, wie wahrscheinlich das Licht, für weiteres Algenwachstum limitierend.

Interessant sind in diesem Zusammenhang zwei Beispiele der P-Reduktion im Gewässer durch Entlastung der Zuflüsse: Im Tegeler See war 1986 im Vergleich zu 1985 das Jahresmittel der Gesamt-P-Konzentration um

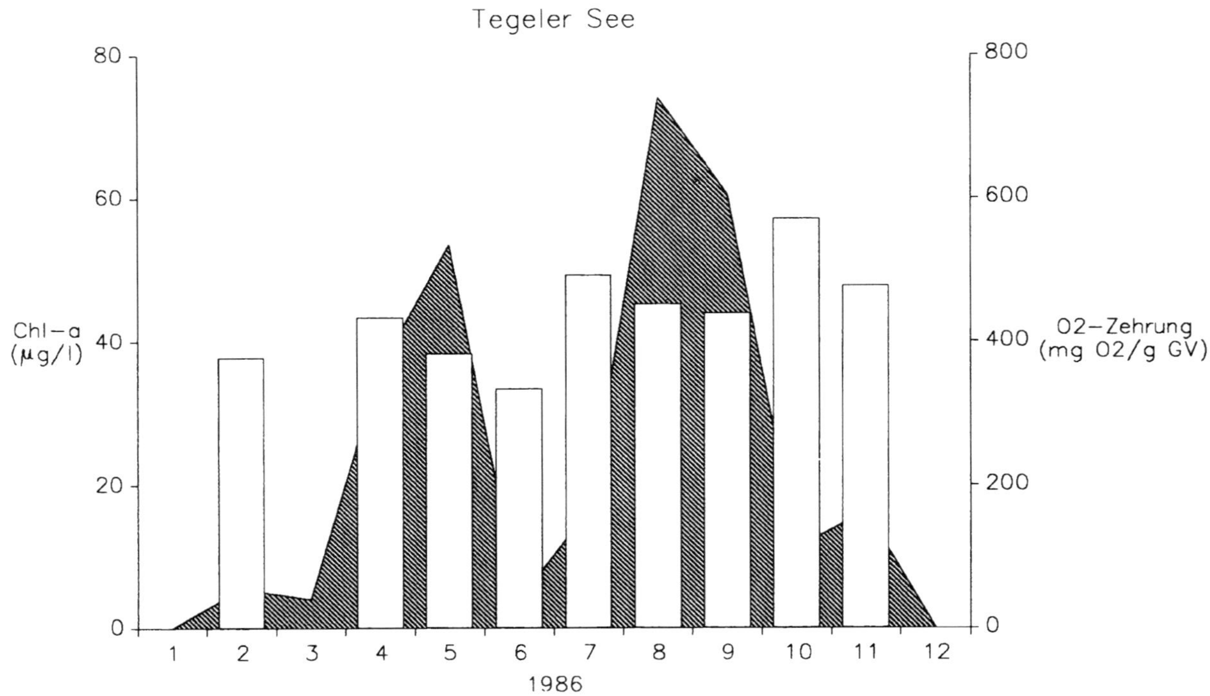

Abb. 44. O_2-Zehrung im Sediment (mg O_2/g Glühverlust, 0—20 cm) (Schraffur) in Abhängigkeit von der euphotischen Chlorophyll-a-Konzentration (Chl-a μg/l) im Tegeler See 1986

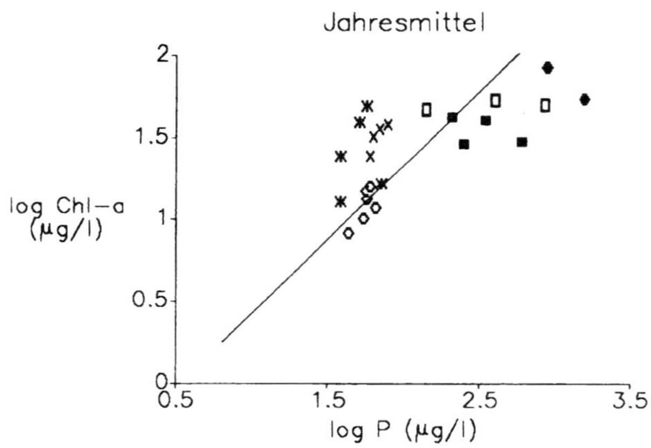

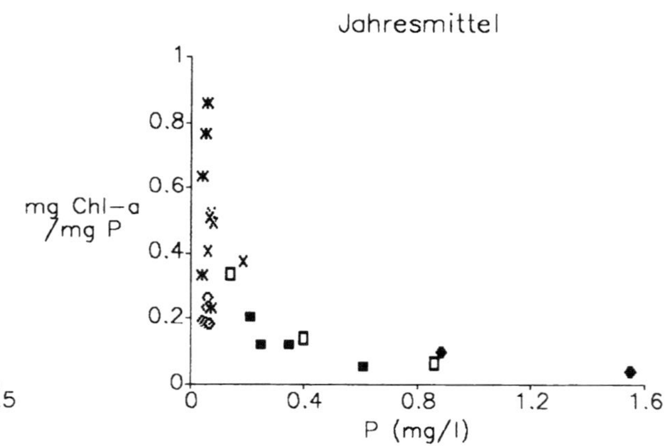

Abb. 45. Jahresmittelwerte der Chlorophyll-a-Konzentration (log μg Chl-a/l) in Beziehung zu den Jahresmittelwerten der P-Konzentration (log μg P/l) in der euphotischen Zone verschiedener Berliner Gewässer. Die Gerade entspricht der für 43 flache Seen eines OECD-Programms ermittelten Beziehung (verändert nach CLASEN 1980)

Abb. 46. Jahresmittel des Chl/P-Verhältnisses (auf Gewichtsbasis) in Abhängigkeit von der euphotischen P-Konzentration (mg P/l) in verschiedenen Berliner Gewässern.

2/3 gefallen. Der See befand sich jedoch noch im Sättigungsbereich der Chl-a/P-Beziehung (Abb. 45, 46), und die mittlere Chlorophyll-a-Konzentration blieb in beiden Jahren ebenso wie die Verhältnisse P_{part}/Chl-a und N_{part}/Chl-a etwa gleich (Tab. 19).

Im Schlachtensee hingegen fand nach einer Phase der Einstellung auf neue Verhältnisse in den Jahren 1981—1984, in der bei stark zurückgehenden P-Konzentrationen das Phytoplankton in Artenzusammensetzung und Biovolumen keine deutlichen Veränderungen zeigte, in den Jahren 1984—1986 bei nur noch sehr schwach sinkenden P-Konzentrationen eine plötzliche Veränderung der Phytoplanktonartenzusammensetzung statt (siehe auch CHORUS & WESSELER 1988). Die vorher dominanten *Oscillatoria*-Arten wurden Anfang 1985 von anderen Algengruppen (Bacillariophyceen, Cryptophyceen, Chlorophyceen) in drastisch verringertem Biovolumen abgelöst (Abb. 20, 45, 46). Gleichzeitig stieg das Verhältnis P_{part}/Chl-a von dem sehr niedrigen Wert von 0,5 auf 1 (Tab. 19). Das Phänomen, daß die Entwicklung der

Tab. 19. Jahresmittel der Chlorophyll-a-, N- und P-Konzentration und des Verhältnisses der partikelgebundenen Nährstoffe zur Chlorophyll-a-Konzentration in verschiedenen Jahren im Tegeler See und im Schlachtensee Nord

		Chlorophyll-a (µg/l)	Ges-P (mg/l)	part. P/Chl-a (mg/mg)	Ges-N (mg/l)	part. N/Chl-a (mg/mg)
Tegeler See	1985	29	0.61	2	2.3	15.1
	1986	28	0.23	2	8	14.9
Schlachtensee	1984	48.8	0.06	0.5		
Nord	1985	23.9	0.04	0.7		
	1986	12.5	0.04	1		

Artenzusammensetzung im Plankton wichtig für die Ausnutzung des Phosphors ist, wurde auch an anderen Seen beobachtet (Clasen 1980).

Zur mittleren Gesamt-N-Konzentration zeigte die mittlere Chlorophyll-a-Konzentration der Gewässer keine Beziehung. Die Gesamt-Konzentrationen im Wasser von N und P allein lassen somit kaum direkte Rückschlüsse auf die in der Planktonbiomasse gebundenen Nährstoffe zu.

Analysen der Nährstoffverhältnisse im Seston lassen weitere Aussagen zu. Die partikelgebundenen Nährstoffe wurden aus der Differenz zwischen den gemessenen Konzentrationen am Gesamt-Nährstoff (Gesamt-P bzw. Gesamt-N) und an den gelösten Anteilen (PO_4-P bzw. NO_3-N, NO_2-N u. NH_4-N) ermittelt. Zwischen der mittleren Konzentration des partikelgebundenen Phosphors bzw. Stickstoffs und der Chlorophyll-a-Konzentration bestand ein enger linearer Zusammenhang (Chl-a/N_{part}: r = 0,902, Chl-a/P_{part}: r = 0,851, n = 23, Jahresmittel für die Gewässer aus Abb. 45). Dies weist darauf hin, daß die partikulären Anteile von P und N in Biomasse gebunden vorlagen. Im Mittel wurden in den untersuchten Gewässern pro 1 µg Chlorophyll-a 1,2 µg partikulärer P und 11,4 µg partikulärer N festgestellt. Das Verhältnis N:P im Seston wich in den untersuchten Gewässern z. T. von dem im Durchschnitt gefundenen und für das Algenwachstum als optimal betrachteten „Redfield-ratio" für (C:)N:P (atomar) von (106:)16:1 (in Sommer 1988) in Richtung auf niedrigere N-Gehalte ab. In der Havel waren die N_{part}: P_{part}-Verhältnisse bei mehr als 50% der Einzelwerte kleiner als 16. Im Flughafensee und Schlachtensee war dies nur bei etwa 30% der Werte der Fall. Die Tendenz charakterisiert den P-Überfluß in der Havel im Vergleich zum Flughafensee und Schlachtensee (Abb. 45, 46).

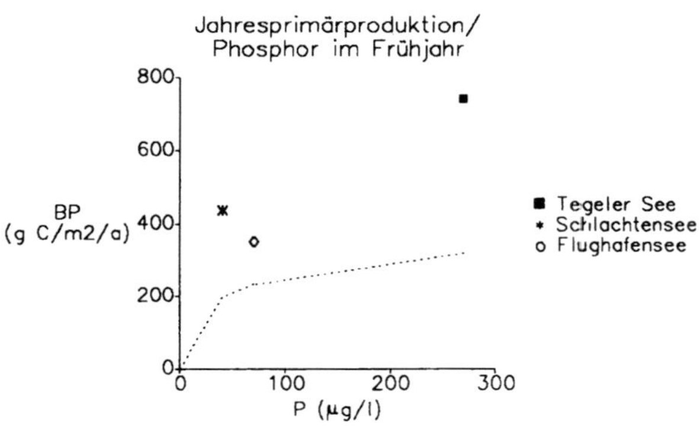

Abb. 47. Jahressumme der Bruttoprimärproduktion (BP, g C/m²/a) im Tegeler See, Schlachtensee und Flughafensee in Beziehung zur maximalen Gesamt-P-Konzentration im Frühjahr. Die gestrichelte Linie entspricht der für 4 mecklenburgischen Seen ermittelten Beziehung (verändert nach Casper 1985)

Die Jahressumme der Primärproduktion in Abhängigkeit von der maximalen P-Konzentration im Frühjahr war, besonders im Tegeler See und im Schlachtensee, deutlich größer, als dieser Beziehung entsprochen hätte, die Casper (1985) für mecklenburgische Seen aufstellte (Abb. 47). Dies deutet darauf hin, daß die errechneten Beziehungen vor allem für bestimmte Seentypen (in diesem Fall im Vergleich zu den Berliner Gewässern weniger produktive Gewässer) oder einen engen regionalen Bereich gelten.

Die Auswirkungen von **Frequenz** und **Amplitude** von **Belastungspulsen** (Regeneinleitungen) zeigt die Planktonentwicklung in Herthasee und Hubertussee. Ihr Plankton wich 1983 in auffälliger Weise von dem der anderen Seen der Grunewaldseenkette ab, obwohl sie mit diesen in Verbindung und Wasseraustausch standen und die festgestellten Nährstoffkonzentrationen im Mittel z. T. noch höher lagen als in den anderen Seen. Hier traten keine Cyanophyceen auf und es war eine Abfolge von meist kleineren einzelligen Algen zu beobachten. Die starke Belastung dieser Seen mit Straßenabwässern führt zu ausgeprägten Amplituden und kurzzeitigen Schwankungen der O_2- und Nährstoffkonzentrationen (Ripl 1986, unveröff. Bericht). Für das Plankton bedeutete dies, daß, wie natürlicherweise im Frühjahr, nach einem Nährstoffpuls Arten mit relativ großer Wachstumsgeschwindigkeit (r-Strategen) im Vorteil gegenüber Blaualgen waren. So könnten die Pulse die Abfolge von meist kleineren einzelligen Algenarten erklären. Nach Mur & Beijdorff (1978) haben Cyanophyceen kleinere maximale Wachstumsraten als z. B. Chlorophyceen.

5.2.5. Nahrungsbeziehungen im Plankton

Veränderungen von Größe und Form der Algen zu verschiedenen Jahreszeiten beeinflussen die Verwertbarkeit des Phytoplanktons für das Zooplankton. Für verschiedene Zooplanktonarten ist aus Experimenten und Schlundinhaltsanalysen in etwa bekannt, was sie fressen können. Abgesehen von sicherlich wichtigen artspezifischen Unterschieden in Abhängigkeit vom Geschmack und der Gestalt der der Nahrungsaufnahme dienenden Körperteile (z. B. Abstand der Setae) (DeMott 1986; Knisely & Geller 1986), lassen sich verschiedenen Zooplanktongruppen grob Größenklassen freßbarer Partikel zuordnen. Die in den Berliner Gewässern sehr häufigen Rotatorien können nach Gliwicz (1969a, b; 1974 in Nauwerck et al. 1980) höchstens 15 µm große Partikel fressen. Das entspricht einem Biovolumen der Einzelzelle je nach ihrer Form von 400 µm³ (Rotationsellipsoid) bis 1500 µm³ (Kugel). Das Optimum liegt bei 1—2 µm Größe, entsprechend einem Biovolumen von maximal 4 µm³. Für kleine Cladoceren (*Bosmina*, Chydoriden) liegen die Obergrenzen in der gleichen Größenordnung und das Optimum bei einem Biovolumen von maximal 65 μm^3.

Aus Abb. 25 geht der für diese Mikrofiltrierer freßbare Anteil des Phytoplanktons hervor: Während sie im Frühjahr fast alle vorhandenen Algengrößen ingestieren konnten, sind im Sommer nur noch maximal 20% des vorhandenen Phytoplanktonbiovolumens für sie direkt nutzbar. Dieser Anteil des Phytoplanktons steht im Gleichgewicht zwischen Fraßverlusten und eigener Vermehrung und kann wegen des bei kleinen Algen oft hohen Umsatzes (Abb. 34) möglicherweise einen großen Teil des Nahrungsbedarfs des Zooplanktons gedeckt haben. Der Rest der Nahrung mußte aus Bakterien und Detritus, die in der Folge der Algen auftraten, bestehen. Damit wurde die Detritusfraßkette die vorherrschende Nahrungsbeziehung im Plankton. Dies bedeutet für das Nahrungsnetz insgesamt einen Energieverlust und geringere Effizienz. Die großen Phytoplankter, die sich im Sommer durchsetzten, unterlagen also kaum einem Fraßdruck durch das vorhandene kleinwüchsige Zooplankton.

5.2.6. Zusammenfassung und Bewertung des Planktons

Die Artenzusammensetzung im Phytoplankton, besonders die in vielen Gewässern auftretenden sommerlichen Blaualgenblüten, und das Ausmaß der Algenbiomasse in den meisten untersuchten Berliner Gewässern sind typisch für stark eutrophierte Gewässer. Eine Begrenzung des Algenwachstums ist nur für den Schlachtensee und Flughafensee anzunehmen.

Es wurde deutlich, daß die Artenzusammensetzung im Phytoplankton nicht nur durch das Nährstoffniveau, sondern, wie z. B. im Hertha- und Hubertussee, auch durch häufige und ausgeprägte Pulse beeinflußt wurde. Eine Beziehung zu bestimmten Nährstoffverhältnissen (N:P) wurde nicht festgestellt. Es ist allerdings auch nicht wahrscheinlich, daß solche statischen Größen Prozesse und Zusammenhänge in einem Ökosystem hinreichend beschreiben können. Bei Rückschluß von Nährstoffkonzentrationen auf die Lebensbedingungen des Phytoplanktons muß zudem berücksichtigt werden, daß durch die Vergesellschaftung verschiedener Algenarten mit Bakterien Subsysteme mit eigenem Mikroklima entstehen.

Die Zusammenhänge zwischen Nährstoffen und Produktivität des Phytoplanktons in den untersuchten Berliner Gewässern entsprachen kaum oder gar nicht Beziehungen, die in der Literatur an Gewässern anderer Regionen gefunden wurden. Hier kommen sowohl regionale als auch für die einzelnen Gewässer individuelle Unterschiede zum Tragen.

Entsprechend des hohen Nährstoffangebotes wiesen sämtliche untersuchten Gewässer eine sehr hohe Primärproduktion durch das Phytoplankton auf. Diese hohe Biomasseproduktion hatte in flachen stagnierenden Gewässern einen besonders gravierenden Einfluß auf den O_2-Haushalt, insbesondere das O_2-Defizit über Grund und damit auf die dort ablaufenden Prozesse (siehe z. B. Schlachtensee). In fließenden und tiefen Gewässern wurde eine vollständige O_2-Aufzehrung über Grund durch ständige Durchmischung (z. B. Havel) bzw. den größeren O_2-Vorrat der Tiefenzone (z. B. Flughafensee) kompensiert.

Durch das Vorherrschen von u. a. durch den Weißfischreichtum der Berliner Gewässer geförderten kleinwüchsigen Zooplanktonarten waren direkte Fraßbeziehungen zwischen nichträuberischem Zooplankton und Phytoplankton, insbesondere bei Dominanz großer Blaualgenarten, wenig ausgeprägt. So konnte die Phytoplanktonbiomasse meist nicht durch das Zooplankton reguliert werden, d. h., das Nahrungsnetz war weniger effizient und ein großer Teil des Phytoplanktons sedimentierte und trug somit zur Faulschlammbildung bei.

5.3. Benthos

5.3.1. Atmungsbedingungen

Ausreichende Atmungsbedingungen sind die wichtigsten Voraussetzungen für tierisches Leben. Den benthischen Organismen wird diese Voraussetzung, in ihrem Lebensraum — dem Sediment — und an dessen Oberfläche, durch die O_2-Konzentration und die O_2-Zehrung im Wasserkörper sowie die O_2-Zehrung und H_2S-Bildung im Sediment gegeben bzw. entzogen.

Tab. 20. Vergleich von durchströmten und stehenden Gewässern in bezug auf mittlere Strömungsgeschwindigkeit (cm/s), Dauer der Schichtung (Monate), minimal gemessene Sauerstoffkonzentration (O_2 mg/l) 0.5 m über dem Sediment im Sommer 1985, mittlere Chlorophyll a-Konzentration (µg/l) (April bis September 1985) und Tubificiden-Abundanz (Individuen/m^2) 1985 als Mittelwert der Transektpunkte P1, P2 und P3

Probestelle	* Strömung (cm/s)	Schichtung (Monate)	min. O_2 üb. Sed. (mg/l)	Apr.—Sept. 1985 Chl-a (µg/l)	Tubificiden (Ind./m^2)
Oberhavel	2	—	4.35	40	14544
Schildhorn	2	—	7.4	98	5811
Steinlanke	2	—	8.8	95	2155
Alter Hof	2	—	9.97	71	923
Tegelort		—	8.0	51	6599
Tegeler See		±3	1.4	44	881
Schlachtensee S		3—5	1.0	30	0
Schlachtensee N		4—5	! 0	22	0
Krumme Lanke N		3—5	! 0	18	67
Flughafensee S		6	0.27	14	1578
Flughafensee H		7	0.13	14	1129
Teltowkanal	17	—	+ 1.4	66	+ 40500

* HEUER, Sen Stadt Um, mündl. Mitteilung;
+ KÖHN 1981, unveröff. Diplomarbeit;
# O_2-Konzentration an der Oberfläche des durchmischten Wasserkörpers;
! zeitweise H_2S-Geruch im Hypolimnion.

Sauerstoff (O_2):

Der Gradient der O_2-Konzentration zwischen Wasserkörper und Sediment wird durch O_2-Zehrung beim mikrobiellen Abbau von organischer Substanz bedingt. In geschichteten Gewässern kann durch Diffusion nur wenig O_2 ins Sediment gelangen, während in durchströmten Gewässern mit der Wasserströmung ständig O_2 nachgeliefert wird, was einer völligen Auszehrung des O_2 entgegenwirkt.

Der Vergleich in Tab. 20 gibt einen Hinweis darauf, daß die ständige Erneuerung eines hohen, strömungsbedingten O_2-Gradienten an der Sedimentoberfläche selbst bei starker Planktonentwicklung günstige At-

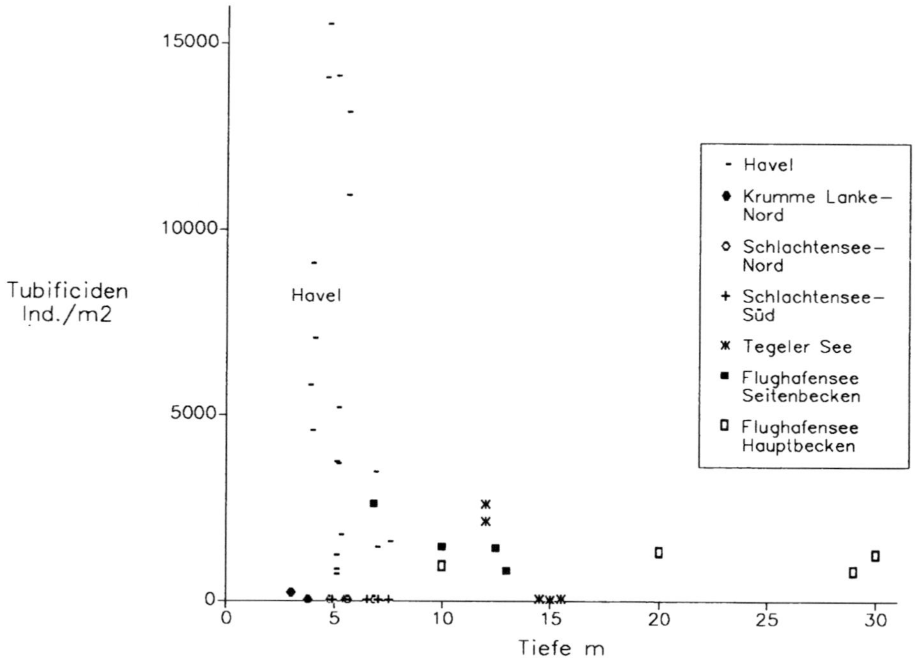

Abb. 48. Abundanz der Tubificiden zur Wassertiefe in geschichteten Seen (Legende) und in der Havel (—)

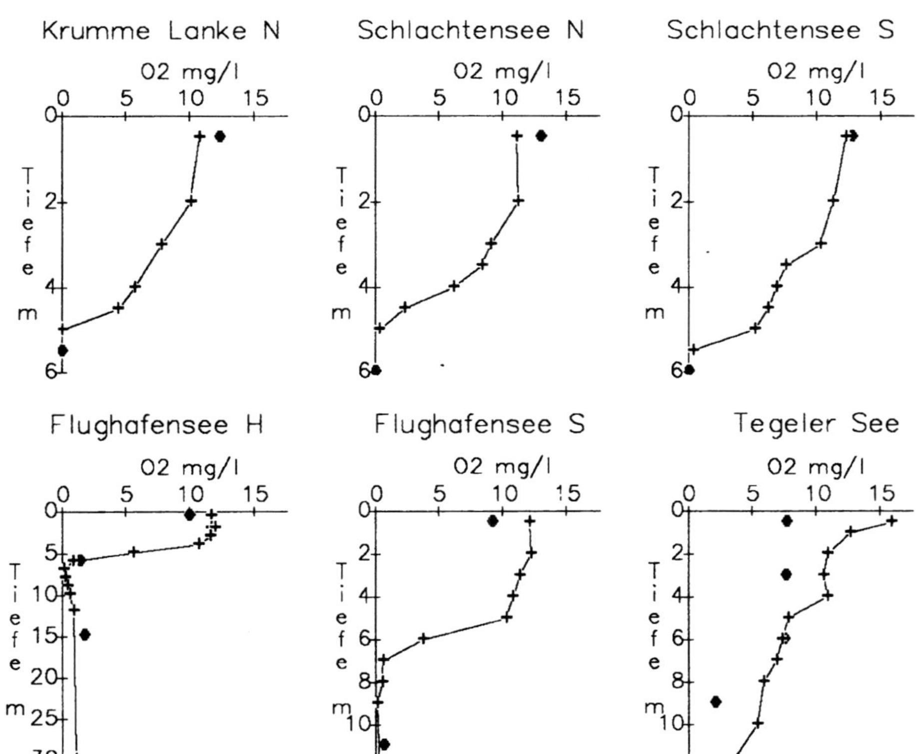

Abb. 49. Sauerstoffprofile (mg O_2/l) im August 1984 ● und August 1985 + in der Krummen Lanke (Nord), im Schlachtensee (Nord, Süd), Flughafensee (Hauptbecken, Seitenarm) und Tegeler See (tiefste Stelle)

mungsbedingungen für benthische Organismen schafft. Die Besiedlung der Weichsedimente mit Tubificiden und Chironomidenlarven in durchströmten und stehenden Gewässern (Abb. 50) zeigt für die Seen einen Trend zu geringeren Abundanzen mit zunehmender Tiefe. In Abb. 48 sind exemplarisch die Tubificiden aufgeführt, da diese als Ergebnis des O_2-Angebotes zu allen Jahreszeiten angesehen werden können. Die im März gefundenen Chironomidenlarven gehören zur Wintergeneration, die durch den O_2-Eintrag während der Herbstzirkulation überwiegend gute Atmungsbedingungen vorfindet. Die in den Sedimenten gefundenen Taxa sind für hocheutrophe Gewässer charakteristisch und gegenüber geringen Sauerstoffkonzentrationen weitgehend tolerant (BRINKHURST 1964; MILBRINK 1972).

In stehenden Gewässern ist die jahreszeitliche Dynamik der Planktonentwicklung und O_2-Zehrung von Interesse. Besonders während des Sommers führt frisch sedimentiertes Algenmaterial bei erwärmten Sedimenten zu starker O_2-Zehrung und löst so nach Auszehrung von O_2 und NO_3 Desulfurikationsprozesse aus. Am Beispiel Tegeler See wurde zwei Monate nach starken Planktonentwicklungen jeweils eine erhöhte O_2-Zehrung im Sediment, gemessen als Zehrung im Sapromaten, beobachtet (Abb. 44).

Ferner zeigte sich eine Tendenz zu abnehmender Benthosbesiedlung mit zunehmender Gewässertiefe und abnehmenden O_2-Konzentrationen innerhalb des Profundals geschichteter Seen (Krumme Lanke, Schlachtensee, Tegeler See und Flughafensee) (Abb. 48, 49). Diese Tendenz wurde für die ständig durchströmten Gewässer nicht deutlich (Abb. 50).

Im Tegeler See läßt sich die Abnahme der Abundanz mit zunehmender Wassertiefe vermutlich auf eine Verödung des Profundals vor der seit 1980 begonnenen Tiefenwasserbelüftung zurückführen. Der Tegeler See wurde 1972 nur bis zu einer Tiefe von ca. 8 m (FRANKE 1973, unveröff. Dipl.-Arb.), in den Jahren 1979—1981 nach FRANK (1984) schon bis zu einer Tiefe von ca. 12 m von Makrozoobenthos besiedelt. Die 1985/86 (Tab. 15) untersuchten Tiefenbereiche (P1, P2, P3; 12—16 m) wiesen gleichmäßig hohe Chironomidenabundanzen auf, während die Tubificiden nur das äußere Profundal (P3; 12 m) besiedelten. So befindet sich das Profundal heute im Stadium der Wiederbesiedlung. Tubificiden müssen zur Wiederbesiedlung überwiegend von den äußeren Bereichen des Gewässergrundes einwandern, während die Chironomiden mit jeder Eiablage auf der Wasseroberfläche erneut eine Chance zur Besiedlung des gesamten Profundals haben.

Schwefelwasserstoff (H_2S):

Die Atmungsbedingungen des Benthos sind jedoch nicht nur von der O_2-Konzentration im Wasser über dem Sediment abhängig, sondern werden entscheidend durch bakterielle Sedimentprozesse geprägt.

Gelöster O_2 kann in eutrophen Seen in eine geringe Oberflächenschicht des Sediments eindringen. In den

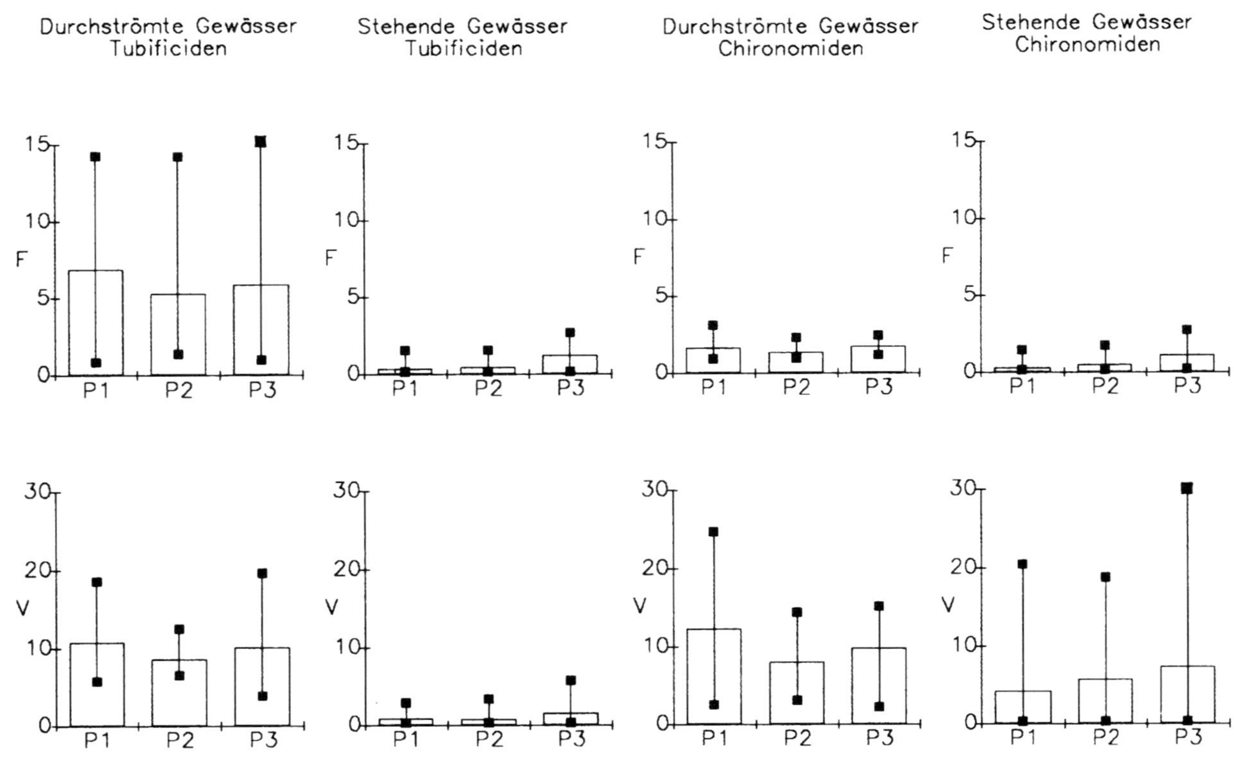

Abb. 50. Tubificiden und Chironomidenlarven in durchströmten und stehenden Gewässern bezüglich ihrer horizontalen Verteilung im Weichsediment im März 1985.
F — mittlere Frequenz 1000*Individuen/m² und mittleres Minimum und Maximum;
V — mittleres Biovolumen cm³/m² und mittleres Minimum und Maximum;
P1 — tiefster Transektpunkt und Mitte des Gewässerabschnittes;
P2 — Transektpunkt mit mittlerer Tiefe und Entfernung zwischen P1 und P3;
P3 — Transektpunkt an der Grenze zur Schalenzone; geringste Tiefe und Entfernung zum Ufer

tieferen Sedimentschichten wird die organische Substanz bei Abwesenheit von Nitrat durch Sulfatatmung abgebaut. Stoffwechselendprodukt dieser Desulfurikanten, obligat anaerobe Bakterien, die Sulfat als O_2-Quelle benutzen, ist toxisches H_2S.

Ausmaß und Auswirkung der Desulfurikationsprozesse werden vom vorhandenen, für eine Sulfidbindung verfügbaren Eisen in Zusammenhang mit den im Sediment vorherrschenden Diffusions- und Transportvorgängen gesteuert:

Trivalentes Eisen wird durch H_2S reduziert und dadurch zu Eisensulfid gebunden. Dabei wird das Sediment entgiftet, der Desulfurikationsprozeß unterliegt keiner Produkthemmung durch H_2S, und das Benthos kann durch die Entgiftungswirkung des Eisens überleben. Freier Schwefelwasserstoff entsteht, nachdem Eisen vollständig als Sulfid festgelegt ist. Um 1 Mol trivalentes Eisen zu reduzieren und als Sulfid festzulegen, werden 1,5 Mol H_2S verbraucht. Das molare S:Fe-Verhältnis überschreitet daher in diffusions- bzw. transportlimitierten Sedimenten selten einen Wert von 1,5.

Wie die Verteilungen der Volumenklassen der Tubificiden zeigen, enthält die Volumenklasse 1 (Tiere $\leqq 2$ mm^3) fünfmal soviel Individuen wie die Volumenklasse 2 ($> 2 \leqq 4$ mm^3). Dieser starke Verlust an Individuen könnte durch H_2S bewirkt worden sein. Die Desulfurikation, durch frisch sedimentiertes Plankton im Frühjahr aktiviert, dringt während des Sommers langsam in die tieferen Sedimentschichten vor (Ripl et al. 1987 a, unveröff. Bericht). So erscheint es möglich, daß größere Benthosorganismen in H_2S-freie bzw. tiefere Sedimentzonen flüchten können, während frisch geschlüpfte Tubificiden dazu keinen ausreichenden Aktionsradius besitzen.

Ein molares S:Fe-Verhältnis in Sedimenten von $> 1{,}5$ kann dann auftreten, wenn, wie dies in manchen Berliner Gewässern der Fall ist, Seewasser die Sedimente von oben nach unten durchdringt. H_2S wird in tiefer liegenden, weniger reduzierten Schichten zu S° oxidiert und festgelegt. Durch die Versickerung wird ein neuer Elektronenakzeptor wie Sulfat laufend zugeführt.

Hinweise auf versickerungsgeprägte Sedimente sind:
- Lage im Absenkungstrichter von Grundwasserbrunnen
- Verhältnis von Grund- zu Seewasserspiegel (Tab. 22)
- erhöhte Schwefelablagerungen (Tab. 21)
- orthograde Verteilung von P und Fe im Sedimentprofil.

Für die **Oberhavel** wurde aus dem molaren S:Fe-Verhältnis von $< 1{,}5$ (Tab. 21) abgeleitet, daß hier noch ein gewisser Grundwasserzufluß vorherrscht. Versickerungsmessungen am Ufer (1 Meßserie, FG Limnologie) zeigten, daß so gut wie kein Ausstrom erfolgt. Der hohe Eisengehalt im Sediment kann entstehendes H_2S entgiften. Nicht nur die hohen Abundanzen der Tubificiden sondern auch die große Zahl juveniler Tubificiden von $> 90\,\%$ der Abundanz (Abb. 41) weisen darauf hin.

In der **Unterhavel** findet die Desulfurikation, durch eine Umwandlung von eutrophem Seewasser in Grundwasser, vor allem in den ufernahen Erosionszonen statt, wie H_2S- und SO_4-Befunde bei Versickerungsmessungen (Ripl et al. 1987b, unveröff. Bericht) am Ufer vermuten lassen. Durch O_2-Zutritt in flachen Uferzonen bildet sich kolloidaler Schwefel, der teilweise aus den Erosionszonen zusammen mit organischer Substanz erodiert wird und in größerer Wassertiefe in den Weichsedimenten als S^0 abgelagert und dort unter den sauerstoffarmen Bedin-

Tab. 21. Schwefel- und Eisenkonzentration (mg/g Trockensubstanz) und molares S: Fe-Verhältnis im Weichsediment bei Transektpunkt P1, bzw. P3 und daraus abgeleitete Versickerungsbedingungen für Ufer bzw. Weichsediment. Tubificidenabundanz (Individuen/m^2). Sedimentkonz. sind Mittelwerte (gerundet) aus 0—25 cm Sedimenttiefe

Probestelle	S (mg/g TS)	Fe (mg/g TS)	S:Fe (molar)	Versickerung überwiegend	Tubificiden (Ind./m^2)
Oberhavel P1	16	150	0.2	„natürlich"	14100
Schildhorn P1	30	60	0.9	Ufer	7078
Steinlanke P1	40	67	1	Ufer	1433
Alter Hof P1	38	38	0.7	Ufer gering	700
Tegelort P1	24	79	0.5	„natürlich"	10887
Tegeler See P1	40	63	1	Ufer	33
Schlachtensee S P1	21	19	2	Sediment	0
Schlachtensee N P1	16	11	2.5	Sediment	0
Krumme Lanke N P1	23	20	2	Sediment	0
Krumme Lanke N P3	14	9	3	Sediment	200
Flughafensee S P1	9	32	0.5	Ufer	767

Tab. 22. Daten zu den hydraulischen Bedingungen. Mittlerer Wasserspiegel, mittlerer Grundwasserspiegel (m üNN) und deren Abstand zueinander (m) und im Vergleich dazu die maximale und mittlere Tiefe (m) des Gewässers und der Volumenanteil (%), der sich über dem Grundwasserspiegel befindet

Gewässer	mittlerer Wasserspiegel[1] m üNN	mittlerer Grundwasserspiegel[2] m üNN	Abstand m	maximale Tiefe[3] m	mittlere Tiefe[4] m	Volumen über Grundwasserspiegel[4] %
Oberhavel	31.5	31	0.5	6	2.85	15
Unterhavel	29	26	3	11		
Tegeler See	31.5	28	3.5	16	6.36	45
Krumme Lanke	31.7	27	4.7	5.5	3.52	95
Schlachtensee	31.7	26	6.7	9.5	4.69	95

[1] Sen Stadt Um (1987), [2] Kloos (1986), [3] Gewässerkarte Berlin (W) 1:25000, 1979, [4] Abb. 4

gungen konserviert wurde. Hohe Schwefelanteile prägen die Sedimente der Unterhavel.

Die abnehmende benthische Besiedlung in Fließrichtung der Unterhavel stehen vermutlich in Zusammenhang mit den stark veränderten Bedingungen durch die Uferfiltratförderung. Untersuchungen hierüber stehen jedoch noch aus. Am Alten Hof fehlten 1985 und 1986 die juvenilen Tubificiden (Abb. 41) und *Chironomus*-Larven weitgehend. Dies könnte eine Folge von regelmäßig im Winter stattfindenden stark O_2-zehrenden Einträgen sein, z. B. von NH_4 durch Rückstau aus dem Teltowkanal.

Im **Tegeler See**, wo ebenfalls Uferfiltrat gefördert wird, deutet die Lagerfolge der Sedimente wasserundurchlässige Verhältnisse an. Eine starke Akkumulation von Phosphor sowie anthropogen eingetragener Metalle in den obersten Sedimentschichten wurde festgestellt.

Durch die Tiefenwasserbelüftung wird das aus dem Nordgraben eingeleitete NH_4 nitrifiziert und an der Sedimentoberfläche denitrifiziert (Abb. 7). Dabei wird organische Substanz in den oberen Sedimentschichten abgebaut. Die Voraussetzung für die sich abzeichnende Wiederbesiedlung des Benthals mit Organismen in tieferen Stellen des Sees ist damit gegeben. Bei Vermeidung von H_2S-Bildung durch Belüftung kann auch für die tiefste Stelle eine größere benthische Besiedlungsdichte erwartet werden.

Die nur geringe Sedimentauflage im **Flughafensee** ist durch die unregelmäßige Morphologie des Baggersees sehr inhomogen. Durch die Belüftung von eindringendem Grundwasser im See sind die tieferen Teile des Sees durch Kalk- und Eisenausfällungen weitgehend abgedichtet, so daß Seewasser vorwiegend in den Erosionsbereichen des Ufers versickert. Bodennahe kurzfristig auftretende Desulfurikationsprozesse mit H_2S-Bildung im Wasser wurden während der Stagnationsperioden registriert. Während ausgedehnter Stagnationsphasen von 6 bis 7 Monaten war die O_2-Situation besonders angestrengt (Abb. 9), d. h. die Atmungsbedingungen für die ersten Larvenstadien der Chironomiden, die im Profundal nur sehr spärlich vorkamen, waren besonders eingeschränkt. Vom Flughafen Tegel werden im Winter NH_4-haltige Drainwässer (Auftaumittel) eingeleitet, die zu O_2-Zehrungsprozessen führen.

Die Sedimente des **Schlachtensees** und der **Krummen Lanke** sind stark von Versickerungsprozessen geprägt. Bei einem mittleren Grundwasserabstand zum Wasserspiegel von ca. 7 m und einer mittleren Tiefe von 4,6 m versickert Wasser aus dem Schlachtensee auch in größerer Tiefe durch die Weichsedimente und fließt dem Grundwasser zu (Tab. 22).

Die relativ hohen Schwefelgehalte von ca. 15—20 mg/g TS zeigen, daß seit der Einleitung von Wannseewasser (seit 1913) die organische Substanz im Sediment durch Desulfurikation abgebaut wurde. Die dabei frei werdenden Nährstoffe wie Phosphor und Stickstoff wurden infolge abnehmender Redoxpotentiale in das Grundwasser transportiert und konnten im Rohwasser aus dem Wasserwerk Riemeisterfenn nachgewiesen werden. So läßt sich in den obersten Sedimentschichten auch keine Nährstoffakkumulation nachweisen (Abb. 14).

Die hohe H_2S-Produktion im Schlachtensee dürfte teilweise mit einer Wasserableitung aus dem Hypolimnion im Sommer zusammenhängen. Durch diesen Wasseraustausch wird eine dauernde Wasserzufuhr und damit eine Zufuhr von organischer Substanz aus dem Metalimnion gewährleistet. Dabei wird der Prozeß der Desulfurikation in Gang gehalten.

In einem stagnierenden System mit geringer Versickerung und ohne hypolimnischen Wasseraustausch kann zwar zeitweise H_2S gebildet werden, dieser Prozeß würde jedoch bei Vorhandensein von freiem H_2S zum Stillstand kommen, wie dies auch im Grunewaldsee (RIPL & LINNENWEBER 1987, unveröff. Bericht) festgestellt wurde.

Nachdem die Planktonbiomasse sich seit Inbetriebnahme der Phosphoreliminationsanlage in Beelitzhof deutlich reduziert hat, ist auch die Sedimentbildung stark eingeschränkt.

5.3.2. Nahrungsbedingungen

Nichträuberische Benthosorganismen wie Tubificiden sowie Larven der *Chironomus plumosus*-Gruppe waren häufigste Vertreter im Profundal; sie erhalten als Sedimentfresser ihre Nahrungsenergie überwiegend von den am Detritus anhaftenden Bakterien (WAVRE & BRINKHURST 1971; BAKER & BRADNAM 1976). Die Fraßaktivität des Benthos kann die Bakterien in der logarithmischen Wachstumsphase halten. Das Bakterienangebot als Nahrung ist u. a. von den Oberflächen, die die Sedimentpartikel bieten, abhängig (FENCHEL 1970). Die Verteilungen der Korngrößen (Abb. 16) im Sediment sind auch im Hinblick auf die natürliche Größenbegrenzung bei der Nahrungsaufnahme wichtig.

WAGNER (1968) fand für *Tubifex tubifex* aus dem Bodensee eine deutlich verminderte Aufnahme von Partikeln $>0{,}063$ mm, und PODDUBNAYA (1980) nannte für Tubificiden eine Aufnahmegrenze von Partikeln $>0{,}2$ mm. *Chironomus*-Larven reichern ihre Nahrung an, indem sie Wasser durch ein feines Gespinst mit einer Maschenweite von 0,07 mm filtrieren (WALSHE 1951). Weder Abundanz noch Biovolumen der Tubificiden bzw. *Chironomus*-Larven ergaben zu den genannten Partikelfraktionen im Sediment eine Beziehung. In sämtlichen Sedimenten hatten die freßbaren Partikel einen Anteil von über 50%.

BRINKHURST (1964), WAGNER (1968), WIEDERHOLM (1980) u. a. zeigen, daß die Abundanz des Benthos in enger Beziehung zur Produktivität eines Gewässers steht. Parameter wie die Chlorophyll-a-Konzentration im Epilimnion spiegeln die Produktivität des Gewässers und die Nahrungssituation für das Benthos wider. Zwischen Abundanz oder Biovolumen der Tubificiden bzw. Chironomiden und der organischen Substanz im Sediment, Phosphor bzw. Stickstoff, ergaben sich keine Beziehungen. Hingegen konnte anhand der Chl-a-Konzentrationen, die zwischen April und Oktober 1984 und 1985 im Mittel in den untersuchten Gewässern zwischen ca. 15 und 100 µg Chl-a/l lagen, bestätigt werden, daß die benthische Besiedlung mit steigender Produktivität eines Gewässers dichter wurde (Abb. 51). Ausnahmen bildeten Gewässer mit starkem H_2S-Vorkommen (Schlachtensee, Krumme Lanke; Kap. 5.3 Atmung).

Die Beziehung der Abundanz des Benthos zur mittleren Chlorophyll-Konzentration im Sommer in den Berliner Gewässern fügt sich gut in die Ergebnisse einer schwedischen regionalen Studie für größere Seen ein, die mit vergleichbaren Methoden erstellt wurde (WIEDERHOLM 1980).

Die Beziehung zwischen Abundanz und Chl-a-Konzentration in Abb. 51 ist nach Angaben von WIEDERHOLM (1980) dargestellt: Die Abundanz wurde auf die Wassersäule an der Probestelle bezogen, um dem erhöhten Abbaugrad auf größerer Sedimentationsstrecke Rechnung zu tragen. Es wurden nur die direkt im Sediment lebenden Formen der Chironomiden miteinbezogen, d. h.

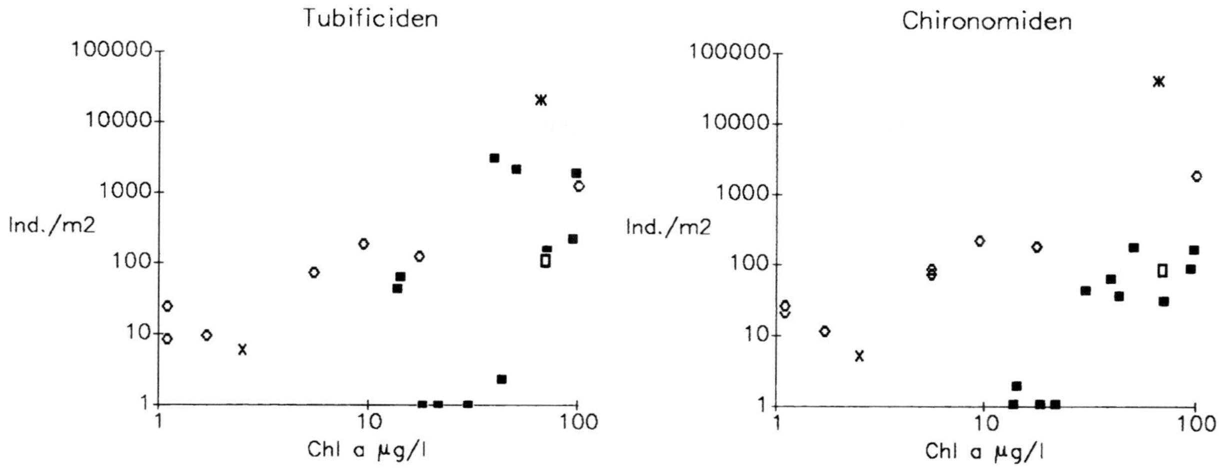

Abb. 51. Abundanz von Tubificiden und Chironomiden (Individuen/m²) in Beziehung zur Chlorophyll-a-Konzentration (µg Chl-a/l Mittel April—Sep.). ■ Berliner Gewässer (eigene Untersuchung), 0 Schwedische Gewässer (WIEDERHOLM 1980), □ Müggelsee (BARTHELMES 1978), × Stechlin (Mecklenburgische Seen) (FLÖSSNER 1985), * Teltowkanal (KÖHN 1981, unveröff. Dipl.-Arb.)

ohne Einbeziehung von *Procladius* sp., der sich bevorzugt über dem Sediment aufhält.

In Berlin zeigte die Abundanz der Chironomiden zum Sommermittel der Chl-a-Konzentration einen günstigeren linearen Korrelationskoeffizienten (r = 0,8) als die der Tubificiden (r = 0,3) (Abb. 51). Die Zahl der Tubificiden, sie leben ganzjährig im Sediment, kann während des Sommers durch O_2-Zehrung (Abb. 44) bzw. H_2S-Bildung dezimiert werden und ist daher weniger mit dem Nahrungsaufkommen durch Neusedimentation gekoppelt.

Die Tendenz zu stärkerer Benthosentwicklung infolge von Eutrophierung läßt sich auch für den Berliner Raum anhand der Entwicklung der Abundanzen im eutrophen Müggelsee (BARTELMES 1978) und im oligotrophen Stechlin (Mecklenburgische Seen) (FLÖSSNER 1985) zeigen (Abb. 51, Tab. 23). In beiden Gewässern nahm in den letzten Jahrzehnten der anthropogene Einfluß zu. Mit der Eutrophierung stiegen auch die Abundanzen des Benthos, wobei das Jahr 1950 die Kriegsjahre mit relativ rückläufiger Nährstoffzufuhr repräsentiert. Die Abundanz der Tubificiden ist für den Müggelsee und den Stechlin im Vergleich zu den eigenen und schwedischen Untersuchungen (Abb. 51) unterschätzt, da die Proben mit einer größeren Maschenweite von 1 mm gesiebt wurden. Der mit 8 m maximaler Tiefe flache Müggelsee wird durch seine windexponierte Lage (Fläche 770 ha) und den Spreedurchfluß fast ständig durchmischt, so daß der vom Benthos benötigte O_2 ins Sediment transportiert wird (Kap. 5.3 Atmung) und die O_2-Diffusion und -Zehrung sekundär wird.

Abschließend soll anhand von Ergebnissen vom Teltowkanal (Tab. 24) (KÖHN 1981, unveröff. Dipl.-Arb.)

Tab. 24. Mittlere Abundanzen für Tubificiden und Chironomidenlarven im Teltowkanal aus 20 Probeserien von km 20.7 bis 11.3 in den Jahren 1978—80. (KÖHN 1981, unveröff. Dipl.-Arb.). Methodik: EKMAN-Greifer, 0.3 mm Maschenweite

Taxon	Individuen/m²		
	Min.	Mittel	Max.
Tubificiden	4720	40561	115400
Chironomiden	731	2565	6814

verdeutlicht werden, daß offenbar auch in einem vielfältig und extrem mit Nähr- und Giftstoffen belasteten Sediment, eine benthische Fauna mit bis zu 270000 Tubificiden/m² und 44000 Chironomiden/m² unterhalb des Zulaufes vom Nordgraben (1978/80) möglich ist. Auch wenn nur geringe O_2-Konzentrationen (bis 1,4 mg/l) meßbar sind, steht dem Benthos bei genügend hoher Fließgeschwindigkeit ausreichend O_2 durch transportinduzierte Diffussion zur Verfügung. In Abb. 51 sind die Abundanzen für Tubificiden und Chironomiden im Teltowkanal stark vereinfacht als Mittelwert von je 9 Stellen (km 11,3—km 20,7) eingetragen, um die Tendenz aufzuzeigen.

5.3.3. Methode der Produktionsabschätzung

Zur Produktionsabschätzung wird der Biomassezuwachs von Altersklassen oder Kohorten in engem Zeitmuster gemessen; in Freilanduntersuchungen sind diese Methoden jedoch selten möglich (BRINKHURST 1980).

Tab. 23. Benthosentwicklung mit zunehmendem anthropogenen Einfluß im Stechlin und Müggelsee.

* Nach HOEG (1983) betrug von April bis Oktober 1976 das mittlere Phytoplanktonvolumen 16 mm³/l. Dieser Wert kann mit Hilfe der für Berliner Gewässer gefundenen Beziehung von Phytoplanktonbiovolumen zu Chl-a-Konzentration (Kap. 4.3) als 70 µg Chl-a/l abgeschätzt werden

Gewässer	Jahr	Fläche (ha)	T_{max} (m)	Probentiefe (m)	Chl-a (µg/l)	Tubificiden (Ind./m²)	Chironomiden (Ind./m²)	Autor
Stechlin	1960—68	430	68	35—60	3—5	67	112	FLÖSSNER et al.
	1968—70			35—60		224	350	in: CASPER (1985)
Müggelsee	1928—29	770	8			?	250	BARTHELMES (1978)
	1950—55					100	200	BARTHELMES (1978)
	1976				70*	600	620	BARTHELMES (1978)

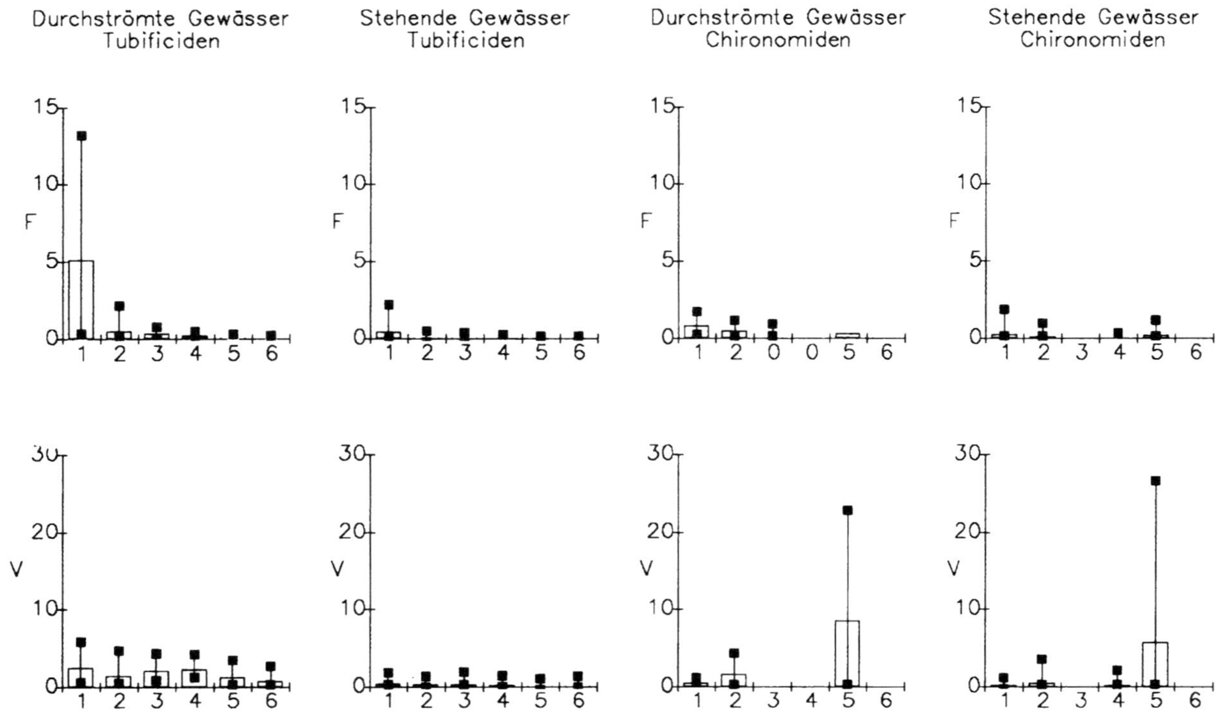

Abb. 52. Tubificiden und Chironomidenlarven in durchströmten und stehenden Gewässern bezüglich ihrer Frequenz- und Volumen-Verteilung pro Volumenklasse.
F — mittlere Frequenz 1000*Ind./m^2 und mittleres Minimum und Maximum;
V — mittleres Biovolumen cm^3/m^2 und mittleres Minimum und Maximum.

Volumenklasse 1:	$\leqq 2$ mm^3/m^2	Volumenklasse 4:	$> 8 \leqq 16$ mm^3/m^2
2:	$>2 \leqq 4$ mm^3/m^2	5:	$> 16 \leqq 32$ mm^3/m^2
3:	$>4 \leqq 8$ mm^3/m^2	6:	$> 32 \leqq 64$ mm^3/m^2

Um festzustellen, inwieweit die benthische Nahrung für Fische ausreichend ist, wurde hier versucht, die als Fischnahrung zur Verfügung stehende Benthosproduktion grob abzuschätzen. Dazu wurde die Jahresproduktion der Tubificiden und der Larven der *Plumosus*-Gruppe auf der Grundlage von Volumenklassen-Verteilungen der Tubificiden im März geschätzt (Kap. 3.5). In Abb. 52 wurden die Verteilungen von Frequenz und Biovolumen pro Volumenklasse für durchströmte und stehende Gewässer zusammengefaßt. Die Larven der *Plumosus*-Gruppe nahmen am Biovolumen an allen Stellen außer Flughafensee und Alter Hof einen Anteil von >70%, meist von 85% ein, so daß die restlichen Taxa für diese grobe Abschätzung vernachlässigt wurden.

Für dieses vereinfachende Verfahren wurden folgende Annahmen getroffen:

Für die Volumenklassen-Verteilung der Tubificiden (Abb. 41) und damit der Verteilung verschiedener Entwicklungsstadien, die in beiden Frühjahrsproben gleich war, wurde ein modellhaftes Fließ-Gleichgewicht im Jahresverlauf angenommen. In Gewässern der gemäßigten Klimazone wurde bisher sowohl saisonal begrenzte als auch mehr oder weniger ganzjährige Fortpflanzung, für Tubificiden-Taxa wie *Limnodrilus* spp., *Tubifex tubifex* und *Potamothrix hammoniensis*, gefunden (BRINKHURST 1964; COOK 1969; KENNEDY 1966a, b). In Gewässern, die den Berliner Verhältnissen in bezug auf Tiefe, Temperatur und z. T. Sauerstoff vergleichbar waren, wurden durchaus während des ganzen Jahres clitellentragende Tubificiden gefunden (POTTER & LEARNER 1974; BRINKHURST & JAMIESON 1971). Aufbauend auf dieser Annahme wurde das Tubificiden-Biovolumen vom März dem mittleren jährlichen Biovolumen gleichgesetzt. Im See Esrom (Dänemark) fand THORHAUGE (1976) eine gute Übereinstimmung der mittleren Biomasse von April und Dezember und dem genauer ermittelten Jahresmittelwert der Tubificiden-Biomasse.

Bislang gibt es keine Methode, das Alter von Tubificiden anhand von morphologischen Merkmalen zu bestimmen (KENNEDY 1966a, b; BRINKHURST 1982). In unserer Studie wurde davon ausgegangen, daß die größten Tubificiden (Volumenklasse 6) der maximal erreichbaren Altersklasse entsprachen. Die Tubificiden der Volumenklasse 1 (<2 mm^3) wurden z. T. aus „Nestern" abgesammelt und auch die insgesamt geringere und unregelmäßigere Borstenzahl pro Borstenbündel läßt nach KENNEDY (1966) auf sehr junge Entwicklungsstadien schließen.

Die Verteilungshistogramme lassen eine Mortalitätsrate von etwa 80% für die Tubificiden der Volumenklasse 1 erkennen (Abb. 41). Diese läßt sich durch temporäre H_2S-Bildung in der obersten Sedimentschicht, in der sich auch die frischgeschlüpften Tubificiden aufhalten, erklären. Der Aktionsradius dieser kleinsten Tubificiden ist noch zu gering, um in tiefere H_2S-freie Sedimentschichten oder in O_2-reiches Wasser ausweichen zu können. Der Desulfurikationsprozeß im Sediment, der durch verstärkte Planktonsedimentation stimuliert wird, breitet sich erst während des Sommers in tiefere Sedimentschichten aus. In luftabgeschlossenen Sedimentkernen wanderten die Benthosorganismen nach unten.

Zur Produktionsschätzung wurde angenommen, daß die Volumenklassen-Verteilung der Biovolumina des Benthos das Ergebnis des größenselektiven Fraßdruckes der Fische ist. Untersuchungen im Tjeukemeer (LAMMENS

1984; VIJVERBERG & DENSEN 1984) zeigten den größenselektiven Fraßdruck von Blei, Güster und Plötze auf Benthos und Zooplankton. Diese Weißfischarten sind auch in Berliner Gewässern quantitativ wichtig. Abhängig von der altersgemäßen Größenentwicklung des Filtriersystems (Branchiospinalsystem) bevorzugten 30 bis 40 cm große Bleie im Tjeukemeer große Chironomidenlarven (z. B. *Einfeldia*), während 20 bis 30 cm große Bleie nur die 3 bis 6 mm langen *Cladotanytarsus*-Larven aufnehmen konnten. Die 0+ -Generation (1. Lebensjahr der Fische) sind Partikelfresser und zeigten bei Größenvergleich von Zooplanktern im Tjeukemeer und in Magenanalysen eindeutige Bevorzugung der größten Individuen.

Auf die Chironomiden können sich grundsätzlich dieselben Selektionsmechanismen (H_2S-Tod, Fraß) wie auf die Tubificiden dezimierend auswirken. Es wurde deshalb die prozentuale Verteilung der Volumenklassen von Tubificiden (Abb. 41) auf die Chironomiden übertragen (Kap. 3.5). Das mittlere Volumen der Larven vom *Chironomus plumosus*-Typ betrug im März 29 mm^3 und entsprach damit der Volumenklasse 5 (Tab. 7). Dieser Volumenklasse wurden 6.4% der Abundanz zugeordnet. Nach THIENEMANN (1954) erreichen *Chironomus plumosus*-Larven vor ihrer Emergenz Frischgewichte von ca. 40 mg. Auch FRANK (1982) fand ähnliche Biomassewerte. Als Wert wurden 40 mm^3 als mittleres Volumen der größten Volumenklasse 6 gewählt.

Für die geographische Breite von 53° in Berlin, wurden für Chironomiden zwei Generationen im Jahr angenommen (BORUTSKI et al. 1971). Auch FRANK (1986) beschrieb zwei Generationen für die Chironomiden im Heiligensee in Westberlin. Deshalb wurde die Produktion der betrachteten Wintergeneration als Näherung verdoppelt. Bei anoxischen Verhältnissen während der Stagnationsperiode wäre jedoch ein geringes Wachstum für das Sommerhalbjahr zu erwarten.

5.3.4. Benthosproduktion im Litoral und in der Schalenzone

Litoral, Schalenzone und Profundal unterscheiden sich hinsichtlich ihrer Lebensbedingungen für die benthale Fauna besonders im Sauerstoff- und Nahrungsangebot. Abundanz und Biovolumen des Benthos kann im Litoral aufgrund guter Sauerstoffversorgung höher sein als im Profundal. Die höheren Temperaturen begünstigen zudem auch die Ausbildung mehrerer Generationen pro Jahr.

Für eine reichhaltige und vielfältige benthische Litoralfauna ist jedoch auch eine ausgeprägte Litoralvegetation Voraussetzung. In einer erodierten Litoralzone wie an der **Havel** und am **Tegeler See** werden die organischen Sedimente ausgespült und damit die Nahrungsgrundlage für das Benthos entzogen. Für die Abschätzung wurde daher angenommen, daß die Benthosproduktion in der Litoralzone nicht größer ist als in der Tiefenzone. Im Berliner Heiligensee wurde im Herbst 1978 im Litoral (bis 3 m Tiefe) ca. 1/3 der gesamten Chironomidenbiomasse des Seebodens gefunden (NEUBERT & FRANK 1980).

Für die Schalenzone des Tegeler Sees und der Havel, die flächenmäßig einen großen Anteil des Benthals (Abb. 36) ausmacht, kann angenommen werden, daß sie den Fischen kaum als Nahrungsgebiet zur Verfügung steht, da hier Chironomiden und Tubificiden in toten Molluskenschalen tief zurückgezogen leben.

Dagegen nimmt der Flachwasserbereich des **Flughafensees**, der 10% der Seefläche ausmacht, eine bedeutende Stellung als Reproduktionsraum besonders für Fische und Benthos ein. 1982 wurde hier mittels Übersichtsanalysen eine in Abundanz und Taxazahl deutlich reichhaltigere Bodenfauna als im Profundal festgestellt.

Bei Voruntersuchungen 1984 wurden im Litoral der **Krummen Lanke** und des **Schlachtensees** deutlich mehr Chironomiden als im Profundal gefunden. Die Chironomidenlarven sind im Verhältnis zur dort gefundenen *Chironomus plumosus*-Larve, die vorwiegend im Profundal vorkommt, kleinwüchsig. Im Litoral gewinnen jedoch weitere Taxa wie Larven von Eintagsfliegen, Köcherfliegen, Libellen und Egel quantitative Bedeutung.

5.3.5. Zusammenfassung und Bewertung des Benthos

In den Berliner Weichsedimenten wurden 38 Makrobenthos-Taxa gefundenen, von denen nur *Limnodrilus hoffmeisteri*, *Potamothrix hammoniensis*, *Chironomus plumosus* und *Procladius* sp. häufig waren. Diese Taxa werden z. B. von BRINKHURST (1964), MILBRINK (1972) und SAETHER (1979) als Indikatoren für eutrophe Gewässer und als sehr tolerant gegenüber extremen Umweltbedingungen beschrieben. Da in allen untersuchten Gewässern die Benthoszönosen ähnlich waren, war mit Hilfe des Artenspektrums keine Differenzierung der Gewässer möglich. Die unterschiedlichen Abundanzen innerhalb der Gruppe der Tubificiden bzw. Chironomidenlarven lassen jedoch erkennen, daß in den Gewässern sehr verschiedene Lebensbedingungen herrschen. Für diese Bewertung müssen Tubificiden und Chironomidenlarven unterschieden werden, da beide Gruppen verschiedene Lebenszyklen haben und damit in unterschiedlicher Dauer der jahreszeitlichen Dynamik im Sediment ausgesetzt sind.

Im regionalen Vergleich war die benthische Besiedlungsdichte mit dem Primärproduktivitätsniveau, dargestellt als mittlere Chlorophyll-a-Konzentration, der Gewässer positiv korreliert. Dieses **Nahrungsangebot** wirkte sich jedoch in Berliner Gewässern direkt nicht begrenzend aus, da es allgemein sehr groß war. In sehr flachen Seen dagegen, führte die starke Planktonentwicklung zur H_2S-Bildung und damit zum Ausfall der Benthoskomponente.

Als entscheidend für die quantitativen Unterschiede der benthischen Besiedlung in den Berliner Gewässern müssen die **Atmungsbedingungen** angesehen werden. In stehenden Gewässern (Abb. 53) sieht man den Einfluß der O_2-Zehrung über dem Sediment an mit der Tiefe abnehmenden Abundanzen der benthischen Fauna. Die O_2-Zehrung wird während der Sommerstagnation als O_2-Abnahme mit zunehmender Tiefe deutlich.

In durchströmten Gewässern (Abb. 53) kommt diese O_2-Zehrung nicht zum Tragen, da hier O_2 durch die Diffusion nicht so stark begrenzt wird, sondern in ausreichender Menge durch O_2-Transport ins Sediment gelangt. Damit steht dem Benthos hier ganzjährig genügend O_2 zur Verfügung. Offenbar sind auch relativ geringe Strömungsgeschwindigkeiten wie in der Havel ausreichend wirksam.

Die wesentlichste Steuerung der benthischen Besiedlung scheint vom Desulfurikationsprozeß und der damit verbundenen H_2S-Bildung auszugehen. Die Desulfurikationsaktivität wird bei hinreichender Sulfatversorgung, in zeitlicher Verschiebung zur jahreszeitlichen Dynamik der Planktonentwicklung, durch Sedimentation von organischer Substanz ausgelöst. Eisen entgiftet dabei das H_2S, indem FeS gebildet wird. Nach Verbrauch des bindungsfähigen Eisens wirkt freies H_2S bakteriostatisch und stoppt den Desulfurikationsprozeß. Die wesentlich höheren Eisengehalte in den Sedimenten der Oberhavel können sich so auf die Benthosentwicklung fördernd auswirken. Ständige H_2S-Bildung, die durch molare S:Fe-Verhältnisse im Sediment von über 1,5 angezeigt wird, wird durch Wassertransport von oben nach unten durch die Sedimente ermöglicht, da so ständig H_2S ab- und SO_4 angeliefert werden können. In Abhängigkeit vom Grundwasserspiegel unterliegen die Berliner Gewässer mehr oder weniger den Versickerungsbedingungen. Das Seewasser versickert im Uferbereich, manchmal auch durch die Weichsedimente. Eine Versickerung durch die Weichsedimente von Schlachtensee und Krumme Lanke, durch Uferfiltration und Grundwasserabsenkung entstanden, förderte die H_2S-Bildung und bewirkte einen vollständigen Ausfall der Benthoskomponente.

Schwermetallgehalte der Sedimente zeigten keine Beziehung zur benthischen Besiedlungsdichte. Die Metalle liegen überwiegend sulfidgebunden vor und sind für die benthischen Organismen nicht verfügbar.

5.4. Fische

Der Fischbestand der **Havel** setzt sich hauptsächlich aus den Weißfischarten Blei, Güster und Plötze zusammen (GROSCH, Fischereiamt Berlin, mündl. Mitt.). Die Havel befindet sich nach BARTHELMES (1981) im Übergang vom Blei- zum Zandergewässer (Kap. 5.1). **Schlachtensee**, **Krumme Lanke** und **Flughafensee** wiesen eine ähnliche Fischzusammensetzung wie die Havel auf (JÜRGENSEN, Fischereiamt Berlin, mündl. Mitt.).

Die Fischerträge aus kommerziellem Fang und Kleinbetrieben der Oberhavel, incl. Tegeler See, und der Unterhavel, incl. Großer Wannsee, vom 1. 7. 1984—30. 6. 1985 sind nach Angaben des Fischereiamtes Berlin (GROSCH, mündl. Mitt.) in Tab. 25 zusammengefaßt. Die Erträge für den Schlachtensee im Jahr 1986 beziehen sich auf Angaben von Berufsfischer HENSEL (mündl. Mitt.). Ertrag oder Bestand für Krumme Lanke und Flughafensee,

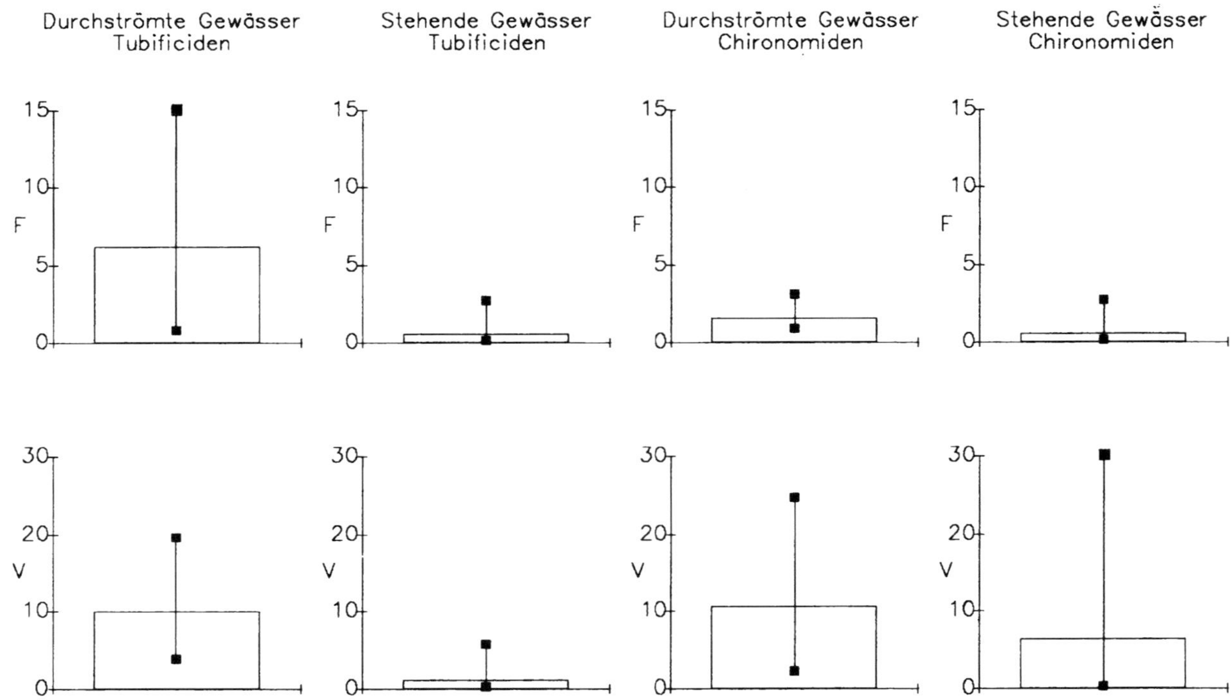

Abb. 53. Tubificiden und Chironomidenlarven in durchströmten (n = 5) und stehenden (n = 6) Gewässern. F — mittlere Frequenz 1000*Individuen/m^2 und mittleres Minimum und Maximum; V — Biovolumen cm^3/m^2 und mittleres Minimum und Maximum

Tab. 25. Abgeschätzter Ertrag, Bestand und Nahrungsbedarf der Fische (kg Frischgewicht/ha/a) in der Havel und im Schlachtensee 1985 (für die Weißfische wurde als Berechnungsgrundlage für den Nahrungsbedarf zum abgeschätzten Bestand der durch Raubfische gefressene Weißfischbestand addiert)

Gewässer	Taxon	Ertrag = Produktion	Bestand	Bestand + Wegfraß durch Raubfische	Nahrungs-bedarf
Oberhavel incl.	Zander	6.2	25		50
Tegeler See	Aal	10	60		120
(ca. 800 ha)	Weißfisch	90.6	362	532	5320
Unterhavel	Zander	8.4	34		68
incl. Wannsee	Aal	9.1	55		110
(ca. 1400 ha)	Weißfisch	69.6	278	456	4560
Schlachtensee	Zander	6.4	26		52
(44 ha)	Barsch	1.4	6		12
	Aal	2.7	16		32
	Weißfisch	26	104	200	2000

die fischereilich nur zur Sportfischerei genutzt werden, sind nicht bekannt.

Die Fischerträge der Havel von ca. 100 kg/ha/a lagen in der gleichen Größenordnung wie die des eutrophen Müggelsees in Berlin (Barthelmes 1978) und deutlich über den von Hartmann (1977) für 24 eutrophe bis polytrophe Seen ermittelten Werten. Sowohl der Schlachtensee als auch die Havel lagen mit ihren Zandererträgen (6—8 kg/ha) über den Zandererträgen im eutrophen Balaton (Biro 1985).

Für die Abschätzung der Fischproduktion und des Nahrungsbedarfs der Fische werden im folgenden nur die quantitativ wichtigsten Arten berücksichtigt. In der Havel bildeten die Friedfische Blei, Güster und Plötze mit ca. 80% den Hauptanteil am Fischertrag, während die Raubfische Aal und Zander 17% ausmachten.

Anhand des Fischertrags wurde eine Bestandsabschätzung vorgenommen. Aus fangtechnischen Gründen wird selbst bei intensiver Befischung kaum mehr als 1/3 des gesamten Fischbestandes erfaßt (Barthelmes 1981). In der Havel könnte für eine Bestandsabschätzung nach Grosch (mündl. Mitteilung) ein Faktor von ca. 4 anzusetzen sein. Die relativ langsam wachsenden Aale sind in den Netzfängen, gemessen an ihren Beständen, wahrscheinlich unterrepräsentiert. Daher wird bei ihnen ein Faktor von 6 zugrunde gelegt.

Vernachlässigt man die natürliche Mortalität für die Raubfischpopulation, eine Vereinfachung, die aufgrund der intensiven Raubfischwirtschaft in der Havel aber nicht zu allzu großen Fehlern führen dürfte, so kann die Nettoproduktion mit dem Ertrag gleichgesetzt werden. Auch für die Weißfische wird aufgrund des über Jahre etwa gleichbleibenden Ertrages, die Nettoproduktion dem Ertrag gleichgesetzt.

Bei Untersuchungen im Wolga-Delta und Rybinsk-Reservoir wurde für die Nahrungsverwertung von 35—70 cm großen Zandern ein Bruttowirkungsgrad von durchschnittlich 50% ermittelt. Ähnliche Werte wurden auch für andere Raubfische gefunden (Popova 1978). Legt man für den Aal eine ähnliche Nahrungsverwertung zugrunde, so läßt sich der potentielle Fraßdruck dieser beiden Raubfischkomponenten auf die Nährfische abschätzen.

Für die Nahrungsverwertung bei Friedfischen ist ein Bruttowirkungsgrad von 20—30% anzusetzen (Kausch 1972). Aufgrund der ungünstigen Nahrungsverhältnisse in den Berliner Gewässern wurde für die nachfolgenden Abschätzungen ein Bruttowirkungsgrad von 10% zugrunde gelegt. Unter der sicherlich nicht völlig zutreffenden Annahme, daß die Raubfische ausschließlich Weißfische fressen, kann für eine Abschätzung des Nahrungsbedarfs der Weißfische zu ihrem Bestand der durch Raubfische weggefressene Anteil addiert werden.

Blei, Güster und Plötze ernähren sich überwiegend von Benthos; Jungfische dieser Arten auch von Zooplankton. Werden die Fischpopulationen infolge von Überbevölkerung oder durch Ausfall der Benthoskomponente im Verhältnis zum Nahrungsangebot zu groß, können Zooplankton, Algen und Detritus als Notnahrung dienen (Muus & Dahlström 1977; Persson 1983). Der Zander ernährt sich als Jungfisch von Fischbrut; später von kleinen Fischen wie z. B. Plötze, Barsch, Ukelei oder Stint und ist daher kaum in der Lage, Güster und besonders die Bleie zu dezimieren (Barthelmes 1981).

Dem Nahrungsbedarf (Kap. 5.5) der Weißfische in der Havel und im Tegeler See von ca. 5000 kg/ha/a stünde eine Produktion des Benthos von ca. 1000 kg/ha/a Frischgewicht gegenüber, so daß der Bedarf unter Nutzung von Zooplankton gedeckt werden kann. Im Schlachtensee dagegen müßte angenommen werden, daß der Nahrungsbedarf der Weißfische von ca. 2000 kg/ha/a überwiegend durch Zooplankton gedeckt würde, da im Profundal kein Benthos lebt.

5.5. Nahrungsbeziehungen zwischen Plankton, Benthos und Fischen

Das Nahrungsnetz baut im allgemeinen auf den Weidegänger- und den Detritusfraßbeziehungen auf. Mit Hilfe von Produktionsabschätzungen für 1985 von Phyto- und Zooplankton, Benthos und Fischen soll versucht werden, einen quantitativen Rahmen für die direkten Nahrungsbeziehungen in verschiedenen Gewässern abzustecken (Tab. 26).

Den einzelnen Abschätzungen liegen unterschiedliche Genauigkeitsgrade zugrunde. So wurde die Primärproduktion in Tegeler See, Schlachtensee und Flughafensee aufgrund von Messungen an diesen Gewässern im Jahr 1986 abgeschätzt, die der anderen Gewässer aufgrund der an den untersuchten Seen gefundenen Beziehungen (Kap. 4.3) berechnet. Die Zooplanktonproduktion wurde als ca. 10% der Bruttoprimärproduktion (nach Nauwerck et al. 1980) angenommen. Da für die meisten Gewässer bisher noch keine Sedimentationsraten bestimmt werden konnten, wurde hier die Sedimentation für den Flughafensee als 3%, für den Schlachtensee als ca. 12% und für Tegeler See und Havel als ca. 25% der Bruttoprimärproduktion abgeschätzt (Kap. 5.2). Für die Produktion des Benthos wurde der Mittelwert der drei

Tab. 26. Bruttoprimärproduktion, Nettoproduktion in der trophogenen Zone, Nettoproduktion von Zooplankton und Benthos, Fischertrag (Trockensubstanz kg C/ha/a) sowie Sedimentzuwachs (mm/a) bezogen auf die gesamte Gewässerfläche in verschiedenen Berliner Gewässern, abgeschätzt für 1985. Zum Vergleich ist das prozentuale Verhältnis der Nettoproduktion von Benthos und Zooplankton (als Summe) und des Fischertrages zur Bruttoprimärproduktion aus dem IBP-Programm (Blazka et al. 1980) angegeben

	Bruttoprimärproduktion (kg C/ha/a)	Nettoproduktion (euphotische Zone) (kg C/ha/a)	Zooplankton (kg C/ha/a)	Benthos (kg C/ha/a)	Fischertrag (kg C/ha/a)	Sedimentzuwachs (mm/a)
Oberhavel	8000	2800	800	103	11	2
Unterhavel	8000	2800	800	90	9	2
Tegeler See	6600	2310	660	67	11	1.7
Flughafensee H	3900	430	390	4	?	0.1
Schlachtensee N	4400	792	440	2	3	?
Krumme Lanke	5250	?	525	83	?	?
IBP (%)	100		10—20		0.02—0.2	

Transektpunkte zugrunde gelegt. Dies kann für geschichtete Seen mit zur Tiefe hin abnehmender Benthosproduktion nur als grober Anhaltspunkt gelten, insbesondere die Benthosproduktion in der Krummen Lanke wird dadurch überschätzt (Kap. 4.4). Der Abschätzung der Fischproduktion liegen Ertragsstatistiken des Fischereiamtes Berlin (Tab. 25) zugrunde, die jeweils Oberhavel und Tegeler See sowie Unterhavel und Wannsee zusammenfassen.

Die Effizienz der Ausnutzung der Globalstrahlung war in Abhängigkeit von der Phytoplanktondichte im Tegeler See und in der Havel etwa doppelt so hoch wie in Schlachtensee, Krumme Lanke und Flughafensee. Neben der in Tab. 26 dargestellten Primärproduktion durch das Phytoplankton kommt wahrscheinlich nur im Flughafensee mit seinem großen Flachwasserbereich noch der Primärproduktion durch Makrophyten und pflanzliches Periphyton eine Bedeutung zu, die jedoch nicht abgeschätzt wurde.

Unterschiede zwischen den Ökosystemen werden an der unterschiedlichen Produktionseffizienz des Benthos im Verhältnis zur Bruttoprimärproduktion deutlich. Die Benthosproduktionswerte variierten von 0,05% (Schlachtensee) bis 1,5% (Oberhavel) der Bruttoprimärproduktion und lagen im Vergleich zur angenommenen Größenordnung des Zooplanktons und zu Literaturwerten (Winberg et al. 1972: 0,2—2,5%; Jonasson 1972: 5%) im unteren Bereich, insbesondere im Flughafensee und in der Unterhavel (Kap. 5.3). Generell läßt sich für die untersuchten Gewässer feststellen, daß Primärproduktion und Benthos eng gekoppelt sind, die durch Abbauprozesse und hydraulische Bedingungen beeinflußten sedimentchemischen Prozesse für das Benthos jedoch wichtigste Umweltfaktoren sind.

Der Fischertrag, der im folgenden der Produktion gleichgesetzt wird (Kap. 5.4), stand in der Havel, im Tegeler See und im Schlachtensee etwa im gleichen Verhältnis zur Bruttoprimärproduktion und stimmte in der Größenordnung gut mit Angaben aus anderen regionalen Untersuchungen überein (Blazka et al. 1980; Winberg et al. 1972).

Der für die vorhandenen Fische abgeschätzte Nahrungsbedarf wurde durch die Gesamtproduktion von Benthos und vor allem des Zooplanktons in allen Gewässern übertroffen. Geringe Zuwachsraten und Verbuttung der Weißfische (Jörgensen 1986, unveröff. Bericht) weisen jedoch auf eine Unterversorgung der Fische hin. Dies ist auch unter Berücksichtigung der Tatsache, daß im Zooplankton von Havel, Tegeler See und Schlachtensee die meiste Zeit kleine und deshalb schlecht fangbare Tiere überwogen, durchaus wahrscheinlich. Infolge konsequenter Weißfischabfischung konnte diese Situation in den letzten Jahren jedoch etwas entschärft werden. Für das Zooplankton, das wegen des geringen Benthosvorkommens den Hauptteil des Nahrungsbedarfs der Fische decken mußte, ist von einem ausgeprägten Fraßdruck auf das Zooplankton auszugehen (Kap. 5.2).

Unter der Annahme, daß 20—30% der Bruttoprimärproduktion durch das Phytoplankton selbst veratmet wurden (Jonasson 1972; Winberg et al. 1972), wurden also zwischen 35% (Tegeler See) und 60% (Flughafensee) der Bruttoprimärproduktion durch heterotrophe Organismen verschiedener trophischer Ebenen schon im Epilimnion (Kap. 4.3) veratmet bzw. rezirkuliert. Bei dieser Veratmung können Bakterien, die in dem obigen stark vereinfachten Schema nicht aufgeführt sind, eine bedeutende Rolle spielen (Wetzel 1983; Winberg et al. 1972).

Die hier vorgestellten Muster sind als erste Vorstellung über den Stoffhaushalt in verschiedenen Berliner Gewässern unter Vernachlässigung eventuell bedeutsamer externer Einträge und ohne genaue Kenntnis der jahreszeitlichen Dynamik bestimmter Komponenten (z. B. des Zooplanktons) zu verstehen und müssen durch weitere Untersuchungen präzisiert werden.

5.6. Zönosenstabilität gegenüber Störpulsen

Das dritte wichtige Kriterium für die Lebensmöglichkeiten für verschiedene Organismengruppen, z. B. in einem Gewässer, ist nach Atmung und Nahrung die Stabilität des Ökosystems. Hier ist die Frage: Bleiben unter den gegebenen Bedingungen externer und interner Art bestimmte Periodizitäten, wie Planktonsukzession oder Dynamik der Stoffkonzentrationen, in einem gewissen Bereich konstant? Oder führen die Nutzungen des Gewässers zum Erreichen oder Überschreiten der natürlichen Belastungsgrenze des Systems und damit zu Änderungen wie der rasanten Eutrophierung (Ohle 1955), Verlandung oder ausgeprägten Pulsen, so daß Lebensraum für langlebige Organismen, wie z. B. Fische oder Zoobenthos, verloren geht?

In vielen der untersuchten Gewässer sind die Belastungsgrenzen für einzelne Kompartimente der Zönose längst überschritten. Besonders deutlich wird dies im Tegeler See, in dem nur durch Tiefenwasserbelüftung noch Leben für höhere Organismen, wie z. B. Fische, im Hypolimnion und Benthal möglich ist, oder in der Havel, wo die Ufervegetation zurückgeht und das Litoral zerstört wird. Eine Stabilität im Sinne einer Pulsstabilität ist bei keinem der Gewässer gegeben. Der derzeitige Stand der Gewässerbewirtschaftung bewirkt eine starke und sich wandelnde externe Beeinflussung sowohl der Hydraulik als auch des Stoffhaushaltes der Gewässer in Abhängigkeit von ihren Zu- und Abflüssen. Sämtliche Gewässer besitzen Regenwassereinleitungen, durch die ihnen bei Regen stoßartig, ohne Abpufferung durch vorherige Versickerung im Einzugsgebiet, große Mengen besonders belasteten Wassers zugeführt werden. Für einige Seen (Tegeler See, Flughafensee) wurden diese Belastungsmuster analysiert und quantifiziert (Klein & Wassmann 1986; Koppelmeyer & Motter 1984, unveröff. Dipl.-Arb.). Darüber hinaus ändert sich das Belastungsmuster der Zuflüsse durch Entlastungsmaßnahmen oder Veränderungen der Wasserführung z. T. schlagartig (siehe z. B. P- und N-Dynamik in Tegeler See, Havel und Schlachtensee). Andererseits werden durch Grundwasserentnahme bei der Trinkwassergewinnung der Wasserstand der Gewässer und die Prozesse im Sediment beeinflußt, was besonders für das Benthal mit seiner Vegetation und seiner Fauna (Kap. 5.3) Konsequenzen hat.

Änderungen, die durch derartige Eingriffe permanent induziert werden, sind nur durch längerfristige oder wiederholte Beobachtung der wichtigsten Strukturkomponenten und der durch sie bedingten Prozesse im Gewässer in ihrer zeitlichen und räumlichen Einbindung zu erkennen. Besonders im regionalen Zusammenhang und durch Vergleich mit früheren Untersuchungen, wird sowohl die Entwicklung eines Gewässers deutlich als auch eine sinnvolle ökologische Beurteilung des Gewässerzustandes möglich. Eine derartige Kenntnis der Gewässer ist eine wichtige Grundlage für die zukünftige Gewässerbewirtschaftung.

6. Zusammenfassung

An größeren Gewässern in Berlin (West) wurden vergleichende regional-limnologische Studien zu den planktischen und benthischen Zönosen sowie zur Wasser- und Sedimentchemie durchgeführt.

Wasserchemie und Plankton wurden teils in Langzeitserien mit monatlicher Probenahme (1984—1986), teils in 5 Serien zu charakteristischen Jahreszeiten (1982/1983) untersucht. An drei ausgewählten Gewässern (Tegeler See, Schlachtensee, Flughafensee) wurden 1986 im Sommerhalbjahr Messungen zur Primärproduktion und zur Respiration durchgeführt. Das Benthos der Weichsedimente wurde 1985 und 1986 nach Eisbruch erfaßt. Untersuchungen zur Sedimentchemie fanden, z. T. flächendeckend, einmalig statt.

Die meisten der untersuchten Seen und Flüsse sind seicht und besitzen Faulschlammsedimente mit hohen Nährstoffgehalten. Alle Gewässer sind elektrolytreich, gut gepuffert und eutroph. Mit Ausnahme von Schlachtensee und Flughafensee wurde in den untersuchten Gewässern keine Begrenzung des Phytoplanktonwachstums durch Phosphor festgestellt.

Das Phytoplankton der meisten Gewässer war im Sommer durch die Dominanz von Cyanophyceen (*Oscillatoria agardhii*, *O. redekei*, *Microcystis* spp., *Aphanizomenon flos-aquae*) mit hohem Biovolumen (max. 55 mm^3/l) gekennzeichnet. Ausnahmen bildeten u. a. ein Baggersee (Flughafensee) und ein von seinem P-reichen Zufluß entlasteter und durch hohe Versickerung geprägter Landsee (Schlachtensee). Veränderungen in den Gewässern, insbesondere in jenen, an denen Entlastungsmaßnahmen durchgeführt werden, werden durch Vergleich der Langzeitserien deutlich.

Das Zooplankton der meisten Gewässer war fast das ganze Jahr durch überwiegend kleine herbivore Gruppen (Rotatorien, kleine Cladoceren) gekennzeichnet. Aufgrund des Weißfischreichtums und des geringen Benthosvorkommens in den Berliner Gewässern ist ein ausgeprägter Fraßdruck durch die Fische auf große Zooplankter wahrscheinlich.

Das Zellvolumen und die Dominanzverhältnisse im Phytoplankton veränderten sich in den meisten Gewässern in charakteristischer Weise im Verlauf des Jahres. Im Frühjahr überwogen kleine Algen, für die aufgrund ihrer großen Oberfläche hohe Umsätze anzunehmen sind und die auch den Mikrofiltrierern im Zooplankton als Nahrung zur Verfügung standen. Im Sommer dominierten oft einzelne, große Algenarten. Zu dieser Zeit konnten kleine Zooplanktonarten das Phytoplankton nicht direkt fressen und damit auch dessen Biomasse nicht regulieren, sondern mußten auf Bakterien als Nahrungsgrundlage zurückgreifen. Dies bedeutet einen Wechsel von direkten Fraßbeziehungen im Plankton zur Detritusnahrungskette und für das gesamte Nahrungsnetz einen Energieverlust an das Sediment und geringere Effizienz.

Die meisten der untersuchten Gewässer lagen mit ihren hohen P-Konzentrationen im Sättigungsbereich der Chlorophyll-Phosphor-Beziehung, die in einem OECD-Programm für flache Gewässer ermittelt wurde. Begrenzender Faktor für das Algenwachstum war in diesen Gewässern wahrscheinlich das Licht.

Zusammenhänge mit bestimmten Nährstoffverhältnissen und der Artenzusammensetzung im Phytoplankton wurden nicht festgestellt. Befunde am Hertha- und Hubertussee unterstreichen jedoch eine mögliche Bedeutung von häufigen und ausgeprägten Pulsen für die Artenzusammensetzung.

Die Bruttoprimärproduktion im Tegeler See, Schlachtensee und Flughafensee, die in etwa das Spektrum der größeren Gewässer in Berlin abdecken, lag in der Vegetationsperiode 1986 im Bereich von 260—550 g C/m^2.

Aufgrund der am Tegeler See, Schlachtensee und Flughafensee gefundenen deutlichen Beziehung zwischen Primärproduktion und Phytoplanktonbiomasse sowie Globalstrahlung wurde die Primärproduktion an anderen Gewässern abgeschätzt. Artspezifische Effekte auf Primärproduktion und Chlorophyll-a-Gehalt des Phytoplanktons wurden nicht deutlich.

Der Sauerstoffhaushalt vom Tegeler See, Schlachtensee und Flughafensee wurde abgeschätzt. Das hohe Primärproduktionsniveau hat in den flachen stehenden Gewässern in Berlin besonders negative Folgen für die O_2-Verhältnisse im Tiefenwasser und damit für die dort ablaufenden Prozesse und für die Lebensbedingungen von Benthos und Fischen.

Die artenarmen Makrozoobenthoszönosen der Weichsedimente werden durch Tubificiden und Chironomidenlarven allgemein verbreiteter Arten charakterisiert. Gesamtabundanzen zwischen 0 und 16000 Ind./m^2 und Biovolumina bis zu 37000 mm^3/m^2 wurden im März 1985 und 1986 gefunden.

Die Benthosabundanzen waren zwar mit den mittleren Chlorophyll-a-Konzentrationen, — ein Maß für das Produktivitätsniveau eines Gewässers —, positiv korreliert, jedoch ist das Nahrungsangebot bei eutrophierten Verhältnissen nicht als Steuerfaktor für die Besiedlungsdichte anzusehen.

Im Gegensatz zur langsam fließenden, durchmischten Havel nahmen in geschichteten Seen die Abundanzen des Benthos zur Tiefe hin ab. Hierbei wurde der Einfluß der O_2-Zehrung über dem Sediment deutlich.

In Fließgewässern scheinen die Atmungsbedingungen für benthische Organismen durch besseren O_2-Transport in das Sediment günstiger zu sein als in stehenden Gewässern, in denen O_2 nur durch Diffusion in das Sediment gelangen kann.

Als ein wesentlicher Steuerfaktor für die benthische Besiedlung wurden die Desulfurikationsprozesse im Sediment erkannt. Überschüssiges Eisen entgiftet H_2S, indem FeS gebildet wird; so konnte sich in den eisenhaltigen Sedimenten der Oberhavel viel Benthos entwickeln. Nach Verbrauch des bindungsfähigen Eisens wirkt freies H_2S bakteriostatisch und stoppt so den Desulfurikationsprozeß. Ständige H_2S-Bildung, die durch molare S:Fe-Verhältnisse über 1.5 angezeigt wird, kann durch gewässerbezogene Versickerungsbedingungen unterstützt werden, da durch den Wassertransport in weniger reduzierten, tieferen Sedimentschichten ständig eine Oxidation von H_2S zu S° ermöglicht wird, während SO_4 ständig zugeliefert werden kann. In den Weichsedimenten von Schlachtensee und Krumme Lanke entstanden durch Grundwasserentnahme Versickerungsbedingungen, die die H_2S-Bildung und damit den vollständigen Ausfall der Benthoskomponente förderten.

Anhand von Frequenz- und Volumenverteilungen pro Volumenklasse wurde für Tubificiden und Chironomidenlarven deren Produktion abgeschätzt und in Zusammenhang mit dem Fraßdruck der Fische diskutiert. Die größte Benthosproduktion wurde für Oberhavel und Tegeler See bei Tegelort mit ca. 120 $g/m^2/a$ Frischgewicht berechnet.

Die Funktion der Gewässerökosysteme wurde anhand der drei Kriterien Atmung, Nahrung und Stabilität der Zönosen beschrieben.

Die Oberhavel enthält weitgehend urban unbelastetes Wasser. Mit ca. 100 kg C/ha/a fanden sich ca. 1 % der Bruttoprimärproduktion im Benthos wieder. Der für den Fischbestand abgeschätzte Nahrungsbedarf von ca. 655 kg C/ha/a kann unter Einbeziehung von ca. 850 kg C/ha/a Zooplankton gedeckt werden.

Die große Bedeutung eines Gewässermonitorings im Sinne einer Gewässerbeobachtung als Grundlage für eine Gewässerbewirtschaftung wurde aus der Untersuchung abgeleitet.

7. Danksagung

Für Anregungen zum Untersuchungsprogramm und zum Manuskript danken wir Herrn Prof. Dr. SUKOPP und Herrn Dipl.-Ing. KLOOS.

Für ihre Hilfestellung bei der taxonomischen Bestimmung danken wir Frau Dr. CRONBERG (Lund/Schweden), Herrn Dr. FITTKAU, Herrn Dr. REISS (München) und Herrn Dr. SCHWANK (Schlitz).

Wir bedanken uns bei allen Mitarbeiterinnen und Mitarbeitern an unserem Fachgebiet Limnologie für ihre engagierte Zusammenarbeit, die eine wichtige Voraussetzung für ökologisches Arbeiten bietet.

Nicht zuletzt danken wir der Berlin-Forschung der Freien Universität Berlin für die finanzielle Unterstützung der vorliegenden Untersuchungen.

8. Anhang

8.1. Phytoplankton

Tab. 27a. Volumen- und Oberflächenformeln für Einzelzellen und Coenobien im Phytoplankton
= $\pi/2*d^2*(d + l^2/(l^2 - d^2))*$ arcsin* $((l^2 - d^2)/l)$ für $l \geq d$
l: Länge — d: Durchmesser
di: Innendurchmesser der Kolonie — da: Außendurchmesser der Kolonie
(C): nach Cronberg (1982) — (R): nach Reynolds (1984b)

Taxon	Einzelzelle/Faden		Coenobium	
	Volumen	Oberfläche	Volumen	Oberfläche
CYANOPHYCEAE:				
Anabaena sp.	$\pi/4*d^2*l$	$\pi*d$	$\pi/4*d^2*200\,\mu m$	$\pi*d*200\,\mu m$
Anabaena sp.	$\pi/6*d^3$	$\pi*d^2$	$\pi/6*d^3*40$	$\pi*d^2*40$
Aphanizomenon elenkinii	$\pi/4*d^2*l$	$\pi*d$	$\pi/4*d^2*200\,\mu m$	$\pi*d*200\,\mu m$
A. flos-aquae	$\pi/4*d^2*l$	$\pi*d$	$\pi/4*d^2*200\,\mu m$	$\pi*d*200\,\mu m$
Chroococcales	$\pi/6*d^3$	$\pi*d^2$		
Gomphosphaeria sp.	$\pi/6*d^2*l$		$\pi/6*da^3 - \pi/6*di^3$	$\pi*da^2$
Merismopedia tenuissima	$\pi/6*d^3$	$\pi*d^2$		
Microcystis spp.	$\pi/6*d^3$	$\pi*d^2$	$4000000\,\mu m^3$ (R)	$126000\,\mu m^3$ (R)
Oscillatoria agardhii	$\pi/4*d^2*l$	$\pi*d$	$\pi/4*d^2*200\,\mu m$	$\pi*d*200\,\mu m$
O. amphigranulata	$\pi/4*d^2*l$	$\pi*d$	$\pi/4*d^2*200\,\mu m$	$\pi*d*200\,\mu m$
O. limnetica	$\pi/4*d^2*l$	$\pi*d$	$\pi/4*d^2*200\,\mu m$	$\pi*d*200\,\mu m$
O. redekei	$\pi/4*d^2*l$	$\pi*d$	$\pi/4*d^2*200\,\mu m$	$\pi*d*200\,\mu m$
Oscillatoria spp.	$\pi/4*d^2*l$	$\pi*d$	$\pi/4*d^2*200\,\mu m$	$\pi*d*200\,\mu m$
Spirulina sp.	$\pi/4*d^2*l$	$\pi*d$	$\pi/4*d^2*200\,\mu m$	$\pi*d*200\,\mu m$
CHRYSOPHYCEAE:				
Dinobryon sociale	$\pi/6*d^2*l$	#	$\pi/6*d^3*l*10$ (R)	#*10 (R)
D. divergens	$\pi/6*d^2*l$	#	$\pi/6*d^3*l*10$ (R)	#*10 (R)
Mallomonas akrokomos	$\pi/6*d^2*l$	#		
M. caudata	$\pi/6*d^2*l$	#		
Synura sp.	$\pi/6*d^2*l$	#		
BACILLARIOPHYCEAE:				
Asterionella formosa	$b*l*h$	$2*(l*b + l*h + h*b)$	$b*l*h*8$ (R)	$2*(l*b + l*h + h*b)*8$ (R)
Fragilaria crotonensis	$b*l*h$	$2*(l*b + l*h + h*b)$	$b*l*h*10$ (R)	$2*(l*b + l*h + h*b)*10$ (R)
Melosira spp.	$\pi/4*d^2*l$	$\pi*d$	$\pi/4*d^2*600\,\mu m$	$\pi*d*600\,\mu m$
Nitzschia sp.	$b*l*h$	$2*(l*b + l*h + h*b)$		
Centrales	$\pi/4*d^2*l$	$\pi*d*(d/2 + h)$		
Pennales	$b*l*h$	$2*(l*b + l*h + h*b)$		
HAPTOPHYCEAE:				
Chrysochromulina parva	$\pi/6*d^3$	$\pi*d^2$		
CRYPTOPHYCEAE:				
Cryptomonas spp.	$\pi/6*d^2*l$	#		
Chroomonas sp.	$0.18*b^2*l + 0.13*b^3$ (C)	1.5*Vol		
Katablepharis sp.	$\pi/6*d^2*l$	#		
Rhodomonas lacustris	$\pi/6*d^2*l$	#		
R. lens	$\pi/6*d^2*l$	#		
R. minuta	$0.18*b^2*l + 0.13*b^3$ (C)	1.5*Vol		
Rhodomonas spp.	$\pi/6*d^2*l$	#		
DINOPHYCEAE:				
Ceratium hirundinella	$\pi/6*d^2*l$			
Gymnodinium sp.	$\pi/6*d^2*l$	#		
Peridinium sp.	$\pi/6*d^2*l$	#		
EUGLENOPHYCEAE:				
Euglena spp.	$\pi/6*d^2*l$	#		

Tab. 27 b. Volumen- und Oberflächenformeln für Einzelzellen und Coenobien im Phytoplankton
$\# = \pi/2*d^2*(d + l^2/(l^2 - d^2))*\arcsin*((l^2 - d^2)/l)$ für $l \geq d$

l: Länge	d: Durchmesser
di: Innendurchmesser der Kolonie	da: Außendurchmesser der Kolonie
(C): nach CRONBERG (1982)	(R): nach REYNOLDS (1984 b)

Taxon	Einzelzelle/Faden		Coenobium	
	Volumen	Oberfläche	Volumen	Oberfläche
CHLOROPHYCEAE:				
Actinastrum hantzschii	$\pi/12*d^2*l$	$\pi/18*d*(d^2 + 4*l^2)$	$\pi/12*d^2*l*4$	$\pi/18*d*(d^2 + 4*l^2)*4$
Ankyra spp.	$\pi/6*d^2*l$	#		
Carteria spp.	$\pi/6*d^3$	$\pi*d^2$		
Chlamydomonaden (Kugel)	$\pi/6*d^3$	$\pi*d^2$		
Chlamydomonaden (Rot. ell.)	$\pi/6*d^2*l$	#		
Chlorococcales	$\pi/6*d^3$	$\pi*d^2$		
Coelastrum microporum	$\pi/6*d^3$	$\pi*d^2$	$\pi/6*d^3*8$	$\pi*d^2*4$
Coelastrum sp.	$\pi/6*d^3$	$\pi*d^2$		
Cosmarium sp.	$\pi/6*d^2*l$	#		
Crucigeniella rectangul.	$\pi/6*d^2*l$	#	$\pi/6*d^2*l*4$	#*3
Dactylosphaerium jurisii	$\pi/6*d^3$	$\pi*d^2$		
Dictyosphaerium pulchell.	$\pi/6*d^3$	$\pi*d^2$	$\pi/6*d^3*40$ (R)	$\pi*d^2*40$ (R)
Eudorina cf. *elegans*	$\pi/6*d^3$	$\pi*d^2$	1200000 μm^3 (R)	60000 μm^2 (R)
cf. *Eutetramorus* sp.	$\pi/6*d^3$	$\pi*d^2$		
Monoraphidium contortum	$\pi/6*d^2*l$	#		
M. komarkovae	$\pi/6*d^2*l$	#		
M. minutum	$\pi/6*d^2*l$	#		
M. setiforme	$\pi/6*d^2*l$	#		
Oocystis marssonii	$\pi/6*d^2*l$	#		
Oocystis sp.	$\pi/6*d^2*l$	#		
Pandorina morum	$\pi/6*d^3$	$\pi*d^2$		
Pediastrum boryanum	$\pi/4*d^2*l$	$\pi*d$		
Pediastrum spp.	$\pi/4*d^2*l$	$\pi*d$		
Pyrobotrys cf. *elongata*	$\pi/6*d^2*l$	#		
Scenedesmus acuminatus	$\pi/12*d^2*l$	$\pi/18*d*(d^2 + 4*l^2)$		
S. acutus	$\pi/6*d^2*l$	#	$\pi/6*d^2*l*4$	#*4
S. cf. *quadricauda*	$\pi/6*d^2*l$	#	$\pi/6*d^2*l*4$	#*4
Scenedesmus spp.	$\pi/6*d^2*l$	#	$\pi/6*d^2*l*4$	#*4
Sphaerocystis sp.	$\pi/6*d^3$	$\pi*d^2$	$\pi/6*d^3*8$	
Tetrastrum staurogeniaef.	$\pi/6*d^2*l$	#	$\pi/6*d^2*l*4$	#*3
Ulotrichale	$\pi/4*d^2*l$	$\pi*d$	$\pi/4*d^2*200$ µm	$\pi*d*200$ µm
Volvox sp.	$\pi/6*d^3$	$\pi*d^2$	47700000 μm^3 (R)	636000 μm^3 (R)
Flagellaten (Kugel)	$\pi/6*d^3$	$\pi*d^2$		
Flagellaten (Rot. ell.)	$\pi/6*d^2*l$	#		

Tab. 28 a—e. Biovolumina (mm^3/l) der quantitativ wichtigsten Phytoplanktontaxa im Oktober 1982, Januar, April, Juni und August 1983. Für einige Gewässer im Oktober 1982 und Januar 1983 Häufigkeitsklassen (3 — mittel, 4 — häufig, 5 — massenhaft)

Tab. 28 a. Oktober 1982	Tegeler Fließ	Nordgraben	Panke	Schlachtensee Süd	Schlachtensee Nord	Krumme Lanke Nord	Waldsee (Zlhd)	Grunewaldsee	Herthasee	Hubertussee (W'df)	Halensee	Groß-Glienicker See
CYANOPHYCEAE:												
Anbaena sp.												
Aphanizomenon elenkinii												
A. flos-aquae												
Aphanizomenon spp.												
Chroococcales												
Gomphosphaeria sp.												
Merismopedia tenuissima												
Microcystis spp.												
Oscillatoria agardhii				10.1	16.8	5	5	5		3	5	
O. amphrigranulata												
O. limnetica												
O. redekei				0.3	0.9						3	
Oscillatoria spp.				0.4								
Spirulina sp.												

Tab. 28 (Fortsetzung)

Tab. 28a. Oktober 1982	Tegeler Fließ	Nordgraben	Panke	Schlachtensee Süd	Schlachtensee Nord	Krumme Lanke Nord	Waldsee (Zlhd)	Grunewaldsee	Herthasee	Hubertussee (W'df)	Halensee	Groß-Glienicker See
CHRYSOPHYCEAE:												
Dinobryon divergens												
D. sciale												
Dinobryon spp.												
Mallomonas akrokomos												
M. caudata												
Synura sp.											3	
BACILLARIOPHYCEAE:												
Asterionella formosa												
Fragilaria crotonensis												4
Melosira spp.												
cf. *Nitzschia* sp.												
Synedra sp.												
Centrales	0.57											
Pennales	0.29											
HAPTOPHYCEAE:												
Chrysochromulina parva												
CRYPTOPHYCEAE:												
Cryptomonas spp.							3		3	3		4
Chroomonas sp.												
cf. *Katablepharis* sp.												
Rhodomonas lens												
R. minuta												
DINOPHYCEAE:												
Ceratium hirundinella												3
Gymnodinium sp.												
Peridinium sp.												
EUGLENOPHYCEAE:												
Euglena spp.		4	3									
Trachelomonas sp.												
CHLOROPHYCEAE:												
Actinastrum hantzschii												
Ankyra lanceolata												
Ankyra spp.												
Carteria sp.												
Chlamydomonaden		4										
Chlorococcales												
Coelastrum microporum												
Cosmarium sp.												
Crucigeniella rectangularis												
Dictyosphaerium pulchellum												
Eudorina cf. *elegans*												
cf. *Eutetramorus* sp.												
cf. *Keratococcus* sp.												
Kirchneriella sp.												
Monoraphidium arcuatum												
M. contortum												
M. minutum												
M. setiforme												
Oocystis marssonii												
Pandorina cf. *morum*												
Pediastrum boryanum												
Pyrobotrys sp.												
Scenedemus acuminatus												
S. acutus												
S. cf. *quadricauda*												
Scenedesmus spp.	0.26								3	3		
Sphaerocystis cf. *planctonica*												
Tetrastrum staurogeniaeforme												
Ulotrichales												
Volvox sp.												
Flagellaten												
indet. Algen												
Summe (mm^3/l)	1.1			10.8	17.7							

Tab. 28 (Fortsetzung)

Tab. 28a. Oktober 1982	Heiligensee	Havel bei Tegelort	Tegeler See	Hohenzollernkanal	Spree	Landwehrkanal	Havel bei Spandau	Großer Wannsee	Havel b. d. Pfaueninsel	Pohlesee	Griebnitz-See	Teltowkanal
CYANOPHYCEAE:												
Anabaena sp.												
Aphanizomenon elenkinii												
A. flos-aquae	3											
Aphanizomenon spp.												
Chroococcales												
Gomphosphaeria sp.												
Merismopedia tenuissima												
Microcystis spp.												
Oscillatoria agardhii	5	5	3	3	5	5	4	5	5	5	5	4
O. amphigranulata												
O. limnetica												
O. redekei	3											
Oscillatoria spp.												
Spirulina sp.												
CHRYSOPHYCEAE:												
Dinobryon divergens												
D. sociale												
Dinobryon spp.												
Mallomonas akrokomos												
M. caudata												
Synura sp.												
BACILLARIOPHYCEAE:												
Asterionella formosa												
Fragilaria crotonensis												
Melosira spp.		3	4	4			3					
cf. *Nitzschia* sp.												
Synedra sp.												
Centrales								4	4			
Pennales												
HAPTOPHACEAE:												
Chrysochromulina parva												
CRYPTOPHYCEAE:												
Cryptomonas spp.		4	3							3	3	3
Chroomonas sp.												
cf. *Katablepharis* sp.												
Rhodomonas lens												
R. minuta												
DINOPHYCEAE:												
Ceratium hirundinella												
Gymnodinium sp.												
Peridinium sp.												
EUGLENOPHYCEAE:												
Euglena spp.												
Trachelomonas sp.												
CHLOROPHYCEAE:												
Actinastrum hantzschii												
Ankyra lanceolata												
Ankyra spp.												
Carteria sp.												
Chlamydomonaden												
Chlorococcales												
Coelastrum micropotum												
Cosmarium sp.												
Crucigeniella rectangularis												
Dictyosphaerium pulchellum												
Eudorina cf. *elegans*												
cf. *Eutetramorus* sp.												
cf. *Keratococcus* sp.												
Kirchneriella sp.												
Monoraphidium arcuatum												
M. contortum												
M. minutum												
M. setiforme												
Oocystis marssonii												
Pandorina cf. *morum*												
Pediastrum boryanum												

Tab. 28 (Fortsetzung)

Tab. 28a. Oktober 1982	Heiligensee	Havel bei Tegelort	Tegeler See	Hohenzollernkanal	Spree	Landwehrkanal	Havel bei Spandau	Großer Wannsee	Havel b. d. Pfaueninsel	Pohlesee	Griebnitzsee	Teltowkanal
Pyrobotrys sp.												
Scenedesmus acuminatus												
S. acutus												
S. cf. *quadricauda*												
Scenedesmus spp.												
Sphaerocystis cf. *planctonica*												
Tetrastrum staurogeniaeforme												
Ulotrichales												
Volvox sp.												
Flagellaten												
indet. Algen												

Tab. 28b. Januar 1983	Tegeler Fließ	Nordgraben	Panke	Schlachtensee Süd	Schlachtensee Nord	Krumme Lanke Nord	Waldsee (Zlhd)	Grunewaldsee	Herthasee	Hubertussee (W'df)	Halensee	Groß-Glienicker See
CYANOPHYCEAE:												
Anabaena sp.												
Aphanizomenon elenkinii												
A. flos-aquae							3					
Aphanizomenon spp.												
Chroococcales												
Gomphosphaeria sp.												
Merismopedia tenuissima												
Microcystis spp.												
Oscillatoria agardhii				0.6	1.9	3	4					
O. amphigranulata					0.3							
O. limnetica												
O. redekei				0.6	1.4	4		5			3	
Oscillatoria spp.												
Spirulina sp.												
CHRYSOPHYCEAE:												
Dinobryon divergens												
D. sociale												
Mallomonas akrokomos												
M. caudata												
Synura sp.								3				
BACILLARIOPHYCEAE:												
Asterionella formosa												
Fragilaria crotonensis												
Melosira spp.												
cf. *Nitzschia* sp.												
Synedra sp.												
Centrales	4		3									
Pennales				0.8	2.4				4			3
HAPTOPHYCEAE:												
Crhysochromulina parva												
CRYPTOPHYCEAE:												
Cryptomonas spp.			3		1.1							4
Chroomonas sp.												
cf. *Katablepharis* sp.												
Rhodomonas lens												
R. minuta					1.1							3
DINOPHYCEAE:												
Ceratium hirundinella												
Gymnodinium sp.												
Peridinium sp.												
EUGLENOPHYCEAE:												
Euglena spp.		3										
Trachelomonas sp.										4		

Tab. 28 (Fortsetzung)

Tab. 28b. Januar 1983	Tegeler Fließ	Nordgraben	Panke	Schlachtensee Süd	Schlachtensee Nord	Krumme Lanke Nord	Waldsee (Zlhd)	Grunewaldsee	Herthasee	Hubertussee (W'df)	Halensee	Groß-Glienicker See
CHLOROPHYCEAE:												
Actinastrum hantzschii												
Ankyra lanceolata												
Ankyra spp.												
Carteria sp.												
Chlamydomonaden												
Chlorococcales												
Coelastrum microporum												
Cosmarium sp.												
Crucigeniella rectangularis												
Dictyosphaerium pulchellum												
Eudorina cf. *elegans*												
cf. *Eutetramorus* sp.												
cf. *Keratococcus* sp.												
Kirchneriella sp.											4	
Monoraphidium arcuatum												
M. contortum												
M. minutum												
M. setiforme												
Oocystis marssonii												
Pandorina cf. *morum*												
Pediastrum boryanum												
Pyrobotrys sp.												
Scenedesmus acuminatus												
S. acutus												
S. cf. *quadricauda*												
Scenedemus spp.												
Sphaerocystis planctonica												
Tetrastrum staurogeniaeforme												
Ulotrichales												
Volvox sp.												
Flagellaten												
indet. Algen												
Summe (mm^3/l)				2.0	8.2							

Tab. 28b. Januar 1983	Heiligensee	Havel bei Tegelort	Tegeler See	Hohenzollernkanal	Spree	Landwehrkanal	Havel bei Spandau	Großer Wannsee	Havel b. d. Pfaueninsel	Pohlesee	Griebnitzsee	Teltowkanal
CYANOPHYCEAE:												
Anabaena sp.												
Aphanizomenon elenkinii												
A. flos-aquae												
Aphanizomenon spp.												
Chroococcales												
Gomphosphaeria sp.												
Merismopedia tenuissima												
Microcystis spp.												
Oscillatoria agardhii												
O. amphigranulata												
O. limnetica												
O. redekei												
Oscillatoria spp.												
Spirulina sp.												
CHRYSOPHYCEAE:												
Dinobryon divergens												
D. sociale												
Mallomonas akrokomos												
M. caudata												
Synura sp.												

Tab. 28 (Fortsetzung)

Tab. 28b. Januar 1983	Heiligensee	Havel bei Tegelort	Tegeler See	Hohenzollernkanal	Spree	Landwehrkanal	Havel bei Spandau	Großer Wannsee	Havel b. d. Pfaueninsel	Pohlesee	Griebnitzsee	Teltowkanal
BACILLARIOPHYCEAE:												
Asterionella formosa					3		3					
Fragilaria crotonensis												
Melosira spp.												
cf. *Nitzschia* sp.												
Synedra sp.												
Centrales	3	3	3	3	4	3	3	4	3	4	3	3
Pennales		3	3	3			3		3			
HAPTOPHYCEAE:												
Chrysochromulina parva												
CRYPTOPHYCEAE:												
Cryptomonas spp.						3			3			
Chroomonas sp.												
Rhodomonas lens												
R. minuta												
DINOPHYCEAE:												
Ceratium hirundinella												
Gymnodinium sp.												
Peridinium sp.												
EUGLENOPHYCEAE:												
Euglena spp.												
Trachelomonas sp.												
CHLOROPHYCEAE:												
Actinastrum hantzschii												
Ankyra lanceolata												
Ankyra spp.												
Carteria sp.												
Chlamydomonaden												
Chlorococcales												
Coelastrum microporum												
Cosmarium sp.												
Crucigeniella rectangularis												
Dictyosphaerium pulchellum												
Eudorina cf. *elegans*												
cf. *Eutetramorus* sp.												
cf. *Keratococcus* sp.												
Kirchneriella sp.												
Monoraphidium arcuatum												
M. contortum												
M. minutum												
M. setiforme												
Oocystis marssonii												
Pandorina cf. *morum*												
Pediastrum boryanum												
Pyrobotrys sp.												
Scenedesmus acuminatus												
S. acutus												
S. cf. quadricauda												
Scenedesmus spp.												
Sphaerocystis planctonica												
Tetrastrum staurogeniaeforme												
Ulotrichales												
Volvox sp.												
Flagellaten										3	4	
indet. Algen												

Tab. 28 (Fortsetzung)

Tab. 28c. April 1983	Tegeler Fließ	Nordgraben	Panke	Schlachtensee Süd	Schlachtensee Nord	Krumme Lanke Nord	Waldsee (Zlhd)	Grunewaldsee	Herthasee	Hubertussee (W'df)	Halensee	Groß-Glienicker See
CYANOPHYCEAE:												
Anabaena sp.												
Aphanizomenon elenkinii												
A. flos-aquae				4.1	2.2	3.5	1.6	1.7				
Aphanizomenon spp.												
Chroococcales												
Gomphosphaeria sp.												
Merismopedia tenuissima												
Microcystis spp.												
Oscillatoria agardhii				3.2	3.1	5.8	2	4.8				
O. amphigranulata					3.5							
O. limnetica												
O. redekei				11.2	5.1	9.5	1.1	10.8				
Oscillatoria spp.					1.8	1.6		1.5		0.05		
Spirulina sp.												
CHRYSOPHYCEAE:												
Dinobryon divergens												
D. sociale							2.6					
Dinobryon spp.												
Mallomonas akrokomos												
M. caudata												
Synura sp.			5									
BACILLARIOPHYCEAE:												
Asterionella formosa												
Fragilaria crotonensis												
Melosira spp.												
cf. *Nitzschia* sp.												
Synedra sp.												
Centrales	5.7											1
Pennales							0.6				5.1	
HAPTOPHYCEAE:												
Chrysochromulina parva												
CRYPTOPHYCEAE:												
Cryptomonas spp.									1.6	4		1.4
Chroomonas sp.					0.1							
cf. *Katablepharis* sp.												
Rhodomonas lens												
R. minuta	0.08						0.1					0.18
DINOPHYCEAE:												
Ceratium hirundinella												
Gymodinium sp.												
Peridinium sp.												
EUGLENOPHYCEAE:												
Euglena spp.	3.1	5.8	7									
Trachelomonas sp.												
CHLOROPHYCEAE:												
Actinastrum hantzschii												
Ankyra lanceolata												0.08
Ankyra spp.												
Carteria sp.							1.1				2	
Chlamydomonaden	0.6	6.2	3.3						3.4	3.8		
Chlorococcales												
Coelastrum microporum									0.03	0.1		0.05
Cosmarium sp.												
Crucigeniella rectangularis												
Dictyosphaerium pulchellum									0.05			0.04
Eudorina cf. *elegans*												
cf. *Eutetramorus* sp.												
cf. *Keratococcus* sp.												
Kirchneriella sp.												
Monoraphidium arcuatum												
M. contortum									0.24	0.3		0.02
M. minutum												
M. setiforme									0.05	0.1		
Oocystis marssonii												
Pandorina cf. *morum*												
Pediastrum boryanum												

Tab. 28 (Fortsetzung)

Tab. 28c. April 1983	Tegeler Fließ	Nordgraben	Panke	Schlachtensee Süd	Schlachtensee Nord	Krumme Lanke Nord	Waldsee (Zlhd)	Grunewaldsee	Herthasee	Hubertussee (W'df)	Halensee	Groß-Glienicker See
Pyrobotrys sp.												
Scenedesmus acuminatus												
S. acutus									0.03			
S. cf. *quadricauda*									0.02			0.06
Scenedesmus spp.	0.04											
Sphaerocystis cf. *planctonica*												0.12
Tetrastrum staurogeniaeforme								0.5	0.15	0.02	17.2	
Ulotrichales												
Volvox sp.												
Flagellaten			0.5									
indet. Algen								0.8				
Summe (mm³/l)	9.5	12.0	15.8	18.5	15.8	20.4	9.1	20.1	5.6	8.4	24.3	3.0

Tab. 28c. April 1983	Heiligensee	Havel bei Tegelort	Tegeler See	Hohenzollernkanal	Spree	Landwehrkanal	Havel bei Spandau	Großer Wannsee	Havel b. d. Pfaueninsel	Pohlesee	Griebnitzsee	Teltowkanal
CYANOPHYCEAE:												
Anabaena sp.												
Aphanizomenon elenkinii												
A. flos-aquae												
Aphanizomenon spp.												
Chroococcales												
Gomphosphaeria sp.												
Merismopedia tenuissima												
Microcystis spp.												
Oscillatoria agardhii												
O. amphigranulata												
O. limnetica								0.2				
O. redekei	4.1	3.5		1.5	1.4	1.2	3.2	0.7	0.7	0.8	1.7	0.8
Oscillatoria spp.		0.6	1.8				0.4		0.3			
Spirulina sp.												
CHRYSOPHYCEAE:												
Dinobryon divergens												
D. sociale												
Dinobryon spp.												
Mallomonas akrokomos												
M. caudata												
Synura sp.												
BACILLARIOPHYCEAE:												
Asterionella formosa					3.1	1.9		0.6	0.7		1	0.8
Fragilaria crotonensis												
Melosira spp.												
cf. *Nitzschia* sp.												
Synedra			2.2									
Centrales		9.4	22.9	5.1	14.7	8.6	14.3	5.8	8.6	5.9	10.9	5.4
Pennales		2.2		0.6	3.1	3.6	4.1	2.3	1.6	5	4.6	1.1
HAPTOPHYCEAE:												
Chrysochromulina parva												
CRYPTOPHYCEAE:												
Cryptomonas spp.			2.8			1.3	2.3		0.3	2.4	1.6	0.5
Chroomonas sp.												
cf. *Katablepharis* sp.												
Rhodomonas lens												
R. minuta	1	0.23	0.13				0.3					
DINOPHYCEAE:												
Ceratium hirundinella												
Gymnodinium sp.												
Peridinium sp.												
EUGLENOPHYCEAE:												
Euglena spp.												
Trachelomonas sp.												

Tab. 28 (Fortsetzung)

Tab. 28c. April 1983	Heiligensee	Havel bei Tegelort	Tegeler See	Hohenzollernkanal	Spree	Landwehrkanal	Havel bei Spandau	Großer Wannsee	Havel b. d. Pfaueninsel	Pohlesee	Griebnitzsee	Teltowkanal
CHLOROPHYCEAE:												
Actinastrum hantzschii												
Ankyra lanceolata												
Ankyra spp.												
Carteria sp.												
Chlamydomonaden												0.1
Chlorococcales												
Coelastrum microporum												
Cosmarium sp.												
Crucigeniella rectangularis												
Dictyosphaerium pulchellum												
Eudorina cf. *elegans*												
cf. *Eutetramorus* sp.												
cf. *Keratococcus* sp.												
Kirchneriella sp.												
Monoraphidium arcuatum												
M. contortum												
M. minutum												
M. setiforme												
Oocystis marssonii												
Pandorina cf. *morum*												
Pediastrum boryanum												
Pyrobotrys sp.												
Scenedesmus acuminatus												
S. acutus												
S. cf. quadricauda												
Scenedesmus spp.												
Sphaerocystis cf. *planctonica*												
Tetrastrum staurogeniaeforme												
Ulotrichales												
Volvox sp.												
Flagellaten												
indet. Algen												
Summe (mm^3/l)	5.1	15.9	29.8	7.2	22.3	16.6	24.6	9.6	12.2	14.1	19.8	8.7

Tab. 28d. Juni 1983	Tegeler Fließ	Nordgraben	Panke	Schlachtensee Süd	Schlachtensee Nord	Krumme Lanke Nord	Waldsee (Zlhd)	Grunewaldsee	Herthasee	Hubertussee (W'df)	Halensee	Groß-Glienicker See
CYANOPHYCEAE:												
Anabaena sp.												
Aphanizomenon elenkinii												
A. flos-aquae				7.7	4.4	5.7		3			2.8	
Aphanizomenon spp.												
Chroococcales												
Gomphosphaeria sp.												
Merismopedia tenuissima												
Microcystis spp.												
Oscillatoria agardhii				10.6	6.9	12.3		8.1				
O. amphigranulata					0.9							
O. limnetica				0.4								
O. redekei				17.1	14.3	16.5		10.2				
Oscillatoria spp.				3.3	2	3.6		2				
Spirulina sp.												
CHRYSOPHYCEAE:												
Dinobryon divergens												
D. sociale												
Dinobryon spp.												
Mallomonas akrokomos												
M. caudata												
Synura sp.												

Tab. 28 (Fortsetzung)

Tab. 28d. Juni 1983	Tegeler Fließ	Nordgraben	Panke	Schlachten-see Süd	Schlachten-see Nord	Krumme Lanke Nord	Waldsee (Zlhd)	Grunewald-see	Herthasee	Hubertus-see (W'df)	Halensee	Groß-Glie-nicker See
BACILLARIOPHYCEAE:												
Asterionella formosa												
Fragilaria crotonensis												
Melosira spp.												
cf. *Nitzschia* sp.												
Synedra sp.												
Centrales			0.98									
Pennales									2.9	0.8	0.16	
HAPTOPHYCEAE:												
Chrysochromulina parva												
CRYPTOPHYCEAE:												
Cryptomonas spp.			0.7				0.2		6.2	4.6		0.53
Chroomonas sp.									0.4		1.5	0.06
cf. *Katablepharis* sp.												
Rhodomonas lens												
R. minuta	0.1						0.06			0.09		
DINOPHYCEAE:												
Ceratium hirundinella												
Gymnodinium sp.												
Peridinium sp.												
EUGLENOPHYCEAE:												
Euglena spp.	1	4.2	2.6									
Trachelomonas sp.												
CHLOROPHYCEAE:												
Actinastrum hantzschii												
Ankyra lanceolata												
Ankyra spp.												
Carteria sp.												
Chlamydomonaden	0.3	2.8	0.2				0.04					0.32
Chlorococcales												
Coelastrum microporum												0.1
Cosmarium sp.												
Crucigeniella rectangularis												
Dictyosphaerium pulchellum											0.04	
Eudorina cf. *elegans*												
cf. *Eutetramorus* sp.												
cf. *Keratococcus* sp.												
Kirchneriella sp.												
Monoraphidium arcuatum												
M. contortum									0.22	0.05	0.05	0.02
M. minutum											0.04	
M. setiforme												
Oocystis marssonii												0.35
Pandorina cf. *morum*												
Pediastrum boryanum												0.11
Pyrobotrys sp.			0.08									
Scenedemus acuminatus	0.6								0.11	0.03		
S. acutus												
S. cf. *quadricauda*									0.09	0.09		3
Scenedesmus spp.												
Sphaerocystis cf. *planctonica*												1.6
Tetrastrum staurogeniaeforme									0.01	0.1	0.02	
Ulotrichales												
Volvox sp.												
Flagellaten												
indet. Algen												
Summe (mm^3/l)	2.0	7.0	4.6	39.1	28.5	38.1	0.3	23.3	9.9	5.8	4.6	6.1

Tab. 28 (Fortsetzung)

Tab. 28d. Juni 1983	Heiligensee	Havel bei Tegelort	Tegeler See	Hohenzollernkanal	Spree	Landwehrkanal	Havel bei Spandau	Großer Wannsee	Havel b. d. Pfaueninsel	Pohlesee	Griebnitzsee	Teltowkanal
CYANOPHYCEAE:												
Anabaena sp.												
Aphanizomenon elenkinii												
A. flos-aquae	0.7					1.4		0.7	1.7	3.6	0.8	1.6
Aphanizomenon spp.												
Chroococcales												
Gomphosphaeria sp.												
Merismopedia tenuissima												
Microcystis spp.												
Oscillatoria agardhii	1		0.1	0.6	4.8	1.9		1.2	2.1	4.7	3.8	1.8
O. amphigranulata												
O. limnetica												
O. redekei	9.4	4.1	0.08	4	5.9	1.8	2.6	1.1	2.5	2.6	3.5	3.2
Oscillatoria spp.		0.8				2	0.6	0.3	1			
Spirulina sp.												
CHRYSOPHYCEAE:												
Dinobryon divergens												
D. sociale												
Dinobryon spp.												
Mallomonas akrokomos												
M. caudata												
Synura sp.												
BACILLARIOPHYCEAE:												
Asterionella formosa			0.06									
Fragilaria crotonensis												
Melosira spp.						1.2						
cf. *Nitzschia* sp.												
Synedra sp.												
Centrales		4.03			11.9	3.2	2			12.3	6.5	4.8
Pennales												
HAPTOPHYCEAE:												
Chrysochromulina parva												
CRYPTOPHYCEAE:												
Cryptomonas spp.		1.8	0.2				2.6			1.5	0.5	
Chroomonas sp.		0.3										
cf. *Katablepharis* sp.												
Rhodomonas lens												
R. minuta	0.2		0.01				0.3					
DINOPHYCEAE:												
Ceratium hirundinella												
Gymnodinium sp.												
Peridinium sp.												
EUGLENOPHYCEAE:												
Euglena spp.												
Trachelomonas sp.												
CHLOROPHYCEAE:												
Actinastrum hantzschii												
Ankyra lanceolata			0.06									
Ankyra spp.												
Carteria sp.												
Chlamydomonaden										2.5		
Chlorococcales												
Coelastrum microporum			0.01									
Cosmarium sp.												
Crucigeniella rectangularis												
Dictyosphaerium pulchellum												
Eudorina cf. *elegans*												
cf. *Eutetramorus* sp.												
cf. *Keratococcus* sp.			0.02									
Kirchneriella sp.												
Monoraphidium arcuatum												
M. contortum												
M. minutum												
M. setiforme												
Oocystis marssonii												
Pandorina cf. *morum*												
Pediastrum boryanum												

Tab. 28 (Fortsetzung)

Tab. 28d. Juni 1983	Heiligensee	Havel bei Tegelort	Tegeler See	Hohenzollernkanal	Spree	Landwehrkanal	Havel bei Spandau	Großer Wannsee	Havel b. d. Pfaueninsel	Pohlesee	Griebnitzsee	Teltowkanal
Pyrobotrys sp.												
Scenedesmus acuminatus												
S. acutus												
S. cf. *quadricauda*												
Scenedesmus spp.					0.2						0.2	0.4
Sphaerocystis cf. *planctonica*			0.01									
Tetrastrum staurogeniaeforme												
Ulotrichales												
Volvox sp.												
Flagellaten												
indet. Algen												
Summe (mm³/l)	11.3	11.0	0.6	4.6	22.8	11.5	8.1	3.3	7.3	27.2	15.3	11.8

Tab. 28e. August 1983	Tegeler Fließ	Nordgraben	Panke	Schlachtensee Süd	Schlachtensee Nord	Krumme Lanke Nord	Waldsee (Zlhd)	Grunewaldsee	Herthasee	Hubertussee (W'df)	Halensee	Groß-Glienicker See
CYANOPHYCEAE:												
Anabaena sp.												
Aphanizomenon elenkinii											0.6	
A. flos-aquae								0.9				
Aphanizomenon spp.												
Chroococcales												
Gomphosphaeria sp.							12.3					
Merismopedia tenuissima	0.01											
Microcystis spp.	0.05											0.7
Oscillatoria agardhii				2.7	1.4	3.2	3.1	32.2			20.1	
O. amphigranulata												
O. limnetica	0.42											
O. redekei											0.5	
Oscillatoria spp.												
Spirulina sp.			0.04									
CHRYSOPHYCEAE:												
Dinobryon divergens												
D. sociale												
Dinobryon spp.												
Mallomonas akrokomos												
M. caudata									0.82	11.7		
Synura sp.												
BACILLARIOPHYCEAE:												
Asterionella formosa												
Fragilaria crotonensis												
Melosira spp.												
cf. *Nitzschia* sp.												
Synedra sp.												
Centrales												
Pennales	1.8			2.2	1.7							
HAPTOPHYCEAE:												
Chrysochromulina parva					0.03							
CRYPTOPHYCEAE:												
Cryptomonas spp.							1		0.72			
Chroomonas sp.						0.13			0.03			
cf. *Katablepharis* sp.												
Rhodomonas lens												
R. minuta				0.25	0.15		0.1			0.04		
DINOPHYCEAE:												
Ceratium hirundinella												10.8
Gymnodinium sp.												
Peridinium sp.									2.4	5.8		
EUGLENOPHYCEAE:												
Euglena spp.		0.5	2.1									
Trachelomonas sp.												

Tab. 28e. August 1983	Tegeler Fließ	Nordgraben	Panke	Schlachten-see Süd	Schlachten-see Nord	Krumme Lanke Nord	Waldsee (Zlhd)	Grunewald-see	Herthasee	Hubertus-see (W'df)	Halensee	Groß-Glie-nicker See
CHLOROPHYCEAE:												
Actinastrum hantzschii												
Ankyra lanceolata												
Ankyra spp.												
Carteria sp.												
Chlamydomonaden		0.2	0.06						0.95	0.2		
Chlorococcales												
Coelastrum microporum			0.04									
Cosmarium sp.												
Crucigeniella rectangularis									0.01			
Dictyosphaerium pulchellum												
Eudorina cf. *elegans*									0.66	1.3		
cf. *Eutetramorus* sp.												
cf. *Keratococcus* sp.												
Kirchneriella sp.												
Monoraphidium arcuatum												
M. contortum												
M. minutum												
M. setiforme												
Oocystis marssonii												
Pandorina cf. *morum*									0.65	0.13		
Pediastrum boryanum												
Scenedesmus acuminatus	0.28								0.003			
S. acutus												
S. cf. *quadricauda*	0.42								0.007	0.004		
Scenedesmus spp.		0.07										
Sphaerocystis cf. *planctonica*												
Tetrastrum staurogeniaeforme												
Ulotrichales												
Volvox sp.												
Flagellaten					0.38							
indet. Algen												
Summe (mm^3/l)	3.0	0.8	2.2	5.2	3.7	3.3	16.5	33.1	6.3	19.2	21.2	11.5

Tab. 28e. August 1983	Heiligensee	Havel bei Tegelort	Tegeler See	Hohenzol-lernkanal	Spree	Landwehr-kanal	Havel bei Spandau	Großer Wannsee	Havel b. d. Pfaueninsel	Pohlesee	Griebnitz-see	Teltow-kanal
CYANOPHYCEAE:												
Anabaena sp.	0.6	0.35										
Aphanizomenon elenkinii	3.5											
A. flos-aquae	0.6							0.7				
Aphanizomenon spp.		0.14										
Chroococcales		0.13										
Gomphosphaeria sp.												
Merismopedia tenuissima												
Microcystis spp.		0.12	7.4	10.8			11.8	1.2	0.86			3.9
Oscillatoria agardhii	10.8	5.9	0.12		37.6	25.4	1.2	47	32.7	54.7	29.5	22
O. amphigranulata												
O. limnetica												
O. redekei	2.8	0.54										
Oscillatoria spp.		0.18										
Spirulina sp.												
CHRYSOPHYCEAE:												
Dinobryon divergens												
D. sociale												
Dinobryon spp.												
Mallomonas akrokomos												
M. caudata												
Synura sp.												

Tab. 28e. August 1983	Heiligensee	Havel bei Tegelort	Tegeler See	Hohenzollernkanal	Spree	Landwehrkanal	Havel bei Spandau	Großer Wannsee	Havel b. d. Pfaueninsel	Pohlesee	Griebnitzsee	Teltowkanal
BACILLARIOPHYCEAE:												
Asterionella formosa												
Fragilaria crotonensis												
Melosira spp.		7.3	0.09	4.2			8.3	0.51	2.1			
cf. *Nitzschia* sp.												
Synedra sp.												
Centrales												
Pennales												
HAPTOPHYCEAE:												
Chrysochromulina parva												
CRYPTOPHYCEAE:												
Cryptomonas spp.								3.07	4.6	1.1	0.9	
Chroomonas sp.												
cf. *Katablepharis* sp.												
Rhodomonas lens												
R. minuta												
DINOPHYCEAE:												
Ceratium hirundinella												
Gymnodinium sp.												
Peridinium sp.												
EUGLENOPHYCEAE:												
Euglena spp.												
Trachelomonas sp.												
CHLOROPHYCEAE:												
Actinastrum hantzschii		0.02										
Ankyra lanceolata												
Ankyra spp.												
Carteria sp.												
Chlamydomonaden												
Chlorococcales												
Coelastrum microporum												
Cosmarium sp.												
Crucigeniella rectangularis												
Dictyosphaerium pulchellum												
Eudorina cf. elegans												
cf. *Eutetramorus* sp.												
cf. *Keratococcus* sp.												
Kirchneriella sp.												
Monoraphidium arcuatum												
M. contortum												
M. minutum												
M. setiforme												
Oocystis marssonii												
Pandorina cf. *morum*												
Pediastrum boryanum												
Scenedesmus acuminatus												
S. acutus												
S. cf. *quadricauda*												
Scenedesmus spp.		0.18										
Sphaerocystis cf. *planctonica*												
Tetrastrum staurogeniaeforme												
Ulotrichales												
Volvox sp.												
Flagellaten												
indet. Algen												
Summe (mm^3/l)	18.3	14.9	7.6	15.0	37.6	25.4	21.3	52.5	40.3	55.8	30.4	25.9

Tab. 29a—e. Biovolumina (mm^3/l) der quantitativ wichtigsten Phytoplanktontaxa im Jahresverlauf 1984 bis 1986

Tab. 29a. Flughafensee Hauptbecken	1985							1986					
	März	Apr.	Mai	Juni	Juli	Aug.	Sept.	2. 4.	6. 5.	2. 6.	27. 6.	22. 7.	26. 8.
CYANOPHYCEAE													
Anabaena sp.													
Aphanizomenon elenkinii													
A. flos-aquae													
Aphanizomenon spp.													
Chroococcales													
Gomphosphaeria sp.													
Merismopedia tenuissima													
Microcystis spp.													
Oscillatoria agardhii													
O. amphigranulata													
O. limnetica													
O. redekei													
Oscillatoria spp.													
Spirulina sp.													
CHRYSOPHYCEAE:													
Dinobryon divergens			0.5	0.7	0.65								
D. sociale													
Dinobryon spp.													
Mallomonas akrokomos													
Mallomonas caudata													
Synura sp.													
BACILLARIOPHYCEAE:													
Asterionella formosa	1.6	15.5	3.7					0.4	1.8	0.38	0.02		
Fragilaria crotonensis			2.1			1.2	3.3			0.46	0.4		3.6
Melosira spp.													
cf. *Nitzschia* sp.													
Synedra sp.													
Centrales													
Pennales	0.6	3.2	1.2	3.4	0.18				1.5	0.03			
HAPTOPHYCEAE:													
Chrysochromulina parva	0.13			0.7		0.17	0.63		0.73	0.49	0.13		0.09
CRYPTOPHYCEAE:													
Cryptomonas spp.	1.1						0.5	0.22					
Chroomonas sp.													
cf. *Katablepharis* sp.													
Rhodomonas lens													
Rhodomonas minuta	0.04	0.1	0.02		0.13		0.06	0.11	0.06				0.06
DINOPHYCEAE:													
Ceratium hirundinella													
Gymnodinium sp.													
Peridinium sp.													
EUGLENOPHYCEAE:													
Euglena spp.													
Trachelomonas sp.													
CHLOROPHYCEAE:													
Actinastrum hantzschii													
Ankyra lanceolata													
Ankyra spp.													
Carteria sp.													
Chlamydomonaden													
Chlorococcales												1.9	
Coelastrum microporum													
Cosmarium sp.													
Crucigeniella rectangularis													
Dictyosphaerium pulchellum													
Eudorina cf. *elegans*													
cf. *Eutetramorus* sp.													
cf. *Keratococcus* sp.													
Kirchneriella sp.													
Monoraphidium arcuatum						1							
M. contortum													
M. minutum													
M. setiforme													
Oocystis marssonii							0.5						
Pandorina cf. *morum*													
Pediastrum boryanum													
Scenedesmus acuminatus													
S. acutus													

Tab. 29 (Fortsetzung)

Tab. 29a. Flughafensee Hauptbecken	1985							1986					
	März	Apr.	Mai	Juni	Juli	Aug.	Sept.	2. 4.	6. 5.	2. 6.	27. 6.	22. 7.	26. 8.
S. cf. *quadricauda*													
Scenedesmus spp.													
Sphaerocystis cf. *planctonica*													
Tetrastrum staurogeniaeforme													
Ulotrichales													
Volvox sp.											3.6		
Flagellaten		1.1					0.54		0.9	0.07	0.27	0.52	
indet. Algen													
Summe (mm^3/l)	3.5	19.9	7.5	4.8	1.0	2.4	5.5	0.7	5.0	1.4	4.4	2.4	3.8

Tab. 29b. Schlachtensee	Süd 1984				Nord 1985								
	Mai	Juni	Juli	Aug	Feb	März	Apr	Mai	Juni	Juli	Aug	Sept	Nov
CYANOPHYCEAE:													
Anabaena sp.													
Aphanizomenon elenkinii													
A. flos-aquae		0.5											
Aphanizomenon spp.													
Chroococcales													
Gomphosphaeria sp.													
Merismopedia tenuissima													
Microcystis spp.													
Oscillatoria agardhii	3.4	2.9	6.5	3.2	0.09						0.72		
O. amphigranulata													
O. limnetica													
O. redekei	13	20.2	6.2	2.5	0.11								
Oscillatoria spp.													
Spirulina sp.													
CHRYSOPHYCEAE:													
Dinobryon divergens									0.47				
D. sociale										1.3	0.93		
Dinobryon spp.				0.9									
Mallomonas akrokomos													
Mallomonas caudata													
Synura sp.													
BACILLARIOPHYCEAE:													
Asterionella formosa													0.08
Fragilaria crotonensis													
Melosira spp.													
cf. *Nitzschia* sp.													
Synedra sp.													
Centrales	2.3							0.7			0.39		
Pennales									5.5		0.93		
HAPTOPHYCEAE:													
Chrysochromulina parva				0.7			2.4	1.5	0.21	2.1	0.61		
CRYPTOPHYCEAE:													
Cryptomonas spp.			1.3	0.4	0.33	1	3.3	0.22		0.7	1	4.7	1.5
Chroomonas sp.	0.1	0.3											
cf. *Katablepharis* sp.						0.05		0.55					
Rhodomonas lens													
Rhodomonas minuta					0.04	2.9	0.16	0.07	0.9	0.07	0.2	0.2	0.04
DINOPHYCEAE:													
Ceratium hirundinella													
Gymnodinium sp.													
Peridinium sp.				1						2.2	0.89		
EUGLENOPHYCEAE:													
Euglena spp.													
Trachelomonas sp.													
CHLOROPHYCEAE:													
Actinastrum hantzschii													
Ankyra lanceolata													
Ankyra spp.													
Carteria sp.													
Chlamydomonaden					0.02	0.19	0.8						
Chlorococcales													

Tab. 29 (Fortsetzung)

Tab. 29b.	Süd 1984				Nord 1985								
Schlachtensee	Mai	Juni	Juli	Aug	Feb	März	Apr	Mai	Juni	Juli	Aug	Sept	Nov
Coelastrum microporum												0.41	
Cosmarium sp.											0.17	0.14	
Crucigeniella rectangularis													
Dictyosphaerium pulchellum													
Eudorina cf. *elegans*													
cf. *Eutetramorus* sp.													
cf. *Keratococcus* sp.													
Kirchneriella sp.													
Monoraphidium arcuatum													
M. contortum													
M. minutum													
M. setiforme													
Oocystis marssonii												0.23	
Pandorina cf. *morum*													
Pediastrum boryanum													
Scenedesmus acuminatus													
S. acutus													
S. cf. *quadricauda*													
Scenedesmus spp.													
Sphaerocystis cf. *planctonica*													
Tetrastrum staurogeniaeforme													
Ulotrichales													
Volvox sp.													
Flagellaten					0.11	0.18							
indet. Algen													
Summe (mm^3/l)	18.8	23.9	14.0	8.7	0.7	4.3	6.7	3.0	7.1	5.8	6.4	5.7	1.6

Tab. 29c. Schlachtensee Nord	1986												
	Feb.	März	18. 4.	7. 5.	21. 5.	5. 6.	18. 6.	1. 7.	16. 7.	7. 8.	22. 8.	9. 9.	23. 9.
CYANOPHYCEAE:													
Anabaena sp.										0.05	0.01	0.13	0.57
Aphanizomenon elenkinii													
A. flos-aquae													
Aphanizomenon spp.													
Chroococcales											0.01	0.01	0.01
Gomphosphaeria sp.												0.12	0.04
Merismopedia tenuissima													
Microcystis spp.													
Oscillatoria agardhii													
O. amphigranulata													
O. limnetica													
O. redekei													
Oscillatoria spp.													
Spirulina sp.													
CHRYSOPHYCEAE:													
Dinobryon divergens					0.03								
D. sociale													
Dinobryon spp.													
Mallomonas akrokomos	0.01	0.33											
Mallomonas caudata													
Synura sp.													
BACILLARIOPHYCEAE:													
Asterionella formosa			1.4		0.14	0.08				0.77		0.17	
Fragilaria crotonensis						0.71	2.8						0.84
Melosira spp.													
cf. *Nitzschia* sp.													
Synedra sp.													
Centrales			0.86										
Pennales			0.29	0.3		0.52	4.2						
HAPTOPHYCEAE:													
Chrysochromulina parva				0.16			3		0.53				
CRYPTOPHYCEAE:													
Cryptomonas spp.			0.33		0.12			0.3					0.66
Chroomonas sp.													
cf. *Katablepharis* sp.													
Rhodomonas lens													
Rhodomonas minuta	0.04		0.04	0.13	0.02	0.1			0.06	0.01	0.01	0.02	0.02

Tab. 29 (Fortsetzung)

Tab. 29c. Schlachtensee Nord	1986												
	Feb.	März	18. 4.	7. 5.	21. 5.	5. 6.	18. 6.	1. 7.	16. 7.	7. 8.	22. 8.	9. 9.	23. 9.
DINOPHYCEAE:													
Ceratium hirundinella										0.54	0.54	0.86	0.55
Gymnodinium sp.													
Peridinium sp.													
EUGLENOPHYCEAE:													
Euglena spp.													
Trachelomonas sp.													
CHLOROPHYCEAE:													
Actinastrum hantzschii													
Ankyra lanceolata													
Ankyra spp.													
Carteria sp.													
Chlamydomonaden	0.05	0.41											
Chlorococcales													
Coelastrum microporum													
Cosmarium sp.													
Crucigeniella rectangularis													
Dictyosphaerium pulchellum													
Eudorina cf. *elegans*													
cf. *Eutetramorus* sp.										0.63	1	0.51	0.08
cf. *Keratococcus* sp.													
Kirchneriella sp.													
Monoraphidium arcuatum													
M. contortum													
M. minutum													
M. setiforme													
Oocystis marssonii													
Pandorina cf. *morum*													
Pediastrum boryanum													
Scenedesmus acuminatus													
S. acutus													
S. cf. *quadricauda*													
Scenedesmus spp.									1.3				
Sphaerocystis cf. *planctonica*													
Tetrastrum staurogeniaeforme													
Ulotrichales													
Volvox sp.								16.8	1.1				
Flagellaten	0.05	0.18	0.28		0.03								
indet. Algen													
Summe (mm³/l)	0.2	0.9	3.2	0.6	0.3	1.4	10.0	17.1	3.0	2.0	1.6	1.8	2.8

Tab. 29d. Tegeler See	1984		1985									
	Nov.	Dez.	Jan.	Feb.	März	Apr.	Mai	Juni	Juli	Aug.	Sept.	Okt.
CYANOPHYCEAE:												
Anabaena sp.									0.6			
Aphanizomenon elenkinii												
A. flos-aquae							0.2					
Aphanizomenon spp.												
Chroococcales												
Gomphosphaeria sp.												
Merismopedia tenuissima												
Microcystis spp.			0.01						8.1	17.2	7.9	2.1
Oscillatoria agardhii			0.1				0.1					
O. amphigranulata												
O. limnetica												
O. redekei						0.16	0.5					
Oscillatoria spp.												
Spirulina sp.												
CHRYSOPHYCEAE:												
Dinobryon divergens												
D. sociale												
Dinobryon spp.												
Mallomonas akrokomos												
Mallomonas caudata												
Synura sp.												

Tab. 29 (Fortsetzung)

Tab. 29d. Tegeler See	1984		1985									
	Nov.	Dez.	Jan.	Feb.	März	Apr.	Mai	Juni	Juli	Aug.	Sept.	Okt.
BACILLARIOPHYCEAE:												
Asterionella formosa		0.001	0.02		0.47	0.5		0.8				
Fragilaria crotonensis								1.7				
Melosira spp.								1.6				
cf. *Nitzschia* sp.												
Synedra sp.												
Centrales	3.9	0.26	0.14	0.33	1.3	0.5	4.2	8	1.4		1.8	2.2
Pennales				0.04	0.13	0.9	1.1		0.24	1	0.39	
HAPTOPHYCEAE:												
Chrysochromulina parva												
CRYPTOPHYCEAE:												
Cryptomonas spp.	0.07	0.05	0.06	0.05	0.84	1.5	0.6	1.3	0.22			
Chroomonas sp.			0.02									
cf. *Katablepharis* sp.												
Rhodomonas lens			0.03	0.02	0.09							
Rhodomonas minuta		0.004		0.04	0.54	0.14	0.8					
DINOPHYCEAE:												
Ceratium hirundinella												
Gymnodinium sp.												
Peridinium sp.												
EUGLENOPHYCEAE:												
Euglena spp.												
Trachelomonas sp.												
CHLOROPHYCEAE:												
Actinastrum hantzschii												
Ankyra lanceolata												
Ankyra spp.												
Carteria sp.												
Chlamydomonaden				0.06	0.23		0.7					
Chlorococcales												
Coelastrum microporum								0.24				
Cosmarium sp.												
Crucigeniella rectangularis												
Dictyosphaerium pulchellum												
Eudorina cf. *elegans*												
cf. *Eutetramorus* sp.												
cf. *Keratococcus* sp.												
Kirchneriella sp.												
Monoraphidium arcuatum												
M. contortum												
M. minutum												
M. setiforme												
Oocystis marssonii								0.4				
Pandorina cf. *morum*												
Pediastrum boryanum								0.4				
Scenedesmus acuminatus												
S. acutus												
S. cf. *quadricauda*												
Scenedesmus spp.							0.2	0.3				
Sphaerocystis cf. *planctonica*												
Tetrastrum staurogeniaeforme												
Ulotrichales										1.4		
Volvox sp.												
Flagellaten				0.09	0.3		0.3					
indet. Algen												
Summe (mm^3/l)	4.0	0.3	0.4	0.6	3.9	3.7	8.7	14.7	10.6	19.6	10.1	4.3

Tab. 29e. Tegeler See	1986									
	24. 3.	6. 5.	26. 5.	2. 6.	20. 6.	25. 6.	22. 7.	26. 8.	8. 9.	22. 9.
CYANOPHYCEAE:										
Anabaena sp.			0.004		1.2	0.64	0.44	0.06	0.07	
Aphanizomenon elenkinii										
A. flos-aquae					0.57	0.87	0.71			
Aphanizomenon spp.								0.11	0.31	0.9
Chroococcales										
Gomphosphaeria sp.										
Merismopedia tenuissima										

Tab. 29 (Fortsetzung)

Tab. 29e. Tegeler See	1986									
	24. 3.	6. 5.	26. 5.	2. 6.	20. 6.	25. 6.	22. 7.	26. 8.	8. 9.	22. 9.
Microcystis spp.							2.6	2.3	1.7	
Oscillatoria agardhii					0.57	0.91		0.11	0.24	
O. amphigranulata										
O. limnetica										
O. redekei					0.57	0.29				
Oscillatoria spp.										
Spirulina sp.										
CHRYSOPHYCEAE:										
Dinobryon divergens										
D. sociale										
Dinobryon spp.										
Mallomonas akrokomos										
Mallomonas caudata										
Synura sp.										
BACILLARIOPHYCEAE:										
Asterionella formosa										
Fragilaria crotonensis										
Melosira spp.					1.5	0.37	3.8	2.2	2.7	3.7
cf. *Nitzschia* sp.		1.3								
Synedra sp.										
Centrales	3.9	5.7			1	0.21	3.2		2.6	6.3
Pennales										
HAPTOPHYCEAE:										
Chrysochromulina parva										
CRYPTOPHYCEAE:										
Cryptomonas spp.	1	4.9	0.08		3.1	2.3	2.8	0.6	0.5	0.33
Chroomonas sp.										
cf. *Katablepharis* sp.										
Rhodomonas lens										
Rhodomonas minuta	0.16	0.23	0.02	0.01	0.08	0.12		0.07		
DINOPHYCEAE:										
Ceratium hirundinella										
Gymnodinium sp.										
Peridinium sp.										
EUGLENOPHYCEAE:										
Euglena spp.										
Trachelomonas sp.										
CHLOROPHYCEAE:										
Actinastrum hantzschii										
Ankyra lanceolata										
Ankyra spp.				0.03						
Carteria sp.										
Chlamydomonaden					0.97	1.55	1.1			
Chlorococcales										
Coelastrum microporum										
Cosmarium sp.										
Crucigeniella rectangularis										
Dictyosphaerium pulchellum										
Eudorina cf. elegans										
cf. *Eutetramorus* sp.										
cf. *Keratococcus* sp.										
Kirchneriella sp.										
Monoraphidium arcuatum										
M. contortum										
M. minutum										
M. setiforme										
Oocystis marssonii										
Pandorina cf. *morum*										
Pediastrum boryanum			0.12							
Scenedesmus acuminatus										
S. acutus										
S. cf. *quadricauda*										
Scenedesmus spp.			0.01							
Sphaerocystis cf. *planctonica*										
Tetrastrum staurogeniaeforme										
Ulotrichales										
Volvox sp.										
Flagellaten										
indet. Algen										
Summe (mm^3/l)	5.1	12.1	0.2	0.04	9.6	7.3	14.7	5.5	8.1	11.2

8.2. Zooplankton

Tab. 30a—c. Häufigkeitsklassen für die gefundenen Zooplanktontaxa im April, Juni und August 1983 (1 — einzeln, 2 — selten, 3 — mittel, 4 — häufig, 5 — massenhaft)

Tab. 30a. April 1983	Tegeler Fließ	Nordgraben	Panke	Schlachtensee Süd	Schlachtensee Nord	Krumme Lanke Nord	Waldsee (Zlhd)	Grunewaldsee	Herthasee	Hubertussee (W'df)	Halensee	Groß-Glienicker See
PROTOZOA:												
Ciliaten	3	5	2		2	3		3	3	2	3	
cf. *Coleps*				4	3	4	5	3				
Heliozoa									2			
Epistylis rotans												
Rhizopoden			2									
Testacea												
Tintinnopsis sp.				2	2			2				
Vorticella	1		2	2	2	2	3	2	3	2	2	2
ROTATORIA:												
Anuraeopsis fissa												
cf. *Ascomorpha* sp.												
Asplanchna cf. *brightwelli*												
A. priodonta												4
cf. *Asplanchnopus* sp.												
Brachionus angularis						3	2	3	2		4	3
B. cf. *bidentata*												
B. budapestinensis												
B. calyciflorus	3					3	2					1
B. diversicornis												
B. cf. *leydigii*												
B. quadridentatus												
B. urceolaris	4		2								1	
Brachionus sp.					1							
Cephalodella sp.												
Colurella sp.								1		1		1
Conochilus sp.			2									
cf. *Euchlanis* sp.												
Filinia longiseta	3					3	3				1	2
F. terminalis												
Filinia sp.					1							
Gastropus sp.		3					2					
Hexarthra sp.												
Kellicottia longispina				3	1	2	2	2			3	
Keratella cochlearis			2	3	1	5	5	5			5	2
K. cochlearis f. *tecta*												1
K. quadrata	1	1	2	2	1	5	4	3		2	4	3
K. testudo								3				
cf. *Lecane* sp.												
Lepadella sp.												
Notholca cf. *acuminata*				2		1						
Platyas quadricornis												
cf. *Pleosoma* sp.												
Polyarthra dolichoptera	2	1	2	2		4	4	1	4	3	3	
P. vulgaris	1									2		
Polyarthra sp.												
Pompholyx sulcata						1						
cf. *Rhinoglena* sp.												
Synchaeta sp.												
Testudinella mucronata												
T. patina												
Trichocerca capucina												
T. cf. cylindrica												
T. elongata												
T. pusilla					1				1			
T. similis											1	
T. stylata												
Trichocerca sp.								2				
Rotatoria div. spp.	2		2	1		2	1	1	3	2	1	2
CRUSTACEA:												
Acanthocyclops robustus												
Alona sp.												
Alonella nana												

Tab. 30 (Fortsetzung)

Tab. 30a. April 1983	Tegeler Fließ	Nordgraben	Panke	Schlachtensee Süd	Schlachtensee Nord	Krumme Lanke Nord	Waldsee (Zlhd)	Grunewaldsee	Herthasee	Hubertussee (W'df)	Halensee	Groß-Glienicker See
Bosmina longirostris					1	2	3					
Calanoide							1					2
Ceriodaphnia sp.												
Chydoride	1		2					2	2		2	2
Cyclopide	2				1		3			2		2
Daphnia cucullata												
D. cf. *galeata*												
D. cf. *hyalina*												
Daphnia sp.							1					
Diaphanosoma sp.												
Eubosmina coregoni												
Mesocyclops leuckarti												
Nauplius	2	2	2		1	3	2	3	3	3	3	3
Ostracode									1			
Thermocyclops oithonoides												

Tab. 30a. April 1983	Heiligensee	Havel bei Tegelort	Tegeler See	Hohenzollernkanal	Spree	Landwehrkanal	Havel bei Spandau	Großer Wannsee	Havel b. d. Pfaueninsel	Pohlesee	Griebnitzsee	Teltowkanal
PROTOZOA:												
Ciliaten	1	2			1	1	3	2	3	5	2	5
cf. *Coleps*		2	2		1			2			1	
Heliozoa												
Epistylis rotans												
Rhizopoden		2			1			3				3
Testacea			2		1							
Tintinnopsis sp.	2	2	2	3	3	3	3	2	3	3	1	3
Vorticella	2	2	2	4	2	1	2	2	2	2	3	1
ROTATORIA:												
Anuraeopsis fissa												
cf. *Ascomorpha* sp.								2			1	
Asplanchna cf. *brightwelli*												
A. priodonta	2	2		1	2	2	3	2	2			1
cf. *Asplanchnopus* sp.						1						
Brachionus angularis	3	5	2	4	2	3	4	2	3	2	1	3
B. cf. *bidentata*												
B. budapestinensis												
B. calyciflorus	2	2	2	1	4	3	4	2	3	4	1	1
B. diversicornis												
B. cf. *leydigii*												
B. quadridentatus												
B. urceolaris	2	2		4	1		2	2	2	2		1
Brachionus sp.												
Cephalodella sp.												
Colurella sp.	1											
Conochilus sp.												
cf. *Euchlanis* sp.								2			2	1
Filinia longiseta			2			1				2		
F. terminalis	2	2	2	3	2	1	2	2	2	2	2	1
Filinia sp.												
Gastropus sp.	1		2	4	1		2	2	2		1	
Hexarthra sp.												
Kellicottia longispina		2					2	2	2			2
Keratella cochlearis	3	2	2	1	4	4	4	4	4	3	5	2
K. cochlearis f. *tecta*		2		5		3			2			
K. quadrata	3	2	3	1	4		4	4	4	4	2	2
K. testudo											1	
cf. *Lecane* sp.		2						2				
Lepadella sp.												
Notholca cf. *acuminata*				1		2						
Platyas quadricornis												
cf. *Pleosoma* sp.												3

Tab. 30 (Fortsetzung)

Tab. 30a. April 1983	Heiligensee	Havel bei Tegelort	Tegeler See	Hohenzollernkanal	Spree	Landwehrkanal	Havel bei Spandau	Großer Wannsee	Havel b. d. Pfaueninsel	Pohlesee	Griebnitzsee	Teltowkanal
Polyarthra dolichoptera	3	4	2	1	3	4	4	4	4	3	5	4
P. vulgaris										3		
Polyarthra sp.												
Pompholyx sulcata												
cf. *Rhinoglena* sp.												
Synchaeta sp.							1					
Testudinella mucronata												
T. patina												
Trichocerca capucina												
T. cf. *cylindrica*												
T. elongata												
T. pusilla												
T. similis										3		
T. stylata												
Trichocerca sp.												
Rotatoria div. spp.	2	1		2	1	2	4	2	2		2	2
CRUSTACEA:												
Acanthocyclops robustus												
Alona sp.												
Alonella nana												
Bosmina longirostris												
Calanoide												
Ceriodaphnia sp.												
Chydoride												
Cyclopide												
Daphnia cucullata												
D. cf. *galeata*												
D. cf. *hyalina*												
Daphnia sp.												
Diaphanosoma sp.												
Eubosmina coregoni												
Mesocyclops leuckarti												
Nauplius												
Ostracode												
Thermocyclops oithonoides												

Tab. 30b. Juni 1983	Tegeler Fließ	Nordgraben	Panke	Schlachtensee Süd	Schlachtensee Nord	Krumme Lanke Nord	Waldsee (Zlhd)	Grunewaldsee	Herthasee	Hubertussee (W'df)	Halensee	Groß-Glienicker See
PROTOZOA:												
Ciliaten	3		2					1		2	5	
cf. *Coleps*									2	2	3	
Heliozoa												
Epistylis rotans								1				
Rhizopoden												
Testacea												
Tintinnopsis sp.					1	1						
Vorticella	2		1							1		
ROTATORIA:												
Anuraeopsis fissa	1		1									
cf. *Ascomorpha* sp.												
Asplanchna cf. *brightwelli*												
A. priodonta		1	2				3		3	2	3	
cf. *Asplanchnopus* sp.												
Brachionus angularis	3	1	3					2	4	3	3	
B. cf. *bidentata*												
B. budapestinensis												
B. calyciflorus	4	5	4						3	2		
B. diversicornis												
B. cf. *leydigii*		2										
B. quadridentatus												
B. urceolaris	1	3										

Tab. 30 (Fortsetzung)

Tab. 30b. Juni 1983	Tegeler Fließ	Nordgraben	Panke	Schlachten-see Süd	Schlachten-see Nord	Krumme Lanke Nord	Waldsee (Zlhd)	Grunewald-see	Herthasee	Hubertus-see (W'df)	Halensee	Groß-Glie-nicker See	
Brachionus sp.													
Cephalodella sp.													
Colurella sp.										1			
Conochilus sp.													
cf. *Euchlanis* sp.													
Filinia longiseta		3	2	4	2	4	4	2	5				
F. terminalis				4									
Filinia sp.													
Gastropus sp.			1										
Hexarthra sp.													
Kellicottia longispina				2	2	2	2	2				2	
Keratella cochlearis		2	1	3	2	3	3	3	3	4	4	4	3
K. cochlearis f. *tecta*				1	2	2	2		2			2	
K. quadrata		2	1	2		2	2	3	2	3	4	3	3
K. testudo									1				
cf. *Lecane* sp.													
Lepadella sp.								1					
Notholca cf. *acuminata*													
Platyas quadricornis													
cf. *Pleosoma* sp.													
Polyarthra dolichoptera		1	1	4		1	3	3	1	3	4	1	1
P. vulgaris						2		4	1			2	
Polyarthra sp.													
Pompholyx sulcata		1			3	4	4		2			1	
cf. *Rhinoglena* sp.													
Synchaeta sp.													
Testudinella mucronata													
T. patina													
Trichocerca capucina													
T. cf. cylindrica													
T. elongata													
T. pusilla													
T. similis												1	
T. stylata													
Trichocerca sp.													
Rotatoria div. spp.		1	1	2			1						
CRUSTACEA:													
Acanthocyclops robustus													
Alona sp.						1							
Alonella nana						1							
Bosmina longirostris		3	3		3	4	4	4	4	1	2	3	2
Calanoide					2		2	3	1			4	
Ceriodaphnia sp.								1					
Chydoride		2							2	2	2		
Cyclopide		3	2	1		2	2	3	2	3	2	2	2
Daphnia cucullata					1		2	2				2	
D. cf. *galeata*					1								
D. cf. *hyalina*													
Daphnia sp.													
Diaphonosoma sp.		1			1								
Eubosmina coregoni								2					
Mesocyclops leuckarti													
Nauplius		4	2	1	3	3	3	4	4	3	3	5	3
Ostracode													
Thermocyclops oithonoides													

Tab. 30 (Fortsetzung)

Tab. 30b. Juni 1983	Heiligensee	Havel bei Tegelort	Tegeler See	Hohenzollernkanal	Spree	Landwehrkanal	Havel bei Spandau	Großer Wannsee	Havel b. d. Pfaueninsel	Pohlesee	Griebnitzsee	Teltowkanal
PROTOZOA:												
Ciliaten	2	3	2	1	1		1	2			1	1
cf. *Coleps*									3			
Heliozoa											2	
Epistylis rotans	1	2	2		1	2	3	2	2		1	
Rhizopoden							3					4
Testacea												
Tintinnopsis sp.	2	2	2	1	1	2	2	3	3		1	1
Vorticella		2			3		2				2	
ROTATORIA:												
Anuraeopsis fissa			2							2		
cf. *Ascomorpha* sp.											2	
Asplanchna cf. *brightwelli*												
A. priodonta											2	
cf. *Asplanchnopus* sp.												
Brachionus angularis		3		1		2					2	1
B. cf. *bidentata*												3
B. budapestinensis												
B. calyciflorus											3	3
B. diversicornis												
B. cf. *leydigii*												
B. quadridentatus												
B. urceolaris												3
Brachionus sp.												
Cephalodella sp.		1										
Colurella sp.												
Conochilus sp.												
cf. *Euchlanis* sp.												
Filinia longiseta	2							2	2			
F. terminalis		2		3					2		2	
Filinia sp.												
Gastropus sp.		2		2			3				2	
Hexarthra sp.												
Kellicottia longispina	2	2	2	3	1	2	1	2	2		2	1
Keratella cochlearis	4	2	2	4	3	2	3	3	3	3	4	1
K. cochlearis f. *tecta*	3	2	5	2	3	4	2	3	3	5	4	1
K. quadrata	2	2	2	1	1		2	2	2	2	2	
K. testudo												
cf. *Lecane* sp.												1
Lepadella sp.												
Notholca cf. *acuminata*												
Platyas quadricornis												
cf. *Pleosoma* sp.												
Polyarthra dolichoptera	2	2	2	1	1	2	3	2	1	2	2	
P. vulgaris												
Polyarthra sp.												
Pompholyx sulcata	4	2			2	2		2	2		2	
cf. *Rhinoglena* sp.					1	1						
Synchaeta sp.							1					
Testudinella mucronata							1					
T. patina												
Trichocerca capucina												
T. cf. *cylindrica*												
T. elongata												
T. pusilla					1			2	1	2	2	
T. similis			2					2				
T. stylata												
Trichocerca sp.												
Rotatoria div. spp.	1	1		2	2	2	3	2		1		1
CRUSTACEA:												
Acanthocyclops robustus												
Alona sp.												
Alonella nana												
Bosmina longirostris												
Calanoide												
Ceriodaphnia sp.												
Chydoride												

Tab. 30 (Fortsetzung)

Tab. 30b. Juni 1983	Heiligensee	Havel bei Tegelort	Tegeler See	Hohenzollernkanal	Spree	Landwehrkanal	Havel bei Spandau	Großer Wannsee	Havel b. d. Pfaueninsel	Pohlesee	Griebnitzsee	Teltowkanal
Cyclopide												
Daphnia cucullata												
D. cf. *galeata*												
D. cf. *hyalina*												
Daphnia sp.												
Diaphanosoma sp.												
Eubosmina coregoni												
Mesocyclops leuckarti												
Nauplius												2
Ostracode												
Thermocyclops oithonoides												

Tab. 30c. August 1983	Tegeler Fließ	Nordgraben	Panke	Schlachtensee Süd	Schlachtensee Nord	Krumme Lanke Nord	Waldsee (Zlhd)	Grunewaldsee	Herthasee	Hubertussee (W'df)	Halensee	Groß-Glienicker See
PROTOZOA:												
Ciliaten	1	4	4	2	2			1	3	3	2	2
cf. *Coleps*				3	2	2	2	2				
Heliozoa			1	2						2		
Epistylis rotans				3	2	3		3	4	4	1	
Rhizopoden												
Testacea												
Tintinnopsis sp.		1										
Vorticella		1	1		2		2	2			2	
ROTATORIA:												
Anuraeopsis fissa				2				1				
cf. *Ascomorpha* sp.												
Asplanchna cf. *brightwelli*									1	1		
A. priodonta							2		3	2		
cf. *Asplanchnopus* sp.												
Brachionus angularis	2		3		2			2	2	2		
B. cf. *bidentata*												
B. budapestinensis									2			
B. calyciflorus		3	3						3	3	2	
B. diversicornis											2	
B. cf. *leydigii*												
B. quadridentatus										1		
B. urceolaris	3	3	3									
Brachionus sp.												
Cephalodella sp.												
Colurella sp.	2										1	
Conochilus sp.												
cf. *Euchlanis* sp.			1									
Filinia longiseta		1	4						2	1	1	
F. terminalis			1									
Filinia sp.												
Gastropus sp.				2	2	2		3	1			
Hexarthra sp.									3	3		
Kellicottia longispina						2						
Keratella cochlearis		3			2		2		2	3	4	2
K. cochlearis f. *tecta*				3	2	3	2	4	2	2	2	
K. quadrata			1				2	3		2		2
K. testudo												
cf. *Lecane* sp.				1								
Lepadella sp.												
Notholca cf. *acuminata*												
Platyas quadricornis												
cf. *Pleosoma* sp.												
Polyarthra dolichoptera		1	1	2	2	2	2	3	4	4	1	
P. vulgaris							2			2	3	
Polyarthra sp.								1				

Tab. 30c.
August 1983

	Tegeler Fließ	Nordgraben	Panke	Schlachten-see Süd	Schlachten-see Nord	Krumme Lanke Nord	Waldsee (Zlhd)	Grunewald-see	Herthasee	Hubertus-see (W'df)	Halensee	Groß-Glie-nicker See
Pompholyx sulcata				3	4	3		4	1			
cf. *Rhinoglena* sp.												
Synchaeta sp.									1			
Testudinella mucronata												
T. patina	2											
Trichocerca capucina									3	3	2	
T. cf. *cylindrica*												
T. elongata												
T. pusilla				3	2	2	2	2	1	2	2	
T. similis		1		4	4	5	2	3			1	
T. stylata									1			
Trichocerca sp.										1		
Rotatoria div. spp.	1	1		1	2	1	2	1	2	2		
CRUSTACEA:												
Acanthocyclops robustus												
Alona sp.	1											
Alonella nana					2							
Bosmina longirostris	1		1	2		3	4	2	4	4	5	
Calanoide											3	1
Ceriodaphnia sp.				1			3					
Chydoride	2			2	2	1	2	2			2	1
Cyclopide	2	1		4		4	2	3	3	3	3	2
Daphnia cucullata				2	2	3		2			3	
D. cf. *galeata*												
D. cf. *hyalina*												
Daphnia sp.												
Diaphanosoma sp.			1	2	2	3	2	3	1			3
Eubosmina coregoni				1		1	3	1	2	2	2	
Mesocyclops leuckarti												
Nauplius	2	3	1	4	2	4	2	3	3	3	2	4
Ostracode	2	1										
Thermocyclops oithonoides					5	3						

8.3. Benthos

Tab. 31a. Mittlere Abundanzen des Benthos (Individuen/m^2) aus vier Parallelproben mit Variationskoeffizienten an den Transektpunkten P1, P2 und P3 der **Oberhavel** im März 1985 und 1986

Oberhavel	29. 3. 1985						19. 3. 1986	
	P1 (5.0 m)		P2 (4.5 m)		P3 (4.6 m)		P1 (4.5 m)	
Taxon	Ind./m^2	V	Ind./m^2	V	Ind./m^2	V	Ind./m^2	V
TUBIFICIDAE	14100	42%	14044	52%	15489	23%	3674	5%
Tubificinae								
Tubifex tubifex								
Limnodrilus claparedeanus			44	141%			252	27%
Limnodrilus hoffmeisteri	922	41%	767	14%	900	29%	489	16%
Limnodrilus profundicola	22	200%					15	173%
Limnodrilus spp.	12655	46%	12089	61%	12467	22%	2652	8%
Peloscolex ferox								
Potamothrix hammoniensis	422	57%	533	33%	711	20%	59	115%
Potamothrix bavaricus								
Ilyodrilus templetoni								
unbestimmbar mit Haarborsten	78	135%	611	39%	1141	88%	207	62%
CHIRONOMIDAE	800	10%	811	13%	1511	12%	1022	9%
Tanypodinae								
Ablabesmyia sp.								
Procladius spp.	500	15%	500	29%	1011	20%	944	7%
Tanypus sp.								
Psectrotanypus sp.								
Prodiamesinae								
Prodiamesia olivacea								
Orthocladiinae								
Psectrocladius sp.								
Chironominae								
Chironomus plumosus-Gruppe	289	27%	311	35%	467	63%	78	55%
Chironomus thumni-Gruppe								
Chironomus sp.								
Cladopelma sp.					22	115%		
Cryptochironomus sp.								
Demicryptochironomus sp.								
Dicrotendipes sp.					11	200%		
Einfeldia sp.								
Glyptotendipes sp.								
Microchironomus sp.								
Microspectra sp.								
Parachironomus sp.								
Paratanytarsus sp.								
Polypedilum nubeculosum	11	200%						
Polypedilum sp.								
Tanytarsus sp.								
SONSTIGE TAXA	244	35%	178	134%	2200	92%	133	54%
Gastropoda					1	200%	11	200%
Bivalvia								
Hirudinea	67	128%	122	177%	11	200%		
Acari	156	68%	56	77%	89	122%	67	86%
Chaoboridae	11	200%					11	200%
Ceratopogonidae	11	200%			89	71%	44	82%

Tab. 31 b. Mittlere Abundanzen des Benthos (Individuen/m²) aus vier Parallelproben mit Variationskoeffizienten an den Transektpunkten P1, P2 und P3 der **Unterhavel bei Schildhorn** im März 1985 und 1986

Unterhavel Schildhorn	25. 3. 1985						25. 3. 1986	
	P1 (4.0 m)		P2 (3.9 m)		P3 (3.8 m)		P1 (3.9 m)	
Taxon	Ind./m²	V	Ind./m²	V	Ind./m²	V	Ind./m²	V
TUBIFICIDAE	7078	5%	4567	51%	5789	15%	9078	38%
Tubificinae								
Tubifex tubifex	122	81%			33	200%		
Limnodrilus claparedeanus	56	101%	33	200%	44	82%	278	118%
Limnodrilus hoffmeisteri	1433	28%	922	35%	600	29%	1189	29%
Limnodrilus profundicola	67	115%	33	128%	22	115%	22	115%
Limnodrilus spp.	2844	10%	1878	64%	2522	25%	3278	50%
Peloscolex ferox								
Potamothrix hammoniensis	622	21%	633	34%	456	24%	1622	58%
Potamothrix bavaricus			11	200%			22	200%
Ilyodrilus templetoni			11	200%				
unbestimmbar mit Haarborsten	1933	40%	1044	80%	2111	20%	2667	54%
CHIRONOMIDAE	2956	2%	1922	18%	2289	31%	867	23%
Tanypodinae								
Ablabesmyia sp.								
Procladius spp.	2333	3%			1867	36%	444	27%
Tanypus sp.			1678	20%				
Psectrotanypus sp.								
Prodiamesinae								
Prodiamesia olivacea								
Orthocladiinae								
Psectrocladius sp.								
Chironominae								
Chironomus plumosus-Gruppe	611	4%	233	33%	378	39%	422	22%
Chironomus thummi-Gruppe								
Chironomus sp.								
Cladopelma sp.			11	200%.	11	200%		
Cryptochironomus sp.					22	115%		
Demicryptochironomus sp.								
Dicrotendipes sp.								
Einfeldia sp.								
Glyptotendipes sp.	11	200%						
Microchironomus sp.					11	200%		
Micropsectra sp.								
Parachironomus sp.								
Paratanytarsus sp.								
Polypedilum nubeculosum								
Polypedilum sp.								
Tanytarsus lugens								
Tanytarsus sp.								
SONSTIGE TAXA	78	55%	133	61%	189	23%	100	22%
Gastropoda					22	115%		
Bivalvia								
Hirudinea			11	200%			22	200%
Acari	22	200%	33	67%	44	141%		
Chaoboridae	44	82%	33	128%	11	200%	22	115%
Ceratopogonidae	11	200%	56	151%	111	40%	56	77%

Tab. 31c. Mittlere Abundanzen des Benthos (Individuen/m²) aus vier Parallelproben mit Variationskoeffizienten an den Transektpunkten P1, P2 und P3 der **Unterhavel an der Steinlanke** im März 1985 und 1986

Unterhavel Steinlanke	20. 3. 1985					
	P1 (6.9 m)		P2 (7.5 m)		P3 (7.0 m)	
Taxon	Ind./m²	V	Ind./m²	V	Ind./m²	V
TUBIFICIDAE	1433	35%	1578	43%	3456	62%
Tubificinae						
Tubifex tubifex						
Limnodrilus claparedeanus					44	82%
Limnodrilus hoffmeisteri	267	65%	333	59%	511	57%
Limnodrilus profundicola	22	115%	22	200%	56	120%
Limnodrilus spp.	556	34%	356	81%	1933	67%
Peloscolex ferox						
Potamothrix hammoniensis	200	13%	189	59%	189	23%
Potamothrix bavaricus						
Ilyodrilus templetoni						
unbestimmbar mit Haarborsten	389	48%	678	22%	722	72%
CHIRONOMIDAE	1767	9%	1722	20%	1700	31%
Tanypodinae						
Ablabesmyia sp.						
Procladius spp.	1189	23%	1378	6%	1467	39%
Tanypus sp.						
Psectrotanypus sp.						
Prodiamesinae						
Prodiamesia olivacea						
Orthocladiinae						
Psectrocladius sp.						
Chironominae						
Chironomus plumosus-Gruppe	556	30%	322	90%	167	59%
Chironomus thummi-Gruppe			22	200%	33	67%
Chironomus sp.						
Cladopelma sp.	22	200%			11	200%
Cryptochironomus sp.						
Demicryptochironomus sp.						
Dicrotendipes sp.						
Einfeldia sp.						
Glyptotendipes sp.					11	200%
Microchironomus sp.						
Microspectra sp.						
Parachironomus sp.						
Paratanytarsus sp.						
Polypedilum nubeculosum					11	200%
Polypedilum sp.						
Tanytarsus lugens						
Tanytarsus sp.						
SONSTIGE TAXA	289	44%	100	76%	278	42%
Gastropoda						
Bivalvia						
Hirudinea						
Acari						
Chaoboridae	267	49%	100	76%	111	124%
Ceratopogonidae	22	115%			167	40%

Tab. 31d. Mittlere Abundanzen des Benthos (Individuen/m²) aus vier Parallelproben mit Variationskoeffizienten an den Transektpunkten P1, P2 und P3 der **Unterhavel am Alten Hof** im März 1985 und 1986

Unterhavel Alter Hof	27. 3. 1985						21. 3. 1986	
	P1 (5.0 m)		P2 (5.0 m)		P3 (5.0 m)		P1 (5.0 m)	
Taxon	Ind./m²	V	Ind./m²	V	Ind./m²	V	Ind./m²	V
TUBIFICIDAE	700	27%	1211	29%	844	31%	1756	8%
Tubificinae								
Tubifex tubifex								
Limnodrilus claparedeanus								
Limnodrilus hoffmeisteri	389	91%	456	45%	322	53%	511	27%
Limnodrilus profundicola	11	200%	22	115%	11	200%		
Limnodrilus spp.	67	200%	267	111%	267	78%	622	38%
Peloscolex feros								
Potamothrix hammoniensis	189	40%	33	128%			256	96%
Potamothrix bavaricus								
Ilyodrilus templetoni								
unbestimmbar mit Haarborsten	44	82%	433	93%	244	23%	367	44%
CHIRONOMIDAE	1300	23%	1211	35%	1456	75%	1222	16%
Tanypodinae								
Ablabesmyia sp.								
Procladius spp.	1011	28%	856	26%	1300	35%	833	16%
Tanypus sp.								
Psectrotanypus sp.								
Prodiamesinae								
Prodiamesia olivacea								
Orthocladiinae								
Psectrocladius sp.								
Chironominae								
Chironomus plumosus-Gruppe	144	85%	33	67%			89	108%
Chironomus thummi-Gruppe							11	200%
Chironomus sp.								
Cladopelma sp.	111	83%	289	72%	111	77%	233	70%
Cryptochironomus sp.					11	200%	11	200%
Demicryptochironomus sp.								
Dicrotendipes sp.								
Einfeldia sp.								
Glyptotendipes sp.								
Microchironomus sp.			11	200%	11	200%		
Microspectra sp.								
Parachironomus sp.								
Paratanytarsus sp.								
Polypedilum nubeculosum	33	128%	22	115%	22	115%	44	82%
Polypedilum sp.								
Tanytarsus lugens								
Tanytarsus sp.								
SONSTIGE TAXA	278	51%	256	39%	467	72%	489	27%
Gastropoda								
Bivalvia								
Hirudinea	22	200%					56	151%
Acari			11	200%				
Chaoboridae								
Ceratopogonidae	278	51%	222	16%	467	72%	433	44%

Tab. 31e. Mittlere Abundanzen des Benthos (Individuen/m²) aus vier Parallelproben mit Variationskoeffizienten an den Transektpunkten P1, P2 und P3 des **Tegeler Sees an der tiefsten Stelle** im März 1985 und 1986

Tegeler See tiefste Stelle	31. 3. 1985						20. 3. 1986			
	P1 (15.5 m)		P2 (14.5 m)		P3 (12.0 m)		P1 (15.5 m)		P3 (12.0 m)	
Taxon	Ind./m²	V	Ind./m²	V	Ind./m²	V	Ind./m²	V	Ind./m²	V
TUBIFICIDAE	33	128%	33	67%	2578	35%	0		2122	49%
Tubificinae										
Tubifex tubifex					111	120%			100	117%
Limnodrilus claparedeanus									56	120%
Limnodrilus hoffmeisteri					33	128%			100	56%
Limnodrilus profundicola										
Limnodrilus spp.			11	200%	222	80%			378	41%
Peloscolex ferox										
Potamothrix hammoniensis					522	40%			378	105%
Potamothrix bavaricus										
Ilyodrilus templetoni										
unbestimmbar mit Haarborsten	33	128%	22	115%	1689	35%			1111	42%
CHIRONOMIDAE	1322	33%	1589	11%	1633	23%	1556	4%	1744	24%
Tanypodinae										
Ablabesmyia sp.										
Procladius spp.	444	39%	989	18%	1078	32%	800	26%	633	34%
Tanypus sp.										
Psectrotanypus sp.										
Prodiamesinae										
Prodiamesia olivacea										
Orthocladiinae										
Psectrocladius sp.										
Chironominae										
Chironomus plumosus-Gruppe	456	56%	311	31%	356	51%	567	34%	967	20%
Chironomus thummi-Gruppe	100	76%	33	128%	11	200%	56	77%	11	200%
Chironomus sp.	11	200%			11	200%				
Cladopelma sp.	22	115%	22	115%	22	115%			22	115%
Cryptochironomus sp.	11	200%	11	200%						
Demicryptochironomus sp.										
Dicrotendipes sp.					11	200%				
Einfeldia sp.			22	115%	11	200%	11	200%	33	128%
Glyptotendipes sp.			11	200%						
Microchironomus sp.										
Micropsectra sp.									11	200%
Parachironomus sp.										
Paratanytarsus sp.										
Polypedilum nubeculosum	278	42%	178	54%	133	47%	122	35%	67	115%
Polypedilum sp.			11	200%						
Tanytarsus lugens										
Tanytarsus sp.										
SONSTIGE TAXA	456	40%	1056	26%	411	5%	367	33%	711	36%
Gastropoda					11	200%				
Bivalvia			22	115%	22	115%	22	200%		
Hirudinea										
Acari	11	200%	11	200%	44	115%	56	200%	22	200%
Chaoboridae	444	42%	1022	26%	333	17%	289	20%	689	39%
Ceratopogonidae										

Tab. 31f. Mittlere Abundanzen des Benthos (Individuen/m²) aus vier Parallelproben mit Variationskoeffizienten an den Transektpunkten P1, P2 und P3 des **Tegeler Sees bei Tegelort** im März 1985 und 1986

Tegeler See Tegelort	30. 3. 1985						19. 3. 1986	
	P1 (5.5 m)		P2 (5.1 m)		P3 (5.0 m)		P1 (5.5 m)	
Taxon	Ind./m²	V	Ind./m²	V	Ind./m²	V	Ind./m²	V
TUBIFICIDAE	10889	41%	5178	17%	3733	65%	13133	66%
Tubificinae								
Tubifex tubifex					11	200%		
Limnodrilus claparedeanus								
Limnodrilus hoffmeisteri	656	26%	100	43%	189	49%	644	25%
Limnodrilus profundicola					11	200%		
Limnodrilus spp.	5955	65%	1411	30%	822	107%	5189	65%
Peloscolex ferox								
Potamothrix hammoniensis	856	14%	822	36%	489	57%	1311	26%
Potamothrix bavaricus								
Ilyodrilus templetoni								
unbestimmbar mit Haarborsten	3422	39%	2844	20%	2211	60%	5989	86%
CHIRONOMIDAE	2600	19%	2144	15%	1700	28%	2367	14%
Tanypodinae								
Ablabesmyia sp.								
Procladius spp.	1667	26%	1722	24%	1089	12%	1678	9%
Tanypus sp.								
Psectrotanypus sp.								
Prodiamesinae								
Prodiamesia olivacea								
Orthocladiinae								
Psectrocladius sp.								
Chironominae								
Chironomus plumosus-Gruppe	778	36%	311	61%	256	74%	433	40%
Chironomus thummi-Gruppe					22	200%		
Chironomus sp.								
Cladopelma sp.	22	200%	33	128%	100	142%	89	82%
Cryptochironomus sp.							11	200%
Demicryptochironomus sp.								
Dicrotendipes sp.								
Einfeldia sp.								
Glyptotendipes sp.								
Microchironomus sp.	22	200%	56	77%	200	143%		
Microspectra sp.								
Parachironomus sp.								
Paratanytarsus sp.								
Polypedilum nubeculosum	111	95%	22	115%	33	128%	156	111%
Polypedilum sp.								
Tanytarsus lugens								
Tanytarsus sp.								
SONSTIGE TAXA	167	26%	178	46%	222	63%	289	69%
Gastropoda							100	147%
Bivalvia			33	67%	89	108%		
Hirudinea								
Acari	22	115%	67	115%	56	101%	56	120%
Chaoboridae	122	35%	56	101%	44	141%	78	98%
Ceratopogonidae	22	115%	22	200%	33	128%	56	77%

Tab. 31g. Mittlere Abundanzen des Benthos (Individuen/m²) aus vier Parallelproben mit Variationskoeffizienten an den Transektpunkten P1, P2 und P3 im **Schlachtensee Süd** im März 1985 und 1986

Schlachtensee Süd	4. 3. 1985						17. 2. 1986	
	P1 (7.5 m)		P2 (6.5 m)		P3 (5.0 m)		P1 (7.0 m)	
Taxon	Ind./m²	V	Ind./m²	V	Ind./m²	V	Ind./m²	V
TUBIFICIDAE	0		0		0		0	
Tubificinae								
Tubifex tubifex								
Limnodrilus claparedeanus								
Limnodrilus hoffmeisteri								
Limnodrilus profundicola								
Limnodrilus spp.								
Peloscolex ferox								
Potamothrix hammoniensis								
Potamothrix bavaricus								
Ilyodrilus templetoni								
unbestimmbar mit Haarborsten								
CHIRONOMIDAE	0		0		500	43%	0	
Tanypodinae								
Ablabesmyia sp.								
Procladius spp.					11	200%		
Tanypus sp.					11	200%		
Psectrotanypus sp.								
Prodiamesinae								
Prodiamesia olivacea								
Orthocladiinae								
Psectrocladius sp.								
Chironominae								
Chironomus plumosus-Gruppe					44	115%		
Chironomus thummi-Gruppe								
Chironomus sp.								
Cladopelma sp.								
Cryptochironomus sp.					11	200%		
Demicryptochironomus sp.					11	200%		
Dicrotendipes sp.					11	200%		
Einfeldia sp.								
Glyptotendipes sp.								
Microchironomus sp.					56	151%		
Micropsectra sp.								
Parachironomus sp.								
Paratanytarsus sp.								
Polypedilum nubeculosum					344	52%		
Polypedilum sp.								
Tanytarsus lugens								
Tanytarsus sp.								
SONSTIGE TAXA	189	49%	56	120%	344	83%	67	115%
Gastropoda								
Bivalvia								
Hirudinea								
Acari			33	128%			56	151%
Chaoboridae	189	49%	22	200%	344	83%	11	200%
Ceratopogonidae								

Tab. 31 h. Mittlere Abundanzen des Benthos (Individuen/m²) aus vier Parallelproben mit Variationskoeffizienten an den Transektpunkten P1, P2 und P3 im **Schlachtensee Nord** im März 1985 und 1986

Schlachtensee Nord	29. 3. 1985						5. 3. 1986	
	P1 (7.0 m)		P2 (5.6 m)		P3 (5.0 m)		P1 (7.0 m)	
Taxon	Ind./m²	V	Ind./m²	V	Ind./m²	V	Ind./m²	V
TUBIFICIDAE	0		0		0		0	
Tubificinae								
Tubifex tubifex								
Limnodrilus claparedeanus								
Limnodrilus hoffmeisteri								
Limnodrilus profundicola								
Limnodrilus spp.								
Peloscolex ferox								
Potamothrix hammoniensis								
Potamothrix bavaricus								
Ilyodrilus templetoni								
unbestimmbar mit Haarborsten								
CHIRONOMIDAE	0		22	200%	44	200%	0	
Tanypodinae								
Ablabesmyia sp.								
Procladius spp.								
Tanypus sp.								
Psectrotanypus sp.								
Prodiamesinae								
Prodiamesia olivacea								
Orthocladiinae								
Psectrocladius sp.								
Chironominae								
Chironomus plumosus-Gruppe								
Chironomus thummi-Gruppe								
Chironomus sp.								
Cladopelma sp.								
Cryptochironomus sp.								
Demicryptochironomus sp.								
Dicrotendipes sp.								
Einfeldia sp.								
Glyptotendipes sp.								
Microchironomus sp.								
Micropsectra sp.								
Parachironomus sp.			11	200%				
Paratanytarsus sp.								
Polypedilum nubeculosum					11	200%		
Polypedilum sp.					11	200%		
Tanytarsus lugens					22	200%		
Tanytarsus sp.			11	200%				
SONSTIGE TAXA	67	128%	300	104%	178	46%	0	
Gastropoda								
Bivalvia								
Hirudinea								
Acari					56	151%		
Chaoboridae	67	128%	300	104%	122	35%		
Ceratopogonidae								

Tab. 31i. Mittlere Abundanzen des Benthos (Individuen/m²) aus vier Parallelproben mit Variationskoeffizienten an den Transektpunkten P1, P2 und P3 in der **Krummen Lanke Nord** im März 1985 und 1986

Krumme Lanke Nord	29. 3. 1985						5. 3. 1986	
	P1 (5.0 m)		P2 (3.8 m)		P3 (3.0 m)		P1 (5.5 m)	
Taxon	Ind./m²	V	Ind./m²	V	Ind./m²	V	Ind./m²	V
TUBIFICIDAE	0		0		200	99%	0	
Tubificinae								
Tubifex tubifex								
Limnodrilus claparedeanus								
Limnodrilus hoffmeisteri					11	200%		
Limnodrilus profundicola								
Limnodrilus spp.								
Peloscolex ferox								
Potamothrix hammoniensis					133	98%		
Potamothrix bavaricus								
Ilyodrilus templetoni								
unbestimmbar mit Haarborsten					56	151%	11	200%
CHIRONOMIDAE	200	78%	867	41%	2589	62%	267	83%
Tanypodinae								
Ablabesmyia sp.								
Procladius spp.			44	141%	144	77%	11	200%
Tanypus sp.			67	115%				
Psectrotanypus sp.								
Prodiamesinae								
Prodiamesia olivacea								
Orthocladiinae								
Psectrocladius sp.								
Chironominae								
Chironomus plumosus-Gruppe	178	89%	422	62%	533	100%	122	69%
Chironomus thummi-Gruppe	11	200%	44	141%	44	0%		
Chironomus sp.					22	115%	33	128%
Cladopelma sp.								
Cryptochironomus sp.					144	85%		
Demicryptochironomus sp.								
Dicrotendipes sp.					100	117%		
Einfeldia sp.			167	55%	256	86%		
Glyptotendipes sp.			11	200%	11	200%		
Microchironomus sp.								
Microspectra sp.	11	200%			78	98%		
Parachironomus sp.								
Paratanytarsus sp.								
Polypedilum nubeculosum			89	71%	1233	70%	100	142%
Polypedilum sp.								
Tanytarsus lugens			22	200%	11	200%		
Tanytarsus sp.					11	200%		
SONSTIGE TAXA	133	61%	0		78	86%	178	141%
Gastropoda								
Bivalvia								
Hirudinea								
Acari					33	128%	167	138%
Chaoboridae	133	61%					11	200%
Ceratopogonidae					44	82%		

Tab. 31j. Mittlere Abundanzen des Benthos (Individuen/m²) aus vier Parallelproben mit Variationskoeffizienten an den Transektpunkten P1, P2 und P3 im **Seitenarm des Flughafensees** im März 1985 und 1986

Flughafensee Seitenarm	28. 3. 1985						25. 3. 1986	
	P1 (13.0 m)		P2 (10.0 m)		P3 (6.8 m)		P1 (12. 5 m)	
Taxon	Ind./m²	V	Ind./m²	V	Ind./m²	V	Ind. m²	V
TUBIFICIDAE	767	49%	1411	70%	2556	36%	1378	39%
Tubificinae								
Tubifex tubifex	100	120%	289	91%	389	76%	22	115%
Limnodrilus claparedeanus					111	52%		
Limnodrilus hoffmeisteri			22	115%	100	22%		
Limnodrilus profundicola					11	200%		
Limnodrilus spp.			56	40%	278	53%	22	115%
Peloscolex ferox	456	54%	644	94%	333	66%	711	28%
Potamothrix hammoniensis					89	168%		
Potamothrix bavaricus								
Ilyodrilus templetoni			11	200%	44	82%		
unbestimmbar mit Haarborsten	200	76%	389	76%	1200	53%	622	71%
CHIRONOMIDAE	67	115%	500	32%	811	22%	467	25%
Tanypodinae								
Ablabesmyia sp.			11	200%				
Procladius spp.	44	200%	356	43%	711	26%	189	49%
Tanypus sp.			11	200%				
Psectrotanypus sp.							11	200%
Prodiamesinae								
Prodiamesia olivacea			89	91%	89	41%	211	58%
Orthocladiinae								
Psectrocladius sp.	11	200%	11	200%				
Chironominae								
Chironomus plumosus-Gruppe			11	200%	11	200%	33	200%
Chironomus thummi-Gruppe								
Chironomus sp.			11	200%			11	200%
Cladopelma sp.								
Cryptochironomus sp.								
Demicryptochironomus sp.								
Dicrotendipes sp.	11	200%						
Einfeldia sp.								
Glyptotendipes sp.								
Microchironomus sp.								
Microspectra sp.								
Parachironomus sp.								
Paratanytarsus sp.								
Polypedilum nubeculosum							11	200%
Polypedilum sp.								
Tanytarsus lugens								
Tanytarsus sp.								
SONSTIGE TAXA	44	141%	0		22	200%	167	120%
Gastropoda								
Bivalvia					22	200%		
Hirudinea								
Acari								
Chaoboridae	44	141%					167	120%
Ceratopogonidae								

Tab. 31 k. Mittlere Abundanzen des Benthos (Individuen/m²) aus vier Parallelproben mit Variationskoeffizienten an den Transektpunkten P1, P2 und P3 im **Hauptbecken des Flughafensees** im März 1985 und 1986

Flughafensee Hauptbecken	28. 3. 1985						24. 3. 1986	
	P1 (30.0 m)		P2 (20.0 m)		P3 (13.0 m)		P1 (30.0 m)	
Taxon	Ind/m²	V	Ind./m²	V	Ind./m²	V	Ind./m²	V
TUBIFICIDAE	1211	44%	1278	30%	900	91%	767	86%
Tubificinae								
Tubifex tubifex	411	94%	44	141%	133	136%	144	111%
Limnodrilus claparedeanus	11	200%	11	200%	11	200%		
Limnodrilus hoffmeisteri					22	115%		
Limnodrilus profundicola								
Limnodrilus spp.	22	115%	156	76%	44	200%	44	200%
Peloscolex ferox								
Potamothrix hammoniensis								
Potamothrix bavaricus								
Ilyodrilus templetoni								
unbestimmbar mit Haarborsten	767	19%	1067	29%	689	83%	578	75%
CHIRONOMIDAE	0		33	128%	133	38%	11	200%
Tanypodinae								
Ablabesmyia sp.								
Procladius spp.			33	128%	122	35%		
Tanypus sp.								
Psectrotanypus sp.								
Prodiamesinae								
Prodiamesia olivacea								
Orthocladiinae								
Psectrocladius sp.							11	200%
Chironominae								
Chironomus plumosus-Gruppe								
Chironomus thummi-Gruppe								
Chironomus sp.								
Cladopelma sp.								
Cryptochironomus sp.								
Demicryptochironomus sp.								
Dicrotendipes sp.					11	200%		
Einfeldia sp.								
Glyptotendipes sp.								
Microchironomus sp.								
Microspectra sp.								
Parachironomus sp.								
Paratanytarsus sp.								
Polypedilum nubeculosum								
Polypedilum sp.								
Tanytarsus lugens								
Tanytarsus sp.								
SONSTIGE TAXA	33	200%	0		0		144	68%
Gastropoda								
Bivalvia								
Hirudinea								
Acari								
Chaoboridae	33	200%					133	61%
Ceratopogonidae							11	200%

Literatur

AHLGREN, G. (1970): Limnological studies of lake Norrviken, a eutrophicated Swedish lake. II. Phytoplankton and its production. Schweiz. Z. Hydrol. **32**, 353—396.

BAKER, J., & BRADMAN, L. (1976): The role of bacteria in the nutrition of aquatic detrivores. Oecologia **24**, 95—104.

BARTHELMES, D. (1981): Hydrobiologische Grundlagen der Binnenfischerei. Stuttgart, New York.

— & WALDOW, H., (1978): Langfristige, biologische Veränderungen im Großen Müggelsee (Berlin), einige Kennzahlen des jetzigen Zustandes und bisherige fischereiliche Auswirkungen. V. Zusammenfassende fischereiliche Wertung der beobachteten Veränderungen im Großen Müggelsee. Z. Binnenfischerei DDR **25** (6), 209—214.

— HÄNTSCH, C., & KLEIBS, K. (1978): Langfristige, biologische Veränderungen im Großen Müggelsee (Berlin), einige Kennzahlen des jetzigen Zustandes und bisherige fischereiliche Auswirkungen. II. Makrozoobenthos Z. Binnenfischerei DDR **25** (6), 175—176.

BENDSCHNEIDER, K., & ROBINSON, R. J. (1952): A new spectrometric determination of nitrite in sea water. J. Marine Res. **11**, 87—96.

BENGTSSON, L., BRORSON, T., FLEISCHER, S., & ASTRÖM, C. (1977): Beschaffenheitsänderungen des Sestons in Seen nach dem Sedimentieren. Acta hydrochim. hydrobiol. **5** (2), 153—165.

BERGGREN, H. (1972): Sedimentprovtagning med rörhämtare (Sediment sampling with a core sampler). Vatten **28**, 374—377.

BESCHOREN, B. (1935): Über alluviale Neubildungen in historischer Zeit im Gebiet von Elbe und Oder. Jb. Preuß. Geol. L.-A. **55**, 294—304.

BIRO, P. (1985): Dynamics of the Pikeperch, *Stizostedion lucioperca* (L.) in Lake Balaton. Int. Rev. ges. Hydrobiol. **70** (4), 471—490.

BLAZKA, P., BACKIEL, T., & TAUB, F. B. (1980): Trophic relationships and efficiences. In: LE CREN, E. D. (ed.), The functioning of freshwater ecosystems, pp. 393—410. Cambridge.

BORUTSKI, E., SOKOLOVA, N., & YABLONSKAJA, E. (1971): A review of Soviet studies on production of estimates of chironomids. *Limnologica* (Berlin) **8**, 183—191.

BOURELLY, P. (1968): Les Algues d'Eau douce. Bd. II: Les Algues jaunes et brunes. Paris.

— (1972): Ibid. Bd. I: Les Algues vertes. Paris.

BRINKHURST, R. (1963): Taxonomical studies on the Tubificidae. Int. Rev. Hydrobiol., System. Beih. **2**.

— (1964): Observations on the biology of lake-dwelling Tubificidae. Arch. Hydrobiol. **60** (4), 385—418.

— (1966): Taxonomical studies on the Tubificidae. Int. Rev. ges. Hydrobiol. Hydrogr., Suppl. **51** (5), 727—742

— (1971): A guide for the identification of British aquatic Oligochaeta. Sci. Publ. Freshwat. biol. Ass. **22**, 2. ed.

— (1980): Production Biology of the Tubificidae (Oligochaeta). In: BRINKHURST, R. O., & COOK, D. (eds.), Aquatic-Oligochaete-Biology. New York.

— (1982): British and other marine and estuarine oligochaetes: keys and notes for the identification of the species.- Cam. Uni. Press.

— & JAMIESON, B. (1971): Aquatic Oligochaeta of the world. Toronto.

CALDWELL, D., & CALDWELL, S. J. (1978): A *Zoogloea* sp. associated with blooms of *Anabaena flos-aquae*. Can. J. Microbiol. **24**, 922—931.

CASPER, S. J. (1985): Lake Stechlin — A temperate oligotrophic lake (Monogr. Biol. Vol. **58**). Dordrecht, Boston, Lancaster.

CHANEY, A. L., & MARBACH, E. P. (1962): Modified reagents for the determination of urea and ammonia. Clin. Chem. **9**, 130—132.

CHORUS, J. (1989): Phytoplankton und Primärproduktion im Schlachtensee 1982/83, zu Beginn der Sanierung, Wasser—Boden—Luft **3**, 1—104.

CHORUS, I., & WESSELER, E. (1988): Response of the phytoplankton community to therapy measures in a highly eutrophic urban lake (Schlachtensee, Berlin). Verh. Int. Verein. Limnol. **23**, 719—728.

CLASEN, J. (comp.) (1980): OECD cooperative programme for monitoring of inland waters (eutrophication control). Regional project shallow lakes and reservoirs. Final Report.

CRONBERG, G. (1982): Phytoplankton changes in lake Trummen induced by restoration. Fol. Limnol. Scand. **18**, 1—119.

CZENSNY, R. (1938): Die Oscillatorienerkrankung unserer Seen, Biologie und Chemismus einiger Märkischer See. Vom Wasser **13**, 36—57.

DEMOTT, W. R. (1986): The role of taste in food selection by freshwater zooplankton. Oecologia **69**, 334—340.

DESERTOVA, B. (1976): Productivity of individual algal species in natural phytoplankton assemblages determined by means of autoradiography. Arch. Hydrobiol. Suppl. **49**, 415—449.

ELLIOT, J. (1971): Some methods for the statistical analysis of benthic invertebrates. Freshwat. Biol. Ass. Sci. Publ. **25**, 1—144.

EWALD, S. (1988): Das Crustaceenplankton des Schlachtensees in Berlin-West in der Anfangsphase der Sanierung des Sees (1982/83). Z. Angew. Zool. **3**, 257—301.

FENCHEL, T. (1970): Studies on the decomposition of organic detritus derived from the turtle grass *Thalassia testudinum*. Limnol. Oceanogr. **15**, 14—20.

FLETT, R. J., SCHINDLER, D. W., HAMILTON, R. D., & CAMPBALL, N. E. R. (1990): Nitrogen fixation in Canadian Precambrian Shield lakes. Can. J. Fish. Aquat. Sci. **37**, 494—505.

FLÖSSNER, D. (1972): Krebstiere, Crustacea: Kiemen- und Blattfüßer, Branchiopoda, Fischläuse, Branchiura. Die Tierwelt Deutschlands **60**, Jena.

FRANK, C. (1982): Ecology, production and anaerobic metabolism of *Chironomus plumosus* L. larvae in a shallow lake. I. Ecology and production. Arch. Hydrobiol. **94** (4), 460—491

— (1984): Die rezente Chironomidenfauna eines abwasserbelasteten Sees (Tegeler See) in Berlin. Verh. Ges. Ökologie **12**.

— (1986): Vergleichende Untersuchungen zur Chironomidenfauna Berliner Gewässer. — Landschaftsentwicklung und Umweltforschung. Schriftenreihe des FB 14 der TU Berlin 40, Beiträge zur Limnologie, 267—279.

GANF, G. G., & OLIVER, R. L. (1982): Vertical seperation of light and available nutrients as a factor causing replacement of green algae by blue-green algae in the plankton of a stratified lake. J. Ecology **70**, 829—844.

GEITLER, L. (1932): Cyanophyceae. Dr. L. Rabenhorst's Kryptogamen-Flora von Deutschland, Österreich und der Schweiz, Bd. 14. Leipzig.

GLIWICZ, Z. M. (1969a): The share of algae, bacteria and trypton in the food of the pelagic zooplankton in lakes with various trophic characteristics. Bulletin de l'Academie Polonaise des Sciences, Classe II, Serie des Sciences Biologiques **17**, 159—165.

— (1969b): Studies on the feeding of pelagic zooplankton in lakes with varying trophy. Ekol. Polska **A 17**, 663—708.

— (1974): Trophic statuses of freshwater zooplankton species. Wiadomosci Ekologiczne **20**, 197—206.

GROSCH, U. A. (1980a): Die Fischfauna in Berlin (West) am Ende der siebziger Jahre — Rückblick — Status — Prognose — Restitutionsmöglichkeiten. Polizei, Technik, Verkehr — Die Wasserschutzpolizei im Bundesgebiet **22**, 53—60.

— (1980b): Die Bedeutung der Ufervegetation für Fisch und Fischerei. Garten und Landschaft **1**, 20—23.

GUTELMACHER, B. L., & PETROVA, N. A. (1982): Production of individual species of algae and its role in the productivity of phytoplankton in Ladoga Lake. Int. Rev. ges. Hydrobiol. **67**, 613—624.

HAMMER, U. T. (1964): The succession of „bloom" species of blue-green algae and some causal factors. Verh. Int. Verein. Limnol. **15**, 829—836.

HANEY, J. F., & HALL, D. J. (1973): A preservation technique for cladocera. Limnol. Oceanogr. **18**, 331—333.

HANNEMANN, W. (1980): Untersuchungen über den Sauerstoffhaushalt eines phytoplanktonreichen Fließgewässers (Untere Havel). Acta hydrochim. hydrobiol. **8** (4), 363—380.

HARTMANN, J. (1977): Fischereiliche Veränderungen in kulturbedingt eutrophierenden Seen. Schweiz. Z. Hydrol. **39**, 243—254.

HERBST, A. V. (1976): Blattfußkrebse. Sammlung Einführung in die Kleinlebewelt, 2. Aufl., Stuttgart.

HINDAK, F. (ed.) (1978): Sladkovodne Riasy. Bratislava.

HOEG, S. (1983): Betrachtungen zur Jahresdynamik des Phytoplanktons im Müggelsee (1976—1979). Acta Hydrophysica Berlin **28** (1/2), 5—36.

HÖLL, K. (1928): Ökologie der Peridineen. Pflanzenforschung **11**, 1—39.

HORBERT, M. (1979): Geländeklimatische Untersuchungen zum Ausbau der Saar zur Schiffahrtsstraße in Rheinland Pfalz. Dt. Rat f. Landespflege **33**.

HUBER-PESTALOZZI, G. (1968—1976): Das Phytoplankton des Süßwassers. Die Binnengewässer, Bd. 16, Stuttgart.

JONASSON, P. (1955): The efficiency of sieving techniques for sampling bottom freshwater fauna. Oikos **6**, 183—207.

— (1972): Ecology and production of the profundal benthos in relation to phytoplankton in Lake Esrom. Oikos, Suppl. **14**, 1—148

KARLGREN, L. (1962): Vattenkemiska analysmetoder. Uppsala.

KAUSCH, H. (1972): Stoffwechsel und Ernährung der Fische. Handbuch der Tierernährung, Bd. II.

KENNEDY, C. (1966a): The life history of *Limnodrilus udekemianus* CLAP. (Oligochaeta, Tubificidae). Oikos **17**, 10—18.

— (1966b): The life history of *Limnodrilus hoffmeisteri* CLAP. Oligochaeta, Tubificidae) and its adaptive significance. Oikos **17**, 158—168.

KIEFER, F. (1973): Ruderfußkrebse. Sammlung Einführung in die Kleinlebewelt, 2. Aufl. Stuttgart.

— (1978): Freilebende Copepoda. Die Binnengewässer **26** (2). Stuttgart.

KLEIN, G., & WASSMANN, H. (1986): Phosphoreinträge in den Tegeler See aus Niederschlag und Regenkanalisation und deren Einfluß auf die Sanierung. Inst. f. Wasser-, Boden- und Lufthygiene des Bundesgesundheitsamtes, Berlin, WaBoLu-Hefte **2**.

KLOOS, R. (1978): Die Berliner Gewässer -Wassermenge, Wassergüte-. Besondere Mitteilungen zum Gewässerkundlichen Jahresbericht des Landes Berlin. Der Senator für Stadtentwicklung und Umweltschutz.

— (1981): Studie über den Wasserhaushalt des Schlachtensees und der Krummen Lanke mit dem Fenngraben bis zum Grunewaldsee. Der Senator für Stadtentwicklung und Umweltschutz.

— (1985): Landseen, Teiche, Parkgewässer. Der Senator für Stadtentwicklung und Umweltschutz.

— (1986): Das Grundwasser in Berlin. Besondere Mitteilungen zum Gewässerkundlichen Jahresbericht des Landes Berlin. Senator für Stadtentwicklung und Umweltschutz.

KNISELY, K., & GELLER, W. (1986): Selective feeding of four zooplankton species on natural lake phytoplankton. Oecologia **69**, 86—94.

KOLKWITZ, R., & MARSSON, M. (1902): Grundsätzliches für die biologische Beurteilung des Wassers nach seiner Flora und Fauna. Mitt. K. Prüfanst. Wasservers. Abwasserbes. Berlin-Dahlem **1**, 33—72.

— — (1908): Ökologie der pflanzlichen Saprobien. Ber. Bot. Ges. **26***a*, 505—519.

— — (1909): Ökologie der tierischen Saprobien. Int. Rev. ges. Hydrobiol. **2**, 126—152.

KOMAREK, J., & ETTL, H. (1958): Algologische Studien. Prag.

KOROLEFF, F. (1976): Determination of phosphorus. Total and organic nitrogen. In: GRASSHOFF, K. (1976): Methods of seawater analysis. Weinheim.

KOSTE, W. (1978): Rotatoria, Bd. I u. II. Berlin, Stuttgart.

LAMMENS, E. (1984): A comparison between the feeding of white bream (*Blicca björkna*) and bream (*Abramis brama*). Verh. Int. Verein. Limnol. **22**.

LECREN, E. D., & LOWE-MCCONNELL, R. H. (1980): The functioning of freshwater ecosystems. Cambridge.

LEEUWANGH, P., KAPPERS, F. I., DEKKER, M., & KOERSELMAN, W. (1983): Toxicity of cyanobacteria in dutch lakes and reservoirs Aqua. Toxic. **4**, 63—72.

LEONARDSON, L. (1984): Does N_2-fixation meet the nitrogen requirements of heterocystous blue-green algae in shallow eutrophic lakes? Oecologia (Berlin) **63**, 398—404.

LIEBMANN, H. (1947): Die Notwendigkeit einer Revision des Saprobiensystems und deren Bedeutung für die Wasserbeurteilung. Ges.-Ing. **68**, 33—37.

LIERE, L. VAN & MUR, L. R. (1979): Occurrence of *Oscillatoria agardhii* and some related species, a survey. In: BARICA, J., & MUR, L. R. (eds.), Hypertrophic Ecosystems (Developm. in Hydrobiol. **2**), pp. 67—77. The Hague, Boston, London.

LÖFFLER, H. (ed.) (1979): Neusiedlersee: The limnology of a shallow lake in Central Europe. The Hague, Boston, London.

LOOGMAN, J. G., POST, A. F., & MUR, L. R. (1979): The influence of periodicity in light conditions, as determined by the trophic state of waters, on the growth of the green alga *Scenedesmus protuberans* and the cyanobacterium *Oscillatoria agardhii*. In: BARICA, J., MUR, L. R. (eds.), Hypertrophic Ecosystems (Developm. in Hydrobiol. **2**), pp. 79—82. The Hague, Boston, London.

LORENZEN, C. J., (1967): Determination of chlorophyll and pheopigments: Spectrophotometric equations. Limnol. Oceanogr. **12**, 343—346.

LUND, J. W. G., KIPLING, C., & LECREN, E. D. (1958): The inverted microscope method of estimating algal numbers and the statistical basis of estimating by counting. Hydrobiologia **11**, 143—170.

MADSON, B. C., & MURPHY, R. J. (1981): Flow injection and photometric determination of sulfate in rainwater with methylthymol blue. Anal. Chem. **53**, 1924—1926.

MARKSTEIN, B., & SUKOPP, H. (1983): Veränderungen des Röhrichtbestands der Berliner Havel 1962—1982. Inform. aus der Berliner Landschaft **12**, 1—4.

MARSSON, M. (1901): Unsere Spree. Mitt. Fischerei-Vereins Provinz Brandenburg.

MEGUIRE, B., & NEILL, W. E. (1971): Species and individual productivity in phytoplankton communities. Ecology **52**, 903—907.

MILBRINK, G. (1972): Communities of Oligochaeta as Indicators of Water Pollution in Swedish Lakes. Acta Univ. Upsal. **221** (16), 1—13.

MULLIN, J. D., & RILEY, J. P. (1955): The colorimetric determination of silicate with special reference to sea and natural waters. Anal. Chim. Acta **12**, 162—176.

MUR, L. R., & BEIJDORFF, R. O. (1978): A model of the succession from green to blue-green algae based on light limitation. Verh. Int. Verein. Limnol. **20**, 2314—2321.

MURPHY, J., & RILEY, J. P. (1962): A modified single solution method for the determination of phosphat in natural waters. Anal. Chim. Acta **27**, 31—36.

MUUS, B. J. & DAHLSTRÖM, P. (1977): Süßwasserfische Europas. München, Bern Wien.

NAUMANN, E. (1932): Grundzüge der regionalen Limnologie. Die Binnengewässer **11**.

NAUWERCK, A., DUNCAN, A., HILLBRICHT-ILKOWSKA, A. & LARSSON, P. (1980): Secondary production — zooplankton. In: LE CREN, E. D. (ed.), The functioning of freshwater ecosystems. Cambridge.

NEUBERT, I., & FRANK, C. (1980): Response of the chironomid fauna after the autumn overturn in a eutrophic lake. In: MURRAY, D. A. (ed.), Proc. 7. Int. Symp. Chironomidae, Dublin, pp. 283—290. Oxford.

NIXDORF, B. (1981): Ein Methodenvergleich zur Messung der Primärproduktion im Müggelsee. Acta Hydrophys. (Berlin) **26** (3/4), 263—276.

OHLE, W. (1952): Die hypolimnische Kohlendioxid-Akkumulation als produktionsbiologischer Indikator. Arch. Hydrobiol. **46**, 153—285.

— (1955): Die Ursachen der rasanten Seeneutrophierung. Verh. Int. Verein. Limnol. **12**, 372—382.

OLIVER, D., MCCLYMONT, D., & ROUSSEL, M. (1978): A key to some larvae of Chironomidae (Diptera) from the Mackenzie and Procupine River water sheds. Techn. Rep. Fisheries and Marine Serv. **791**.

PERSSON, L. (1983): Food consumption and competition between age classes in a perch *Perca fluviatilis* population in a shallow eutrophic lake. Oikos **40**, 197—207.

PODDUBNAYA, T. L. (1980): Life cycles of Mass Species of Tubificidae (Oligochaete). In: BRINKHURST, R. O., & COOK, D. (eds.), Aquatic-Oligochaete-Biology, pp. 175—184. New York.

PONTIN, R. M. (1978): A key to the freshwater planktonic and semiplanktonic Rotifera of the British Isles. F.B.A. Sci. Publ. No. **38**.

POPOVA, O. A. (1978): The role of predaceous fish in ecosystems. In: GERKING (ed.), Ecology of Freshwater Fishproduction. Oxford.

POTTER, D., & LEARNER, M. (1974): A study of the benthic macroinvertebrates of a shallow eutrophic reservoir in South Wales with emphasis on the Chironomidae (Diptera); their life history and production. Arch. Hydrobiol. **74**, 186—226.

REYNOLDS, C. S. (1984a): Phytoplankton periodicity: the interactions of form, function and environmental variability. Freshw. Biol. **14**, 111—142.

— (1984b): The ecology of freshwater phytoplankton. Cambridge, London, New York.

— & BUTTERWICK, C. (1979): Algal bioassay of unfertilized and artificially fertilized lake water maintained in Lund Tubes. Arch. Hydrobiol. (Suppl.) **56**, 166—183.

RIPL, W. (1978): Oxidation of lake sediments with nitrate — a restoration method for former recipients. Lund 1978. Coden LUNBDS/(NBLI 1001) ISSN 0348-0798 Inst. of Limnology.

— (1979): Förslag till restaurering av sjön Flaten. Limnologiska institutionen, Lunds Universitet.

— (1986): Entwicklung von Verfahren zur Steuerung von Trophieverhältnissen und Nahrungsketten in einem Gewässer unter besonderer Berücksichtigung der Einträge aus dem Einzugsgebiet. Restaurierung der Schlei — Bericht über ein Forschungsvorhaben. Landesamt für Wasserhaushalt und Küsten Schleswig-Holstein (ed.), D5

— & LUNDQVIST, I. (1977): Förslag till restaurering av sjöar inom Stockholms kommun. Limnologiska institutionen, Lund.

ROBARTS, R. D., & ZOHARY, (1984): *Microcystis aeruginosa* and underwater light attenuation in a hypertrophic lake (Hartbeespoort Damm, South Africa). J. Ecol. **72**, 1001—1017.

ROTT, E. (1981): Some results from phytoplankton counting intercalibrations. Schweiz. Z. Hydrol. **43** (1), 34—62.

RUTTNER-KOLISKO, A. (1972): Rotatoria. Die Binnengewässer **26** (1), 99—234.

RUZICKA, J., & HANSEN, E. H. (1975): Flow injection analysis. Anal. Chim. Acta **78**, 145—147.

— STEWART, J. W. B., & ZAGATTO, E. A. (1976): Flow injection analysis. Part IV. Stream sample splitting and its application to the continuous spectrophotometric determination of chloride in brackish water. Anal. Chim. Acta **81**, 387—396.

RYDING, S.-O. (1983): Ringsjöområdet ecosystem i förändring. Limnologiska institutionen, Uppsala Universitet.

SAETHER, O. A. (1979): Chironomid communities as water indicators. Holarctic Ecol. **2**, 65—74

SCHELLENBERGER, G. (1981): Hydrologie und Ökologie des Müggelsees. Geogr. Ber. **99**, 115—122.

SCHINDLER, D. W. (1977): Evolution of phosphorus limitation in lakes. Science (Wash. DC) **195**, 260—262.

SCHLEE, D. (1966): Präparation und Ermittlung von Messwerten an Chironomiden (Diptera). Gewäss. Abwass. **41/42**, 169—193.

SENATOR FÜR STADTENTWICKLUNG UND UMWELTSCHUTZ (1985): Gewässerverzeichnis Berlin (West). Berlin.

— (1987): Gewässerkundlicher Jahresbericht des Landes Berlin, Abflußjahr 1984.

SHAPIRO, J. (1980): The importance of trophic-level interactions to the abundance and species composition of algae in lakes. In: BARICA, J., & MUR, L. R. (eds.), Hypertrophic Ecosystems (Developm. in Hydrobiol. **2**), pp. 105—116. The Hague, Boston, London.

SMITH, V. H. (1983): Low nitrogen to phosphorus ratios favor dominance by blue-green algae in lake phytoplankton. Science (West. DC) **221**, 669—671.

— (1986): Light and nutrient effects on the relative biomass of blue-green algae in lake Phytoplankton. Can. J. Fish. Aquat. Sci. **43**, 148—153.

SOEDER, C. J., & TALLING, J. F. (1974): The enclosure of phytoplankton communities. In: VOLLENWEIDER, R. A., A manual on methods for measuring primary production in aquatic environments. IBP Handbook No. 12, pp. 80—87. Oxford, London, Edinburgh, Melbourne.

SOMMER, U. (1981): The role of r- and K-selection in the succession of phytoplankton in Lake Constance. Acta Oekol. **2** (4), 327—342.

— (1984): Factors controlling the seasonal variation in phytoplankton species composition — A case study for a deep, nutrient rich lake (Lake Constance). Habilitationsschr. Fak. f. Biologie, Universität Konstanz.

— (1988): Does nutrient competition among phytoplankton occur in situ? Verh. Int. Verein. Limnol. **23**, 707—714.

— GLIWICZ, Z. M., LAMPERT, W., & DUNCAN, A. (1986): The PEG model of seasonal succession of planctonic events in fresh waters. Arch. Hydrobiol. **106**, 433—471.

SPITTA, O. (1900): Untersuchungen über die Verunreinigung und Selbstreinigung der Flüsse. Teil I—III. Arch. Hygiene **38**, 160—293.

STARMACH, K. (1966): Flora Slodkowodna Polski, Tom 2: Cyanophyta — Sinice Glaucophyta — Glaucofity. Warszawa.

STRICKLAND, J. D. H., & PARSONS, T. P. (1972): A practical handbook of sea water analysis. Pigment analysis. Fish. Res. Board Can. Bull. **167**, 185—192.

SUKOPP, H., & KUNICK, W. (1969): Die Ufervegetation der Berliner Havel. Natur und Landschaft **44** (10), 287—292.

SVENSK STANDARD SVERIGES STANDARDISERINGSKOMMISSION (1974): Bestämming av Ammoniumnitrogenhalt hos vatten. Vattenundersökingar — Standardkomitten för miljömäteknik, Förslag 1974-11-15, Utgava **1**, 1—9.

TALLING, J. F. (1957): The phytoplankton population as a compound photosynthetic system. New Phytol. **56**, 133—146

THIENEMANN, A. (1915): Physikalische und chemische Untersuchungen in den Maaren der Eifel. Verh. naturh. Ver. preuss. Rheinl. Teil 1, **70**, 249—302, Teil 2, **71**, 281—389.

— (1954): *Chironomus*. Leben, Verbreitung und wirtschaftliche Bedeutung der Chironomiden. Die Binnengewässer **20**, 1—834.

THORHAUGE, F. (1976): Growth and life of *Potamothrix hammoniensis* (Tubificidae, Oligochaeta) in the profundal of a eutrophic lake. A field and laboratory study. Arch. Hydrobiol. **78** (1), 71—85.

TIRÉN, T. (1974): Växtplankton i Mälaren 1965—1972 Regionala och temporala aspekter. Naturvårdsverkets limnologiska undersökning Rapport **78**, Uppsala.

UTERMÖHL, H. (1958): Zur Vervollkommnung der quantitativen Phytoplankton-Methodik. Mitt. int. Verein. Theor. angew. Limnol. **9**, 1—38.

VIJVERBERG, J., & VAN DENSEN, W. (1984): The role of the foodweb of Tjeukemeer, The Netherlands. Verh. Int. Verein. Limnol. **22**, 891—896.

VOLLENWEIDER, R. A. (ed.) (1974): A manual on methods for measuring primary production in aquatic environments. IBP Handbook No. 12, Oxford, London, Edinburgh, Melbourne.

— (1982): Eutrophication of waters. Monitoring, Assessment and Control. OECD, Paris.

WACHS, B. (1967): Die häufigsten hämoglobinführenden Oligochaeten der mitteleuropäischen Binnengewässer. Hydrobiologia **30** (2), 225—247.

WAGNER, G. (1968): Zur Beziehung der Besiedlungsdichte von Tubificiden und dem Nahrungsangebot im Sediment. Int. Rev. ges. Hydrobiol. **53**, 715—721.

WALSHE, B. (1951): The feeding habits of certain chironomid larvae. J. Zool. **121**, 63—79.

WATERS, T. (1977): Secondary production in inland waters. Adv. Ecol. Res. **10**, 91—164.

WATT, W. D. (1971): Measuring the primary production rates of individual phytoplankton species in natural and mixed populations. Deep-Sea Research **18**, 329—339.

WAVRE, M., & BRINKHURST, R. (1971): Interactions between some tubificid Oligochaetes and bacteria found in the sediments of Toronto Harbour, Ontario. J. Fish. Res. Bd. Can. **28** (3), 335—341.

WETZEL, R. G. (1983): Limnology. 2. ed. Philadelphia, New York, Chicago.

WIEDERHOLM, T. (1980): Use of benthos in lake monitoring. JPCF **52** (3), 537—547.

— (1983): Chironomidae of the Holarctic region, keys and diagnosis. Part 1. Larvae. Ent. Scand. Suppl. **19**.

WILHELMI, J. (1919): Untersuchungen über Schiffahrtskanäle und ihr Verhalten zu Abwasser und Salzwasser, besonders in biologischer Hinsicht. Landesanstalt f. Wasserhygiene, Heft **25**.

WILLEN, E (1976): A simplified method of phytoplankton counting. Br. phycol. J. **11**, 265—278.

WINBERG, G. G., BABITSKY, V. A., GAVRILOV, S. I., GLADKY, G. V.,

ZAKHARENKOV, I. S., KOVALEVSKAYA, R. Z., MIKHEEVA, T. M., NEVYADOMSKAYA, P. S., OSTAPENYA, A. P., PETROVICH, P. G., POTAENKO, J. S., & YAKUSHKO, O. F. (1972): Biological productivity of different types of lakes. — Productivity In: KAJAK, Z., HILLBRICHT-ILKOWSKA, A. (eds.), Productivity Problems of Freshwaters, pp. 383—405. Warsaw.

WOOD, E. D., ARMSTRONG, F. A. J., & RICHARDS, F. A. (1967): Determination of nitrate in sea water by cadmium-copper reduction to nitrite. J. mar. biol. Ass. U. K. **47**, 23—31.

WUNDSCH, H. H. (1940): Beiträge zur Fischereibiologie märkischer Seen. VI. Die Entwicklung eines besonderen Seentypus (H_2S-Oscillatorien-See) im Fluß-Seengebiet der Spree und Havel, und seine Bedeutung für die fischereibiologischen Bedingungen in dieser Region. Z. Fischerei **38**, 443—658.

— (1942/45): Die Seen der mittleren Havel als *Glyptotendipes*-Gewässer und die Metamorphose von *Glyptotendipes paripes* EDWARDS. Arch. Hydrobiol. **40**, 362—380

ZEVENBOOM, W., DE VAATE, A. B., & MUR, L. R. (1982): Assessment of factors limiting growth rate of *Oscillatoria agardhii* in hypertrophic Lake Wolderwijd, 1978, by use of physiological indicators. Limnol. Oceanogr. **27** (1), 39—52.

Unveröffentlichte Schriften

BLANCA, M. (1979): Untersuchungen über das Zooplankton des Niederneuendorfer Sees. Dipl.-Arb., FU Berlin, FB 23, Zoologie, Leitung Prof. DOHLE.

BRAUNGART, E. (1986): Assoziationen zwischen Bakterien und Algen in Planktonzönosen. Dipl.-Arb., Albert-Ludwigs-Universität Freiburg, Leitung Prof. RIPL (TU Berlin, FB 14, FG) Limnologie).

FISCHER, W., & WESSELER, E. (1984): Das Ökosystem Flughafensee unter besonderer Berücksichtigung von Pelagial und Litoral. Dipl.-Arb., FU Berlin. FB 23, Botanik, Leitung Prof. RIPL (TU Berlin, FB 14, FG Limnologie).

FRANKE, C. (1973): Limnologische Untersuchungen am Makrozoobenthos des Heiligensees und Tegeler Sees. Dipl.-Arb., FU Berlin, FB 23, Zoologie.

JÖRGENSEN, L. (1986): Fischereibiologische Analyse der Weißfischbestände der Berliner Havel einschließlich ihrer seenartigen Erweiterung. Projektabschlußbericht. Fischereiamt Berlin.

KÖHN, T. (1982): Zur Ökologie des Makrozoobenthos des Teltowkanals unter den Einflüssen von Kraftwerksabwärme und Gewässerverschmutzung, mit besonderer Berücksichtigung der Chironomiden (Diptera, Nematocera). Dipl.-Arb., FU Berlin, FB 23, Zoologie, Leitung Prof. WEIGMANN.

KOPPELMEYER, B., & MOTTER, M. (1984): Das Ökosystem Flughafensee unter besonderer Berücksichtigung seines Zuflusses. Dipl.-Arb., FU Berlin, FB 23, Botanik, Leitung Prof. RIPL (TU Berlin, FB 14, FG Limnologie).

RIPL, W. (1986): Vorentwurf für den Bewirtschaftungsplan Kleine Grunewaldseenkette (Limnologischer Teil). Im Auftrag des Senators für Stadtentwicklung und Umweltschutz.

— & LINNENWEBER, C. (1987): Vorentwurf für den Bewirtschaftungsplan Untere Grunewaldseenkette (Limnologischer Teil). Im Auftrag des Senators für Stadtentwicklung und Umweltschutz.

— HELLER, S., & LINNENWEBER, C. (1987a): Limnologische Untersuchung an den Sedimenten des Tegeler Sees. Im Auftrag des Senators für Stadtentw. und Umweltschutz.

— SANTOS PEREZ, S., & WÖBBECKE, K. (1987b): Limnologische Untersuchungen zum Schilfrückgang und zur Erhaltung des Röhrichts an Berliner Gewässern. Jahresbericht 1986. Im Auftrag des Senators für Stadtentwicklung und Umweltschutz.

RODIGER, S. (1977): Das Phytoplankton des südlichen Grunewaldseenkette. Dipl.-Arb., FU Berlin, FB 23, Botanik, Leitung Prof. GEISSLER.

Anschrift der Verfasser:
Prof. Dr. WILHELM RIPL
MARTINA MOTTER
ELISABETH WESSELER
WOLFGANG FISCHER
Technische Universität Berlin
Institut für Ökologie
Hellriegelstr. 6
D-1000 Berlin 33

Limnologica (Berlin) **21** (1), 117—123, Oktober 1990

AdW der DDR, Zentralinstitut für Mikrobiologie und Experimentelle Therapie, Abteilung Limnologie, Jena; Museum für Ur- und Frühgeschichte, Potsdam

Geographische und pollenanalytische Untersuchungen des Kleinen Barsch-Sees (Bez. Potsdam, DDR)

Geographical and Pollenanalytical Research of Lake Kleiner Barsch-See (Bez. Potsdam, GDR)

Von Ludwig Krey & Klaus Kloss

Mit 4 Abbildungen

Key words: Geography; Glacialmorphology; Pollenanalysis; Laach-Tephra.

Abstract

Lake Kleiner Barsch-See, a kettlehole-like basin situated within an undrained hollow between the terminal moraines of the Fürstenberger and Frankfurter Staffel (Bez. Potsdam, GDR) was formed after the Weichselian stage of the last glaciation.

The little oval depression originated from a melting dead-ice block (Alleröd) and the recent lake has an area of about 0.3 ha. Its actual water level is 60 m a.s.l., the moraines reach 65—75 m a.s.l. Surface in- or effluents are absent. Rainfall and evaporation compensate each other.

Sediment cores of about 6 m length were taken from ice using a modified Livingstone sediment-sampler. The sediment colour ranges from black to olive-brown and olive-green with the exception of a small whitich core around 936 cm below water level which is identical with the so-called Laach Tephra, dated more than 11,000 years BP. Therefore the lake has been formed more than 12,000 years BP.

Geographische Lage

Im Jungmoränengebiet am Rand der südostmecklenburgischen Kleinseenlandschaft liegt in 53°7′ nördlicher Breite und 13°0′ östlicher Länge der Kleine Barsch-See vor einem Endmoränenwall. Diese Endmoränen gehören zur sogenannten Rheinsberg-Zechow-Buchholzer Staffel, welche sich im Zwischenland zwischen der (südlicheren, älteren) Frankfurter Eisrandlage und der (nördlicheren, jüngeren) Fürstenberger Eisrandlage ausgebildet hatte. Es sind Bildungen der jüngsten Eiszeitperiode — der Weichselkaltzeit (Kliewe & Janke 1972; Rheinsberg-Fürstenberger Seengebiet 1974, Werte Bd. **25**).

Der Kleine Barsch-See liegt unmittelbar südlich des von uns jahrelang untersuchten Stechlinsee-Nehmitzsee-Systems (Meßtischblatt 2844 Fürstenberg). Nur ein schmaler, knapp 2 m hoher Moränenwall trennt den Barsch-See vom Possebruch, das ehemals zum Nehmitzsee gehört hat, bevor dessen Wasserspiegel künstlich gesenkt wurde (Krausch 1962).

Hydrographie

Es handelt sich um eine ovale abflußlose vermoorte Senke von ca. 200 m Breite und 500 m Länge in überwiegender West-Nordost-Erstreckung, in deren Mitte eine ovale Restwasserfläche — der Kleine Barsch-See — mit einer Fläche von ca. 0,3 ha, einer mittleren Tiefe von 2,5 m und einem Volumen von ca. 7500 m^3 liegt. Er ist von einem breiten geschlossenen Schwingrasengürtel umrahmt, welcher von einem ringsherum vorhandenen Moorgürtel hereinwächst.

Der rezente Wasserspiegel liegt wenig unter 60,0 m NN (Feinnivellement 59,30 m NN), während die Höhen der Moränenzüge 65—75 m NN erreichen.

Das kleine geschlossene Einzugsgebiet dieser auf Toteis zurückzuführenden Hohlform ist heute völlig bewaldet — in den feuchten vermoorten Muldenteilen stockt Erlen-Birken-Bruchwald und an den trockenen Hängen Kiefernwald. Zur Entstehung dieser zahlreich vorkommenden, aber isolierten und völlig unregelmäßig verteilten Hohlformen folge ich der Darstellung von Jeschke (1987), und der Klassifikation von Succow (1987), nach der wir es mit einem Kesselmoor zu tun haben. Die Grafik (Abb. 1) veranschaulicht die einzelnen Schritte der Entwicklung: Es fehlen oberirdische Zuflüsse oder Abflüsse, also besteht auch kein offener Anschluß an ein Gewässersystem — wir sprechen in solchen Fällen von Binnenentwässerungsgebieten (Treichel 1957; Schumann 1968). Nach dem Rücktauen des geschlossenen Eislobus der letzten Eiszeit folgte ein weichselspätglazialer bis altholozäner Umbruch bedingt durch das Austauen des verschütteten Toteises (Toteisschmelzen) sowie das Schwinden des Dauerfrostbodens. Dieser sicher ganz allmähliche Tauprozeß ist von Pachur (1987) eindrucksvoll an Berliner Seen dargestellt worden.

Nach älteren Annahmen soll das Austauen des Toteises im Alleröd (ca. 12500 BP) beendet gewesen sein, nach Annahme von Nitz (1981) und Chrobock et al. (1983) hat sich das Austauen bis ins Präboreal (ca. 9500 BP), nach Succow (1987) sogar bis ins Boreal (ca. 8500 BP) hingezogen. Die offene Wasserfläche nimmt heute nur noch rund 1/10 der wohl ursprünglich wasserbedeckten Fläche ein, während 9/10 der Senke rezent vermoort sind. Wasserspiegelschwankungen des Kleinen Barsch-Sees werden von der jahreszeitlichen Verteilung von Niederschlag und Verdunstung bestimmt. Beide Komponenten haben unter gegenwärtigen Klimabedingungen zwar die gleiche Größenordnung von ca. 600 mm jährlich, doch ist ihre jahreszeitliche Verteilung recht unterschiedlich — einem sommerlichen Verdunstungsmaximum stehen ein schwächeres Winterregenmaximum und ein starkes Sommerregenmaximum gegenüber. Besonders das Winterregenmaximum führt zu Grundwassermaxima im Frühjahr, wobei anzunehmen ist, daß Grundwasser und Seefüllung miteinander mit Verzögerung korrespondieren (vgl. Atlas Bezirke Rostock/Schwerin/Neubrandenburg 1962).

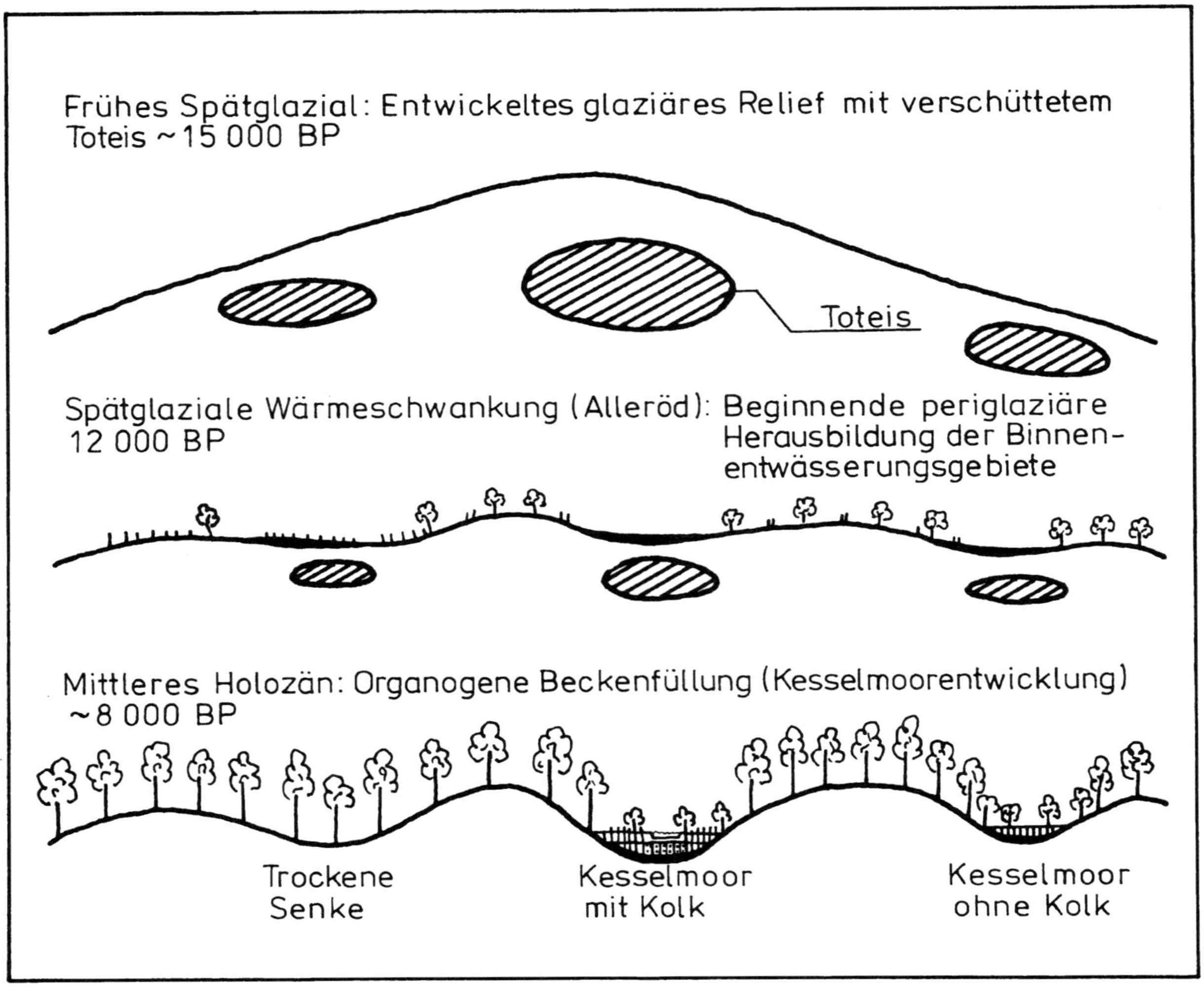

Abb. 1. Entwicklung der Ackersölle (nach JESCHKE 1987)

Sedimentprobengewinnung und Bewertung

Wir haben unsere Sedimententnahmen im Winter von der tragfähigen Eisdecke aus vorgenommen, und zwar an zentraler Stelle des Moorsees, die wir aus einer ebenfalls vom Eis geloteten Tiefenkarte (KREY, unveröff.) ermittelten. Zu Vergleichszwecken entnahmen wir mehrere Kerne auf engstem Raum (ca. 5 × 5 m). Unter ca. 3,30 m Wassertiefe konnten wir mit unserem modifizierten Livingstone-Sedimentstecher (Abb. 2, nach MERKT & STREIF 1970) rund 6 m überwiegend organisches Sediment durchteufen. Unsere Stechrohre haben jeweils 140 cm maximale Kernlänge, je nach Konsistenz gelang uns die Gewinnung von Kernen um 110 bis 130 cm Länge. Tab. 1 gibt einen Überblick über den allgemeinen Charakter der Sedimentschichten. Bei ca. 950 cm unter Wasseroberfläche stießen wir auf die anstehenden quartären Sande. Bei 936 cm durchstießen wir eine 2—5 cm dicke, auffällige weiße Schicht, die äußerlich und in ihrer Konsistenz stark von den sonst weichen bis schmierigen, schwarzen, dunkeloliven oder dunkelgrünen Sedimentproben abweicht. Es handelt sich zweifelsfrei um Ablagerungen des von MÜLLER (1959) in Norddeutschland erstmals entdeckten flächenhaft verteilten vulkanischen Laacher Tuff. Dieser nach Alter und Herkunft gut bestimmte Horizont besteht aus abgelagerter Tephra aus dem jüngsten Eifel-Vulkankrater bei Maria Laach, ca. 80 km südlich von Köln, also in über 600 km Entfernung von unserem Fundort.

SUCCOW (1981) konnte das Fundortspektrum des Tuffs für die DDR ganz wesentlich nach Norden und Süden erweitern gegenüber den von MÜLLER gefundenen Abgrenzungen. Der Asche- und Tuf-fallout muß also kurzzeitig aber mit ungeheurer Intensität (vgl. 2—5 cm Ablagerung in 600 km Entfernung) aufgetreten sein und dürfte auch Flora und Fauna nachhaltig gestört haben, was aber subfossil nicht mehr nachweisbar ist. Diese Tuffschicht ist ^{14}C-analytisch hinreichend exakt bestimmt auf 9300 (PACHUR 1987) Jahre v. z. Ztr. — also 11300 bzw. 11350 (SUCCOW 1987) Jahre BP, während des Alleröd. Dendrochronologische Datierungen führen zu einer etwas früheren Einordnung der Laacher Bimseruption, nämlich Frühsommer 9080 v. u. Ztr., entsprechend 11070 BP (KREMER 1987).

Da unter der markanten Tuffschicht noch mehrere Dezimeter Sediment lagern und auch als Stechkern gewonnen werden konnten, können wir gut auf ein Höchstalter unserer durch Austauen des verschütteten Toteises entstandenen Senke von über 12000 Jahren BP schließen.

Aus unseren insgesamt 5 gestochenen Sedimentkernen sind für die verschiedenen speziellen Fragestellungen Proben entnommen worden. Bei den einzukalkulierenden Abweichungen muß besonders auf die nicht ganz einheitliche Lage mancher Horizonte — am deutlichsten

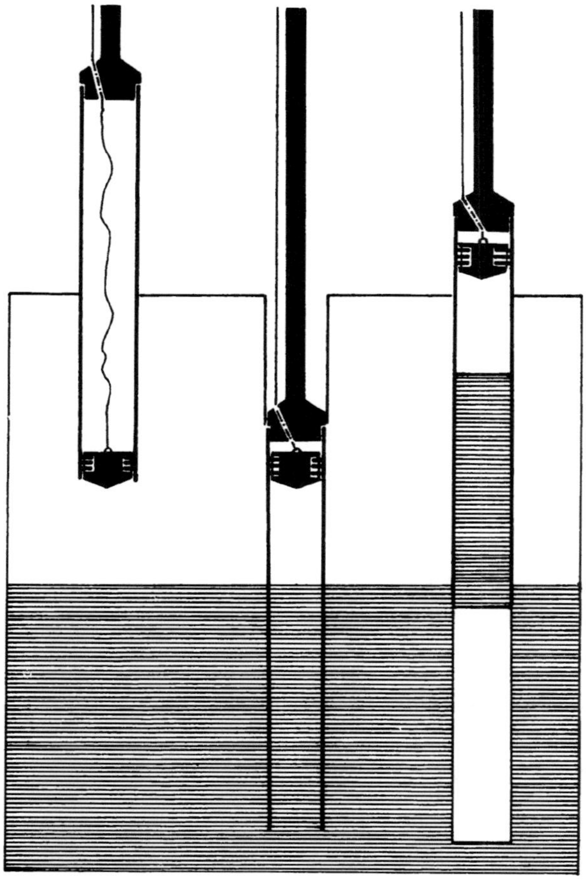

Abb. 2. Schematische Darstellung der Arbeitsweise von Stechrohr-Bohrgeräten (aus MERKT & STREIF 1970)

beim Laacher Tuff — hingewiesen werden, was manche Deutungen erschwert. Es bleibt außerdem wichtig, auch Störungen im Profil durch Moosschichten einzukalkulieren. Ferner sind, technisch verursacht, einzelne Profillücken nicht vermeidbar gewesen. Für die ^{14}C- und Pollen-Analytik wurde ein und derselbe Stechkern verwendet.

Für die meisten Fragestellungen wurden 1 cm-Schichtproben in 10 cm-Distanzen aus den Stechkernen im Labor entnommen, lediglich die Diatomeenbearbeitung erforderte die Entnahme jedes Zentimeters. Die Übersichtstabelle mit Angaben zur visuellen Bewertung betrifft die 10 cm-Distanzen (Tab. 1).

Rhythmik, also Sedimentablagerungen mit Ablagerungssequenzen feinster Schichtungsunterschiede, konnten bei unseren Stechkernen bisher nicht nachgewiesen werden. Bei mittleren Sedimentationsraten um 0,5 mm pro Jahr in unserem Profil sind solche Sequenzen sicher auch schwer zu gewinnen.

Die Maße der Senkungs-Hohlform und des darin befindlichen Wasserkörpers haben sich in der nach geologischen Zeiteinheiten sehr kurzen Entwicklungszeit stark verändert. Das betrifft sowohl die durch das allmähliche Austauen entstehende Hohlform mit sich verändernden Hangneigungen im Einzugsgebiet als auch globale Klimaveränderungen der weichselspätglazialen und holozänen Zeitabschnitte, in die auch Grundwasserabflußverminderungen durch die *Litorina*-Transgression im Ostsee-Einzugsgebiet im Atlantikum/Subboreal fallen.

Unterschiede in der Sedimentablagerung (Trichtereffekt: OHLE 1952) innerhalb des Kleinen Barsch-Sees, etwa durch Strömungen, Windeinfluß oder Sedimentrutschungen und Erosion, sind in dem kleinen Kessel nicht zu erwarten und in unseren Stechproben auch nicht nachgewiesen worden.

Pollenanalytische Datierung des Moorprofils (K. KLOSS)

Ein Bohrprofil vom Kleinen Barsch-See wurde zu Datierungszwecken pollenanalytisch untersucht (Abb. 3). Zur Absicherung der Ergebnisse konnte ein unveröffentlichtes Diagramm aus dem nur 500 m südlich gelegenen Großen Barsch-See (SCHOKNECHT, AdW, Zentralinstitut für Alte Geschichte) herangezogen werden (Abb. 4). Das Profil vom Kleinen Barsch-See umfaßt ausschließlich limnische Sedimente.

Die Einschätzung des absoluten Alters erfolgte nach den vielfach radiocarbondatierten Pollenzonen von FIRBAS (1949). Für das Untersuchungsgebiet konnten speziell die von MÜLLER & KOHL (1966) mitgeteilten ^{14}C-Daten herangezogen werden. Da beide Bearbeiter der Barsch-See-Profile unabhängig voneinander datierten und sich weitgehende Übereinstimmung ergab, dürfte ein zuverlässiges Ergebnis vorliegen. Wie die Zeitleiste der Diagramme ausweist, bleibt mit einer Ausnahme die Sedimentationsrate gleichmäßig. Für die feine Algenmudde ergibt sich zwischen dem 1. und 6. Jahrtsd. v. u. Z. im Kleinen Barsch-See eine jährliche Sedimentationsrate von 0,54 mm, im Großen Barsch-See von 0,58 mm. Vom Großen Barsch-See konnte die Sedimentationsrate auch für den Zeitabschnitt 6.—9. Jahrtausend berechnet werden, wobei sich 0,60 mm/Jahr ergaben. Diese Werte stimmen mit den von ZUREK (1984) mitgeteilten am stärksten generalisierten Moorwachstumsraten von 0,60 mm/Jahr in Hochmooren und 0,52 mm/Jahr in Niedermooren gut überein.

Das Pollendiagramm vom Kleinen Barsch-See läßt sich, besonders im Vergleich mit dem vom Großen Barsch-See, nur so deuten, daß zwischen den Proben aus 900 und 870 cm Tiefe eine Sedimentlücke von ein bis zwei Jahrtausenden besteht. Probe 900 muß mit Birkenvorherrschaft, Fehlen aller wärmebedürftigen Laubhölzer und hohen *Artemisia*-Werten noch der Jüngeren Tundrenzeit (deutlich vor 8000 v. u. Z.) zugerechnet werden. Die nächstjüngere Probe (870) ist einer Zeit zuzuordnen, in der der boreale Haselgipfel schon überschritten ist. Vor dem Haselgipfel haben Erle, Eiche und Ulme noch keine nennenswerten Anteile im Pollenspektrum erreicht. Die Probe 870 kann deshalb nur deutlich nach 7000 v. u. Z. datiert werden. Im Pollendiagramm fehlen damit das Präboreal und der größte Teil des Boreal.

Hier hat entweder die limnische Sedimentation zeitweise ausgesetzt, oder es ist zu Verrutschungen im Profil gekommen. Planktonuntersuchungen hatten für den Hiatus-Horizont ebenfalls einen ökologischen Bruch nachgewiesen. Für Sedimentumlagerungen kann der Umstand sprechen, daß im tundrenzeitlichen Spektrum 900 einzelne Ulmen- und Haselpollen enthalten sind. Mehrere Prozent Erlenpollen sind ökologisch nicht deutbar, weil sie auch von den kälteverträglichen Arten *A. incana* oder *A. viridis* stammen können.

Waldgeschichtlich sollen die vereinfacht wiedergegebenen (SCHOKNECHT) bzw. mit großem Probenabstand gezählten (KLOSS) Pollendiagramme nicht näher ausgedeutet werden. Der frühholozäne Zeitabschnitt hebt sich durch Kiefernvorherrschaft (mehr als 60% der Baumpollensumme) und Fehlen von wärmebedürftigen Laubhölzern deutlich als Kiefern-Birken-Zeit ab. Das

Tab. 1. Kleiner Barsch-See, Bohrung mit skandinavischem Eisbohrer, ∅ 6 cm, KB III (Wassertiefe 330 cm)

Kern 1	x	335	10 cm Lücke
	59	345	
	58	355	
	57	365	etwas Moose
	56	375	Sediment etwas dunkler braun, weiterhin dickflüssig, etwas Moose
	55	385	
	54	395	
	53	405	
	52	415	
	51	425	
	50	435	
	49	445	
	48	455	einzelne Moose, dickflüssig, braungrün
	47	465	Moosschicht
Kern 2	x		45 cm Lücke
	46	510	
	45	520	
	44	530	
	43	540	grünlich-hellbraun, flüssig, sehr wenig Moose
	42	550	hellbraun-grünlich, dickflüssig, wenig Moose
	41	560	Moose, nicht mehr kompakt
	40	570	Moosschicht
	39	580	hellbraun, dickflüssig, Moosschicht
	38	590	hellbraun, dickflüssig, Moosschicht
Kern 3	x bis	600	15 cm Lücke
	37	615	
	36	620	
	35	630	allmählicher Übergang in olivgrün-hellbraun, immer weicher werdend, einige Moose
	34	640	ziemlich braun-grünlich, weich
	33	650	Farbe allmählich heller werdend, ebenso weicher
	32	660	weiterhin sehr dunkelbraun, etwas weicher, aber nicht flüssig
	31	670	schwarzbraun, ziemlich fest, grobe pflanzliche Reste
	30	680	schwarzbraun, ziemlich fest, grobe pflanzliche Reste
	29	690	schwarzbraun, ziemlich fest, grobe pflanzliche Reste
	28	700	schwarzbraun, ziemlich fest, grobe pflanzliche Reste
	27	710	schwarzbraun, ziemlich fest, grobe pflanzliche Reste
	26	720	schwarzbraun, ziemlich fest, kaum flüssig
	25	730	schwarzbraun, ziemlich fest, nicht flüssig
			0—6 cm Moosschicht
			6—10 cm
Kern 4	24	740	dunkelbraun, ziemlich weich
	23	750	dunkelbraun, weicher werdend
	22	760	dunkelbraun, etwas fester
	21	770	dunkelbraun, etwas fester, Baumrinde
	20	780	dunkelbraun, weich
	19	790	braun, weich, viele Rinden und Wurzeln
	18	800	Kern etwas heller braun, griesig, weich, Außenschicht dunkler braun
	17	810	braun, weich, mit Moosen
	16	820	olivbraun, weich
	15	830	olivbraun, etwas heller werdend, weich
	14	840	olivbraun, weiterhin weich, Pflanzenwurzeln?
	13	850	olivbraun, ziemlich weich, Baumrinde
	12	860	olivbraun, ziemlich hell, gallertig, Baumrinde
	11	870	olivbraun, ziemlich weich, gallertig, obere 2 cm Moose
Kern 5	x	880	10 cm Diff.
	10	890	innen kompakte Laubmoosschicht, oliv-dunkelbraun
	9	900	weiter zunehmende Olivtönung, Schicht mit Laubmoosen
	8	905	schwarz, schwach zunehmende Olivtönung, immer noch ziemlich fest
	7	910	schwarz, mit ganz leichter Olivtönung
	6	915	schwarz, weniger fest
	5	920	schwarz, weniger fest
	4	930	schwarz, weniger fest
	3	936 !	Laacher Tuffschicht, weiß-grau, fest, bröckelig
	2	940	schwarz, fest, mit kleinen Tufflinsen
	1	950	schwarz, fest

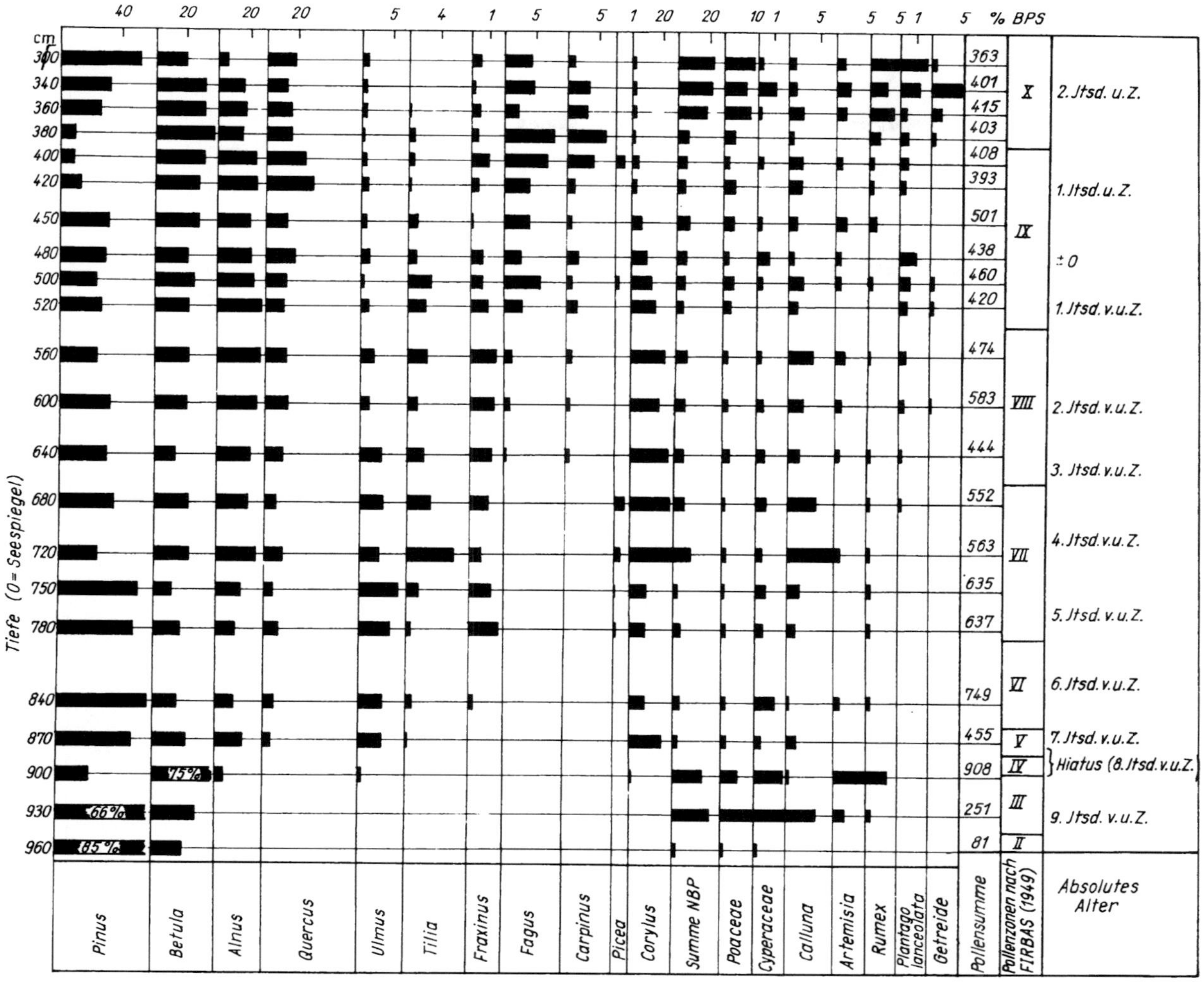

Abb. 3. Vereinfachtes Pollendiagramm vom Kleinen Barsch-See.
BPS — Baumpollensumme

Atlantikum wird von Eichen-Kiefern-Wäldern mit Ulme und Linde bestimmt. Während des Subboreal formen sich die Wälder unter dem Einfluß des Menschen um. Während die Erlenzunahme noch eine Folge steigender Grundwasserstände sein kann, ist die Birkenausbreitung an Stelle der Kiefer, neuerliche Haselmaxima und vor allem der Ersatz von Ulme und Linde durch Rotbuche und Hainbuchen auf den Eingriff neolithischer und bronzezeitlicher Siedler zurückzuführen (vgl. vor allem die neueren gründlichen Untersuchungen von BEHRE 1986).

Die Parallelität dieser Entwicklungen mit dem Auftreten von siedlungszeigenden Pollen (zuerst nur *Plantago lanceolata*, später, erst bronzezeitlich, auch Getreide) ist offensichtlich. Im Diagramm vom Großen Barsch-See erscheinen *Fagus*-, *Carpinus*- und *Plantago*-Pollen ungewöhnlich früh. Im frühen Subatlantikum geht die Kiefer im Diagramm bis auf Werte unter 10% der Baumpollensumme zurück, während Eiche, Rotbuche, Hainbuche und Schwarzerle die höchsten Maxima erreichen. Siedlungsgeschichtlich zeichnet sich besonders die vorrömische Eisenzeit ab, in Abb. 3 besonders *Plantago*, in Abb. 4 *Rumex* und Poaceae (s. a. KLOSS 1980.) Das späte Subatlantikum (2. Jahrtausend u. Z.) prägt sich in Abb. 4 als zunehmend kieferbeherrschter und von Siedlungen bestimmter Zeitabschnitt aus. In Abb. 3 stammen die jüngsten Proben vermutlich vom Ende des Mittelalters. Jüngere Sedimente waren noch so flüssig, daß sie mit der verwendeten Bohrtechnik (Livingstone-Sedimentstecher) nicht erfaßt werden konnten. Das Diagramm in Abb. 4 scheint bis in den Beginn der Neuzeit hineinzureichen.

Zusammenfassung

Aus dem „Kleinen Barsch-See“, einem kleinen Moorsee am Rande der Mecklenburgischen Seenplatte wurden vom Eis aus Sedimente entnommen. Dieses Kesselmoor, entstanden durch spättauendes Toteis des Weichselglazials, hinterließ in einer ovalen Senke eine rezente Wasserfläche von 0,3 ha.

Die Seeoberfläche liegt heute knapp 60 m über NN, während die umgebenden Moränen 65—75 m NN Höhe erreichen. Der Moorsee hat keinen oberirdischen Zu- oder Abfluß.

Wir benutzten einen modifizierten Livingstone-Sedimentstecher und konnten unter 3,40 m Wasserbedeckung mehr als 6 m Sediment gewinnen, an dessen Basis wir den Laacher Tuff zwischen dem organischen Sediment fanden. Er bietet eine vorzügliche Datierungsmöglichkeit (≈ 11000 Jahre BP). Die Sedimentationsraten liegen nahe 0,5 mm/a. Das Pollenprofil weist zwischen 10000 und 8000 BP einen Hiatus auf.

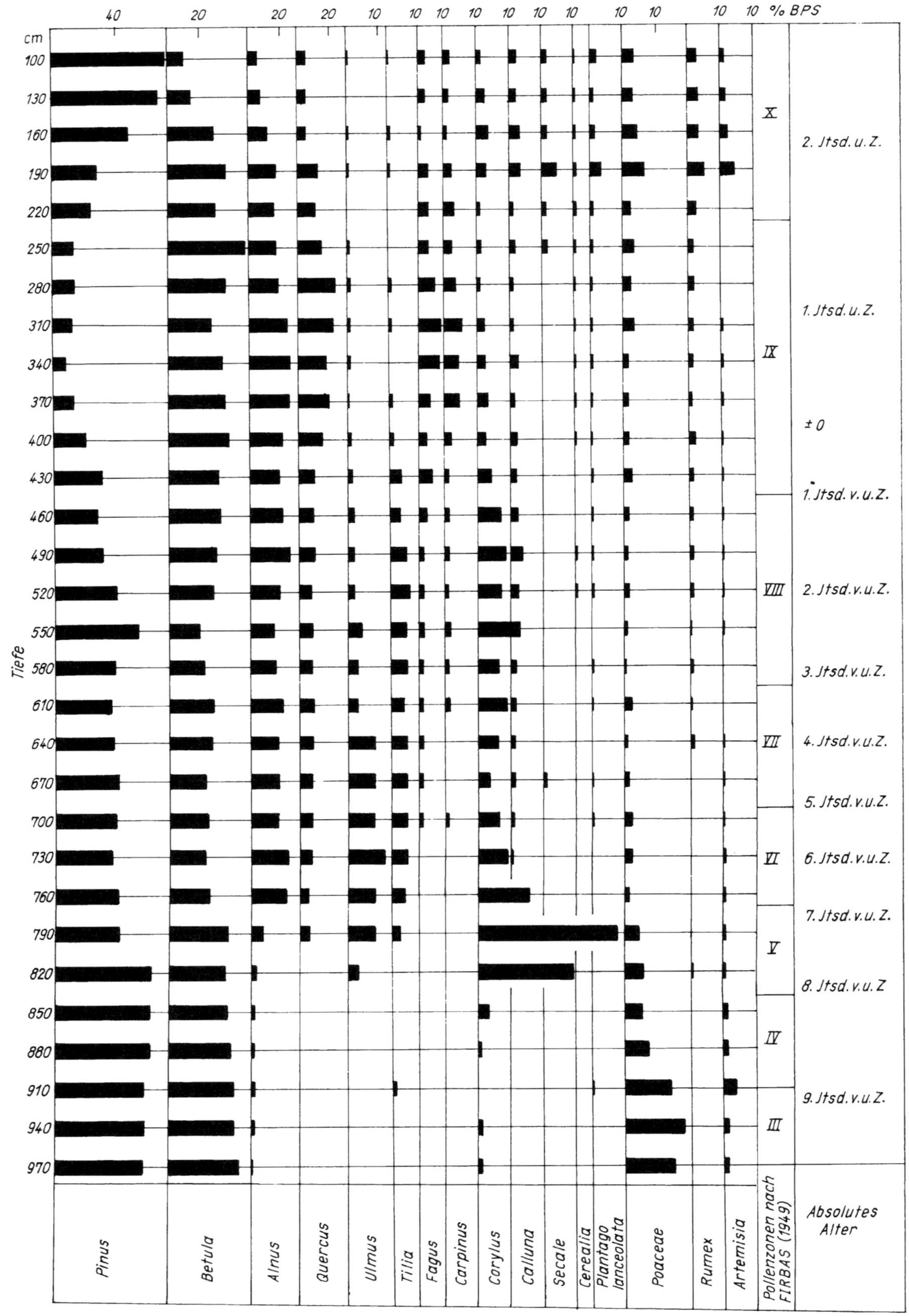

Abb. 4. Vereinfachtes Pollendiagramm vom Großen Barsch-See (nach Schoknecht umgezeichnet, je 3 Proben gemittelt, unveröff. Material)

Danksagung

Die Autoren danken den Herren Dr. JESCHKE, Dr. SCHOKNECHT sowie Dr. MERKT/Dr. STREIF für die Bereitstellung graphischer Darstellungen.

Ferner gilt unser Dank den ZIMET-Werkstätten für den Bau des Stechgerätes sowie Kollegen H. MIMIETZ für die Geländearbeiten.

Literatur

Atlas der Bezirke Rostock, Schwerin und Neubrandenburg. Topographischer Dienst, Schwerin 1962.

BEHRE, K.-E., & DUSANKA KUCAN (1986): Die Reflexion archäologisch bekannter Siedlungen in Pollendiagrammen verschiedener Entfernungen. In: Anthrop. Indicators in Pollen Diagrams, pp. 95—114. Rotterdam/Boston.

CHROBOCK, S. M., NASS, A., & NITZ, B. (1983): Allgemeine Aspekte festländischer Kalkbildung periglaziärer und glaziär überformter Räume. Z. Geol. Wiss. **11** (2), 179—191.

FIRBAS, F. (1949): Spät- und nacheiszeitliche Waldgeschichte Mitteleuropas nördlich der Alpen. I: Allgemeine Waldgeschichte. II: Waldgeschichte der einzelnen Landschaften. Jena.

JESCHKE, L. (1987): Unsere Ackersölle und ihre Funktion in der Landschaft. Naturschutzarbeit in Mecklenburg **30** (1/2), 29—34.

KLIEWE, H., & JANKE, W. (1972): Verlauf und System der Marginalzonen der letzten Vereisung auf dem Territorium der DDR. Wiss. Z. Univ. Greifswald **XXI** (1), 31—37 + 3 Karten.

KLOSS, K. (1980): Pollenanalysen zur Vegetations-, Siedlungs- und Moorgeschichte am Südrand der ostbrandenburgisch-mecklenburgischen Seenplatte (Kreis Gransee) Arch. Natursch. Landschaftsforsch. **20**, 203—212.

KRAUSCH, H.-D. (1962): Nachrichten über Abfluß- und Seespiegelveränderungen des Stechlinsee-Gebietes. *Limnologica* (Berlin) **1**, 211—215.

— & ZÜHLKE, D. (1974): Das Rheinsberg-Fürstenberger Seengebiet (Werte unserer Heimat, Bd. 25). Berlin.

KREMER, B. P. (1987): Der Laacher See — zur Naturgeschichte einer bedeutenden Vulkanlandschaft II. Natur und Museum **117** (1), 1—11.

MERKT, J., & STREIF, H. (1970): Stechrohr-Bohrgeräte für limnische und marine Lockersedimente. Geol. Jb. **88**, 137—148.

MÜLLER, H. M. (1959): Spätglaziale Tuffablagerungen in südostmecklenburgischen Mooren. Geologie **8**, 788—789.

— (1962): Pollenanalytische Untersuchungen im Bereich des Meßtischblattes Thurow/Südostmecklenburg. Diss., Univ. Halle.

— & KOHL, G. (1966): Radiocarbondatierungen zur jüngeren Vegetationsentwicklung Südostmecklenburgs. Flora, Abt. B. **156**, 408—418.

NITZ, B. (1981): Grundzüge der Beckenentwicklung im mittleren und nördlichen Tiefland der DDR. Diss. B., Univ. Berlin.

OHLE, W. (1962): Der Stoffhaushalt der Seen als Grundlage einer allgemeinen Stoffwechseldynamik der Gewässer. Kieler Meeresforsch. **18**, 107—120.

PACHUR, H.-J. (1987): Die Seen Berlins als Objekte geographischer Forschung — Ergebnisse und Aspekte. Verhandl. Dtsch. Geographentag **45**, 55—69.

SCHUMANN, D. (1968): Zur Definition, Verbreitung und Entstehung der Binnenentwässerungsgebiete. Geogr. Ber. **13**, 22—32.

SUCCOW, M. (1981): Landschaftsökologische Kennzeichnung und Typisierung der Moore der DDR. Diss. B, Akad. Landwirtschaftswiss. Berlin.

— (1987): Zur Entstehung und Entwicklung der Moore der DDR. Z. Geol. Wiss. **15**, 373—387.

TREICHEL, F. (1957): Die Haupt- und Nebenwasserscheiden in Mecklenburg. Diss., Univ. Greifswald.

ZUREK, S. (1984): Die Akkumulation organischer Substanz in europäischen Moorgebieten. Proc. 7. Int. Peat Congr. Dublin.

Anschrift der Autoren:

Dr. LUDWIG KREY
Akademie der Wissenschaften der DDR
Zentralinstitut für Mikrobiologie und
Experimentelle Therapie Jena
Abt. Spezielle Limnologie
Beutenbergstrasse 11
Jena
DDR-6900

Dr. KLAUS KLOSS
Museum für Ur- und Frühgeschichte Potsdam
Schloß Babelsberg
Potsdam-Babelsberg
DDR-1502

Limnologica (Berlin) **21** (1), 125—135, Oktober 1990

Akademie der Wissenschaften der DDR, Zentralinstitut für Mikrobiologie und experimentelle Therapie, Abteilung Limnologie, Jena

Die Geschichte der Cladocerenfauna des Kleinen Barsch-Sees, eines sauren, kalkarmen Moorweihers im mitteleuropäischen Flachland

Von DIETRICH FLÖSSNER

Mit 3 Abbildungen

Key words: Paleolimnology; Cladoceran analysis; Acidification; Lake development.

Abstract

The distribution of subfossil remains of Cladocera in a sediment core from the acid Kleiner Barsch-See, northern GDR, was examined. A total of 35 species were recorded — 10 non-chydorids and 25 chydorids. Analysis of the cladoceran distribution is based on dominance of the species and their ecology, completed by species diversity and equitability.

The developmental history of the lake can be divided into three phases. The first period, during Late-glacial time, was characterized by a well-developed plankton fauna, predominated by *Bosmina longirostris*. The littoral chydorid fauna of that time was mainly influenced by climatic conditions, which led to a "subarctic species composition" of cold-tolerating forms such as *Chydorus sphaericus*, *Acroperus harpae*, *Alona affinis* and *Alonella nana*. The lake was mesotrophic and had alkaline water with a high calcium content. The sedimentation was purely limnic, with formation of gyttja.

Within the turning-point from Late-glacial to Post-glacial time the lake changed by in-filling the basin. The planktonic *Daphnia*-species shifted from *longispina*-group to *pulex*-group and at last the plankton fauna disappeared completely. On the other hand the abundance of chydorids increased. The primary production shifted from phytoplankton to macrophytes. The share of organic deposits on the bottom rised.

The last development phase of the lake spans the whole Postglacial time. It is characterized by an increasing abundance of macrophytes, especially water-mosses, a decreasing of pH and calcium content of the water and a cumulative deposition of organic sediment (Dy) in the shallow pond.

The process of acidification is dependent on the lake level, with increasing acidification during wet periods and decreasing acidification within dry periods. Within the first phase of in-filling the lake basin, during Boreal and Atlantikum, the waterbody was only slightly acidified with pH ≙ 6.0; the chydorid community was predominated by *Alonella excisa* and *Alona rectangula*. During Subboreal the planktonic species *Bosmina longirostris* appeared again, whereas *Alona rectangula* decreased. This is caused by rising lake level and a further slight acidification. After a dry period during Subatlantikum, the lake became strong acidic (pH ≙ 5.0), due to rising lake level and increasing influence by the surrounding mire vegetation (*Sphagnum*-bog). *Bosmina longirostris* appeared again, but the chydorid community was shifted dramatically by disappearing of several species, such as *Alona rectangula*, *Alonella exigua*, *Eurycercus lamellatus*, *Pleuroxus trigonellus* and *Acroperus harpae*, which are restricted to less acidic waters. With the increasing acidity species diversity decreased. The reappearence of *Bosmina longirostris* in Post-glacial times indicates also weekly eutrophication of the water body, due to increased agricultural development of the district during Bronze Age and early Middle Ages.

1. Einleitung

Die chitinisierten Körperteile von Cladoceren (Schalen, Kopfschilder, Postabdomina, Furkakrallen), insbesondere der Chydoridae, bleiben in Sedimenten von Seen vorzüglich erhalten und bilden neben den Kopfkapseln von Chironomiden (FREY 1964) den wesentlichen Bestandteil tierischer Reste in den Seeablagerungen. Wie FREY (1960) erstmals überzeugend nachgewiesen hat, kann die Chydoridenfauna eines Sees durch paläolimnologische Untersuchungen seiner Sedimente sogar vollständiger erfaßt werden als durch ein jahrzehntelanges intensives Besammeln der Litoralzone.

Cladocerenreste sind bislanghauptsächlich als Indikatoren für postglaziale Klimaschwankungen und Trophieänderungen verwendet worden, während die holozäne Entwicklungsgeschichte der Versauerung von Moorseen wenig beachtet wurde (HARMSWORTH 1968).

Der Kleine Barsch-See liegt im südwestlichen Ausläufer der Mecklenburgisch-Brandenburgischen Seenplatte etwa 7 km NE von Rheinsberg (Bezirk Potsdam). Er ist eingebettet in die flachwellige Sanderwurzel des Endmoränengebietes des Frankfurter Stadiums der Weichseleiszeit. Der See ist 0,3 ha groß und maximal 3,3 m tief. Er liegt in einer relativ flachen, etwa 1 ha großen Senke, die auf einen Toteisblock zurückzuführen ist und die heute weitgehend von einem oligotrophen, sauren Moor erfüllt ist. Der See, limnologisch eigentlich ein Weiher, ist sauer und kalkarm; der pH-Wert beträgt 4,7—5,1, der Kalziumgehalt 2,0—2,9 mg/l Ca^{++}. Eine Braunfärbung des Wassers durch gelöste Huminsäuren tritt nicht auf; entsprechend niedrig liegt der PV mit 20 mg/l. Die Makrophytenvegetation ist äußerst spärlich entwickelt und beschränkt sich auf kleine Bestände von *Nuphar luteum* und lückige submerse Braunmoos-Rasen (*Drepanocladus fluitans*, *Calliergon* spec.; KRAUSCH, mdl. Mitt.). Das Gewässer ist umgeben von einem *Sphagnum*-Schwingrasen, an den sich landwärts ein Sumpfporst-Kiefernwald (Ledo-Pinetum) anschließt (KRAUSCH 1968).

2. Methodik

Mit dem Livingstone-Kolbenbohrer wurde vom Eis aus ein 6,2 m langer Bohrkern entnommen. Er reicht bis in das Alleröd zurück. Zur Entnahme der obersten Sedimentschichten von 20 cm Dicke diente ein Jenkin-Schlammschöpfer. Von dem Bohrkern wurden 58 Proben im Abstand von 10 cm, teilweise auch von 5 cm, auf Cladocerenreste untersucht. In der obersten Sedimentschicht betrug der Probenabstand 4,5—5 cm. Zur Analyse der Cladocerenreste wurden 3—6 g des kühl gelagerten Frischsedimentes in 10% KOH 30 Minuten lang unter Umrühren gekocht und durch Gaze von 80 µm Maschenweite gesiebt. Der Siebrückstand wurde zentrifugiert und auf 10, 15 oder 20 ml aufgefüllt. Eine Teilprobe von 0,03—0,09 ml wurde nach leichter Antrocknung und Anfärbung mit Gentianaviolett bei 160facher Vergrößerung mikroskopisch untersucht. Je Teilprobe wurden insgesamt 200 Reste des häufigsten Skelettelementes (meist Schalen oder Kopfschilde) ausgezählt. Zur Ergänzung der Befunde wurde in mehreren Horizonten des Bohrkernes weiteres Sedimentmaterial auf seltene Arten qualitativ untersucht.

3. Stratigraphie des Bohrkernes

Eine grobe stratigraphische Analyse ergab die folgende Schichtung des Bohrkernes. Die pollenanalytischen Daten zur zeitlichen Einordnung der untersuchten Horizonte stammen von KREY & KLOSS (1990), die chemischen Werte von PROFT & KREY (1990). Die Tiefenangaben verstehen sich als Bohrkernlänge + Wassersäule.

950—940 cm: Gyttja, eisenockerreich; C_{org}: 4,9—7,5%.

940—936 cm: Laacher Tuff.

930—910 cm: Algengyttja, eisenhaltig, überwiegend Diatomeenschalen enthaltend, erstmals mit sehr geringen Mengen von *Nymphaea/Nuphar* und *Sphagnum*; C_{org}: <12%. Die Horizonte 950—910 cm umfassen die Pollenzone II (Alleröd).

905—870 cm: Kalkfreie Feindetritusgyttja mit geringem Sandanteil; C_{org} von 13,8% auf 30,8% ansteigend. Zwischen 900 und 878 cm Braunmoosschicht; bei 870 cm geringe Beimengung von Grobdetritus (Braunmoose), Verlandungstorfbildung. Pollenzone III (Jüngere Dryas).

860—335 cm: Torfschicht. Der Horizont 860 cm markiert eine grobdetritusreiche Übergangszone mit einem C_{org}-Gehalt von 40,4%. Die restliche Torfschicht enthält 46,2—58,5% C_{org}. Der mehr als 5 m starken Torfschicht sind mehrere (insgesamt 6) Braunmoosschichten (*Drepanocladus fluitans*, *Calliergon* spec.; KRAUSCH, mündl. Mitt.) eingelagert, deren stärkste bei 590—540 cm auftritt. Die Dichte der *Sphagnum*-Reste nimmt bei 790 cm deutlich zu und erreicht während der Vermoorung des Gewässers zwei Gipfel bei 630—510 cm und ab 385 cm bis zur Sedimentoberfläche. Nymphaeaceen-Reste treten ab 780 cm regelmäßig in wechselnden Mengen auf. Nach pollenanalytischen Befunden tritt zwischen 860 und 850 cm eine Sedimentlücke auf (Schichtstörung? Unterbrechung der Sedimentation wegen Verlandung des Gewässers?), die das Präboreal und frühe Boreal, d. h. etwa 1000 Jahre umfaßt (KLOSS, mündl. Mitt.). Zeitliche Gliederung der Torfschicht: 860 cm: wahrscheinlich Pollenzone IV (Präboreal); 850—820 cm: Pollenzone VI + VII (Atlantikum); 630—510 cm: Pollenzone VIII (Subboreal); 500—405 cm: Pollenzone IX (Älteres Subatlantikum); 395—335 cm: Pollenzone X (Jüngeres Subatlantikum).

Insgesamt liegt eine stratigraphische Zweiteilung des Bohrkernes vor mit einer frühen limnischen Phase von 950—870 cm, die im wesentlichen in das Spätglazial fällt und einer limnisch-telmatischen Phase ab 860 cm, in der eine 5, 3 m mächtige Torfschicht gebildet wurde, die fast das gesamte Postglazial umfaßt.

4. Ergebnisse

4.1. Der Artenbestand

Insgesamt wurden 35 Arten nachgewiesen, von denen 25 zu den Chydoriden gehören. Eine Art — *Rhynchotalona falcata* — wurde nur in den qualitativen Proben gefunden. Das Vorkommen der Arten in Beziehung zu den Pollenzonen ist in Tab. 1 dargestellt, wobei die geringe Artenzahl in Zone IV (Präboreal) auf die Untersuchung von nur einer Probe zurückzuführen ist.

Zu den Dominanten (>10% in einer der Proben) zählen nur 15 Arten (11 Chydoriden, 4 Nicht-Chydoriden). Über längere Zeitperioden treten lediglich 6 Arten dominant auf: *Bosmina longirostris*, *Chydorus sphaericus*, *Alonella excisa*, *Alona rectangula*, *Alona guttata* und *Alona affinis*. Durch besonders hohe Dominanzwerte von >50% der Chydoridae sind phasenweise *Chydorus sphaericus* und *Alonella excisa* ausgezeichnet. *Chydorus sphaericus* erreicht die Spitzenwerte im Alleröd und in der Jüngeren Dryas, *Alonella excisa* jedoch erst im Postglazial, vor allem im Atlantikum. Nicht weniger als 11 Arten treten während der gesamten Entwicklungsgeschichte des Kl. Barsch-Sees nur vereinzelt auf (<1% je Probe). Relativ viele Arten — *Bosmina longispina*, *Daphnia longispina*-Gruppe, *Simocephalus vetulus*, *Polyphemus pediculus*, *Pleuroxus uncinatus*, *Oxyurella tenuicaudis*, *Chydorus piger* und *Rhynchotalona falcata* — verschwinden bereits im Spätglazial (Tab. 1), was mit der frühen Vermoorung des Gewässers zusammenhängt. Andererseits treten von den nicht ausgesprochen sporadisch nachgewiesenen Arten einige, wie *Latona setifera*, *Alona rustica*, *Pleuroxus laevis*, *Pseudochydorus globosus*, erst im späteren Postglazial (Subboreal) auf und *Ceriodaphnia quadrangula* und *Ilyocryptus sordidus* wurden sogar erst in den jüngsten Sedimentschichten der letzten Jahrhunderte nachgewiesen.

Bis auf *Bosmina longispina* kommen alle festgestellten Arten rezent in den Gewässern der Umgebung vor (FLÖSSNER et al. 1985).

4.2. Biostratigraphie

4.2.1. Quantitative Stratigraphie

Der Bohrkern aus dem Kl. Barsch-See, insbesondere die Torfschicht, zeichnet sich durch eine hohe Dichte an Cladocerenresten aus (Abb. 1 und 2). In den untersten, dem Alleröd angehörenden limnischen Sedimenten schwanken die Individuendichten pro Trockensubstanz sehr stark und fallen in dem Horizont dicht oberhalb des Laacher Tuffs auf ein Minimum von 740 Ind./0,1 g TS. An dem starken Rückgang sind vor allem die litoralen Cladoceren (Chydoridae + *Sida crystallina*) beteiligt (Abb. 1). Der zweite starke Rückgang der Cladocerendichte fällt in die Jüngere Dryas (Horizonte 905—870 cm). In diese durch eine Klimaverschlechterung (FIRBAS 1949) ausgezeichnete Periode des Spätglazials fällt mit 210—720 Ind./0,1 g TS das absolute Minimum der Cladocerendichte während der gesamten Entwicklungsgeschichte des Gewässers. Im Gegensatz zu dem Abfall im Alleröd geht jetzt vor allem die Häufigkeit der planktischen Gattungen *Bosmina* und *Daphnia* stark zurück (Abb. 2). Oberhalb einer Sedimentlücke zwischen 860 und 850 cm ist im späten Boreal ein zweites, durchschnittlich um das 30fache höheres Dichteniveau erreicht, das fast ausschließlich von Chydoriden gebildet wird (Abb. 1 und 2).

Tab. 1. Kl. Barsch-See, Bohrkern III: Vorkommen der Cladocera in Beziehung zu den Pollenzonen.
(+): nur qualitativ nachgewiesen

Arten/Pollenzonen	II	III	IV	V	VI—VII	VIII	IX	X	Rezent
Chydorus sphaericus	+	+	+	+	·	+	+	+	+
Acroperus harpae	+	+	+	+	·	+	+	+	
Alonella nana	+	+	+	+	·	+	+	+	+
Alona guttata	+	+	+	+	+	+	+	+	+
Alona rectangula	+	+	+	+	+	+	+	+	
Alona affinis	+	+	+	+	+	+	+	+	+
Pleuroxus trigonellus	+	+	+	+	+	+	+	+	
Alona quadrangularis	+	+	+	+	+	+			
Eurycercus lamellatus	+	+	+			+	+	+	
Pleuroxus uncinatus	+	+							
Oxyurella tenuicaudis	+	+							
Bosmina longispina	+	+							
Chydorus piger	+								
Polyphemus pediculus	+								
Simocephalus vetulus	+								
Daphnia longispina-Gruppe	+	+							
Alona costata	+	+				+	+		
Bosmina longirostris	+	+	+			+	+	+	
Daphnia pulex-Gruppe		+							
Camptocercus rectirostris	(+)	+		+	+	+	+	+	+
Kurzia latissima	+					+	+	+	
Pleuroxus truncatus	+				(+)	(+)	+	+	+
Sida crystallina	+	+	+	+			+	+	
Rhynchotalona falcata		(+)							
Alonella excisa		+	+	+	+	+	+	+	+
Alonella exigua		+	+	+	+	+	+	+	
Alona intermedia				+	+	+	+	+	
Chydorus ovalis				+		+	+		
Graptoleberis testudinaria					+	+	+	+	+
Alona rustica						(+)	+		
Pleuroxus laevis						+	+	+	
Pseudochydorus globosus						+	+	+	
Latona setifera						+	+	+	
Ceriodaphnia quadrangula								+	+
Ilyocryptus sordidus								+	

Bis auf geringfügige Abweichungen in der Jüngeren Dryas laufen die Kurven für den C_{org}-Gehalt und die Cladocerendichte weitgehend parallel (Abb. 1).

4.2.2. Qualitative Stratigraphie

4.2.2.1. Planktische Cladoceren

Von den planktischen Cladoceren werden vor allem die Arten der Gattungen *Bosmina*, *Daphnia* und *Ceriodaphnia* subfossil in Seesedimenten erhalten (Frey 1964). Im Kl. Barsch-See wurden *Bosmina longirostris*, *Bosmina longispina*, *Ceriodaphnia quadrangula* und je 1 Art der *Daphnia longispina*- und *Daphnia pulex*-Gruppe nachgewiesen. *Leptodora kindti* und *Bythotrephes longimanus*, obschon nach Erhaltungsfähigkeit und Besiedlungsmöglichkeiten durchaus zu erwarten (Goulden 1964; Harmsworth 1968; Szeroczyńska 1985), konnten nicht gefunden werden.

Die Abb. 2 zeigt die Abundanz von *Bosmina* und *Daphnia* in Zahlen pro 0,1 g Trockensediment in der Zeit. Die Dichten schwanken beträchtlich. Im Alleröd sind bis auf die *Daphnia pulex*-Gruppe alle 3 Arten vorhanden. Ihre Dichten liegen im Rahmen der Werte aus vergleichbaren Gewässern (Harmsworth 1968; Hofmann 1986). *Bosmina longirostris* dominiert im Alleröd mit Anteilen von 41—76% der gesamten Cladocera sehr stark. In der Jüngeren Dryas fällt die Dichte sehr stark und rasch ab. Im Horizont 860 cm, der mit Vorbehalt dem Präboreal zugeordnet wird, tritt nur noch ein kümmerlicher Restbestand auf. Im anschließenden Postglazial fehlt *Bosmina longirostris* bis auf sporadische Vorkommen im Subboreal und Subatlantikum vollständig. Ein länger dauerndes Auftreten findet sich in den obersten, etwa 800 Jahre alten Sedimentschichten, in denen auch die Abundanzen des Spätglazials wieder erreicht werden. *Bosmina longispina* bleibt stets seltener als *Bosmina longirostris* und stirbt im Kl. Barsch-See bereits zu Beginn der Jüngeren Dryas aus, was für kleinere Seen Mitteleuropas typisch zu sein scheint (Hofmann 1983). Eine Einwanderung von *Bosmina coregoni* im frühen Postglazial, wie in größeren zirkumbaltischen Seen verbreitet (Hofmann 1978, 1986), findet im Kl. Barsch-See nicht statt.

Die Gattung *Daphnia* tritt im Kl. Barsch-See nur im Spätglazial auf. Ihre Dichte, besonders die der *pulex*-Gruppe, bleibt gering (Abb. 2).

Während der geschlossenen spätglazialen planktischen Besiedlungsphase des Kl. Barsch-Sees vollzieht sich ein Wandel der jeweils dominierenden Art von *Bosmina longirostris* im Alleröd und der *Daphnia longispina*-Gruppe in der frühen Jüngeren Dryas zur *Daphnia pulex*-Gruppe in der späten Jüngeren Dryas, was vielleicht auf wechselnde Räuber-Beute-Beziehungen zurückzuführen ist.

Die Gattung *Ceriodaphnia* tritt mit der Art *quadrangula* erst in den obersten Sedimentschichten (350—340 cm) auf.

4.2.2.2. Litorale Cladoceren

Die prozentuale Zusammensetzung der subfossilen Chydoridenfauna zeigt die Abb. 3. Lediglich 4 Arten — *Chy-*

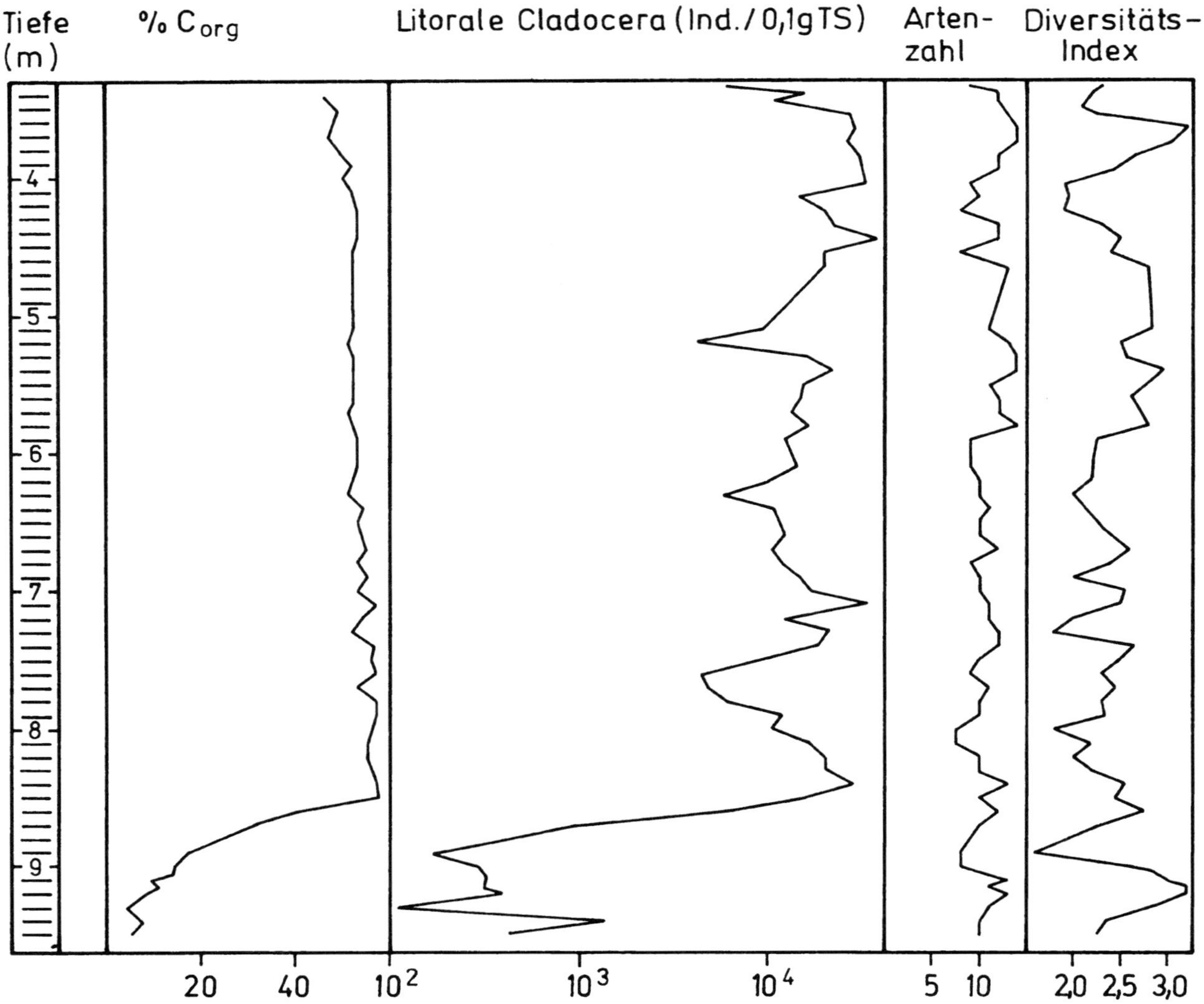

Abb. 1. Kl. Barsch-See, Bohrkern III: Abundanz der litoralen Cladoceren, Artenzahl, Diversität und C_{org}-Gehalt

dorus sphaericus, *Alonella excisa*, *Alona rectangula* und *Alonella nana* — zeigen Spitzenwerte, die 30% übersteigen. *Chydorus sphaericus* besitzt so hohe Dominanz nur im Spätglazial. Im Postglazial geht sein Anteil sehr stark zurück, im Subboreal und Subatlantikum fehlt er zeitweise sogar ganz. Lediglich in der jüngsten Sedimentschicht steigt die Dichte von *Chydorus sphaericus* wieder deutlich an, was auch für die rezente Chydoridenfauna des Kl. Barsch-Sees zutrifft (FLÖSSNER, unveröff.).

Alonella excisa tritt erstmals in sehr geringen Mengen (nachweisbar nur in den qualitativen Proben) im späten Alleröd auf, bleibt bis zum Ausgang des Spätglazials selten und beherrscht dann während des gesamten Postglazials mit einer mittleren Dominanz von 42,5% die Chydoridenfauna des Kl. Barsch-Sees.

Alona rectangula ist bereits im Alleröd ein integrierender Bestandteil der Chydoridenfauna, geht aber als leicht wärmeliebende Art in der kühl-feuchten Periode der Jüngeren Tundrazeit deutlich zurück, um im Postglazial maximale Abundanzen zu erreichen. Dabei zeigt die Dominanzkurve bei insgesamt fallender Tendenz einen für das Gewässer charakteristischen unruhigen Verlauf (Abb. 3). Die Periode stärkster Entwicklung mit durchschnittlicher Dominanz von 25,5% fällt in das Spätboreal und Atlantikum, um im Subboreal (Horizonte 640—520 cm) auf 19,9% abzufallen. Nach einer erneuten Zunahme im älteren Subatlantikum auf 24,3% (Schichten 510—395 cm) setzt dann ein rascher Abfall ein auf Werte < 10% bis zum völligen Verschwinden in den jüngsten, etwa 300 Jahre alten Sedimentschichten.

Die Dominanzkurve von *Alonella nana* (Abb. 3) zeigt einen ähnlichen Verlauf wie die von *Chydorus sphaericus* mit Maxima im Spätglazial und im Subatlantikum 2.

Im Alleröd war die Chydoridenfauna mit 16 Arten schon reich entwickelt. Die Artenvielfalt läßt darauf schließen, daß im Litoral eine wohlentwickelte Makrophytenvegetation vorhanden war. Sandbewohner hingegen fehlen bis auf Einzelfunde von *Chydorus piger* und *Rhynchotalona falcata* ganz. Mit dem Beginn des Postglazials setzte ein scharfer Wandel in der Artenzusammensetzung ein. Einige Arten, wie *Pleuroxus uncinatus*, *Oxyurella tenuicaudis*, *Chydorus piger*, *Rhynchotalona falcata* verschwanden, während *Alona intermedia*, *Chydorus ovalis* und *Graptoleberis testudinaria* neu einwanderten oder, wie *Alonella excisa*, *Alonella exigua* und *Camptocercus rectirostris*, deutlich zunahmen. Im Subboreal wird *Alona costata* durch *Alona rustica* ersetzt, die aber nie besonders häufig auftritt und trotz der Vermoorung des Kl. Barsch-Sees im Laufe des Subatlantikums wieder verschwindet. Eine deutliche Verarmung der Chydoridenfauna tritt in den obersten, wenige 100 Jahre alten Sedimentschichten ein. Mit dem Verschwinden von

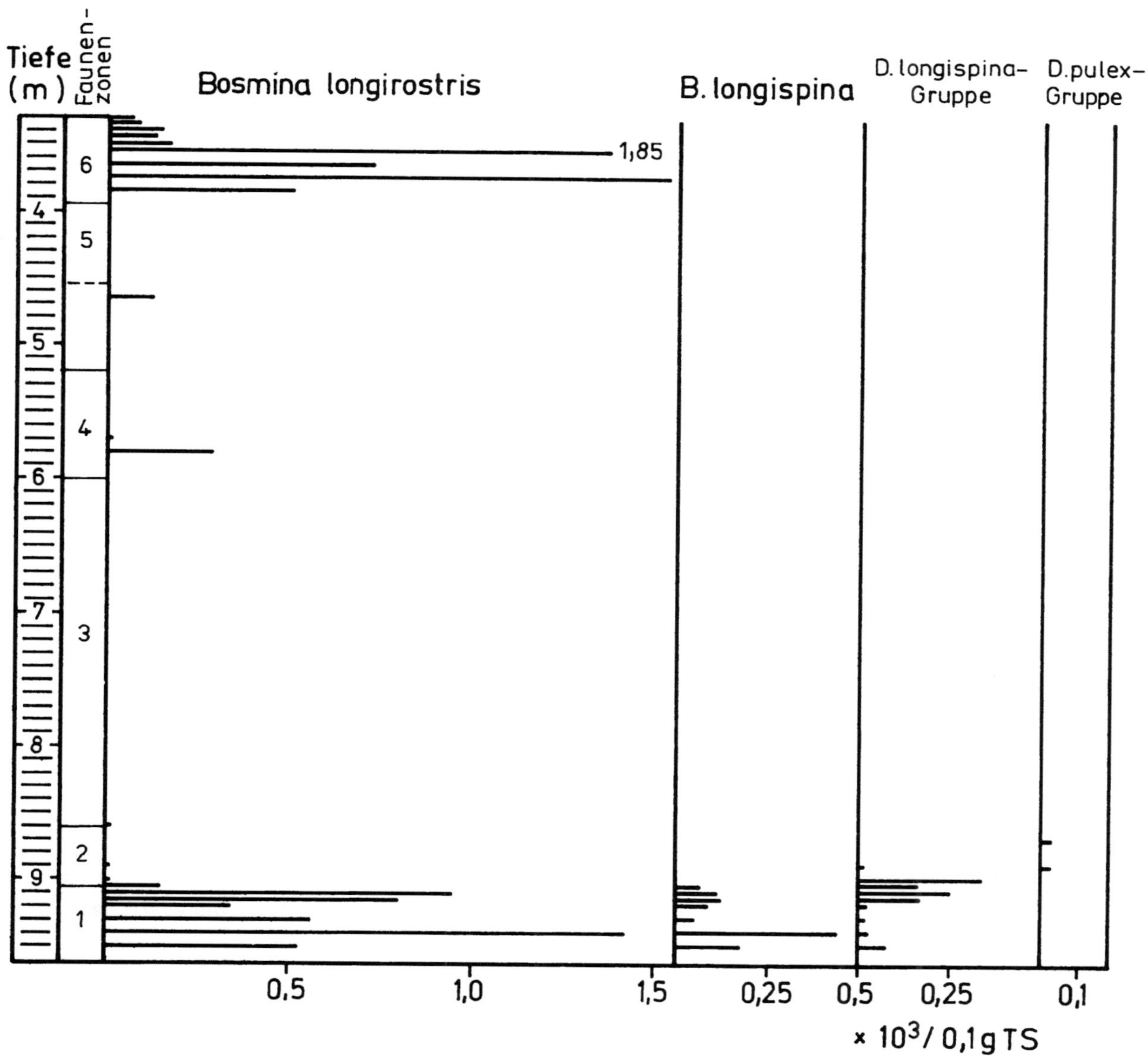

Abb. 2. Kl. Barsch-See, Bohrkern III: Abundanz von *Bosmina longirostris*, *Bosmina longispina*, *Daphnia longispina*-Gruppe und *Daphnia pulex*-Gruppe

Alona rectangula, *Acroperus harpae*, *Alonella exigua*, *Pleuroxus trigonellus* und *Eurycercus lamellatus* bildet sich die heutige artenarme, extrem einseitige Chydoridengemeinschaft heraus, wie sie für saure, kalkarme Moorseen des zirkumbaltischen Raumes typisch ist (Flössner, unveröff.).

4.3. Entwicklungsgeschichte der Cladocerenfauna

Die aus verschiedenen Gebieten Mitteleuropas gewonnenen Daten zur Ökologie der Cladoceren (Weigold 1910; Langhans 1911; Luyten 1934; Flössner 1964, 1972; Whiteside 1970; Hollwedel 1975/76; Frenzel 1982; Flössner et al. 1985) haben ergeben, daß der Zeigerwert einzelner Arten, insbesondere der Chydoridae für bestimmte ökologische Bedingungen oder unterschiedliche Gewässertypen gering ist. Frey (1976, 1986) betont deshalb, daß für die Interpretation subfossiler Cladocerenreste die Analyse der Dominanzstruktur von Artenkombinationen besser geeignet ist. Bei Anwendung dieser biozönotischen Methode läßt sich das in Abb. 2 und 3 dargestellte Cladocerendiagramm in 6 Faunenzonen gliedern.

Faunenzone I (950—905 cm)

Die Faunenzone I ist charakterisiert durch einen hohen Anteil der planktischen Cladoceren mit Dominanz von *Bosmina longirostris*. Unter den Chydoriden dominieren *Chydorus sphaericus*, *Acroperus harpae*, *Alona affinis* und *Alona guttata*. *Alonella nana* ist ebenfalls stark vertreten, jedoch mit wechselnden Anteilen. *Sida crystallina* und *Alona quadrangularis* erreichen das Maximum ihrer Entwicklung. *Pleuroxus uncinatus* bleibt sogar ganz auf diese Zone beschränkt. Die Schicht bei 905 cm, die einen Wechsel von Algen- zu Feindetritusgyttja markiert, ist durch eine Zunahme der *Daphnia longispina*-Gruppe und eine Abnahme von *Alona guttata* ausgezeichnet.

Faunenzone II (905—860 cm)

In der Faunenzone II vollzieht sich ein Wechsel in der Dominanzstruktur der planktischen Cladoceren. *Bosmina longispina* fehlt vollständig, *Bosmina longirostris* geht stark zurück. Bei 900 cm dominiert die *Daphnia longispina*

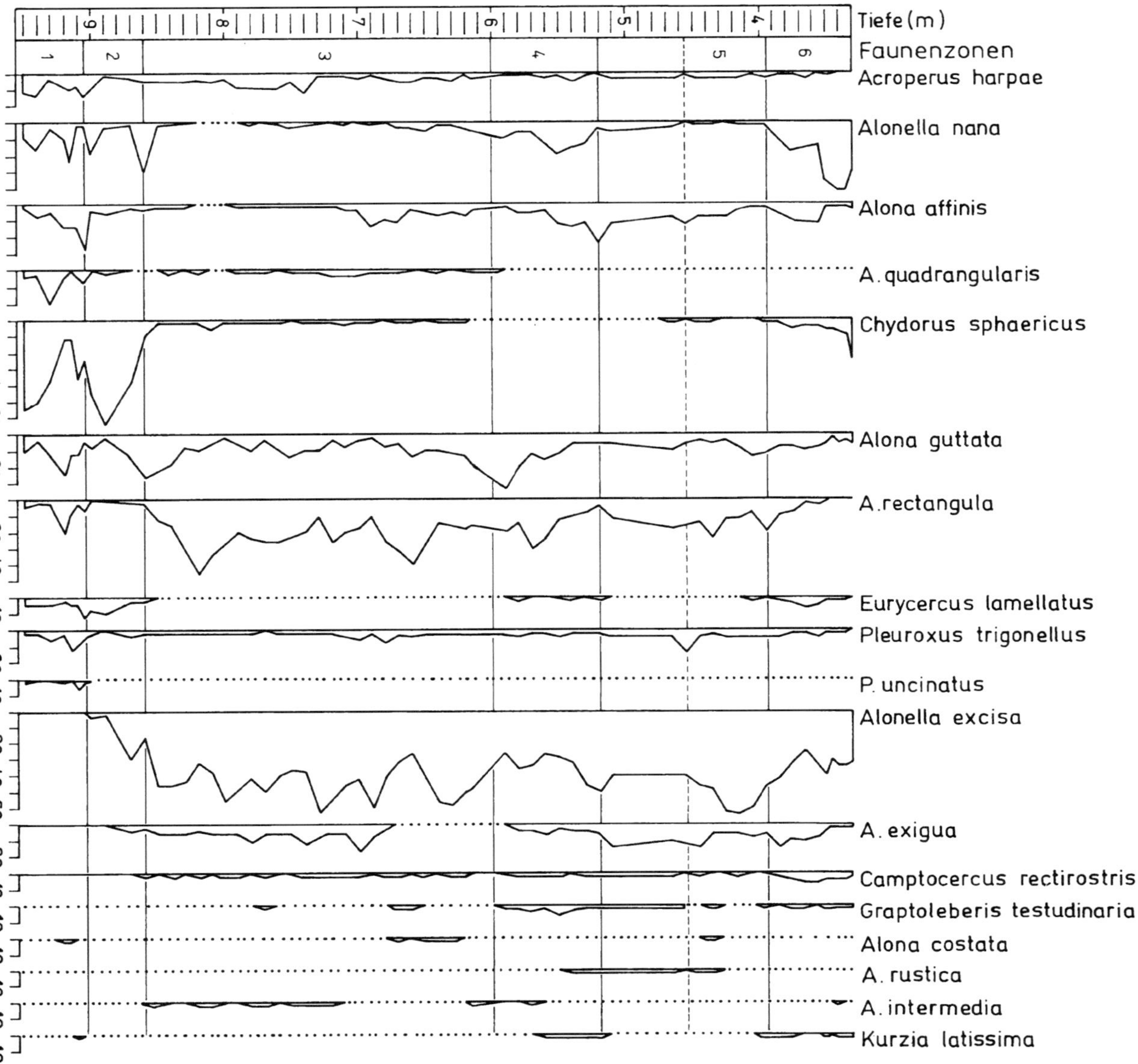

Abb. 3. Kl. Barsch-See, Bohrkern III: Dominanzen der 18 häufigsten Chydoriden-Arten

-Gruppe, bei 890—870 cm eine *Daphnia* der *pulex*-Gruppe die planktische Gemeinschaft. Ab 890 cm fällt der Anteil der planktischen Arten an der Gesamtzahl sehr stark ab. Die Chydoriden-Thanatozönose ist durch eine sehr hohe Dichte von *Chydorus sphaericus* gekennzeichnet, der auf dem Höhepunkt der Entwicklung 62% der gesamten Chydoridenzahl erreicht. In der oberen Hälfte der Faunenzone macht sich eine Zunahme von *Alonella excisa* geltend, während mehrere Arten, wie *Sida crystallina*, *Alona affinis*, *Alona quadrangularis*, *Alona rectangula* und *Pleuroxus trigonellus* fallende Tendenz aufweisen. Bei *Eurycercus lamellatus* tritt der Rückgang erst in den beiden obersten Horizonten ein. In der Faunenzone II treten erstmals *Alonella exigua* und *Camptocercus rectirostris* auf.

Faunenzone III (860—600 cm)

Die Faunenzone III ist durch ein vollständiges Fehlen der planktischen Cladoceren gekennzeichnet. Die Chydoridengemeinschaft wird durch die konstante Dominanz von *Alonella excisa* und *Alona rectangula* geprägt, die zusammen 57—84% der Gesamtzahl ausmachen. *Alonella exigua* erreicht in dieser Zone ein erstes Entwicklungsmaximum, während *Chydorus sphaericus* und *Alonella nana* stark abnehmen. *Sida crystallina* und *Eurycercus lamellatus* sind ganz verschwunden. Als Neubesiedler treten *Graptoleberis testudinaria*, *Alona intermedia* und *Chydorus ovalis* auf.

Faunenzone IV (600—520 cm)

In der Faunenzone IV treten *Bosmina longirostris*, *Sida crystallina* und *Eurycercus lamellatus* in geringen Dichten wieder auf. *Graptoleberis testudinaria* und besonders *Alonella nana* erfahren eine Zunahme, *Alona rectangula* hingegen eine Abnahme von 23,2% auf 15,2%. Die Chydoridengemeinschaft erfährt jedoch ihren schärfsten Einschnitt durch das vollständige Fehlen von *Chydorus sphaericus* und *Alona quadrangularis*. Geringfügige Veränderungen betreffen das erstmalige fast regelmäßige Auftreten von *Kurzia latissima* sowie die Ablösung der insgesamt nur sporadisch nachgewiesenen *Alona costata* durch *Alona rustica*.

Faunenzone V (455—395 cm)

Die Faunenzone V ähnelt in ihrer Dominanzstruktur weitgehend der Faunenzone III. Zu den Dominanten zählen *Alonella excisa* und *Alona rectangula*. *Alonella exigua* erreicht wieder ähnlich hohe Besiedlungsanteile, *Chydorus sphaericus* tritt wieder in geringer Dichte auf. *Alonella nana* geht auf die niedrigen Dominanzwerte (1,6%) der Faunenzone III zurück. *Bosmina longirostis, Sida crystallina, Eurycercus lamellatus* und *Kurzia latissima* fehlen völlig bzw. weitgehend. Der einzige geringfügige Unterschied betrifft das Fehlen von *Alona quadrangularis* und *Alona intermedia* sowie die Abnahme der mittleren Dominanz von *Alona rectangula* von 23,2% auf 14,6%.

Faunenzone VI (395—335 cm)

In den jüngsten Sedimentschichten vollzieht sich ein Wandel in der Cladocerenfauna, der große Ähnlichkeit mit dem Wechsel von Faunenzone III zu IV aufweist. Abermals treten die planktische *Bosmina longirostris* und der Phytalbewohner *Eurycercus lamellatus* auf. *Kurzia latissima* kommt wieder regelmäßig vor. *Alonella nana* nimmt stark zu. Auch *Chydorus sphaericus* wird wieder häufiger (dies im Unterschied zu Faunenzone IV). Die oberste, 20 cm umfassende Sedimentschicht ist durch eine starke Verarmung der Cladocerenfauna gekennzeichnet. In diesem Abschnitt des Bohrkernes verschwinden schrittweise mehrere Arten: *Alona rectangula, Acroperus harpae, Sida crystallina, Alona intermedia, Eurycercus lamellatus, Alonella exigua, Pleuroxus trigonellus* und *Kurzia latissima*, womit ein Übergang zu der rezenten, extrem einseitigen Cladocerentaxozönose des Kl. Barsch-Sees (FLÖSSNER, unveröff.) geschaffen ist.

Zur synökologischen Analyse von subfossilen Chydoridengemeinschaften sind neben den relativen Abundanzen der Diversitätsindex (H_s) und die Äquität (ε) als Maß für die Mannigfaltigkeit und den Gleichförmigkeitsgrad der Artenzusammensetzung bewährte Informationsgrößen. Wie Abb. 1 und Tab. 2 zeigen, ist die Chydoriden-Diversität im Alleröd am höchsten, um in der Jüngeren Dryas auf ein Minimum abzufallen. Im Postglazial steigt sie insgesamt wieder geringfügig an, wobei die Höchstwerte im Subboreal und Subatlantikum 2 liegen. Einschränkend ist allerdings zu bemerken, daß in den obersten Sedimentschichten die Artendiversität und Äquität mit 2,18 und 0,55 sehr niedrig liegen, was nicht nur auf die Artenarmut sondern auch auf die sehr ungleichmäßige Dominanzstruktur zurückzuführen ist, in der die drei häufigsten Arten 81—86% des Gesamtbestandes ausmachen.

4.4. Paläoökologische Bedeutung der Ergebnisse

Die Chydoridengemeinschaft im Alleröd und in der Jüngeren Dryas ist durch eine hohe Dominanz von *Chydorus sphaericus, Alonella nana, Acroperus harpae, Alona affinis, Eurycercus lamellatus* und *Alona guttata* ausgezeichnet. Es handelt sich um eurytherme, kältetolerante Arten, die von HARMSWORTH (1968) bis auf *Eurycercus lamellatus* und *Alona guttata* entsprechend ihrer rezenten Verbreitung als arktisch-subarktische Gruppe bezeichnet werden. WHITESIDE (1970) nennt sie Pionierarten in Nordeuropa. Die genannte Artengruppierung des Kl. Barsch-Sees stimmt weitgehend mit der Spätglazialfauna in anderen zirkumbaltischen Seen (FREY 1958; WHITESIDE 1970; HOFMANN 1978, 1983, 1986; SZEROCZYŃSKA 1985) und in Gewässern des English Lake District (GOULDEN 1964; HARMSWORTH 1968) überein. Abweichend sind im Kl. Barsch-See nur die Häufigkeitsverhältnisse von *Alona guttata* (dominant) und *Camptocercus rectirostris* (nur Einzelexemplare). Nach übereinstimmendem Urteil der genannten Autoren handelt es sich um eine klimatisch bedingte Artenkombination, die besonders scharf in den artenarmen Gemeinschaften der Älteren und Jüngeren Dryas hervortritt. Diese Feststellungen können aus dem Kl. Barsch-See für die allein vorliegenden Sedimente der Jüngeren Dryaszeit vollauf bestätigt werden, in denen bei deutlichem Artenrückgang (Tab. 2) besonders *Chydorus sphaericus* stark überwiegt (Abb. 3). Während der Klimaverbesserung des Alleröds treten im Kl. Barsch-See mehrere Arten mit rezentem Verbreitungsschwerpunkt im gemäßigten Europa auf — *Alona guttata, Alona quadrangularis, Alona rectangula, Pleuroxus trigonellus* und *Sida crystallina* —, die in der Jüngeren Dryas stark zurückgehen.

Die postglaziale Entwicklung der Cladocerenfauna des Kl. Barsch-Sees wird durch die rasche moorige Verlandung und Versauerung des Gewässers geprägt. Sie verläuft dadurch abweichend als in den meisten bislang paläolimnologisch untersuchten Seen Mittel- und Westeuropas (GOULDEN 1964; HOFMANN, 1978, 1983, 1986; LOTTER & BOUCHERLE 1984; SZEROCZYŃSKA 1985).

Zur Abschätzung des gegenseitigen Größenverhältnisses von pelagischer zu litoraler Zone eines Sees haben ALHONEN (1970) und WHITESIDE (1970) erstmals einen Index planktische/litorale Arten eingeführt, indem sie von der Annahme ausgehen, daß jede bedeutende Senkung des Wasserspiegels zu einer relativen Vergrößerung der Litoralzone führt. Eine Änderung des Verhältnisses planktischer zu litoralen Arten kann aber auch unabhängig von Seespiegelschwankungen durch zunehmende Verlandung eines relativ flachen Gewässers infolge Klimaverbesserungen eintreten.

Im Kl. Barsch-See beträgt der Anteil planktischer Cladoceren (*Bosmina* und *Daphnia*) in den untersten Sedimentschichten bis zum 900 cm-Horizont 55,1—85,3%. Dicht über der Laacher Tuffschicht erfolgt bei gleichzeitiger Abnahme der Gesamtabundanz eine Verschiebung des Plankteranteils von 58,4% auf 85,3%, was vielleicht auf einen Rückgang der Chydoriden infolge Verringerung des Makrophytenwachstums durch zunehmende anorganische Trübung (Vulkanasche) zurückzuführen ist. Einen ähnlichen Anstieg in den Horizonten 915 und 910 möchten wir hingegen, da die Chydoridendichte unverändert bleibt, mit einem Seespiegelanstieg infolge Toteisschmelze in Zusammenhang bringen.

Mit dem Auftreten einer etwa 20 cm starken kompakten Laubmoosschicht in der Jüngeren Dryas geht der Anteil von *Bosmina* und *Daphnia* ab 890 cm schrittweise auf 0,8% bei 860 cm zurück. Dieser ziemlich rasche Verlandungsprozeß läßt sich dabei nicht nur durch die quantitative Verschiebung von planktischen zu litoralen Cladoceren, sondern auch durch das Auftreten einer an Kleingewässer gebundenen *Daphnia* der *pulex*-Gruppe in der Spätphase der Verlandung in seinen einzelnen Etappen recht genau verfolgen.

Die starke Bedeckung des ehemaligen Seebeckenareals mit sich ausbreitender submerser und emerser Verlandungsvegetation läßt sich auch durch die Entwicklung der Chydoridenfauna belegen. Einer Abnahme der lakustrische Uferbezirke (FLÖSSNER 1964; FLÖSSNER et al. 1985) besiedelnden Arten *Eurycercus lamellatus* und *Sida crystallina* steht eine Zunahme der für Kleingewässer typischen phytophilen *Alonella excisa* und *Alonella exigua* (FREY 1958; HOFMANN 1983) gegenüber. Noch deutlicher wird die am Ende des Spätglazials und zu Beginn des Postglazials sich wandelnde Struktur der Litoralzone, wenn man den Anteil der benthischen Chydoriden zu dem der phytophilen Arten in Beziehung setzt. Zu den Schlammbewohnern können *Alona quadrangularis, Pleuroxus trigonellus, Pleuroxus uncinatus* und *Latona setifera*, zu den Phytophilen *Alona guttata*, *Alona costata*, *Graptoleberis testudinaria*, *Alonella exigua*, *Alonella excisa*, *Pleuroxus truncatus*, *Eurycercus lamellatus*, *Acroperus harpae*, *Oxyurella tenuicaudis* und *Sida crystallina* gezählt werden (Flössner 1964; Flössner et al. 1985). Sandbewohner können wegen ihrer ausgesprochenen Seltenheit im Kl. Barsch-See unberücksichtigt bleiben. Benthische Arten erreichen mit durchschnittlich 22,1% nur während der spätglazialen Seephase (Horizonte 950—900 cm) höhere Anteile. In der anschließenden Kleingewässerphase sinkt ihr Wert auf 9,5% ab, während die Phytophilen von 27,8% auf 63,8% ansteigen. Höchstwahrscheinlich bildeten sich mit fortschreitender Verlandung des Sees ausgedehnte submerse Laubmoosbestände, die die Besiedlungsmöglichkeiten für schlammbewohnende Cladoceren einschränkten.

Nach dem Verschwinden der planktischen Cladoceren aus dem Kl. Barsch-See folgt eine lange, vom Boreal bis zum Ende des Atlantikums reichende Periode, die durch eine auffallend stabile Dominanzstruktur der Chydoridengemeinschaft gekennzeichnet ist (Abb. 3). Besonders unterstrichen wird diese Stabilität durch die nahezu ständige Eudominanz von *Alonella excisa* und *Alona rectangula*, die zusammen 57,0—83,9% des Chydoridenbestandes ausmachen. Diese Besiedlungsperiode möchten wir als die Phase der stärksten Verlandung des Kl. Barsch-Sees ansehen, in der keine Freiwasserzone mehr vorhanden war, aber auch größere Freiwasserlücken in der Verlandungsvegetation weitgehend, wenn nicht sogar vollkommen fehlten. Wie die Untersuchungen von Frey (1958) zeigten, scheint *Alona rectangula* typisch für versumpfte Kleingewässer des Frühpostglazials zu sein. Er fand die Art im Präboreal des Wallensen mit Dominanz von etwa 70% in den begrenzten Moortümpel-Habitaten.

Im Kl. Barsch-See trat dann im Subboreal wieder eine Phase mit *Bosmina longirostris* (0,6%) und den lakustrischen, für offene Ufervegetation typischen Arten *Eurycercus lamellatus* und *Sida crystallina* ein, was wir auf einen Seespiegelanstieg zurückführen möchten. Gestützt wird diese Annahme durch pollenanalytische Befunde im Gebiet von Burow/Buchholz 7—10 km E des Kl. Barsch-Sees, die eine bronzezeitliche Siedlungsphase kurz nach 2000 v. u. Z. mit starker Waldauflichtung (Kloss 1980) und in deren Gefolge einen offensichtlichen Wasserüberschuß in der Landschaft (Succow 1987) belegen. Ähnliche Verhältnisse dürften mit ziemlicher Sicherheit auch in der Umgebung des Kl. Barsch-Sees geherrscht haben. Bezeichnend scheint in diesem Zusammenhang auch, daß während dieser Phase in den Sedimenten des Kl. Barsch-Sees mit *Pleuroxus laevis*, *Pseudochydorus globosus* und *Latona setifera* Arten in Einzelfunden vorliegen, die ihrem ökologischen Verhalten nach nur aus der wasserreichen randlichen Bruchwaldzone eingeschwemmt worden sein können.

Phasen mit erhöhtem Seespiegel und planktischer Besiedlung des Kl. Barsch-Sees wiederholten sich noch zweimal im Subatlantikum, wobei die letzte Phase während der späten Slawenzeit und der deutschen Landnahme um 1000—1300 mit starker Rodungstätigkeit beginnt (vgl. auch Driescher 1986; Richter 1968; Schulz 1968) und bis in die Gegenwart anhält. In diese Periode fällt auch die höchste Abundanz von *Bosmina longirostris* (Abb. 2), was für eine zusätzliche geringe Eutrophierung des Gewässers spricht. In die gleiche Richtung deutet auch der leicht ansteigende Phosphorgehalt in den obersten Sedimentschichten (Proft & Krey 1990). In den jüngsten, die letzten Jahrhunderte umfassenden Horizonten des Bohrkernes macht sich wieder ein Abfall von *Bosmina longirostris* bemerkbar. Verschiebungen in der Cladocerenfauna durch wechselnden Anstieg und Abfall des Seespiegels wurden von Harmsworth (1968) auch im Moor des Blelham Tarn (English Lake District) festgestellt.

Als Trophieindikator wird in der Paläolimnologie allgemein das Auftreten unterschiedlicher *Bosmina*-Arten angesehen, wobei eine Sukzession von *Bosmina longispina* zu *Bosmina coregoni* oder zu *Bosmina longirostris* als Eutrophierung, eine Ablösung von *Bosmina longirostris* durch *Bosmina longispina* als Oligotrophierung gewertet wird (Deevey 1942; Frey 1955; Hofmann 1977; Boucherle & Züllig 1983; Lotter & Boucherle 1984). Im Falle des Kl. Barsch-Sees läßt sich nur das Verschwinden von *Bosmina longispina* in der Jüngeren Dryas als Ausdruck eines mäßigen Trophieanstieges ansehen, während über das gesamte Postglazial mit Ausnahme der oben angeführten jüngsten Entwicklungsphase eine Aussage über Trophieänderungen wegen der nur sporadischen Besiedlung mit *Bosmina longirostris* bzw. des völligen Fehlens von *Bosmina coregoni* nicht getroffen werden kann.

In einem sauren Moorgewässer wie dem Kl. Barsch-See ist die postglaziale Geschichte der Versauerung von besonderem Interesse. Die Cladocerenanalyse läßt sich zur Berechnung früherer pH-Verhältnisse in den Gewässern nur bedingt und mit Einschränkungen einsetzen, da die allermeisten Chydoriden-Arten gegenüber dem Säuregrad des Wassers euryök sind (Flössner 1972; Brakke et al. 1984; Kenlan et al. 1984; Nilssen & Sandoy 1986; Sandoy & Nilssen 1986) oder wie *Alona rustica* und *Chydorus ovalis*, die durchaus als azidophil gelten können, Aussagen über engere pH-Bereiche, wie etwa die ökologisch bedeutsame Unterscheidung zwischen stark und schwach sauren (pH $< 5{,}0$ oder $> 5{,}0$) Bedingungen nicht mit der nötigen Sicherheit gestatten. Überdies sind die höchstwahrscheinlich am stärksten azidobionten Cladocerenarten *Acantholeberis curvirostris*, *Streblocerus serricaudatus* und *Scapholeberis microcephala* in subfossilen Sedimenten nicht nachweisbar.

Trotz dieser hinreichend bekannten Schwierigkeiten haben jüngst Krause-Dellin & Steinberg (1984, 1986) durch Aufstellung bestimmter pH-Klassen für zahlreiche Chydoriden-Arten eine Formel zur Berechnung früherer pH-Werte in Gewässern aufgestellt. Bereits Hofmann (1986) hat diese Methode einer umfassenden Kritik unterzogen (vgl. auch Nilssen & Sandoy 1986) und gezeigt, daß sie teilweise auf falschen Voraussetzungen beruht und keinesfalls allgemeine Gültigkeit besitzt. Meine jahrzehntelangen Erfahrungen mit der Ökologie der Chydoridae sprechen in der gleichen Richtung. Es sei in diesem Zusammenhang nur darauf verwiesen, daß die Klassifikation von *Alonella excisa* als azidobiont, von *Alona guttata*, *Alonopsis elongata* und *Rhynchotalona falcata* als azidophil, von *Camptocercus rectirostris* als alkalophil und von *Alonella nana* und *Pleuroxus trigonellus* als pH-indifferent (Krause-Dellin & Steinberg 1984, 1986) nach den bislang vorliegenden Daten nicht oder nur regional zutrifft. Berechnet man nach Krause-Dellin & Steinberg (1986) die früheren pH-Werte für den Kl. Barsch-See, so erhält man bereits ab Boreal eine starke Erniedrigung des mittleren pH-Wertes auf 4,98—4,89, während im oberen Abschnitt des Subatlantikums 2 ein Anstieg auf pH 5,48 zu verzeichnen ist. Beides steht mit den subfossilen Besiedlungsverhältnissen kaum in Einklang, die im Boreal/Atlantikum (Faunenzone III) hohe Dominanz bzw. ein konstantes Vorkommen der neutro-alkalophilen *Alona rectangula*, *Alona quadrangularis* und *Alonella exigua*, andererseits aber in der

Faunenzone VI (353—335 cm) ein Fehlen oder starkes Zurücktreten dieser Arten aufweisen (Abb. 3).

Wir gehen bei unserer Analyse der Versauerungsgeschichte des Kl. Barsch-Sees von den wechselnden Dominanzwerten einzelner, bestimmten pH-Klassen zugewiesenen Arten aus. Nach Literaturangaben und eigener umfassender Kenntnis der rezenten Artenkombinationen in neutralen und sauren Seen der Umgebung des Kl. Barsch-Sees wurde folgende Einteilung vorgenommen:

1. Azidophil: *Alona rustica*, *Alonella excisa*, *Alonella nana* (vgl. auch Davis et al. 1983; Sandoy & Nilssen 1986)
2. Zirkumneutral: *Alona quadrangularis*, *Sida crystallina*, *Eurycercus lamellatus*, *Alonella exigua*, *Pleuroxus trigonellus*
3. Neutro-alkalophil: *Alona rectangula*

Eine erste deutliche Versauerungsphase möchten wir in der Faunenzone IV, also im Subboreal, ansetzen. Sie ist gekennzeichnet durch eine Abnahme von *Alona rectangula* und *Alonella exigua*, durch eine Zunahme von *Alonella nana* und *Graptoleberis testudinaria*, das Verschwinden von *Alona quadrangularis* und das erstmalige Auftreten von *Alona rustica* (Abb. 3). Wie das zahlenmäßig nicht unbedeutende Vorkommen einer Reihe von zirkumneutralen Arten beweist, dürfte der pH-Wert nicht wesentlich unter 6,0 gelegen haben.

Eine zweite, stärkere Versauerungsphase mit pH-Werten um 5,0 umfaßt die Periode von etwa 1200 u. Z. bis in die Gegenwart. Sie macht sich durch eine starke Verarmung der Cladocerenfauna bemerkbar, in der schrittweise *Alona rectangula*, *Acroperus harpae*, *Eurycercus lamellatus* und *Pleuroxus trigonellus* verschwinden. *Alonella exigua* geht bis auf Einzelfunde zurück. Eine starke Zunahme erfährt die azidophile *Alonella nana*, die zusammen mit *Alonella excisa* in den obersten 20 cm Sediment 62—79% des Chydoridenbestandes stellt. Ein Anstieg von *Alonella nana* in den obersten Sedimentschichten jüngst versauerter Seen wurde von Uimonen-Simola (1987) auch in Finnland festgestellt.

Beide Versauerungsphasen des Kl. Barsch-Sees sind auch durch eine erhöhte *Sphagnum*-Dichte im Sedimentkern gekennzeichnet.

Überblickt man die Entwicklung der Versauerung im Kl. Barsch-See, so fällt das zeitliche Zusammentreffen von Versauerungsphasen, Seespiegelanstiegen und starken Siedlungsperioden (Bronzezeit, deutsche Landnahme) auf. Auch klimatische Ursachen (kühl-feuchte Perioden im Subboreal und Subatlantikum) dürften bei dem Zusammenspiel dieses Beziehungsgefüges eine Rolle gespielt haben. Insgesamt gesehen sind bei der Versauerung des Kl. Barsch-Sees anthropogene Veränderungen (Seespiegelanstieg durch Waldrodungen) jedoch von großer Bedeutung. Nach Succow (1987) war in der ostmitteleuropäischen Tieflandregion nach einer Phase starker Flachmoorbildung im Präboreal und Boreal das anschließende Atlantikum eine Phase schwächster Torfbildung. Im Subboreal trat durch Seespiegelanstieg eine zweite Phase ausgeprägten Moorwachstums ein. Im Subatlantikum verstärkte sich der Wasserüberschuß in der Landschaft, und es ist insbesondere ab jüngerem Subatlantikum mit den stärksten Torfbildungsraten zu rechnen. Es traten neben Ried- und Schilftorfen verstärkt auch *Sphagnum*-Torfe auf. Durch die Ergebnisse der Cladocerenanalyse an dem sauren, moorigen Kl. Barsch-See werden alle diese Vorgänge vollauf bestätigt.

In der Entwicklung der Cladocerenbesiedlung vollzieht sich vom Spätglazial zum frühen Postglazial ein Wechsel der Gemeinschaftsstruktur, wobei es sich nicht um die

Tab. 2. Kl. Barsch-See, Bohrkern III: Mittelwerte von Artenzahl, Diversität (H_s) und Äquität (ε) der Chydoriden-Gemeinschaft in den einzelnen Chronozonen

Chronozonen	Artenzahl	H_s	ε
Alleröd	10,5	2,80	0,82
Jüngere Dryas	8,8	2,08	0,64
Boreal	10,5	2,32	0,63
Atlantikum	10,2	2,29	0,66
Subboreal	11,3	2,44	0,70
Subatlantikum 1	10,1	2,25	0,64
Subatlantikum 2	12,0	2,53	0,68

Reifung eines jugendlichen Stadiums, sondern um eine echte Sukzession handelt (Hofmann 1987). Im Unterschied zu den Verhältnissen in größeren Seen Mittel- und Westeuropas (Whiteside 1970; Hofmann 1978, 1984, 1986; Lotter & Boucherle 1984; Goulden 1964; Harmsworth 1968) steigt aber die Diversität der Chydoridae im Kl. Barsch-See im Postglazial nicht kontinuierlich zu einem fast konstanten Maximum an, sondern oszilliert auf einem mitleren Niveau, ohne den Spitzenwert vom Alleröd wieder zu erreichen (Abb. 1, Tab. 2). Der fehlende postglaziale Anstieg der Diversität bedeutet eine Störung der biozönotischen Entwicklung, die durch die rasche Moorverlandung bedingt ist. Dies führt nicht nur zu einem Verschwinden der planktischen Besiedlung, sondern auch zu einer Reduktion der Habitatbildung im Litoral, indem durch das weitgehende Zuwachsen des Gewässerbodens freie Schlammflächen kaum noch zur Verfügung stehen. Die Chydoriden-Diversität ist also nicht nur von der Habitatvielfalt der litoralen Makrophytenvegetation abhängig (Frey 1986). In Kleinseen spielt vielmehr die Moorverlandung für die Reduktion der Diversität eine beachtliche Rolle. Faktoren, die den Temperatur- und Trophiestandard beeinflussen sind demgegenüber von untergeordneter Bedeutung. Andererseits führen Seespiegelerhöhungen in kleinen Moorseen jedesmal zu einem Anstieg der Diversität, wodurch die charakteristischen Schwankungen hervorgerufen werden.

Zusammenfassend läßt sich sagen, daß die postglaziale Entwicklung der Cladoceren-Taxozönosen im Kl. Barsch-See durch eine Folge von sukzessiven Störungen und Wiederherstellungen des Artengefüges gekennzeichnet ist, die hauptsächlich durch hydrologische Faktoren (Verlandungsvorgänge und Seespiegeländerungen) und weniger durch wechselnde Trophiebedingungen gesteuert werden. Auf diese Erscheinungen haben neuerdings Whiteside (1983) und Hofmann (1983) hingewiesen.

5. Zur Entwicklungsgeschichte des Kl. Barsch-Sees

Die cladocerenanalytischen Befunde ergeben eine dreiphasige Entwicklung des Kl. Barsch-Sees.

1. **Die See-Phase**. Der See erreichte seine Maximalentwicklung nach der Toteisschmelze im Alleröd. Es handelte sich um einen normal kalkhaltigen, ± neutralen, mesotrophen kleinen Flachsee. Das Pelagial wies eine typische planktische Besiedlung mit Dominanz von *Bosmina longirostris* auf. Im Litoral war die Makrophytenvegetation nur mäßig entwickelt. Den Hauptanteil der Primärproduktion bestritt das Phyto-

plankton. Die Sedimente waren rein limnisch (Algengyttja — Feindetritusgyttja).

2. **Die Verlandungsphase**. Der See begann von den flachen Ufern her an der Wende Spätglazial/Frühpostglazial rasch zu verlanden. Es bildeten sich dichte submerse Braunmoosdecken aus *Drepanocladus* und *Calliergon* spec. am Gewässerboden aus, die zur Auffüllung des Seebeckens beitrugen. Das *Sphagnum*-Wachstum blieb weiterhin sehr schwach. Die Ausdehnung der Freiwasserzone wurde schrittweise eingeengt und damit verschwand auch die zooplanktische Besiedlung. Die Primärproduktion wurde zunehmend von Moosen und Makrophyten beherrscht. In der Sedimentation vollzog sich ein Wechsel von limnischen zu limnisch-telmatischen Ablagerungen (Grobdetritusgyttja → Braunmoostorfe).

3. **Die Moor-Phase**. Sie umfaßt nahezu das gesamte Postglazial, doch ist wegen einer Sedimentationslücke im Präboreal/Boreal der Beginn nicht eindeutig festzulegen. Es herrschen telmatische Ablagerungen (Torfe) vor. Die Primärproduktion wurde fast ausschließlich von Makrophyten bestritten.

Die Moorphase läßt sich je nach Wasserspiegelhöhe und Versauerungsgrad in mehrere Teilabschnitte gliedern. Mit Beginn des Postglazials bildete sich bei zunehmender Erwärmung und sinkendem Seespiegel ein mesotrophes Zwischenmoor, in dem es kaum noch Freiwasserlücken gab. Das *Sphagnum*-Wachstum nahm langsam zu. Das Gewässer verlandete nahezu völlig; es setzte eine schwache Versauerung ein. Die Cladocerenbesiedlung bestand nur aus litoralen Arten in sehr hoher Dichte, unter denen semilakustrische Formen (Flössner 1964; Flössner et al. 1985) überwogen. Diese Periode der stärksten Verlandung dauerte bis etwa zum Ende des Atlantikums an.

Im Subboreal setzte mit einem offenbar anthropogen bedingten Seespiegelanstieg durch starke Waldauflichtung eine ausgeprägte Moorwachstumsphase ein, die durch einen deutlichen *Sphagnum*-Anstieg und submerse Braunmoosbestände gekennzeichnet war. Es bildete sich ein Moorweiher mit einer schwachen Zooplanktonbesiedlung aus. Die Versauerung nahm deutlich zu, erreichte aber noch nicht das gegenwärtige Ausmaß. Im frühen Subatlantikum gab es neben einer ausgedehnten Trockenperiode mit verstärkter Verlandung einen weiteren Seespiegelanstieg, dessen Dauer und Ausmaß jedoch nicht genau erfaßt werden konnte.

Der letzte Entwicklungsabschnitt des Kl. Barsch-Sees setzte im jüngeren Subatlantikum (etwa um 1200 u. Z.) mit einem erneuten Seespiegelanstieg und verstärkten Moorwachstum ein, in dem *Sphagnum*-Arten immer mehr zur Herrschaft kamen. Auch submerse Braunmoosbestände traten in geringer Dichte wieder auf. Die Zooplanktondichte erreichte ein Maximum, was auf eine mäßige anthropogene Eutrophierung im Gefolge des deutschen Landausbaues zurückzuführen ist. Gleichzeitig setzte eine starke Versauerung mit pH-Werten um 5,0 ein. Die Cladoceren-, insbesondere Chydoridenfauna verarmte stark.

Moorverlandung und Versauerung sind die beherrschenden ökologischen Prozesse in der Entwicklungsgeschichte des Kl. Barsch-Sees. Beide Vorgänge prägen nicht nur den gegenwärtigen limnologischen Charakter des Gewässers, sondern reichen bis in das frühe Postglazial zurück. Eine starke Versauerung mit pH-Werten um 5,0 tritt allerdings erst im Laufe des letzten Jahrtausends auf.

Zusammenfassung

In einem 6,2 m langen Sedimentkern aus dem sauren, kalkarmen Kl. Barsch-See wurde die Verteilung der subfossilen Cladoceren untersucht. Der Bohrkern umfaßt die Zeit vom Alleröd bis zur Gegenwart.

Die Auswertung der Ergebnisse beruht im wesentlichen auf der Dominanz der Arten und ihrer Ökologie. Die Beurteilung der Chydoriden-Verteilung stützt sich außerdem auf die Artendiversität (H_s) und die Äquität (ε).

Die See-Entwicklung läßt sich in 3 Phasen gliedern.

1. Die **Seephase** umfaßt den größten Teil des Spätglazials. In dem normal kalkhaltigen, ± neutralen, mesotrophen kleinen Flachsee siedelte ein typisches Cladocerenplankton mit Dominanz von *Bosmina longirostris*. Die Artenzusammensetzung der litoralen Cladocerenfauna ist im wesentlichen durch das Klima des Spätglazials geprägt („subarktische" Chydoridenfauna). Es wurden rein limnische Sedimente (verschiedenartige Gyttjen) abgelagert.

2. Die **Verladungsphase** während der Wende Spätglazial/Frühpostglazial. Mit der Verkleinerung der Freiwasserzone verschwand die planktische Cladocerenbesiedlung, wobei am Schluß ein Tümpelplankton auftrat. Es vollzog sich ein Wechsel der Primärproduktion vom Phytoplankton zu Makrophyten. Limnische Sedimente wurden von limnisch-telmatischen Ablagerungen (Grobdetritusgyttja) abgelöst.

3. Die **Moorphase** umfaßt das gesamte Postglazial. Die Primärproduktion wurde überwiegend von Makrophyten bestritten. Es herrschten telmatische Sedimente (Torfe) vor. Je nach Seespiegelhöhe und Versauerungsgrad läßt sich die Moorphase in mehrere Teilabschnitte gliedern. Im Frühpostglazial bildete sich bei starker Verlandung ein Zwischenmoor mit fehlender planktischer Besiedlung. Die Chydoridengemeinschaft wurde in dem schwach sauren, versumpften Gewässer von *Alonella excisa* und *Alona rectangula* dominiert. Im Subboreal gab es während eines Seespiegelanstieges eine erneute Besiedlung durch die planktische *Bosmina longirostris*. Die Zusammensetzung der litoralen Cladocerengemeinschaft deutet auf eine nur schwache Versauerung des Gewässers hin. Nach einer weiteren Trockenphase setzte im letzten Jahrtausend mit einem erneuten Seespiegelanstieg ein verstärktes Moorwachstum ein, das zum schrittweisen Verschwinden mehrerer zirkumneutraler Chydoriden-Arten führte. Der Kl. Barsch-See erreichte seine rezente starke Versauerung. Die Dichte des Cladocerenplanktons stieg infolge einer mäßigen Eutrophierung auf ein Maximum an. Seespiegelerhöhungen und Eutrophierung fallen mit starken menschlichen Siedlungsphasen während der Bronzezeit und des mittelalterlichen deutschen Landausbaues zusammen.

Literatur

Alhonen, P. (1970): On the significance of the planktonic/litoral ratio in the cladoceran stratigraphy of the lake sediments. Comment. biol. Soc. Sci. Fenn. **35**, 3—9.

Boucherle, M. M., & Züllig, H. (1983): Cladoceran remains as evidence of change in trophic status in three Swiss lakes. Hydrobiologia (The Hague) **103**, 141—146.

Brakke, D. F., Davis, R. B., & Kenlan, K. H. (1984): Acidification and changes in the chydorid assemblage of New England lakes. In: G. Hendry (ed.), Aquatic effects of acid rain, pp. 85—104. Ann Arbor.

Davis, R. B., Norton, S. A., Hess, C. T., & Brakke, D. F. (1983): Paleolimnological reconstruction of the effects of atmospheric deposition of acids and heavy metals on the chemistry and biology of lakes in New England and Norway. Hydrobiologia (The Hague) **103**, 113—123.

Deevey, E. S. (1942): Studies on Connecticut lake sediments. III: The biostratonomy of Linsley Pond. Amer. J. Sci. **240**, 233—264, 313—324.

Driescher, E. (1986): Historische Schwankungen des Wasserstandes von Seen im Tiefland der DDR. Geogr. Ber. **31**, 159—171.

Firbas, F. (1949): Spät- und nacheiszeitliche Waldgeschichte Mitteleuropas nördlich der Alpen. 1. Band. Jena.

FLÖSSNER, D. (1964): Zur Cladocerenfauna des Stechlinseegebietes. II. Ökologische Untersuchungen über die litoralen Arten. *Limnologica* (Berlin) **2**, 35—103.
— (1972): Kiemen- und Blattfüßer, Branchiopoda, Fischläuse, Branchiura. Tierwelt Dtl. **60**, 1—501.
— KASPRZAK, P., MOTHES, G., RONNEBERGER, D., & SCHÖNBORN, W. (1985): The invertebrate communities. In: S. J. CASPER (ed.) Lake Stechlin. A temperate oligotrophic lake, pp. 213—259. Dordrecht, Boston, Lancaster.
FRENZEL, P. (1982): Die Coenosen der litoralen Cladocera (Crustacea) des Bodensees. Arch. Hydrobiol. Suppl. **62**, 291—331.
FREY, D. G. (1955): Längsee: a history of meromixis. Mem. Ist. Ital. Idrobiol., suppl. **8**, 141—164.
— (1958): The late-glacial cladoceran fauna of a small lake. Arch. Hydrobiol. **54**, 209—275.
— (1960): The ecological significance of cladoceran remains in lake sediments. Ecology **41**, 684—699.
— (1964): Remains of animals in Quaternary lake and bog sediments and their interpretation. Arch. Hydrobiol. Beih. Ergebn. Limnol. **2**, 1—114.
— (1976): Interpretation of Quaternary palaeoecology from Cladocera and midges, and prognosis regarding usability of other organisms. Can. J. Zool. **54**, 2208—2226.
— (1986): Cladocera analysis. In: B. E. BERGLUND, Handbook of Holocene Palaeoecology and Palaeohydrology, pp. 667—692. Chichester, England.
GOULDEN, C. E. (1964): The history of the Cladoceran Fauna of Esthwaite Water (England) and its limnological significance. Arch. Hydrobiol. **60**, 1—52.
HARMSWORTH, R. V. (1968): The developmental history of Blelham Tarn (England) as shown by animal microfossils, with special reference to the Cladocera. Ecol. Monogr. **38**, 223—241.
HOFMANN, W. (1977): *Bosmina (Eubosmina)* populations of the Großer Segeberger See during late glacial and postglacial times. Arch. Hydrobiol. **80**, 349—359.
— (1978): Analysis of animal microfossils from the Großer Segeberger See (F.R.G.). Arch. Hydrobiol. **82**, 316—346.
— (1983): Stratigraphy of Cladocera and Chironomidae in a core from a shallow North German lake. Hydrobiologia (The Hague) **103**, 235—239.
— (1984): Stratigraphie subfossiler Cladocera (Crustacea) und Chironomidae (Diptera) in zwei Sedimentprofilen des Meerfelder Maares. Cour. Forsch. Inst. Senckenberg **65**, 67—80.
— (1986): Developmental history of the Großer Plöner See and the Schöhsee (North Germany): cladoceran analysis, with special reference to eutrophication. Arch. Hydrobiol. Suppl. **74**, 259—287.
— (1987): Cladocera in space and time: Analysis of lake sediments. Hydrobiologia (The Hague) **145**, 315—321.
HOLLWEDEL, W. (1975/76): Zur Cladoceren-Fauna des Sager Meeres. II: Litorale Cladoceren und eine Mitteilung über Ostracoden-Funde. Oldbg. Jb. **75/76**, 145—182.
KENLAN, K. H., JACOBSON, G. L., & BRAKKE, D. F. (1984): Aquatic Macrophytes and pH as controls of Diversity for litoral Cladocerans. In: Early Responses to Advancing Lake Acidification. Acid Precipitation Series **6**, 63—84.
KLOSS, K. (1980): Pollenanalysen zur Vegetations-, Siedlungs- und Moorgeschichte am Südrand der ostmecklenburgisch-brandenburgischen Seenplatte (Kreis Gransee). Arch. Natursch. Landschaftsforsch. **20**, 203—212.
KRAUSCH, H.-D. (1968): Die Pflanzengesellschaften des Stechlinsee-Gebietes. IV. Die Moore. *Limnologica* (Berlin **6**, 321—380.
KRAUSE-DELLIN, D., & STEINBERG, C. (1984): Evidence of lake acidification by a novel biological pH-meter. Environmental Technol. Letters **5**, 403—406.
— (1986): Cladoceran remains as indicators of lake acidification. Hydrobiologia (The Hague) **143**, 129—134.
KREY, L., & KLOSS, K. (1990): Geographische und pollenanalytische Untersuchungen des Kleinen Barsch-Sees (Bez. Potsdam, DDR). *Limnologica* (Berlin) **21** (1), 117—123.
LANGHANS, V. (1911): Der Großteich bei Hirschberg in Nordböhmen. Monogr. Abh. Int. Rev. ges. Hydrobiol. **3**, 1—101.
LOTTER, A., & BOUCHERLE, M. M. (1984): A late-glacial and postglacial history of Amsoldinger See and vicinity, Switzerland. Schweiz. Z. Hydrol. **46**, 192—209.
LUYTEN, M. (1934): Over de oecologie der Cladocera van Belgie. Biol. Jaarb. **1**, 32—179.
NILSSEN, J. P., & SANDOY, S. (1986): Acidification history and crustacean remains: some ecological obstacles. Hydrobiologia **143**, 349—354.
PROFT, G., & KREY, L. (1990): Die chemische Zusammensetzung der Spät- und Postglazialsedimente des Kleinen Barsch-Sees (Fe, Mn, P, C, N, H und BSi), eines dystrophen Moorweihers im Norden der DDR. *Limnologica* (Berlin) **21** (1), 157—164.
RICHTER, G. (1968): Fernwirkung der litorinen Ostseetransgression auf tiefliegende Becken und Flußtäler. Eiszeitalter und Gegenwart **19**, 48—72.
SANDOY, S., & NILSSEN, J. P. (1986): A geographical survey of littoral crustacea in Norway and their use in paleolimnology. Hydrobiologia **143**, 277—286.
SCHULZ, W. (1968): Spätglaziale und holozäne Seespiegelschwankungen an den westlichen Oberen Seen Mecklenburgs. Arch. Freunde Naturgesch. Mecklbg. **14**, 7—43.
SUCCOW, M. (1987): Zur Entstehung und Entwicklung der Moore der DDR. Z. geol. Wiss. Berlin **15**, 373—387.
SZEROCZYŃSKA, K. (1985): Cladocera jako wskaźnik ekologi ezny w poźnoczwartorzedowych osadach jeziornych polski północnej. Acta Palaeontol. Polon. **30**, 3—69.
UIMONEN-SIMOLA, P., & TOLONEN, K. (1987): Effects of recent acidification on Cladocera in small clear-water lakes studied by means of sedimentary remains. Hydrobiologia **145**, 343—351.
WEIGOLD, H. (1910): Biologische Studien an Lyncodaphniden und Chydoriden. Int. Rev. ges. Hydrobiol. Suppl. **3**, 1—118.
WHITESIDE, M. C. (1970): Danish Chydorid Cladocera: Modern ecology and core studies. Ecol. Monogr. **40**, 79—118.
— (1983): The mythical concept of eutrophication. Hydrobiologia **103**, 107—111.

Anschrift des Verfassers:

Dr. DIETRICH FLÖSSNER
Akademie der Wissenschaften der DDR
Zentralinstitut für Mikrobiologie
und experimentelle Therapie Jena
Abt. Spezielle Limnologie
Beutenbergstr. 11
Jena
DDR-6900

Limnologica (Berlin) **21** (1), 137—145, Oktober 1990

Akademie der Wissenschaften der DDR, Zentralinstitut für Mikrobiologie und experimentelle Therapie, Abteilung Limnologie, Jena

Analyse subfossiler Protozoenschalen der Sedimente eines kleinen sauren Waldsees (Kleiner Barsch-See, nördliche DDR)

Analysis of Subfossil Shelled Protozoa in the Sediments of a Small Acid Forest Lake (Kleiner Barsch-See, Northern GDR)

Von WILFRIED SCHÖNBORN

Mit 11 Abbildungen

Summary

From the sediment of a small acid forest lake (Kleiner Barsch-See, northern GDR) a core (620 cm long) was investigated for its content of subfossil shells of Protozoa. It could be found 31 species of Testacea (including of varieties) and 1 ciliated species *(Codonella cratera)*. The most abundant species is *Centropyxis aculeata*. The density of shells in the deeper layers is low (only seldom up to 230 shells 0.1 g^{-1} dry wt.). Only above of the depth of 435 cm the density increases and achieves maximum values of > 1100 shells 0.1 g^{-1} dry wt. The lake is surrounded by a trembling bog *(Sphagnum)*, which probably occurred in an early phase of the development. In 930 cm depth (~ 11000 years B. P.) the *Sphagnum*-indicator *Amphitrema flavum* could be registered.

At this time the content of $CaCO_3$ was already strongly reduced. In most cases a separation of lake-inhabiting shells and those comming from *Sphagnum* is not possible. Lake-inhabiting taxa are *Centropyxis nauwercki*, the most species of *Difflugia*, *Pontigulasia*, *Lesquereusia* and *Codonella cratera*. The last species only occurs in a depth of 910—905 cm and is indicative of a large pelagial. After this time it must be happened a rapid reduction of the pelagial.

The durability of shells is of low degree. A x-ray microanalysis to compare the chemical composition of subfossil and recent shells yielded contradictory results. For a few species a discontinuous size polymorphism of the shells could be described. At this recent and subfossil populations are compared. The shells of *Difflugia oblonga* and *Difflugia globulosa* show favoured size-classes. Recent and subfossil size peaks are only insignificantly shifted.

Centropyxis aculeata is an extremely size-polymorphic species, including *Centropyxis hirsuta*. Therefore *Centropyxis hirsuta* must be eliminated.

However, in the course of the development of the lake, *Centropyxis aculeata* indicates only one main-class of size, surrounded by the subsidiary classes. The investigated recent population of *Centropyxis aculeata* did not possess a favoured size-class. In the course of the development of the lake *Centropyxis aculeata* formed also temporal races of short duration. Interesting species found in the area only in the core are *Centropyxis nauwercki* and *Difflugia kabylica*.

1. Einleitung

Testaceenschalen finden sich fast regelmäßig in postglazialen Seesedimenten. Unter den Schalenresten gibt es auch gute Indikatoren für den Trophiegrad des Gewässers (SCHÖNBORN et al. 1965, 1984; PAWLOWSKI et al. 1982; RUZICKA 1982). Trotzdem gibt es bisher erst wenige rhizopodenanalytische Arbeiten über Sedimente. Neuerdings beginnen auch entsprechende Untersuchungen in Kanada (z. B. SCOTT & MEDIOLI 1983) und England (ELLISON & OGDEN 1987).

Außer Testaceenschalen erhalten sich auch die Gehäuse von *Codonella cratera* in Sedimenten.

Die vorliegenden Ergebnisse liefern nur sehr wenige Daten zur ökologisch-limnologischen Rekonstruktion der Geschichte des Sees. Die Ursache liegt in der relativ schlechten Erhaltung der Schalen, die vor allem auch die Indikatorarten betrifft. Es ergaben sich jedoch erste Hinweise über langzeitliche Verschiebungen innerhalb eines Schalenpolymorphismus bestimmter Arten, die zur Bildung zeitlicher Rassen während der postglazialen Seegeschichte führten. Eine Korrelation dieser morphologischen Änderungen mit Zustandsänderungen des Sees konnte noch nicht nachgewiesen werden.

2. Beschreibung des Gewässers und des Bohrkernes

Der Kleine Barsch-See ist ein kleiner See innerhalb eines oligotrophen Hochmoores. Der Kleine Barsch-See liegt nahe der Ortschaft Neuglobsow (Bezirk Potsdam). Er ist ca. 0,3 ha groß und 330 cm tief. Der pH-Wert schwankt zwischen 4,7 und 5,1.

Der durchschnittliche O_2-Gehalt beträgt 7,9 mg/l, der Ca-Gehalt nur 2,6 mg/l. Die Uferzone des Sees ist mit *Nuphar luteum* bewachsen. Größere Bereiche des Sediments sind von dem Moos *Drepanocladus fluitans* bedeckt. Umgeben ist der See von einem 2—5 m breiten *Sphagnum*-Schwingrasen (Hochmoor) und einem anschließenden *Ledum palustre-Pinus silvestris*-Wald. Vorherrschend im Schwingrasen sind *Sphagnum medium* und *Rhynchospora alba*. Weitere Einzelheiten finden sich bei KRAUSCH (1968).

Der aus dem See im Jahre 1986 entnommene Bohrkern besaß eine Länge von 620 cm. Die Tab. 1 bringt eine Auflistung einiger wichtiger Daten der Sedimentbeschaffenheit. Bei den Moosen handelt es sich meist um *Calliergon richardsonii*, seltener um *Drepanocladus fluitans*, das gegenwärtig Teile des Sediments besiedelt. Gewebereste von Blütenpflanzen deuten auf eine frühzeitige Besiedlung durch Wasserpflanzen hin.

Oberhalb einer Tiefe von 870 cm (ab Wasseroberfläche gemessen, Wassertiefe 330 cm) fehlt $CaCO_3$ oder ist nur in geringen Mengen vorhanden. Unterhalb der Laacher Tuff-Schicht (936 cm = 9500 Jahre v. u. Ztr.) beträgt sein Anteil an der Sedimenttrockenmasse 11—12%, kurz über dieser Schicht erfolgt dann eine schnelle Abnahme (4,2—0,1%) (PROFT & KREY 1990).

Das Sediment ist während langer Perioden der Geschichte des Sees Dy. Nur kurzfristig sinkt der C/N-Quotient unter 10. Während der Frühgeschichte des Sees bis zu einer Tiefe von 840 cm liegt der N-Gehalt unter 1% und der C-Gehalt meist unter 9%. Bei derartig niedrigen Werten ist der C/N-Quotient für die Klassifizierung des Sediments nicht brauchbar (SCHÖNBORN 1966).

Tab. 1. Charakterisierung der Sedimente des Bohrkernes aus dem Kleinen Barsch-See (1986)

Tiefe in cm[1]	Farbe, Konsistenz	C/N (org.)	Pflanzenreste[2]	
			Bryales	Sphagnales
950—940	Schwarz, fest	13,8—14,1	—	—
936	Laacher Tuffschicht	4,2	—	—
930—915	Schwarz, fest	6,0—12,2	—	—
910—820	Olivbraun, weicher	17,3—14,7	(ab 910)	(ab 840)
810—790	Braun, weich	16,8—13,3	+	—
780—740	Dunkler, weich	12,7—12,3	Moosschicht[3] (740)	—
730—660	Dunkelbraun, z. T. fester	14,1—11,0	+	+
650—530	Heller, weich z. T. dickflüssig	9,5—12,0	Moosschicht[3] (600—570)	+
520—365	Braun, dickflüssig	12,0—12,1	Moosschicht[3] (465)	+

[1] unter Wasseroberfläche
[2] + = vorhanden; — = nicht registriert
[3] nach H.-D. KRAUSCH v. a. *Calliergon richardsonii*

3. Methodik

Der Sedimentkern wurde mit Hilfe eines Livingstone-Stechers vom Eis aus entnommen. Die Entnahme der Proben aus dem Kern für die Rhizopodenanalyse geschah zumeist in einem Abstand von 10 cm. Zur Aufbewahrung wurden die Proben eingefroren.

Eine Aufbereitung der Proben mit KOH führte zu einem hohen Schalenverlust. Auch die Behandlung in einem Ultra-Homogenisator zerstörte fast alle Difflugien der Proben. Die Ursache ist vermutlich der schlechte Erhaltungszustand der Schalen in diesem See.

Sehr schonend dagegen erwies sich der Ultraschall-(Hochgeschwindigkeits)-Homogenisator. Nur die sehr großen Difflugien (*D. oblonga*) wurden auch in ihm zerstört. Da große Difflugien durch Sedimentpartikel nicht verdeckt werden können, wurden neben behandelten auch unbehandelte Proben durchgesehen, um die großen, aber empfindlichen Schalen erfassen zu können. Difflugienschalen sind in Sedimenten schlecht haltbar. Je nach Konsistenz wurde eine bestimmte Menge luftgetrocknetes Sediment in Aqua dest. (0,1 g—10 g) suspendiert und im Ultraschall-Homogenisator behandelt. Danach wurde die Probe durch Perlongaze gespült, zuerst von 174 µm Porenkantenlänge und anschließend von 44 µm Kantenlänge. Es entstanden 3 Fraktionen der Partikelgrößen: > 174 µm; 44—174 µm; < 44 µm. Jede Fraktion wurde zentrifugiert (10 min., 3000 Umdrehungen) und überstehendes Wasser bis dicht über dem Niedersatz vorsichtig abpipettiert. Aus den abgesetzten Sedimenten wurden 5—10 mal 0,05 ml unter dem Mikroskop ausgezählt. Das Volumen dieser abgesetzten Sedimente wurde für die Hochrechnung ermittelt. Die mittlere Fraktion enthielt die überwiegende Mehrzahl der Schalen. Die Fraktionen wurden mit 7—8 %iger Phenollösung konserviert (RUZICKA 1982).

Chemische Analysen subfossiler und rezenter Schalen erfolgten mit Hilfe der elektronenstrahlinduzierten Röntgenmikroanalyse ESMA, wie sie bei CASPER & SCHÖNBORN (1985) beschrieben ist.

Tab. 2. Liste der gefundenen Arten

Arten, Varitäten	Domianz (%)	Konstanz (%)
Arcella discoides	0.02	3.4
Arcella catinus	2.5	13.5
Centropyxis aculeata	43.8	50.8
Centropyxis hirsuta	8.0	22.0
Centropyxis discoides	13.7	40.0
Centropyxis delicatula	0.02	3.4
Centropyxis aërophila var. *sphagnicola*	0.02	3.4
Centropyxis nauwercki	0.2	3.4
Cyclopyxis spec.	0.01	1.7
Difflugia mica	0.4	3.4
Difflugia globulosa	5.0	15.2
Difflugia kabylica	3.8	16.9
Difflugia elegans	1.3	5.1
Difflugia elegans var. *teres*	0.9	6.8
Difflugia varians	0.01	1.7
Difflugia oblonga	12.4	16.9
Difflugia acuminata	0.01	1.7
Difflugia bacillifera	0.01	1.7
Pontigulasia bigibbosa	0.5	5.1
Lesquereusia modesta	0.1	1.7
Lesquereusia spiralis	0.01	1.7
Lesquereusia epistomum	0.01	1.7
Nebela tincta	0.5	1.7
Nebela collaris	0.01	1.7
Nebela tubulosa	0.01	1.7
Nebela carinata	0.7	8.5
Heleopera sphagni	0.7	5.1
Hyalosphenia papilio	0.6	5.1
Phryganella acropodia	0.4	10.2
Assulina muscorum	0.2	5.1
Amphitrema flavum	3.1	18.6
Codonella cratera	0.6	3.6

4. Ergebnisse und Diskussion

4.1. Artenzusammensetzung

Es wurden 32 Arten (einschließlich Varietäten) registriert (31 Testaceenarten, 1 Ziliatenart). Die Tab. 2 bringt die Auflistung der gefundenen Formen sowie ihre Dominanz und Konstanz im Bohrkernprofil. Die häufigste Art ist *Centropyxis aculeata*. Dies bestätigt die Ergebnisse aus den bisher untersuchten Bohrprofilen eutropher und dystropher Seen (SCHÖNBORN 1984; PATTERSON et al. 1985). In oligotrophen Seesedimenten ist ihre Dichte geringer und wird von der von *C. aërophila* übertroffen (SCHÖNBORN 1973; RUZICKA 1982). Häufig sind ferner *Centropyxis discoides*, *C. hirsuta* (die letztere, wie noch gezeigt wird, ist allerdings von *C. aculeata* artlich nicht zu trennen), *Difflugia oblonga* und *D. globulosa*. Auch diese Arten sind rezent häufig und verbreitet.

4.2. Stratigraphische Änderungen (Abb. 1)

Die Schalendichte nimmt oberhalb 430 cm Tiefe deutlich zu. In tieferen Schichten ist sie als gering zu bezeichnen; nur selten erreicht sie 230 Schalen/0,1 g TM.

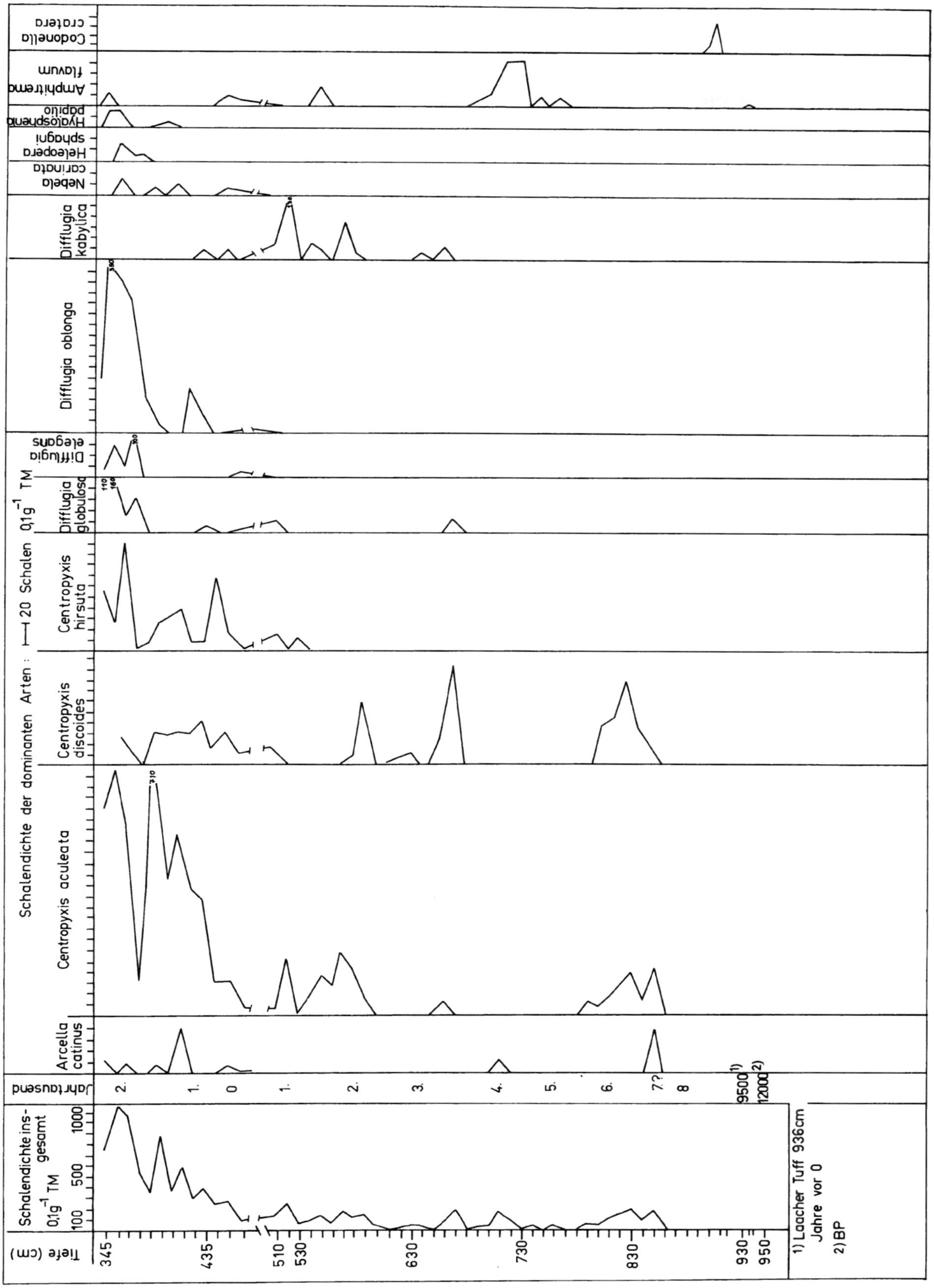

Abb. 1. Kleiner Barsch-See. Die subfossilen Schalen dominanter Protozoen in einem 620 cm-Bohrkern. Grobdatierung nach K. Kloss (Potsdam) aufgrund pollenanalytischer Befunde. Wassertiefe 330 cm.

Kleiner Barsch-See. The subfossil shells of dominant Protozoa in a 620 cm — core. Coarse dating on the basis of the pollen analysis after K. Kloss (Potsdam). Depth of water: 330 cm

Die Schichten unterhalb von 915 cm sind schalenleer oder es wurden in ihnen nur Einzelfunde registriert. Die Ursachen können sowohl der schlechte Erhaltungsgrad der Schalen als auch eine reale geringe Besiedlung des Moorsees sein, wie sie auch gegenwärtig zu verzeichnen ist.

Arcella catinus, *Centropyxis aculeata* und *C. discoides* scheinen während der gesamten Entwicklung des Sees dominierend gewesen zu sein. Interessant ist, daß die kleine *C. hirsuta*, die nach den vorliegenden Untersuchungen zu *C. aculeata* zu rechnen ist, erst in den oberen Schichten auftritt. Die Verschiebungen in der Größenverteilung dieser Art werden später besprochen (s. S. 142). Auch die Difflugien treten erst in den oberen Schichten auf. Die Ursache kann sowohl die häufige Moosbedekkung des Sediments in der Geschichte des Sees (Tab. 1) sein (die Difflugien sind typische Sedimentbewohner) als auch der schlechte Erhaltungsgrad speziell der Difflugienschalen.

Der planktische Ziliat *Codonella cratera* erscheint nur für kurze Zeit in einer Tiefe von 910—905 cm.

4.3. Herkunft der Arten und Hinweise zur Geschichte des Sees

Der Kleine Barsch-See ist von einem Sphagnetum-Schwingrasen umgeben. *Sphagnum* ist ein bevorzugter Lebensraum der Testaceen. Daher ist es nicht mehr feststellbar, ob die gefundenen Schalen aus dem See selbst oder aber allochthon aus dem angrenzenden Sphagnetum stammen. Dies gilt auch für die häufigen Arten *Arcella catinus*, *Centropyxis aculeata*, (*C. hirsuta*), *C. discoides* und *Difflugia globulosa*. Sie kommen sowohl im Aufwuchs auf submersen Pflanzen als auch im feuchten *Sphagnum* sehr häufig vor.

Die registrierten Arten *Difflugia bacillifera*, *Nebela* spp., *Heleopera sphagni*, *Hyalosphenia papilio*, *Assulina muscorum* und *Amphitrema flavum* sind völlig oder doch stark an *Sphagnum* gebunden, so daß diese Arten dem *Sphagnum*-Rasen entstammen. Sie gelangten bereits als Leerschalen in den See. Die sphagnobionte *Amphitrema* kann als Indikator für die Anwesenheit von *Sphagnum* angesehen werden. Sie trat erstmalig bei einer Tiefe von 930 cm (vor ~ 11000 Jahren) auf, so daß angenommen werden muß, daß zu dieser Zeit der See bereits von *Sphagnum* umgeben war. Zu dieser Zeit war der $CaCO_3$-Gehalt bereits sehr stark reduziert.

Als seeintern müssen *Centropyxis nauwercki*, die Mehrzahl der *Difflugia*-Arten, *Pontigulasia*, *Lesquereusia* und *Codonella cratera* angesehen werden. Bei diesen Arten handelt es sich mit Ausnahme von *Codonella* um Sedimentbewohner. Sie wurden allerdings erst in den oberen Schichten registriert. *Centropyxis aculeata* bildet auch häufig sedimentbewohnende Populationen aus, die sich auch subfossil nachweisen lassen (SCHÖNBORN 1984). Jedoch konnten für den Kleinen Barsch-See derartige sedimentbewohnende *aculeata*-Formen nicht nachgewiesen werden, so daß der Verdacht einer allochthonen Herkunft von *C. aculeata* gestützt wird. Da *Centropyxis aculeata* und *Difflugia globulosa* nur den feuchten, oft in den See hineinragenden Teil des *Sphagnum*-Rasens bewohnen, erklärt sich auch die oft hohe Dichte ihrer Schalen im Sediment. Die übrigen genannten *Sphagnum*-Bewohner (mit Ausnahme von *Nebela carinata*) leben entfernt vom Seeufer und gelangen deshalb nicht so häufig in das Sediment.

Leider fehlen unter den Sedimentbewohnern die Indikatorarten für Trophie, so daß also über Trophieänderungen im See mit Hilfe der Rhizopodenanalyse nichts ausgesagt werden kann.

Die Ziliatenart *Codonella cratera* lebt planktisch und trat bei einer Tiefe von 910 bis 905 cm auf. Die Art erscheint vor allem in größeren Pelagialen (FOISSNER & WILBERT 1979). In der genannten Zeit muß der See also eine größere Ausdehnung, gleichzeitig aber bereits *Sphagnum* in seiner nächsten Umgebung gehabt haben. Da die Art in späteren Schichten nicht mehr gefunden wurde, muß es schon bald nach der genannten Zeit zu einer rasanten Verlandung des Sees, zumindest jedoch zu einer drastischen Verkleinerung der Wasserfläche gekommen sein.

Die in späteren Schichten (Abb. 1) auftretende *Difflugia kabylica* zeigt teilweise Cyclotellenabdrücke auf ihrer Schale. Dies deutet ebenfalls auf eine planktische Lebensweise hin. *D. kabylica* muß aufgrund ihrer Schalenmorphologie als eng verwandt mit der ebenfalls planktischen *D. limnetica* angesehen werden (s. Kap. 4.6.). Vermutlich handelt es sich nur um eine Varietät von ihr. Auch Schalen mit Steinchenbelag wurden gefunden, so daß die Art gleichzeitig auch eine benthische Lebensweise gehabt haben muß. Das entspricht auch der Lebensweise von *D. limnetica*, die auch in kleinen Gewässern sowohl planktisch als auch benthisch leben kann.

Die wichtigsten submersen Pflanzen in der Geschichte des Sees waren Moose (v. a. *Calliergon richardsonii*), die zeitweise das gesamte Sediment bedeckten. Schon aus diesem Grund war der Raum für sedimentbewohnende Testaceen sehr eingeengt. Aber auch Moose stellen einen wichtigen Lebensraum für Testaceen dar. Es ist anzunehmen, daß auch sie eine Testaceenbesiedlung aufwiesen. Zum Auftreten von höheren Wasserpflanzen (*Nymphaea*, *Nuphar*, *Potamogeton*) liegt nur ein Fund vor (*Nymphaea alba* aus 970 cm Tiefe). Auch der Aufwuchs auf diesen Pflanzen stellt einen Lebensraum für Testaceen dar. Die Trennung der Herkunft der Testaceenarten aus dem Aufwuchs höherer Wasserpflanzen und aus den Moosen ist ebenfalls nicht möglich.

4.4. Erhaltung der Schalen

Der Erhaltungsgrad der Schalen im Kleinen Barsch-See ist als schlecht zu bezeichnen. In den bisher untersuchten

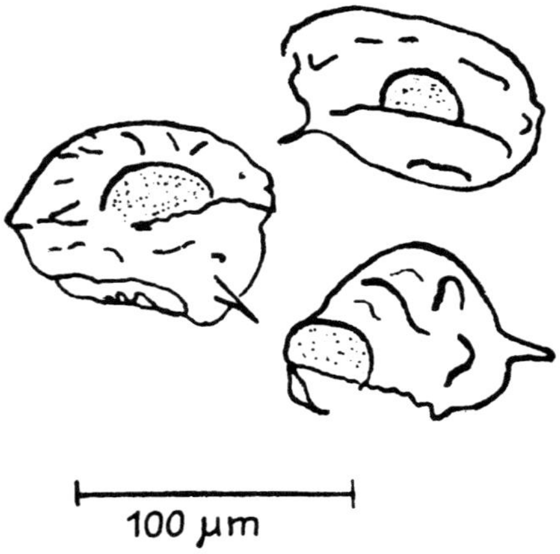

Abb. 2. Schalen von *Centropyxis aculeata* mit typischen Schädigungen (125 cm Sedimenttiefe). Maßstab: 100 µm
Shells of *Centropyxis aculeata* showing typical damages (125 cm depth of sediment). Scale bar: 100 µm

oligotrophen Seen war er sehr gut (SCHÖNBORN 1973; RUZICKA 1982), im eutrophen Woryty-See schon deutlich geringer (SCHÖNBORN 1984). In allen untersuchten Seen sind Euglyphiden sehr selten (Idiosomenschalen). Sie scheinen am wenigsten erhaltbar. Auch die großen Difflugienschalen sind sehr zerbrechlich. Bruchstücke größerer Difflugien traten im Kleinen Barsch-See bereits in einer Tiefe von 930 cm auf, intakte Schalen größerer Difflugien jedoch erst bei 620 cm Tiefe.

Am besten erhalten sich membranöse Schalen, wie z. B. diejenigen von *Arcella* und *Centropyxis*. Auch kleine Difflugien sind besser erhalten als größere.

Im Kleinen Barsch-See sind aber auch die sonst in Sedimentkernen anderer Seen gut erhaltenen *Centropyxis*-Schalen häufig beschädigt. Drei Formen der Schädigung treten auf: Bruchstücke, Dünnschaligkeit und Deformation. Es waren 20,2% der Schalen derart beschädigt, daß sie zwar noch identifiziert, aber die vollen Schalenmaße nicht mehr ermittelt werden konnten (Abb. 2).

Röntgenmikroanalysen der Elementzusammensetzung der subfossilen Schalen von *Centropyxis aculeata* ergaben widersprüchliche Ergebnisse.

Subfossile Schalen aus 420 cm Tiefe besaßen einen signifikant ($p < 0,05$) geringeren Gehalt der wichtigsten Elemente als rezente Schalen. Nur der Natriumgehalt der subfossilen Schalen lag signifikant höher als der der rezenten. Auch war die Inhomogenität der Elemente innerhalb der Schale bei den subfossilen größer als bei den rezenten (Abb. 3). Im Gegensatz zu diesem Ergebnis besaßen subfossile Schalen aus einer Parallelprobe derselben Tiefe signifikant ($p < 0,05$) mehr Silizium, Phosphor, Schwefel und Kalzium als die rezenten. Die übrigen Elemente zeigten keine signifikanten Unterschiede. Die Ursache des postmortalen Ionenwechsels in den Schalen bleibt unbekannt, kann aber durchaus mit Änderungen des Chemismus im See in Verbindung stehen.

4.5. Biometrische Untersuchungen über Schalenmaße und zeitliche Rassenbildungen

Die Frequenzkurve (Abb. 4) der Schalenhöhe subfossiler *Difflugia oblonga* aus dem Kleinen Barsch-See zeigt eine deutliche größenpolymorphe Art. Vergleicht man damit die Frequenzkurve rezenter *Difflugia oblonga*-Populationen (gemessen aus dem benachbarten Stechlinsee, da *D. oblonga* gegenwärtig nur selten im Kleinen Barsch-See gefunden wurde), so ergibt sich eine große Ähnlichkeit im Verlauf der Kurven (Abb. 5). Es gibt zwei bevorzugte Größenklassen, die bei der rezenten Population gegenüber den subfossilen Schalen nur etwas verschoben sind. Die Kurven lassen jedoch keine Separation zweier Arten erkennen. Die Tab. 3 zeigt den Mittelwert und andere statistische Schalenparameter der Art über einen Zeitraum von ~4000 Jahren.

Ein Frequenzkurvenvergleich der Schalenhöhe subfossiler und rezenter Populationen von *Difflugia globulosa*

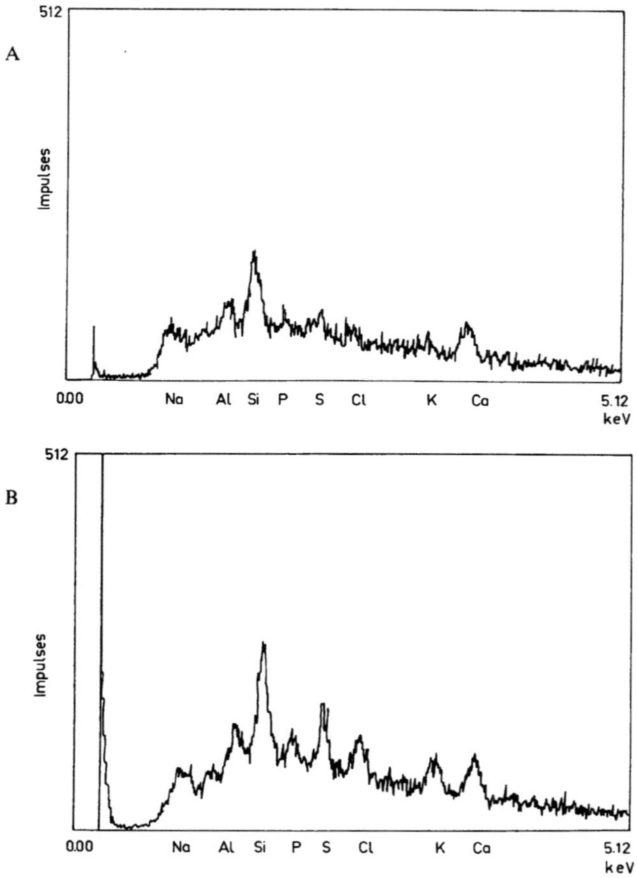

Abb. 3. Elektronenstrahlinduzierte Röntgenmikroanalyse der Schalen von *Centropyxis aculeata*. A. Subfossil (90 cm Sedimenttiefe). B. Rezent.
Electronbeam induced x-ray microanalysis of shells of *Centropyxis aculeata*. A. Subfossil (90 cm depth of sediment). B. Recent

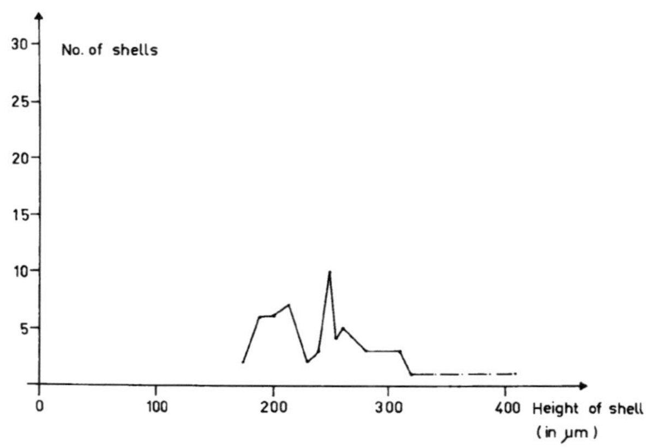

Abb. 4. Frequenzanalyse der Schalenhöhe von *Difflugia oblonga*. Subfossile Schalen. (290 cm Sedimenttiefe bis Gegenwart).
Frequency analysis of the shell height of *Difflugia oblonga*. Subfossil shells (290 cm depth of sediment)

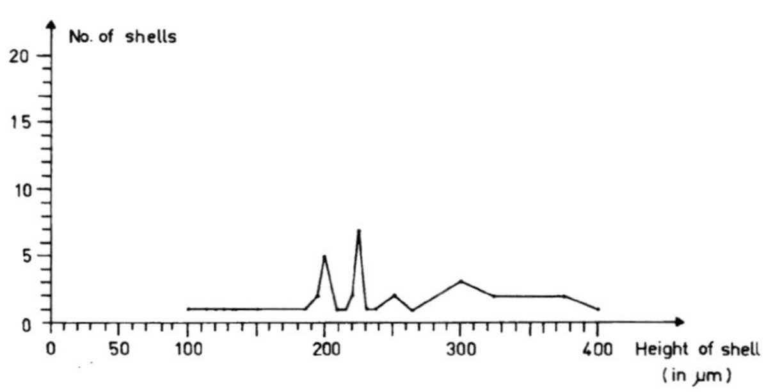

Abb. 5. Frequenzanalyse der Schalenhöhe von *Difflugia oblonga*. Rezente Schalen aus dem Stechlinsee.
Frequency analysis of the shell height of *Difflugia oblonga*. Recent shells from Lake Stechlin

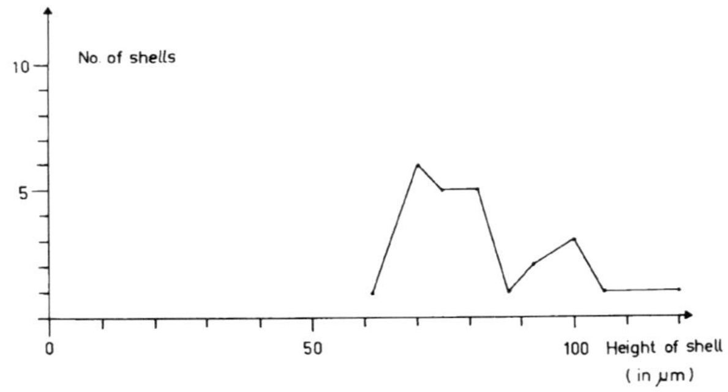

Abb. 6. Frequenzanalyse der Schalen von *Difflugia globulosa*. Subfossile Schalen. (340 cm Sedimenttiefe bis Gegenwart). Frequency analysis of the shell height of *Difflugia globulosa*. Subfossil shells (340 cm depth of sediment)

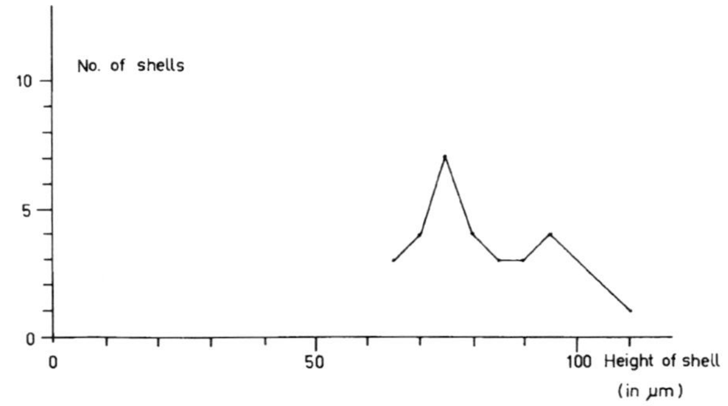

Abb. 7. Frequenzanalyse der Schalenhöhe von *Difflugia globulosa*. Rezente Schalen aus dem Stechlinsee.
Frequency analysis of the shell height of *Difflugia globulosa*. Recent shells from Lake Stechlin

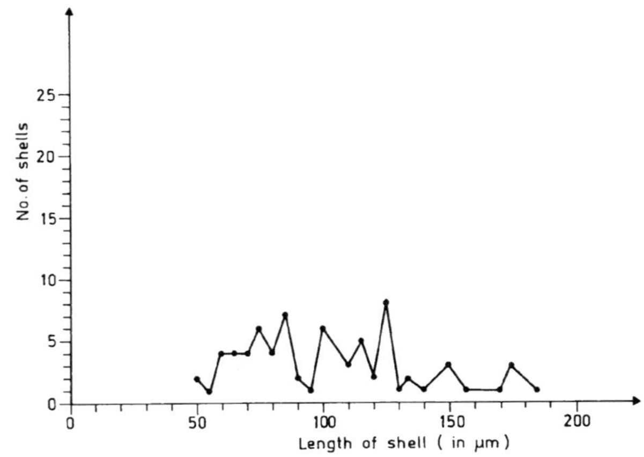

Abb. 8. Frequenzanalyse der Schalenlänge des *Centropyxis aculeata-hirsuta*-Komplexes. Rezente Schalen aus dem Stechlinsee.
Frequency analysis of the shell length of the *Centropyxis aculeata-hirsuta*-complex. Recent shells from Lake Stechlin.

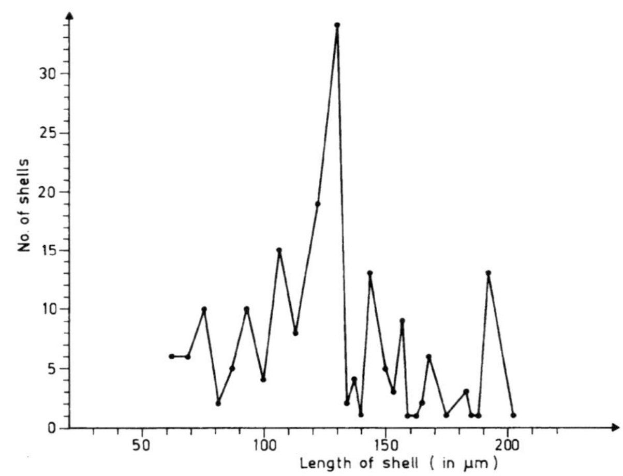

Abb. 9. Frequenzanalyse der Schalenlänge des *Centropyxis aculeata-hirsuta*-Komplexes. Subfossile Schalen in einem Zeitraum von ca. 12000 Jahren (610 cm Sedimenttiefe bis Gegenwart).
Frequency analysis of the shell length of the *Centropyxis aculeata-hirsuta*-complex. Subfossil shells during 12000 years (610 cm depth of sediment-recent)

(Abb. 6 und 7) zeigt ebenfalls eine hohe Ähnlichkeit im Verlauf der Kurven. Hier besteht jedoch der Verdacht, daß es sich um zwei Arten handelt, da die Zweigipfeligkeit der Kurven nicht Teil einer längeren diskontinuierlichen Variationsreihe ist. Eine klare Zuordnung der großen Formen zu bereits vorhandenen Diagnosen ist aber nicht möglich. Auch ist die Separation beider Größenbereiche nicht sehr eindeutig, so daß es sich auch erst um eine beginnende Speziation handeln kann. Die Tab. 3 zeigt die über einen Zeitraum von ~ 5000 Jahren erfaßte statistische Auswertung der Meßdaten.

Sehr interessanten Phänomenen begegnet man bei der Größenanalyse von *Centropyxis aculeata* und *C. hirsuta*. Die Frequenzkurve rezenter Schalenlängen (Abb. 8) zeigt, wie bereits des öfteren vermutet, daß *C. aculeata* und *C. hirsuta* (< 90 μm Schalenlänge) artidentisch sind. Es handelt sich um eine extrem größenpolymorphe Art

Tab. 3. Biometrische Analyse der Schalenhöhe von *Difflugia oblonga* (ab 620 cm Tiefe[1] bis Gegenwart), *Difflugia globulosa* (670 cm[1] bis Gegenwart), *Difflugia kabylica* (660 cm[1] bis Gegenwart) und der Schalenlänge von *Centropyxis discoides* (850 cm[1] bis Gegenwart). Schalenmaße in μm. Kleiner Barsch-See, DDR.
$\bar{x}$ = arithmetisches Mittel; M = Median; s = Standardabweichung; $s_{\bar{x}}$ = Standardfehler des arithmetischen Mittels; v = Variabilitätskoeffizient; min — max = Minimum — Maximum; n = Anzahl der untersuchten Schalen

Art	$\bar{x}$	M	s	$s_{\bar{x}}$	v	min	max	n
D. oblonga	250.5	250.0	47.6	5.9	19.0	187.5	406.2	66
D. globulosa	76.5	75.0	8.5	1.9	11.1	62.5	93.7[2]	20
D. kabylica	90.3[3]	87.5	15.2	4.6	16.8	73.4	116.3	11
C. discoides	189.4	187.5	24.7	3.4	13.0	150.0	243.7	54

[1] Erstes Auftreten
[2] Nur Formen < 100 μm Schalenhöhe ausgewertet
[3] Schalenbreite = $\bar{x}$: 80,0 μm (73,0 ... 94,0 μm; n = 4)

Tab. 4. Biometrische Analyse der Schalenlänge von *Centropyxis aculeata* (einschließlich *C. hirsuta*) bezogen auf den gesamten Zeitraum der Entwicklung des Sees (etwa 12000 Jahre, ab 940 cm Tiefe bis Gegenwart) und auf einzelne Horizonte.
Schalenlänge in µm, Kleiner Barsch-See, DDR.
(Statistische Symbole s. Tab. 3)

Gesamter Zeitraum	$\bar{x}$	M	s	$s_{\bar{x}}$	v	min	max	n
940 cm:	126.8	125.0	35.1	2.5	27.7	62.5	203.5	192
Tiefe (cm):								
940—445	126.7	125.0	34.0	5.0	26.8	62.5	191.2	46
435	126.0	118.7	31.6	7.3	25.1	75.0	203.5	19
425	134.5^{c}	125.0	46.1	11.2	34.3	62.5	203.5	17
415	142.4^{a}	134.3	40.4	8.6	28.4	62.5	191.2	22
405	123.2	125.0	32.3	7.2	26.2	75.0	191.2	20
355	140.0^{b}	143.7	30.7	6.8	21.9	62.5	118.2	20
345	$109.0^{a,b,c}$	106.2	23.3	5.1	21.4	62.5	168.7	21

Gleiche Buchstaben (a—c) zeigen signifikante Größenunterschiede ($p < 0.05$) an.

mit stark ausgeprägtem diskontinuierlichen Polymorphismus.

Die Frequenzkurve der subfossilen Schalen der Art im Kleinen Barsch-See, bezogen auf den gesamten Zeitraum der Seentwicklung, zeigt im Gegensatz zur rezenten Größenkurve eine Hauptgrößenklasse, um die sich die anderen, weniger bevorzugten Klassen, scharen. Trotz der weiten Größenspanne und des extremen diskontinuierlichen Polymorphismus hat diese Art im Verlaufe großer Zeiträume nur eine Vorzugsgröße (Abb. 9).

Nimmt man an, daß dieser diskontinuierliche Polymorphismus auf einen genetischen Polymorphismus zurückzuführen ist, so reflektieren die phänischen Diskontinuitäten Verschiebungen von Genfrequenzen. Die Tab. 4 prüft diese Verschiebungen im Verlaufe der Geschichte des Sees. Dabei zeigt es sich, daß es zu ständigen Verschiebungen der Schalengrößen kam. Doch gibt es Horizonte, deren Schalengrößen sich statistisch signifikant von denen anderer Horizonte unterscheiden. Derartigen Schalenunterschieden kann man den Status von zeitlichen Rassen zubilligen. Auch die Abb. 1 demonstriert diese Verschiebungen. Erst sehr spät (ab 630 cm Tiefe) in der Geschichte des Sees trat *C. hirsuta* (d. h. die kleine Form von *C. aculeata*) in größerer Dichte auf. Einen langzeitlichen Trend in den Größenverschiebungen bewirken diese kleinschaligen Formen allerdings nicht. Diese Größenklassenverschiebungen bleiben genetisch nicht stabil. Kurzzeitig und lokal werden derartige Verschiebungen schnell wieder geändert und können wohl nur innerhalb langer Zeiträume zu länger andauernden Änderungen führen.

Lokale Größenrassen wurden bei Testaceen bereits beschrieben (Schönborn et al. 1983). Im Prinzip besteht kein Unterschied zwischen lokalen (geographischen) und zeitlichen Rassenbildungen (Mayr 1967), doch scheinen größenpolymorphe Arten weniger für lokale Rassenbildungen geeignet zu sein (Schönborn & Peschke 1988). Die Ursachen für langfristige Größenverschiebungen im Verlaufe einer Seegeschichte bleiben vorläufig unbekannt.

4.6. Taxonomische Probleme

4.6.1. *Centropyxis nauwercki* Schönborn, 1975 (Abb. 10 A).

Die Art wurde aus dem Sediment des Kartjän, eines Sees im nördlichen Schweden, beschrieben und seitdem nicht oder nur einmal (s. unten) wiedergefunden. Der Fundusteil steht fast senkrecht auf dem Pseudostomteil der Schale und ist nur schwach geneigt. Beide Schalenteile sind durch eine Ringfurche getrennt. Die Schalenbedekkung besteht aus einzelnen Steinchen und penetraten Diatomen. Es wurden nur wenige Schalen gefunden (in 460 cm und 400 cm Tiefe). Die meisten Schalen waren deformiert, nur eine konnte ausgemessen werden: 69,3 µm hoch, 73,1 µm lang 57,7 µm Durchmesser des Fundusteiles. (Die Höhe in der Originalbeschreibung ist 66,3 µm). Es handelt sich um eine seltene sedimentbewohnende Art, die fast die Gestalt einer Difflugie erreicht hat.

Die Art ist möglicherweise identisch mit *Centropyxis adami* f. *ecornis* (Chardez, 1982, fig. 9), nicht aber mit *Centropyxis adami* Laminger selbst (Laminger 1971).

4.6.2. *Difflugia kabylica* Gauthier-Lievre & Thomas, 1958 (Abb. 10 B, C).

Die wichtigsten Kennzeichen der Schale sind ihre Größe, ein deutlicher Kragen und ein rundes bis unregelmäßigrundes Pseudostom. Die Schalen stimmen morphologisch mit der von Gauthier-Lievre & Thomas (1958) beschriebenen *D. kabylica* aus Algerien und Marokko überein, die außerhalb Afrikas noch nicht wieder registriert wurde.

Die Art ist nahe verwandt mit *D. limnetica*, von der sie sich nur durch das runde Pseudostom unterscheidet (*D. limnetica* besitzt eine meist dreilappige Öffnung). Die Schalenbedeckung besteht aus Steinchen (Quarz) und Diatomeen. Abdrücke von zentrischen Diatomeen deuten auf eine planktische, die Steinchen auf eine benthische Lebensweise hin. Die Art kann also wie *D. limnetica* sowohl benthisch als auch planktisch aufgetreten sein. Vermutlich handelt es sich bei *D. kabylica* nur um eine Varietät von *D. limnetica*.

Die biometrischen Daten sind in Tab. 3 aufgeführt. Die ermittelten Schalenwerte stimmen mit denen der Originalbeschreibung weitgehend überein, nur sind die afrikanischen Tiere etwas schlanker als die vorliegenden. Auch die Schalenmaße von *D. limnetica* liegen in dem angegebenen Bereich von *D. kabylica*. Die Originalfundorte sind ebenfalls kleine Stillgewässer.

Im Kleinen Barsch-See reicht die Art von 660 cm Tiefe bis 435 cm. Für die Gegenwart konnte sie nicht nachgewiesen werden.

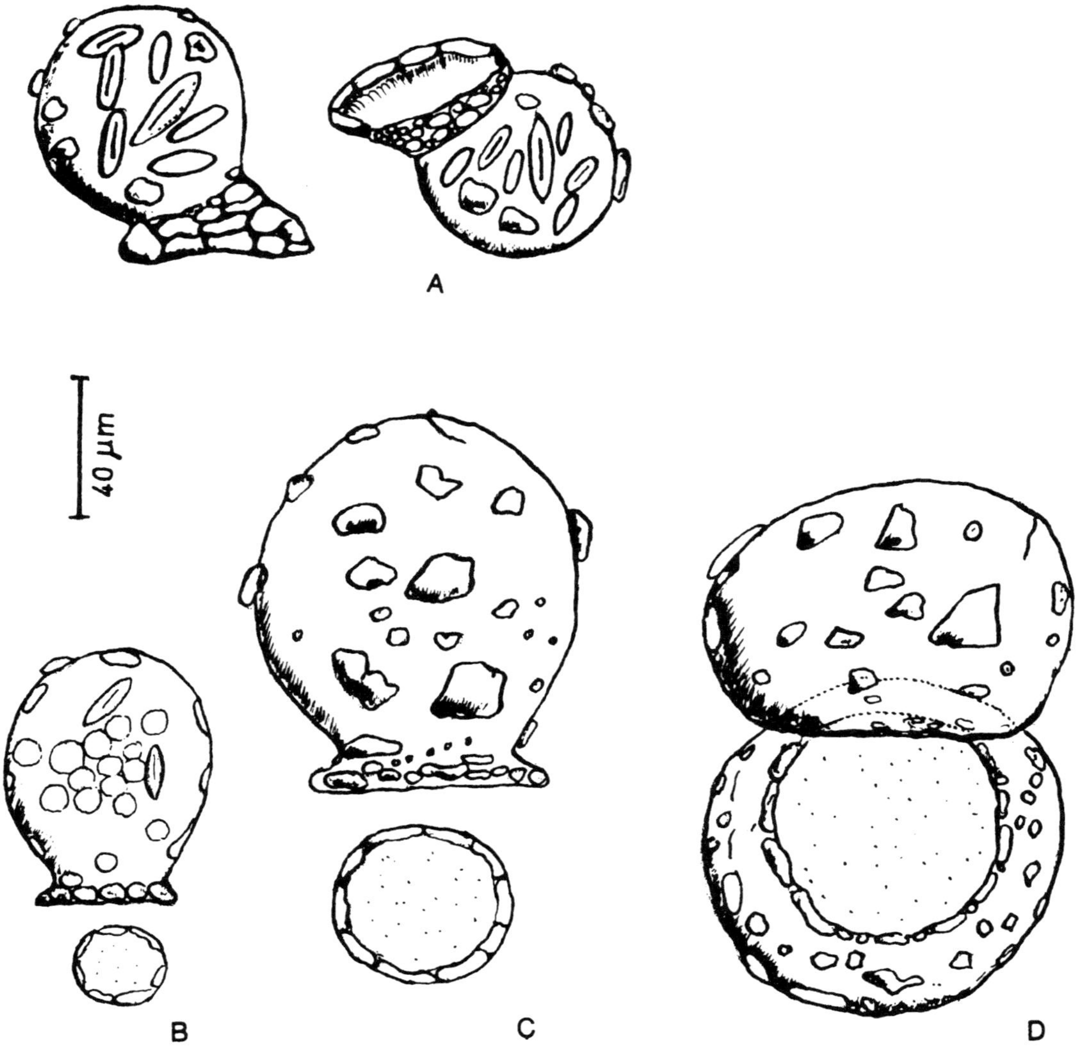

Abb. 10. Interessante Arten aus dem Bohrkern.
A. Centropyxis nauwercki. B, C. *Difflugia kabylica.* D. *Difflugia globularis* var. *sphaerica.* Maßstab: 40 µm
Interesting species from the core. A. *Centropyxis nauwercki.* B, C. *Difflugia kabylica.* D. *Difflugia globularis* var. *sphaerica.*
Scale bar: 40 µm

4.6.3. *Difflugia globularis* var. *sphaerica* CHARDEZ, 1957 (Abb. 10 D).

Gemeinsam mit *Difflugia globulosa* traten einige sehr große Schalen mit der Tendenz zur Halbkugelform auf. Sie sind vermutlich identisch mit der bei CHARDEZ (1962) beschriebenen *D. globularis* var. *sphaerica.* Nur vier Schalen wurden gefunden (2 davon beschädigt). Die Schalenfarbe ist grau mit schütterem Steinchenbelag. Tiefen: 510 cm, 465 cm, 450 cm und 435 cm. Schalendurchmesser: 100 µm, 125 µm. (In der Liste, Tab. 2, ist die Art zu *D. globulosa* gerechnet).

4.6.4. *Centropyxis aculeata-hirsuta*-Gruppe und *Centropyxis discoides* (Abb. 11)

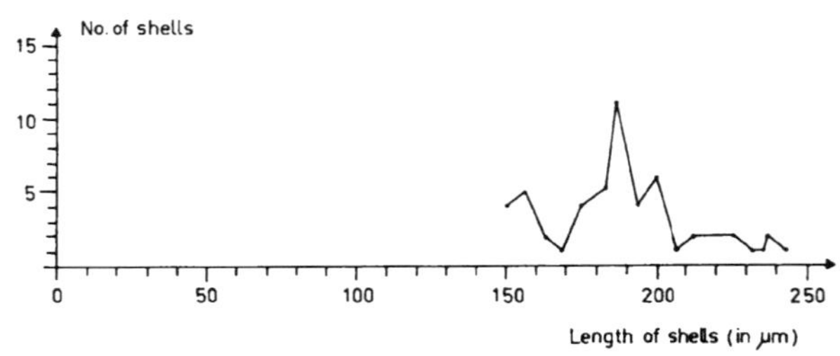

Abb. 11. Frequenzanalyse der Schalenlänge von *Centropyxis discoides.* Subfossile Schalen. (520 cm Sedimenttiefe bis Gegenwart).
Frequency analysis of the length of *Centropyxis discoides.* Subfossil shells (520 cm of sediment-recent)

Nach der Frequenzanalyse der Schalenmaße (Abb. 8 und 9) kann *Centropyxis hirsuta* nicht mehr als selbständige Art angesehen werden. Sie wird daher eingezogen. In der Artenliste (Tab. 2) wird sie noch als selbständig ausgewiesen, um die Häufigkeiten dieser kleinschaligen Formen zu demonstrieren. *Centropyxis discoides*, die sich auch qualitativ durch den fast immer kreisförmigen Schalenumriß und die fast zentrale Lage des Pseudostoms von *C. aculeata* unterscheidet, ist signifikant größer und weniger polymorph als diese (Abb. 11, Tab. 3).

Im Laufe der Geschichte des Sees wies sie nur einen Größenschwerpunkt von 187,5 µm Durchmesser auf.

5. Zusammenfassung

Aus dem Kleinen Barsch-See (nördliche DDR) — einem dystrophen, kleinen Waldsee — wurde ein Sedimentkern von 620 cm Länge auf Reste von Protozoenschalen untersucht. Insgesamt wurden 31 Testaceenarten und 1 Ziliatenart (*Codonella cratera*) registriert. Die häufigste Art ist *Centropyxis aculeata*. Die Schalendichte in den tieferen Schichten ist als gering zu bezeichnen (selten bis 230 Schalen/0,1 g TM). Erst ab 435 cm Tiefe nimmt die Dichte sprunghaft zu und erreicht dann einen Maximalwert von > 1100 Schalen/0,1 g TM. Der Kleine Barsch-See ist von einem *Sphagnum*-Rasen umgeben, der vermutlich schon sehr frühzeitig in der Geschichte des Sees aufgetreten ist (etwa bei 930 cm Tiefe vor über 11000 Jahren tritt der *Sphagnum*-Indikator *Amphitrena flavum* auf). In dieser Zeit war auch der $CaCO_3$-Gehalt der Sedimente schon stark erniedrigt. Eine Trennung von seeinternen und aus dem *Sphagnum* stammenden Schalen ist in der Mehrzahl der Fälle nicht möglich. Als seeintern müssen *Centropyxis nauwercki*, die Mehrzahl der *Difflugia*-Arten, *Pontigulasia*, *Lesquereusia* und *Codonella cratera* angesehen werden. Die letztere Art tritt nur in einer Tiefe von 910 bis 905 cm auf. In dieser Zeit muß der See ein viel größeres Pelagial besessen haben als heute. Nach dieser Zeit muß es zu einer rasanten Verkleinerung des Freiwasserraumes gekommen sein. Der Erhaltungsgrad der Schalen ist als mangelhaft zu bezeichnen. Eine vergleichende Röntgenmikroanalyse der chemischen Zusammensetzung rezenter und subfossiler Schalen von *Centropyxis aculeata* ergab widersprüchliche Ergebnisse, so daß die Ursachen eines möglichen postmortalen Ionenwechsels unbekannt bleiben.

Für einige der gefundenen Arten wird ein diskontinuierlicher Größenpolymorphismus der Schalen beschrieben. Dabei werden rezente und subfossile Populationen verglichen. Bei den Schalen von *Difflugia globulosa* und *D. oblonga* gibt es bevorzugte Größenklassen, die subfossil und rezent nur wenig verschoben sind. *Centropyxis aculeata* ist eine extrem größenpolymorphe Art, die auch *Centropyxis hirsuta* mit einschließt, welche daher eingezogen wird.

Im Laufe der Geschichte des Sees gab es bei *C. aculeata* jedoch nur eine Hauptgrößenklasse, um die sich die anderen, weniger bevorzugten Klassen, scharen. Bei der untersuchten rezenten Population war das nicht der Fall. *C. aculeata* bildete im Laufe der Geschichte des Sees zeitliche Größenrassen aus, die aber genetisch nicht beständig blieben und auch keinen Trend zeigten.

Interessante Funde, die rezent in dem Gebiet noch nicht bestätigt wurden, sind die Arten *Centropyxis nauwercki* und *Difflugia kabylica*.

6. Danksagung

Herrn Dr. TH. PESCHKE danke ich für die Durchführung der Röntgenmikroanalyse, ebenso Frau U. SCHÄFER, Frau CH. SCHRÖTER und Frau R. FELSCH für die Hilfeleistungen bei der Bearbeitung der Proben und bei der Fertigstellung des Manuskriptes.

Literatur

CASPER, J., & SCHÖNBORN, W. (1985): *Difflugia limnetica* (LEVANDER) PENARD (Protozoa: Testacea) as Indicator Organism of Calcite Precipitation in Lake Stechlin, GDR. Arch. Protistenkd. **130**, 305—311.

CHARDEZ, D. (1962): Sur *Difflugia globularis* var. *sphaerica* CHARDEZ. Rev. Vervietoise Hist. Nat. **11—12** (ohne Seitenangaben).

— (1982): Thecamoebiens recoltes dans quelges lacs du Kenya. Rev. Vervietoise Hist. Nat. **7—9**, 57—60.

ELLISON, R. L., & OGDEN, C. G. (1987): A guide to the study and identification of fossil testate amoebae in Quaternary lake sediments. Int. Rev. ges. Hydrobiol. **72**, 639—652.

FOISSNER, W., & WILBERT, N. (1979): Morphologie, Infraciliatur und Ökologie der limnischen Tintinnina: *Tintinnidium fluviatile* STEIN, *Tintinnidium pusillum* ENTZ, *Tintinnopsis cylindrata* DADAY und *Codonella cratera* (LEIDY) (Ciliophora, Polyhymenophora). J. Protozool. **26**, 90—103.

GAUTHIER-LIEVRE, L., & THOMAS, R. (1958): Les genres *Difflugia*, *Pentagonia*, *Maghrebia* et *Hoogenraadia* (Rhizopodes testacés) en Afrique. Arch. Protistenkd. **103**, 241—370.

KRAUSCH, H.-D. (1968): Die Pflanzengesellschaften des Stechlinsee-Gebietes. IV. Die Moore. *Limnologica* (Berlin) **6**, 321—380.

LAMINGER, H. (1971): Sedimentbewohnende Schalenamöben (Rhizopoda, Testacea) der Finstertaler Seen (Tirol). Arch. Hydrobiol. **69**, 106—140.

MAYR, E. (1967): Artbegriff und Evolution. Hamburg und Berlin.

PATTERSON, R. T., MACKINNON, K. D., SCOTT, D. B., & MEDIOLI, F. S. (1985): Arcellaceans („Thecamoebians") in small lakes of New Brunswick and Nova Scotia: Modern distribution and holococene stratigraphic changes. J. Foraminif. Res. **15**, 114—137.

PAWLIKOWSKI, M., RALSKA-JASIEWICZOWA, M., SCHÖNBORN, W., STUPNICKA, E., & SZEROCZYNSKA, K. (1982): Woryty, near Gietrzwald, Olsztyn Lake District, NE Poland-vegetational history and development during the last 12000 years. Acta Palaeobot. **22**, 85—116.

PROFT, G., & KREY, L. (1990): Die chemische Zusammensetzung der Spät- und Postglazialsedimente des Kleinen Barsch-Sees (Fe, Mn, P, C, N, H und BSi), eines dystrophen Moorweihers im Norden der DDR. *Limnologica* (Berlin) **21** (1), 157—164

RUZICKA, E. (1982): Die subfossilen Testaceen des Krottensees (Salzburg, Österreich). *Limnologica* (Berlin) **14**, 49—88.

SCHÖNBORN, W. (1966): Untersuchungen über die Testaceen Schwedisch-Lapplands. Ein Beitrag zur Systematik und Ökologie beschalter Rhizopoden. *Limnologica* (Berlin) **4**, 517—559.

— (1973): Paläolimnologische Studien an Testaceen aus Bohrkernen des Latnjajaure (Abisko-Gebiet; Schwedisch-Lappland). Hydrobiologia **42**, 63—75.

— (1984): Studies on Remains of Testacea in Cores of the Great Woryty Lake (NE-Poland). *Limnologica* (Berlin) **16**, 185—190.

— FLÖSSNER, D., & PROFT, G. (1965): Die limnologische Charakterisierung des Profundals einiger norddeutscher Seen mit Hilfe von Testaceen-Gemeinschaften. *Limnologica* (Berlin) **3**, 371—380.

— FOISSNER, W., & MEISTERFELD, R. (1983): Licht- und rasterelektronenmikroskopische Untersuchungen zur Schalenmorphologie und Rassenbildung bodenbewohnender Testaceen (Protozoa: Rhizopoda), sowie Vorschläge zur biometrischen Charakterisierung von Testaceen-Schalen. Protistologica **19**, 553—566.

— & PESCHKE, TH. (1988): Biometric studies on species, races, ecophenotypes and individual variations of soil-inhabiting Testacea (Protozoa, Rhizopoda), including *Trigonopyxis minuta* n. sp. and *Corythion asperulum* n. sp. Arch. Protistenkd. **136**, 345—363.

SCOTT, D. B., & MEDIOLI, F. S. (1983): Agglutinated Rhizopodes in Lake Erie: Modern distribution and stratigraphic implications. J. Paleontol. **57**, 809—820.

Anschrift des Verfassers:

Dr. habil. WILFRIED SCHÖNBORN
Akademie der Wissenschaften der DDR
Zentralinstitut für Mikrobiologie und
experimentelle Therapie
Abt. Spezielle Limnologie
Beutenbergstr. 11
DDR-6900 Jena

Limnologica (Berlin) **21** (1), 147—155, Oktober 1990

Zentralinstitut für Mikrobiologie und Experimentelle Therapie der AdW der DDR, Abteilung Limnologie

Diatom Analysis, Late-glacial and Post-glacial Development of Lake Kleiner Barsch-See (GDR) — a Preliminary Note

By S. JOST CASPER & WOLFRAM SCHEFFLER

With 3 Figures and 4 Plates

Summary

The diatom development in Lake Kleiner Barsch-See (GDR) shows two distinct phases. The Late-glacial lowermost samples represent the slightly alkaline to circumneutral state of the juvenile lake with a well developed pelagic zone, the Post-glacial upper samples represent water level lowering where overgrowth of the lake took place with peat formation. The top most 9 cm of the core reflect a better nutrient supply and possibly increasing acidification during the recent 20 years.

1. Introduction

The reconstruction of long-term changes in the Late-glacial and Holocene hydrography, chemistry, and biology of lakes has become more and more important in paleoecology. The primary objectives of the present paper are to reconstruct post-deglaciation changes in lake water pH and lake level by diatom stratigraphy. Initially, Lake Kleiner Barsch-See was circumneutral to slightly alkaline (pH ~ 8), but acidified more or less continuously during the Post-glacial period and early Holocene (pH 4.7—5.1). A total of about 90 taxa was identified from the cores. About 150 taxa were encountered in most of the Late-glacial assemblages, and 85 of them could be determined. In contrast, the Holocene assemblages usually included not more than 4, mostly acidophilous taxa. During the past 25 years, the number of taxa observed increased rapidly to 12 and as the number of individuals also rose, possibly due to aerial precipitation of nutrients and acids.

2. Material and Methods

For the geographical and hydrological situation of the small oligohumous forest Lake Kleiner Barsch-See see KREY & KLOSS (this volume) and FLÖSSNER (this volume).

Samples were taken from the bore-holes I, II and IV and the corresponding cores I:1 (350—450 cm), II:2 (451—580 cm) IV:2 (590—610 cm), IV:3 (611—750 cm), II:4 (751—800 cm), and II:5 (801—970 cm). There is a short gap between 581 and 590 cm, and core I:1 was slightly disturbed within the uppermost 40 cm. The cores were taken from the deepest part of the lake between 970 and 350 cm below the present water surface using a modified Livingstone sampler with a tube length of 1.5 m and a tube diameter of 60 mm.

Samples for diatom analysis were taken from the cores every 1 cm, but only about 40 samples were studied in detail. Every sample was air-dried in a Petri-dish and prepared for cleaning by crushing with a pestle. Organic matter was removed by oxidation in 30% H_2O_2 and 10% HCl. After washing, diatoms were suspended in distilled water. Aliquots of the suspension (corresponding to 0.1 mg dry matter) were dried on cover glasses.

Diatom slides were made using Naphrax (d_n = 1.70—1.72). They are deposited in the SCHEFFLER Collection of the ZIMET. A VEB CARL ZEISS research microscope NU 1 with oil immersion 100×, 1.3, was used for analysis. 200—400 diatoms were counted in each sample except for the samples taken between 358 cm and 880 cm, where only 1 to 20 valves could be found. 12 taxa that were sufficiently abundant were chosen as representatives for the limnological interpretation of the cores. The samples used for quantitative analysis were enumerated 1—14; the others were characterized by their depth in cm.

The pH grouping of the diatoms follows the system proposed by HUSTEDT (1937—39, 1957), the indication of pH by diatoms NYGAARD (1956) and MERILÄINEN (1967).

3. The Distribution of the Diatom Species

The total profile of the cores taken from different bore-holes consists of two distinct parts: the lowermost Late-glacial portion between 970 cm and 880 cm representing the limnetic phase in the development of the lake and the Post-glacial main portion from 880 cm onward representing the limnetic-telmatic phase with a peat layer of about 530 cm.

3.1. The limnetic layer

The interval between 970 cm and 880 cm shows three distinct stratigraphic zones: the lowermost part between 970 cm and 956 cm is a lime-rich gyttja (C_{org} 4.9—7.5%). It is followed by an algal gyttja layer (C_{org} < 12%) between 951 cm and 910 cm. The uppermost part consists of fine-grained algal-detritus gyttja intermingled with some *Sphagnum* remnants (C_{org} 13.8—30.8%) between 911 cm and 880 cm. All three layers are distinguished by a high concentration of complete or fragmented diatom frustules or valves. The gap between 956 cm and 952 cm consists of volcanic ash poor in organic matter and free from organismic remnants, the so-called "Laacher Tuff". It is the product of the eruptive activity of the Eifel volcanoes at about 11,500 B.P. (MÜLLER 1959).

In general terms, the limnetic phase reflects the vegetational change from the Late-glacial tundra vegetation (Alleröd) to the Younger Dryas period. In terms of diatom stratigraphy, we distinguish two zones within the limnetic phase: zone 1 between 970 cm and 930 cm and zone 2 between 930 cm and 880 cm.

Most of the eight samples of zone 1 studied (Fig. 1; only five of them — nos. 1—5 — were investigated quantitatively) are rich in well preserved diatoms, especially centric ones. The abundance of euplanktonic or meroplanktonic taxa [*Stephanodiscus* cf. *minutulus* (Pl. 3, Figs. 3—4), *Cyclotella comta* (Pl. 3, Figs. 1—2), *C. kützingiana*, *C. kützingiana* var. *planetophora*, *C. comensis*, *Synedra ulna* var. *danica*, *Asterionella formosa*] is relatively

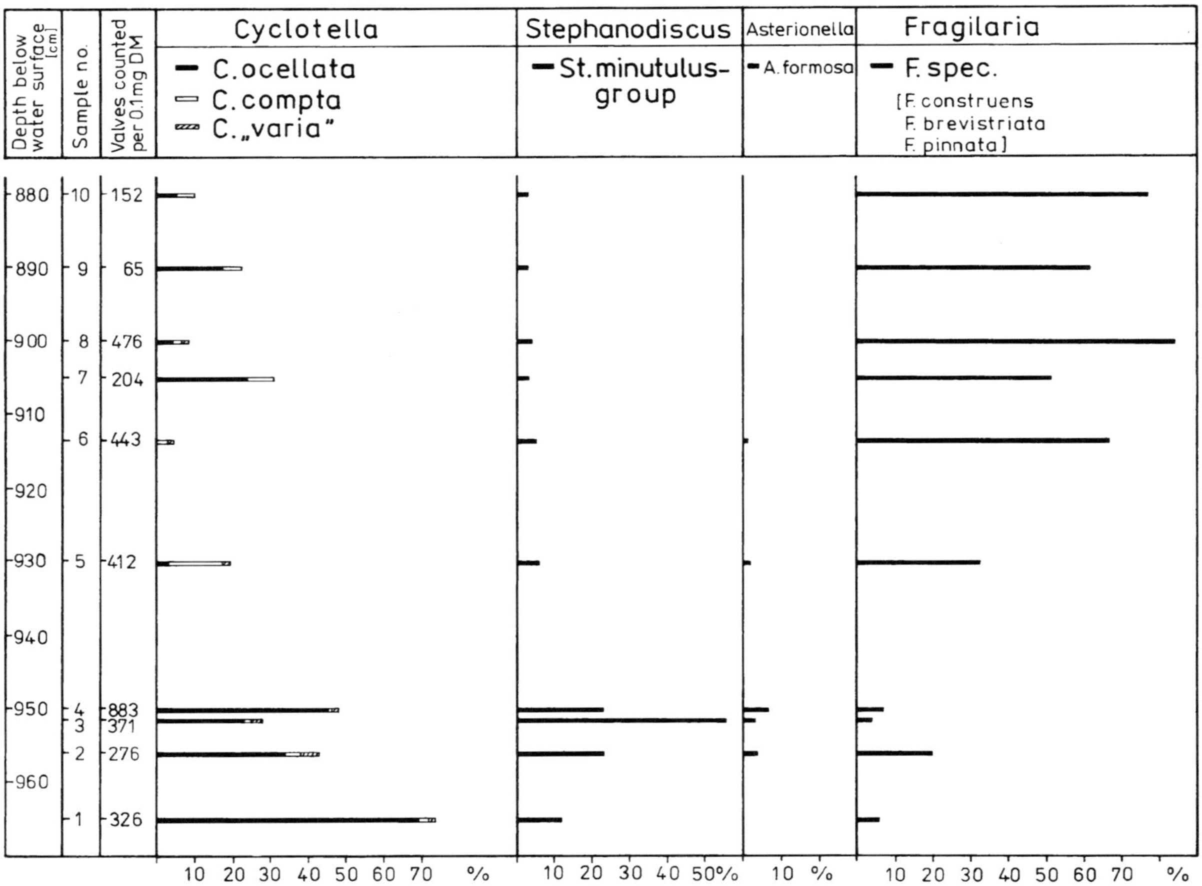

Fig. 1. Diagram showing the representation (%) of alkaliphilous *Cyclotella-*, *Stephanodiscus-*, *Asterionella-*, and *Fragilaria*-species in the lowermost sediment layers of Lake Kleiner Barsch-See

Table 1. Percentage of diatom life-forms in the profile of Lake Kleiner Barsch-See

Diatom zone	Sample (cm below water surface)	Eu- to mero-planktonic forms	Non-attached littoral forms	Periphytic forms	*Fragilaria* ssp.
4	353	—	80%	20%	—
2	880	9%	6%	7%	78%
	890	9%	17%	1%	63%
	900	7%	6%	3%	84%
	905	12%	27%	8%	53%
	914	11%	5%	14%	70%
1	930	33%	26%	8%	33%
	950	36%	49%	10%	7%
	952	64%	28%	4%	4%
	956	39%	37%	2%	22%
	965	19%	70%	4%	7%

high and reaches 19% to 64% of the diatom units (Table 1) The accompanying non-attached *Cyclotella ocellata* (Pl. 4) — in many samples the dominant species —, *Navicula* ssp. and *Nitzschia* ssp. living in the littoral zone run up to percentages between 26% and 70% whereas the epiphytic *Fragilaria* ssp. occurs only in small quantities (4%—33%; Table 1).

From the diatom assemblage in zone 1 it can be said that at that time a small lake existed with a well developed pelagic zone settled by euplanktonic algae (besides diatoms also chrysophycees represented by their cysts and dinophycees) and a benthonic zone settled mainly by epipsammic and epilithic algae; epiphytic forms were rare.

The diatom assemblage of zone 2 (Fig. 2) is characterized by the dominance of epipelic taxa of *Fragilaria*, especially *F. construens*, *F. construens* var. *venter*, *F. construens* var. *binodis*, *F. construens* var. *subsalina*, and *F. brevistriata* and *F. pinnata*. It is accompanied by a striking decrease in planktonic species such as *Cyclotella comta*, *Stephanodiscus* of. *minutulus*, and *Synedra ulna*. *Fragilaria*-taxa reached abundances of between 53% and

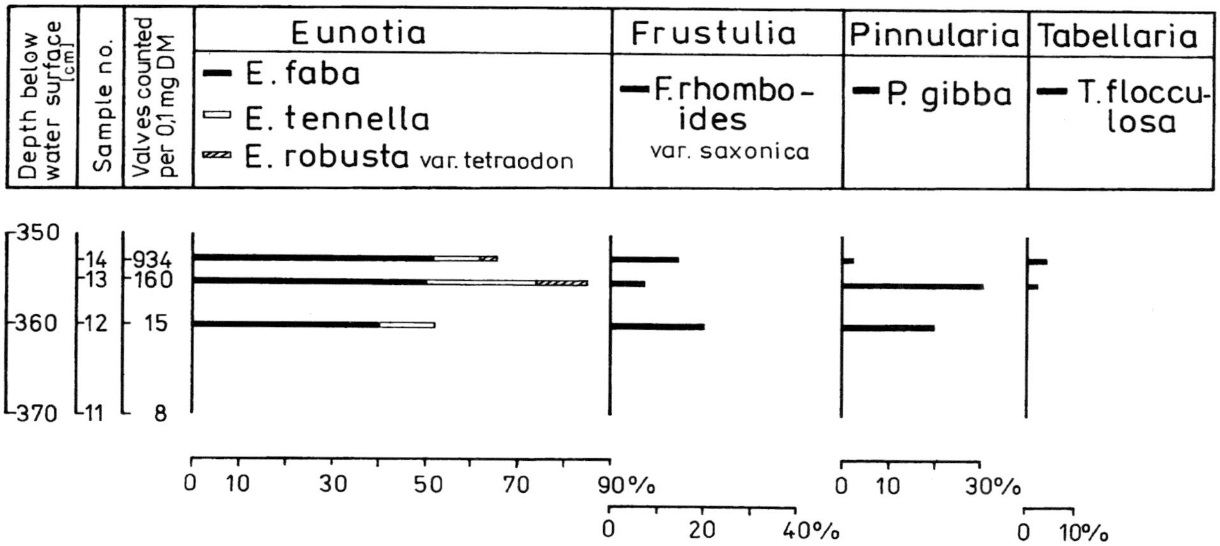

Fig. 2. Diagram showing the representation (%) of acidiphilous *Eunotia-*, *Frustulia-* and *Tabellaria*-species and of indifferent *Pinnularia*-species in the uppermost sediment layers of Lake Kleiner Barsch-See

84% of the total number of units whereas planktonic forms constitute no more than 7% to 12% (Table 1). *Amphora ovalis*, *A. pediculus*, *A. libyca*, *Opephora martyi*, *Epithemia zebra* var. *porcellus*, *E. sorex*, *Navicula gastrum*, *N. oblonga*, *Nitzschia amphibia*, *Mastogloia* spec., *Surirella* spec., and *Pinnularia* ssp. in varying amounts occurred together with *Fragilaria* taxa indicating low water level. HAWORTH (1976) discussed the importance of Late-glacial and early Post-glacial *Fragilaria*-dominated assemblages and considered them to indicate nutrient-poor conditions. *F. construens* var. *venter* is a widespread taxon common in or near the littoral zone of small lakes (BRADBURY 1975, 1978).

The acidophilous species *Anomoeoneis sphaerophora*, *Eunotia faba*, and *Frustulia rhomboides* var. *saxonica* occurred regularly in extremely small valve numbers in Zone 2.

From the diatom assemblage of zone 2 it can be concluded that the pelagic zone of the small lake became smaller during the Younger Dryas period. Epipsammic, epilithic, and epiphytic taxa predominated, and the proportion of planktonic taxa was greatly reduced.

3.2. The limnetic-telmatic layer

The intervall between 880 cm and 350 cm is stratigraphically uniform. It is distinguished by the development of an acid peat-bog indicated by the dy-like sediment (C_{org} 40.4—58.5%) and the often varying portions of brown moss remnants which form at least six thick layers (*Drepanocladus fluitans*, *Calliergon richardsonii*, *Sphagnum* ssp.; see FLÖSSNER, this volume)

In general terms, the limnetic-telmatic phase corresponds to the change from the Post-glacial forest vegetation (Pre-Boreal) during the Boreal, Atlantic, Sub-Boreal and Sub-Atlantic periods up to the present time. In terms of diatom stratigraphy we distinguish only two zones: zone 3 between 880 cm and 359 cm and zone 4 between 359 cm and 350 cm.[1]

[1] The uppermost 40 cm of the profile were slightly disturbed and do not allow exact definition of the border between zones 3 and 4. Additional investigations using a Jenkins sampler are necessary.

All of the samples we studied from zone 3 (about 20) are characterized by an extreme scarcity of diatom remnants, which are often corroded. Except in the sample from 402 cm, in which about 20, mostly fragmented, valves were found, no more than 3 to 8 diatoms (per 0.1 mg dry matter) could be counted.

Among the taxa observed here and there, the following are worth mentioning: *Eunotia faba*, *E. tenella*, *Frustulia rhomboides* var. *saxonica*, *Tabellaria flocculosa*, *Pinnularia microstauron*, *P. gibba*, *Cyclotella comta*, *C. ocellata*, *Synedra acus*, *S. ulna*, *Epithemia zebra* var. *porcellus*, *Nitzschia romana*, *Fragilaria construens* var. *venter*, *F. brevistriata*, *F. pinnata*, *Navicula mutica* var. *ventricosa*, *N. pupula*, *Gomphonema acuminatum*, and *Rhopalodia gibba*. Apart from the more or less regular presence of *Cyclotella comta*, *Eunotia faba*, *E. tenella*, *Frustulia rhomboides* var. *saxonica* and *Pinnularia*-taxa, no distinct tendency can be seen. There is no indication of changing assemblages.

In our opinion, zone 4 (Table 1) comprises only 9 cm of the topmost sediment layer in our profile. Perhaps further investigations (see footnote) will show that the character of the following assemblages appeared earlier. As a whole, there is no difference in the gross appearance of zones 3 and 4.

Sample 359 cm starts with small numbers of valves (and chrysophyceen cysts) of *Frustulia rhomboides* var. *saxonica*, *Eunotia faba*, *E. tenella*, and *Pinnularia* spec. (fragments). In sample 355 *Stauroneis* spec., *Eunotia robusta* var. *tetraodon*, and *Tabellaria flocculosa* complete the assemblage, which runs up to 160 valves per 0.1 mg dry matter. But in sample 353 (sample no. 14) about 900 valves per 0.1 mg dry matter were counted (Fig. 2). *Eunotia faba* (37%), *E. tenella* (21%), *Pinnularia gibba* (17%), *Frustulia rhomboides* var. *saxonica* (11%), *Eunotia robusta* var. *tetraodon* (6%), and *Tabellaria flocculosa* (3%) dominate the assemblage, accompanied by *Stauroneis* spec., *Gomphonema* spec., and *Nitzschia* spec. (Table 1).

Zone 4 is distinguished by the absence of any planktonic form. The dominating *Eunotia-*, *Tabellaria-* and *Frustulia*-taxa are known to be epipsammic, epipelic, and epiphytic form indicating the non-pelagic occurrence of the assemblage (TOLONEN et al. 1986). On the other hand, during the past 20 years (accepting a sediment growth of

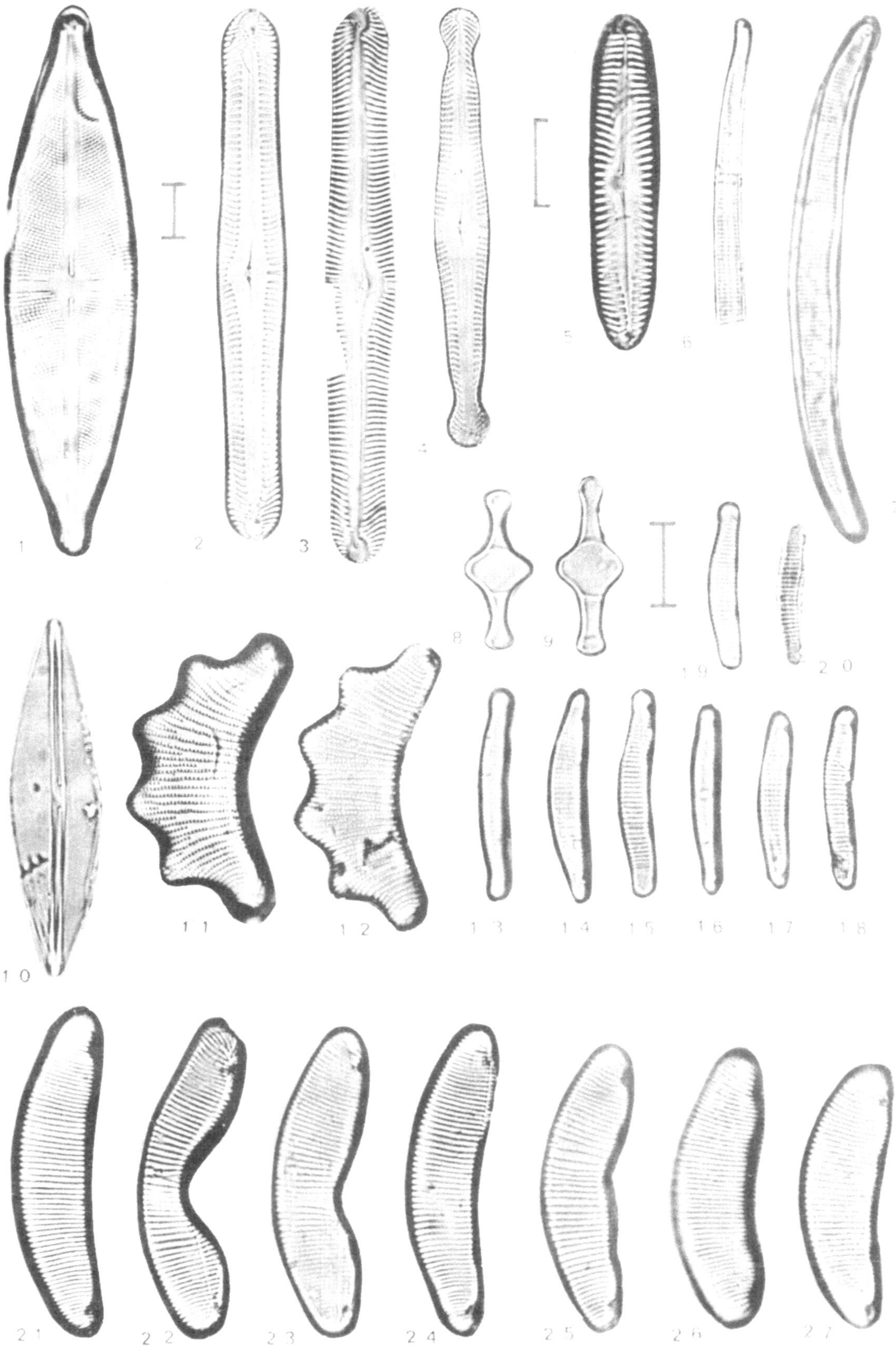

Plate 1, Figs. 1—27. Acidophilic diatoms (Figs. 4, 6—27) and pH-indifferent diatoms (Figs. 1—3) from the sediment of Lake Kleiner Barsch-See. Sediment depth 351 and 354 cm. Scale bars = 10 µm. 1 *Stauroneis phoenicenteron*; 2, 3 *Pinnularia gibba*; 4 *Pinnularia polyonca*; 5 *Pinnularia microstauron*; 6, 7, 13—20 *Eunotia tenella*; 8, 9 *Tabellaria flocculosa*; 10 *Frustulia rhomboides* var. *saxonica*; 11, 12 *Eunotia robusta*; 21—27 *Eunotia faba*. Photos: W. SCHEFFLER.

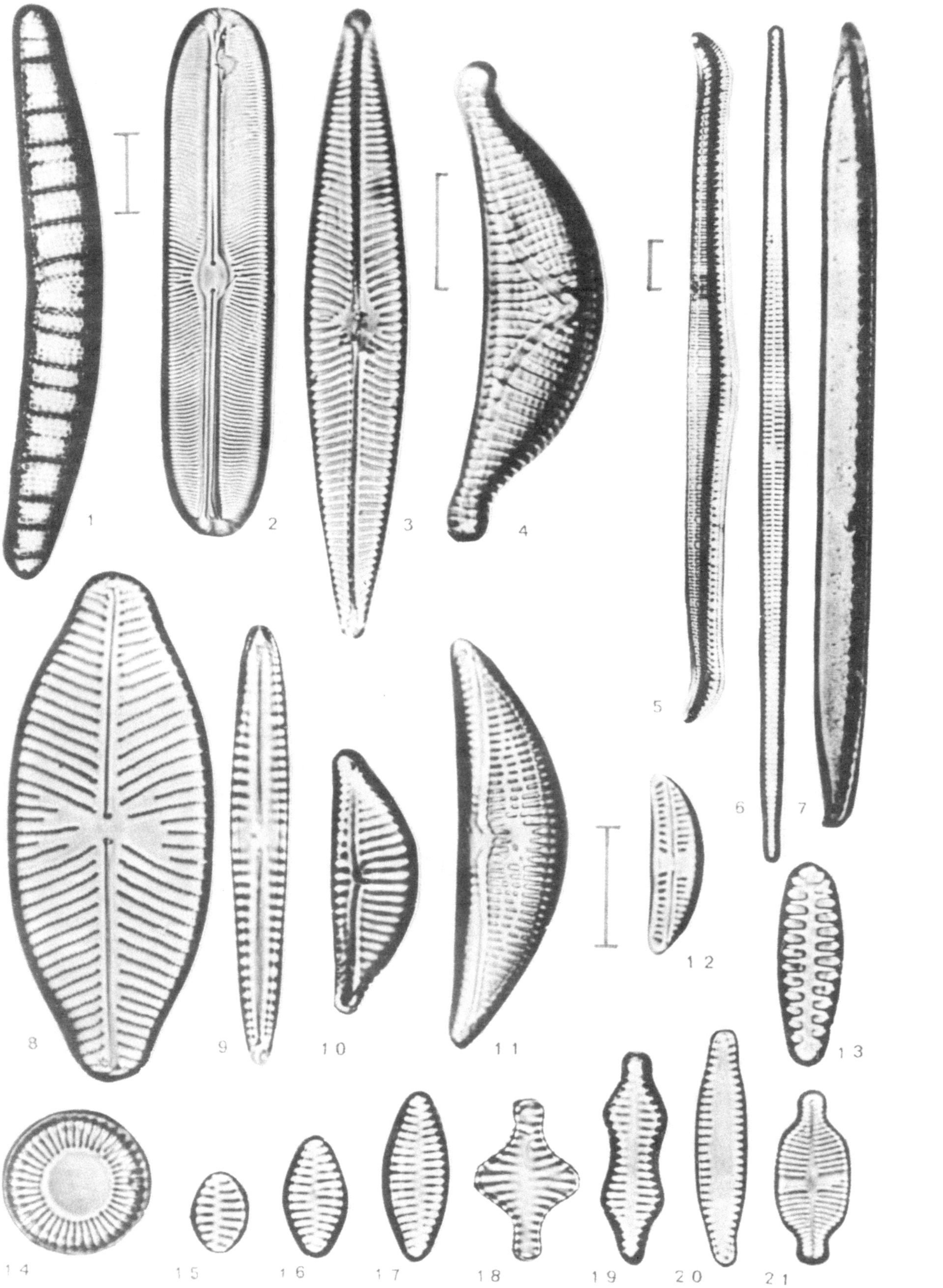

Plate 2. Figs. 1—21. Alkaliphilous diatoms (Figs. 1, 4, 5, 6, 9, 11, 12—21) and pH-indifferent diatoms (Figs. 2, 3, 7, 8, 10) from the sediment of Lake Kleiner Barsch-See. Sediment depth 930 and 945 cm. Scale bars = 10 µm. 1 *Epithemia zebra* var. *saxonica*; 2 *Navicula bacillum*; 3 *Navicula radiosa*; 4 *Epithemia sorex*; 5 *Rhopalodia gibba*; 6 *Synedra ulna*; 7 *Nitzschia recta*; 8 *Navicula gastrum*; 9 *Gomphonema angustatum*; 10 *Cymbella minuta*; 11 *Amphora libyca*; 12 *Amphora pediculus*; 13 *Opephora martyi*; 14 *Cyclotella meneghiniana*; 15—17 *Fragilaria pinnata*; 18 *Fragilaria construens*; 19 *Fragilaria construens* var. *binodis*; 20 *Fragilaria brevistriata*; 21 *Achnanthes exigua* var. *heterovalvata*. Photos: W. SCHEFFLER.

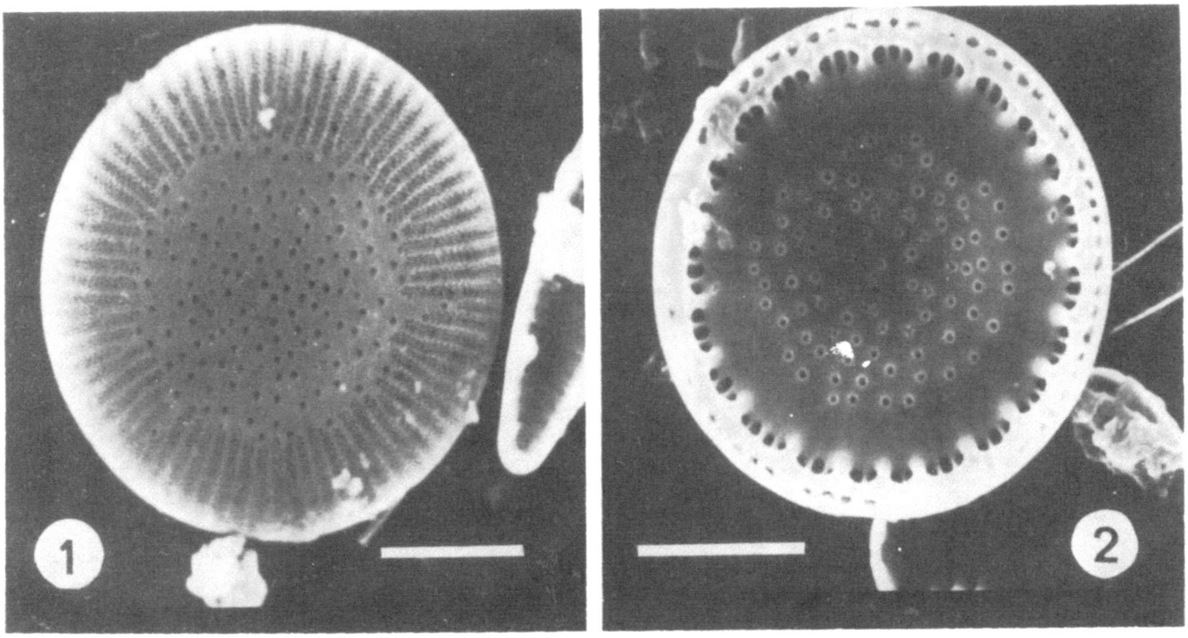

Plate 3, Figs. 1–2. *Cyclotella comta* from the sediment of Lake Kleiner Barsch-See. Sediment depth 950 cm. Fig. 1: Outside view of valve. Fig. 2: Inside view of valve. Scale bars = 10 µm. SEM-Photos: W. AUGSTEN. Figs. 3–4. *Stephanodiscus* cf. *minutulus* from the sediment of Lake Kleiner Barsch-See. Fig. 3: Outside view of valve. Fig. 4: Inside view of valve. Scale bars = 1 µm. SEM-Photos: TH. PESCHKE.

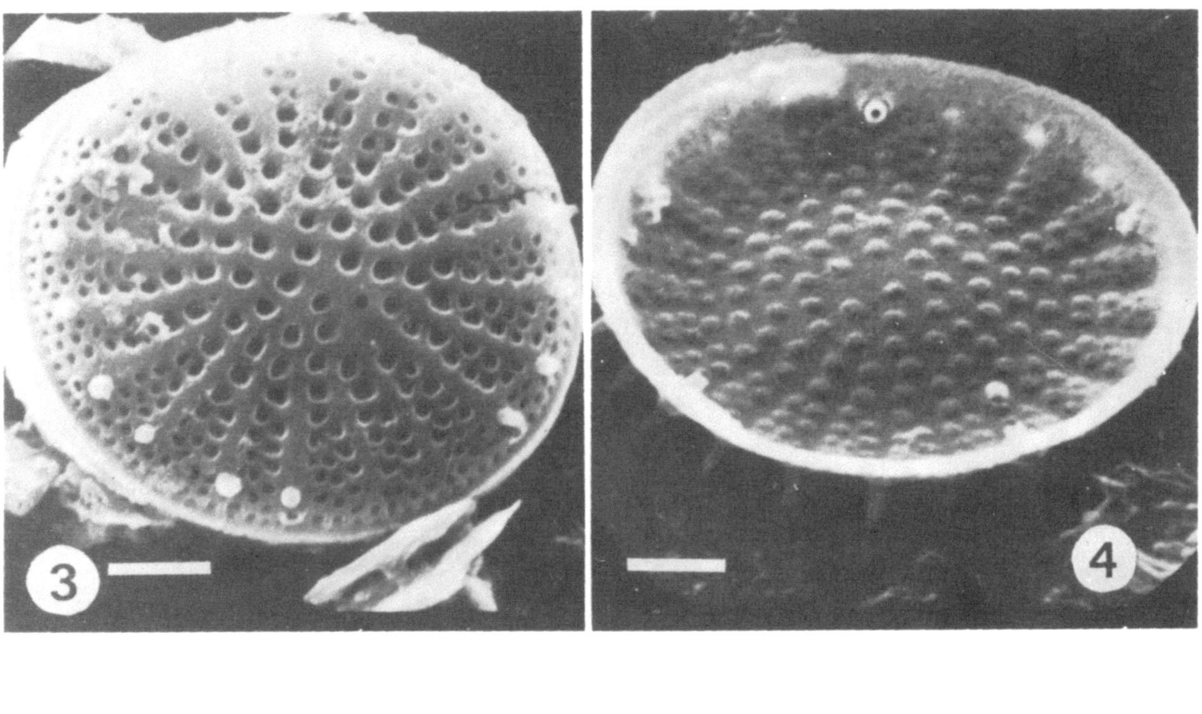

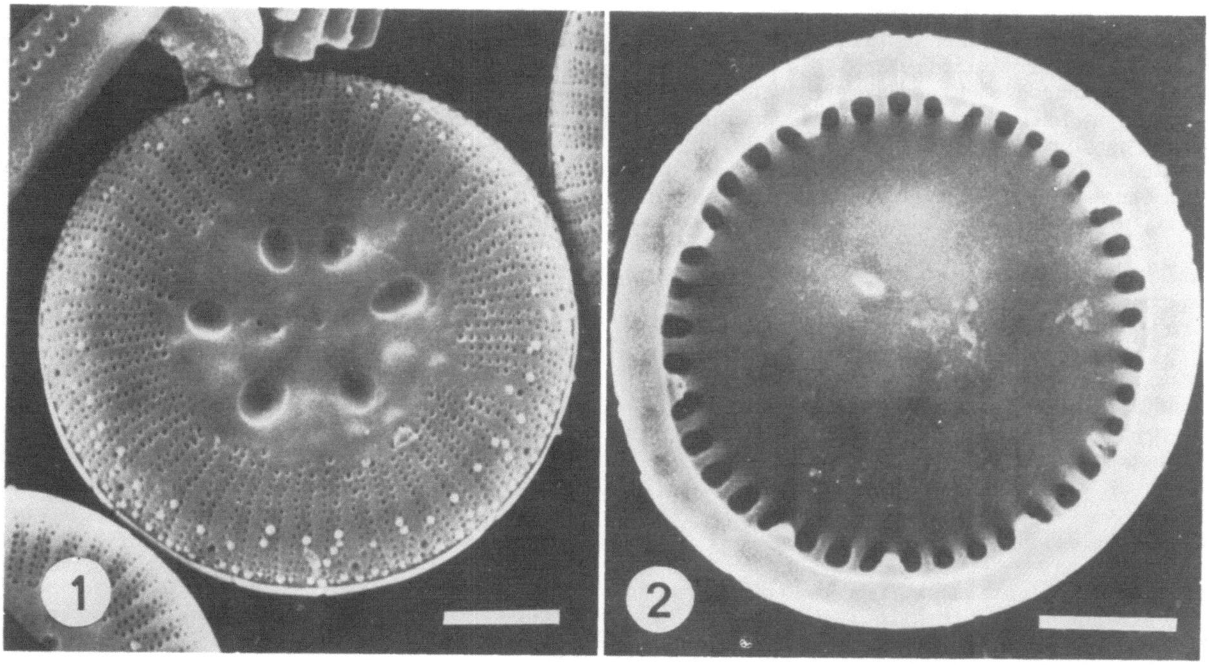

Plate 4. Figs. 1–4. *Cyclotella ocellata* from the sediment of Lake Kleiner Barsch-See. Sediment depth 950 cm. Fig. 1: Outside view of valve. Fig. 2: Inside view of valve. Scale bars = 2 μm. SEM-Photos: Th. Peschke. Fig. 3: Oblique view of frustule. Fig. 4: Girdleband view of frustule. Scale bars = 2 μm. SEM-Photos. Th. Peschke.

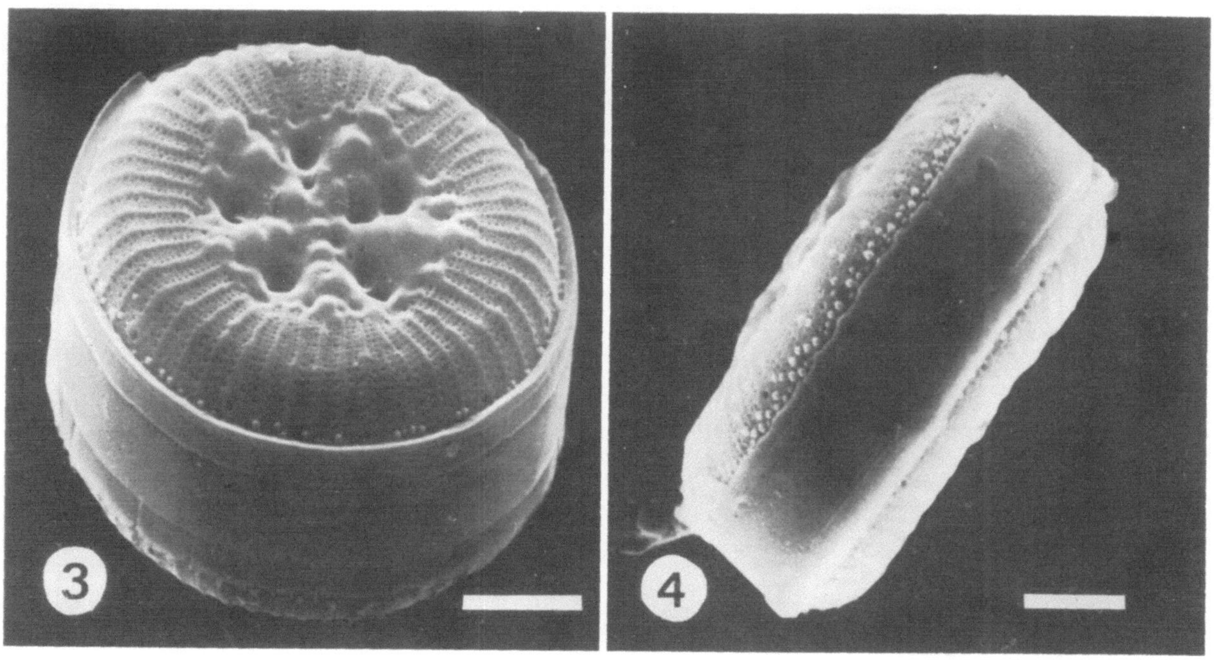

2 mm per annum) a rapid and distinct increase in diatom number indicates a better nutrient supply at the site, possibly due to aerial acidification.

These findings are in good harmony with the actual situation in Lake Kleiner Barsch-See concerning the pelagic phytoplankton assemblage. From 1982 to 1986 we studied the phytoplankton development and found an assemblage poor in species and number. From early spring to summer acidophilous taxa such as *Dictyosphaerium stagnale* HINDÁK, *Synura sphagnicola* KORŠIKOV, and *Mallomonas heterospina* LUND dominated, accompanied by *Peridinium* spec., *Gymnodinium* spec., *Cryptomonas* spec., *Euglena* spec., *Chlamydomonas* ssp., and *Chlorogonium* spec. Single valves of *Tabellaria flocculosa*, *Cyclotella comta*, and *Stephanodiscus* — species could be detected. It should be noted, that single valves of *Stephanodiscus* — species occur in many samples throughout the Post-glacial part of the core.

4. Diatoms as Indicators of pH

The grouping of the diatoms in relation to pH used in the present study follows HUSTEDT (1937—39, 1957) and NYGAARD (1956). Consequently, we distinguish alkalibiontic (pH > 7), alkaliphilous (pH ≧ 7), indifferent (pH = 7), acidophilous (pH ≦ 7), and acidobiontic (pH < 7) taxa.

Both in respect to the number of taxa and the numbers of individuals (valves), the alkaliphilous and indifferent taxa are distinctly dominant in diatom zones 1 and 2, that is during the Late-glacial (pollen zones I and II; Alleröd to Younger Dryas period). In most samples they constitute about 90—95% of the spectra calculated on valve number and about 95—98% calculated on the number of taxa. Acidophilous forms are rare or found only in rather low frequencies.

The dominating species are *Cyclotella ocellata*, *Stephanodiscus* cf. *minutulus*, *Asterionella formosa*, *Synedra ulna*, *S. acus*, and several *Fragilaria*-taxa, especially *F. brevistriata* and *F. construens* with its varieties *construens*, *venter*, *binodis*, and *subsalina*. All of these are alkaliphilous or indifferent forms. They are accompanied by varying proportions of *Amphora libyca*, *A. ovalis*, *A. pediculus*, *Achnanthes lanceolata*. *A. exigua* var. *heterovalvata*, *Cymbella lanceolata*, *C. affinis*, *C. minuta*, *Epithemia zebra* var. *porcellus*, *E. sorex*, *Navicula capitata*, and *N. schoenfeldii*, which also belong to the alkaliphilous-alkalibiontic group (sample no. 5; cf. Fig. 1, Pl. 2). In contrast to the dominating alkaliphilous taxa, acidophilous forms are rare: *Eunotia faba*, *Anomoeoneis sphaerocephala*, and *Tabellaria flocculosa* do not account for more than 1.5% of the total valve number in each sample. Using the index α (MERILÄINEN 1967) to calculate the pH for three samples (nos. 1—3) from the lowermost sediment layers (960, 930, 900 cm), from the frequencies of acidobiontic and acidophilous units and of alkalibiontic and alkaliphilous ones, the value varies between 7.8 and 8.4, perhaps somewhat too low (DIGERFELDT 1972).

At the onset of the Pre-Boreal (pollen zone IV; diatom zone 3), the biomass and number of diatom taxa decrease rapidly. The decrease continues until the Sub-Atlantic period (pollen zone X; diatom zone 3). The extreme scarcity of diatoms does not allow quantitative analysis. It can be said that diatoms are virtually absent from diatom zone 3. Nevertheless, it is dominated by acidophilous forms,

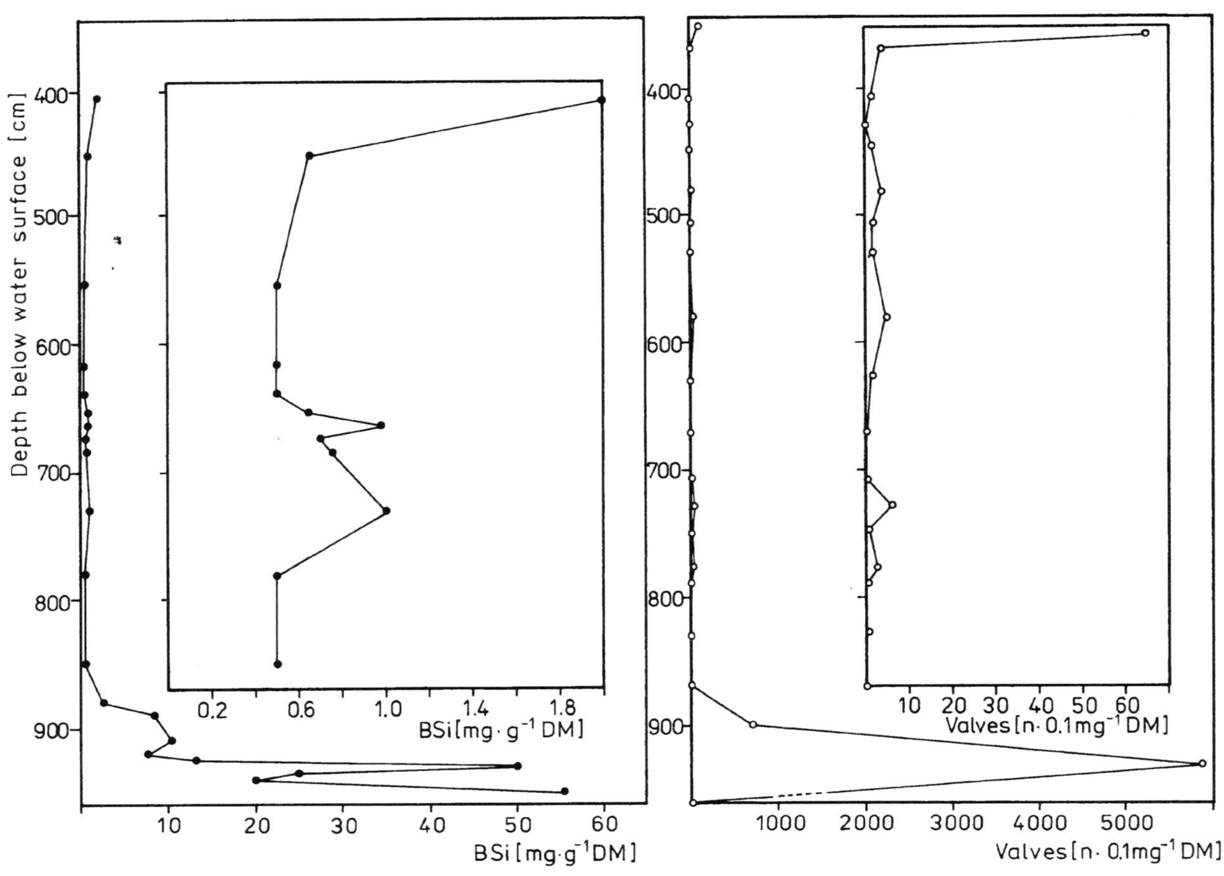

Fig. 3. Bio-silica [mg · g^{-1} DM] and number of diatom valves (n · 0.1 mg^{-1} DM] from cores I to IV from Lake Kleiner Barsch-See

which start with extremely low valve numbers in the sediment layer at about 950 cm (pollen zone II; Alleröd period), indicating a low pH value but no distinct periods of acidification (FLÖSSNER; this volume) within the profile between 880 and 358 cm.

In the recent 9 cm of the profile, acidophilous taxa reach their highest frequencies. In sample 14 (353 cm) the acidophilous *Eunotia faba*, *E. tenella*, *E. robusta* var. *tetraodon*, *Frustulia rhomboides* var. *saxonica*, and *Tabellaria flocculosa* constitute about 78 % of the diatom assemblage (Pl. 1). The pH value calculated with the help of the index α falls within the interval 5.7—6.2, and not within the actual pH interval of between 4.7—5.1. According to MERILÄINEN (1967), the inaccuracy of the index method may be a little more than one pH unit for the poorly buffered waters represented by Lake Kleiner Barsch-See.

5. Conclusions and Final Remarks

The diatom development in Lake Kleiner Barsch-See shows two distinct phases during the late glacial and postglacial period. The diatoms found in the lowermost samples (diatom zones 1 and 2; Late-glacial) indicate a slightly alkaline to circumneutral state of the juvenile lake with a well developed pelagic zone and a fairly high water level. The increasing dominance of *Fragilaria* ssp. in zone 2 indicates the initial lowering of the water level. The more or less abrupt change in the material at about 880 cm — no distinct transition zone could be detected although, according to definition (HANSEN 1959), the change from gyttja to dy formation must be transitional — is possibly due to a lowering of the water level lowering when overgrowth of the lake lead to peat formation and acidification. This process lasted through the whole Post-glacial period. Extremely small numbers of diatoms were found. The topmost 9 cm of the core reflect a better (aerial?) nutrient supply and possibly acidification during the recent 20 years.

The two main phases in diatom development described are well known from investigations of similar lakes in northern Europe and America (TOLONEN et al. 1986; WHITEHEAD et al. 1986; HAWORTH 1976; ROUND 1957). They are in good agreement with the findings by biosilica analysis in Lake Kleiner Barsch-See (Fig. 3; see PROFT & KREY this volume).

6. Acknowledgements

We heartily thank Mrs. HANNELORE HÅKANSSON for help in determination, Mr. Dr. THEODOR PESCHKE for SEM photography, and Mr. MANFRED RÜCKERT for the drawings.

References

BRADBURY, J. P. (1975): Diatom stratigraphy and human settlement in Minnesota. Geol. Soc. Amer. Special Paper **171**, 1—74.

— (1978): A paleolimnological comparison of Burntside and Shagawa Lakes, northeastern Minnesota. Unit. States Environmental Protect. Agency. Ecological Res. Ser. (EPA-600/3-78-004), 1—48.

DIGERFELDT, G. (1972): The post-glacial development of Lake Trummen. Regional vegetation history water level changes and paleolimnology. Folia limnol. Scandinavia **16**, 1—104.

FLÖSSNER, D. (1990): Die Geschichte der Cladocerenfauna des Kleinen Barsch-Sees, eines sauren, kalkarmen Moorweihers im mitteleuropäischen Flachland. *Limnologica* (Berlin) **21** (1), 125—135.

HANSEN, K. (1959): The terms Gyttja and Dy. Hydrobiologia **13**, 301—315.

HAWORTH, E. Y. (1976): Two Late Glacial (Late Devensian) diatom assemblage profiles from northern Scotland. New Phytol. **77**, 227—256.

HUSTEDT, F. (1937—1939): Systematische und ökologische Untersuchungen über die Diatomeenflora von Java, Bali und Sumatra. Arch. Hydrobiol. Suppl. **15**, 130—506; 638—790; Suppl. **16**, 1—155; 274—394.

— (1957): Die Diatomeenflora des Fluß-Systems der Weser im Gebiet der Hansestadt Bremen. Abh. Naturwiss. Ver. Bremen **34**, 181—440.

KREY, L., & KLOSS, K. (1990): Geographische und pollenanalytische Untersuchungen des Kleinen Barsch-Sees (Bez. Potsdam, DDR) *Limnologica* (Berlin) **21** (1), 117—123.

MERILÄINEN, J. (1967): The diatom flora and hydrogen-ion concentration of the water. Ann. bot. Fennica **4**, 51—58.

MÜLLER, H. M. (1959): Spätglaziale Tuffablagerungen in südostmecklenburgischen Mooren (Vorläufige Mitteilungen). Geologie **8** (7), 788—789.

ŃYGAARD, G. (1956): Ancient and recent flora of diatoms and Chrysophyceae in Lake Gribsø. In: BERG, K., & PETERSEN, I. C., Studies on the humic, acid Lake Gribsø. Folia limnol. Scandinavia **8**, 1—000.

PROFT, G., & KREY, L. (1990): Die chemische Zusammensetzung der Spät- und Postglazialsedimente des Kleinen Barsch-Sees (Fe, Mn, P, C, N, H und BSi), eines dystrophen Moorweihers im Norden der DDR. *Limnologica* (Berlin) **21** (1), 157—164.

ROUND, F. E. (1957): The Late-Glacial and Post-Glacial diatom succession in the Kentmere Valley deposit. New Phytol. **56**, 98—126.

TOLONEN, K., LIUKKONEN, M., HARJULA, R., & PÄTILA, A. (1986): Acidification of small lakes in Finland documented by sedimentary diatom and chrysophycean remains. Developments in hydrobiology **29**, 169—199.

WHITEHEAD, D. R., CHARLES, D. F., JACKSON, S. J., REED, S. E., & SHEEHAN, M. C. (1986): Late-glacial and Holocene acidity changes in Adirondack (N. Y.) lakes. Developments in hydrobiology **29**, 251—274.

Author's address:

Dr. habil. S. JOST CASPER
Akademie der Wissenschaften der DDR
Zentralinstitut für Mikrobiologie und
experimentelle Therapie
Abt. Spezielle Limnologie
Beutenbergstr. 11
Jena
DDR-6900

Limnologica (Berlin) **21** (1), 157—164, Oktober 1990

AdW der DDR, Zentralinstitut für Mikrobiologie und Experimentelle Therapie, Abteilung Limnologie, Jena

Die chemische Zusammensetzung der Spät- und Postglazialsedimente des Kleinen Barsch-Sees (Fe, Mn, P, C, N, H und BSi), eines dystrophen Moorweihers im Norden der DDR

The Chemical Composition of Late- and Post-glacial Sediments (Fe, Mn, P, C, N, H and BSi) in Lake Kleiner Barsch-See, a Bog Lake in the North of GDR

Von GOTTFRIED PROFT & LUDWIG KREY

Mit 9 Abbildungen

Key words: Paleolimnology; Sediments; Concentration of Fe, Mn, P, BSi, C, H, N, C/N.

Abstract

The chemical composition of Lake Kleiner Barsch, a little post-glacial bog lake, is given. The changes in the composition of the sediments in regard to depth and time reflect the development of trophic level and water chemistry. The limnological history of the lake is determinated by a transition from a post-glacial hardwater lake to an acid bog lake.

1. Einleitung

Ein Stechkernprofil des Kleinen Barsch-Sees, das die spät- und nacheiszeitlichen Sedimente durchteufte, wurde auf die Elemente Fe, Mn, P, C, N, H und BSi untersucht. Die Konzentration dieser Elemente im Sediment erlaubt Rückschlüsse auf die Entwicklung des Sees, auf die Änderungen der Trophie und den Chemismus des Wassers. Es läßt sich eine Entwicklung des Kleinen Barsch-Sees vom nacheiszeitlichen Hartwassersee zum sauren Moorgewässer verfolgen.

2. Analysenmethoden

Trockenrückstand (TR): Das gestochene Sedimentmaterial wurde bei 105 °C getrocknet und gemahlen (Ardenne-Vibrations-Kugelmühle).

Nach Verglühen der organischen Substanz erfolgte ein Aufschluß mit HF + H_2SO_4 + HNO_3, und aliquote Teile der Aufschlußlösung wurden der Analyse auf P, Fe und Mn zugeführt:
P-Analyse: Mo-V-Methode (PROFT 1964)
Fe-Analyse: 1,10 Phenanthrolin [Ausgewählte Methoden der Wasseruntersuchung (1986) = AMW]
Mn-Analyse: Formaldoxin (AMW), hohe Werte auch als MnO_4
CO_3 und CO_2-Analyse: Konduktometrisch (PROFT 1984)
BSi (Biosilizium): Mo-Blau-Methode (AMW)
Lösung des Si mit 1 % Na_2CO_3-Lösung, 3^h bei 85 °C (SCHELSKE et al. 1985; KRAUSSE et al. 1983).
C, N, H: Elementaranalyse

3. Ergebnisse

Das Sedimentprofil (KB III 1986) des Kleinen Barsch-Sees von 385—950 cm unter der Wasseroberfläche besteht im oberen Teil überwiegend aus torfartigem Pflanzenmaterial und organischem Grobdetritus. Die tieferen Sedimentschichten (860—950 cm) sind reich an Fe, Mn, P und BSi und enthalten im Bereich von 915—950 cm Kalzit (Abb. 1—6). Die zwischengelagerte Schicht des Laacher Tuffs (936 cm) ist der Auswurf eines basischen Eifelvulkanes.

3.1. Trockenrückstand

Der Trockenrückstand bzw. der Wassergehalt des Naßsedimentes ist unterschiedlich, im hangenden Sediment (S_1) (385—860 cm)
$\bar{x}$ = 3,6 ± 0,63 % TR, n = 11
und im liegenden (S_2) (860—950 cm)
$\bar{x}$ = 28,3 ± 13,6 % TR, n = 12
was auf zwei unterschiedliche Sedimenttypen hinweist (Abb. 1).

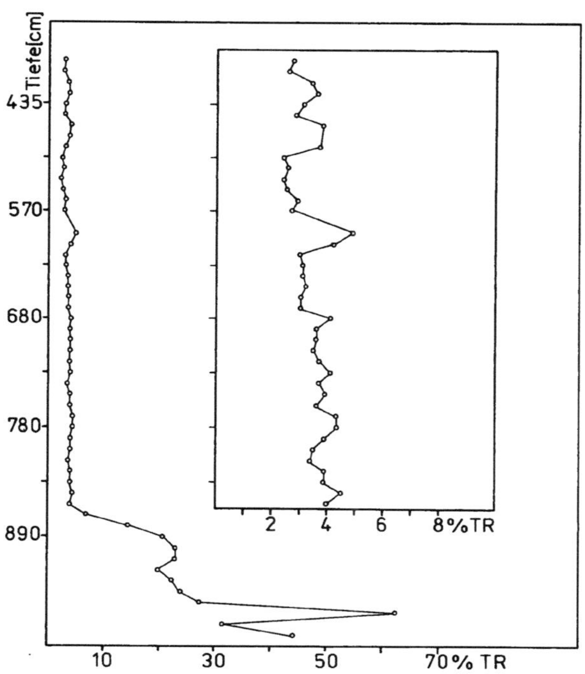

Abb. 1. Sedimentprofil Kleiner Barsch-See, Trockenrückstand (TR) des Frischsedimentes in %, getrocknet bei 105 °C

3.2. Kalzit

Die untersten 14 cm Sediment haben einen CO_3-Gehalt entsprechend 12 % $CaCO_3$. Über dem Laacher Tuff werden nur noch 4,2 % gefunden, und ab 910 cm ist das gesamte jüngere Sediment karbonatfrei (Abb. 2).

Bei dem hohen Eisengehalt der Sedimente besteht die Möglichkeit, daß das Karbonat neben Kalzium auch an Eisen gebunden vorliegt. Mit Röntgengoniometer-Untersuchungen ließ sich nur Kalzit, jedoch kein Eisenspat nachweisen.

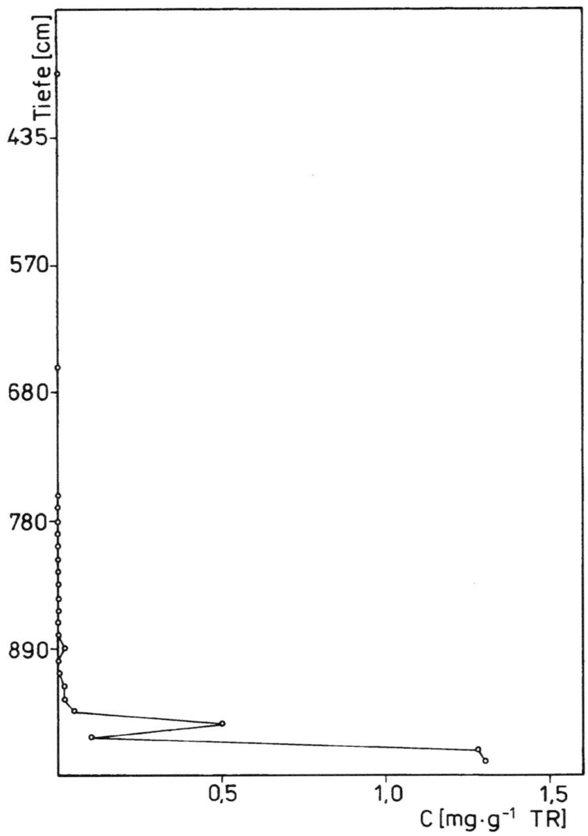

Abb. 2. Sedimentprofil Kleiner Barsch-See, mit Säure freisetzbares CO_2 aus dem Trockenrückstand (Karbonatgehalt)

3.3. Phosphor

Phosphor erreicht in den untersten Schichten (940—920 cm) Maximalwerte von 3% P, in den darüber folgenden Sedimenten ist eine stetige Abnahme zu verzeichnen (Abb. 3), und oberhalb 860 cm sinken die Werte auf 0,1% P.

S_1 $\bar{x}$ = 0,048 ± 0,013% P, n = 40
S_2 $\bar{x}$ = 1,05 ± 1,2 % P, n = 11

3.4. Eisen und Mangan

Ähnlich dem Phosphor sind Fe und Mn in den untersten Schichten von 860—950 cm angereichert (Abb. 4). Eisen erreicht hier Konzentrationen von maximal 27,5% Fe und einen Mittelwert von
$\bar{x}$ = 14,3 ± 7,5% Fe, n = 12
und Mangan von maximal 1%
$\bar{x}$ = 0,61 ± 0,28% Mn, n = 8
wobei die Mangananreicherung nur von 905—950 cm nachweisbar ist.
Fe — Werte von
$\bar{x}$ = 0,23 ± 0,085% Fe, n = 9
und Mangan
$\bar{x}$ = 0,041 ± 0,019% Mn, n = 13.
Die Maxima der Elemente Fe, Mn und P fallen in den Schichten 920—950 cm zusammen (Abb. 3 und 4).

3.5. Biosilizium

BSi weist in den frühen nacheiszeitlichen Sedimenten die höchsten Werte auf, maximal 56 mg BSi/g TR (Abb. 5):
$\bar{x}$ = 20 ± 18 mg BSi/g TR, n = 12

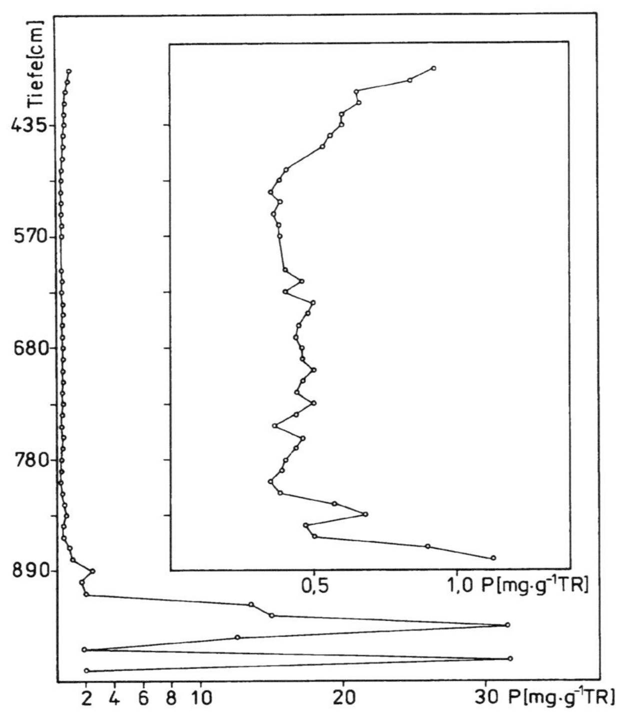

Abb. 3. Sedimentprofil Kleiner Barsch-See, Phosphorgehalt des Trockenrückstandes

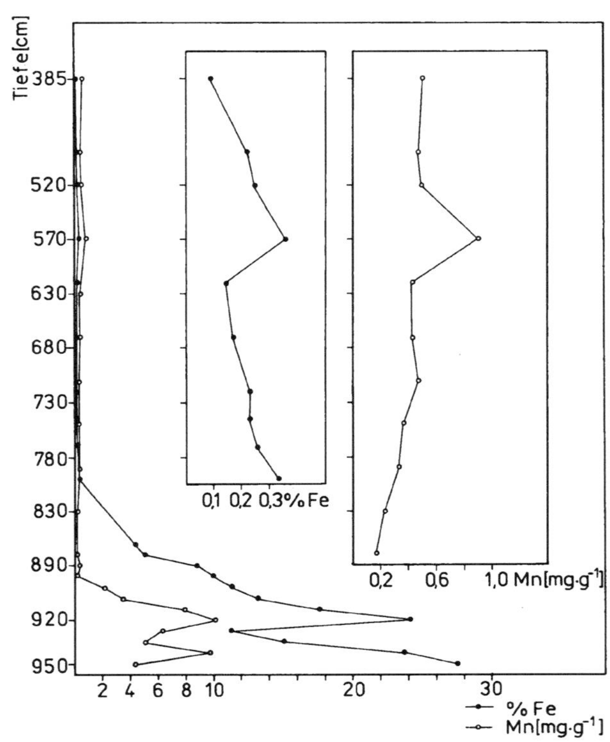

Abb. 4. Sedimentprofil Kleiner Barsch-See, Eisen- und Mangangehalt im Trockenrückstand

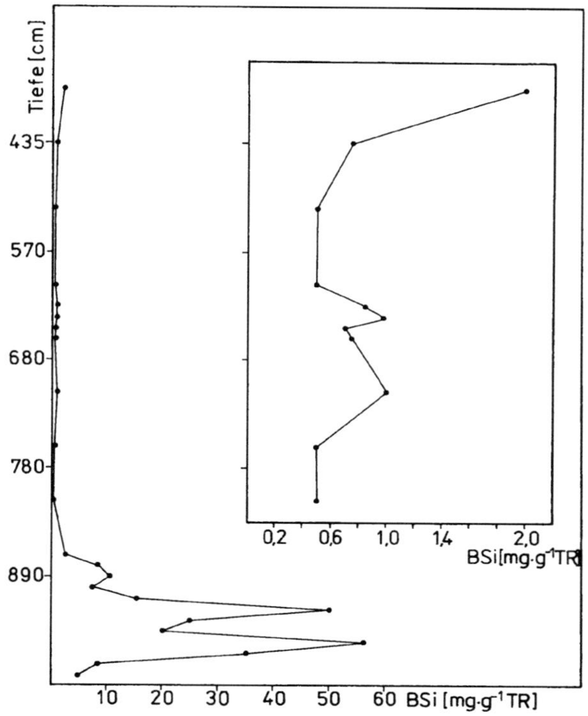

Abb. 5. Sedimentprofil Kleiner Barsch-See, Biosiliziumgehalt im Trockenrückstand

Die oberen jüngeren Schichten sind sehr Si-arm:
$\bar{x}$ = 0,8 ± 0,4 mg BSi/g TR, n = 11.
In den jüngsten obersten Schichten ist eine geringe Zunahme von BSi zu verzeichnen.

3.6. Kohlenstoff, Stickstoff, Wasserstoff

Kohlenstoff (C):
Der Kohlenstoffgehalt (org. C) schwankt in den untersten Sedimentschichten zwischen 4% und 11% (Laacher Tuff mit 1,6% ausgenommen):
$\bar{x}$ (910—950 cm) = 7,88 ± 2,4 (31%) n = 6
In den folgenden hangenden Sedimenten steigt der C-Gehalt in einer Übergangszone (850—905 cm) von 14% auf etwa 40% und schwankt dann in den oberen Schichten (S_1) wenig um den Mittelwert von 52,8% (Abb. 6):
$\bar{x}$ (345—850 cm) = 52,79 ± 3,05 (5,8%) n = 47
Stickstoff (N):
Ein vergleichbares Verhalten weist auch der Stickstoffgehalt auf. In den unteren Schichten (S_2) liegen die Werte unter 1%, nach einer Übergangszone werden in den S_1-Schichten Konzentrationen von 3%—5% erreicht (Abb. 6):
$\bar{x}$ (910—950 cm) = 0,66 ± 0,18 (27 %) n = 16
$\bar{x}$ (345—850 cm) = 4,33 ± 0,67 (15,5%) n = 47
Wasserstoff (H):
Der Wasserstoffgehalt weist in den unteren Schichten (S_2) gleichfalls geringere Werte gegenüber den oberen Schichten (S_1) auf (Abb. 6):
$\bar{x}$ (910—950 cm) = 1,46 ± 0,48 (33, %) n = 6
$\bar{x}$ (345—850 cm) = 6,86 ± 0,46 (6,7%) n = 47
C/N — Verhältnis:
Das C/N-Verhältnis schwankt in den unteren Schichten (S_2) sehr (5—17) und ist durch die geringe C- und N-Konzentration von <10% C und <1% N nur bedingt aussagefähig:
$\bar{x}$ (910—950 cm) = 12,26 ± 3,9 (32%) n = 6
In den oberen Schichten liegt das C/N-Verhältnis zwischen 9 und 16 (max. 21,7) (Abb. 7):
$\bar{x}$ (345—850 cm) = 12,5 ± 2,25 (18%) n = 47

3.7. CO_2-Gehalt des Naßsedimentes

1 g Naßsediment wurde mit 50 ml aqua dest. (CO_2-frei) aufgeschlämmt und das ausblasbare CO_2 der Suspension bestimmt (Methode s. PROFT 1983). Dieser CO_2-Wert kann auf die freie Kohlensäure ($K_0 = CO_2 + H_2CO_3$) der Karbonatgleichgewichte in den untersten kalkhaltigen Schichten zurückgeführt werden. Aber auch aus verschiedenen biologisch-bakteriologischen Umsätzen im Sediment kann CO_2 freigesetzt werden. Dies ist für Sedimente anzunehmen, in denen keine Karbonate im Trockenrückstand nachweisbar sind (vgl. Abb. 2 und 8). Im Sedimentprofil des Kleinen Barsch-Sees sind oberhalb 890 cm Tiefe keine Karbonate im Trockenrückstand nachweisbar, wohl aber CO_2 im Naßsediment (Abb. 8). Dieser CO_2-Gehalt kann wohl nur biologischen Aktivitäten zugeordnet werden, d. h. es müssen abbaubare Substanzen vorhanden sein. Es ist unklar, ob etwa eine Sekundärinfektion nach der Probenahme vorliegt oder ob wirklich Abbauprozesse in situ abgelaufen sind.

4. Diskussion

Das Sedimentprofil des Kleinen Barsch-Sees kann nach der chemischen Zusammensetzung der Sedimente in zwei prinzipiell verschiedene Schichtfolgen geteilt werden. Die unteren Folgen von etwa 1 m Stärke (850—950 cm) entsprechen den Ablagerungen, die von nacheiszeitlichen, eisenreichen Hartwasserseen bekannt sind, die oberen Schichten den dystrophen, elektrolytarmen Moorgewässern unserer Tage.

Für die Entstehung dieser beiden Sedimenttypen läßt sich folgender Weg konstruieren: Die unteren Sedimente sind seeautochthone Bildungen; die angereicherten Elemente werden dem Gewässer in gelöster Form aus dem Einzugsgebiet zugeführt. Morphologische Hinweise auf Oberflächenzuflüsse fehlen, so daß ein Zufluß vor allem über das Grundwasser anzunehmen ist. Die nacheiszeitlichen Verhältnisse führten zur Mobilisierung und Anreicherung der Elemente im Gewässer (MACKERETH 1966: Lösung im reduktiven Bodenwasser, Oxydation der Elemente im See und Fällung; bei der Fällung von Fe und Mn als Hydroxid wird P mitgefällt); (PENNINGTON & LISHMAN 1984; GOLTERMAN 1988).

Nach der Ablagerung der untersten 1m-Sedimentschicht (850 cm Tiefe) tritt eine Änderung im Sedimentchemismus ein, die auf eine Abdichtung des Gewässers gegen das Grundwasser hinweist. Der See geht — vergleichbar den Mooren (KOPP et al. 1982) — von der geogenen in die ombrogene Phase über.

$CaCO_3$

Die ersten autochthonen Ablagerungen des Kleinen Barsch-Sees weisen einen Kalkgehalt von 5—12% $CaCO_3$ auf. Für eine derartige Kalkfällung ist ein höherer Ca-Gehalt im Wasser nötig als er heute nachweisbar ist (2 mg Ca/l).

In den Hartwasserseen und im Grundwasser der Umgebung des Kleinen Barsch-Sees werden Ca-Gehalte von

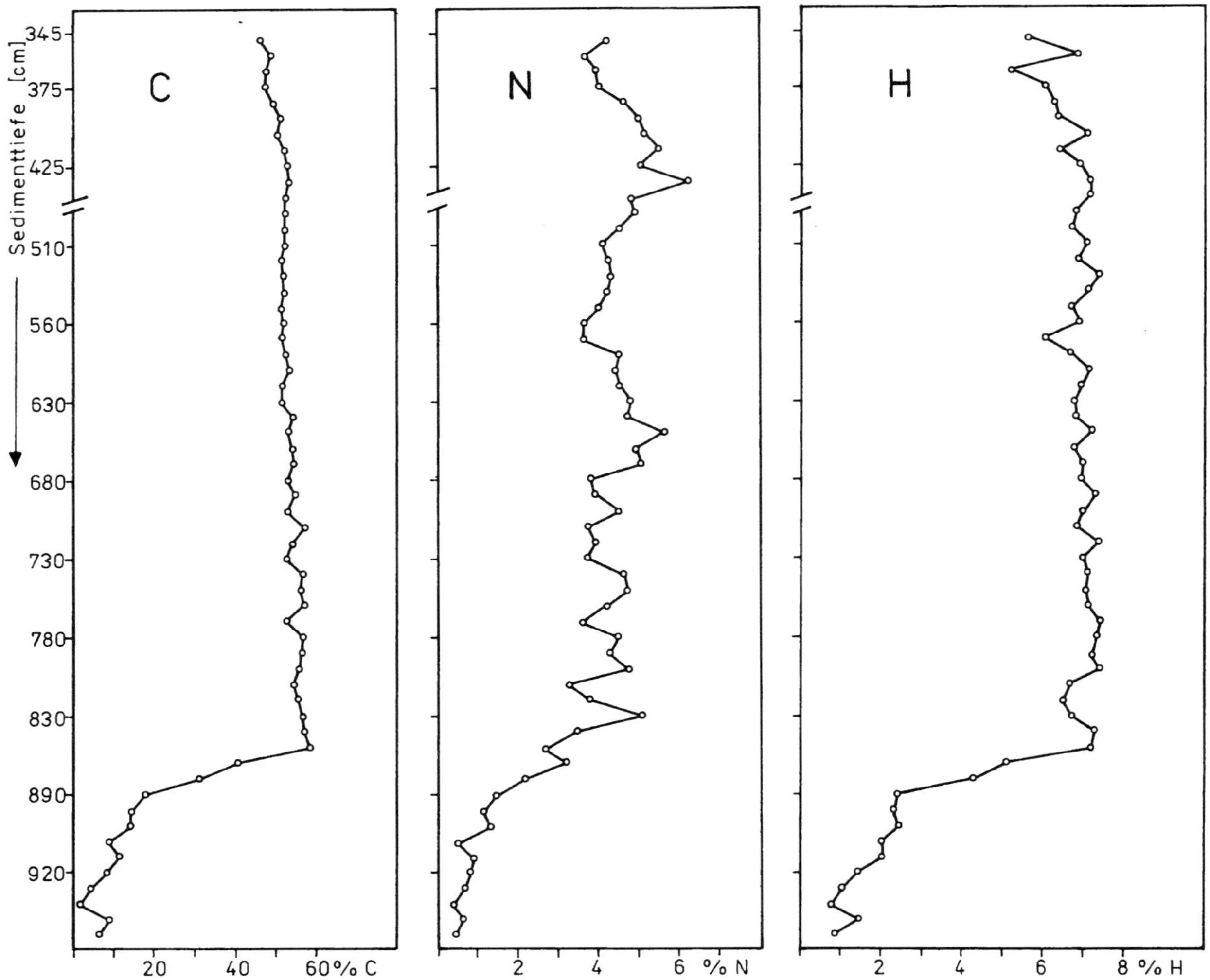

Abb. 6. Sedimentprofil Kleiner Barsch-See, Kohlenstoffgehalt (in organischer Bindung), Stickstoffgehalt und Wasserstoffgehalt im Trockenrückstand

40—80 mg Ca/l gefunden. Bei diesen Konzentrationen ist eine Kalzitfällung möglich.

Die Kalkfällung kann durch Makrophyten erfolgen, analog den Seekreidebänken der Hartwasserseen. Aber auch eine pelagische Kalzitfällung kann in Betracht gezogen werden. Diese wird aber nicht im oligotrophen Bereich ausgelöst, sondern unter mesotrophen bis eutrophen Bedingungen (KOSCHEL et al. 1983; PROFT 1984).

Kalzit in den liegenden Schichten postglazialer Gewässer ist keine lokale Besonderheit. Schon LUNDQUIST (1927) beschreibt in Seen Süd-Schwedens Kalk in den ältesten Schichten und einen von unten nach oben abnehmenden Kalkgehalt. Auch GAERTNER (1897) kartiert Seekreide-Schichten bis zu 1 m Stärke in den Mooren des norddeutschen Flachlandes, meist als unterstes, ältestes Sediment. Darüber folgt Torf mit Einlagerungen von Vivianit, Raseneisenstein und Eisenspat. Für die Entstehung wird angenommen, daß die Elemente aus den frischen diluvialen Geschieben mobilisiert wurden.

Ein vergleichbares Profil durch das Holozän vom Schmachter See (Rügen), mit marinen Folgen (*Litorina*-Transgression) und Seekreide als liegendes boreales Sediment beschreibt LAMPE (1983).

KLOSS (1980) fand eine mehrere Meter starke Kalkschicht in einem Moor bei Buchholz, welches dem gleichen Wassereinzugsgebiet wie der Kleine Barsch-See angehört. Auch RYAN & KAHLER (1987) beschreiben in Mooren aus New Hampshire und Vermont $CaCO_3$ in den postglazialen Schichten, bzw. höhere pH-Werte in den untersten Sedimenten.

Fe, Mn und P

Gleichzeitig mit den Kalk werden in den folgenden Schichten Fe, Mn und P angereichert. Das Sediment enthält hier Vivianit und wahrscheinlich bakteriologisch gebildeten Magnetit (STOLZ et al. 1986). Hohe Werte dieser Elemente fanden LUNDQUIST (1927) und NAUMANN (1930) in den Eisenseen Schwedens (vgl. auch KJENSMO 1967, 1988) und wie bereits erwähnt GAERTNER (1897) in norddeutschen Mooren. Derartige Sedimente mit über dem geochemischen Mittelwert liegenden Konzentrationen von Fe, Mn und P werden bevorzugt in den älteren nacheiszeitlichen Seesedimenten beobachtet. Rezente Sedimente umliegender Gewässer weisen bedeutend geringere Konzentrationen auf (siehe Tab. 1 sowie GOLACHOWSKA 1984). Oberhalb von 920 cm Sedimenttiefe ist eine stetige Abnahme von Fe und Mn zu beobachten, und die Mangankonzentration sinkt bereits bei 900 cm Tiefe auf Werte unter 1 mg Mn/g. In diesem Bereich von

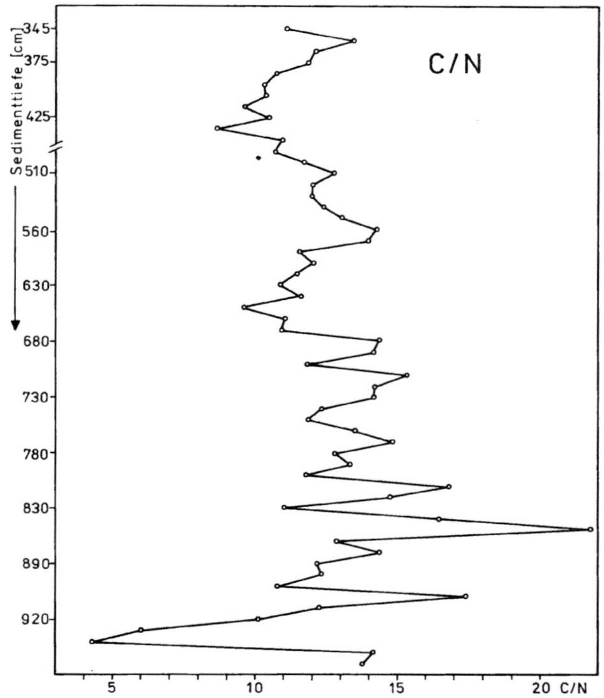

Abb. 7. Sedimentprofil Kleiner Barsch-See, Kohlenstoff-Stickstoff-Verhältnis (C/N) im Trockenrückstand

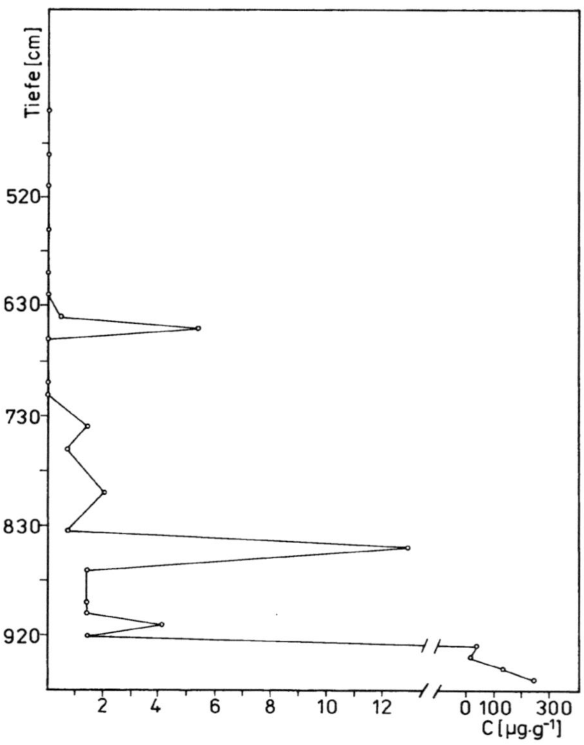

Abb. 8. Sedimentprofil Kleiner Barsch-See, CO_2-Gehalt des Frischsedimentes

870—900 cm steigt das Fe/Mn-Verhältnis auf Werte von 200—500 (Abb. 9).

Mackareth (1966) und Kjensmo (1967) zeigen, daß das Fe/Mn-Verhältnis in Sedimenten abhängig ist vom Red-Ox-Potential und daß Mangan schon bei höheren Red-Ox-Werten reduziert und vor dem Eisen mobilisiert wird. Schwankungen im Fe/Mn-Verhältnis erlauben Rückschlüsse auf den O_2-Gehalt des hypolimnischen Wassers und somit auf die Trophie des Gewässers. Die Abnahme der Mangankonzentration, und das damit verbundene hohe Fe/Mn-Verhältnis kann als Zeichen einer Trophiezunahme bzw. Abnahme des O_2-Gehaltes des sedimentbedeckenden Wassers gewertet werden.

BSi

Die im alkalischen Milieu lösliche Kieselsäure stellt ein Maß für biogen gebundene Kieselsäure dar (Krausse et al. 1983; Schelske et al. 1985, 1986; Newberry & Schelske 1986), wobei die Hauptmenge in den Schalen der Diatomeen festgelegt ist. Aus den hohen BSi-Werten der unteren Schichten (S_2) kann auf einen hohen Nährstoffgehalt des Wassers und damit auch auf einen hohen Kieselalgengehalt des Gewässers geschlossen werden. Der BSi-Gehalt der Sedimente hängt vom Diatomeengehalt des Gewässers, der allochthonen Si- und P-Zufuhr welche die Diatomeenproduktion mitbestimmt, und der Ablagerung und Erhaltung der Schalen bzw. der Si-Rück-

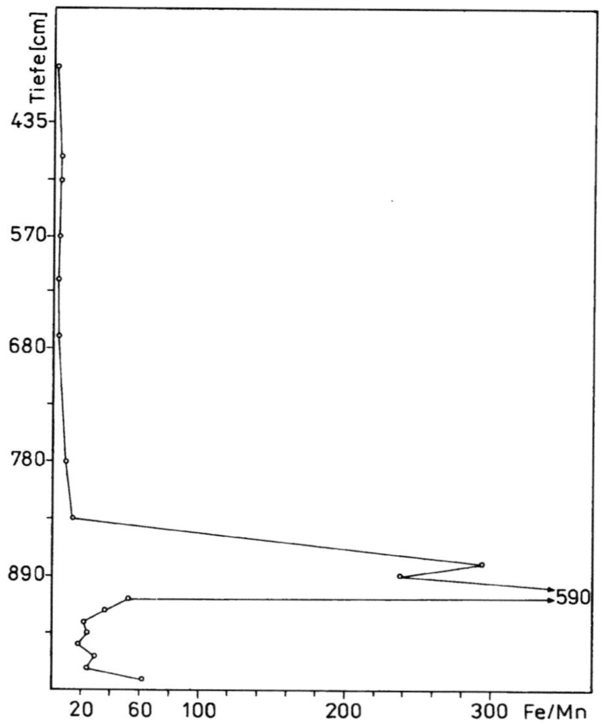

Abb. 9. Sedimentprofil Kleiner Barsch-See, Verhältnis von Fe/Mn im Trockenrückstand

Tab. 1. P-, Fe- und Mn-Konzentration im Profundalsediment aus Seen der Mecklenburger Seenplatte.
(Mittelwert von 4—7 Proben; Werte in mg/g TR.)

	P	Fe	Mn
Stechlin	1,27	18,2	0,49
Nehmitz Nord	0,83	18,3	1,5
Nehmitz Süd	2,4	37,5	2,88
Breiter Luzin	1,01	14,4	1,59
Schmaler Luzin	1,83	26,7	1,82
Scharteisen	0,98	21,6	0,39
Dagowsee	0.89	12,7	1,18
Feldberger Haussee	1,82	16,0	1,26
Globsowsee	3,5	8,3	0,35

lösung aus dem Sediment ab (TESSENOW 1966). Im Profundalsediment werden die höchsten BSi-Werte gefunden, da hier die leicht resuspendierbaren Diatomeenschalen bevorzugt sedimentieren. Bei hoher Produktion und geringer Si-Zufuhr in das Epilimnion kann in den Sommermonaten Silizium wachstumslimitierend für Diatomeen werden (TESSENOW 1966; CONWAY et al. 1977).

Im Sedimentprofil des Kleinen Barsch-Sees sind die höchsten BSi-Werte in den unteren Sedimentschichten (S_2) zu finden. Neben Fe, Mn und P ist hier auch BSi angereichert. Die BSi-Konzentration mit 20—30 mg Si/g TR liegt in der Höhe rezenter Profundalsedimente aus mesotrophen bis eutrophen Seen des Untersuchungsgebietes (Tab. 2). Die jüngeren, oberen Schichten (S_1) haben einen sehr geringen BSi-Gehalt, unter 1 mg Si/g TR, was auch durch einen drastischen Rückgang der Diatomeen belegt wird (CASPER & SCHEFFLER 1989). Nach BOWEN (1966) beträgt der Si-Gehalt von Landpflanzen nur 0,2—5 mg Si/g, und auch die Wasserpflanzen des Stechlinsees sind Si-arm (Tab. 3). Das S_1-Sediment besteht überwiegend aus Pflanzenmaterial, welches zu den geringen Si-Wert führt.

Die obersten jüngsten Sedimente haben wieder einen steigenden BSi-Gehalt, welcher parallel zur Dichte der Diatomeen verläuft (CASPER & SCHEFFLER 1989). Vielleicht ist dieser Anstieg auf die anthropogen bedingte Eutrophierung der Gewässer zurückzuführen.

Tab. 2. BSi-Gehalt von Profundalsedimenten aus Seen der Mecklenburger Seenplatte

See	BSi-Gehalt (mg Si/g TR)
Stechlin	26
Stechlin Trap-Sed.	69
Nehmitz S	52
Nehmitz N	36
Dagowsee	17
Globsowsee	18
Breiter Luzin	49
Schmaler Luzin	31
Feldberger Haussee	40
Binnenmüritz	108

C, N, H

Der Gehalt von Kohlenstoff und Wasserstoff ist in marinen Pflanzen, Landpflanzen, in den Makrophyten des Stechlinsees und in Fallaubproben (Tab. 3) geringer als im Sediment des Kleinen Barsch-Sees. Mit der Diagenese scheint Kohlenstoff relativ angereichert zu werden, wie das Steigen der Konzentration mit der Sedimenttiefe zeigt (Abb. 6).

Auch der Stickstoffgehalt ist im Barschsee-Sediment höher als in den genannten Substraten, und sicherlich tragen die Chitinreste (FLÖSSNER 1989) zur Anhebung des Stickstoffwertes entscheidend bei (Abb. 6).

Tab. 3. BSi, C, N, H,-Gehalt und das C/N-Verhältnis von Pflanzenmaterial.
A: Konzentration in % des TR;
B: Konzentration in % des TR unter Abzug des $CaCO_3$-Gehaltes:

$$B = \frac{\text{Konz. A} \cdot 100}{100 - CaCO_3}$$

	A					B			
	BSi	C	N	H	C/N	C	N	H	C/N
Ceratophyllum demersum L.	6,2	21,5	0,92	2,54	23,4	40,1	2,71	7,50	14,8
Chara ssp.	6,0	19,2	0,73	1,81	26,2	39,1	3,00	6,93	13,0
Elodea canadensis RICHARD in MICHAUX	1,5	37,0	1,81	5,60	20,4	37,7	1,86	5,76	20,3
Fontinalis antipyretica L. ap. HEDWIG	17,0	40,5	2,21	5,57	18,3	41,0	2,26	5,68	18,0
Myriophyllum alterniflorum DC.	6,0	26,1	1,08	2,76	24,2	41,7	2,27	5,81	18,3
Myriophyllum spicatum L.	4,5	26,5	0,84	3,20	31,5	39,0	1,58	6,00	24,6
Nitella flexilis (L.) C. A. AGARDH	0,8	18,9	0,74	1,87	25,6	60,0	5,10	12,9	11,8
Nitellopsis obtusa (DESVAUX) J. GROVES	1,0	20,2	0,72	1,99	28,0	53,9	3,80	10,4	14,2
Platyhypnidium rusciforme (NECKER) FLEISCHER	30,0	37,7	2,43	5,29	15,5	40,5	2,70	5,89	15,0
Polygomum amphibium L.	5,8	43,0	1,93	5,51	22,3	43,7	1,93	5,52	22,6
Potamogeton lucens L.	0,9	37,6	1,49	5,17	25,2	39,9	1,62	5,64	24,6
Potamogeton natans L.	2,0	48,8	1,97	5,83	24,8	83,2	3,81	11,3	21,8
Potamogeton perfoliatus L.	2,0	38,9	0,98	5,60	39,7	39,4	1,0	5,74	39,4
Stratiotes aloides L.	2,4	34,1	1,28	4,91	26,6	36,1	1,40	5,35	25,8
Vaucheria dichotoma L. (MARTIUS)	12,0	40,2	2,72	5,55	14,8	40,4	2,75	5,60	14,7
$\bar{x}$		32,7	1,46	4,21	24,4	45,0	2,52	7,07	19,9
SD		9,73	0,67	0,16	6,2	12,3	1,08	2,42	7,0
Fagus sylvatica L.[1]		46,4	2,1	6,0	22,1				
Potamogeton lucens L.[1]		39,1	1,5	5,3	26,1				
Blätter (PSENNER 1984)[1]		45	0,8	—	56,3				
Nadeln (PSENNER 1984)[1]		45	0,5	—	90				
Früchte (PSENNER 1984)[1]		45	0,8	—	56,3				
Blätter (Stechlinseegebiet)[1]		48	1—2	—	24—48				
Marine Pflanzen[2]		34,5	1,5	4,1	23,0				
Landpflanzen[2]		45,4	3,0	5,5	15,1				

[1] Nach P. CASPER (1987)
[2] Nach BOWEN (1966)

Mit einer fallenden Tendenz zum Hangenden und einer angedeuteten Rhythmik liegt das C/N-Verhältnis in den oberen Schichten im Mittel bei 12,5 was nach HANSEN (1959) einem Dy-Sediment entspricht. Vergleichbare Gewässer des Untersuchungsgebietes weisen C/N-Werte in gleicher Höhe auf (SCHÖNBORN et al. 1966; CASPER 1985).

C/N-Werte kleiner als 10, welche Gyttja-Sedimente charakterisieren, sind in Tiefen von 405—435 cm und 650 cm zu finden. Bei einem wenig um den Mittelwert schwankenden C-Gehalt ($\bar{x}$ = 52,8%) liegt der N-Gehalt mit 5% über dem Mittelwert ($\bar{x}$ = 4,3%) der oberen Sedimentschichten. Der Dy-Charakter dieser Sedimente bleibt trotz der C/N-Verhältnisse < 10 erhalten.

Der höchste C/N-Wert tritt bei 850—860 cm Tiefe auf. Mit einem C/N-Verhältnis von 21,7 wird im Sediment ein Wert erreicht, wie ihn KOPP (1982) in Reichmoorsedimenten findet. Vielleicht ist dieser hohe Wert ein Hinweis auf ein Trockenfallen des Gewässers, verbunden mit dem vermuteten Hiatus.

5. Zusammenfassung

Die Untersuchung des Sedimentprofiles der Spät- und postglazialen Sedimente des Kleinen Barsch-Sees ergab das Vorhandensein von zwei unterschiedlichen Sedimentfolgen. Die unteren, älteren Sedimente (850—950 cm, gemessen ab Wasseroberfläche) haben einen geringen Wassergehalt (72%) und bis zu 12% $CaCO_3$. Sie sind reich an Eisen (14%), Mangan (0,6%) und Phosphor (1,05%). Der BSi-Gehalt beträgt im Mittel 20 mg Si/g TR (geogene Phase).

Die über diesen Schichten liegenden Sedimente sind sehr wasserhaltig (96,4%), karbonatfrei und enthalten wenig Fe (0,23%), Mn (0,041%), P (0,05%) und BSi (0,8 mg Si/g TR), das C/N-Verhältnis liegt durchschnittlich bei 12,5 und zeigt Dy an (ombrogene Phase).

Die unteren Schichten (S_2) sind autochthone Sedimente eines nacheiszeitlichen Hartwassersees mit einer Anreicherung der Elemente Fe, Mn, P und BSi, welche aus dem Einzugsgebiet zugeführt wurden. Mit der Abdichtung des Gewässers gegen das Grund- und Bodenwasser und der nun fehlenden Zufuhr von Elementen wurde das Wasser elektrolytarm. Der Sedimentcharakter und die chemische Zusammensetzung veränderten sich. Die oberen Sedimentschichten (S_1) bestehen aus biogenem torfartigen Pflanzenmaterial überwiegend allochthonen Ursprungs aus dem Ufersaum und dem Bestandesabfall des umgebenden Waldes.

6. Danksagung

Herrn Dr. W. GÖTZ danken wir für Röntgenanalysen von Sedimentmaterial. Für die Ausführung der chemischen Analysen sowie der Graphiken gilt Herrn M. Rückert besonderer Dank, ebenso Dr. W. IHN und Frau B. LEHN für die Elementaranalysen und Herrn Dr. H.-D. KRAUSCH für die Bestimmung der Wasserpflanzen.

Literatur

BOWEN, H. J. M. (1966): Trace Elements in Biochemistry, London, New York.

CASPER, P. (1997): Bedeutung von terrestrischem Pflanzenmaterial für den Stoffhaushalt eines oligotrophen Gewässers (Stechlinsee). *Limnologica* (Berlin) **18** (2), 423—440.

CASPER, S. J. (ed.) (1985): Lake Stechlin — A temporate oligotrophic lake (Monogr. Biol., Vol. **58**). Dordrecht—Boston—Lancester.

— & SCHEFFLER, W. (1989): Diatom Analysis, Late-glacial and Post-glacial Development of Lake KleinerBarsch-See (GDR) — a Preliminary Note. *Limnologica* (Berlin) **20** (2), 147—155.

CONWAY, H. L., PARKER, J. I., YAGUCHI, E. M. & MELLINGER, D. L. (1977): Biological utilization and regeneration of silicon in Lake Michigan. J. Fish. Res. Board Can. **34**, 537—544.

FLÖSSNER, D. (1990): Die Geschichte der Cladocerenfauna des Kleinen Barsch-Sees, eines sauren kalkarmen Moorweihers im mitteleuropäischen Flachland. *Limnologica* (Berlin) **21** (1), 125—135.

GAERTNER, A. (1897): Über den Vivianit und Eisenspat in Mecklb. Mooren. Arch. Ver. Freunde Naturgesch. Mecklenburg **51**, 73—130.

GOLACHOWKA, J. (1984): Phosphorus in the sediments of some lakes of the world. Pol. Arch. Hydrobiol. **31**, 175—205.

GOLTERMAN, H. L. (1988): The calcium- and iron bound phosphate phase diagram. Hydrobiologia **159**, 73—151.

HANSEN, K. (1959): The termes gyttja and Dy. Hydrobiologia **13**, 301—315.

— (1962): The dystrophic lake type. Hydrobiologia **19**, 183—191.

Institut für Wasserwirtschaft (1986): Ausgewählte Methoden der Wasseruntersuchung (AMW) (1986): Band I. Chemische, physikalisch-chemische und physikalische Methoden. Jena.

KJENSMO, J. (1967): The development and some mean features of „iron-meromictic" softwater lakes. Arch. Hydrobiol./Suppl. **32** (2), 137—312.

— (1988): Recent sediments in the iron meromictic Lake Skgennungen. Verh. Int. Verein. Limnol. **23**, 435—439.

KLOSS, K. (1980): Pollenanalyse zur Vegetations-, Siedlungs- und Moorgeschichte am Südrand der ostmecklenburgisch-brandenburgischen Seenplatte (Kreis Gransee) Arch. Natursch. Landschaftsforsch. **20** (4), 203—212.

KOSCHEL, R., BENNDORF, J., PROFT, G., & RECKNAGEL, F. (1983): Calcite precipitation as a natural control mechanism of eutrophication. Arch. Hydrobiol. **98**, 380—408.

— PROFT, G., & RAID, H. (1987): Autochthone Kalkfällung in Hartwasserseen der Mecklenburger Seenplatte. *Limnologica* (Berlin) **18** (2), 317—338.

KRAUSSE, G. L., SCHLEISKE, C. L., & DAVIS, C. D. (1983): Comparison of three wet-alkaline methods of digestion of biogenic silica in water. Freshwat. Biol. **13**, 73—81.

LAMPE, R. (1983): Die Sedimente eines polytrophen Flachsees Schmachter See (Rügen) und ihre Beziehungen zum Stoffhaushalt in Vergangenheit und Gegenwart. Wiss. Z. E.-M.-Arndt-Univ. Greifswald, Math.-nat. Reihe, Jg. **XXXII**, H. 1/2, 93—98.

LUNDQUIST, G. (1927): Bodenablagerungen und Entwicklungstypen der Seen. Die Binnengewässer **2**, Stuttgart.

MACKARETH, F. J. H. (1966): Some chemical observations on post-glacial lake sediments. Physical Transactions of the Royal Society of London, **B250**, 165—213.

NAUMANN, E. (1930): Einführung in die Bodenkunde der Seen. Die Binnengewässer **9**, Stuttgart.

NEWBERRY, T. L., & SCHELSKE, C. L. (1986): Biogenic silica record in the sediments of Little Round Lake, Ontario. Hydrobiologia **143**, 293—300.

PENNINGTON, W., & LISHMAN, J. P. (1984): The postglacial sediments of Blelham Tarn, geochemistry and paleoecology. Arch. Hydrobiol., Suppl. **69**, 1—54.

PROFT, G. (1964): Bestimmung von Gesamtphosphor in Wasser und Abwasser als Molybdo-Vanado-Phosphorsäure. *Limnologica* (Berlin) **2**, 407—409.

— (1983): Automatische Bestimmung von Kohlendioxid und Carbonat nach dem flow-stream-Prinzip. Acta hydrochim. et hydrobiol. **11**, 235—239.

— (1984): Die pelagische Kalzitfällung und der Carbonatgehalt von Sedimenten pleistozäner Seen. Acta hydrochim. et hydrobiol. **12**, 321—326.

RYAN, D. F., & KAHLER, D. M. (1987): Geochemical and mineralogical indications of pH in lakes and soils in central New Hampshire in the early Holocene. Limnol. & Oceanogr. **23**, 751—757.

SCHELSKE, C. L., CONLEY, D. J. & WARWIK, W. F. (1985): Historical relationship between phosphorus loading and biogenic silica accumulation in Bay of Quinte sediments. Can. J. Fish. Aquat. Sci. **42**, 1401—1409.

— STROEMER, E. F., NEWBERRY, T. L., & CAMPBELL, C. D. (1986): Biogenic silica and phosphorus accumulation in sediments as indicator of eutrophication in the Laurentian Great Lakes. Hydrobiologia **143**, 79—86.

SCHÖNBORN, W., FLÖSSNER, D., & PROFT, G. (1966): Die limnologische Charakterisierung des Profundals einiger norddeutscher und masurischer Seen mit Hilfe von Testaceen-Gemeinschaften. Verh. Int. Verein. Limnol. **16**, 251—257.

STOLZ, J. F., CHANG, S.-B. R., & KIRSCHVINK, J. L. (1986): Magnetotactic bacteria and single domains magnetite in hemipelagic sediments. Nature **321** (26), 849—851.

TESSENOW, U. (1966): Untersuchungen über den Kieselsäuregehalt der Binnengewässer. Arch. Hydrobiol., Suppl. **32**, 1—136.

Anschrift der Verfasser:
Dr. GOTTFRIED PROFT
Dr. LUDWIG KREY
Akademie der Wissenschaften der DDR
Zentralinstitut für Mikrobiologie
und experimentelle Therapie
Abt. Limnologie
Beutenbergstr. 11
Jena
DDR-6900

Limnologica (Berlin) **21** (1), 165—231, Oktober 1990

Akademie der Wissenschaften der DDR, Zentralinstitut für Mikrobiologie und Experimentelle Therapie Jena,
Abteilung Experimentelle Limnologie

Coccale Grünalgen der mittleren Elbe

Coccal Green Algae of the Middle Area of the River Elbe

Von LOTHAR KRIENITZ

Mit 21 Abbildungen und 34 Tafeln

Key words: Chlorellales; Morphology; Taxonomy; Potamoplankton

Abstract

The flora of coccal green algae (Chlorellales) in the plankton of the middle area of the river Elbe (G.D.R.) is investigated. The light microscopical characteristics of the mentioned algae are described and discussed in this paper. Some observations on the successions and the biomass production of dominant algal groups are enclosed.

Inhalt

1. Einleitung

Floristische Untersuchungen des Phytoplanktons der Elbe sind bisher aus dem Raum Dresden (SCHORLER 1900, 1907) und aus dem Mündungsbereich des Stromes bei Hamburg (VOLK 1903, 1906; SELK 1908; SCHULZ 1961; NÖTHLICH 1972; MÜLLER 1984) bekannt. Bei diesen Erhebungen stand die im Plankton der Elbe vorherrschende Gruppe der Diatomeen im Vordergrund. Die coccalen Chlorophyceen, deren Biomasseproduktion in den Sommer- und Herbstmonaten die Dominanz der Bacillariophyceen bricht, sind in allen erwähnten Schriften artenmäßig unterrepräsentiert. Lediglich SELK (1908) und SCHULZ (1961) lassen in ihren Listen und Kommentaren etwas über die Vielfalt der coccalen Grünalgen anklingen. Insgesamt ist anzumerken, daß über die qualitative Zusammensetzung der Mikroflora des Elbstromes im Vergleich mit anderen mitteleuropäischen Flüssen noch zu wenig bekannt ist — man vergleiche z. B. die umfangreiche Artenliste und das Schrifttum über den slowakischen Abschnitt der Donau (zusammenfassend bei HINDÁK & ZAHUMENSKY 1983).

Die coccalen Grünalgen spielen neben den Kieselalgen besonders in der warmen Jahreszeit eine wichtige produktionsbiologische Rolle in der Elbe und sind daher bei Analysen des ökologischen Bedingungsgefüges des Flusses zu berücksichtigen. Um derartige Untersuchungen von der deskriptiven Seite her zu unterstützen, wurde der Plan für vorliegende Arbeit gefaßt. Dies geschah auch aus dem Blickwinkel des Algenfloristen, der seine morphologisch-taxonomischen Anmerkungen zu den aufgeführten Arten als Anregung zur weiteren Untersuchung dieser biologisch interessanten Algengruppe verstanden haben möchte.

Zur Umgrenzung der hier besprochenen Organismengruppe der Chlorellales sei gesagt, daß im Sinne von ETTL & KOMÁREK (1982) verfahren wurde. Die Autoren nehmen nach der Begründung der neuen Klasse der Chlamydophyceae durch ETTL (1981) eine Trennung zwischen coccalen Chlamydophyceen (Chlorococcales) und coccalen Chlorophyceen (Chlorellales) vor. Aus traditionellen Gründen werden in unserer Zusammenstellung im Anhang noch die Vertreter der Gattungen *Chlorotetraedron* und *Pediastrum* erwähnt. Sie sind nach ETTL & KOMÁREK auf Grund ihrer polyenergiden Zellen aus den Chlorellales auszugliedern und zur Ordnung der Protosiphonales zu stellen.

2. Material und Methoden

Die hier dargestellten Beobachtungsergebnisse fußen auf regelmäßigen monatlichen Probenahmen im Zeitraum April 1980 bis Oktober 1983 und September 1985 bis November 1986. In der dazwischenliegenden Zeit erfolgte die Beprobung sporadisch während der Hauptvegetationszeit. Da vorwiegend qualitative Phytoplanktonuntersuchungen im Vordergrund standen, wurde jeweils Oberflächenwasser aus den strömungsärmeren Buhnenbereichen bzw. Nischen in Ufernähe am links- und rechtsseitigen Ufer nahe der Elbfähre bei Aken entnommen. Nur in diesen Habitaten war es möglich, ausreichend Material mit Vermehrungsstadien für die Determinationsarbeit zu gewinnen; denn im strömenden Wasser werden die Plankter oftmals schneller fortgeführt, als sie sich vermehren können.[1] Vereinzelt gewonnene Proben aus dem unmittelbaren Strömungsbereich dienten für vergleichende Zwecke.

Für die qualitativen Untersuchungen wurden frische oder mit Formaldehyd fixierte Schöpfproben lichtmikroskopisch ausgewertet. Quantitative Aussagen wurden an Hand Lugol-fixierten Materials mittels Diametralzählung (UTERMÖHL 1958) im umgekehrten Zeiss-Mikroskop gewonnen. Die Phytoplanktonvolumina wurden auf der Basis eigener Messungen unter Einbeziehung der Erfahrungen von NAUWERCK (1963) und WILLEN (1976) errechnet und daraus gemäß der Kalkulation $10^9\ \mu m = 1$ mg (SCHWOERBEL 1966) auf die Biomasse geschlußfolgert. Die in der Artenliste (vgl. S. 227) für jede Art aufgeführten Volumina stellen jeweils den Mittelwert von 20 gemessenen einzelnen Zellen dar. Auch bei coenobialen Species wurden für die Berechnungen die Dimensionen der Einzelzellen und nicht des Zellverbandes zugrundegelegt.

Um dem Leser das Auffinden einzelner Taxa im Text zu erleichtern, wurden die Arten in alphabetischer Reihenfolge bearbeitet, ebenso wurde bei den Abbildungen verfahren. Die Bildtafeln hingegen wurden nach systematischen Gesichtspunkten geordnet — in Anlehnung an das von KOMÁREK & FOTT (1983) vorgeschlagene System, um verwandtschaftliche Beziehungen zu verdeutlichen.

Die Maßstabsstriche auf den Abbildungen und Tafeln entsprechen, falls nicht anders vermerkt, einer Strecke von 10 µm.

[1] An dieser Stelle soll nicht über die Problematik des Begriffsinhaltes des Potamoplanktons gestritten, sondern auf die nützliche Arbeit von KLOSE (1968) verwiesen werden.

3. Ergebnisse

3.1. Algensukzessionen im Plankton der mittleren Elbe

Die Besiedlungsdynamik im Phytoplankton der Elbe wird von zwei Algengruppen maßgeblich dominiert — den Bacillariophyceen und den Chlorophyceen. Neuere Untersuchungen dazu liegen von MÜLLER (1984) vor. Im Untersuchungszeitraum 1980—86 konnte, ungeachtet verschiedener Hochwassereinflüsse, dies auch immer wieder am Beispiel der mittleren Elbe bestätigt werden.

In den Frühjahrsmonaten April und/oder Mai wird das Maximum an Biomasseproduktion durch zentrische Kieselalgen erreicht; zunächst überwiegen kleinere Formen (*Stephanodiscus* spp.). Nach dem drastischen Zusammenbruch des Diatomeenfrühjahrsmaximums sind bis in den Herbst hinein subdominante Kieselalgenpopulationen zu beobachten, die sich im Verlaufe des Sommers immer mehr aus großzelligen *Cyclotella*-Arten zusammensetzen. So kommt es, daß trotz relativ geringer Zellzahlen doch noch beträchtliche Kieselalgenbiomasse produziert wird. Ab Juli sind *Melosira*-Arten die Hauptrepräsentanten der Bacillariophyceen. Diese Diatomeenaspekte, überwiegend zusammengesetzt aus Algen der Ordnung Centrales, gelten als typische Erscheinungen mitteleuropäischer Flüsse (SCHULZ 1961; KLOSE 1968; SWALE 1969; BRAUNE 1975; MÖLLER & PANKOW 1981; STEINBERG et al. 1987; DESCY 1987). Pennate Diatomeen spielen hingegen als Planktonorganismen der Elbe eine untergeordnete Rolle. Meistens handelt es sich um aus dem Benthos ausgespülte Tychoplankter. Dafür spricht auch ein Vergleich der Phytoplanktonzusammensetzung des Stromrinnenbereiches mit Proben aus den Uferzonen (Tab. 3). Der Anteil der Pennales ist in der Stromrinne verhältnismäßig höher. Die Biomasseproduktion in den turbulenzärmeren Einnischungen ist in den Sommermonaten etwa doppelt so hoch wie in der Stromrinne. Damit wird die Bedeutung dieser Habitate für die Primärproduktion des Flusses deutlich. In diesen „Vermehrungszonen" produzierte Algen werden später in die Strömungsrinne gespült und reichern das Potamoplankton an. Immerhin sind nach PEUKERT (1976) die Phytoplankter mit 75—80% an der Primärproduktion beteiligt.

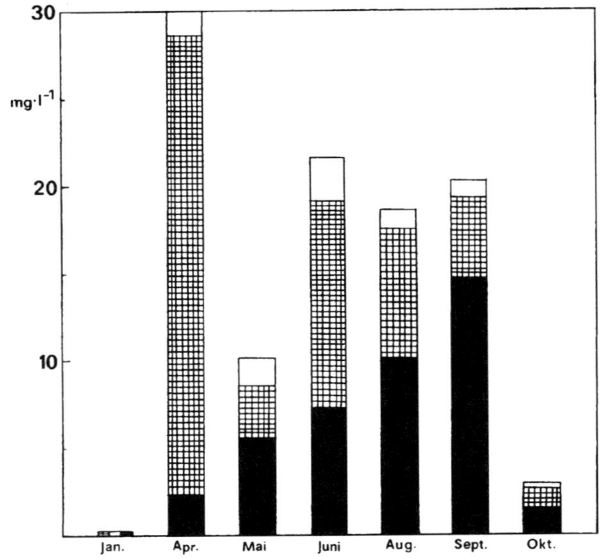

Abb. 1. Biomasse (mg. l^{-1}) der Hauptgruppen des Phytoplanktons der Elbe bei Aken im Jahre 1986 (schwarz — Chlorellales; schraffiert — Bacillariophyceae; weiß — sonstige Algen)

Mit steigenden Wassertemperaturen und verstärkter Sonneneinstrahlung geht ein permanenter Anstieg der Biomasseproduktion von Grünalgen, vorrangig chlorellaler Algen einher. Ein Maximum kann bereits in den Frühsommermonaten Mai/Juni erreicht werden, nach einer mehr oder weniger kurzen „Sommerpause" im

Tab. 1. Durchschnittliche Phytoplanktonzellzahlen (Zellen · ml^{-1}) in einem Buhnenbereich der mittleren Elbe bei Aken im Jahre 1986

Algengruppen	Probentermine						
	31. 1. 1986	28. 4. 1986	23. 5. 1986	30. 6. 1986	2. 8. 1986	5. 9. 1986	23. 10. 1986
Cyanophyceae		30	80	170	1 218	843	
Euglenophyceae		50	86	114	90	49	54
Chrysophyceae		90	139				
Cryptophyceae	68	148	30	210	200	96	
Bacillariophyceae							
Centrales	10	54 842	20 150	8 640	19 320	10 019	1 489
Pennales	140	7 630	1 745	2 481	3 460	2 187	230
Xanthophyceae		123	90	245	418	315	205
Chlamydophyceae	28	1 412	1 705	2 463	860	490	
Chlorophyceae							
Chlorellales (gesamt)	230	17 000	35 485	55 833	82 417	118 816	11 496
Dictyosphaerioideae		375	4 917	3 024	1 895	2 785	210
Radiococcoideae		635	2 712	2 420	4 980	6 456	245
Oocystaceae	10	1 260	2 090	3 280	1 560	3 040	180
Chlorelloideae	72	3 040	1 183	14 512	21 540	30 470	1 945
Ankistrodesmoideae	50	3 120	4 370	5 819	7 345	15 090	1 320
Coelastraceae		690	566	587	990	3 010	180
Crucigenioideae		1 582	1 995	3 277	4 589	6 380	1 840
Scenedesmoideae	78	4 795	13 540	18 419	30 390	39 185	4 086
Sonstige Chlorellales	20	1 503	4 112	4 495	9 128	12 400	1 490
Ulotrichales	40	1 475	405	884	336	1 890	1 240
Protosiphonales		129	56	305	912	1 545	
Sonstige Phytoplankter	24	139	134	920	1 240	960	146

Tab. 2. Durchschnittliche Phytoplankton-Biomasse (mg · l^{-1}) in einem Buhnenbereich der mittleren Elbe bei Aken im Jahre 1986

Algengruppen	Probentermine						
	31. 1. 1986	12. 4. 1986	23. 5. 1986	30. 6. 1986	2. 8. 1986	5. 9. 1986	23. 10. 1986
Cyanophyceae		0,01	0,02	0,03	0,13	0,11	
Euglenophyceae		0,03	0,05	0,07	0,05	0,02	0,03
Chrysophyceae		0,01	0,01				
Cryptophyceae	0,01	0,04	0,01	0,06	0,05	0,02	
Bacillariophyceae							
Centrales	0,01	19,81	2,62	11,59	5,98	3,42	0,87
Pennales	0,13	6,71	0,66	0,94	1,29	1,01	0,38
Xanthophyceae		0,03	0,01	0,05	0,10	0,08	0,04
Chlamydophyceae	0,02	0,84	1,02	1,47	0,51	0,25	
Chlorophyceae							
Chlorellales (gesamt)	0,05	2,30	5,48	7,12	10,01	14,82	1,36
Dictyosphaerioideae		0,06	0,88	0,72	0,34	0,49	0,04
Radiococcoideae		0,08	0,35	0,30	0,65	0,84	0,03
Oocystaceae	0,01	0,25	0,42	0,65	0,38	0,60	0,04
Chlorelloideae	0,01	0,04	0,02	0,19	0,31	0,43	0,02
Ankistrodesmoideae	0,01	0,56	0,79	1,01	1,33	2,71	0,23
Coelastraceae		0,34	0,28	0,30	0,49	1,40	0,01
Crucigenioideae		0,09	0,12	0,19	0,28	0,39	0,17
Scenedesmoideae	0,01	0,69	1,97	2,95	4,41	6,01	0,59
Sonstige Chlorellales	0,01	0,23	0,65	0,81	1,82	1,95	0,23
Ulotrichales		0,22	0,11	0,15	0,06	0,19	0,18
Protosiphonales		0,02	0,01	0,04	0,13	0,22	
Sonstige Phytoplankter	0,01	0,02	0,02	0,18	0,12	0,19	0,02
Gesamt-Biomasse	0,24	30,08	10,02	21,70	18,43	20,33	2,88

Tab. 3. Durchschnittliche Phytoplankton-Biomasse (mg · l^{-1}) der mittleren Elbe bei Aken am 2. 8. 1986 in Abhängigkeit vom Entnahmestandort

Algengruppen	Entnahmebereich		
	Buhnenbereich (rechtes Ufer)	Ufernische (linkes Ufer)	Strömungs-rinne
Cyanophyceae	0,13	0,25	0,02
Euglenophyceae	0,05	0,10	—
Cryptophyceae	0,05	0,03	0,01
Bacillariophyceae			
Centrales	5,98	6,84	3,02
Pennales	1,29	1,08	2,09
Xanthophyceae	0,10	0,21	0,01
Chlamydophyceae	0,51	0,79	0,01
Chlorophyceae			
Chlorellales	10,01	11,12	5,35
Ulotrichales	0,06	0,13	0,01
Protosiphonales	0,13	0,24	0,01
Sonstige Phytoplankter	0,12	0,20	0,34
Gesamt-Biomasse	18,43	20,99	10,87

Tab. 4. Prozentualer Anteil der Biomasse einzelner Chlorellalengruppen am Gesamtchlorellalenplankton

	31. 1. 1986	12. 4. 1986	23. 5. 1986	30. 6. 1986	2.8. 1986	5. 9. 1986	23. 10. 1986
Dictyosphaeriodeae	—	2,6	16,0	10,1	3,4	3,3	2,9
Radiococcoideae	—	3,5	6,4	4,2	6,5	5,7	2,2
Oocystaceae	20	10,9	7,7	9,1	3,8	4,0	2,9
Chlorelloideae	20	1,7	0,4	2,7	3.1	2,9	1,5
Ankistrodesmoideae	20	24,3	14,4	14,2	13,3	18,3	16,9
Coelastraceae	—	14,8	5,1	4,2	4,9	9,4	0,7
Crucigenioideae	—	3,9	2,2	2,7	2,8	2,6	12,5
Scenedesmoideae	20	30,0	35,9	41,4	44,0	40,6	43,4
Sonstige Chlorellales	20	8,3	11,9	11,4	18,2	13,2	17,0

Juli folgt ein zweites Maximum Ende August/Anfang September. Gestaltet sich der Frühherbst warm, so sind bis Oktober interessante Chlorellalenpopulationen anzutreffen. In der Regel — so auch 1986 — nimmt die Biomasseproduktion der Chlorellales von April bis Anfang September kontinuierlich zu und sinkt danach rasch ab (Abb. 1).

Eine Betrachtung der Dominanz einzelner Familien und Unterfamilien der Chlorellales (Tab. 1, 2 und 4) ergibt ein deutliches Übergewicht der Scenedesmoideae. Zur Hauptvegetationszeit produzieren *Scenedesmus*-Arten fast ein Drittel der Gesamtphytoplanktonbiomasse. Chlorelloideae sind mit Vertretern der μ-Algen, wie *Chlorella homosphaera*, zwar ebenfalls reichlich vertreten, fallen durch ihre geringe Größe jedoch in Bezug auf die Biomasse kaum ins Gewicht. Ähnliches gilt für die Crucigenioideae und Radiococcaceae. Arten der Dictyosphaerioideae und Oocystaceae haben im Frühsommer ihren Entwicklungsschwerpunkt. Ankistrodesmoide Gattungen, insbesondere *Monoraphidium*, besitzen ganzjährig hohe Deckungsanteile im Chlorellalenplankton und fallen namentlich auch im Winterplankton auf, wenn andere Vertreter kaum in Erscheinung treten. Die Coelastraceae mit *Actinastrum hantzschii* können zu verschiedenen Jahreszeiten ins Gewicht fallen, meistens allerdings — wie auch 1986 — im Frühjahr und Spätsommer.

Das Chlorellalenplankton der Elbe zeichnet sich durch Artenvielfalt aus. Dies ist durch die zahlreichen Wechselwirkungen des Stromes mit seinem Einzugsgebiet bedingt. Vorfluter und Hochwasser führen mannigfaltige Sippen ein, die — vorausgesetzt sie sind unter den gegebenen Bedingungen vermehrungsfähig — das Phytoplanktonspektrum mit prägen können. Ebensolche Beziehungen in Hinsicht auf die wichtigsten Phytoplankter fand MÜLLER (1984) auch zwischen stehenden Gewässern Norddeutschlands und dem Oberlauf der Elbe.

Die Bedeutung anderer Algengruppen ist in der mittleren Elbe geringer. Grüne Flagellaten (*Chlamydomonas* spp., *Pandorina morum*, *Eudorina elegans*) erreichen in den Frühsommermonaten ihre höchste Entwicklung mit einer Biomasseproduktion von ca. 1—2 mg · l^{-1}.

Planktische Ulotrichales zeigen einen deutlichen Wechsel im Artenspektrum. In den kälteren Monaten treten *Koliella longiseta* (VISCHER) HINDÁK und *K. spiculiformis* (VISCHER) HINDÁK auf. Im Sommerzeitraum sind *Stichococcus bacillaris* NÄGELI, *Elakatothrix gelatinosa* WILLE und *Gloeotila contorta* CHODAT anzutreffen, jedoch ohne große produktionsbiologische Wirkung zu erlangen.

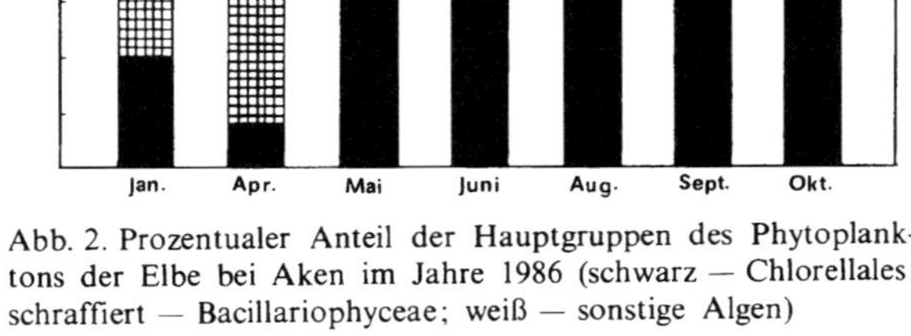

Abb. 2. Prozentualer Anteil der Hauptgruppen des Phytoplanktons der Elbe bei Aken im Jahre 1986 (schwarz — Chlorellales; schraffiert — Bacillariophyceae; weiß — sonstige Algen)

Als Xanthophyceen treten ganzjährig kurze Fadenbruchstücke verschiedener *Tribonema*-Arten, sowie einige Mischococcales in Einzelexemplaren (*Centritractus*, *Tetraedriella*, *Goniochloris*, *Trachydiscus*) auf.

Die Euglenophyceen werden durch locker eingestreute Vertreter der Gattungen *Euglena*, *Phacus*, *Strombomonas*, *Lepocinclis* und *Trachelomonas* repräsentiert.

Geringfügige Entwicklungen von Chrysophyceen (*Chrysococcus*, *Dinobryon*, *Mallomonas*, *Synura*) im Frühjahr und Cryptophyceen (*Cryptomonas*, *Chroomonas*) von Frühjahr bis Herbst lockern das Planktonbild auf.

Die Cyanophyta haben im Gegensatz zur oberen Elbe (MÜLLER 1984) im mittleren Abschnitt des Stromes keine Bedeutung. Im Sommer sind lediglich vereinzelte Trichome von *Oscillatoria aghardii* GOMONT, *O. redeckei* v. GOOR und *Pseudoanabaena catenata* LAUTERBORN sowie Kolonien von *Merismopedia tenuissima* LEMMERMANN, *Aphanothece clathrata* W. et G. S. WEST und *Gomphosphaeria* spp. zu finden.

3.2. Morphologische und taxonomische Anmerkungen

Actinastrum fluviatile (SCHRÖDER 1897) FOTT 1977 (Abb. 3b; Taf. 17C)

Coenobien aus 4 oder 8 spindelförmigen, an den Enden ± scharf und an der Basis sanft zugespitzten Zellen. 15—35 μm lang. Pyrenoid deutlich. Protoplast reicht nicht bis in die Zellspitzen.

Den Erstnachweis dieser relativ seltenen Alge für die Elbe führte SCHORLER (1900).

Actinastrum hantzschii LAGERHEIM 1882 (Taf. 17 A, B, E, G)

4- oder 8-zellige, sternförmige Coenobien. Zellen walzig mit abgerundeten Enden oder ± deutlich an den Enden verjüngt. 10—24 × 2,5—5 μm. Im parietalen Chromatophor ein nicht immer sichtbares Pyrenoid.

Bei der Vermehrung folgen einer Querteilung des Protoplasten zwei Längsteilungen mit anschließendem strahligen Aufklappen der ursprünglich parallel orientierten Tochterindividuen (Taf. 17 B).

An mehreren Zellen konnten an verschiedenen Stellen der Wandung Granula beobachtet werden (Taf. 17 B). Bisher sind derartige Inkrustationen innerhalb der Gattung *Actinastrum* nicht bekannt. Wahrscheinlich sind sie fakultativer Natur und haben keinen taxonomischen Wert.

A. hantzschii wurde bereits mehrfach als eine der häufigsten chlorellalen Arten in der Elbe nachgewiesen (SCHULZ 1961; HECKMAN 1984; MÜLLER 1984).

Actinastrum mixtum HORTOBÁGYI 1979 (Abb. 3a; Taf. 17 F)

Coenobien 8-zellig, davon 4 Zellen walzig, gerade, dem Ende zu nur geringfügig verjüngt; die anderen 4 Zellen keulig, leicht gekrümmt, mit stark verschmälerten Spitzen. 18—24 × 3—4 μm. Chloroplast etwa die Hälfte der Zellen füllend, mit einem Pyrenoid. Diese Alge stellt eine eigentümliche „Mischung" von *A. hantzschii* und *A. aciculare* PLAYFAIR dar.

In der Elbe wurden davon im Sommer 1986 4 Exemplare gefunden. Neu für die DDR.

Actinastrum raphidioides (REINSCH 1867) BRUNNTHALER 1915 (Taf. 17 D).

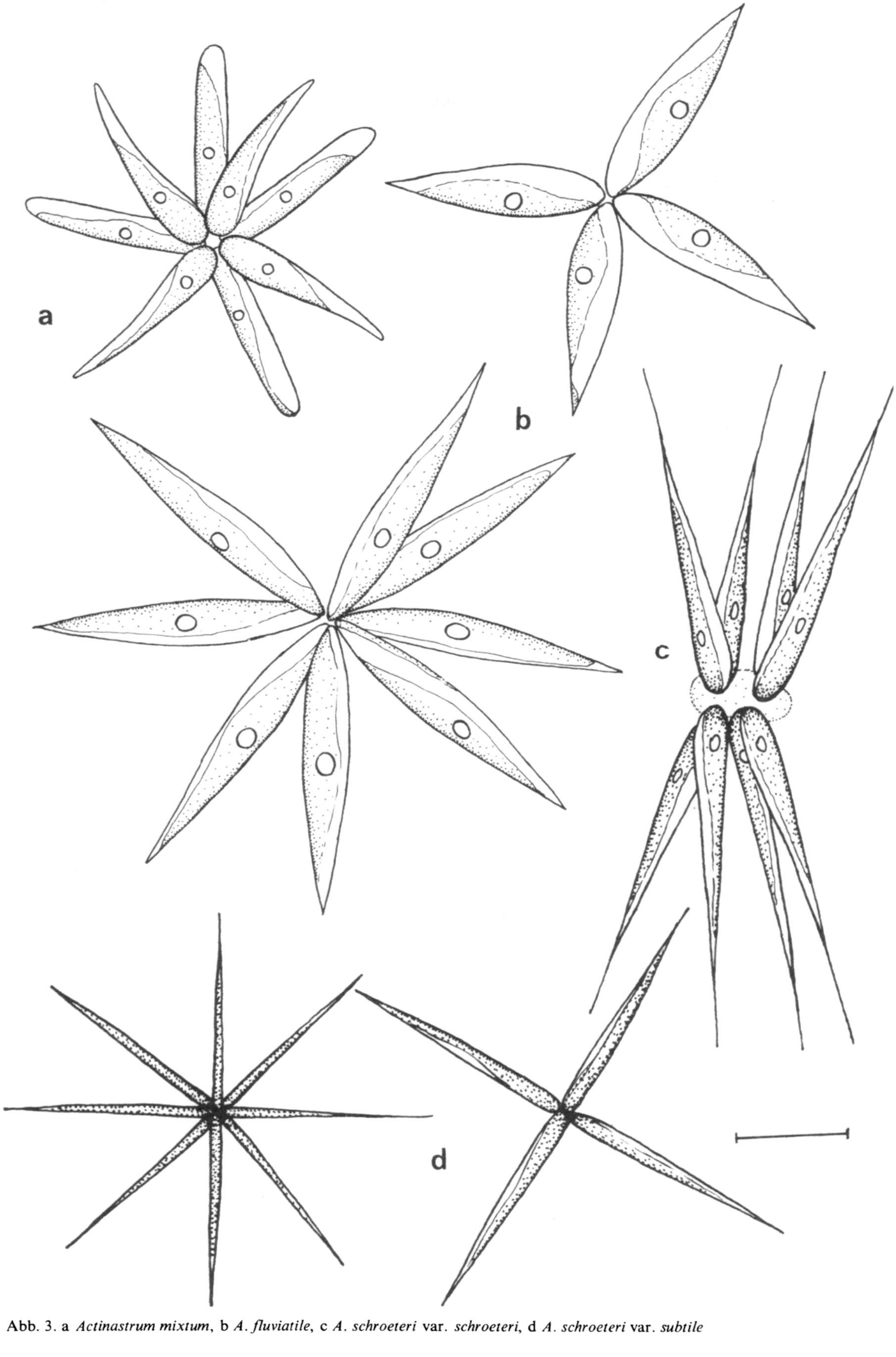

Abb. 3. a *Actinastrum mixtum*, b *A. fluviatile*, c *A. schroeteri* var. *schroeteri*, d *A. schroeteri* var. *subtile*

Coenobien 4- oder 8-zellig. Zellen sehr schlank, an den Enden leicht schräg zugespitzt. 18—22 × 2,5—4,5 µm.

Neu für die DDR. Eine in Nomenklatur, Verbreitung und Ökologie problematische Art — vgl. Komárek & Fott (1983).

Actinastrum schroeteri Huber-Pestalozzi 1929

Im Gegensatz zu anderen *Actinastrum*-Arten mit lang ausgezogener, gerader Zellspitze ausgestattet. Sehr eng mit *A. aciculare* Playfair verwandt, einer Species, deren Zellspitzen deutlich umgebogen sind. Während Fott (1977) dieses Kriterium als ausreichend für eine Trennung empfindet, berufen sich Komárek & Fott (1983) auf eine Revision von Compére (1976) und führen beide Arten gemeinsam unter *A. aciculare*.

var. *schroeteri* (Abb. 3c)

Basis keulig verdickt. Deutliches Pyrenoid. Zellen 33—38 × 3—4 µm. Vereinzelt, aber mehrmals im Sommerplankton der Elbe. Neu für die DDR. Aus Afrika und Indien gemeldet (Huber-Pestalozzi 1929; Hortobágyi 1969). Auch im Gebiet Kursk (UdSSR) nachgewiesen (Krienitz 1986b).

var. *subtile* (Wołoszynska 1911) Fott 1977 (Abb. 3d)

Im Gegensatz zur var. *schroeteri* wesentlich schlanker, an der Zellbasis nicht angeschwollen. Kein lichtmikroskopisch sichtbares Pyrenoid. Zellen 20—30 × 2—3 µm.

Neu für die DDR. Bisher aus Polen, UdSSR und Ungarn bekannt.

Amphikrikos buderi (Heynig 1965) Hindák 1977 (Abb. 4e)

Ellipsoidische Zellen 5—10 × 4—7 µm. Ohne Schleim. Warzengruppen an den Polen und am Äquator (bis 4). Im Gegensatz zu bisherigen Beobachtungen in Flachgewässern des Elbe-Saale-Gebietes konnten an einigen Zellen der Elb-Populationen von *A. buderi* Pyrenoide im Chromatophoren beobachtet werden.

Komárek & Fott (1983) weisen darauf hin, daß sich *A. buderi* von *A. hexacosta* (Thompson) Hindák nur durch kleinere Zelldimensionen und die geringere Zahl der Inkrustationen im Äquatorbereich unterscheidet. In der Elbe konnten keine Exemplare gefunden werden, welche mit der Beschreibung von *A. hexacosta* zur Deckung zu bringen waren. Hindák (1984) dagegen publiziert Funde von *A. hexacosta* aus der Slowakei, die sowohl in Zellgröße als auch bezüglich der Inkrustationen Übergänge zu *A. buderi* darstellen.

Amphikrikos heynigii Krienitz 1986 (Taf. 11 O, P)

Vgl. Krienitz (1986a), wo auch Fragen der Gattungsauffassung diskutiert werden.

Amphikrikos minutissimus Koršikov 1953 (Abb. 4a—c; Taf. 11 M, N)

Zylindrische Zellen mit leicht abgerundeten Enden, 3—7 × 2—3 µm. An jedem Pol mit Kränzchen aus 8—16 Warzen versehen. Mitunter waren beide Polbereiche hellbraun gefärbt, und in dieser „Kappe" befanden sich die dunkelbraunen Granula (Abb. 4b). Vereinzelt mit wenigen Granula im Äquatorbereich (Abb. 4c). An einer Vierergruppe von Sporen nur sehr wenige Inkrustationen gefunden (Taf. 11 N).

Amphikrikos nanus (Fott & Heynig 1961) Hindák 1977 (Abb. 4d)

Häufigste *Amphikrikos*-Art im Plankton der Elbe. Ellipsoidische Zellen 4—8 × 2—4 µm. Im Äquatorialbereich mit 2—6 unregelmäßigen einzelnen oder zusammenfließenden Granula bestückt. Die Alge trat in allen Übergangsformen der Inkrustationsbildungen, wie sie in der Literatur beschrieben wurden, auf (Fott & Heynig 1961; Heynig 1965; Hindák 1977, 1980; Crawford 1978).

Ankistrodesmus densus Koršikov 1953 (Taf. 12 A)

Seltene Art. Erstnachweis für die DDR und Charakterisierung der Funde durch Krienitz (1984c). In der Elbe nur sehr vereinzelt, leicht mit *A. falcatus* zu verwechseln.

Ankistrodesmus falcatus (Corda 1835) Ralfs 1848 (Taf. 12 B)

Meist 4- selten 8-zellige, von zartem Schleim vollständig eingeschlossene Kolonien aus schlanken, scharf zugespitzten Zellen. Zelldimensionen 35—58 × 1,5—4 µm. Mutterzellen zuweilen einzeln angetroffen — diese sind durch die parallele Lage der Sporen eindeutig charakterisiert.

Eine der am besten bekannten und häufigsten *Ankistrodesmus*-Arten (Komárková-Legnerová 1969). Dennoch wird in der Praxis die im Saprobiensystem eingegliederte Art *A. falcatus* oftmals mit *Monoraphidium griffithii* verwechselt. Bei dieser Art sind aber die immer einzeln lebenden Zellen niemals in Schleim eingebettet, und die Tochterindividuen lagern in der Mutterzelle serial. Selbst in der physiologisch-experimentell orien-

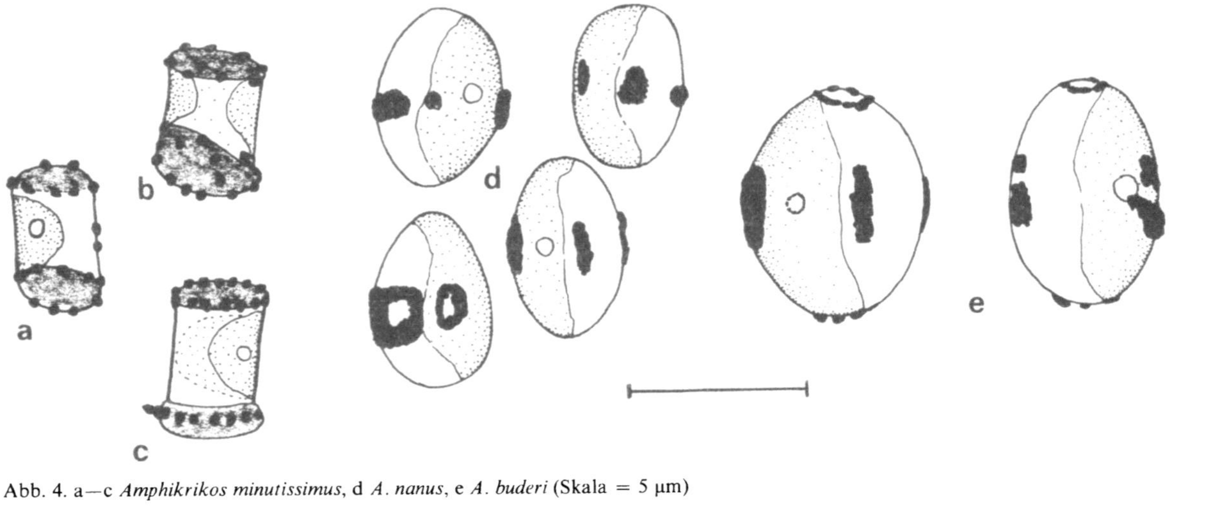

Abb. 4. a—c *Amphikrikos minutissimus*, d *A. nanus*, e *A. buderi* (Skala = 5 µm)

tierten Literatur und in wichtigen phykologischen Standardwerken (PICKETT-HEAPS 1975) tragen Untersuchungsobjekte irrtümlicherweise den Namen *A. falcatus.* Die Einordnung nadelförmiger Einzelzellen sollte deshalb mit größter Sorgfalt vorgenommen werden, zumal die Kolonien von *A. falcatus* nach Überführung in künstliche Medien sehr leicht zerfallen.

Nach SCHULZ (1961) ist *A. falcatus* eine der häufigsten coccalen Grünalgen in der oberen Elbe. In der mittleren Elbe ist sie seltener zu finden und scheint auch mehr tychoplanktisch aufzutreten.

Ankistrodesmus fusiformis CORDA (Taf. 12 C)

4-zellige Kolonien aus kreuzweise geordneten, schlankspindeligen Zellen. Zelldimensionen 35—44 × 1,5—2,5 µm.

Ankistrodesmus stipitatus (CHODAT 1902) KOMÁRKOVÁ-LEGNEROVÁ 1969 (Taf. 12 D)

Zellen 67—89 × 2,5—3,5 µm. Mit *A. falcatus* sehr ähnlich, jedoch ist bei *A. stipitatus* die Berührungsfläche der Zellen im Verband geringer.

Ankistrodesmus subtilis HINDÁK 1984 (Taf. 13 D, E)

Vgl. KRIENITZ (1987). Diese Alge wurde bisher möglicherweise mit schlanken Exemplaren von *Selenastrum gracile* var. *westii* verwechselt (siehe Taf. 13 B, C).

Ankyra judayi (G. M. SMITH 1916) FOTT 1957 (Abb. 5a—c; Taf. 1 C, D)

Neben der üblichen Fortpflanzungsart durch Zoosporen (Abb. 5b) wurden im Sommerplankton auch vereinzelte Exemplare mit dickwandigen Aplanosporen beobachtet. Dies entsprach im wesentlichen den Angaben von HINDÁK (1984); allerdings waren die Sporenwände des Materials aus der Elbe glatt und nicht inkrustiert (Abb. 5c), so wie es FOTT (1974) beobachtete. Der Vorgang der Aplanosporenbildung bei dieser Gattung wurde auch an *A. lanceolata* aus dem Scheunenteich Obslau, einem Gewässer, das etwa 300 m vom Elblauf entfernt liegt, von KRIENITZ & HEYNIG (1982) beschrieben.

Allgemein bekannte und verbreitete Art (KOMÁREK & FOTT 1983).

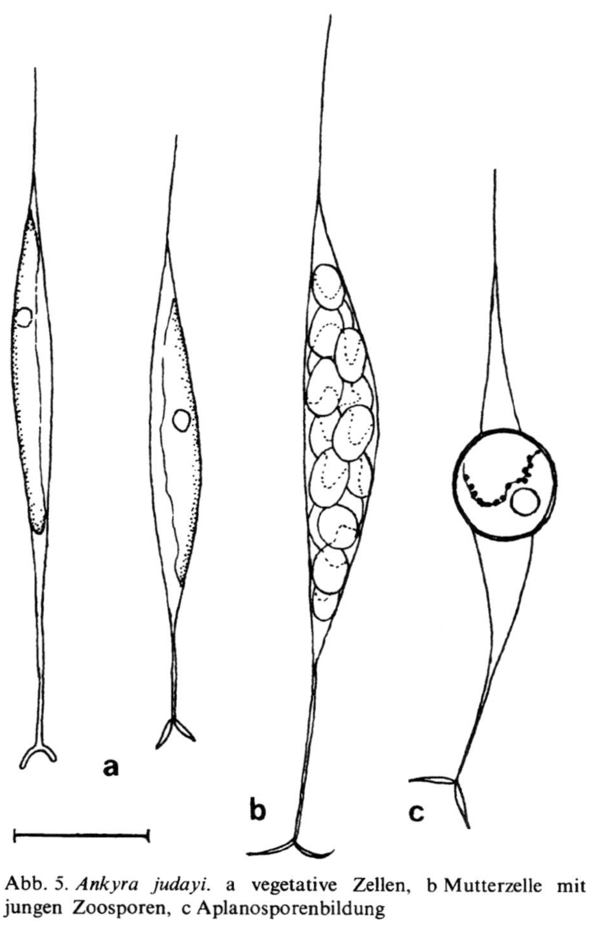

Abb. 5. *Ankyra judayi.* a vegetative Zellen, b Mutterzelle mit jungen Zoosporen, c Aplanosporenbildung

Ankyra lanceolata (KORŠIKOV 1953) FOTT 1957 (Taf. 1 E, F)

Chlorella ellipsoidea GERNECK 1907 (Taf. 11 G)

Zellen ellipsoidisch bis oval, 6—13 × 4—10 µm. Mit gelapptem Chloroplasten, der ein ± deutliches Pyrenoid enthält. 4 Autosporen, davon eine Spore in den Mutterzellen oftmals größer als die anderen. Damit sind die wesentlichen Unterscheidungsmerkmale genannt, die im Lichtmikroskop zur Abgrenzung von *C. saccharophila* dienen. Nachdem FOTT & NOVÁKOVÁ (1969) beide Arten lediglich als zwei Varietäten von *C. saccharophila* ansahen, wurde von mehreren Autoren für die Trennung in selbständige Arten plädiert (ANDREEVA 1975; HINDÁK 1980; KOMÁREK & FOTT 1983).

Chlorella homosphaera SKUJA 1948 (Abb. 6b)

Kugelige bis schwach ovale Zellen mit 1,5—3 µm Durchmesser. Chloroplast becher- bis schüsselförmig, ohne Pyrenoid.

Der Formenkreis der winzigen kugelförmigen µ-Algen erweist sich als lichtmikroskopisch nicht eindeutig identifizierbar und wird gegenwärtig intensiv elektronenmikroskopisch studiert. Außerordentlich wichtige und interessante Resultate veröffentlichten dazu KALINA & PUNČOCHÁŘOVÁ (1987). Genannte Autoren ordnen *C. homosphaera* in die von SIMPSON & VAN VALKENBURG (1978) begründete Gattung *Mychonastes* ein [= *Mychonastes homosphaera* (SKUJA) KALINA et PUNČOCHÁŘOVÁ].

Chlorella vulgaris BEIJERINCK 1890 (Abb. 6c)

Kugelige bis schwach ellipsoidisch deformierte Zellen, 2—10 µm. Der becherförmige Chloroplast enthält ein Pyrenoid mit deutlicher Stärkescheide. In Sporen ist das Pyrenoid nur selten zu sehen. Neben der typischen Ausbildung wurden auch Exemplare der forma *minuscula* ANDREEVA gefunden (Abb. 6d), die sich durch wesentlich geringere Ausmaße (2—3,5 µm) unterscheidet. Bei dieser Form ist das Pyrenoid lichtmikroskopisch nur zu erahnen. Eigentlich sind zur sicheren Determination elektronenmikroskopische Untersuchungen nötig. Nach ultrastrukturellen Befunden (KRIENITZ 1984d; PUNČOCHÁŘOVÁ & KALINA 1987) bestehen keine Unterschiede in der Struktur der Pyrenoide zwischen forma typica und forma *minuscula.* Letztgenannte Autoren schlagen folgende Neukombination vor: *C. vulgaris* var. *minuscula.* HINDÁK (1980) fand auch lichtmikroskopisch deutliche Pyrenoide.

C. vulgaris wird im Saprobiensystem als Zeigerart für poly- bis α-mesosaprobe Verhältnisse aufgeführt. *C. pyrenoidosa* CHICK soll in ähnlichen Saprobie-Stufen, bemerkenswerterweise mit anderem Indikationsgewicht anzutreffen sein. Damit wird ein Beispiel gegeben, wie zäh sich bestimmte ungültige Namen in der Literatur halten können. *C. pyrenoidosa* ist ein Synonym von *C. vulgaris.* Das betonen auch nochmals KOMÁREK &

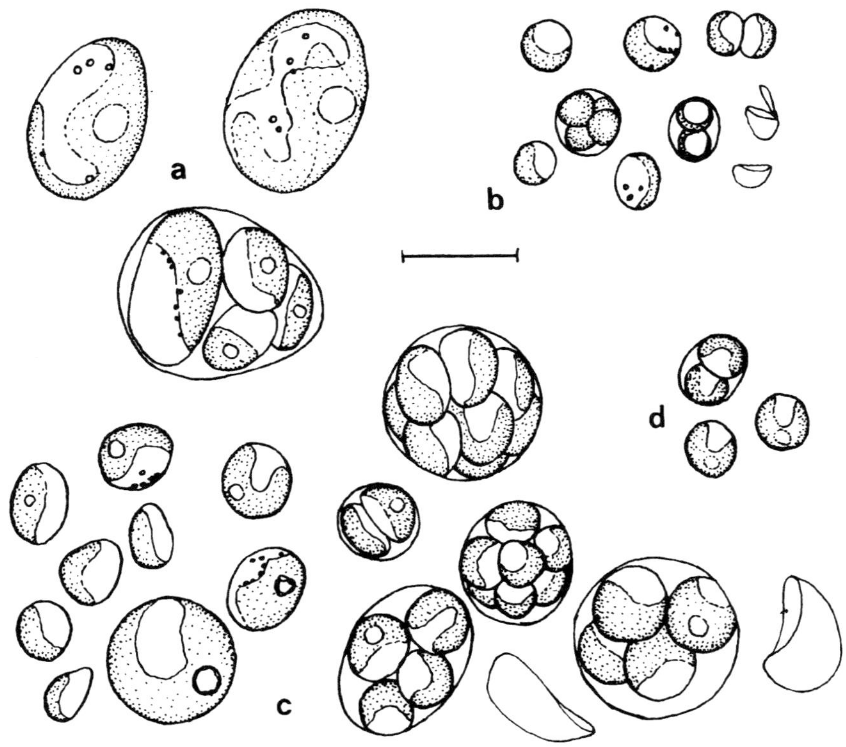

Abb. 6. *Chlorella ellipsoidea*, b *C. homosphaera*, c *C. vulgaris*, d *C. vulgaris* var. *vulgaris* f. *minuscula* (Skala = 5 µm)

FOTT (1983). Demzufolge darf ein und dieselbe Alge nicht zweimal — und jeweils mit anderem Zeigerwert — im Saprobiensystem erscheinen. Auch in physiologischen Arbeiten wird der Name *C. pyrenoidosa* noch oft fälschlicherweise geführt.

Chlorolobion braunii (NÄGELI in KÜTZING 1859) KOMÁREK 1979 (Abb. 7)

Zellen spindelförmig mit abgerundeten Enden (15—27 × 3—6,5 µm). Chloroplast mit deutlichem Pyrenoid. Trichterförmige Mutterzellwandreste. *C. braunii* [Synonym: *Monoraphidium braunii* (NÄGELI in KÜTZING) KOMÁRKOVÁ-LEGNEROVÁ] steht der Art *Monoraphidium neglectum* HEYNIG et KRIENITZ, welche ein nacktes, lichtmikroskopisch nicht sichtbares Pyrenoid besitzt, sehr nahe. Eine ausführliche Diskussion über diesen Verwandtschaftskreis führen HEYNIG & KRIENITZ (1982) sowie KRIENITZ et al. (1983).

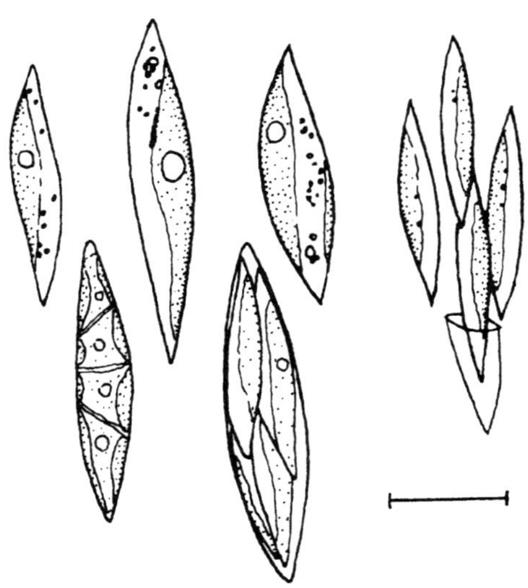

Abb. 7. *Chlorolobion braunii*

Chodatellopsis elliptica KORŠIKOV 1953 (Abb. 8b; Taf. 6 I, J)

Ovale Zellen, 18—21 × 12—17 µm. 2 oder 4 Chloroplasten mit je einem Pyrenoid und zahlreichen Assimilattröpfchen. An jedem Zellpolbereich 4—12 dünne, an der Basis etwas dicker werdende, gerade Borsten, 23—57 µm lang. Die auf Tafel 6 J dargestellte borstenlose Zelle scheint auch zu *C. elliptica* zu gehören. Offenbar werden die Borsten erst im Laufe der Ontogenie recht spät gebildet. Borsten im subpolaren Flankenbereich der Zellen, analog zu den Beobachtungen von KORŠIKOV (1953) konnten nicht nachgewiesen werden. Die Gattung mit ihrer einzigen Art ist recht fraglich. KORŠIKOV vermutet Besonderheiten in der Borstenstruktur. KOMÁREK & FOTT (1983) weisen auf die Notwendigkeit ultrastruktureller Untersuchungen hin. Unser Material hat keine Beziehungen zu den ungarischen Funden von HORTOBÁGYI (1967, 1973).

Neu für die DDR. Bisher nur aus der UdSSR und Ungarn bekannt.

Closteriopsis acicularis (G. M. SMITH 1926) BELCHER et SWALE 1962 (Abb. 8a; Taf. 12 E)

Zellänge 50—132 µm.

Closteriopsis longissima (LEMMERMANN 1895) LEMMERMANN 1899

Zellänge 205—255 µm. Vgl. KRIENITZ (1984a).

Coelastrum astroideum DE NOTARIS 1867 (Taf. 4 H-K)

Coenobien 4—32-zellig. Zellen eiförmig, meist mit glatter Oberfläche. Zellwand an den distalen Enden ver-

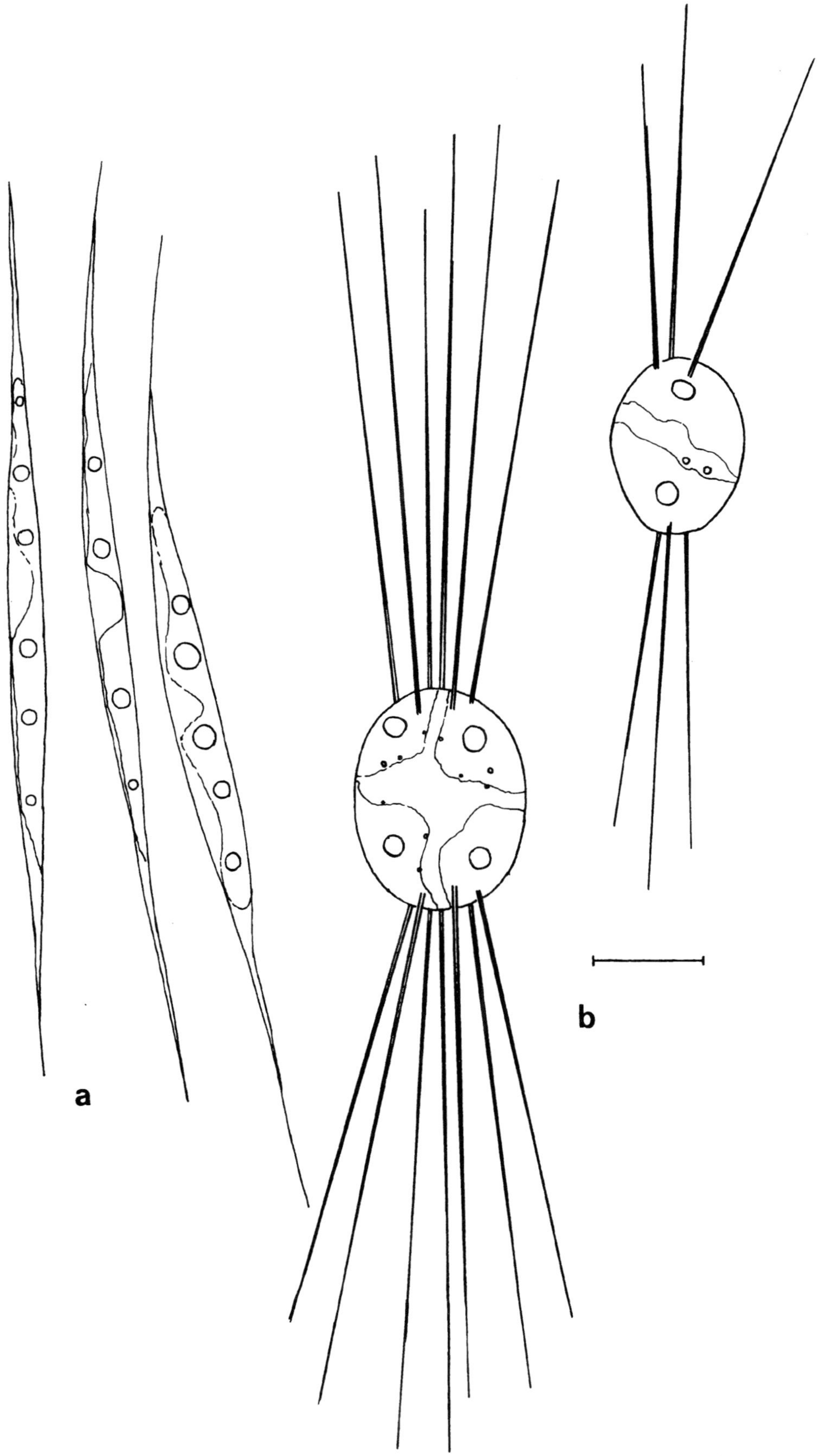

Abb. 8. a *Closteriopsis acicularis*, b *Chodatellopsis elliptica*

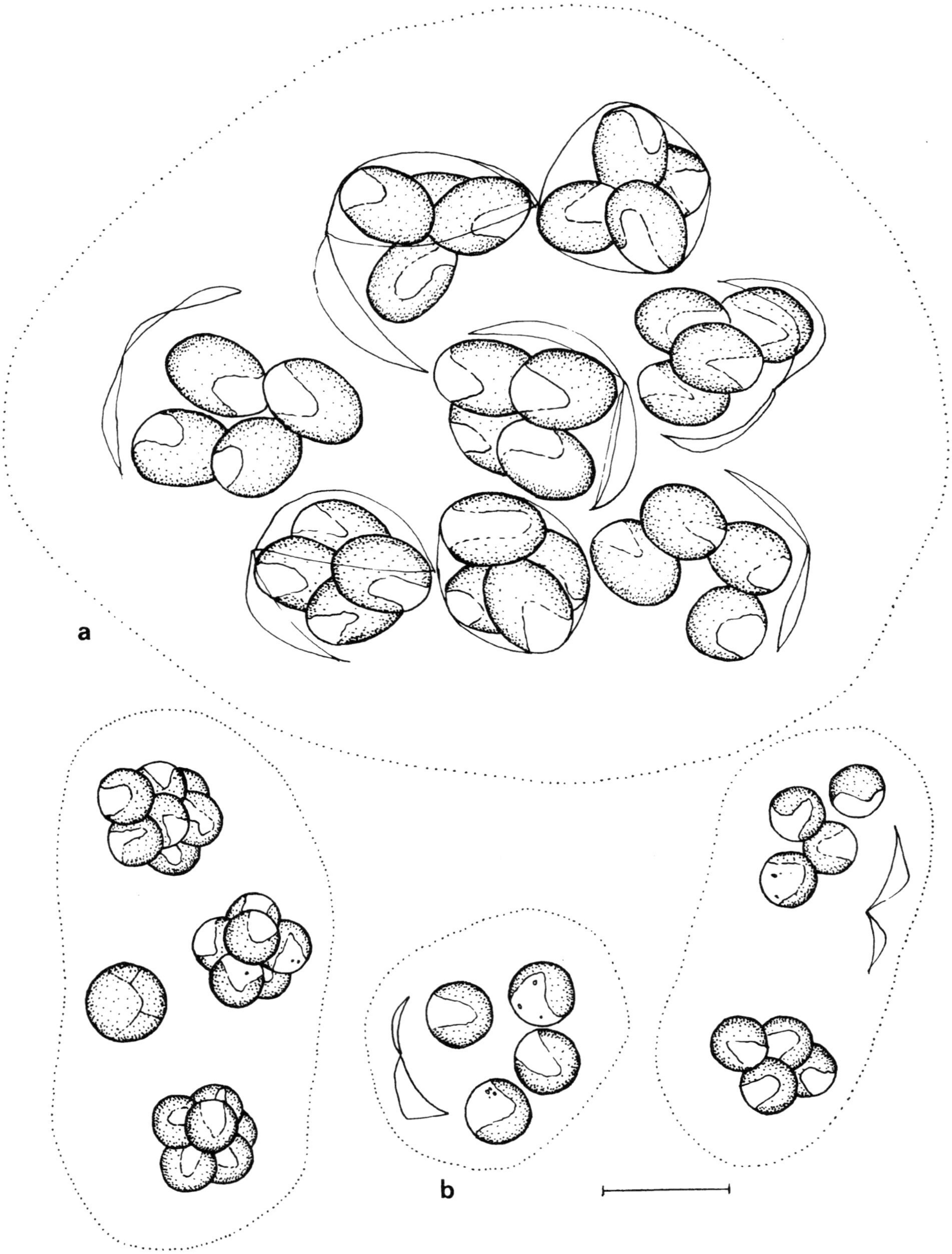

Abb. 9 a *Coenochloris ovalis*, b *C. mucosa* (Skala = 5 µm)

dickt, zuweilen dunkel inkrustiert und warzig. Berührungsstellen zwischen Nachbarzellen unterschiedlich: im typischen Falle waren die Zellen an der Nahtstelle abgeflacht und nur leicht ausgezogen; manchmal wurden jedoch auch Verbindungsfortsätze beobachtet. Damit zeigen unsere Befunde Bezüge zur Diskussion verschiedener Autoren über den Verwandtschaftskreis um *C. astroideum*, *C. pseudomicroporum* und *C. sphaericum* (SODOMKOVÁ 1972; HEGEWALD et al. 1975; HAJDU 1977; KOMÁREK & FOTT 1983). Letztgenannte Autoren verweisen darauf, daß vermeintliche Funde von *C. sphaericum* aus eutrophen Gewässern wahrscheinlich atypisch entwickelte Coenobien von *C. astroideum* darstellen. Das trifft offensichtlich auch auf die aus Altwässern der Elbe im Biosphärenreservat Steckby-Lödderitzer Forst gemeldeten Funde zu (KRIENITZ 1984c). Inwieweit das auch für die von SELK (1907) und SCHULZ (1961) erwähnten *C. sphaericum*-Vorkommen in der Elbe gilt, ist zu überprüfen. In den Populationen aus der mittleren Elbe waren alle Übergänge zwischen abgeflachten Verbindungsnähten und deutlichen Fortsätzen ausgeprägt, deshalb neigen wir zu der Ansicht von HEGEWALD et al. (1975), daß *C. pseudomicroporum* zu *C. astroideum* zählen ist.

Coelastrum microporum NÄGELI in A. BRAUN 1855 (Taf. 4 F, G)
Gut abgrenzbare, regelmäßig auftretende *Coelastrum*-Art mit kugeligen Zellen und glatter Zellwand, wobei die Maße der Zellen (Durchmesser 5—10 μm) relativ klein ausfielen.

Coenochloris granulata KRIENITZ 1986
Vgl. Originalarbeit.

Coenochloris mucosa (KORŠIKOV 1953) HINDÁK 1977 (Abb. 9b, Taf. 5 A, B)
Kugelige Zellen, 2—3 μm im Durchmesser. Becherförmiger Chloroplast ohne Pyrenoid. In 4-, 8- oder mehrzelligen (bis zu über 100 Zellen) Kolonien mit zarter ± weiter Gallerthülle; ältere Stadien auch einzeln. Die mehrzelligen Kolonien waren unregelmäßig haufenförmig gestaltet, wobei ungleich große Zellen gemeinsam in einer Kolonie auftraten. In den Gallerten sind die zweiteiligen, für die Gattung typischen Mutterzellwandreste nur selten zu bemerken. Leicht mit stärker aggregierten Exemplaren von *Dactylosphaerium juristii* zu verwechseln.
Neu für die DDR. Bisher nur aus der UdSSR und der ČSFR bekannt.

Coenochloris ovalis KORŠIKOV 1953 (Abb. 9a)
Zellen schwach oval, 6—11 × 4—8 μm. Zweiteilige Mutterzellwandreste häufig und deutlich in den Gallerten zu finden. Chloroplast becherförmig, ohne Pyrenoid.
Da die Leitart der Gattung, *C. pyrenoidosa* KORŠIKOV, mit einem solchen Organell ausgestattet ist, könnte eine zukünftige Revision der Gattung konsequenterweise pyrenoidlose Arten aussondern. Dazu sind jedoch noch weitere Untersuchungen dieses Verwandschaftskreises nötig.
Neu für die DDR. Bisher nur aus der UdSSR und der ČSFR gemeldet.

Coenochloris polycocca (KORŠIKOV 1953) HINDÁK 1984 (Taf. 5 F, G)
Die Alge war durch folgende Merkmale eindeutig von anderen *Coenochloris*-Arten zu unterscheiden: Mehrzahl der Pyrenoide in den Zellen (bis 4), relative Größe der Zellen (8—18 μm), schnell vergängliche Mutterzellwandreste.
Diese Art wurde von HINDÁK (1984) ausführlich studiert. Die von ihm gegebene Synonymliste schließt auch *Eutetramorus fottii* (HINDÁK) KOMÁREK ein und weist damit auf die Notwendigkeit hin, einige *Eutetramorus*-Funde aus dem Elbe-Saale-Gebiet (KRIENITZ 1984b) zu revidieren und bei *C. polycocca* einzuordnen. Es handelt sich hierbei wohl um eine recht variable und verbreitete Art, die auch in einigen Wasserproben aus dem Süden der DDR nachgewiesen werden konnten (Saidenbachtalsperre, Talsperre Bautzen, Fischteiche Moritzburg)[2].

Coenochloris pyrenoidosa KORŠIKOV 1953 (Taf. 5 C—E)
Zellen breit oval bis kugelig, 5—10 μm im Durchmesser. Zu 4 oder 8 in Kolonien. Chloroplast topfförmig mit relativ enger Öffnung, ein Pyrenoid pro Zelle. Die ein- oder zweiteiligen Mutterzellwandreste besaßen eine recht unterschiedliche Form: oft schüsselförmig (Taf. 5 D), mehrfach plattenförmig flach bzw. leicht gewellt (Taf. 5 E) — FOTT (1974) beschrieb dafür die Art *C. piscinalis*, welche nach HINDÁK (1984) als Synonym für *C. pyrenoidosa* einzureihen ist.
Neu für die DDR. Bislang in der UdSSR, der ČSFR und der BRD nachgewiesen.

Coronastrum ellipsoideum FOTT 1946 (Taf. 18 L)
Vgl. KRIENITZ (1984b)

Crucigenia fenestrata (SCHMIDLE 1897) SCHMIDLE 1900 (Taf. 18 D)
Die trapezförmigen Zellen der Vierercoenobien waren an ihren Außenseiten nur selten gerade oder konvex, sondern vielmehr leicht konkav. Einzelzellen 5—10 × 2—6 μm.

Crucigenia quadrata MORREN 1830 (Taf. 18 E)
Coenobien mit großer viereckiger Zentrallücke. Zellen nahezu breit ellipsoidisch, kaum trapezförmig. Zellen 4—6 × 3—3,5 μm. Pyrenoid deutlich.

Crucigenia smithii (BOURRELLY et MANGUIN 1952) KOMÁREK 1974 (Taf. 18 F)
Der vorherigen Art recht ähnlich, jedoch durch das Vorhandensein eines Pyrenoids in jeder Zelle unterschieden. Zellaußenseite meist konvex. Zelle 4—8,5 × 3—5 μm.

Crucigenia tetrapedia (KIRCHNER 1880) W. et G. S. WEST 1902 (Taf. 18 A—C)
In der Elbe traten Exemplare auf, die in der Variabilität ganz den Angaben von HINDÁK (1977) sowie KOMÁREK & FOTT (1983) entsprachen.
Häufigste Art des crucigenoiden Verwandtschaftskreises, aber nicht die hohe Abundanz wie in der oberen Elbe erreichend (vgl. SCHULZ 1961).

Crucigeniella apiculata (LEMMERMANN 1898) KOMÁREK 1974 (Taf. 18 G—I)
Nach KOMÁREK (1974) läßt sich *C. apiculata* von *C. pulchra* (W. et G. S. WEST) KOMÁREK durch die ± konvexen äußeren Zellseiten unterscheiden. Bei *C. pulchra* tragen auch die Zellpolverdickungen mehr warzenartigen Charakter. Die Populationen in der Elbe zeigten alle

[2] Frau Dr. HORN, Herrn Doz. Dr. BENNDORF und Herrn GUDERITZ (TU Dresden) danke ich für die Übersendung von Wasserproben.

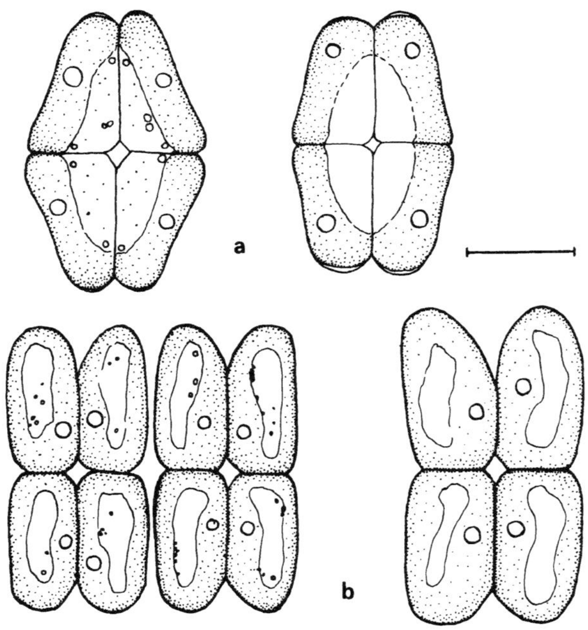

Abb. 10. a *Crucigeniella crucifera*, b *C. neglecta* (Skala = 5 µm)

Übergänge zwischen den beiden Arten, sowohl in der äußeren Zellwandkrümmung als auch in den Polverdickungen bzw. -ornamentierungen. Auch *C. apiculata* f. *inermis* FOTT et ETTL gehört in den Variabilitätsbereich. Bereits HINDÁK (1977) schlägt die Vereinigung beider Arten unter dem Namen *C. apiculata* vor.

Crucigeniella crucifera (WOLLE 1877) KOMÁREK 1974 (Abb. 10 a)

Die Art ist durch die langen Berührungsflächen der Zellen an den Längsseiten und die nur geringfügig ausgeprägten Einsenkungen an den Coenobienpolen charakterisiert. Nach KOMÁREK & FOTT (1983) wurde dieses Taxon bisher nur in leicht eutrophen Seen gefunden.

Neu für die DDR.

Crucigeniella neglecta (FOTT et ETTL 1959) KOMÁREK 1974 (Abb. 10b)

Dactylosphaerium jurisii HINDÁK 1977 (Taf. 3 F, G)

Vgl. KRIENITZ et al. (1982)

Desmatractum indutum (GEITLER 1924) PASCHER 1930 (Taf. 1 A)

Diacanthos belenophorus KORŠIKOV 1953 (Abb. 11 a, b)

Ovale, manchmal leicht asymmetrische Zellen mit einem derben Stachel an jedem Pol. Zellen 7—12 × 4—6 µm. Stacheln 28—45 µm lang. Zuweilen wiesen die Stacheln an einzelnen Zellen unterschiedliche Länge und Stärke auf, was den Verdacht nahelegt, daß es sich um die var. *heterospinosus* HORTOBÁGYI handelte (Abb. 11 b). In Mutterzellen mit 8 Autosporen lagerten jeweils 4 Tochterindividuen in Reihe, wobei diese Reihen parallel zur Längsachse der Mutterzellen orientiert waren (Abb. 11 b).

Dicellula geminata (PRINTZ 1914) KORŠIKOV 1953 (Taf.) 2 E, F)

Jeweils 2 Zellen mit etwa 1/3 ihrer Längsseite verbunden. 11—13 × 7—8 µm. Meist mit über 10 Borsten je Zelle, die eine Länge von 10—22 µm besaßen und an der Basis zylindrisch verdickt waren. Zellwand bräunlich inkrustiert. Auf Tafel 2 F ist ein Exemplar abgebildet, welches besonders bizarr inkrustiert war. Die dicken bräunlichen Granula waren an den Spitzen in die Länge gezogen. Offensichtlich kam dies zustande, weil in der dünnen, die Zellen und die (in diesem Falle sehr kurzen) Borsten umhüllenden Schleimschicht ebenfalls Eisen- oder Manganverbindungen eingelagert wurden.

KOMÁREK & FOTT (1983) vermuten, daß *D. geminata* und *D. planctonica* SVIRENKO identisch sind. HINDÁK (1984) vereinigt beide Arten unter *D. geminata*. HEYNIG & KRIENITZ (1987) fanden *Dicellula* auch in einem Altarm der Elbe und ordneten die Funde zu *D. planctonica*. Vorliegendes Material aus der Elbe selbst unterschied sich besonders durch die tieferen Einschnitte zwischen beiden Zellen, d. h. die Berührungsfläche war

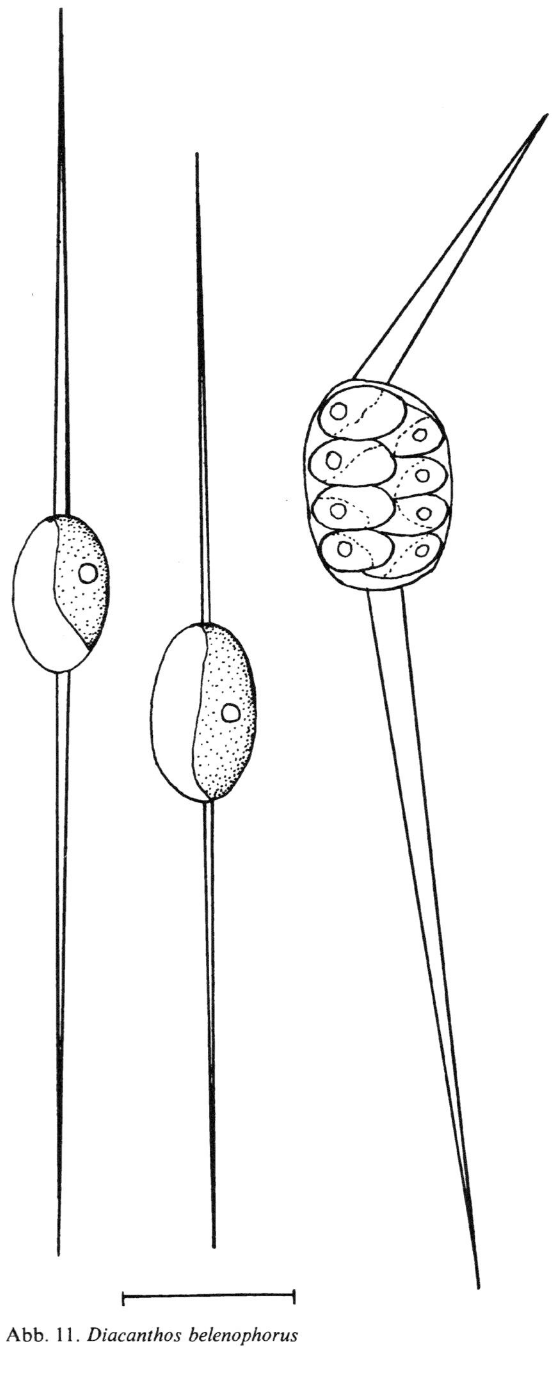

Abb. 11. *Diacanthos belenophorus*

kürzer als die Hälfte der Zellänge, was auch nach KOMÁREK & FOTT für *D. geminata* charakteristisch ist. Die Borstenlänge und die zylindrischen Verdickungen an der Borstenbasis tendieren jedoch zu *D. planctonica*. Daraus wird ersichtlich, daß sich die Merkmale beider Taxa überlappen, was für die von HINDÁK (1984) vorgeschlagene Fusion spricht.

Dictyosphaerium ehrenbergianum NÄGELI 1849 (Taf. 3 A, E)

Dictyosphaerium pulchellum WOOD 1872 (Taf. 3 B)

Dictyosphaerium tetrachotomum PRINTZ 1914 (Taf. 3 C)
Zur Determination der *Dictyosphaerium*-Arten wurde die monographische Bearbeitung von KOMÁREK & PERMAN (1978) zugrundegelegt. Wesentliche Kriterien waren dabei die Anheftung der Zellen an den Gallertsträngen und der Reproduktionsprozeß.

Dictyosphaerium tetrachotomum var. *fallax* KOMÁREK 1983 (Taf. 3 D)
Zellen asymmetrisch ellipsoid, mit einem ± spitzen Ende. Zellen 5—6 × 3—4 μm. Gallertstränge breiter als beim typischen Material aus Kuba.
Neu für die DDR. Nach KOMÁREK (1983) liegt das Verbreitungsgebiet der Varietät in den Tropen.

Didymocystis inconspicua KORŠIKOV 1953

Didymocystis inermis (FOTT 1941) FOTT 1973

Didymocystis lineata KORŠIKOV 1953

Didymocystis planctonica KORŠIKOV 1953 (Taf. 20 E—G)
Alle 4 in der Elbe gefundenen *Didymocystis*-Arten traten auch regelmäßig in Gewässern des Elbe-Saale-Gebietes auf und wurden in ihren Merkmalen entsprechend diskutiert (KRIENITZ 1984b). Am häufigsten in der Elbe war *D. planctonica*.

Didymogenes anomala (G. M. SMITH 1926) HINDÁK 1974 (Taf. 18 J)
Eine Revision der Gattung *Didymogenes* nimmt HINDÁK (1974) vor. Beide in der Elbe vorkommenden Arten traten meistens nur als 2-zellige Coenobien auf. 8-zellige Syncoenobien waren sehr selten. *D. anomala* besitzt an jedem Zellpol einen Stachel (selten seitlich versetzt ein weiterer Stachel). Zellen 5—12 × 1,5—4 μm.

Didymogenes palatina SCHMIDLE 1905
Zellen ohne Stacheln, Anhänge oder Granula. 5—10 × 1,5—3 μm.
Der Erstnachweis für beide *Didymogenes*-Arten auf dem Gebiet der DDR geht auf HEYNIG (1989) zurück.

Diplochloris decussata KORŠIKOV 1939 (Abb. 12 a)
Diese seltene, nur aus der UdSSR und der ČSFR bekannte Art wurde in der Elbe in wenigen Exemplaren gefunden. Häufiger war sie in einigen Flachgewässern des Elbe-Saale-Gebietes und wird daher an anderer Stelle näher besprochen (KRIENITZ, in Vorber.).

Diplochloris diplococca (HINDÁK 1978) HINDÁK 1984 (Abb. 12 b, Taf. 11 L)
Zellen 2,5—3,5 × 2—3 μm, breit oval. Meist zu 2 oder 4 zusammenhaftend. Diese Untereinheiten wiederum sind zu mehreren unregelmäßig in schleimigen Kolonien gelagert. Schnell vergängliche, schüsselförmige Mutterzellwandreste.
Neu für die DDR. Bisher nur aus der ČSFR gemeldet.

Diplochloris hoefleri (BOURRELLY 1963) HINDÁK 1984 (Abb. 12 c)
Zellen lang-oval, gerade oder nur schwach gekrümmt, 4,5—6 × 2,5—3,5 μm. Zu zweit an der Basis oder an der Längsseite zusammenhaftend. Becherförmige, paarweise Mutterzellwandreste in den mehrzelligen, verschleimten Kolonien.
Neu für die DDR. Bisher in der Loire (Frankreich) und in kleinen Teichen in der Slowakei gefunden.

Diplochloris lunata (FOTT 1948) FOTT 1979 (Abb. 12 d; Taf. 11 J, K)
Häufigste und variabelste *Diplochloris*-Art im Plankton der Elbe. Zellen ellipsoidisch, oft an einem Ende stärker verschmälert, mehr oder weniger stark sichelförmig gekrümmt. 5—8,5 × 2—4 μm. Ein Zellende mitunter leicht papillenartig abgesetzt. Paarweise an der Basis oder an den konvexen Längsseiten zusammenhaftend.
Nach FOTT (1979) bleiben bei dieser Art die Mutterzellwandreste länger erhalten.
Neu für die DDR.

Fotterella tetrachlorelloides BUCK 1978 (Taf. 9 A)
Die Funde aus der Elbe entsprachen in ihrer Variabilität dem von BUCK (1978) zusammengestellten Material. Die Selbständigkeit und Stellung der Gattung ist noch der Diskussion unterworfen (HINDÁK 1980; KOMÁREK & FOTT 1983) und kann nur durch ultrastrukturelle Untersuchungen geklärt werden.

Franceia amphitricha (LAGERHEIM 1883) HEGEWALD 1980 (Taf. 6 E—H)
Zellen ellipsoidisch oder oval. 13—17 × 8—12 μm. Ein oder zwei pyrenoidführende Chloroplasten. 8—16 Borsten je Zelle, 10—24 μm lang, gerade oder leicht gekrümmt, relativ derb und an der Basis dicker werdend. Um Zellen und Borsten zarte Schleimhülle.
Die Art wurde einschließlich der Ultrastruktur der Borsten gründlich von HEGEWALD et al. (1980) studiert. Unser Material zeichnet sich durch relativ große Zelldimensionen und Borstenlängen aus.
Neu für die DDR.

Franceia ovalis (FRANCÉ 1894) LEMMERMANN 1898 (Taf. 6 A, B)
Ovale (nicht ellipsoidische) Zellen 12—20 × 8—17 μm. Mit zahlreichen, zarten 10—22 μm langen Borsten. Schleimhülle vorhanden.

Franceia polychaeta (SIRŠ. 1937) KORŠIKOV 1953 (Taf. 6 C, D)
Zellen oval, an den Polen mit verdickter Zellwand, 10—15 × 8—11 μm. 10—25 feine Borsten, 10—16 μm lang. Ein oder zwei pyrenoidführende Chloroplasten.
Selten. Neu für die DDR. Bisher nur aus Flüssen der UdSSR. HEGEWALD et al. (1980) stellen diese Art zu *F. ovalis*.

Golenkinia minima KUFFERATH 1914 (Taf. 2 H)
Zellen kugelig, manchmal ein wenig kantig deformiert, 4—8 μm Durchmesser. Schalenförmiger Chloroplast mit Pyrenoid. Mit 15—30 kurzen Stacheln, 3—6 μm lang. Hinsichtlich der ontogenetischen Stadien war Übereinstimmung mit den Beobachtungsergebnissen von LUND (1954) zu verzeichnen. HEGEWALD & SCHNEPF (1984) untersuchten diesen Verwandtschaftskreis intensiv und kamen zu der Schlußfolgerung, daß *G. minima* (Synonym:

G. chlorelloides LUND) auf Grund von Besonderheiten der Ultrastruktur und des Chemismus aus den Golenkiniaceae auszuschließen ist. Die endgültige taxonomische Position ist noch zu klären.

Neu für die DDR.

Golenkinia radiata CHODAT 1894 (Taf. 2 G)

Kugelige Zellen 10—16 µm Durchmesser, mit deutlicher Schleimhülle. Über 20 Borsten je Zelle, 30—38 µm lang. Chloroplast mit nierenförmigem Pyrenoid. Autosporenbildung.

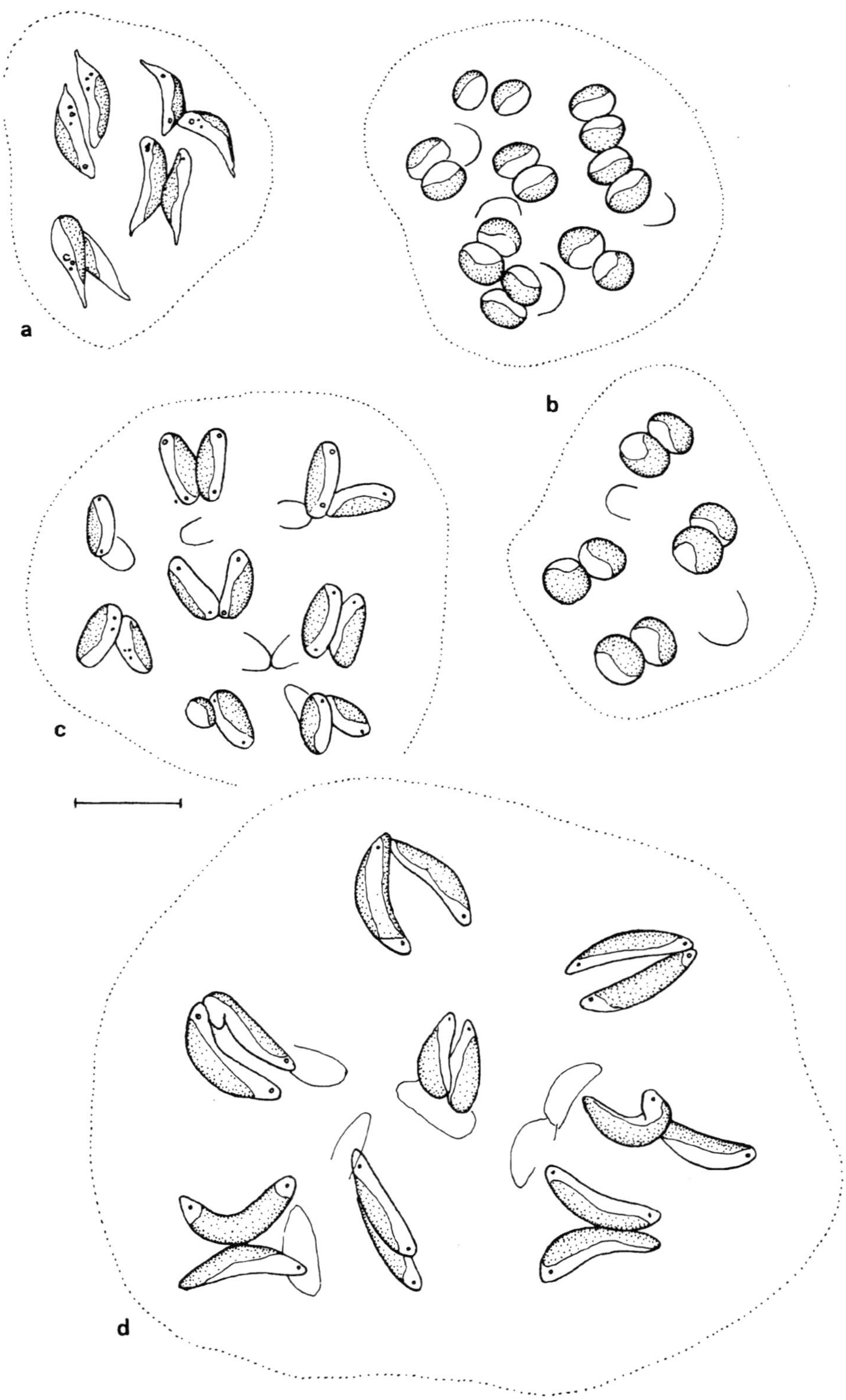

Abb. 12. a *Diplochloris decussata*, b *D. diplococca*, c *D. hoefleri*, d *D. lunata* (Skala = 5 µm)

Durch die Studien von HEGEWALD & SCHNEPF (1984) wurde wesentlich zur Kenntnis der Art beigetragen.

Granulocystis helenae HINDÁK 1977 (Taf. 10 A—D)
Zellen ellipsoidisch bis breit oval, ohne Zellpolverdickungen, 8—17 × 5,5—12 µm. Gesamte Zellwand mit kräftigen rundlichen Warzen bedeckt. Mutterzellen schwellen im Laufe der Entwicklung an. Autosporenfreigabe (4) durch Verschleimen der Mutterzellwand. Sporen lagern noch längere Zeit in gemeinsamer Gallerte. Vgl. auch Funde aus den Altwassern der Elbe (KRIENITZ 1984c).

Granulocystopsis coronata (LEMMERMANN 1911) HINDÁK 1977 (Taf. 10 E—J)
Diese Alge wurde bereits in Gewässern des Steckby-Lödderitzer Forstes gefunden (KRIENITZ 1984c) und ihre Merkmale wurden diskutiert. In der Elbe konnte sie in ihrer ganzen Variabilitätsbreite beobachtet werden (vgl. KOMÁREK & FOTT 1983). Auch die var. *elegans* (FOTT) KOMÁREK mit Warzenverzierungen der Äquatorialzone trat in der Elbe auf, jedoch seltener als die var. typica.

Hyaloraphidium contortum PASCHER et KORŠIKOV 1931 (Taf. 14 H, I)

Hyaloraphidium contortum var. *tenuissimum* KORŠIKOV 1953 (Taf. 11 L)

Juranyiella javorkae (HORTOBÁGYI 1954) HORTOBÁGYI 1962

Kirchneriella dianae (BOHLIN 1897) COMAS 1980 var. *major* (KORŠIKOV 1953) COMAS 1980 (Taf. 15 B)
Zellen stark sichelförmig gebogen, mit engem U-förmigen Einschnitt, der oftmals durch das Zusammenneigen der Zellspitzen im oberen Teil eingeengt wird. Pyrenoid im Zentrum des parietalen, an der Konvexseite lagernden Chloroplasten. Zellen 9—13 × 3,5—4,5 µm. In Kolonien zu 4 bis 16 Zellen.
Neu für die DDR. Das Vorkommen der var. typica ist nach COMAS (1980) sowie KOMÁREK & FOTT (1983) auf die Tropen beschränkt, var. *major* (mit rundlicheren Zellenden) ist wahrscheinlich kosmopolitisch.

Kirchneriella irregularis (G. M. SMITH 1920) KORŠIKOV 1953 (Taf. 15 D)
Zellen halbkreisförmig gebogen, stumpfspitzig. 6—10 × 3—4 µm. Meist einzeln. Pyrenoid oft undeutlich. Vgl. auch Funde aus dem Micheln-Trebbichauer-Teichgebiet (KRIENITZ 1984b).

Kirchneriella lunaris (KIRCHNER 1878) MOEBIUS 1894 (Taf. 15 C)
Zellen sichelförmig, mit O-förmigem Einschnitt, im Umriß kreisrund. 5—10 × 2,5—4 µm. Zellenden stumpf zugespitzt. In wenigzelligen Kolonien.

Kirchneriella obesa (W. WEST 1892) SCHMIDLE 1893 (Taf. 15 A)
Zellen im Umriß ideal kreisförmig mit engem U-förmigen Einschnitt. 8—16 × 4—7 µm. Das Pyrenoid ist im Zentrum des Chloroplasten direkt im Bereich der konvexen Krümmung gelegen. Darüberhinaus ist das Zellplasma mit zahlreichen Fetttröpfchen angereichert.
Die generische Bedeutung des Pyrenoids in diesem Verwandtschaftskreis, besonders zur Abgrenzung von Vertretern der Gattung *Raphidocelis* HINDÁK, demonstrieren die statistischen Untersuchungen von MARVAN et al. (1984). In der Literatur existieren widersprüchliche Angaben zur Existenz des Pyrenoids bei *K. obesa*: beim Ikonotypus ist ein Pyrenoid eingezeichnet; HINDÁK (1980a) verweist auf das Fehlen des Pyrenoids. Nach KORŠIKOV (1953) sowie KOMÁREK & FOTT (1983) ist es jedoch vorhanden.

Komarekia appendiculata (CHODAT 1900) FOTT 1981 (Taf. 18 K)
In der Elbe traten 4-zellige Coenobien auf. Syncoenobien wurden nicht beobachtet. Zellen oval, vorn verschmälert. Zellen 4—7 × 3,5—4 µm. Spatelförmige Mutterzellwandreste an den äußeren Zellpolen.
Neu für die DDR.

Lagerheimia ciliata (LAGERHEIM 1882) CHODAT 1895 (Taf. 7 G, H)
Die Frage, ob die Gattungen *Chodatella* und *Lagerheimia* zu vereinen sind, wurde von zahlreichen Autoren diskutiert — Überblicke dazu geben FOTT (1948) und HORTOBÁGYI (1966). In neuerer Zeit werden die Vertreter dieses Verwandtschaftskreises unter dem gemeinsamen Namen *Lagerheimia* geführt (KOMÁREK & FOTT 1983; HINDÁK 1984; HEGEWALD & SCHMIDT 1987). Dieser Ansicht wird hier gefolgt.
Die Zellen von *L. ciliata* sind oval bis ellipsoidisch, mit Schleimhülle. An jedem Pol 4—7 gekrümmte, selten gerade Stacheln, die an der Basis deutlich verdickt waren. Zelldimensionen: 8—16 × 6—9 µm, Stacheln 12—28 µm.

Lagerheimia coronata PLAYFAIR 1916 (Taf. 7 I)
Zellen ellipsoidisch, 12—18 × 9—11 µm. An jedem Pol mit 6—8 zarten, stark gekrümmten Stacheln von 10—14 µm Länge. Während KOMÁREK & FOTT (1983) *L. coronata* zu *L. ciliata* stellen, plädiert HINDÁK (1984) auf Grund der Feinheit der Stacheln für eine selbständige Art.

Lagerheimia genevensis (CHODAT 1894) CHODAT 1895 (Taf. 6 K)
Zylindrisch-ovale Zellen mit 4 subpolaren Stacheln. Diese mit oder ohne warzige Abrundung an der Basis. Zellen 4—9 × 3—4,5 µm, Stacheln 7—18 µm.

Lagerheimia longiseta (LEMMERMANN 1898) WILLE 1909 (Taf. 7 F)
Stacheln bis 65 µm lang.

Lagerheimia marssonii LEMMERMANN 1900
Ovale Zellen mit je einem Polstachel. Am Äquator 3—5 Stacheln. Zellen 5—12 × 3—9 µm. Stacheln 5—25 µm. Ursprünglich wurde aus diesem Formenkreis *L. minor* FOTT auf Grund der kürzeren Stacheln separiert. Experimentelle Befunde von HINDÁK (1980a) sowie Beobachtungen an anderen *Lagerheimia*-Arten (vgl. unsere Angaben zu *L. subsalsa*) weisen die Stachellänge als ungenügendes Merkmal zur Trennung von Arten innerhalb der Gattung *Lagerheimia* aus.

Lagerheimia subsalsa LEMMERMANN 1898 (Taf. 7 A—D)
Es wurden große Schwankungen in den Zelldimensionen, namentlich in der Länge der Stacheln beobachtet (vgl. auch dazu Taf. 7 B). Zellen 6—17 × 4—10 µm, Stacheln 3—15 µm.
Häufigster Vertreter der Gattung in der Elbe.

Micractinium appendiculatum KORŠIKOV 1953 (Taf. 2 A)

Die Kenntnis über diese Art wurde durch HINDÁK (1984) erweitert. Die sporadischen Funde aus der Elbe stimmen mit seiner Abb. 12 (loc. cit. S. 39) weitgehend überein: 4-zellige Coenobien, Zellen in einer Ebene angeordnet, kugelig bis schwach oval, 8—9 µm im Durchmesser. Jede Zelle mit über 10 geraden, relativ zarten Borsten von 10—27 µm Länge ausgestattet. Der becherförmige Chloroplast enthält ein großes Pyrenoid. Mutterzellwandreste konnten nicht beobachtet werden.

Micractinium pusillum FRESENIUS 1858 (Taf. 2 B, C)

Monoraphidium arcuatum (KORŠIKOV 1953) HINDÁK 1970 (Taf. 14 C, D)

Monoraphidium contortum (THURET in BRÉBISSON 1856) KOMÁRKOVÁ-LEGNEROVÁ 1969 (Taf. 14 G)

Monoraphidium convolutum (CORDA 1838) KOMÁRKOVÁ-LEGNEROVÁ 1969

Monoraphidium dybowskii (WOŁOSZYNSKA 1917) HINDÁK et KOMÁRKOVÁ-LEGNEROVÁ 1969

Monoraphidium griffithii (BERKELEY 1854) KOMÁRKOVÁ-LEGNEROVÁ 1969 (Taf. 14 A, B)

Monoraphidium irregulare (G. M. SMITH 1922) KOMÁRKOVÁ-LEGNEROVÁ 1969 (Taf. 14 F)

Monoraphidium komarkovae (NYGAARD 1945) NYGAARD 1979 (Taf. 14 E)

Monoraphidium minutum (NÄGELI 1849) KOMÁRKOVÁ-LEGNEROVÁ 1969

Monoraphidium neglectum HEYNIG et KRIENITZ 1982

Monoraphidium subclavatum NYGAARD 1977

Monoraphidium tortile (W. et G. S. WEST 1912) KOMÁRKOVÁ-LEGNEROVÁ 1969

Vgl. zur Gattung *Monoraphidium* bei KRIENITZ 1984a, b; KRIENITZ et al. 1983, 1986.

Neodesmus danubialis HINDÁK 1976 (Abb. 13; Taf. 20 I)

HINDÁK fügt im Rahmen der Neubeschreibung der monospezifischen Gattung *Neodesmus* ausführliche Be-

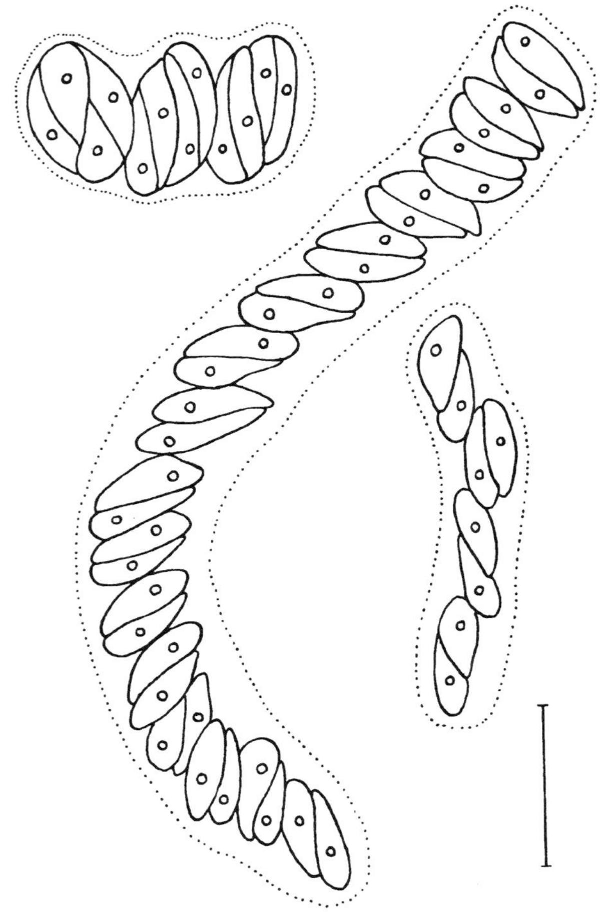

Abb. 13. *Neodesmus danubialis*

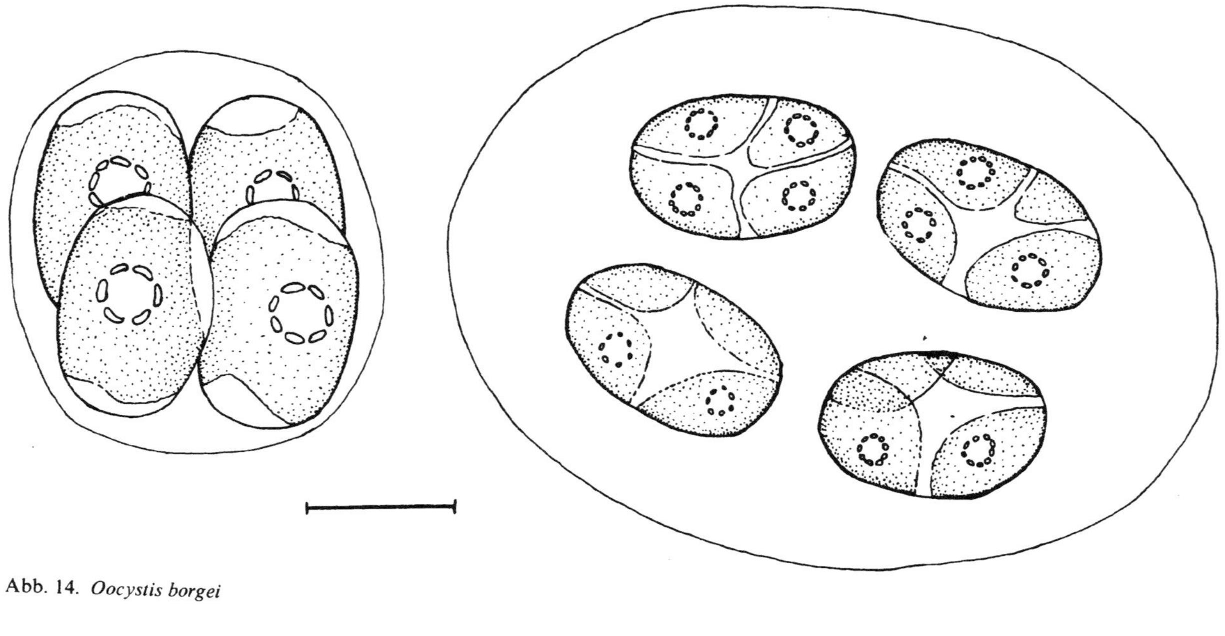

Abb. 14. *Oocystis borgei*

funde an, mit denen vorliegende Beobachtungen aus der Elbe in weiter Übereinstimmung stehen.

Die paarweise angeordneten, langtropfenförmigen Zellen waren meistens zu langen, von Schleim umgebenen Ketten aneinandergereiht. Zellgröße: 7—9 × 2—3 µm.

Nephrochlamys allanthoidea KORŠIKOV 1953 (Taf. 10 K—M)

Nephrochlamys subsolitaria (G. S. WEST 1908) KORŠIKOV 1953

Nephrochlamys willeana (PRINTZ 1914) KORŠIKOV 1953 (Taf. 10 N, O)

Zur Gattung *Nephrochlamys* vgl. KRIENITZ (1983) und KRIENITZ (in Vorber.).

Nephrocytium lunatum W. WEST 1892 (Taf. 9 B, C)

Vgl. KRIENITZ (1984c).

Oocystis borgei SNOW 1903 (Abb. 14; Taf. 9 F)

Zellen oval, leicht deformiert, an den Polen abgerundet, ohne Verdickungen, 12—17 × 8—13 µm. Immer zu viert in den Kolonien beobachtet. Oftmals lagern die Zellen tetraedrisch dicht zusammen und werden von einer engen Hülle umgeben, eine weitere, deutlich abgesetzte äußere Hülle ist in der Regel über 10 µm von den Zellen entfernt ausgedehnt. Ein oder zwei Chromatophoren mit Pyrenoid. Zellwand verschleimt nicht.

Neu für die DDR.

Oocystis lacustris CHODAT 1897 (Taf. 8 A, C—E)

O. lacustris, *O. marssonii* und *O. parva* stellen die Hauptvertreter der Gattung in eutrophen Gewässern dar. Sie zu unterscheiden ist schwierig. HINDÁK (1984) geht sogar so weit, daß er eine Fusion dieser Taxa vorschlägt, weil er an seinem Material aus der Slowakei die wesentlichen Differenzierungsmerkmale in Überlappung bei allen drei Arten fand. Dieser Vorschlag sollte eingehend geprüft werden. Auch die Zuordnung der Funde aus der Elbe konnte nur künstlich an Hand ganz bestimmter Entwicklungsstadien vorgenommen werden. Über die Masse der untersuchten *Oocystis*-Exemplare läßt sich nur aussagen, daß sie eben zu dem hier angeführten Formenkreis zählen, die genaue Artdetermination war jedoch nicht möglich. Unter Anwendung der Bestimmungsschlüssel von ŘEHÁKOVÁ (1969) sowie von KOMÁREK & FOTT (1983) wurde *O. lacustris* auf Grund des Freiwerdens der Tochterzellen nach Verschleimen der Mutterzellwand und durch die äußere diffuse Schleimhülle differenziert.

Oocystis marssonii LEMMERMANN 1898 (Taf. 9 D, E)

Freiwerden der Autosporen nach Zerreißen der Mutterzellwand; keine äußere diffuse Schleimhülle. Zellen 9—18 × 7—11 µm.

Oocystis parva W. et G. S. WEST 1898 (Taf. 8 B)

Fortpflanzung wie bei *O. marssonii*. Zellen 4—10 × 2—5 µm.

Oocystis spec. I (Taf. 8 F)

Zellen mit der Anatomie einer typischen *O. marssonii*-Zelle, aber in mächtiger formloser Gallerte lagernd.

Oocystis spec. II (Taf. 8 G)

Zellen mit zugespitzt verdickten Zellpolen; eine distinkte enge Hülle umgibt die Tochterzellen, und darüberhinaus wird noch eine weite diffuse Schleimhülle gebildet.

Planktosphaeria gelatinosa G. M. SMITH 1918 (Taf. 1 H)

Eine gut bekannte, von HINDÁK (1984) ausführlich studierte Art.

Polyedriopsis spinulosa SCHMIDLE 1897 (Taf. 2 I)

Fünfeckige tetraedrische Zellen mit 3 oder 4 Stacheln an jedem Pol, Kanten konkav. Zellen 16—24 × 12—18 µm. Stacheln 22—28 µm. Im Chloroplasten ein großes Pyrenoid und zahlreiche Reservestoffeinschlüsse.

Pseudoschroederia robusta (KORŠIKOV 1953) HEGEWALD et SCHNEPF 1986

Spindelförmige Zellen, schwach gekrümmt, an jedem Zellpol ein hyaliner Fortsatz. Chloroplast mit 1 oder 2 Pyrenoiden. Zellen (mit Fortsätzen) 95—125 µm.

Durch ultrastrukturelle Untersuchungen wiesen HEGEWALD & SCHNEPF (1986) Unterschiede in der Substruktur der beiden Fortsätze nach. Da bei *Schroederia* s. str. die Fortsätze eine identische Struktur aufweisen, sind Arten mit verschieden gebauten Fortsätzen in die neue Gattung *Pseudoschroederia* zu stellen. Details vergleiche man in der erwähnten Arbeit.

Neu für die DDR.

Quadricoccus laevis FOTT 1948 (Taf. 4 A, B)

Zellen oval, ellipsoidisch oder leicht bohnenförmig (Taf. 4 B). Zu 4 an schüsselförmigen Mutterzellwandresten angeheftet, dabei überwiegt die Anlagerung im Bereich der Längsseiten, nur selten an den Enden festhaftend. Zellen 6—10 × 3—5,5 µm. Mutterzellen einzeln oder in verschleimten Viererverbänden oder sogar in noch größeren Syncoenobien (Taf. 4 A).

Im Schrifttum wird darüber diskutiert, ob und wie *Q. laevis* von *Q. ellipticus* HORTOBÁGYI differenziert werden kann (HINDÁK 1977, 1980; SCHMIDT 1980; KOMÁREK & FOTT 1983; HEYNIG 1984). Nach unseren Beobachtungen sind sowohl Übergänge im Anheftungsmodus und in der Zellform vorhanden, so daß der Meinung von SCHMIDT gefolgt werden könnte, derzufolge beide Taxa identisch sind.

Quadricoccus verrucosus FOTT 1948 (Taf. 4 C—E)

Vgl. HEYNIG & KRIENITZ (1987).

Bei dieser Art dominierte die Anheftung der Zellen mit den Polenden am Mutterzellwandrest. Neben der zerstreuten Granulation der Zellwände konnten auch Exemplare gefunden werden, bei denen die Granula kranz- oder halbkranzförmig in Polnähe lokalisiert waren (Taf. 4 D, E). Das Foto E auf Tafel 4 stellt einen interessanten Grenzfall des Freiwerdens der Sporen dar. Die erweiterte Mutterzellwand ist bereits aufgeplatzt, die Autosporen sind aber noch nicht angeheftet.

Radiococcus nimbatus (DE WILDEMAN 1893) SCHMIDLE 1902 (Abb. 15)

Kugelige Zellen, 7—10 µm im Durchmesser, tetraedrisch gelagert. Becherförmiger Chloroplast mit Pyrenoid. Bei der Reproduktion zerreißt die Mutterzellwand in 4 Teile, welche noch einige Zeit in der Gallerte lagern. Die weite Schleimhülle ist markant strahlig gekennzeichnet, was durch das Wachstum von Bakterien verursacht sein soll (FOTT 1974).

Neu für die DDR.

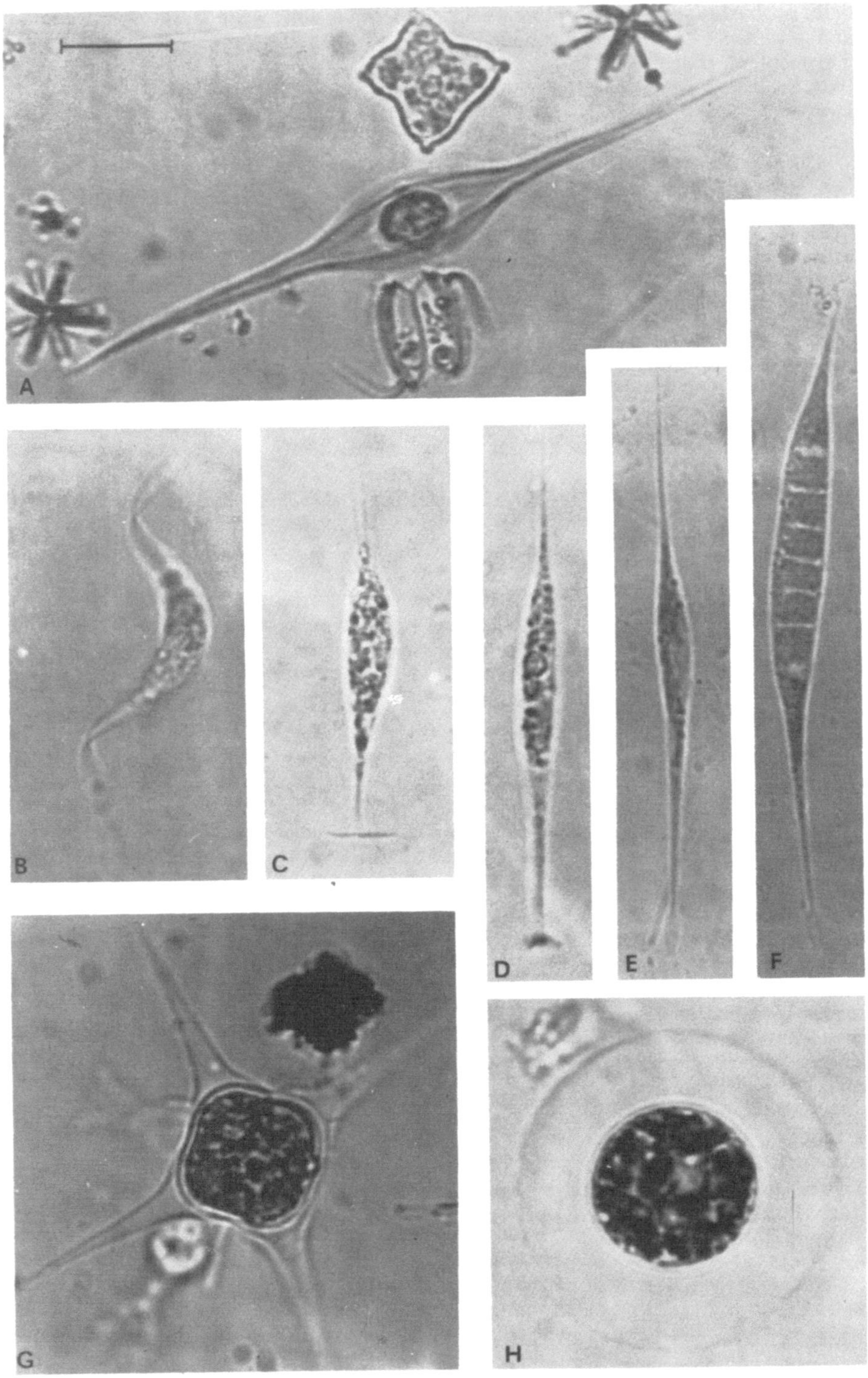

Taf. 1. A — *Desmatractum indutum*, B — *Schroederia spiralis*, C, D — *Ankyra judayi*, E, F — *Ankyra lanceolata*, G — *Treubaria schmidlei*, H — *Planctosphaeria gelatinosa*

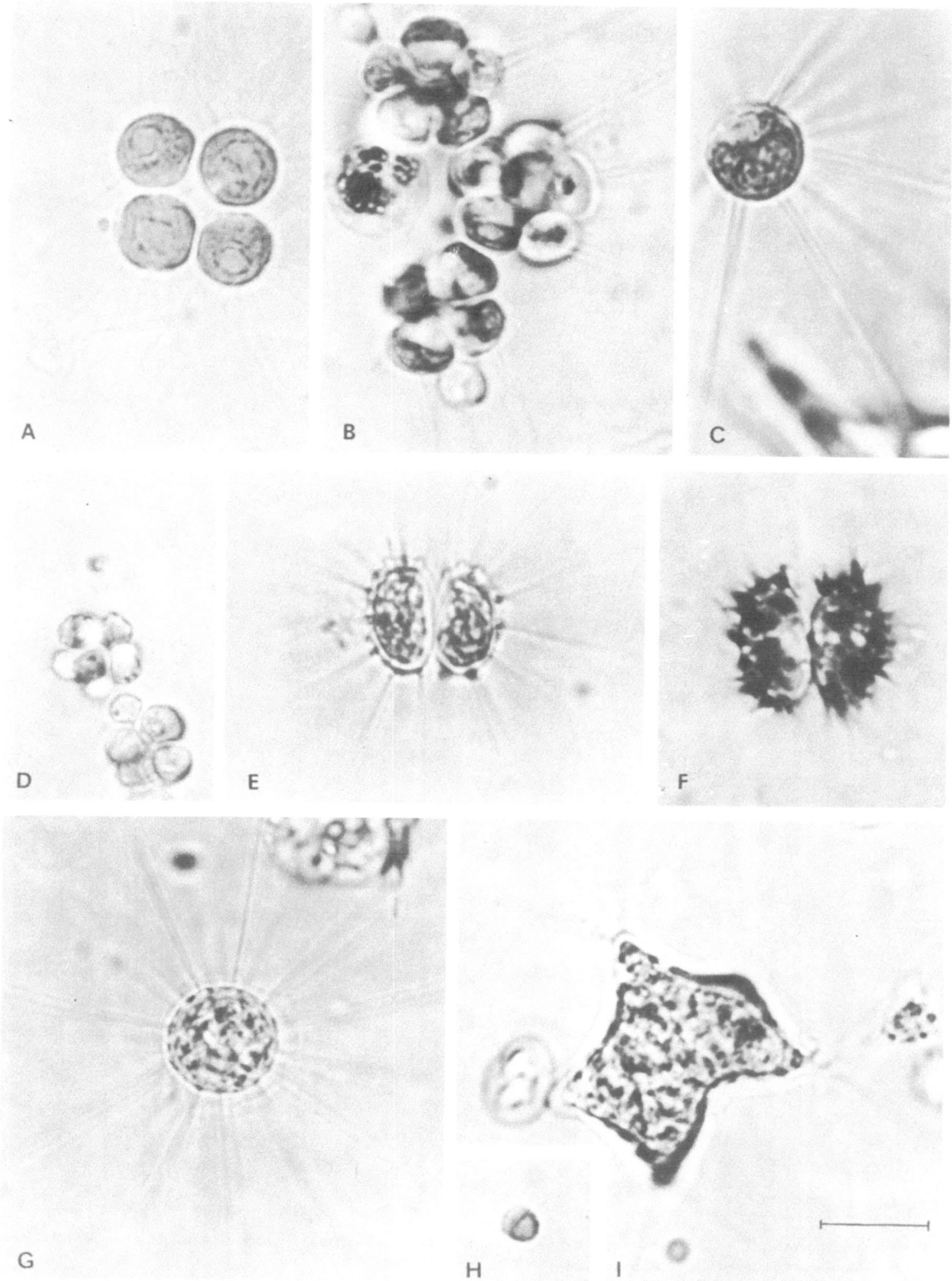

Taf. 2. Micractiniaceae. A — *Micractinium appendiculatum*. B, C — *Micractinium pusillum*, D — *Siderocystopsis pseudoblonga*, E, F — *Dicellula geminata*. Golenkiniaceae. G — *Golenkinia radiata*, H — *Golenkinia minima*, I — *Polyedriopsis spinulosa*

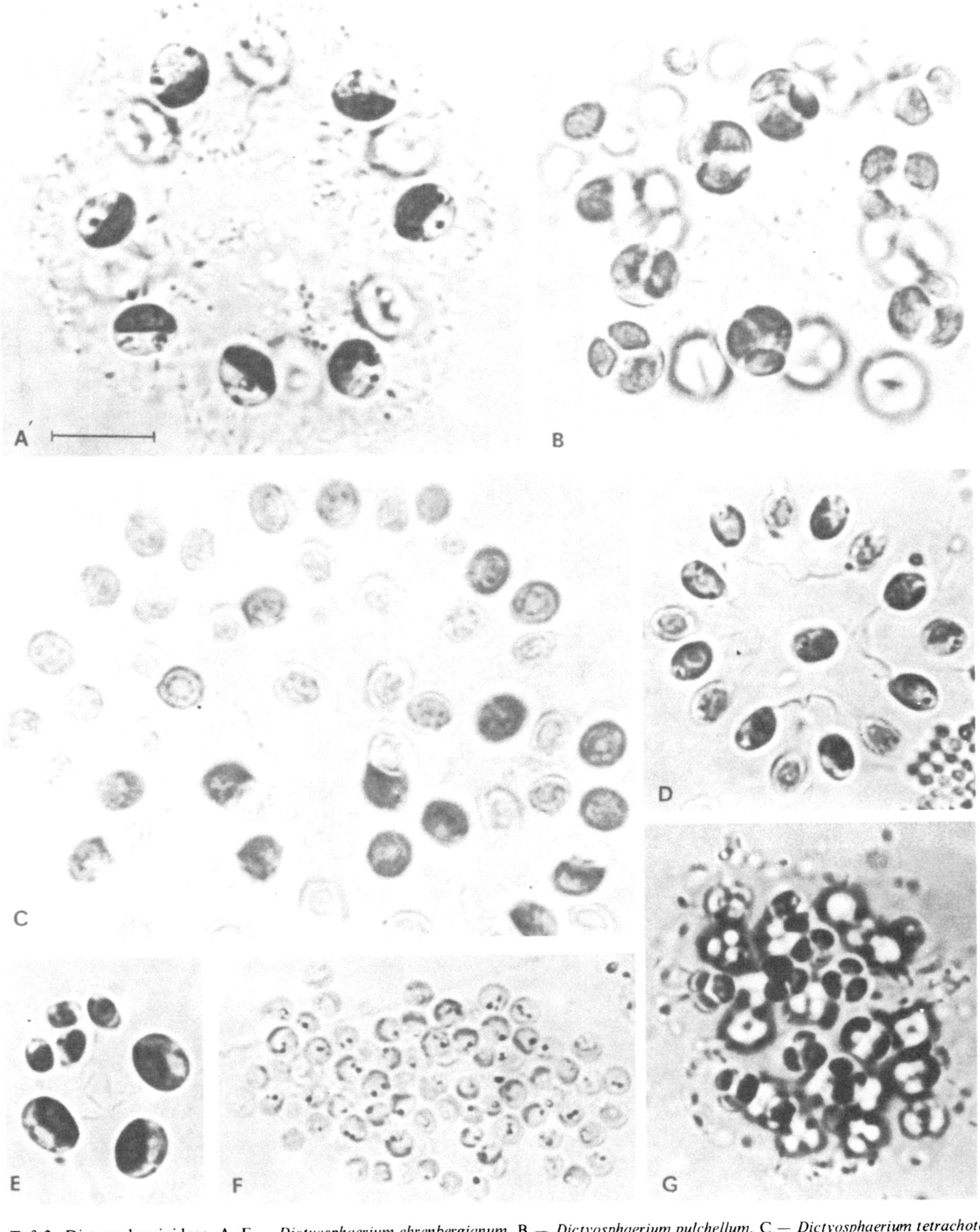

Taf. 3. Dictyosphaerioideae. A, E — *Dictyosphaerium ehrenbergianum*, B — *Dictyosphaerium pulchellum*, C — *Dictyosphaerium tetrachotomum*, D — *Dictyosphaerium tetrachotomum* var. *fallax*, F, G — *Dactylosphaerium jurisii*

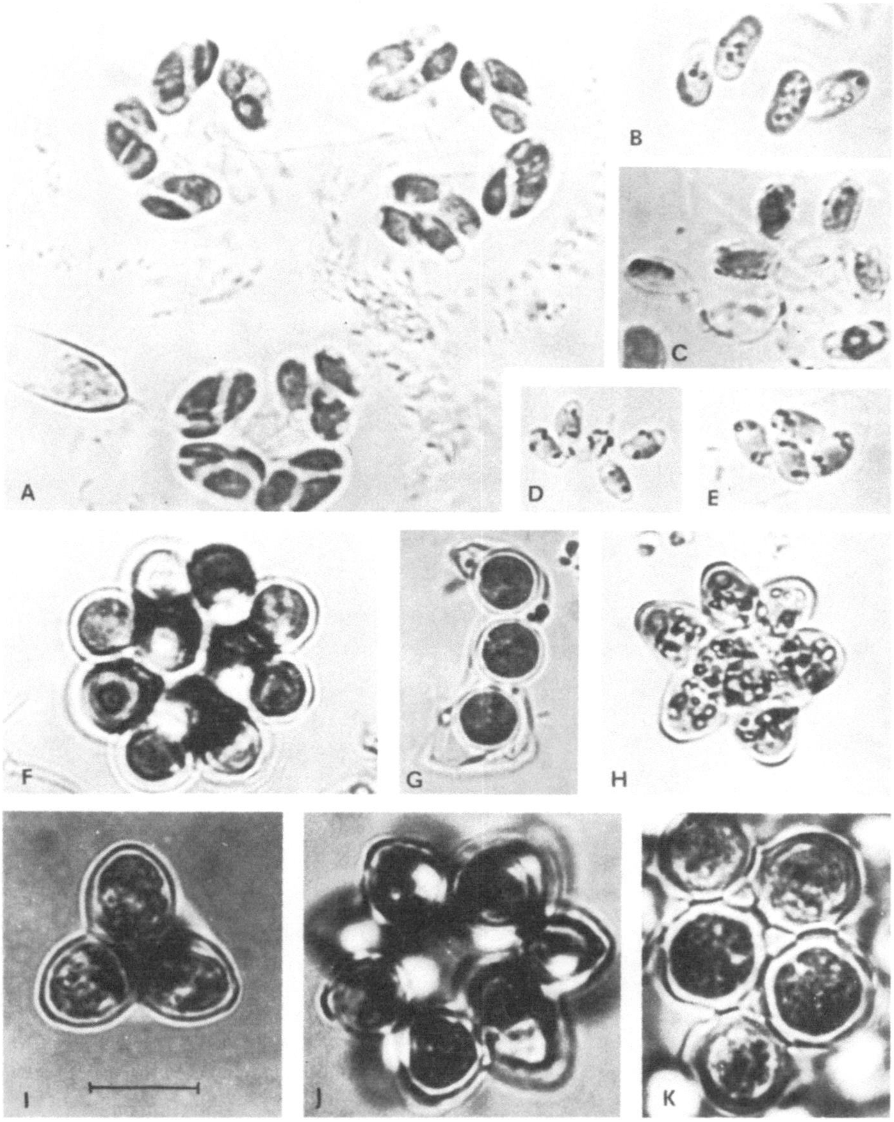

Taf. 4. Dictyosphaerioideae. A, B — *Quadricoccus laevis* C—E — *Quadricoccus verrucosus*. Coelastraceae. F, G — *Coelastrum microporum*, H—K — *Coelastrum astroideum*

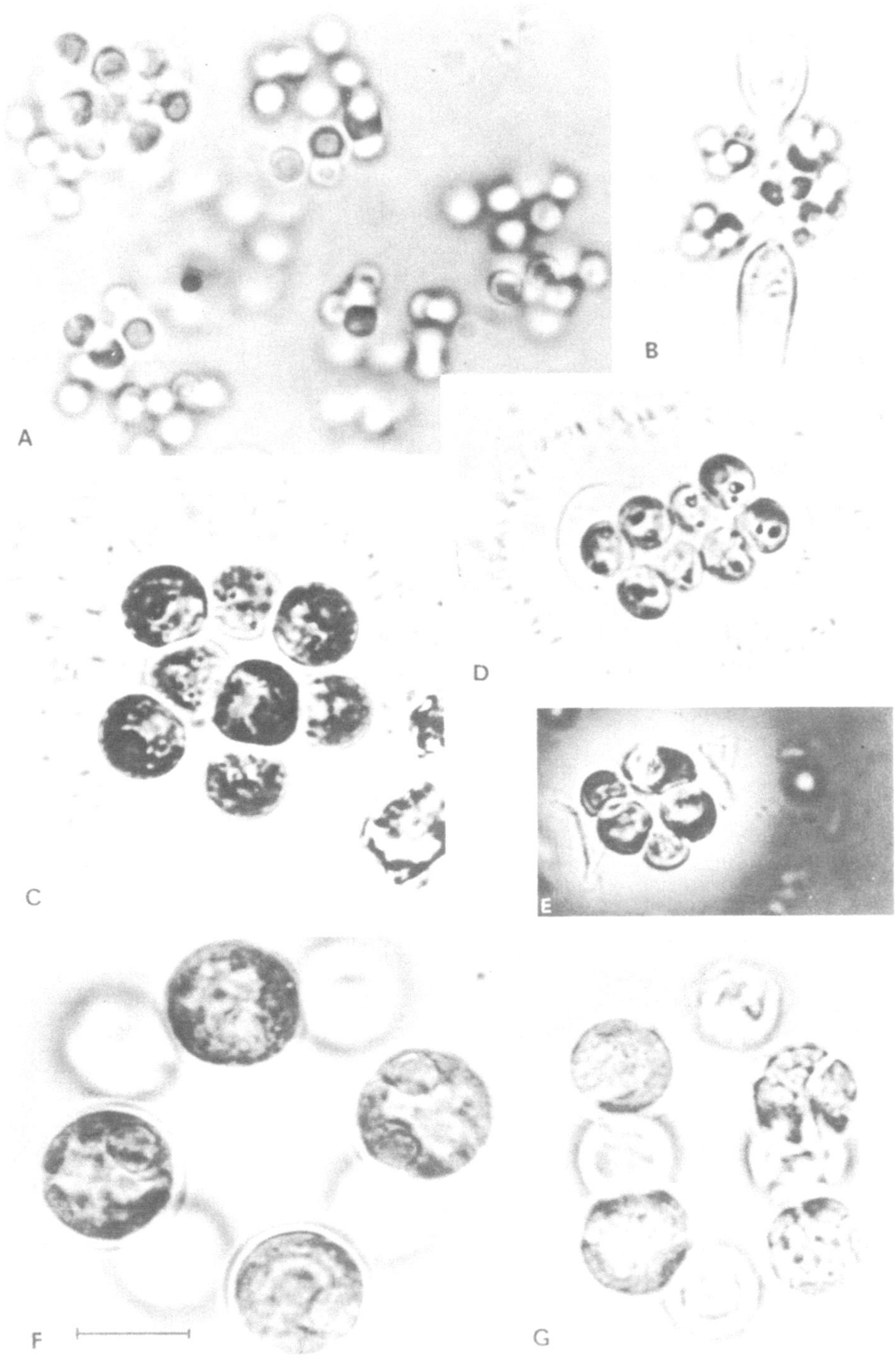

Taf. 5. Radiococcaceae. A, B — *Coenochloris mucosa*, C—E — *Coenochloris pyrenoidosa*, F, G — *Coenochloris polycocca*

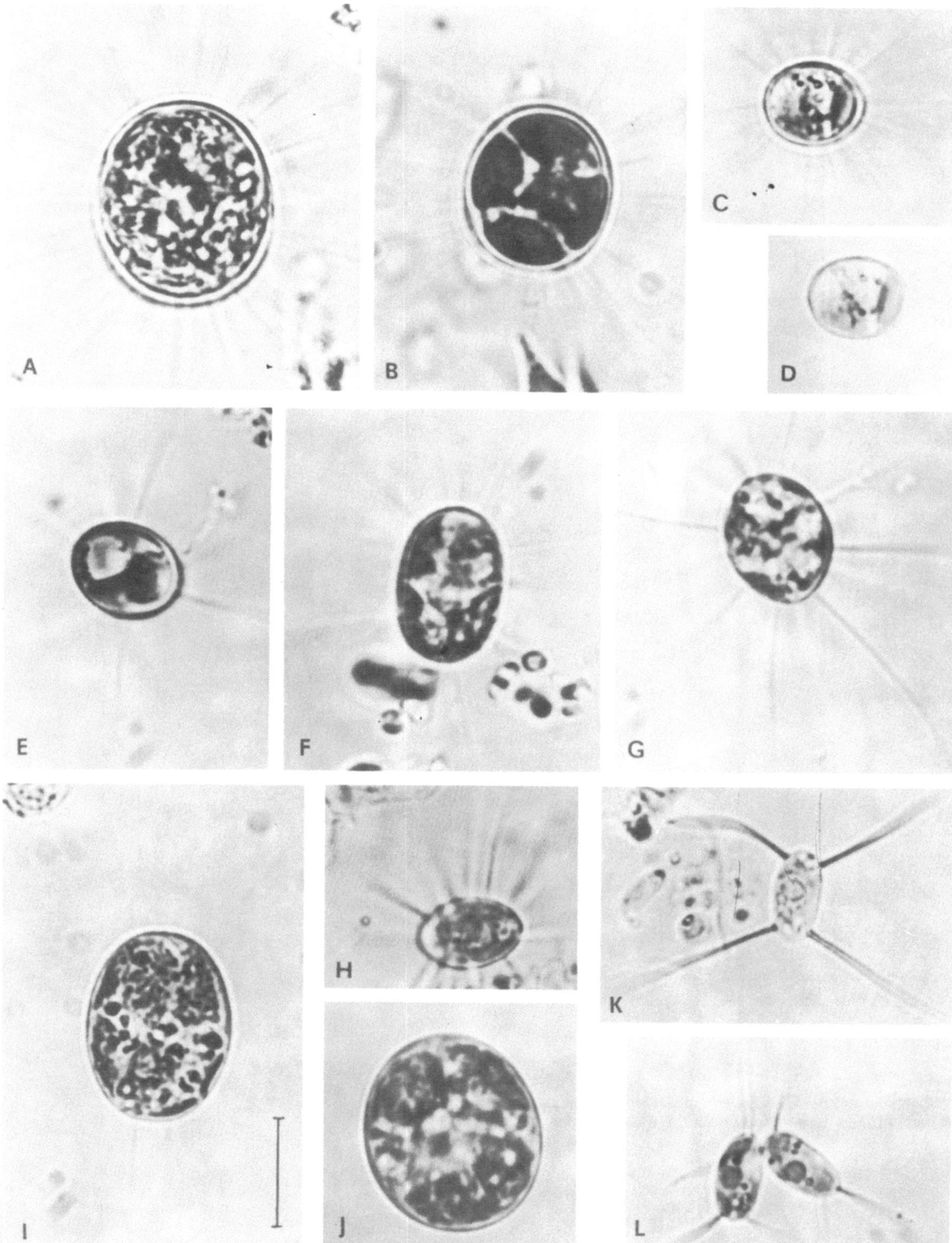

Taf. 6. Lagerheimioideae. A, B — *Franceia ovalis*, C, D — *Franceia polychaeta*, E—H — *Franceia amphitricha*, I, J — *Chodatellopsis elliptica*, K — *Lagerheimia genevensis*, L — Scenedesmaceae. L — *Scenedesmus subspicatus*

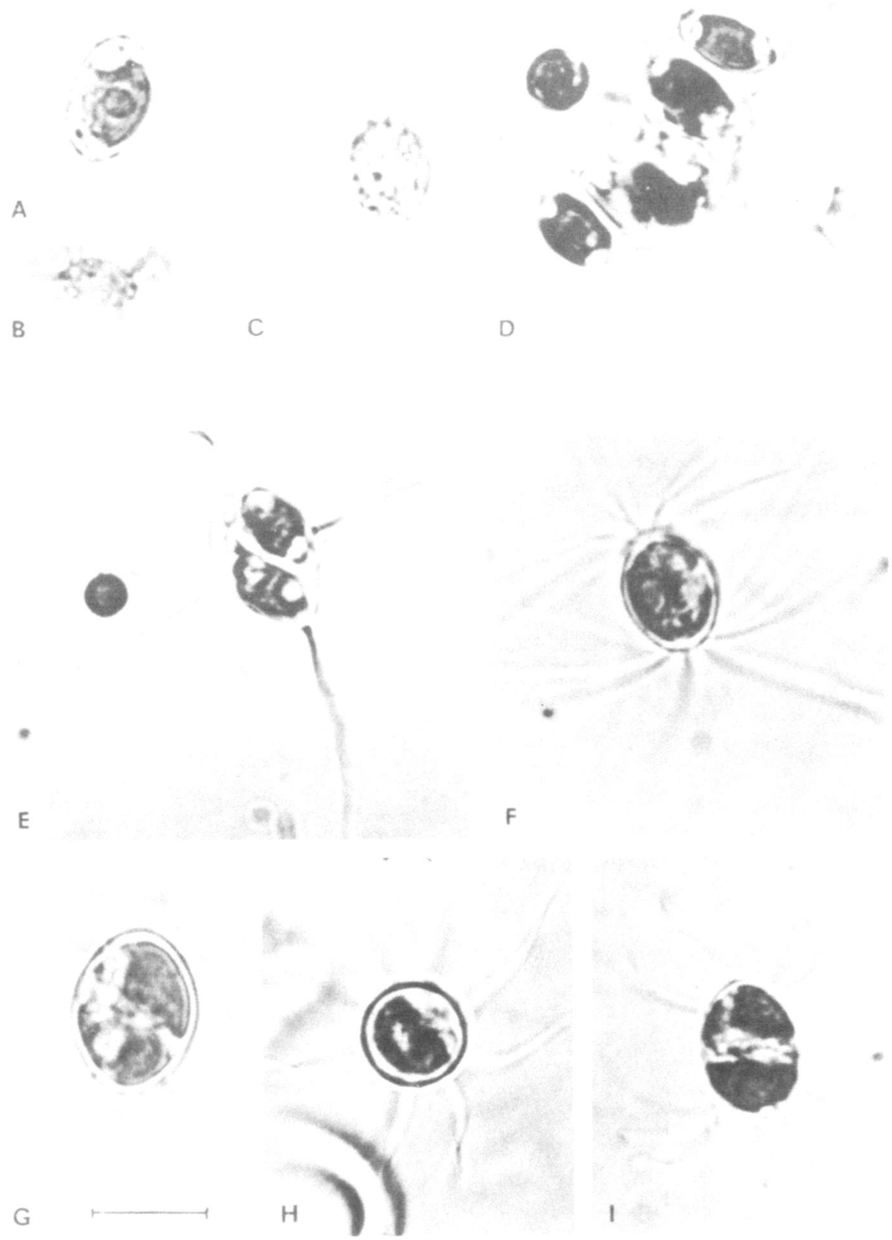

Taf. 7. Lagerheimioideae. A—D — *Lagerheimia subsalsa*, E — *Lagerheimia wratislawiensis*, F — *Lagerheimia longiseta*, G, H — *Lagerheimia ciliata*, I — *Lagerheimia coronata*

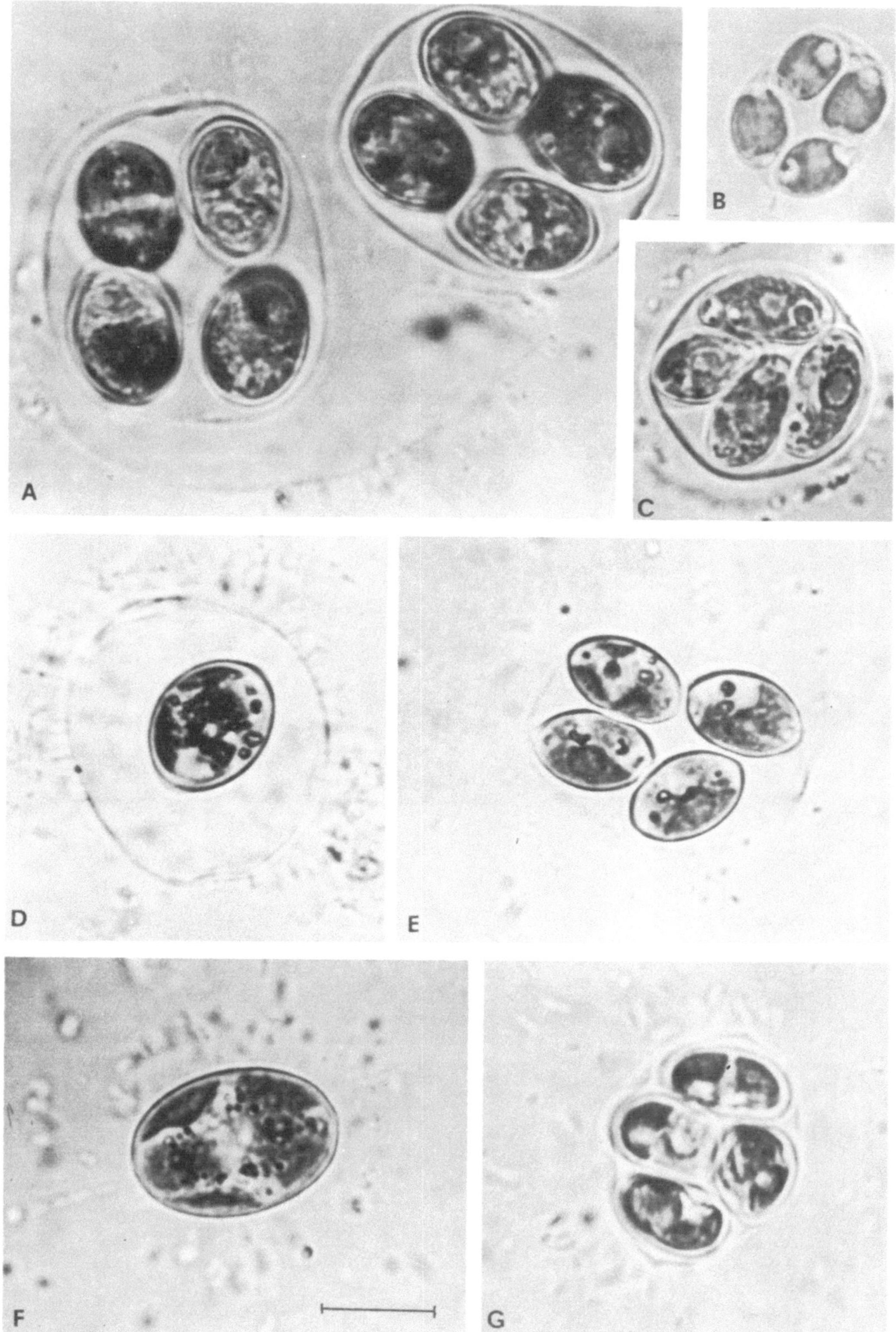

Taf. 8. Oocystoideae. A, C—E — *Oocystis lacustris*, B — *Oocystis parva*, F — *Oocystis* spec. I, G — *Oocystis* spec. II

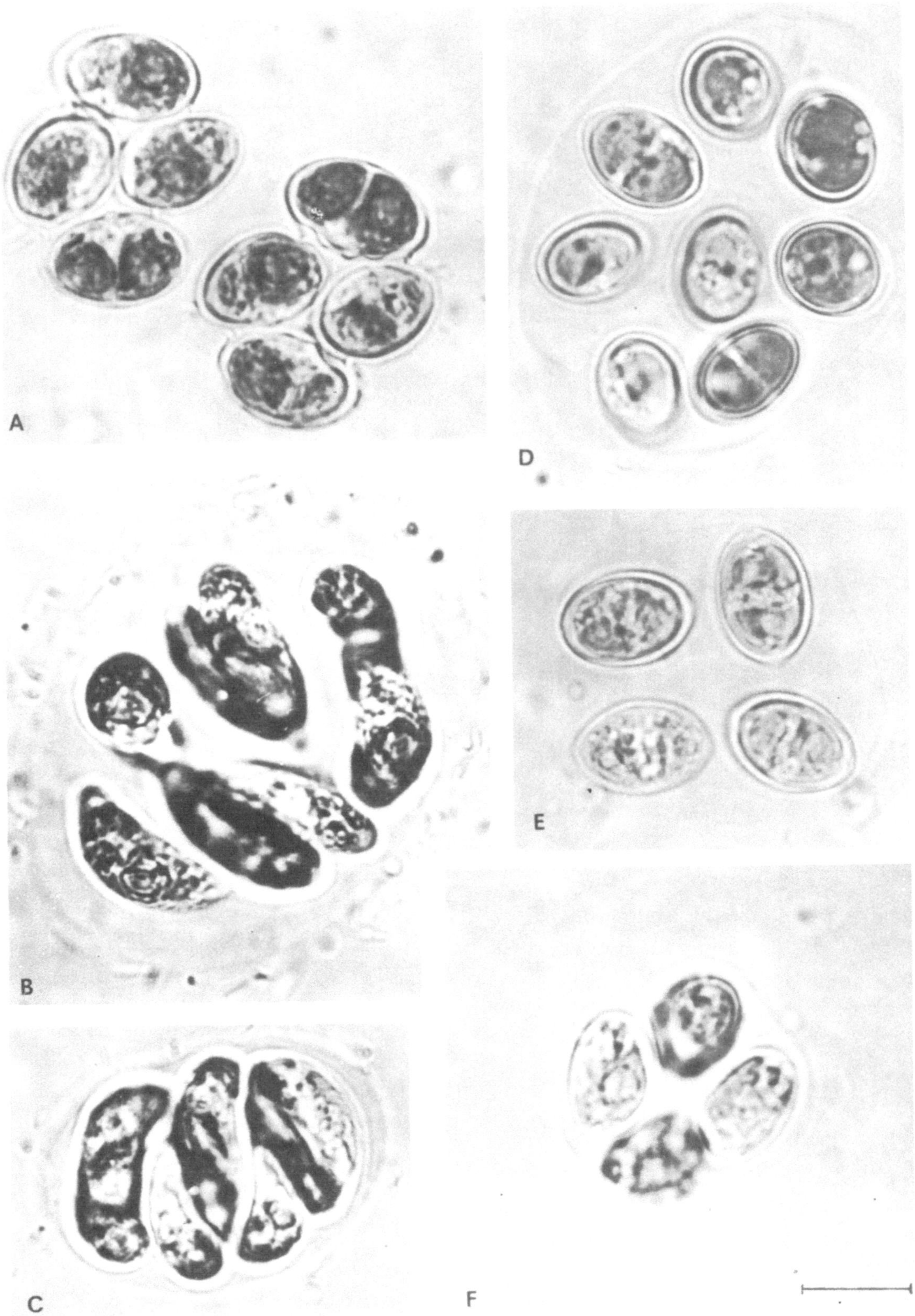

Taf. 9. Oocystoideae. A — *Fotterella tetrachlorelloides*, B, C — *Nephrocytium lunatum*, D, E — *Oocystis marssonii*, F — *Oocystis borgei*

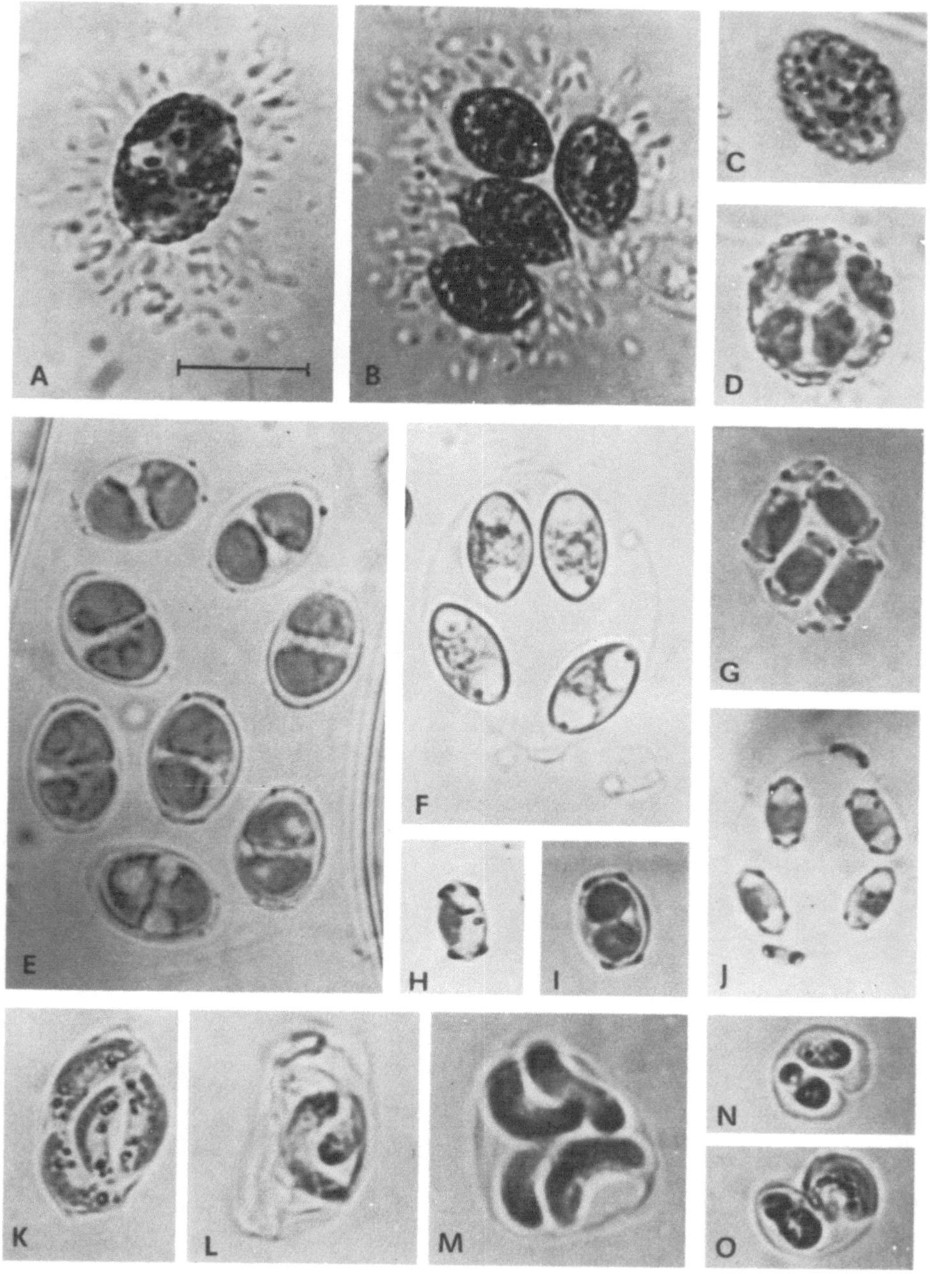

Taf. 10. Oocystoideae. A—D — *Granulocystis helenae*, E—J — *Granulocystopsis coronata*, K—M — *Nephrochlamys allanthoidea*, N, O — *Nephrochlamys willeana*

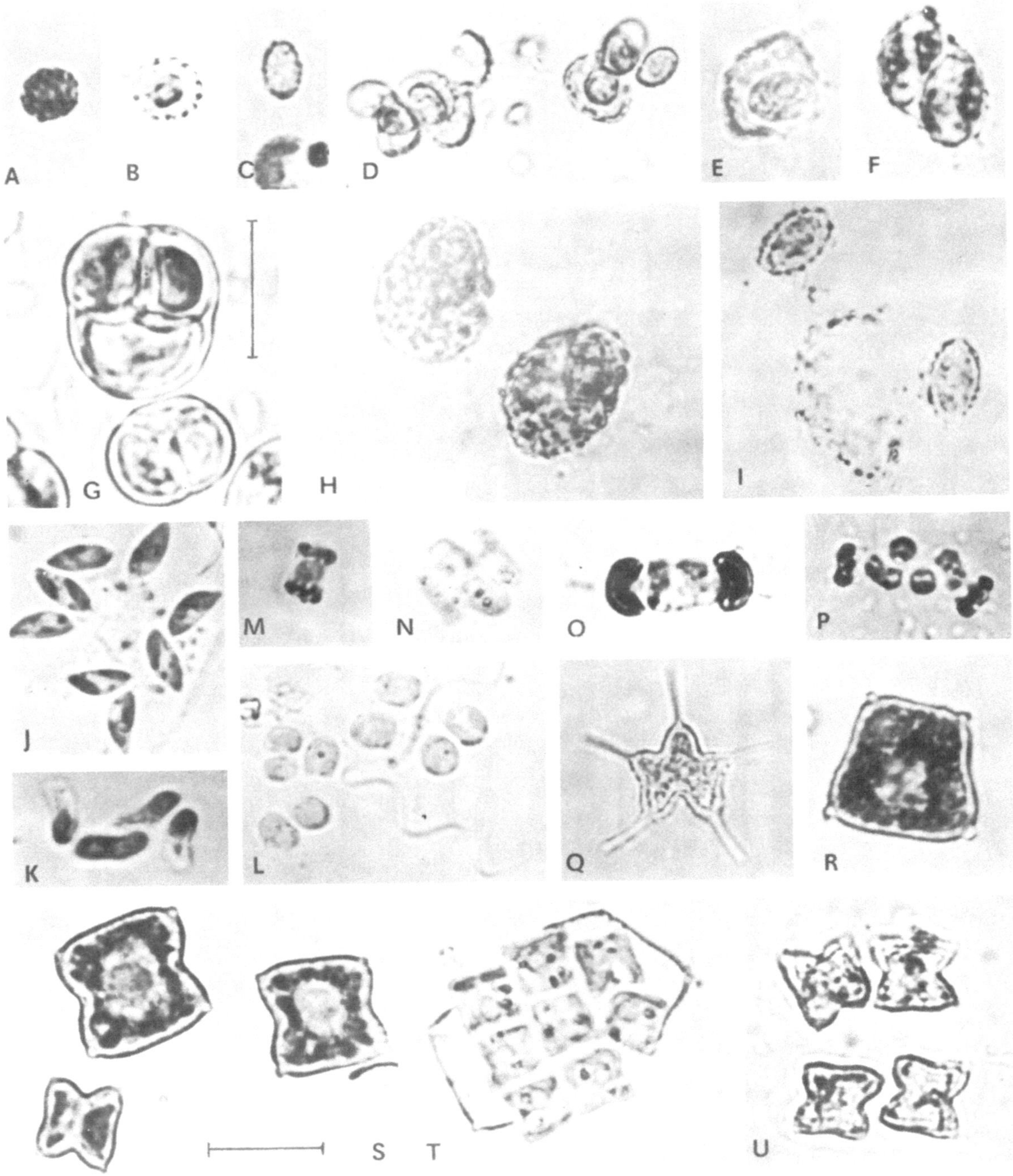

Taf. 11. Chlorellaceae. A, B — *Siderocelis kolkwitzii*, C — *Siderocelis oblonga*, D — *Siderocelis fluviatilis*, E, F, H, I — *Siderocelis ornata*. G — *Chlorella ellipsoidea*, J, K — *Diplochloris lunata*, L — *Diplochloris diplococca* (mit *Hyaloraphidium contortum* var. *tenuissimum*), M, N — *Amphikrikos minutissimus*, O, P — *Amphikrikos heynigii*, Q — *Tetraedron caudatum*, R — *Tetraedron regulare*, S—U — *Tetraedron minimum*

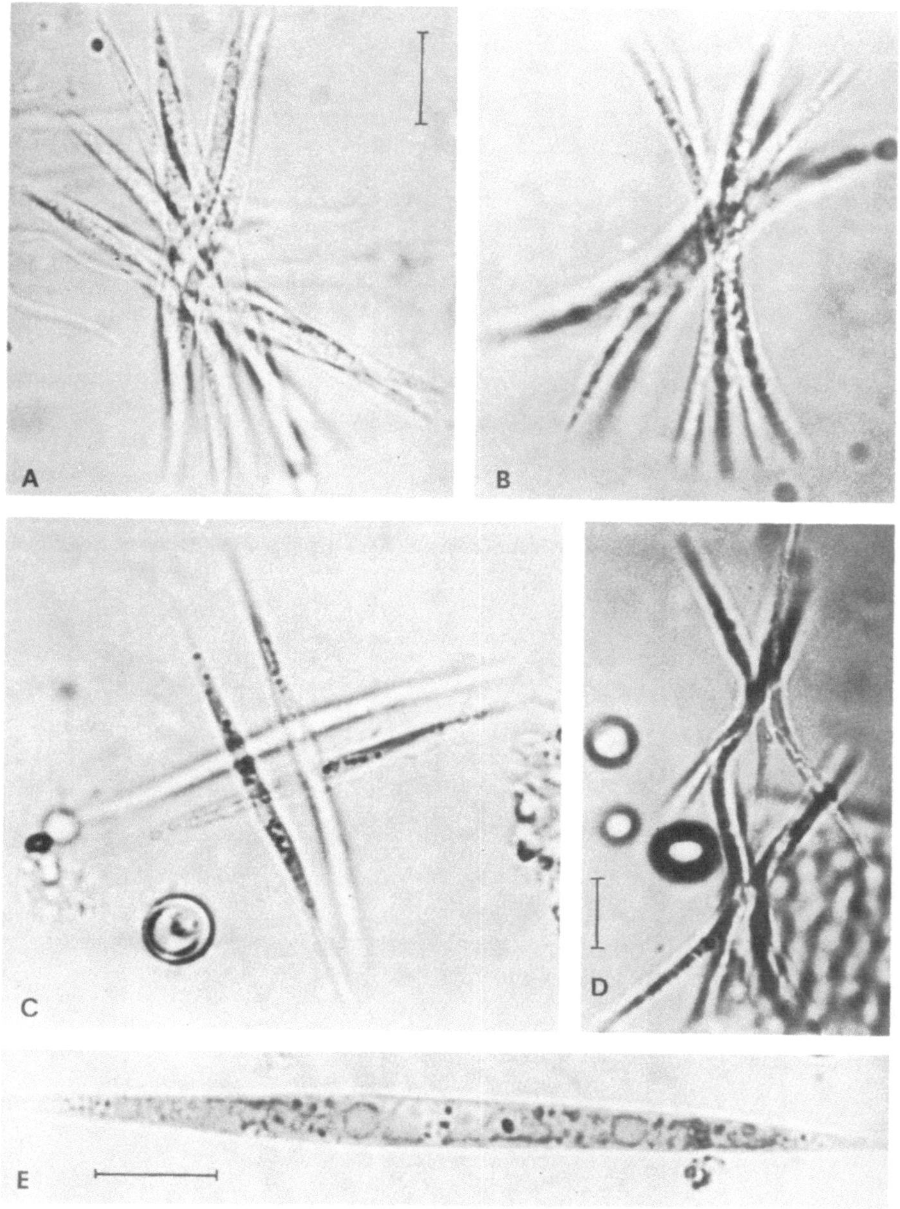

Taf. 12. Ankistrodesmoideae. A — *Ankistrodesmus densus*, B — *Ankistrodesmus falcatus*, C — *Ankistrodesmus fusiformis*, D — *Ankistrodesmus stipitatus*, E — *Closteriopsis acicularis* (Spitzen weggelassen)

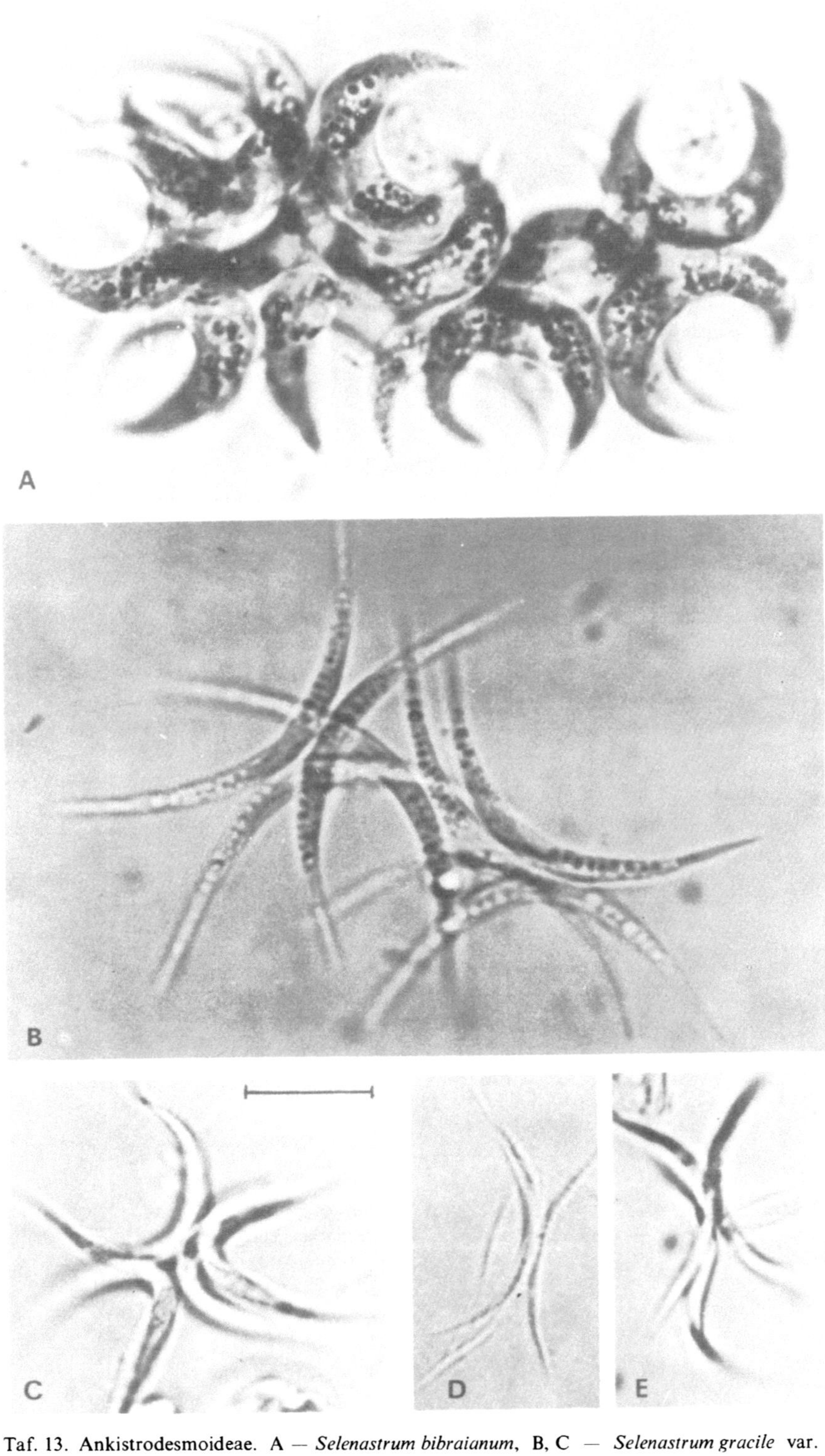

Taf. 13. Ankistrodesmoideae. A — *Selenastrum bibraianum*, B, C — *Selenastrum gracile* var. *westii*, D, E — *Ankistrodesmus subtilis*

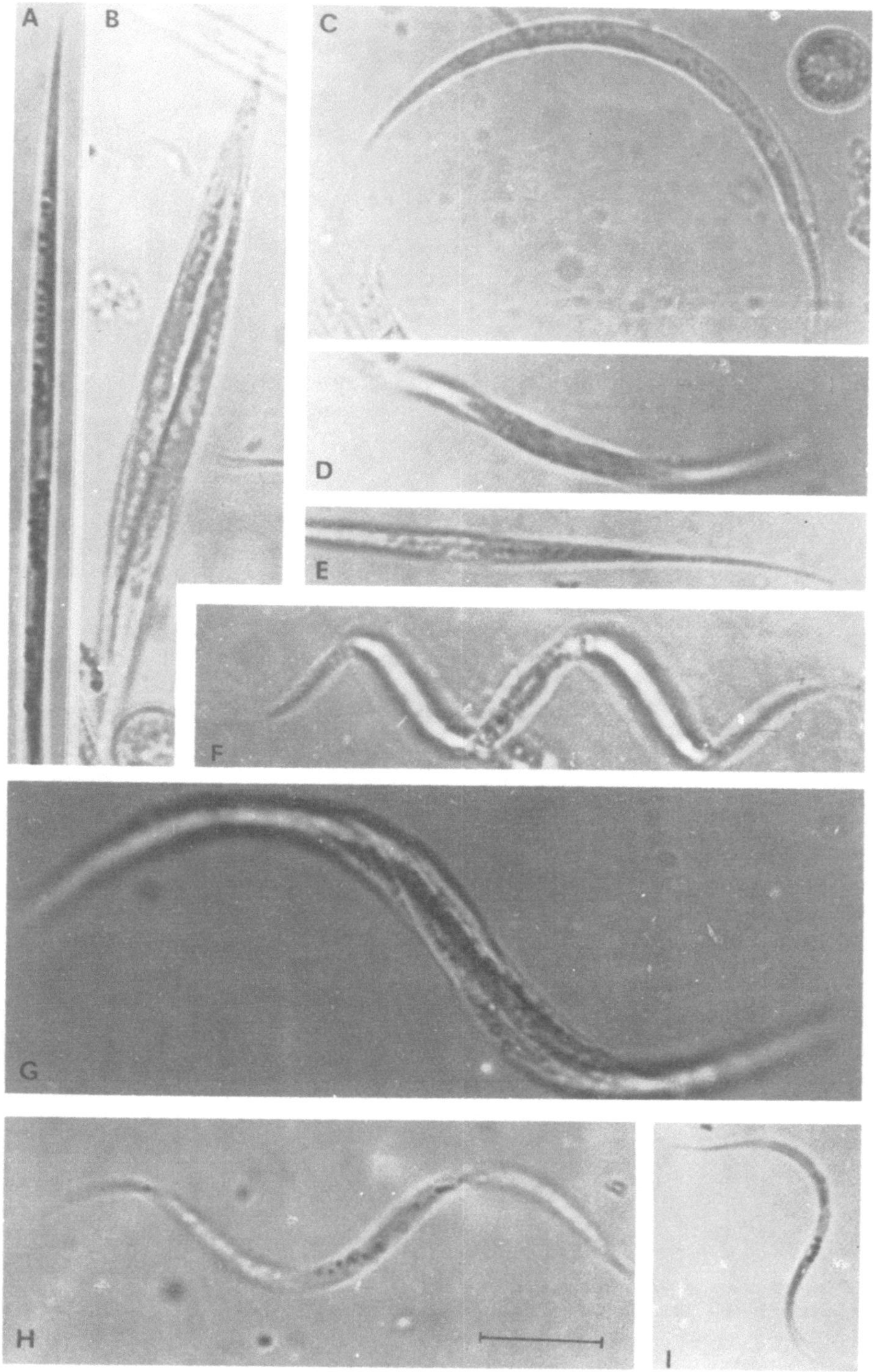

Taf. 14. Ankistrodesmoideae. A, B — *Monoraphidium griffithii*, C, D — *Monoraphidium arcuatum*, E — *Monoraphidium komarkovae*, F — *Monoraphidium irregulare*, G — *Monoraphidium contortum*, H, I — *Hyaloraphidium contortum*

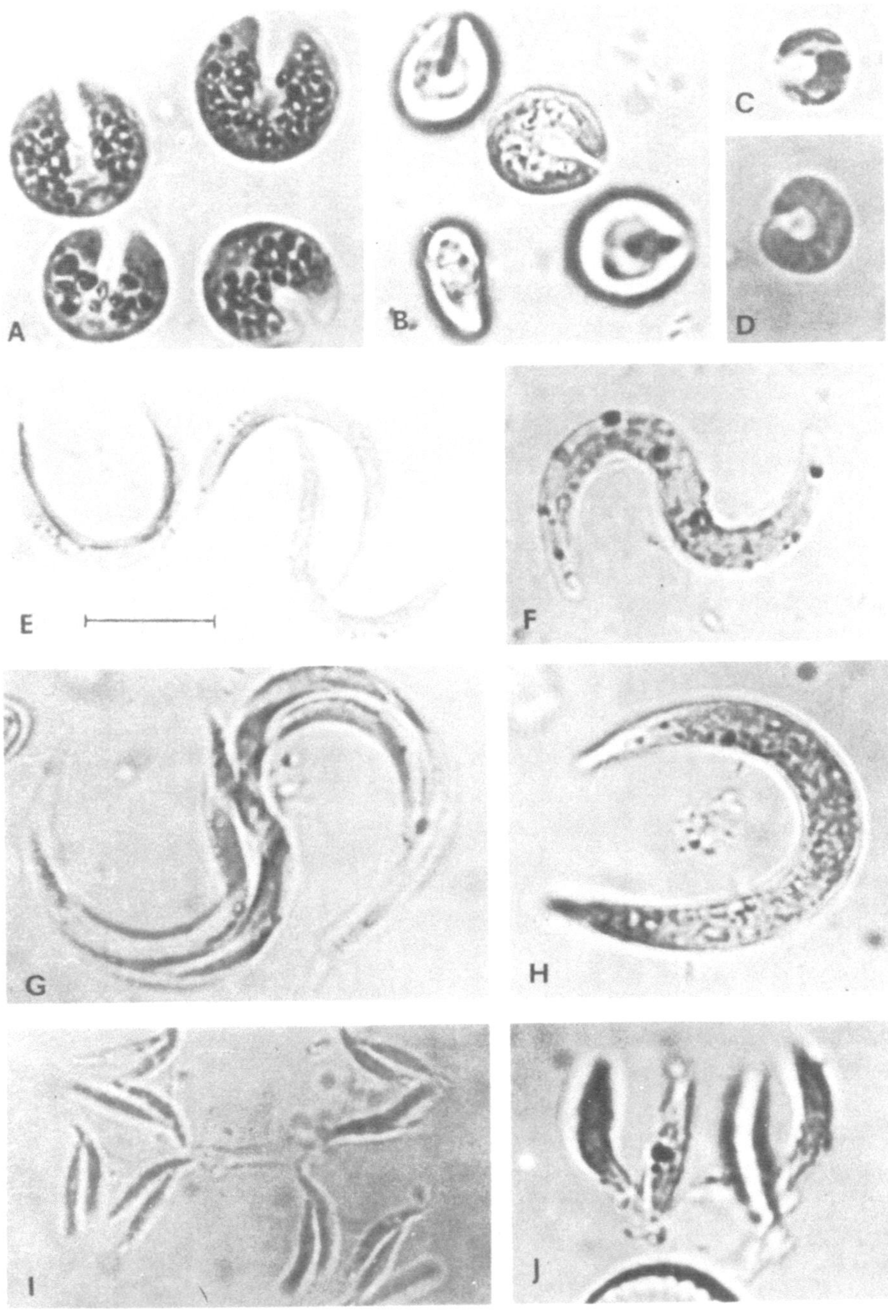

Taf. 15. Ankistrodesmoideae. A — *Kirchneriella obesa*, B — *Kirchneriella dianae* var. *major*, C — *Kirchneriella lunaris*, D — *Kirchneriella irregularis*, E—H — *Raphidocelis rotunda*, I, J — *R. pseudomucosa*

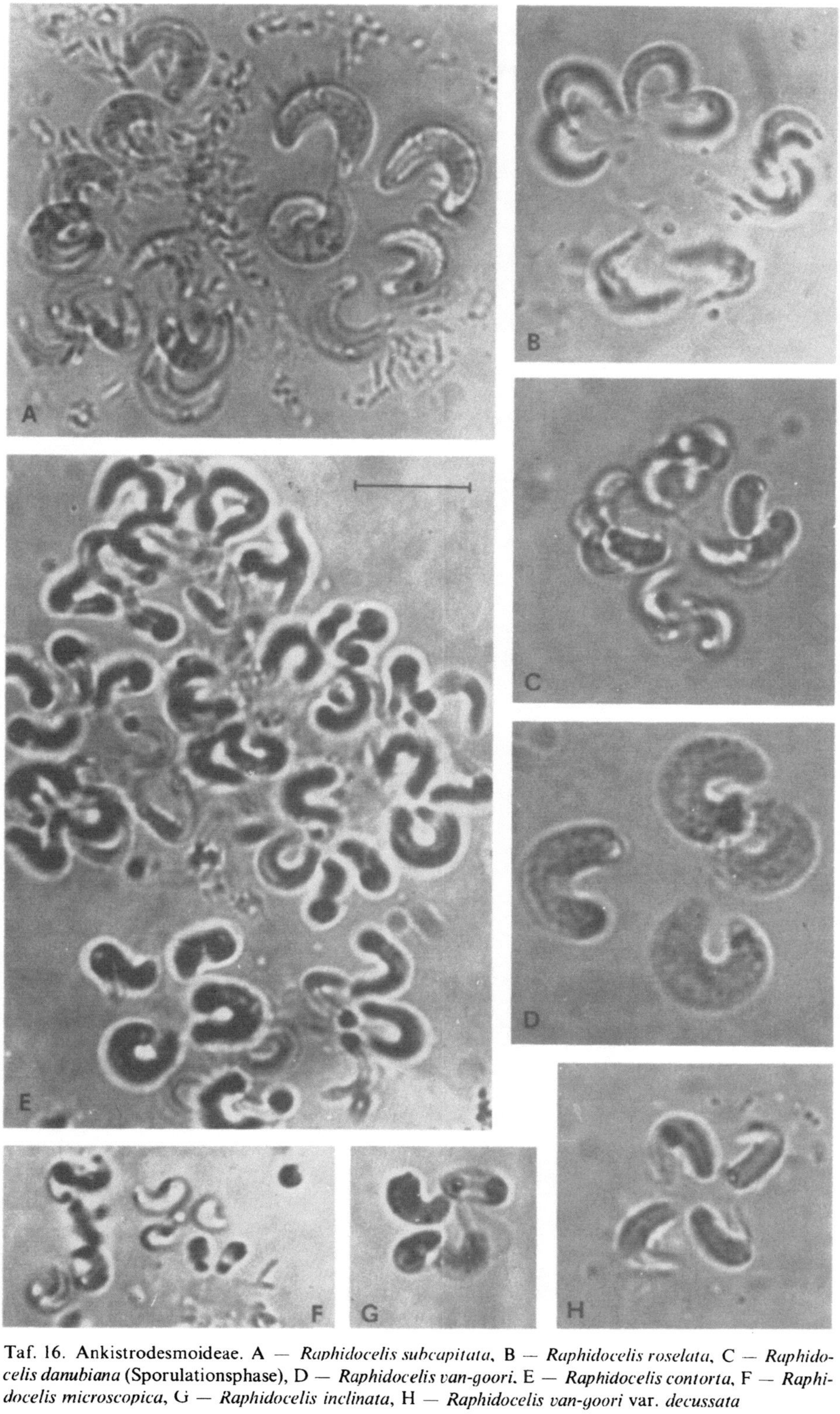

Taf. 16. Ankistrodesmoideae. A — *Raphidocelis subcapitata*, B — *Raphidocelis roselata*, C — *Raphidocelis danubiana* (Sporulationsphase), D — *Raphidocelis van-goori*, E — *Raphidocelis contorta*, F — *Raphidocelis microscopica*, G — *Raphidocelis inclinata*, H — *Raphidocelis van-goori* var. *decussata*

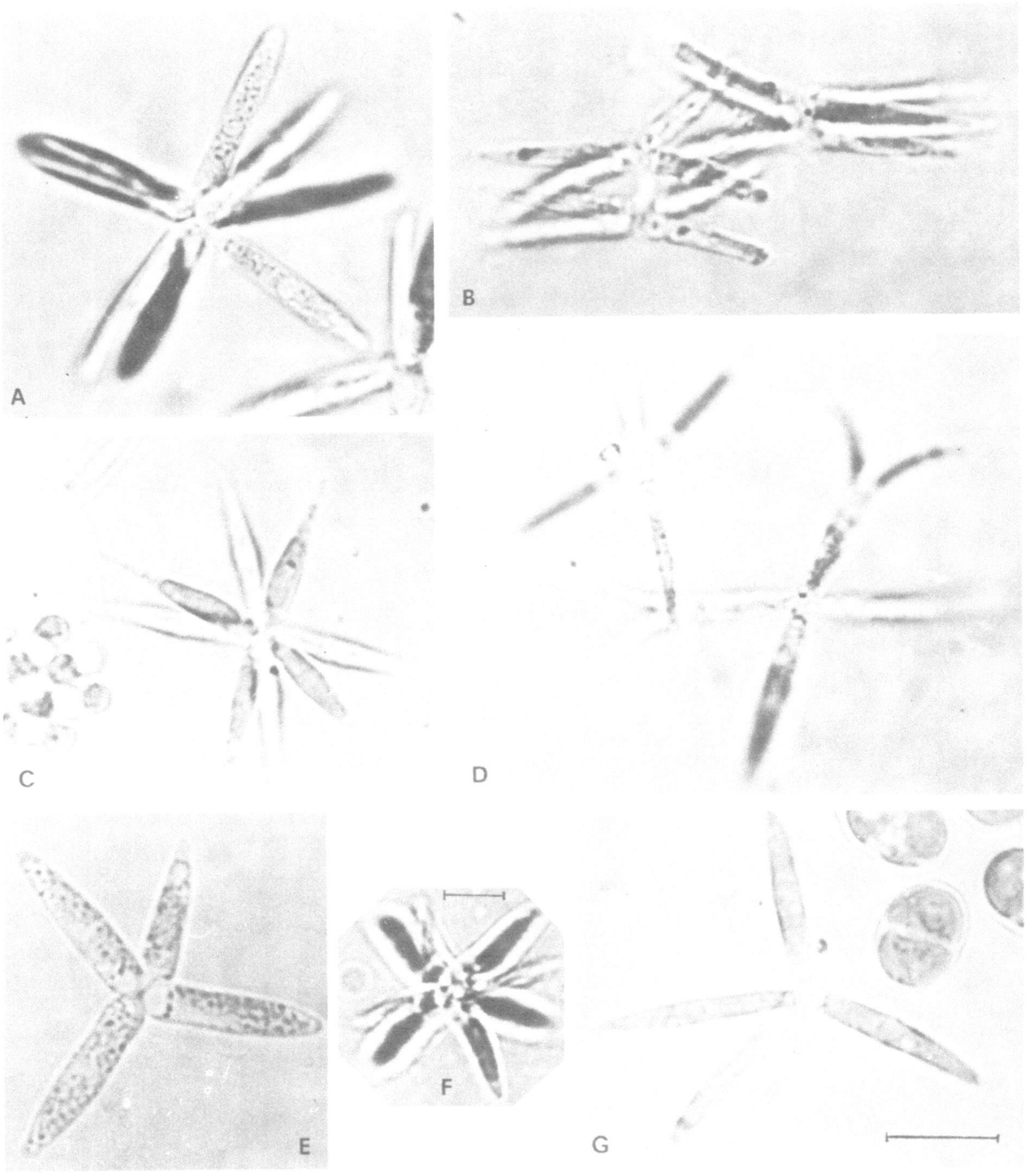

Taf. 17. Coelastraceae. A, B, E, G — *Actinastrum hantzschii*, C — *Actinastrum fluviatile*, D — *Actinastrum raphidioides*, F — *Actinastrum mixtum*

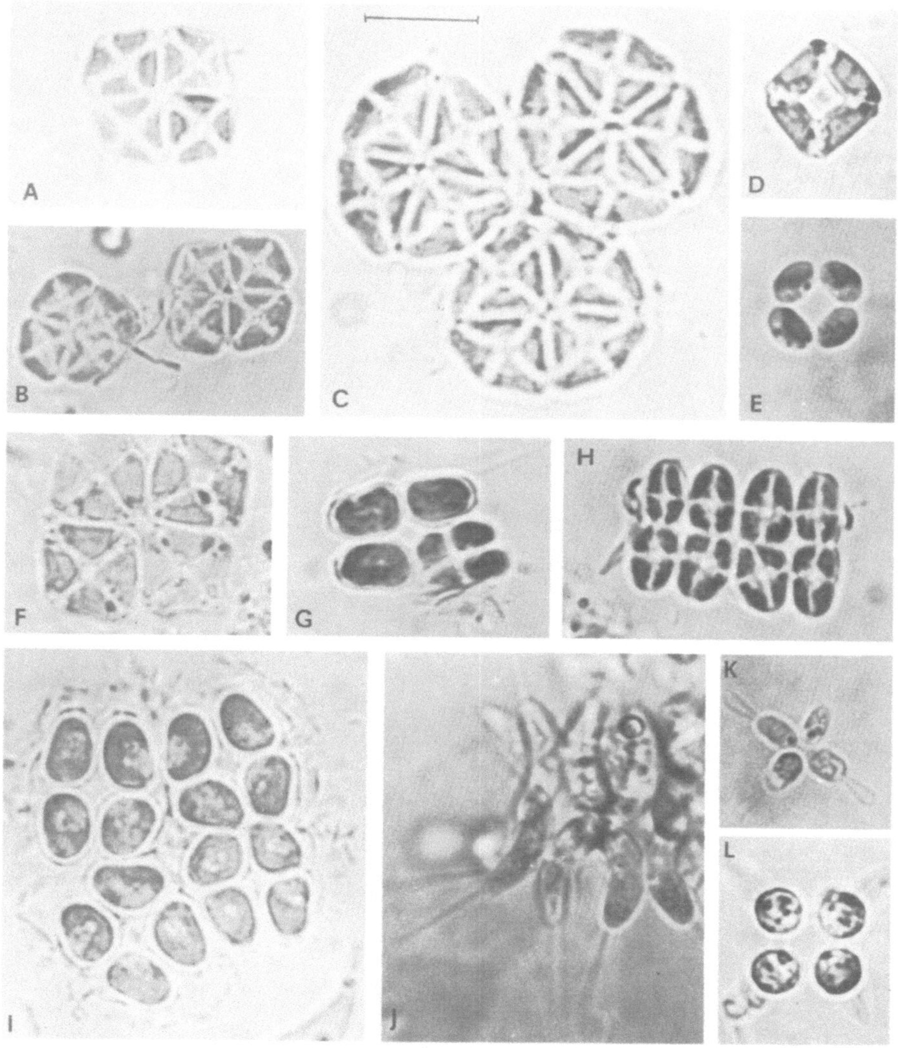

Taf. 18. Crucigenioideae. A—C — *Crucigenia tetrapedia*, D — *Crucigenia fenestrata*, E — *Crucigenia quadrata*, F — *Crucigenia smithii*, G—I — *Crucigeniella apiculata*, J — *Didymogenes anomala*, K — *Komarekia appendiculata*, L — *Coronastrum ellipsoideum*

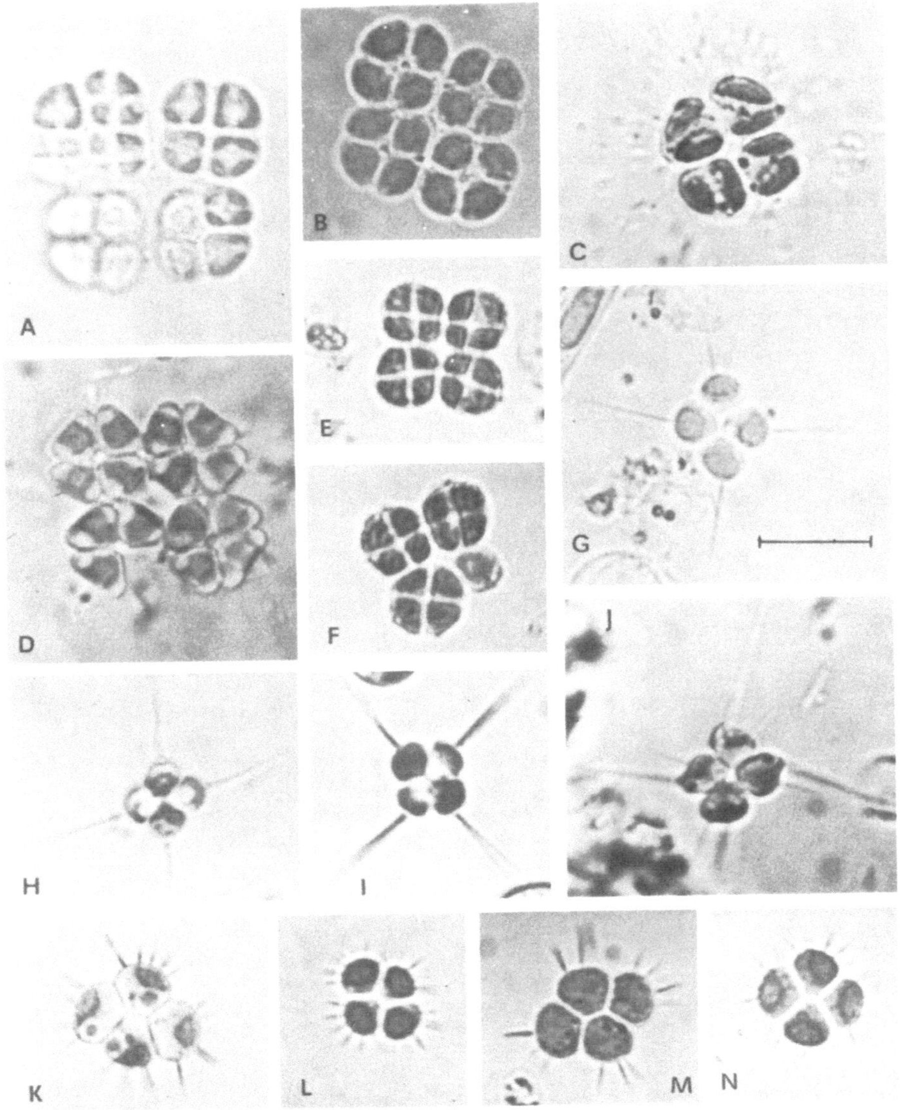

Taf. 19. Crucigenioideae. A—C — *Tetrastrum komarekii*, D — *Tetrastrum triangulare*, E, F — *Tetrastrum punctatum*, G — *Tetrastrum elegans* (Übergang zu *T. peterfi*), H, I — *Tetrastrum elegans*, J — *Tetrastrum heteracanthum*, K, L — *Tetrastrum staurogeniaeforme*, M — *Tetrastrum triacanthum*, N — *Tetrastrum staurogeniaeforme* (Übergang zu *T. hortobagyi*)

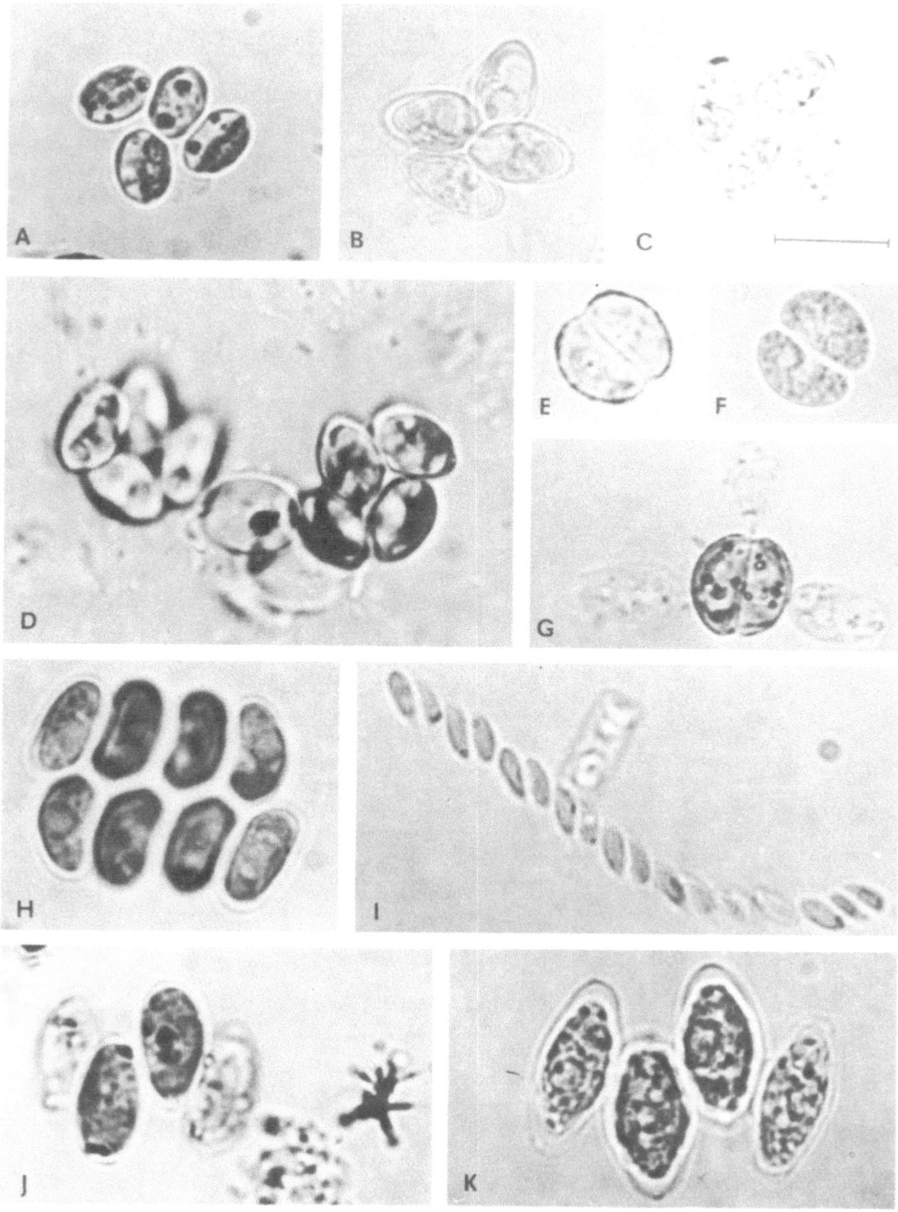

Taf. 20. Crucigenioideae. A, B — *Tetrachlorella alternans*, C, D — *Tetrachlorella ornata*. Scenedesmoideae. E—G — *Didymocystis planctonica*, H — *Steinedesmus arcuatus*, I — *Neodesmus danubialis*, J — *Steinedesmus ovalternus*, K — *Steinedesmus ralfsii*

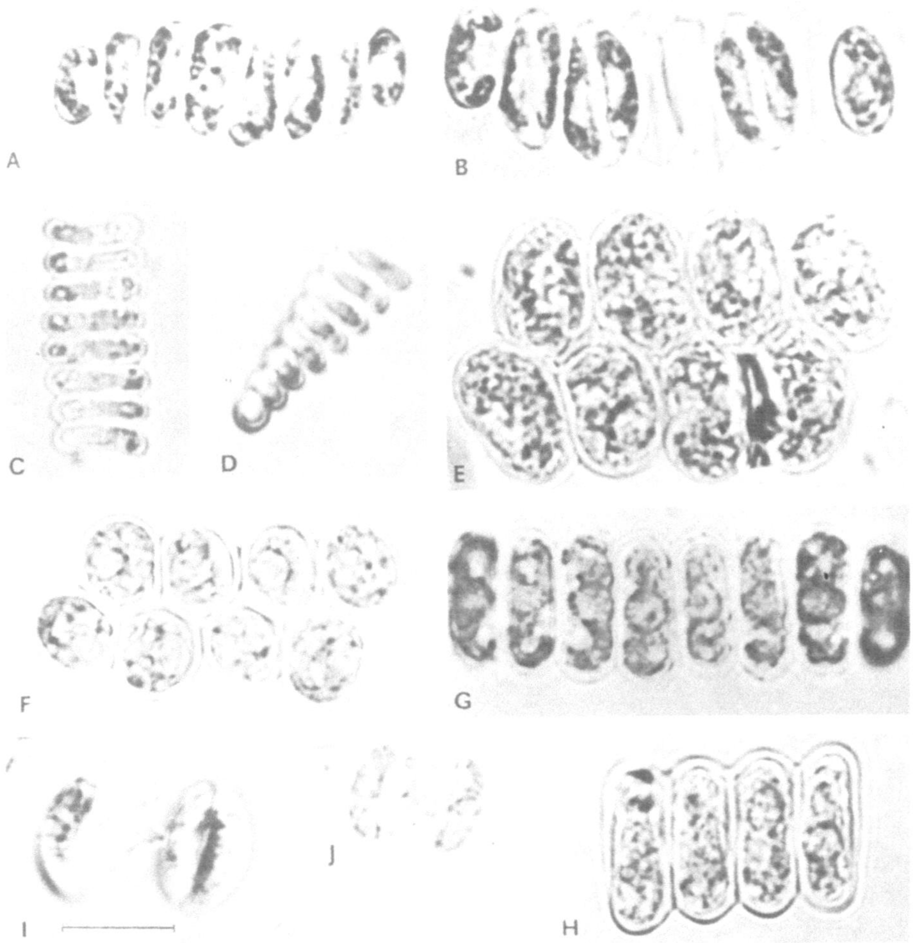

Taf. 21. Scenedesmaceae. *Scenedesmus* s. str. A, B — *Scenedesmus ecornis*, C, D — *S. ecornis* var. *concavus*, E, F — *S. disciformis*, G, H — *S. ellipticus*; *Acutodesmus*. I, J — *S. incrassatulus*

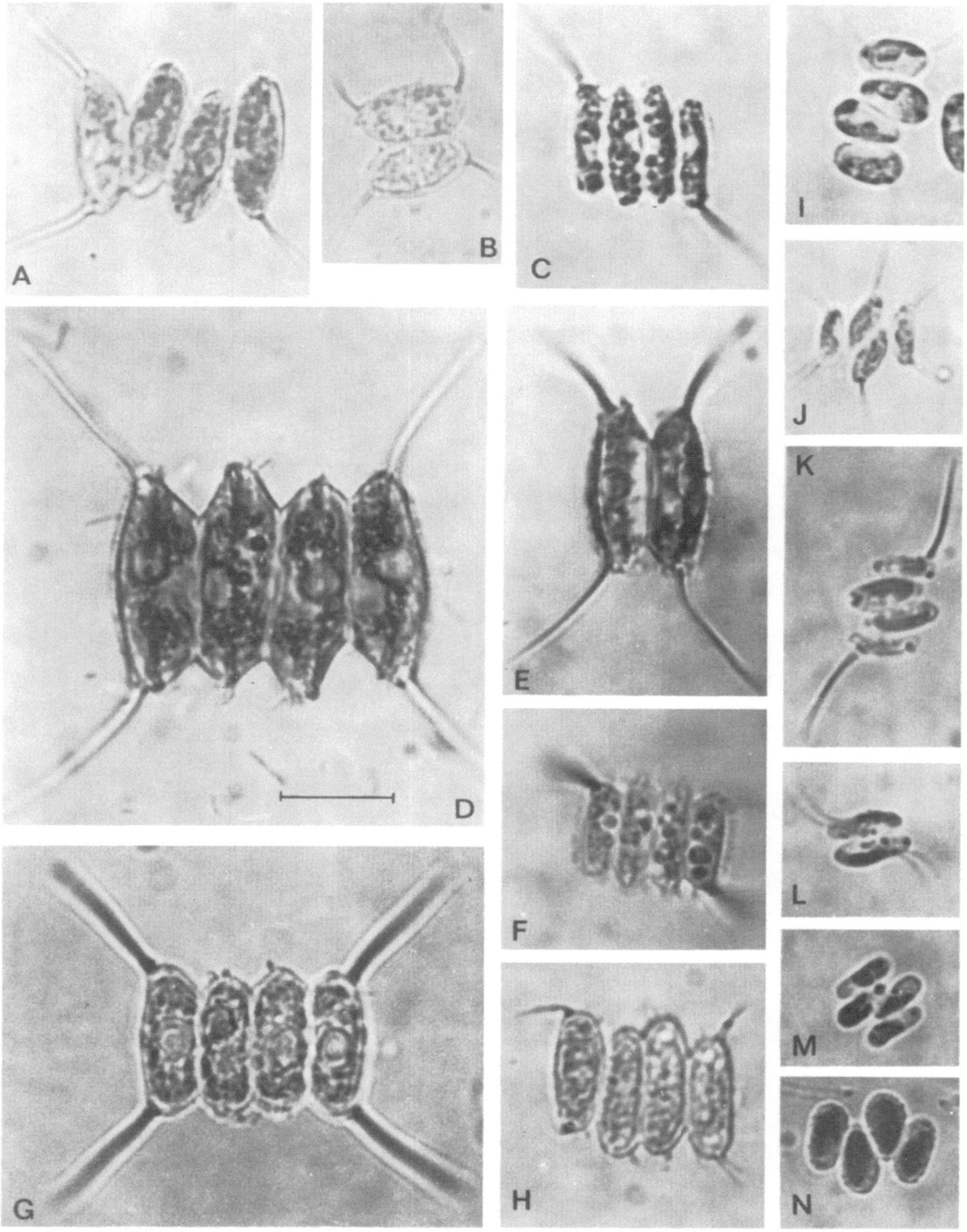

Taf. 26. Scenedesmaceae. *Armati*. A, B — *Scenedesmus sooi* var. *verrucosus*, C, F — *S. decorus* var. *bicaudato-granulatus*, D, E — *S. helveticus*, G — *S. armatus*, H — *S. columnatus*, I — *S. intermedius*, J — *S. intermedius* var. *balatonicus*, K, L — *S. intermedius* var. *bicaudatus* f. *granulatus*, M — *S. intermedius* var. *acaudatus*, N — *S. intermedius* var. *acaudatus* f. *granulatus*

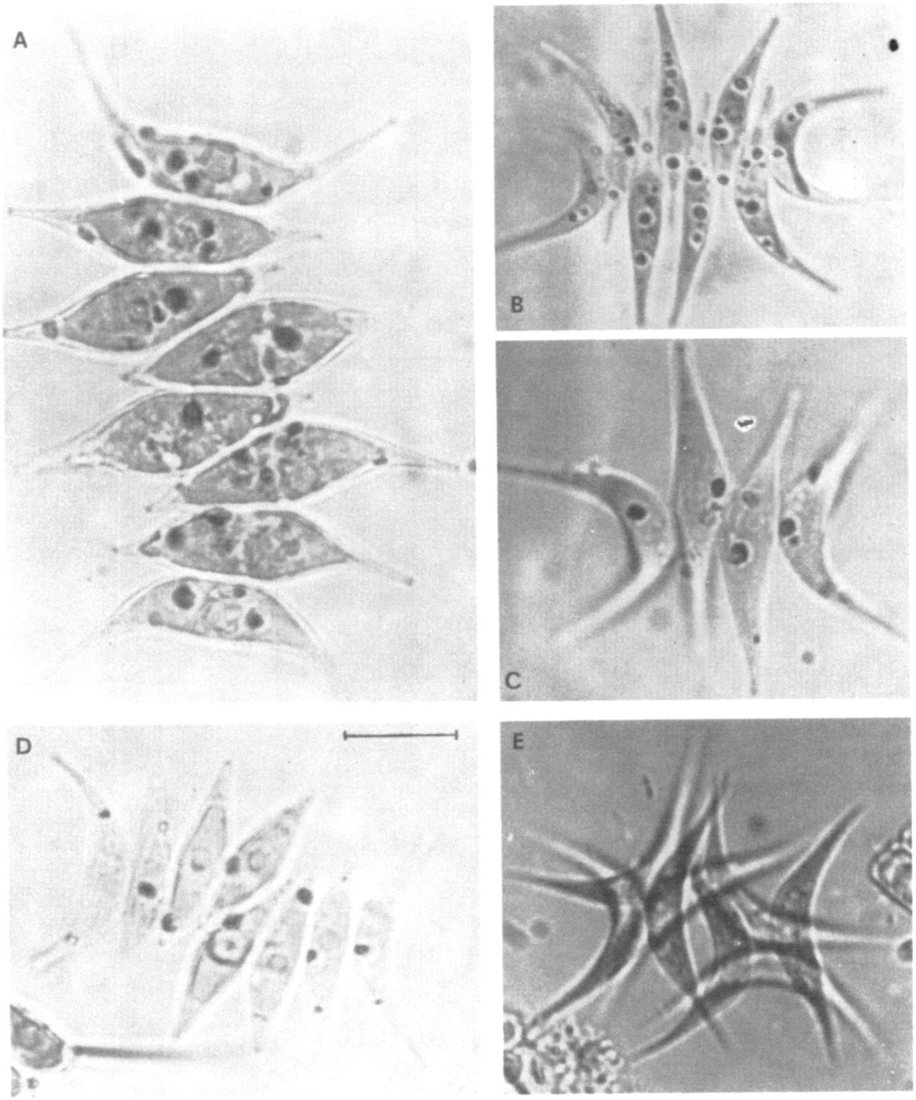

Taf. 22. Scenedesmaceae. *Acutodesmus*. A—D — *Scenedesmus falcatus*, E — *S. acuminatus*

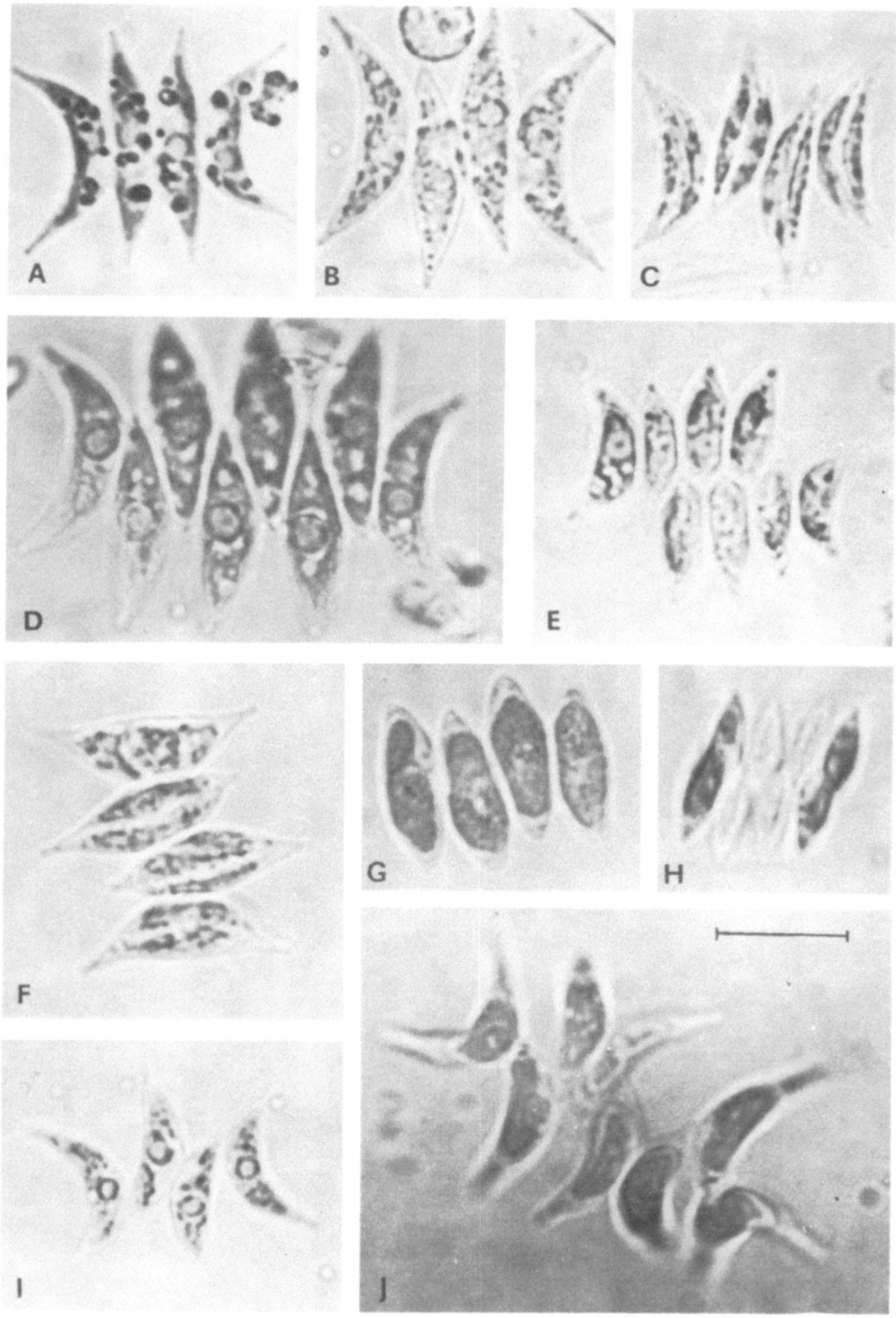

Taf. 23. Scenedesmaceae. *Acutodesmus*. A—C — *Scenedesmus dimorphus*, D — *S. acutus* var. *alternans*, E — *S. acutus* var. *costulatus*, F — *S. acutus*, Mutterzellcoenobium, G — *S. antillarum*, H — *S. obliquus*, I, J — *S. pseudobernardii*

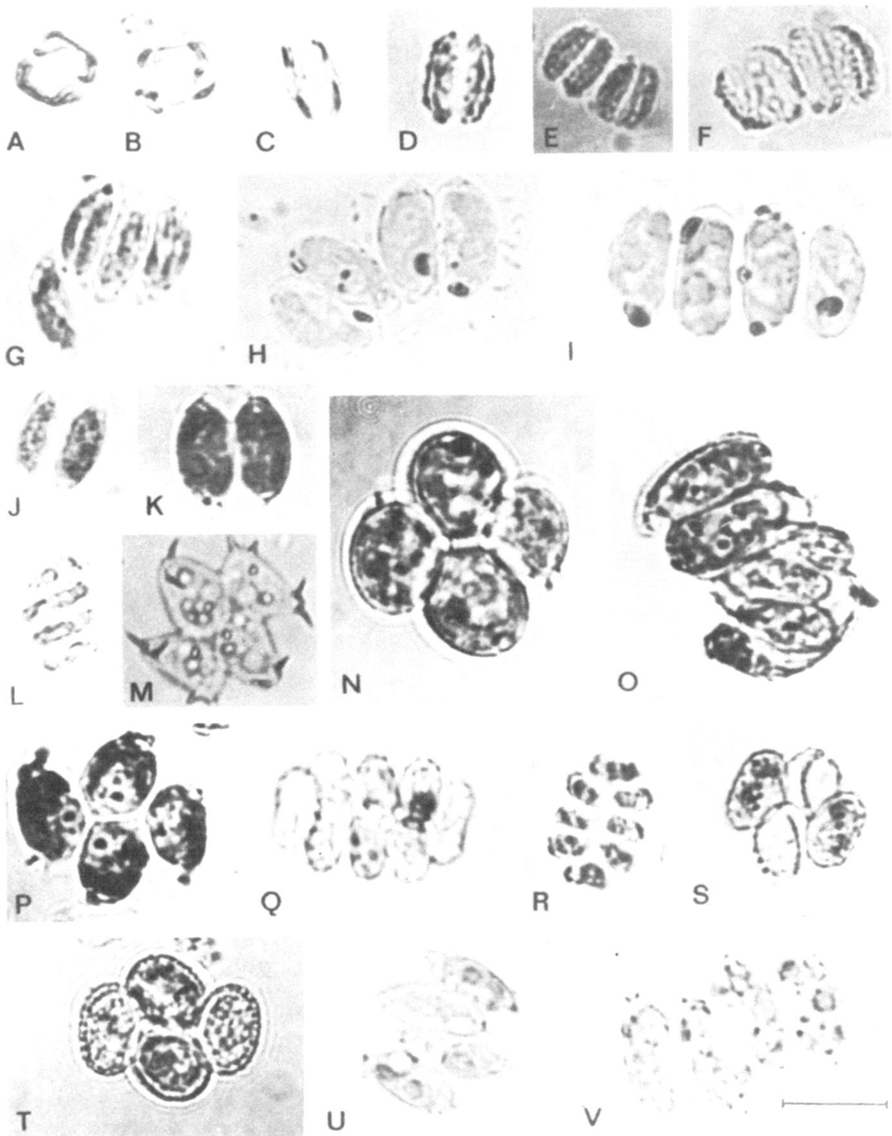

Taf. 24. Scenedesmaceae. *Armati*, A, B — *Scenedesmus grahneisii*, C — *S. transsilvanicus*, D—F — *S. costato-granulatus*, G—I — *S. similagineus*, J — *S. fusiformis*, K — *S. arthrodesmiformis*, L — *S. granulatus*, M — *S. fenestratus*, N, P — *S. denticulatus*, O — *S. granulatus* f. *verruco-costatus*, Q—T — *S. verrucosus*, U, V — *S. aculeolatus* var. *heterogranulatus*

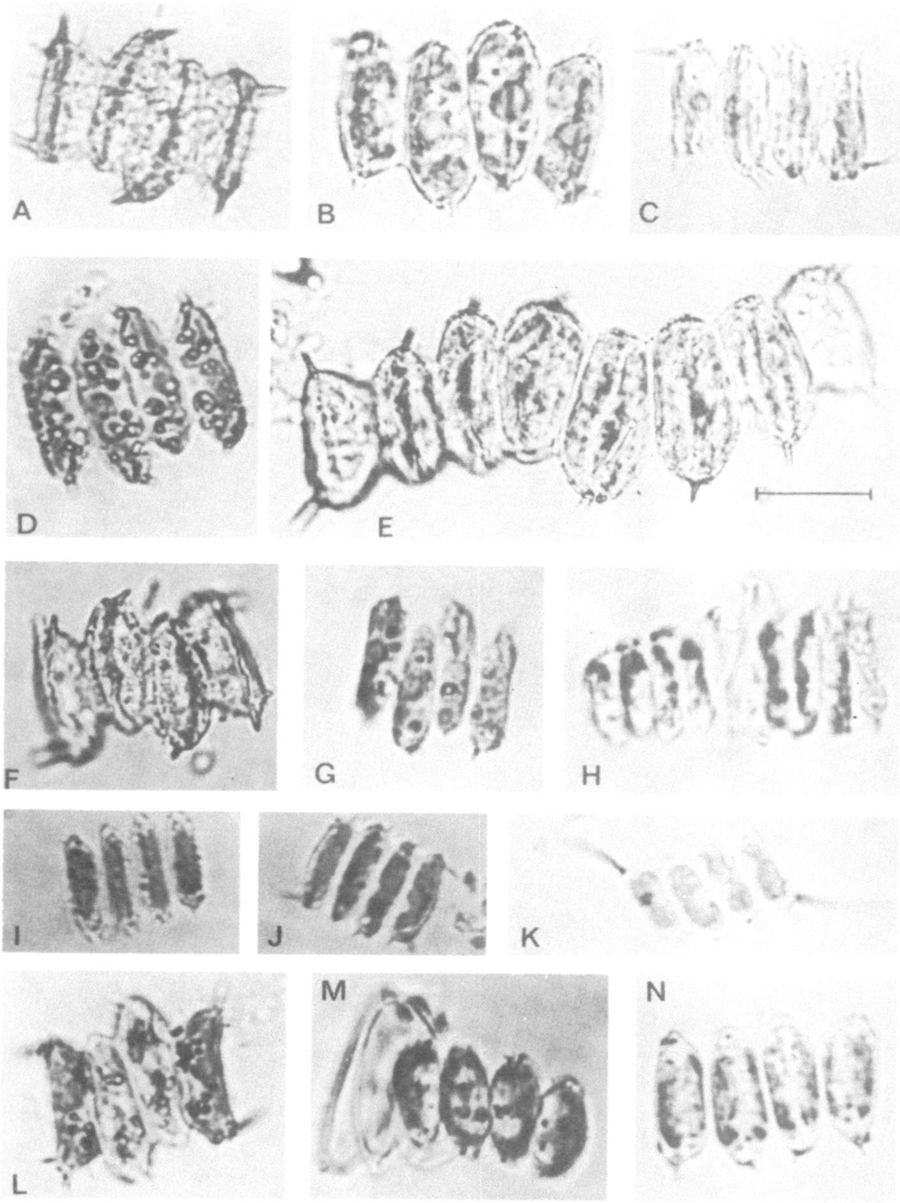

Taf. 25. Scenedesmaceae. *Armati*. A—F — *Scenedesmus pseudohystrix*, G—I — *S. serratus*, J — *S. circumfusus* var. *bicaudatus* f. *granulatus*, K — *S. carinatus* var. *bicaudatus*, L — *S. lunatus*, M — *S. granulatus* f. *magnogranulatus*, N — *S. brevispina* var. *subgranulatus*

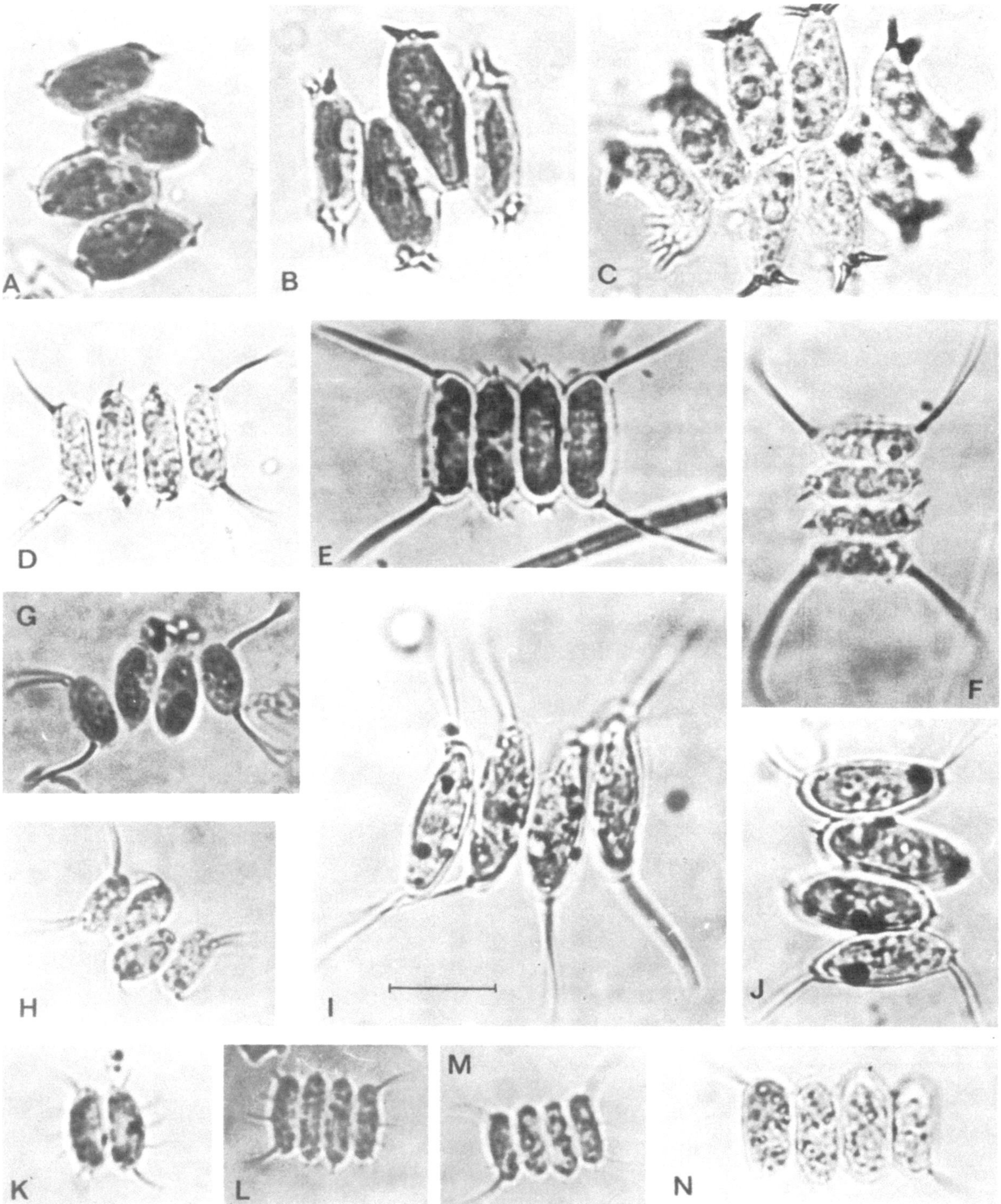

Taf. 27. Scenedesmaceae. *Armati*. A—C — *Scenedesmus multispina*, D—F — *S. lefevrii* var. *manguinii*, G — *S. nanus*, H—J — *S. pannonicus*, K—M — *S. subspicatus*, N — *S. bicaudatus*

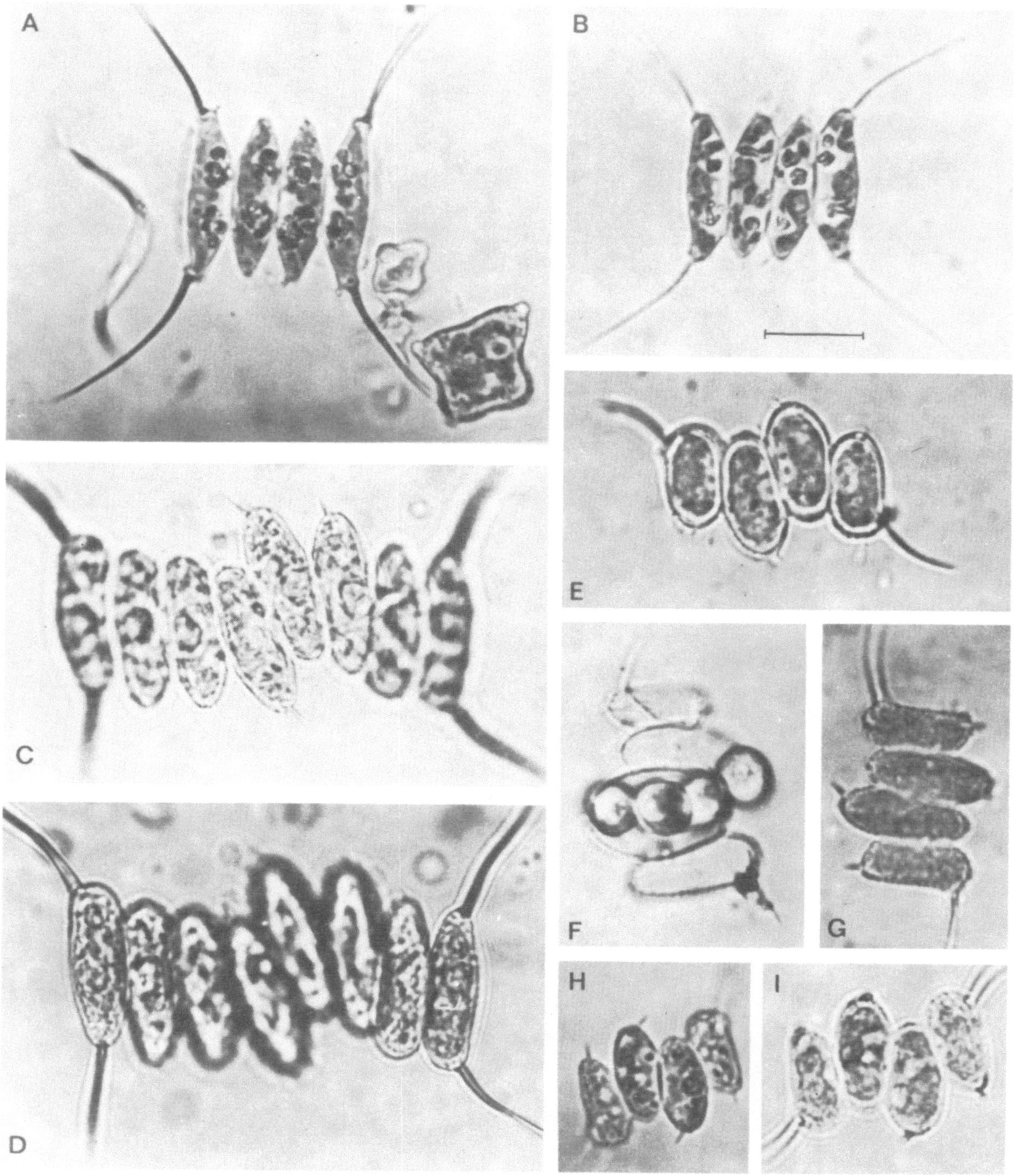

Taf. 28. Scenedesmaceae. *Armati*. A, B — *Scenedesmus caudato-aculeolatus*, C, D — *S. tothii* (gleiches Coenobium in verschiedenen Schärfebereichen), E—I — *S. insignis*

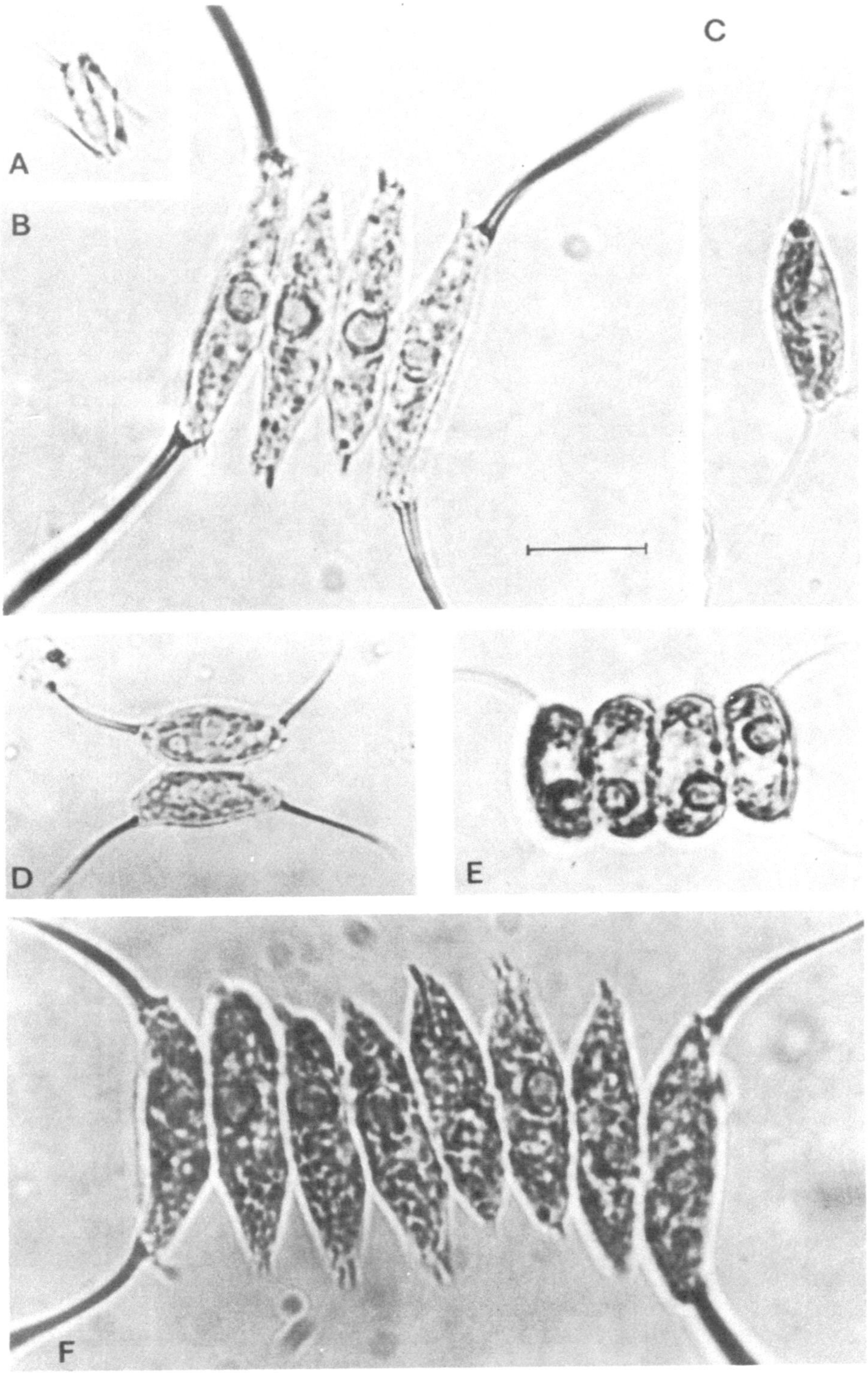

Taf. 29. Scenedesmaceae. *Armati*. A — *Scenedesmus opoliensis* var. *delicatissimus*, B, F — *S. opoliensis* var. *opoliensis*, C, D — *S. opoliensis* var. *aculeatus*, E — *S. opoliensis* var. *mononensis*

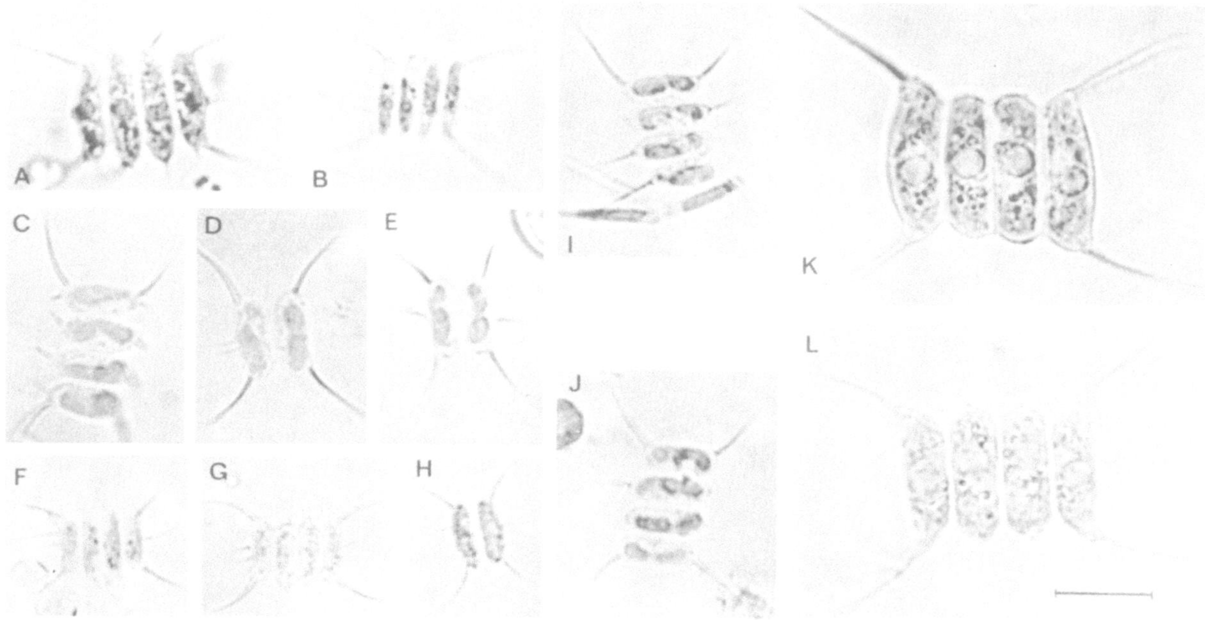

Taf. 30. Scenedesmaceae. *Abundantes.* A — *Scenedesmus tenuispina,* B — *S. gutwinskii,* C—H — *S. sempervirens. Desmodesmus* s. str. I, J — *S. longus* var. *ellipticus,* K, L — *S. quadricauda*

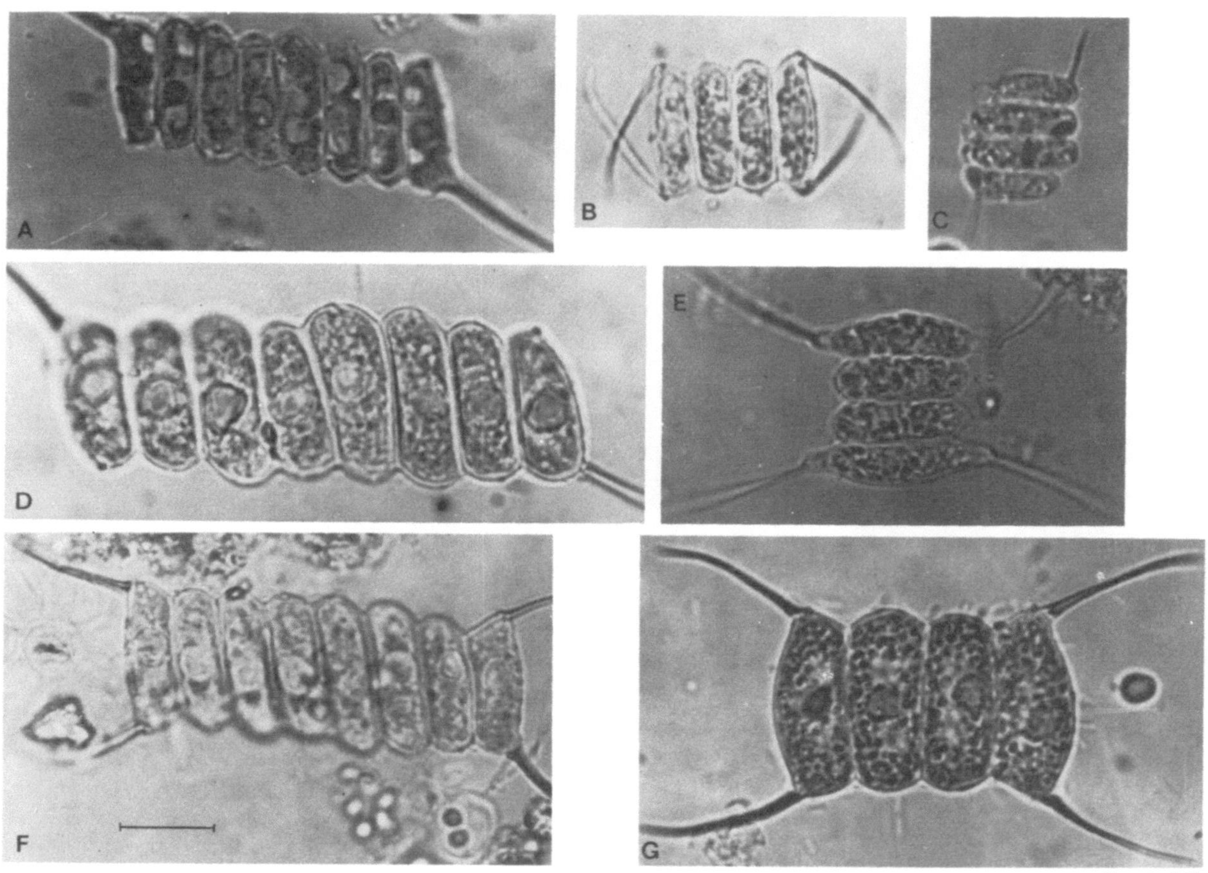

Taf. 31. Scenedesmaceae. *Desmodesmus* s. str. A, D — *Scenedesmus quadricauda* var. *longispina* f. *asymmetricus,* B, F, G — *S. quadricauda,* C — *S. quadricauda* var. *heterocaudato-verrucosus,* E — *S. protuberans*

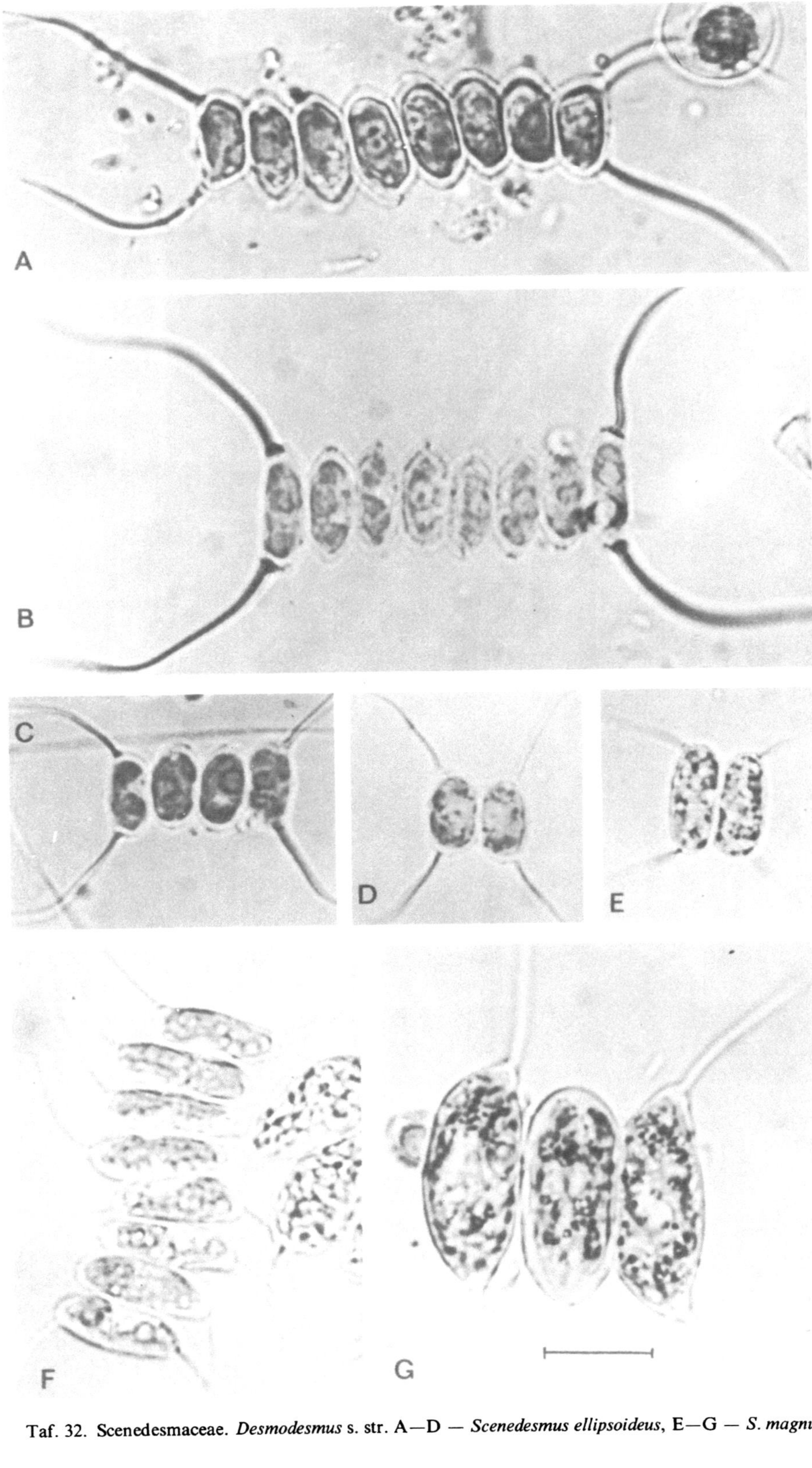

Taf. 32. Scenedesmaceae. *Desmodesmus* s. str. A—D — *Scenedesmus ellipsoideus*, E—G — *S. magnus*

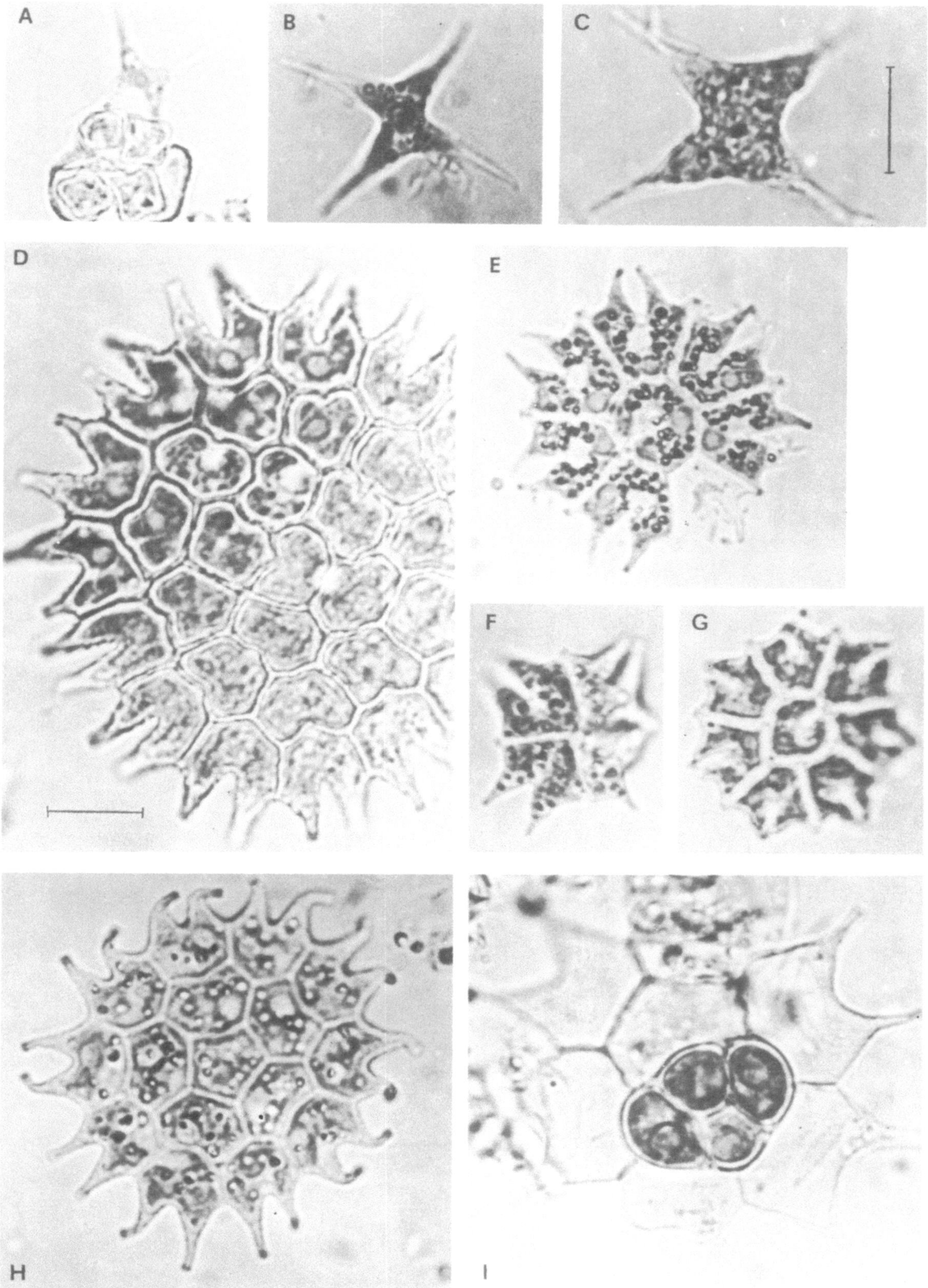

Taf. 33. Protosiphonales. A—C — *Chlorotetraedron incus*, D, I — *Pediastrum boryanum*, E—G — *P. tetras*, H — *P. boryanum* var. *longicorne*

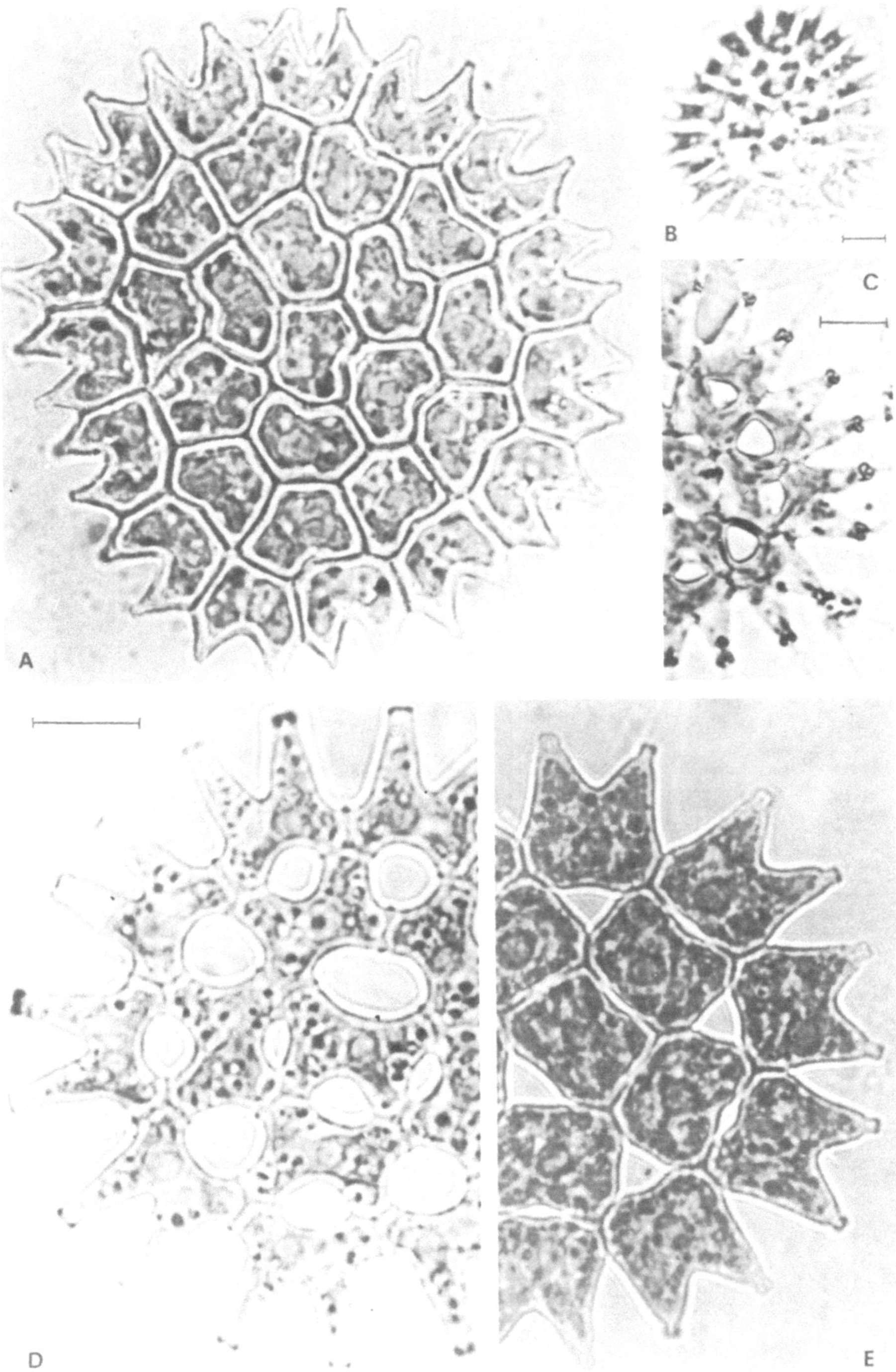

Taf. 34. Protosiphonales. A — *Pediastrum angulosum*, B — *Pediastrum biradiatum*, C, D — *Pediastrum duplex*, E — *Pediastrum duplex* var. *subgranulatum*

Abb. 15. *Radiococcus nimbatus*

Raphidocelis contorta (SCHMIDLE 1894) MARVAN et al. 1984 (Taf. 16 E)

4- bis 64-zellige Kolonien. Die walzigen Zellen waren an den Enden abgerundet und nur ganz leicht verschmälert, oder auch leicht angeschwollen. Die Krümmung der Zellen war unterschiedlich bogenförmig oder sigmoid. 6—12 × 1—2 µm. In den großen 64-zelligen Kolonien konnten neben den dominierenden Zellgestalten der var. typica gleichzeitig verschiedene Übergangsformen zu vermeintlichen infraspezifischen Taxa auftreten: sehr schlanke, sigmoide Formen [cf. var. *gracillima* (BOHLIN) CHODAT]; bogenförmige, relativ robuste Formen mit verschmälerten Enden [cf. var. *elegans* (PLAYFAIR) KOMÁREK].

Trotz gezielter Suche nach Mutterzellwandresten in den schleimigen Kolonien, konnten keine derartigen Stadien gefunden werden. Es ist zu vermuten, daß die Autosporen durch völliges Verschleimen der Mutterzellwandung frei werden.

Die von HINDÁK (1977) begründete Gattung *Raphidocelis* wurde in ihrer Umgrenzung von KOMÁREK (1979) sowie MARVAN et al. (1984) erweitert. Sie beinhaltet

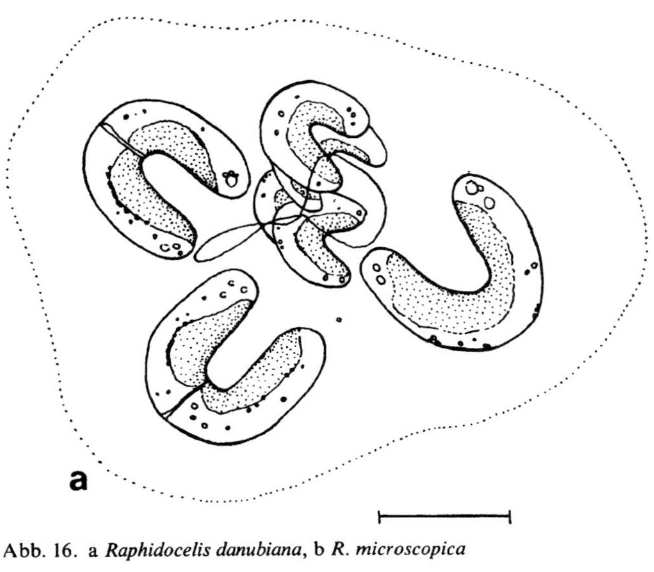

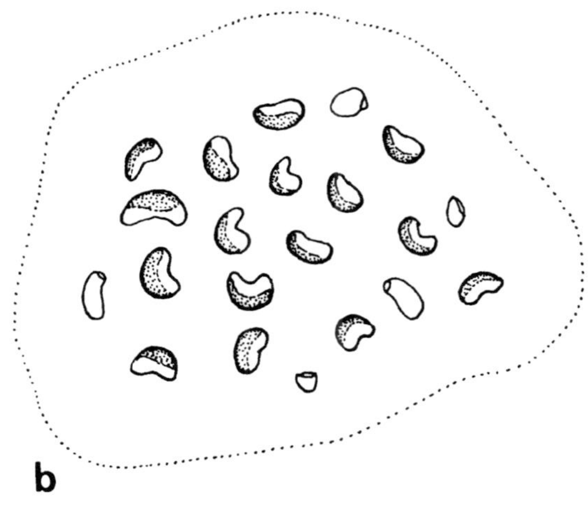

Abb. 16. a *Raphidocelis danubiana*, b *R. microscopica*

nun alle Vertreter mit *Kirchneriella*- und *Monoraphidium*-ähnlichem Habitus, deren Zellen Schleimhüllen und fakultative Zellwandgranulationen aufweisen, jedoch kein Pyrenoid besitzen. Alle pyrenoidlosen Arten der Gattung *Kirchneriella* mußten demzufolge in die Gattung *Raphidocelis* überführt werden.

Raphidocelis danubiana (HINDÁK 1980) MARVAN et al. 1984 (Abb. 16a; Taf. 16c)

Zellen hufeisenförmig mit abgerundeten Enden. 8—13 × 2,5—4,5 µm. In 4- bis 16-zelligen Kolonien beobachtet. Im Schleim wurden immer polymorphe Mutterzellwandreste gefunden.

Diese Art ist *R. contorta* recht ähnlich. Bei *R. danubiana* sind aber die Zellen dicker, kaum sigmoid; außerdem sind die Mutterzellwandreste distinkt. In seiner Diskussion der Stellung von *R. danubiana* hebt HINDÁK (1984) auch die Hufeisenform der vegetativen Zellen hervor.

Neu für die DDR. Bisher aus der ČSFR bekannt, Hauptverbreitung in der Donau.

Raphidocelis inclinata NYGAARD et al. 1986 (Taf. 16 G)

Zellen hörnchenförmig gekrümmt, mit ungleichen Enden — ein Ende ist deutlich abgerundet verdickt, das andere verschmälert. 6—10 × 2,5—4,5 µm. Freiwerden der Autosporen durch einen unregelmäßigen diagonalen Riß der Mutterzellwand, der in Richtung der konkaven Zellseite verläuft. Zellen einzeln oder in Kolonien zu 4 Zellen beobachtet.

NYGAARD et al. (1986) studierten den Verwandtschaftskreis hörnchenförmig gekrümmter Vertreter verschiedener Ankistrodesmaceae, besonders der Gattung *Raphidocelis*. Dabei wird der Form der Mutterzellwandreste große diakritische Bedeutung beigemessen.

Neu für die DDR. Bisher nur aus Norwegen bekannt.

Raphidocelis microscopica (NYGAARD 1945) MARVAN et al. 1984 (Abb. 16b; Taf. 16 F)

Winzige hörnchen- bis bohnenförmige Zellen, meist in 16- bis über 100-zelligen Kolonien. Zellen 3—5 × 1—2 µm (entspricht genau der Originaldiagnose), Kolonien 18—110 µm lang. Chloroplast flach, überwiegend an der Konvexseite der Zellen gelagert. In den Gallerten waren mehrere zipfelförmige Mutterzellwandreste zu finden, die darauf schließen lassen, daß die Autosporen durch einen Querriß der Mutterzellwand freiwerden.

Der Erstnachweis für die DDR war ein Massenaufkommen im Dorfteich Libehna, Bezirk Halle (KRIENITZ 1984d). In der Elbe war die Alge zerstreut im Sommerplankton zu finden. Sonst nur in Dänemark gefunden.

Raphidocelis pseudomucosa KRIENITZ 1986 (Taf. 15 I, J)

Vgl. Originalarbeit.

Raphidocelis roselata HINDÁK 1984 (Taf. 16 B)

Vgl. HEYNIG & KRIENITZ (1987).

Raphidocelis rotunda (KORŠIKOV 1953) MARVAN et al. 1984 (Taf. 15 E—H)

Diese relativ seltene Alge wurde bereits in einem Altwasser der Elbe (Goldberger See im Biosphärenreservat Steckby-Lödderitzer Forst) gefunden und ausführlich beschrieben (KRIENITZ 1983). Das Material aus der Elbe zeichnete sich durch Vielgestaltigkeit aus. Es überwogen die kreisförmig gebogenen Zellen, andere waren schwach sigmoid oder S-förmig gekrümmt (Taf. 15 F, G). 16—38 × 2,5—5 µm. Zellwand meist inkrustationsfrei, mitunter aber unregelmäßig mit vereinzelten Granula bedeckt (Taf. 15 F). Zellen meist solitär oder in Kolonien zu 4 Zellen, auch 8-zellige Kolonien waren zu beobachten. In der Regel werden pro Mutterzelle 4 Autosporen gebildet, in einem Falle wurde eine Mutterzelle mit 8 Sporen (Taf. 15 G) gefunden. Mutterzellwandreste zweigeteilt, zipfelförmig.

Raphidocelis subcapitata (KORŠIKOV 1953) NYGAARD et al. 1986 (Taf. 16 A)

Zellen einzeln oder in 2- bis 16-zelligen Kolonien, hörnchenförmig, meist sigmoid gekrümmt mit abgerundeten und angeschwollenen Enden, 5—9 × 1,5—3,5 µm. Die serial lagernden Autosporen (2—8) werden durch Zerreißen der Mutterzellwand in Querrichtung in 2 sackartige Hälften frei. Zellwand sehr vereinzelt mit wenigen Granula. Schleimhüllen meist dünn, aber auch relativ weit und mit Bakterien besiedelt (Taf. 16 A). In Kulturen kommen alle Zellen einzeln vor, auch Schleimhüllen sind nicht zu bemerken.

Die nunmehr von NYGAARD et al. (1986) vorgenommene Einordnung dieser Alge ist von größtem Interesse, da ein Stamm (SKULBERG 1959 — NIVA-CHL 1) unter dem Namen „*Selenastrum capricornutum* PRINTZ" weltweit als Testorganismus in den Laboratorien Verwendung findet. Damit haben die Autoren wesentlich zur exakten Benennung eines bedeutsamen Isolates beigetragen. Es bleibt zu hoffen, daß sich diese Benennung nun auch in der physiologischen Fachliteratur durchsetzen wird.

Raphidocelis van-goori NYGAARD et al. 1986 (Taf. 16 D, H)

Zellen hörnchenförmig gekrümmt, schwach sigmoid. Zellenden ungleichförmig — eines ist abgerundet, das andere verjüngt; in den Dimensionen zwar etwas größer, aber in den Proportionen schlanker als *R. inclinata*. 8—14 × 2—4 µm. Freiwerden der Autosporen durch einen Längsriß der Mutterzellwand an der konvexen Seite. Der entstandene Riß wird beiderseits von je einem dreieckigen Wandrest flankiert.

In der Elbe wurde neben der var. typica auch die var. *decussata* NYGAARD et al. gefunden (Taf. 16 H), deren Zellen nach dem Freiwerden längere Zeit in verschleimten Gruppen zusammenhaften. Die Zellen wirken graziler und haben zuweilen kopfig abgesetzte Zellenden. Zelldimensionen 5—8 × 2,5—3 µm.

Neu für die DDR. Bisher in den Niederlanden nachgewiesen.

Vorbemerkung zur Gattung *Scenedesmus*:

Da für vorliegende Untersuchungen ausschließlich lichtmikroskopische Befunde möglich waren, mußten einige zweifelhafte Taxa angeführt werden, deren eigentliche Identität nur durch elektronenmikroskopische Untersuchungen festgestellt werden könnte.

Erst nach dem Einreichen vorliegender Arbeit zum Druck stand der Katalog der Gattung *Scenedesmus* (HEGEWALD & SILVA 1988) zur Verfügung. Da dieses fundamentale Werk über die Gattung alle weiteren Untersuchungen an *Scenedesmus* maßgeblich beeinflussen wird, wurde es noch, so weit es möglich war, nachträglich berücksichtigt.

Scenedesmus aculeolatus REINSCH 1877 var. *heterogranulatus* (HORTOBÁGYI 1959) PANKOW 1986 (Abb. 17a; Taf. 24 U, V)

Coenobien aus 4 alternierend geordneten Zellen, fakultativ mit Schleimhülle. Zellen 10—14 × 5—6,5 µm. Pole leicht verjüngt, mit (0) — 1 — 3 — (4) Zähnchen besetzt, unregelmäßig auch subpolar wenige Zähnchen erkennbar. Ganze Zellwand zerstreut mit einer geringen Zahl Granula bedeckt, auch nahezu inkrustationsfreie Wände kamen vor — in diesen Fällen waren an den Polen einzelne Granula lokalisiert (Taf. 24 U).

Neu für die DDR. Bisher nur aus Ungarn bekannt.

Die von PANKOW (1986) vorgenommene Neukombination steht im Zusammenhang mit dem Einzug der Art *S. arvensis* CHODAT durch KOMÁREK & FOTT (1983).

Scenedesmus acuminatus (LAGERHEIM 1882) CHODAT 1902 (Taf. 22 E)

Vgl. KRIENITZ (1987a).

Scenedesmus acutus MEYEN 1829 (Taf. 23 D—F)

Vgl. KRIENITZ (1987a). Im Plankton der Elbe wurde sowohl die f. *alternans* HORTOBÁGYI als auch die f. *costulatus* (CHODAT) UHERKOVICH beobachtet.

Scenedesmus antillarum COMAS 1981 (Taf. 23 G)

Vgl. KRIENITZ (1987a).

Scenedesmus armatus (CHODAT 1902) G. M. SMITH 1916 (Abb. 17n; Taf. 26 G)

Coenobien meistens 4-zellig, seltener 2-zellig, linear. Zellen 10—17 × 4—6,5 µm. Zellwand mit unterbrochenen oder durchgehenden Leisten (die typische Varietät soll nur partielle Oberflächenrippen haben). An den beiden Polen der Außenzellen je 1 kräftiger Stachel, an den Polen der Innenzellen 1 oder 2 kurze Stacheln bzw. Zähnchen. Man vergleiche mit der Studie von COMAS & KOMÁREK (1984).

Scenedesmus arthrodesmiformis SCHRÖDER 1920 (Abb. 17f; Taf. 24 K)

2-zellige lineare Coenobien. Zellen 10—12—5—6 µm. Gesamte Zellwand zart granuliert, an einigen Stellen, besonders in Polnähe, größere Granula. Zellpole mit je einem nach innen geneigten kräftigen Zahn.

Über diese Alge ist bisher wenig bekannt. KOMÁREK & FOTT (1983) führen sie nicht. Neu für die DDR.

Scenedesmus bicaudatus DEDUSSENKO 1925 (Taf. 27 N)

Es wurden ausschließlich 4-zellige lineare oder leicht alternierende, dichtgeschlossene Coenobien beobachtet. Zellen 9—12 × 3,5—5,5 µm. Zellwand lichtmikroskopisch glatt. Diagonal versetzt an jeweils einem Pol der Außenzellen ein relativ zarter Stachel, der etwa so lang war wie die Zellen.

Nach UHERKOVICH (1966) und KOMÁREK & FOTT (1983) ein unsicheres Taxon, da derartige bicaudate Formen bei vielen bestachelten Scenedesmen vorkommen.

Neu für die DDR.

Scenedesmus brevispina (G. M. SMITH 1916) CHODAT 1926 var. *subgranulatus* nov. var. (Abb. 17c; Taf. 25 N)

Coenobien 4-zellig, linear. Zellen oval oder leicht asymmetrisch oval, 10—15 × 4—7 µm. An jedem Zellpol 1 oder 2 kurze Stacheln gerade oder schräg ansitzend. Polar oder leicht subpolar 1—3 große Granula. Diese Inkrustationen stellen das Differenzmerkmal zur typischen Varietät der Art dar. Bei *S. brevispina* f. *granulatus* HORTOBÁGYI 1960 ist die gesamte Zellwand gleichmäßig mit kleineren Granula bedeckt.

Diagnose: Coenobia 4-cellularia, cellulis in linea una dispositis. Cellulae ovales usque asymmetrice ovales, 10—15 × 4—7 µm. In polis cellularum 1 vel 2 spinae breviusculae. 1—3 granulae prope polos dispositae. Habitatio: In plancto fluminis Albis prope Aken, DDR. Iconotypus: Figura nostra 17 $c_{(i)}$.

Scenedesmus carinatus (LEMMERMANN 1899) CHODAT 1913 var. *bicaudatus* JÄRNEFELT 1956 (Abb. 17o; Taf. 25 K)

Coenobien 4- oder 8-zellig. Zellen 7—11, 5 × 3—4,5 µm. An jedem Pol ein Krönchen aus 1—4 kleinen Zähnchen. Zellflanken mit geschlossenen oder unterbrochenen Rippen. An je einem Pol der Außenzellen diagonal versetzt ein derber Stachel.

Während UHERKOVICH (1966) *S. carinatus* für eine selbständige Art hält, betrachtet HEGEWALD (1979) dieses Taxon als Synonym von *S. opoliensis* var. *alatus* DEDUSSENKO, auch KOMÁREK & FOTT (1983) ordnen es als Varietät zu *S. opoliensis*.

Scenedesmus cf. *caudato-aculeolatus* CHODAT 1926 (Taf. 28 A, B)

Coenobien 4-zellig, linear. Zellen berühren sich zu etwa 1/2 ihrer Länge. Jeder Zellpol trägt 1 bis 3 Zähnchen. Zellen 15—19 × 4—5 µm. An den Polen der Außenzellen je ein langer Stachel und an den Zellflanken fakultativ lange kammartige Leisten (Taf. 28 A).

Scenedesmus circumfusus HORTOBÁGYI 1960 var. *bicaudatus* HORTOBÁGYI 1960 f. *granulatus* HORTOBÁGYI 1960 (Abb. 17b; Taf. 25 J)

Coenobien 4-zellig, linear, dichtgeschlossen. Zellen 8,5—15 × 2,5—4 µm. Zellwand zart granuliert, vereinzelte Granula kräftiger. Diagonal versetzt an je einem Außenzellpol ein 3—5 µm langer Stachel, an den Polen der Innenzellen sitzen fakultativ kurze Stacheln, welche mit Längen von 1—3 µm länger ausfallen können als am ungarischen Material (HORTOBÁGYI 1960a). An den Zellflanken eine durchgehende Zähnchenleiste.

Neu für die DDR.

Scenedesmus columnatus HORTOBÁGYI 1959 (Abb. 17d; Taf. 26 H)

Coenobien 4-zellig, linear oder leicht alternierend. Zellen 10—16 × 4—6,5 µm. Gesamte Zellwand kräftig granuliert, vereinzelte Warzenreihen oder größere solitäre Granula, manchmal erscheint auch die Stachelbasis erweitert und inkrustiert. Bestachelung variabel: 4 Hauptstachel, meist kürzer als die Zellen, zuweilen 1 oder 2 davon reduziert; gekrümmt. An den Polen der Innenzellen je 1—3 kürzere Stacheln bzw. Zähnchen.

Relativ seltene Alge. Erstnachweis auf dem Gebiet der DDR durch HÜBENER (1987) in der Warnow. Unser Material unterscheidet sich von den Funden aus den Fischteichen von Buzsák (HORTOBÁGYI 1959) durch den zuweilen lockeren und unregelmäßigeren Verband der Zellen.

Scenedesmus costato-granulatus SKUJA 1948 (Taf. 24 D—F)

Vgl. HEYNIG 1962, 1965; KRIENITZ 1984b.

Scenedesmus decorus HORTOBÁGYI 1959 var. *bicaudato-granulatus* (HORTOBÁGYI 1959) UHERKOVICH 1966 (Abb. 17e; Taf. 26 C, F)

Coenobien 4-zellig, linear, dichtgeschlossen. Zellen 10—15 × 3,5—5,5 µm. Diagonal versetzt an je einem Pol ein kräftiger, etwa zell-langer Stachel. An den Innenzellen nur selten jeweils 1 kurzer Stachel, oftmals ein akzessorischer Stachel neben den Hauptstacheln. Fakul-

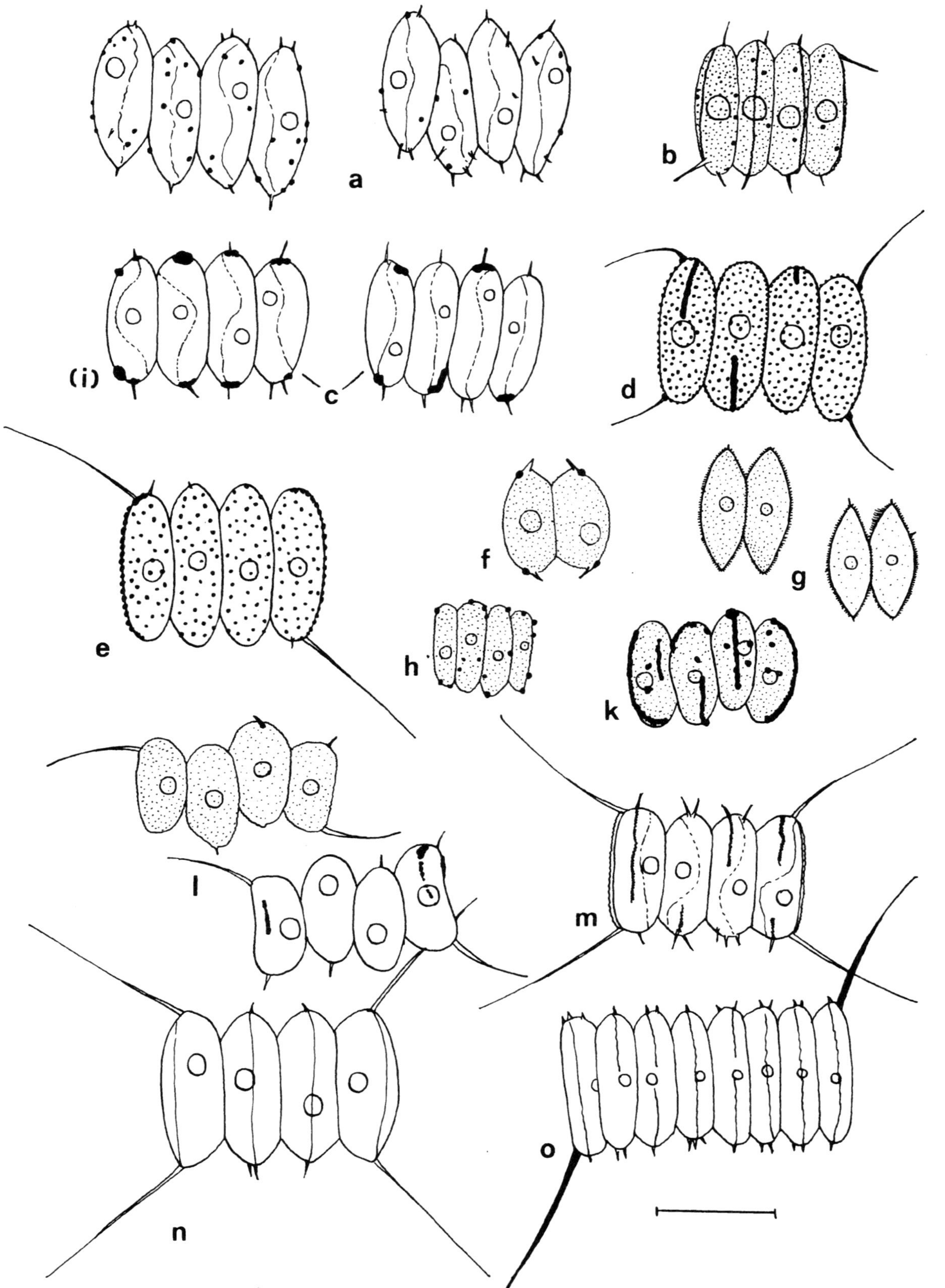

Abb. 17. a *Scenedesmus aculeolatus* var. *heterogranulatus*, b *S. circumfusus* var. *bicaudatus* f. *granulatus*, c *S. brevispina* var. *subgranulata*, d *S. columnatus*, e *S. decorus* var. *bicaudato-granulatus*, f *S. arthrodesmiforme*, g *S. fusiformis*, h *S. granulatus*, k *S. granulatus* f. *verruco-costatus*, l *S. insignis*, m *S. lefevrii* var. *manguinii*, n *S. armatus*, o *S. carinatus* var. *bicaudatus*

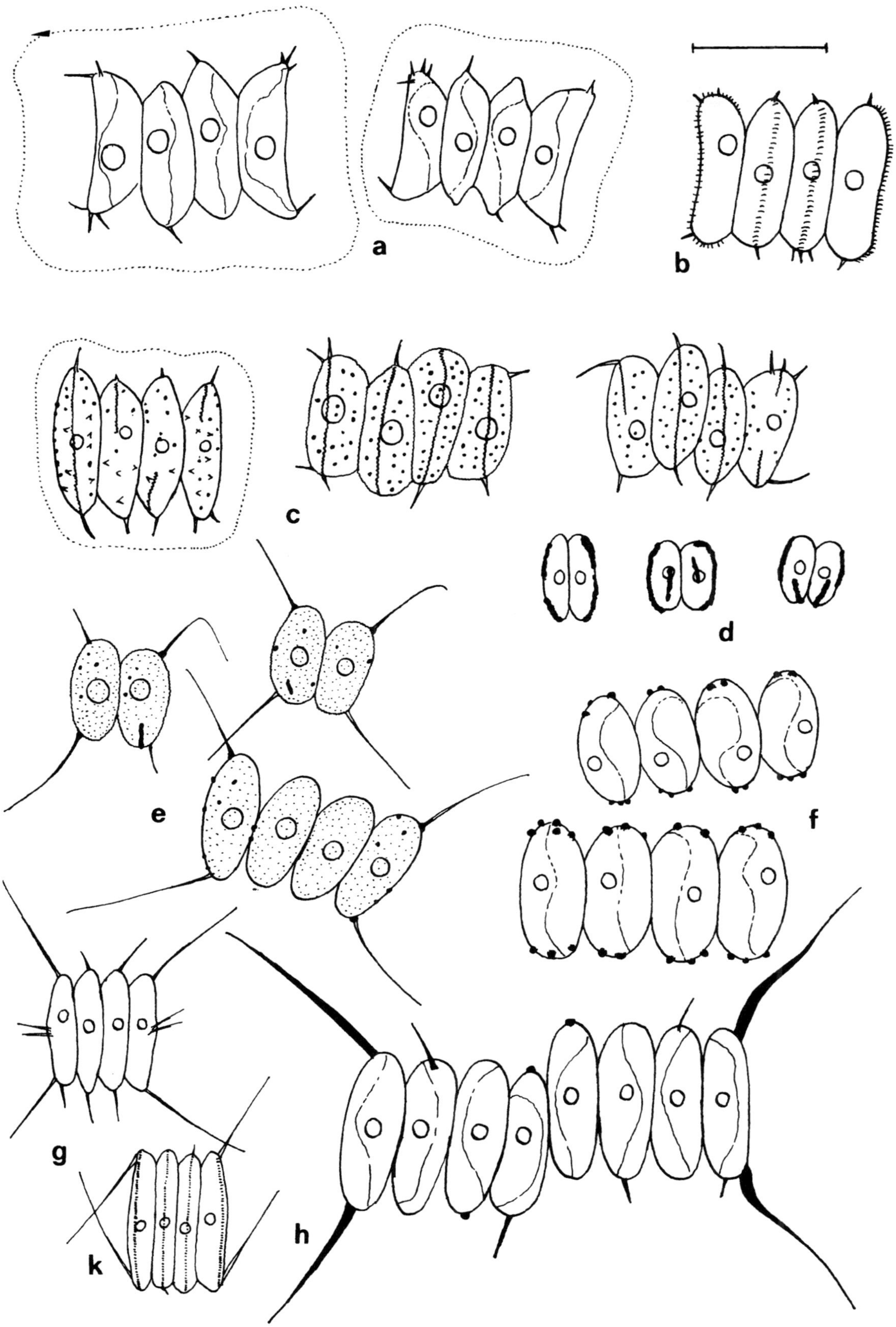

Abb. 18. a *Scenedesmus lunatus*, b *S. serratus*, c *S. pseudohystrix*, d *S. transsilvanicus*, e *S. sooi* var. *verrucosus*, f *S. granulatus* f. *magnogranulatus*, g *S. tenuispina*, h *S. tothii*, k *S. opoliensis* var. *delicatissimus*

tative Warzenleisten, geschlossen oder unterbrochen an den Flanken der Außenzellen. Zellwand granuliert.

Neu für die DDR. Eine noch wenig bekannte Alge, deren Einordnung Diskussionen in der Literatur hervorrief. HORTOBÁGYI (1959) beschrieb sie als *S. decorus* var. *bicaudatus* f. *granulatus*. UHERKOVICH (1966) gliedert die var. *bicaudatus* aus der Art *S. decorus* aus und schlägt deshalb den neuen Namen für dieses infraspezifische Taxon vor. KOMÁREK & FOTT (1983) stellen die Alge zu *S. insignis*. Wie unsere Befunde an dieser Art zeigen, bestehen wohl doch einige Unterschiede, so daß die Fusion nicht gerechtfertigt erscheint. Es bestehen jedoch viele Gemeinsamkeiten mit *S. columnatus*.

Scenedesmus denticulatus LAGERHEIM 1882 (Taf. 24 N, P)

Breit ovale Zellen in sehr stark alternierenden, 4-zelligen Coenobien. Zellen 8—14 × 7—12 µm. An beiden oder einem Pol mit 1—3 kurzen, zugespitzten, kaum gebogenen Stacheln.

Diese Art zeigt deutliche Übergänge zu *S. multispina* SVIRENKO (= *S. smithii* TEILING). Eigentlich unterscheiden sich beide Arten lichtmikroskopisch nur durch die Zellform, welche bei *S. multispina* länglicher ist (vgl. Taf. 27 A—C), auch erscheinen die Stacheln bei dieser Art stärker gebogen. Genau im Übergangsfeld zwischen *S. multispina* und *S. denticulatus* steht *S. fenestratus* TEILING. UHERKOVICH (1966) ordnet sie als Varietät zu *S. denticulatus*. KOMÁREK & FOTT (1983) synonymisieren sie mit *S. denticulatus*. Auf Grund der Zellform und der gebogenen Stacheln an den verschmälerten Polen steht dieses Taxon wohl der Art *S. multispina* näher. Klarheit über diesen Verwandtschaftskreis dürfte wohl nur die elektronenmikroskopische Analyse der Zellwandskulpturen von *S. multispina* und *S. fenestrata* erbringen; von *S. denticulatus* ist die Substruktur bekannt (HEGEWALD 1978). Neuere Befunde von HEGEWALD (1985) an *S. denticulatus* var. *linearis* wiesen auf die Identität der Substrukturen der var. *linearis* und der var. typica hin. Die var. *linearis* unterscheidet sich morphologisch durch die lineare Zellanordnung und schlankere Zellen. Demzufolge ist die Zellform kein „gutes“ Merkmal zur Differenzierung von *S. multispina* und *S. fenestrata*, und im Falle der Übereinstimmung der Substrukturen aller genannter Taxa dürfte einer Fusion nichts mehr im Wege stehen.

Scenedesmus dimorphus (TURPIN 1828) KÜTZING 1833 (Taf. 23 A—C)

Vgl. KRIENITZ (1987 a). Vorliegende Abbildung einer reifen Mutterzelle auf Taf. 24 C unterstreicht nochmals die diakritische Bedeutung der Zellwandwölbung in Höhe des Zelläquators. Bei *S. dimorphus* sind auch die Mutterzellen ± sichelförmig, und die Wölbung der Zellaußenkante überschreitet niemals die gedachte Linie zwischen den Zellpolen (KOMÁREK & FOTT 1983), so wie es bei *S. acutus* der Fall ist (vgl. Taf. 23 F).

Scenedesmus disciformis (CHODAT 1902) FOTT et KOMÁREK 1960 (Taf. 21 E, F)

Zellen im Normalfalle elliptisch-walzig, in 2-reihigen, lückenlosen Coenobien. Außenzellen manchmal in Äquatornähe des Coenobiums versetzt. Zellwand völlig glatt. 7—16 × 4—9 µm. Die auf der Fototafel abgebildeten Formen stellen Abweichungen dar. Das Bild 21 E zeigt Zellen, welche leicht zur Bohnenform tendieren, auf Bild 21 F ist ein Coenobium aus relativ stark zur Kugelform neigenden Zellen.

Scenedesmus ecornis (EHRENBERG 1834) CHODAT 1926 (Taf. 21 A, B)

Zellen elliptisch-walzig, 8—14 × 4—11 µm; zu einreihigen, linearen oder leicht unregelmäßig gereihten, 4—32-zelligen Coenobien vereinigt. Coenobien in der Aufsicht gebogen.

Scenedesmus ecornis var. *concavus* HORTOBÁGYI 1969 (Taf. 21 C, D)

Dieses subspezifische Taxon besitz Außenzellen mit leicht konkav gekrümmten Längsseiten, was sehr an *S. linearis* erinnert. Auch KOMÁREK & FOTT (1983) äußern den Verdacht, daß diese Varietät vielleicht zu *S. linearis* zu zählen sein könnte. Allerdings war am Material aus der Elbe eine halbe schraubenförmige Drehung der Coenobien um die Längsachse zu beobachten, was an *S. linearis* nicht bemerkt werden konnte. Ausschließlich 8-zellige Coenobien gefunden. Zellen 4—10 × 2,5—4 µm.

Neu für die DDR.

Scenedesmus ellipsoideus CHODAT 1926 (Taf. 32 A—D)

Coenobien meist 8-zellig, aber auch 2- oder 4-zellig, linear, mit sehr langen und gebogenen Eckstacheln, welche in ihrer Dicke relativ stark schwanken und an der Basis unterschiedlich stark verdickt sein können. Coenobien ohne zusätzliche äußere Hülle, wie bei *S. quadricauda*. Innenzellen ohne Stacheln, jedoch an den Polen leicht verdickt oder mit Warze bzw. Zähnchen. Zellen 11—15 × 4—6 µm, Stacheln 20—25 µm lang.

Neu für die DDR. Bisher aus Finnland, Schweiz und Ungarn gemeldet. Wie die Funde aus Ungarn (zusammenfassend bei UHERKOVICH 1966) und auch die zahlreichen neu beschriebenen infraspezifischen Taxa von HORTOBÁGYI (1980) zeigen, handelt es sich offenbar um eine sehr variable Art.

Scenedesmus ellipticus CORDA 1835 (Taf. 21 G, H)

4-, 8- oder 16-zellige Coenobien mit linear geordneten Zellen, kaum gebogen. Außenzellen oftmals leicht konkav. Zellen 10—18 × 4—7,5 µm.

Neu für die DDR.

Scenedesmus falcatus CHODAT 1894 (Taf. 22 A—D)

Vgl. KRIENITZ (1987 a). HOLTMANN & HEGEWALD (1986) schlagen vor, den Namen *S. pectinatus* MEYEN für dieses Taxon wieder einzuführen. Sie berufen sich auf die Abbildung des Typus bei MEYEN (1829). Diese Abbildung stellt jedoch unseres Erachtens keine brauchbare Grundlage dar, und es sollte der Name *S. falcatus* beibehalten werden.

Viele Zellen unserer Funde beinhalten große dunkle Öltropfen im Zellplasma, die an einigen Stellen offensichtlich auch durch die Zellwand nach außen drangen. In den photographischen Aufnahmen werden dadurch Granulationen vorgetäuscht.

Scenedesmus fenestratus TEILING 1942 (Taf. 24 M)

Vgl. Bemerkungen zu *S. denticulatus* (siehe oben). Das Material aus der Elbe stimmt mit der fig. 434 von HORTOBÁGYI (1973) überein.

Scenedesmus fusiformis MENEGHINI 1837 (Abb. 17 g; Taf. 24 J)

Ausschließlich 2-zellige lineare Coenobien aus spindelförmigen Zellen beobachtet. Zellen zu 1/3 ihrer Längsseiten miteinander verbunden. Zellwand völlig mit winzigen zarten Stachelchen (fast als Härchen anzusehen) aufgerauht. Selten an einem Zellpol ein kleiner Stachel etwas deutlicher abgehoben. Zellen 8—12 × 3,5—5 µm.

Neu für die DDR. Bisher aus Norwegen und Ungarn gemeldet.

Scenedesmus grahneisii (HEYNIG 1962) FOTT 1973 (Taf. 24 A, B)

Vgl. KRIENITZ (1984b, 1988).

Scenedesmus granulatus W. et G. S. WEST 1897 (Abb. 17h; Taf. 24L)

Coenobien 4-zellig, ± linear. Zellen 5,5—12 × 2,5—4,5 µm. Zellwand gleichmäßig granuliert, an den Polen nimmt die Größe der Granula zu, ohne jedoch die Form von Zähnchen anzunehmen, wie bei dem von HORTOBÁGYI (1960) beobachteten Material.

Eine verbreitete und sehr variable Art (zusammenfassend bei KOMÁREK & FOTT 1983).

Scenedesmus granulatus f. *magnogranulatus* (HORTOBÁGYI 1960) UHERKOVICH 1966 (Abb. 18f; Taf. 25 M)

Coenobien 4-zellig, linear. Zellen oval 8—14 × 4,5—6 µm; mit etwa 1/2 der Längsseiten miteinander verbunden. Zellwand meistens glatt, selten schwach granuliert. An den Zellpolen je 2—5 papillenartige Wärzchen.

Unterscheidet sich von den bisherigen Funden (HORTOBÁGYI 1960; TELL & MOSTO 1982) durch die glatteren Zellwände, die vergleichsweise geringe Berührungsfläche an den Zellflanken im Coenobium und die größeren Zelldimensionen. Ganz charakteristisch sind hingegen die großen warzenförmigen Granula an den Polen.

Neu für die DDR.

Scenedesmus granulatus f. *verruco-costatus* HORTOBÁGYI 1960 (Abb. 17k; Taf. 24 O)

Coenobien 4-zellig, mäßig bis deutlich alternierend. Zellen 8—16 × 3,5—6 µm. Damit nahezu bis doppelt so lang wie von HORTOBÁGYI (1960) angegeben. Die gesamte Größenspanne konnte gemessen werden, da von Tochtercoenobien bis zu den Mutterzellen alle Stadien vorhanden waren. Auf Taf. 24 O ist ein sporulierendes Muttercoenobium zu sehen. Zellwand mit gleichmäßig großen Granula und zusätzlich mit geschlossenen Granulareihen bedeckt.

Scenedesmus gutwinskii CHODAT 1926 (Taf. 30 B)

4-zellige Coenobien, linear. Zellen schlank, zu 1/2 der Längsseiten miteinander verbunden. An jedem Pol der Außenzellen je ein Hauptstachel (etwas länger als die Zelle) und vereinzelt ein akzessorischer Stachel. Am Rand der Außenzellen 4—10 Stacheln, von denen die meisten gleich lang sind, aber auch einige kürzere oder längere vorhanden sein können. Innenzellen zuweilen mit je einem kurzen Polstachel. Zellen 8—11 × 2,5—4 µm.

Scenedesmus helveticus CHODAT 1926 (Taf. 26 D, E)

Coenobien 2- oder 4-zellig, fast linear, dicht geschlossen. Alle 4 Coenobienhauptstacheln voll ausgebildet, an den Innenzellen 1—3 kleine Zähnchen. Zellwand mit deutlichen, selten unterbrochenen Rippen, die an den Außenkanten der Seitenzellen kammartige Säume bilden — man vergleiche licht- und elektronenmikroskopische Merkmale in der gründlichen Studie von COMAS & KOMÁREK (1984). Zellen 12—22 × 5—9 µm — damit größer als von CHODAT (1926) und KOMÁREK & FOTT (1983) angegeben.

Neu für die DDR.

Scenedesmus incrassatulus BOHLIN 1897 (Taf. 21 I, J)

Coenobien 4-zellig, leicht nach innen gebogen. Außenzellen größer als Innenzellen. Zwischen den Zellen manchmal schmale Längsspalten. An den Zellpolen mit kleinen Papillen. Zellen 10—14 × 3—5,5 µm.

Scenedesmus insignis (W. et G. S. WEST 1895) CHODAT 1913 (Abb. 17l; Taf. 28 E—I)

Coenobien 4-zellig, mäßig alternierend. Zellen 10—13 × 4—6 µm. Außenzellen manchmal etwas kleiner, mit meist konkaver, nur selten konvexer oder gerader Außenkante. Diagonal versetzt an je einem Pol der Außenzelle ein knapp zell-langer säbelartiger Stachel; am anderen Pol ein kurzer, gerader Stachel. An den Polen der Innenzellen (meist auch an einem Pol) Warzen, Zähnchen oder kurze Stacheln. Zellwand selten glatt, sonst vollständig und gleichmäßig granuliert, vereinzelt reihen sich größere Granula zu kurzen Reihen. Die Zellwandornamentation stimmte völlig mit bisherigen Beobachtungen überein. Abweichend davon sind die alternierende Zellanordnung im Coenobium und die säbelartigen Stacheln. Diese Morphologie ist mit *S. longus* MEYEN var. *naegeli* (BRÉBISSON) G. M. SMITH sensu PHILIPOSE (1967) in Deckung zu bringen — ein Taxon, über das KOMÁREK & FOTT (1983) den Verdacht äußern, daß es zu *S. heteracanthus* GUARRERA gehören könnte.

Neueste Beobachtungen von SCHMIDT (1987) weisen als charakteristische Erscheinungsform von *S. insignis* in der Donau ebenfalls alternierende Coenobien und diagonal versetzte, säbelartige Polstacheln an den Außenzellen aus.

Neu für die DDR.

Scenedesmus intermedius CHODAT 1926 (Taf. 26 I—N)

Diese verbreitete Art kam in mehreren infraspezifischen Taxa in der Elbe vor:

- var. *intermedius*: Coenobien 4-zellig, an den Polen der Außenzellen je 1 Stachel. Zellen 4—8 × 2,5—4,5 µm. Zellwand lichtmikroskopisch glatt (Taf. 26 I).
- var. *balatonicus* HORTOBÁGYI 1943: auch die Innenzellen haben an einem Pol einen Stachel (Taf. 26 J).
- var. *bicaudatus* HORTOBÁGYI 1943 f. *granulatus* HORTOBÁGYI 1960: nur 2 diagonal versetzte Hauptstacheln, an den anderen Polen zerstreut Granula (Taf. 26 K, L).
- var. *acaudatus* HORTOBÁGYI 1943: ohne Stacheln, Zellwand völlig glatt (Taf. 26 M).
- var. *acaudatus* f. *granulatus* HORTOBÁGYI 1960: Zellwand der stachellosen Zellen zerstreut oder vorwiegend im Polbereich mit derben Granula bestückt (Taf. 26 N).

  Die Zugehörigkeit dieses infraspezifischen Taxons erscheint besonders zweifelhaft und muß ultrastrukturell überprüft werden. HEGEWALD et al. (1975, 1978) ordnen ähnliche Funde zu *S. parvus* (G. M. SMITH) BOURRELLY var. *granulatus* BOURRELLY et MANGUIN. KOMÁREK & FOTT (1983) synonymisieren jedoch *S. parvus* mit *S. intermedius*. PANKOW (1986) benennt das Taxon neu als *S. papillosus*.

KOMÁREK & FOTT (1983) diskutieren den Wert dieser infraspezifischen Taxa. Hier sind auch weitere Angaben über Studien zur markanten Substruktur der Zellwand von *S. intermedius* zu finden.

Scenedesmus lefevrei DEFLANDRE 1924 var. *manguinii* LEFEVRE et BOURRELLY 1941 (Abb. 17m; Taf. 27 D—F)

4-zellige Coenobien, linear, dichtgeschlossen. Außenzellen an jedem Pol mit kräftigem Stachel, der mindestens so lang ist wie die Zelle. Innenzellen mit mehreren Zähn-

chen an den Polen. Zellflanken mit z. T. mehreren Zähnchenreihen oder Rippen. Zellen 8—14,5 × 3,5—5,5 µm.
Neu für die DDR.

Scenedesmus longus MEYEN 1829 var. *ellipticus* (W. et G. S. WEST 1895) SMITH 1916 (Taf. 31 I, J)
Coenobien 4-zellig, linear. Zellen 9—12 × 3—4 µm. Außenzellen mit Polstacheln, die etwa 1,5mal so lang wie die Zellen sind, Innenzellen ohne oder mit je einem kurzen Stachel.
Neu für die DDR. Bisher nur aus warmen Gebieten bekannt.

Scenedesmus lunatus (W. et G. S. WEST 1895) CHODAT 1926 (Abb. 18a; Taf. 25 L)
Coenobien 4-zellig, leicht alternierend oder fast linear; mit dünner Schleimhülle. Außenzellen konkav gebogen. Zellpole abgesetzt verjüngt. An jedem Zellende 1—4 kurze Stacheln oder Zähne. Zellen 11—14 × 4—6 µm.
Neu für die DDR. Meist in Tropenländern vorkommende Art.

Scenedesmus magnus MEYEN 1829 (Taf. 32 E—G)
Coenobien 2-, 4- oder 8-zellig, dichtgeschlossen, linear. Bei 8-zelligen Coenobien ist in der linearen Reihung nach der 4. Zelle eine Abstufung (vgl. Taf. 32 F). An den Coenobienecken 4 Hauptstacheln, Innenzellen oftmals ebenfalls mit 1 oder 2 langen Stacheln, die variabel angeordnet sein können, meistens ist jedoch eine gewisse Symmetrie im Coenobium zu beobachten. Taf. 32 G stellt eine Abnormität im Coenobienbau dar. Zellen 10—29 × 4,5—11 µm.
Neu für die DDR.

Scenedesmus multispina SWIRENKO 1924 (Taf. 27 A—C)
Vgl. Bemerkungen zu *S. denticulatus* (S. 220). Zellen lang oval, manchmal an den Polen verschmälert, 8—17 × 4—10 µm. Zellpole mit 2—4 gekrümmten kurzen Stacheln verziert. Neben 4-zelligen Coenobien wurden auch vereinzelt 8-zellige Verbände gefunden, deren Zellen zwar costuloid angeordnet waren, jedoch an den Enden auseinanderstrebten (Taf. 27 C).

Scenedesmus nanus CHODAT 1913 (Taf. 27 G)
Coenobien 4-zellig, alternierend. Zellen alle gleichförmig oval. Zellwände glatt. An den Polen der Außenzellen je ein Stachel, der etwa die Länge der Zellen aufweist. Zellen 5—9 × 3—4 µm.
Die Zuordnung erfolgte auf Grund von Erfahrungswerten, die an Hand von Kulturmaterial gesammelt wurden.

Scenedesmus obliquus (TURPIN 1828) KÜTZING (Taf. 23 H)
Vgl. KRIENITZ (1987 a).

Scenedesmus obtusiusculus CHODAT 1913
Vgl. KRIENITZ (1987 a). Spindelförmige Einzelzellen im Freiland ließen sich nicht eindeutig in eine Art der Untergattung *Acutodesmus* einordnen. Der Nachweis von *S. obtusiusculus* im Plankton der Elbe war nur über Kulturen möglich.

Scenedesmus opoliensis P. RICHTER 1896 (Taf. 29 B, F)
Coenobien 4-zellig, selten 8-zellig. Zellen im Verband etwas schräg stehend, leicht alternierend. 4 lange, kräftige Hauptstacheln, an den abgestutzten Polen der Außenzellen sitzend; auch einzelne akzessorische Stacheln. Mehrere kurze Stacheln an den Polen der Innenzellen. Zuweilen waren die Zellwände auch mit zarten Leisten ausgestattet. Zellen 14—30 × 3—8 µm.
HEGEWALD (1979) verweist darauf, daß *S. opoliensis* eine der wenigen *Scenedesmus*-Arten ist, welche gut zu typifizieren sind.

Scenedesmus opoliensis var. *aculeatus* HORTOBÁGYI 1960 (Taf. 29 C, D)
Coenobien 2-zellig, linear. Zellflanken mit einer Rippe aus Zähnchen. 4 Hauptstacheln, seltener kleine akzessorische Stacheln. Manchmal in Einzelzellen zerfallend. Zelldimensionen 12—16 × 5—7 µm.
PANKOW (1986) stellt dieses Taxon zu *S. carinatus*.

Scenedesmus opoliensis var. *delicatissimus* (MASJUK 1962) nov. comb. (Abb. 18 k; Taf. 29 A)
Basionym: *Scenedesmus quadricauda* var. *delicatissimus* MASJUK 1962: Novi ta cikavi vidi rodu *Scenedesmus* MEYEN z vodojmu Volinskogo polissja. — Ukr. Bot. Žur., Kiev **19**/5: p. 75 (Diagnose), fig. 3—1 (Typus).
Coenobien 2- oder 4-zellig, linear, dichtgeschlossen. Zellen langzylindrisch mit ± abgestutzten Zellpolen. An jedem Pol der Coenobienaußenzellen ein zarter Stachel von knapper Zellänge, der meistens schräg angesetzt ist und sich in Richtung Zelläquator neigt, nur selten schräg nach außen zeigend. An beiden Zellflanken je eine zarte Zähnchenreihe. 9—14,5 × 1,5—3,5 µm.
Habitus und Skulpturierung des Materials aus der Elbe stimmen mit *S. quadricauda* var. *delicatissimus* MASJUK aus ukrainischen Seen überein, lediglich die Zelldimensionen werden von der Autorin größer angegeben (18 × 3,5 µm), außerdem fand MASJUK nur 4-zellige Coenobien. Bereits KOMÁREK & FOTT (1983) vermuten eine Zugehörigkeit dieser Varietät zu *S. opoliensis*. PANKOW (1986) zählt diese Alge zu *S. carinatus*.

Scenedesmus opoliensis var. *mononensis* CHODAT 1926 (Taf. 29 E)
Dieses Taxon wurde nur mit Hilfe von Kulturen nachgewiesen. Es zeichnet sich durch lineare Zellanordnung aus.

Scenedesmus pannonicus HORTOBÁGYI 1944 (Taf. 27 H—J)
Coenobien 4-zellig mit wenig oder deutlich alternierenden, locker stehenden Zellen. 9—17 × 4—6 µm. 4 Hauptstacheln und an je einem oder an beiden Polen der Innenzellen auch akzessorische Stacheln, die kürzer oder ebenso lang wie die Hauptstacheln sind. Zellwände mit vereinzelten größeren Granula irregulär bedeckt oder völlig glatt.
Durch das Studium der Art unter Laboratoriumsbedingungen ist ihre außerordentliche Variabilität gut bekannt (HINDÁK 1974, 1979).
Neu für die DDR.

Scenedesmus protuberans FRITSCH 1927 (Taf. 31 E)
4-zellige lineare Coenobien mit deutlich längeren Außenzellen. Die Zellpole der Außenzellen sind langgezogen und rundlich. Außenzellen 17—25 × 4—8 µm, Innenzellen 14—20 × 4—8 µm.
Die Stellung der Art *S. protuberans* innerhalb der Gattung ist noch zweifelhaft. KOMÁREK & FOTT (1983) stellen sie zur Gruppe *Armati*. HEGEWALD (1979) ordnet sie auf Grund der Zellwandsubstruktur zu *Desmodesmus* s. str. Unsere Beobachtungen sprechen für letztere Einordnung. Die relativ dichtgeschlossenen Coenobien besaßen eine lichtmikroskopisch sichtbare äußere Hülle

und zeigten in diesem Merkmal Gemeinsamkeit mit *S. quadricauda*.

Neu für das Gebiet der DDR. Hauptverbreitung in südlicheren Ländern.

Scenedesmus pseudobernardii (G. M. Smith 1916) Comas et Komárek 1984 (Taf. 23 I, J)

Vgl. Krienitz (1987a)

Scenedesmus pseudohystrix Masjuk 1962 (Abb. 18c; Taf. 25 A—F)

Coenobien 4- oder 8-zellig, leicht alternierend; zuweilen mit Schleimhülle. Zellen 10—20 × 4,5—8,5 µm. An den Polen mit 1—3 kurzen, gedrungenen Stacheln. Auf der gesamten Zelloberfläche mit runden oder zugespitzten Wärzchen versehen. Je Zelle 1 oder 2 durchgehende oder unterbrochene unregelmäßig wellige Leisten.

Nach Hegewald & Silva (1988) ist der Name *S. pseudohystrix* illegitim, weil kein Typus angegeben wurde. Komárek & Fott (1983) meinen, daß *S. denticulatus* var. *costatus* Hortobágyi ein Synonym von *S. pseudohystrix* ist. Auch vorliegende lichtmikroskopische Befunde sprechen dafür. Dennoch sollten noch bis zur Entscheidung der Zugehörigkeit EM-Beobachtungen abgewartet werden.

Scenedesmus quadricauda (Turpin 1820) Brébisson 1835 sensu Chodat 1913 (Taf. 30 K, L; 31 B, F, G)

Coenobien 4- oder 8-zellig. Die walzigen, 8—27 × 3—12 µm großen Zellen lagern linear und dichtgeschlossen aneinander. Außer den vier kräftigen Hauptstacheln existieren lichtmikroskopisch nur noch kleine Wärzchen an manchen Zellpolen. Die Art ist gut abgrenzbar durch die Sichtbarkeit der äußeren Zellwandschicht zwischen den Zellpolen.

Neben der typischen Ausprägung (vgl. Taf. 30 K, L) variierte unser Material in der Stärke der Stacheln („var. *crassicaudatus* Hortobágyi 1960" — vgl. Taf. 31 G), in der Ausrichtung der Stacheln (stark nach innen geneigte Stacheln — vgl. Taf. 31 B) und in der differierenden Länge der diagonal versetzten Hauptstacheln (vgl. Taf. 31 F). All diese vermeintlichen infraspezifischen Taxa erwiesen sich in ihren Merkmalen bei Kulturversuchen als instabil.

Die Nomenklatur dieser häufigen *Scenedesmus*-Art konnte bisher nicht befriedigend geklärt werden (Hegewald 1977; Komárek & Fott 1983). Der als Lösung erscheinende Name *S. communis* Hegewald wird aus mehreren Gründen von Komárek & Fott nicht anerkannt. Deshalb, und um den Fundus der Gattung nicht noch mehr mit infraspezifischen Neukombinationen zu belasten, die ohnehin wenig Wert besäßen, soll hier auf den eingebürgerten Namen zurückgegriffen werden. Auch die folgenden beiden Taxa werden mit Sicherheit bei der Abklärung des *Scenedesmus communis/quadricauda*-Problemkreises neu benannt werden müssen.

Scenedesmus quadricauda var. *heterocaudato-verrucosus* (Hortobágyi 1959) Pankow 1986 (Taf. 31 C)

4-zellige Coenobien, Außenzellen kleiner als die Innenzellen, 2 diagonal versetzte Hauptstacheln, an den anderen Zellpolen Warzen.

Neu für die DDR. Bisher nur aus Ungarn bekannt.

Scenedesmus quadricauda var. *longispina* (Chodat 1913) Smith 1916 f. *asymmetricus* (Hortobágyi 1939) Uherkovich 1966 (Taf. 31 A, D)

Coenobien 4- oder 8-zellig, mit diagonal versetzten langen Stacheln an je einem Pol der Außenzellen. Am anderen Pol eine Warze; auch an fast allen Polen der Innenzellen sind Wärzchen oder kurze Stacheln zu erkennen. Zwischen den Zellpolen ist eine äußere Zellwandschicht sichtbar. Damit erweist sich diese Alge zur Gruppe *Desmodesmus* gehörig und nicht zu *S. bicaudatus*.

Neu für die DDR

Scenedesmus sempervirens Chodat 1913 (Taf. 30 C—H)

Coenobien 2- oder 4-zellig, linear. Zellen zylindrisch mit abgerundeten Ecken, 6—11 × 2—3,5 µm. An jedem Pol der Außenzellen je ein Hauptstachel von knapper Zellänge und oftmals ein kurzer akzessorischer Stachel. An den Flanken der Außenzellen manchmal 1—3 unterschiedlich lange Nebenstacheln. Innenzellen fakultativ mit einem kurzen Stachel an einem oder an beiden Polen.

Scenedesmus serratus (Corda 1839) Bohlin 1902 (Abb. 18b; Taf. 25 G—I)

Coenobien 4-zellig, linear oder leicht alternierend. Zellen zylindrisch, an den Enden abgerundet oder kantig abgestumpft. Außenzellen oft mit konkaver Außenseite. 10—15 × 4—6 µm. An jedem Zellpol 1—3 Zähnchen, Zellflanken mit Zähnchenreihen.
Neu für die DDR.

Scenedesmus similagineus Hortobágyi 1960 (Taf. 24 G—I)

Breit ellipsoidische Zellen in 2er oder 4er Coenobien linear angeordnet. Zellpole oft leicht papillenartig verdickt; Flanken der Außenzellen stärker konvex als Innenseiten. 10—16 × 5—8 µm. Zellwand leicht punktiert. Schleimhülle vorhanden. Mitunter wurden in unregelmäßiger Verteilung große Granula an verschiedenen Stellen der Zellwand beobachtet. Darüber ist in der Literatur nichts bekannt.

Neu für das Gebiet der DDR.

Scenedesmus sooi Hortobágyi 1954 var. *verrucosus* Hortobágyi 1959 (Abb. 18e; Taf. 26 A, B)

Coenobien 2- oder 4-zellig, linear bis alternierend. Meistens 4 Hauptstacheln von knapper Zellänge, manchmal davon 1 oder 2 diagonal versetzt kürzer oder fehlend. Stachelbasis mäßig verdickt. Zellen 8—12 × 3—5 µm, etwas größer als die typische Varietät. Zellwand zart granuliert, an einigen Stellen stärkere Granula, die auch zu kurzen Reihen formiert sein können.

Neu für die DDR. Bisher aus Schweden und Ungarn bekannt.

Scenedesmus subspicatus Chodat 1926 (Taf. 6 L, 27 K—M)

Coenobien 2- oder 4-zellig, linear, dicht geschlossen. 4 Hauptstacheln, davon 2 diagonal versetzt etwas kürzer als die anderen beiden. Flanken der Randzellen mit 2—5 verschieden langen Stacheln. An den Polen aller Zellen fakultativ akzessorische Stacheln. Zellen 7—12 × 3—5 µm. Einzelzellen zylindrisch-ellipsoid, 8—10 — 4—6 µm. An jedem Pol 2 schwach gekrümmte Stacheln, unregelmäßig subpolar sitzend und in unterschiedlicher Richtung abstehend, 3—11 µm lang. Solitärzellen von *S. subspicatus* wurden mit *Lagerheimia balatonica* (Scherffel in Kol) Hindák verwechselt. Untersuchungen von Hegewald & Schmidt (1987) legten den Beweis vor, daß es sich um *S. subspicatus* handelt.

Scenedesmus tenuispina CHODAT 1926 (Abb. 18g; Taf. 30 A)

Coenobien 4-zellig, linear. Randzellen manchmal an den Flanken etwas bauchig erweitert. Zellen 9—13 × 2,5—4 µm. An den Polen der Außenzellen je ein Stachel, selten auch ein akzessorischer Stachel. Flanken der Randzellen in der Mitte mit einem Paar etwas kürzerer Stacheln, seltener nur 1 Stachel. Innenzellen mit je einem kurzen oder längeren Stachel am Pol.

Neu für die DDR.

Scenedesmus transsilvanicus KIRJAKOV 1977 (Abb. 18d; Taf. 24 C)

Nur 2-zellige Coenobien beobachtet, linear. Zellen schlank oder gedrungen. 6—9 × 1,5—3 µm. Mit jeweils mehreren Granulaleisten, die geschlossen oder unterbrochen sein können.

Neu für die DDR.

Scenedesmus tothii HORTOBÁGYI 1983 (Abb. 18h; Taf. 28 C, D)

Coenobien 8-zellig, mit ganz charakteristischer Stellung der Zellen: jeweils 4 Zellen stehen ± linear oder höchstens etwas schräg zueinander versetzt und sind von den 4 anderen Zellen des Coenobiums nach oben oder unten abgestuft. Zellen oval 10—17 × 4—5,5 µm — damit etwas größer als in der Originalbeschreibung von HORTOBÁGYI (1983). An den Ecken des Coenobiums ist jeweils ein derber Hauptstachel gelagert, der etwa so lang wie die Zelle ist. Vereinzelt treten an den Außenzellen auch akzessorische Stacheln oder Warzen auf. Die Innenzellen tragen jeweils einen kurzen Stachel oder eine Warze an jedem bzw. nur an einem Pol, oder sie sind völlig ohne Skulpturen.

Neu für die DDR. Bisher nur aus Ungarn (Donau) bekannt.

Scenedesmus verrucosus ROLL 1925 (Taf. 24 Q—T)

Coenobien 4- oder 8-zellig, von costuloider Zusammensetzung. Gedrungen ovale Zellen 7—10 × 4—8 µm. Auf der gesamten Zellwand zart bis kräftig granuliert, an den Polen oftmals größere Granula konzentriert (Taf. 24 R).

Man vergleiche mit der ausführlichen Studie von HEGEWALD & SCHNEPF (1974). KOMÁREK & FOTT (1983) erwähnen auch reihenförmige Anordnungen von feinen Granula. Das Coenobium auf Taf. 24 S zeigt kräftige Reihen von Inkrustationen, in gewisser Weise erinnert diese Alge auch an *S. granulatus* f. *verruco-costatus* — Unterschiede bestehen aber im Coenobienaufbau (vgl. S. 221 und Taf. 24 O), der bei diesem Taxon nur leicht alternierend ist.

Schroederia setigera (SCHRÖDER 1897) LEMMERMANN 1898 (Abb. 19)

Zellen mit borstenartigen Zellfortsätzen 84—138 µm lang, 4—9 µm breit.

HEGEWALD & SCHNEPF (1986) untersuchten die Art und stellten ultrastrukturelle Gleichartigkeit der beiden Zellfortsätze fest.

Schroederia spiralis (PRINTZ 1914) KORŠIKOV 1953 (Taf. 1 B)

Zellen mit Fortsätzen 42—58 × 3,5—5,5 µm.

Selenastrum bibraianum REINSCH 1867 (Taf. 13 A)

Selenastrum gracile REINSCH 1867

Selenastrum gracile var. *westii* (SMITH 1920) KRIENITZ 1985 (Taf. 13 B, C)

Vgl. KRIENITZ et al. (1985)

Siderocelis fluviatilis HINDÁK 1977 (Taf. 11 D)

Zellen oval bis eiförmig. 4—7 × 2,5—3,5 µm. Junge Zellen in weiter Gallerthülle zu Kolonien vereinigt, später solitär lebend. Mutterzellen mit 4 Autosporen. Beim Freiwerden der Sporen zersplittert die Mutterzellwand in 2 oder 4 schüsselförmige Reste. Die frisch entlassenen Sporen haben noch eine inkrustationsfreie Wand. Bald färbt sich die hyaline Zellwand jedoch bräunlich und wird völlig mit dunkelbraunen Granula bedeckt. In jeder Zelle ein muldenförmiger, pyrenoidführender Chloroplast.

Neu für die DDR. Bisher nur im Flußplankton der ČSFR gefunden.

Siderocelis kolkwitzii (NAUMANN 1921) FOTT 1934 (Taf. 11 A, B)

Zellen kugelig, mit ± dichter Granulation. Chloroplast mit Pyrenoid. Einige Mutterzellen enthielten nur eine Spore, und die Wandung dieser Zellen war angeschwollen (vgl. HINDÁK 1984, S. 190, Fig. 72/2).

Siderocelis oblonga (NAUMANN 1921) FOTT 1934 (Taf. 11 C)

Zellen oval, ohne Schleim. Chloroplast ohne Pyrenoid. 3,5—5 × 2—3,5 µm.

Siderocelis ornata (FOTT 1933) FOTT 1934 (Taf. 11 E, F, H, I)

Variable Art. Zellen oval oder unregelmäßig eiförmig. Mit oder ohne Schleim. 7—20 × 4—13 µm. 1—4 Chloroplasten mit Pyrenoid. Mutterzellen normalerweise mit 4 Sporen, aber auch mit einzelnen Tochterindividuen

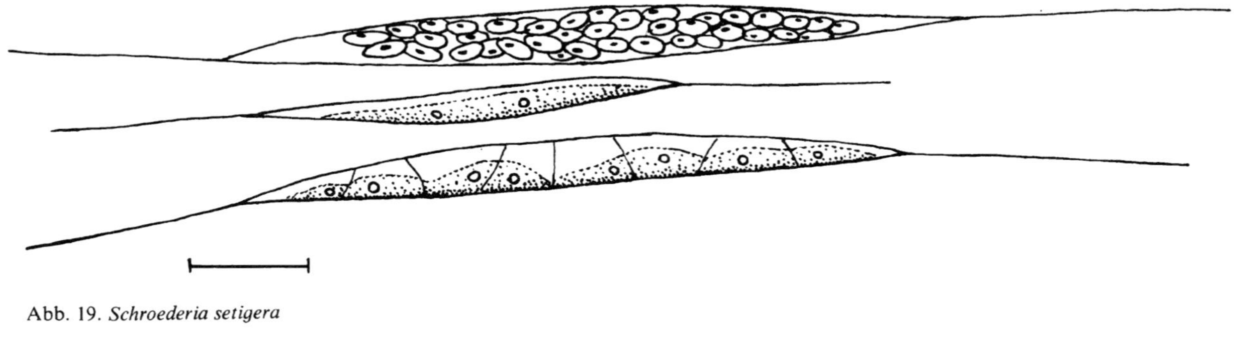

Abb. 19. *Schroederia setigera*

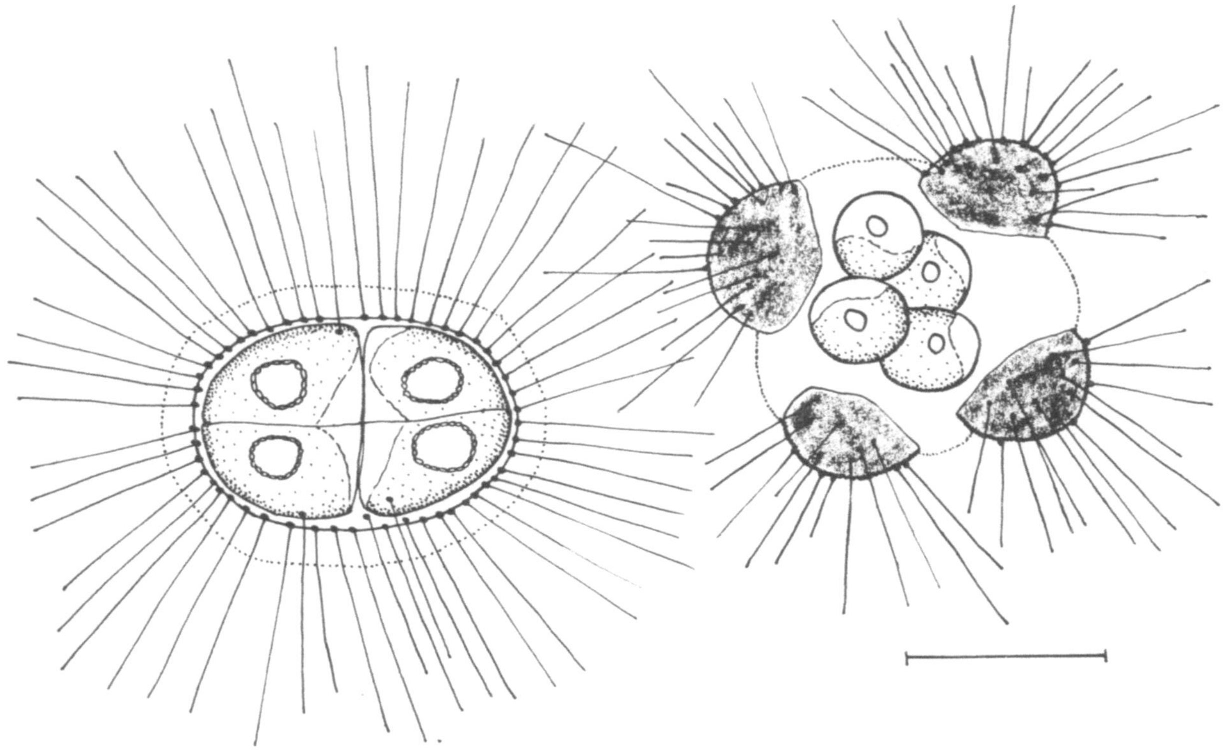

Abb. 20. *Siderocystopsis punctifera*

oder mit 2 Sporen, die serial versetzt lagern. Mutterzellwandfragmente ein- oder mehrteilig, meistens wird ein Stück der lateralen Wand abgesprengt, und die Sporen quellen aus der krugförmigen Mutterhülle.

Siderocystopsis pseudoblonga (HINDÁK 1977) HINDÁK 1984 (Taf. 2 D)

Zellen kugelig, 3—4 µm im Durchmesser, zu 8 in kugeligen Zellverbänden haftend. Jede Zelle mit zerstreuter Granulation und 2 bis zahlreichen dünnen Borsten von 7—15 µm Länge oder auch ohne Borsten.

Neu für die DDR.

Siderocystopsis punctifera (BOLOCHONZEV 1903) HEGEWALD et SCHNEPF 1984 (Abb. 20)

Diese Alge fällt durch den Freigabemodus der Autosporen auf. Die Mutterzellwand platzt in 2 oder 4 Fragmente auf. Diese weichen in einer sich aufwölbenden Schleimmasse, welche die Autosporen umgibt, auseinander.

Die Angaben im Schrifttum zur Größe der breitelliptischen Zellen streuen stark: KORŠIKOV (1953) 7—20 × 5,5—18 µm, SWALE (1964) 10—15 × 5,5—10 µm, KIRJAKOV (1974) 14—18,7 × 12,4—17,1 µm, KOMÁREK (1974) 8 × 5 µm, HINDÁK (1984) 8—20 × 7—17 µm, eigene Beobachtungen 12—17 × 7—11 µm.

Offensichtlich tritt die typische braune Tönung der Zellwand nicht immer auf, so beobachtete KOMÁREK (1974) nur farblose Zellwände. Das Material aus der Elbe war ± bräunlich.

Vegetative Zellen sind Vertretern der Gattung *Franceia* recht ähnlich, unterscheiden sich aber, wie SWALE bereits betonte und SCHNEPF et al. (1980) elektronenmikroskopisch nachwiesen, durch Basisverdickungen der zahlreichen, 5—13 µm langen, zarten Borsten. HEGEWALD & SCHNEPF (1984) wiesen nach ultrastrukturellen Untersuchungen darauf hin, daß die Art nicht zu den Micractiniaceae, sondern zu den Oocystaceae gestellt werden sollte. Sie ermittelten auch die Synonymie der unter dem Namen *S. fusca* (KORŠIKOV) SWALE bekannt gewordenen Alge mit *Golenkinia punctifera* BOLOCHONZEV und nahmen die Neukombination vor.

Neu für die DDR.

Steinedesmus arcuatus (LEMMERMANN 1898) COMAS et KOMÁREK 1985 (Taf. 20 H)

COMAS & KOMÁREK (1985) sonderten aus der Gattung *Scenedesmus* eine Reihe von Arten aus, welche sich durch einen Modus des Freiwerdens der Autosporen auszeichnen, bei dem die Tochterzellen aus einer apikalen Öffnung der Mutterzelle nach außen gelangen und überführten sie in die Gattung *Steinedesmus* KOFOID. Bei *Steinedesmus*-Arten korrelieren einige weitere Merkmale: lineare Coenobien mit klar alternierenden Zellen, fakultative Bildung von Syncoenobien, dicke Zellwand ohne Skulptur.

Die Funde von *St. arcuatus* in der Elbe zeichneten sich durch 8-zellige Coenobien aus bohnenförmigen, 5—13 × 3—8 µm großen Zellen aus. Oftmals wurden auch Syncoenobien gebildet.

Steinedesmus ovalternus (CHODAT 1926) COMAS et KOMÁREK 1985 (Taf. 20 J)

4- oder 8-zellige Coenobien aus ovalen Zellen, von Schleim umgeben. Coenobien stark alternierend, die Nachbarzellen berühren sich nur zu 1/2 der Längsseiten. Zellen 5—14 × 3—8 µm.

Steinedesmus ralfsii (PLAYFAIR 1923) COMAS et KOMÁREK 1985 (Taf. 20 K)

Vgl. KRIENITZ (1987 b).

Tetrachlorella alternans (G. M. SMITH 1926) KORŠIKOV 1939 (Taf. 20 A, B)

Zellen in charakteristischer Weise in Viererverbänden in Schleimhüllen eingelagert; die Gallerthülle ist manchmal deutlich abgesetzt. Zellen 8—12 × 5—7,5 µm. Die Zellform schwankte von breit oval über länglich oval bis eiförmig.

Tetrachlorella ornata Koršikov 1953 (Taf. 20 C, D)
Länglich-ovale oder breit ellipsoidische Zellen mit Granulationswulst an den Polen. 8—11 × 5—8 µm.

Tetraedron caudatum (Corda 1839) Hansgirg 1888 (Taf. 11 Q)

Tetraedron minimum (A. Braun 1855) Hansgirg 1888 (Taf. 11 S—U)
Bei einigen Exemplaren aus der Elbe wurde besonders gut die Gallertblase sichtbar, in der die Autosporen aus der Mutterzelle austraten. In dieser Gallerte können die Sporen einige Zeit lagern (Taf. 11 U), bevor sie zur solitären Lebensweise übergehen.

Tetraedron regulare Kützing 1845 (Taf. 11 R)

Tetraedron triangulare Koršikov 1953

Tetranephris europaea (Hindák 1978) Komárek 1979
Vgl. Heynig & Krienitz (1987).

Tetrastrum elegans Playfair 1917 (Taf. 19 G—I)
Normalerweise an jedem Pol eine kräftige Borste (Taf. 19 I). In der Elbe wurden auch Übergänge zu *T. peterfi* Hortobágyi (es kommt an einer Zelle noch ein weiterer, meist etwas kürzerer „Beistachel" vor — Taf. 19 G) und zu *T. parallelum* Hortobágyi (Borsten mit verdickter Basis — Taf. 19 H) gefunden.
Neu für die DDR.

Tetrastrum heteracanthum (Nordstedt 1882) Chodat 1895 (Taf. 19 J)
Jede Zelle mit einem asymmetrisch stehenden Hauptstachel und einem kleineren „Beistachel".
Neu für die DDR.

Tetrastrum hortobagyi Hajdu 1975 (Abb. 21 a)
Jede Zelle mit 7—18 verschieden langen Borsten (2—8 µm), die schräg zur Zellwand stehen.
Neu für die DDR.

Tetrastrum komarekii Hindák 1977 (Taf. 19 A—C)
Zellen ohne jede Ornamentierung; Chloroplast ohne Pyrenoid. Syncoenobien mitunter aus 4 anormalen 2-zelligen Coenobien zusammengesetzt (Taf. 19 C). Vgl. Krienitz (1983).

Tetrastrum punctatum (Schmidle 1900) Ahlstrom et Tiffany 1934 (Taf. 19 E, F)
Zellwand völlig oder nur im Polbereich granuliert.

Tetrastrum staurogeniaeforme (Schröder 1897) Lemmermann 1900 (Abb. 21 b; Taf. 19 K, L, N)
Jede Zelle mit 3—7 kurzen oder etwas längeren Borsten (2,5—9 µm) bewehrt. Das auf Taf. 19 N abgebildete Coenobium mit Zellen, die jeweils 9 Borsten besitzen, stellt einen zweifelhaften Fall dar und liegt wahrscheinlich im Übergangsbereich zu *T. hortobagyi*. Zu dem von Kirjakov & Vodeničarov (1986) neu beschriebenen Taxon *T. hortobagyi* var. *regulare* mit 8—12 Borsten je Zelle kann unser Fund nicht gestellt werden, weil die Borsten nicht in der für die Varietät typischen 2-reihig-parallelen Anordnung stehen.

Tetrastrum triangulare (Chodat 1900) Komárek 1974 (Taf. 19 D)

Tetrastrum triacanthum Koršikov 1939 (Taf. 19 M)

Treubaria schmidlei (Schröder 1898) Fott et Kováčik 1975 (Taf. 1 H)
Protoplast tetraedrisch mit abgerundeten Ecken. Kantenlänge 12—16 µm. 4 oder 5 farblose Fortsätze mit kräftiger Basis, Länge 20—28 µm.
Neu für die DDR.

Anhang:

Chlorotetraedron incus (Teiling 1912) Komárek et Kováčik 1985 (Taf. 33 A—C)

Pediastrum angulosum Ehrenberg ex Meneghini 1840 (Taf. 34 A)

Pediastrum biradiatum Meyen 1829 (Taf. 34 B)

Pediastrum boryanum (Turpin 1828) Meneghini 1840 (Taf. 33 D, I)

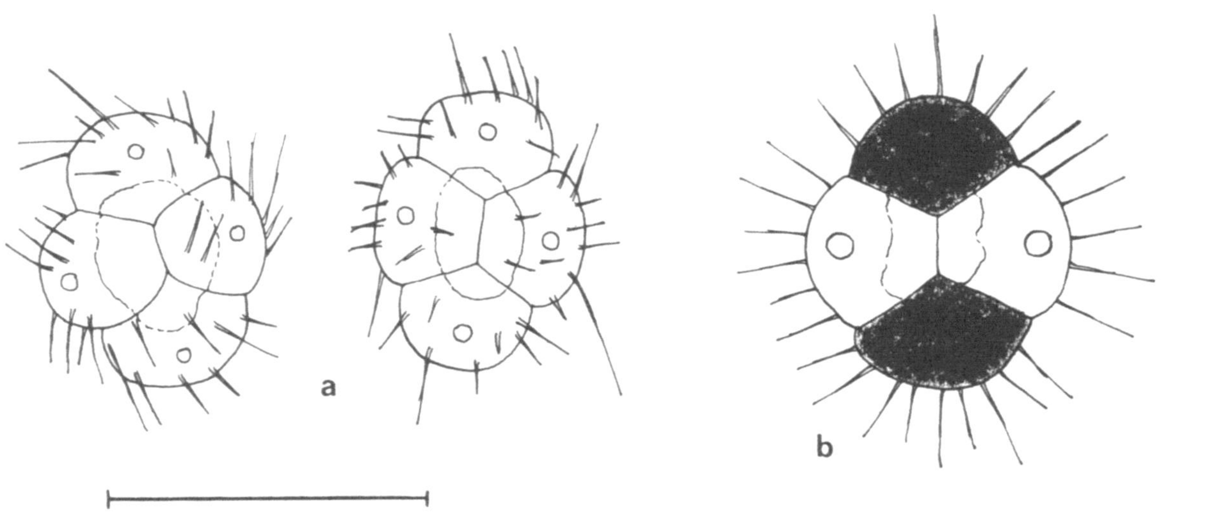

Abb. 21. a *Tetrastrum hortobagyi*, b *T. staurogeniaeforme*

P. boryanum var. *longicorne* Reinsch 1867 (Taf. 33 H)

Pediastrum duplex Meyen 1829 (Taf. 34 C, D)

P. duplex var. *subgranulatum* Raciborski 1890 (Taf. 34 E)

Pediastrum tetras (Ehrenberg) Ralfs 1844 (Taf. 33 E—G).

3.3. Artenliste

(Häufigkeitsangaben: 1 — vereinzelt, 2 — mehrfach, 3 — regelmäßig, 4 — häufig, k — nur durch Kulturversuche nachgewiesen)

Art	Häufigkeit	Volumen (μm^3)
Actinastrum fluviatile	2	116
Actinastrum hantzschii	4	77
Actinastrum mixtum	1	69
Actinastrum raphidoides	2	45
Actinastrum schroeteri	1	112
var. *subtile*	1	39
Amphikrikos buderi	2	92
Amphikrikos heynigii	2	48
Amphikrikos minutissimus	2	18
Amphikrikos nanus	2	29
Ankistrodesmus densus	2	112
Ankistrodesmus falcatus	3	104
Ankistrodesmus fusiformis	2	49
Ankistrodesmus stipitatus	2	174
Ankistrodesmus subtilis	3	9
Ankyra judayi	3	61
Ankyra lanceolata	2	195
Chlorella ellipsoidea	3	91
Chlorella homosphaera	4	7
Chlorella vulgaris	3	28
var. *vulgaris* f. *minuscula*	3	11
Chlorolobion braunii	2	127
Chodatellopsis elliptica	1	1948
Closteriopsis acicularis	3	162
Closteriopsis longissima	2	216
Coelastrum astroideum	3	65
Coelastrum microporum	4	59
Coenochloris granulata	1	113
Coenochloris mucosa	3	8
Coenochloris ovalis	2	169
Coenochloris polycocca	2	904
Coenochloris pyrenoidosa	2	221
Coronastrum ellipsoideum	2	35
Crucigenia fenestrata	2	33
Crucigenia quadrata	2	24
Crucigenia smithii	2	37
Crugigenia tetrapedia	3	23
Crucigeniella apiculata	3	39
Crucigeniella crucifera	2	35
Crucigeniella neglecta	2	38
Dactylosphaerium jurisii	3	8
Desmatractum indutum	2	69
Diacanthos belenophorus	1	70
Dicellula geminata	1	353
Dictyosphaerium ehrenbergianum	3	67
Dictyosphaerium pulchellum	2	65
Dictyosphaerium tetrachotomum	4	72
var. *fallax*	2	35
Didymocystis inconspicua	2	63
Didymocystis inermis	2	89
Didymocystis lineata	2	70
Didymocystis planctonica	3	120
Didymogenes anomala	2	26
Didymogenes palatina	2	30
Diplochloris decussata	2	13
Diplochloris diplococca	2	7
Diplochloris hoefleri	2	9
Diplochloris lunata	3	10
Fotterella tetrachlorelloides	2	680
Franceia amphitricha	2	785
Franceia ovalis	2	1130
Franceia polychaeta	2	508
Golenkinia minima	2	65
Golenkinia radiata	3	1149
Granulocystis helenae	2	324
Granulocystopsis coronata	2	340
var. *elegans*	2	365
Hyaloraphidium contortum	3	32
var. *tenuissimum*	4	11
Juranyiella javorkae	2	108
Kirchneriella dianae var. *major*	2	124
Kirchneriella irregularis	2	74
Kirchneriella lunaris	2	66
Kirchneriella obesa	2	138
Komarekia appendiculata	2	32
Lagerheimia ciliata	2	308
Lagerheimia coronata	2	837
Lagerheimia genevensis	3	59
Lagerheimia longiseta	2	412
Lagerheimia marssonii	3	71
Lagerheimia subsalsa	3	263
Lagerheimia wratislawiensis	3	304
Micractinium appendiculatum	2	321
Micractinium pusillum	3	423
Monoraphidium arcuatum	3	140
Monoraphidium contortum	4	121
Monoraphidium convolutum	3	40
Monoraphidium dybowskii	3	29
Monoraphidium griffithii	4	169
Monoraphidium irregulare	3	183
Monoraphidium komarkovae	2	150
Monoraphidium minutum	2	120
Monoraphidium neglectum	2	130
Monoraphidium subclavatum	1	71
Monoraphidium tortile	2	14
Neodesmus danubialis	3	26
Nephrochlamys allanthoidea	2	229
Nephrochlamys subsolitaria	3	193
Nephrochlamys willeana	2	170
Nephrocytium lunatum	2	569
Oocystis borgei	2	733
Oocystis lacustris	4	207
Oocystis marssonii	3	510
Oocystis parva	3	70
Oocystis spec. I	2	495
Oocystis spec. II	2	234
Planktosphaeria gelatinosa	3	479
Polyedriopsis spinulosa	2	2560
Pseudoschroederia robusta	2	2331
Quadricoccus laevis	2	67
Quadricoccus verrucosus	2	70
Radiococcus nimbatus	2	321
Raphidocelis contorta	2	17
Raphidocelis danubiana	2	77
Raphidocelis inclinata	2	64
Raphidocelis microscopica	2	5
Raphidocelis pseudomucosa	3	21
Raphidocelis roselata	2	39
Raphidocelis rotunda	2	167
Raphidocelis subcapitata	3	58
Raphidocelis van-goori	2	69
var. *decussata*	2	47
Scenedesmus aculeolatus var. *heterogranulatus*	2	190
Scenedesmus acuminatus	3	227
Scenedesmus acutus	3	154
Scenedesmus antillarum	2	187
Scenedesmus armatus	3	177
Scenedesmus arthrodesmiformis	2	154

Art	Häufigkeit	Volumen (μm^3)
Scenedesmus bicaudatus	2	111
Scenedesmus brevispina var. *subgranulatus*	2	190
Scenedesmus carinatus var. *bicaudatus*	2	58
Scenedesmus cf. *caudato-aculeolatus*	2	180
Scenedesmus circumfusus var. *bicaudatus* f. *granulatus*	2	52
Scenedesmus columnatus	2	170
Scenedesmus costato-granulatus	3	28
Scenedesmus decorus var. *bicaudato-granulatus*	2	92
Scenedesmus denticulatus	3	426
Scenedesmus dimorphus	3	167
Scenedesmus disciformis	2	216
Scenedesmus ecornis	3	189
var. *concavus*	2	112
Scenedesmus ellipsoideus	3	170
Scenedesmus ellipticus	3	67
Scenedesmus falcatus	4	316
Scenedesmus fenestratus	2	210
Scenedesmus fusiformis	2	84
Scenedesmus grahneisii	2	51
Scenedesmus granulatus	2	57
f. *magnogranulatus*	2	138
f. *verruco-costatus*	2	127
Scenedesmus gutwinskii	2	48
Scenedesmus helveticus	2	436
Scenedesmus incrassatulus	2	100
Scenedesmus insignis	3	150
Scenedesmus intermedius	3	38
var. *acaudatus*	2	
var. *acaudatus* f. *granulatus*	2	
var. *balatonicus*	3	
var. *bicaudatus* f. *granulatus*	2	
Scenedesmus lefevrei var. *manguinii*	2	117
Scenedesmus longus var. *ellipticus*	2	122
Scenedesmus lunatus	2	156
Scenedesmus magnus	3	513
Scenedesmus multispina	3	308
Scenedesmus nanus	2	33
Scenedesmus obliquus	2	173
Scenedesmus obtusiusculus	k	85
Scenedesmus opoliensis	3	275
var. *aculeatus*	2	264
var. *delicatissimus*	2	39
var. *mononensis*	k	243
Scenedesmus pannonicus	2	170
Scenedesmus protuberans	2	320
Scenedesmus pseudobernardii	3	159
Scenedesmus pseudohystrix	2	332
Scenedesmus quadricauda	4	500
var. *heterocaudato-verrucosus*	2	475
var. *longispina* f. *asymmetricus*	2	419
Scenedesmus sempervirens	3	26
Scenedesmus serratus	3	164
Scenedesmus similagineus	2	287
Scenedesmus sooi var. *verrucosus*	2	73
Scenedesmus subspicatus	3	69
Scenedesmus tenuispina	2	80
Scenedesmus transsilvanicus	2	15
Scenedesmus tothii	2	143
Scenedesmus verrucosus	3	160
Schroederia setigera	2	922
Schroederia spiralis	2	310
Selenastrum bibraianum	2	243
Selenastrum gracile	3	104
var. *westii*	3	34
Siderocelis fluviatilis	3	26
Siderocelis kolkwitzii	3	14

Art	Häufigkeit	Volumen (μm^3)
Siderocelis oblonga	2	22
Siderocelis ornata	3	402
Siderocystopsis pseudoblonga	2	19
Siderocystopsis punctifera	2	593
Steinedesmus arcuatus	3	142
Steinedesmus ovalternus	2	149
Steinedesmus ralfsii	2	161
Tetrachlorella alternans	2	188
Tetrachlorella ornata	2	180
Tetraedron caudatum	3	305
Tetraedron minimum	3	380
Tetraedron regulare	2	294
Tetraedron triangulare	2	267
Tetranephris europaea	2	15
Tetrastrum elegans	2	50
Tetrastrum heteracanthum	2	48
Tetrastrum hortobagyi	2	45
Tetrastrum komarekii	3	41
Tetrastrum punctatum	2	39
Tetrastrum staurogeniaeforme	3	54
Tetrastrum triacanthum	2	50
Tetrastrum triangulare	2	39
Treubaria schmidlei	2	904
Anhang:		
Chlorotetraedron incus	2	
Pediastrum angulosum	2	
Pediastrum biradiatum	2	
Pediastrum boryanum	3	
var. *longicorne*	2	
Pediastrum duplex	3	
var. *subgranulatum*	2	
Pediastrum tetras	3	

4. Zusammenfassung

Im Flußabschnitt der mittleren Elbe (DDR) wurden 196 Arten und 19 infraspezifische Taxa der Chlorellales beobachtet. Die lichtmikroskopischen Merkmale dieser Algen wurden beschrieben und diskutiert.

Die neue Varietät *Scenedesmus brevispina* (SMITH) CHODAT var. *subgranulatus* KRIENITZ sowie die neue Kombination *Scenedesmus opoliensis* P. RICHTER var. *delicatissimus* (MASJUK) KRIENITZ wurden begründet.

Summary

In the middle area of the river Elbe (G.D.R.) 196 species and 19 infraspecifical taxa of the Chlorellales were observed. The light microscopical characteristics of these algae were described and discussed.

The new varietas *Scenedesmus brevispina* (SMITH) CHODAT var. *subgranulatus* KRIENITZ and the new combination *Scenedesmus opoliensis* P. RICHTER var. *delicatissimus* (MASJUK) KRIENITZ were established.

Резюме

В центральном части реки Elbe (ГДР) 196 виды и 19 вариации или формы хлорококковых водорослей были наблюдены. Признаки этих водорослей написаны и дискутированы.

Предлагается новая вариация *Scenedesmus brevispina* (SMITH) CHODAT var. *subgranulatus* KRIENITZ и новая комбинация *Scenedesmus opoliensis* P. RICHTER var.· *delicatissimus* (MASJUK) KRIENITZ.

Literatur

ANDREEVA, V. M. (1975): Rod *Chlorella*. Leningrad.

BRAUNE, W. (1975): Studien zur Algenbesiedlung der Saale im Raum Jena II. Vergleich der jahreszeitlichen Besiedlungsdynamik ober- und unterhalb der Stadt. *Limnologica* (Berlin) **9** (3), 443—480.

BUCK, R. (1978): *Fotterella tetrachlorelloides* genus novum, species nova, eine neue chlorococcale Alge aus stehenden Gewässern Frankens. Arch. Hydrobiol., Suppl. **51**, Algol. Stud. **20**, 298 bis 304.

CHODAT, R. (1926): *Scenedesmus*. Z. Hydrol. **3**, 71—258.

COMAS, A. (1980): Nuevas e interessantes Chlorococcales (Chlorophyceae) de Cuba. Acta bot. Cubana **2**, 1—18.

— & KOMÁREK, J. (1984): Taxonomy and nomenclature of several species of *Scenedesmus* (Chlorellales). Arch. Hydrobiol., Suppl. **67**, Algol. Stud. **35**, 135—157.

COMPÉRE, P. (1976): Observations taxonomiques et nomenclaturales sur quelques algues vertes (Chlorophyta) de la region du lac Tchad (Afrique Centrale). Bull. Jard. bot. nat. Belg. **46**, 227—234.

CRAWFORD, R. M. (1978): A new forma and a new species of the genera *Scenedesmus* and *Siderocelis* (Chlorophyceae) from the nannoplankton of a brackish-water coastal pool. Protoplasma **96**, 351—360.

DESCY, J. P. (1987): Phytoplankton composition and dynamics in the river Meuse (Belgium). Arch. Hydrobiol., Suppl. **78**, Algol. Stud. **47**, 225—245.

ETTL, H. (1981): Die neue Klasse Chlamydophyceae, eine natürliche Gruppe der Grünalgen (Chlorophyta). Pl. Syst. Evol. **137**, 107—126.

— & KOMÁREK, J. (1982): Was versteht man unter dem Begriff „coccale Grünalgen"? Arch. Hydrobiol., Suppl. **60**, Algol. Stud. **29**, 345—374.

FOTT, B. (1948): A monograph of the genera *Lagerheimia* and *Chodatella*. Vest. Karlov. Česke Společnosti Nauk, Třida Mat. prirod. **3**, 1—32.

— (1974): Taxonomische Übersicht der Gattung *Ankyra* (Characiaceae, Chlorococcales). Preslia **46**, 289—299.

— (1977): Taxonomische Übersicht der Gattung *Actinastrum* und der Unterfamilie Actinastroideae (Scenedesmaceae). Preslia **49**, 1—8.

— (1979): Die Gattung *Diplochloris* KORŠIKOV. Arch. Hydrobiol., Suppl. **56**, Algol. Stud. **23**, 139—146.

— & HEYNIG, H. (1961): *Siderocelis nana* spec. nova. Preslia **33**, 351—353.

FOTT, B., & NOVÁKOVÁ, M. (1969): A monograph of the genus *Chlorella*. The fresh water species. In: FOTT, B. (ed.): Studies in phycology, pp. 10—59. Praha.

HAJDU, L. (1977): Über die Wiederaufstellung von *Coelastrum astroideum* DE NOT. (Chlorophyta, Chlorococcales). Ann. Hist.-nat. Mus. Nat. Hung. **69**, 37—40.

HECKMAN, C. W. (1984): Effects of dike construction on the wedland ecosystem along the freshwater section of the Elbe Estuary. Arch. Hydrobiol., Suppl. **61** (Elbe-Aestuar **5**), 397—508.

HEGEWALD, E. (1978): Eine neue Unterteilung der Gattung *Scenedesmus* MEYEN. Nova Hedwigia **30**, 343—376.

— (1979): Vergleichende Beobachtungen an Herbarmaterial von *Scenedesmus*. Arch. Hydrobiol., Suppl. **56**, Algol. Stud. **24**, 264 bis 286.

— (1985): Investigations on the lakes of Peru and their phytoplankton. 7. Algae of Laguna Yarinacocha, Pucallpa, with special reference to *Scenedesmus denticulatus* var. *linearis*. Arch. Hydrobiol., Suppl. **71**, Algol. Stud. **40**, 419—424.

— JEEJI-BAI, N., & HESSE, M. (1975): Taxonomische und floristische Studien an Planktonalgen aus ungarischen Gewässern. Arch. Hydrobiol., Suppl. **46**, Algol. Stud. **13**, 392—432.

— & SCHMIDT, A. (1987): Untersuchungen an Isolaten und Freilandmaterial der Gattung *Lagerheimia*, Chlorophyta. Arch. Hydrobiol., Suppl. **73**, Algol. Stud. **45**, 523—558.

— & SCHNEPF, E. (1974): Beitrag zur Kenntnis der Grünalgenart *Scenedesmus verrucosus* ROLL. Arch. Hydrobiol., Supp. **46**, Algol. Stud. **11**, 151—162.

— — (1984): Zur Struktur und Taxonomie bestachelter Chlorellales. Nova Hedwigia **39**, 297—383.

— — (1986): Zur Struktur und Taxonomie spindelförmiger Chlorellales (Chlorophyta): *Schroederia*, *Pseudoschroederia* gen. nov., *Closteriopsis*. Arch. Hydrobiol., Suppl. **73**, Algol. Stud. **42**, 21—48.

— — & ALDAVE, A. (1978): Investigations on the lakes of Peru and their phytoplankton. 4. The algae of Laguna Paca with special reference to *Chodatella subsalsa* and *Scenedesmus ellipticus*. Arch. Hydrobiol., Suppl. **51**, Algol. Stud. **21**, 384—392.

— — — (1980): Investigations on the lakes of Peru and their phytoplankton. 5. The algae of Laguna Piuray and Laguna Huaypo, Cuzco, with special reference to *Franceia*, *Oocystis* and *Scenedesmus*. Arch. Hydrobiol., Suppl. **56**, Algol. Stud. **25**, 387—420.

— & SILVA, P. C. (1988): Annotated Catalogue of *Scenedesmus* and nomenclaturally related genera, including original descriptions and figures. Bibliotheca Phycologica **80**, iii—xii, 1—587.

HEYNIG, H. (1965): *Siderocelis Buderi* nova spec. und *Siderocelis minutissima* (KORSCH.) nova comb. (Chlorococcales). Arch. Protistenkd. **108**, 41—46.

— (1984): Interessante Phytoplankter aus Gewässern des Bezirks Halle (DDR). IV. ibid. **128**, 341—349.

— (1989): Interessante Phytoplankter aus Gewässern des Bezirks Halle (DDR). VI. ibid **137**, 57—68.

— & KRIENITZ, L. (1982): *Monoraphidium neglectum* n. sp. sowie einige Bemerkungen zu den Gattungen *Monoraphidium*, *Chlorolobion* und *Keratococcus* (Chlorococcales). ibid. **125**, 335—344.

—— (1987): Interessante coccale Grünalgen (Chlorellales) aus einem Altwasser der Elbe (DDR). ibid. **134**, 49—58.

HINDÁK, F. (1974): The chlorococcal algal genus *Didymogenes* SCHMIDLE 1905. Biológia **29**, 559—570.

— (1977): Studies on the chlorococcal algae (Chlorophyceae) I. Biol. Práce **23** (4), 1—192.

— (1979): Some problems in the taxonomy of the genus *Scenedesmus* MEYEN (Chlorococcales, Chlorophyceae). Biológia **34**, 811—822.

— (1980a): Studies on the chlorococcal algae (Chlorophyceae) II. Biol. Práce **26** (6), 1—195.

— (1980b): The genera *Tetrachlorella* and *Fotterella* (Chlorococcales, Chlorophyceae). Preslia **52**, 1—12.

— (1984): Studies on the chlorococcal algae (Chlorophyceae) III. Biol. Práce **84** (1), 1—308.

— & ZAHUMENSKY, L. (1983): Algenverzeichnis im tschechoslowakischen Donauabschnitt. Arch. Hydrobiol., Suppl. **68**, (Veröff. Arbeitsgem. Donauforschg. **7**), 114—133.

HOLTMANN, T., & HEGEWALD, E. (1986): Der Einfluß von Nährlösungen auf die Variabilität von Isolaten der Gattung *Scenedesmus* Untergattung *Acutodesmus*. Arch. Hydrobiol., Suppl. **73**, Algol. Stud. **44**, 365—380.

HORTOBÁGYI, T. (1940): Die Algen der Cinkotaer stehenden Wasser. II. Borbasia **2**, 3—9.

— (1959): Algen aus den Fischteichen von Buzsák I. Nova Hedwigia **1**, 41—64.

— (1960): Das mehrmonatige Leben von Algen eines austrocknenden Teichbettes unter erschwerten Bedingungen. Acta Biol. Acad. Sci. Hung. **10**, 299—330.

— (1966): *Lagerheimia* convergencies in the fishponds of Buzsák. Acta biol. Hung. **16**, 327—339.

— (1967): Neue Beiträge zur Kenntnis der Scenedesmen Ungarns. Acta Bot. Acad. Sci. Hung. **13**, 21—60.

— (1969): Algen aus Vietnam IV. Chlorophyta II (Scenedesmen, Conjugatophyceae). ibid **15**, 37—69.

— (1973): The microflora in the settling and subsoil water enriching basins of the Budapest waterworks. Budapest.

— (1979): New Chlorococcales species in the Danube. Hybrid algae? Acta Biol. Szeged **25**, 7—12.

— (1980): New *Scenedesmus* taxa from the Budapest section of the Danube. Acta Bot. Acad. Sci. Hung. **26**, 317—337.

— (1983): *Scenedesmus tothii* nova species. Bot. Közl. **70**, 97—102.

HUBER-PESTALOZZI, G. (1929): Algologische Mitteilungen VIII. Algen aus dem Lago di Muzzano. Arch. Hydrobiol. 20, 413 bis 426.

HÜBENER, T. (1987): Autökologisch-soziologische Untersuchungen an der Algenvegetation des Warnow-Einzugsgebietes. Diss. A, Rostock.

KALINA, T., & PUNČOCHÁŘOVÁ, M. (1987): Taxonomy of the subfamily Scotiellocystoideae FOTT 1976 (Chlorellaceae, Chlorophyceae). Arch. Hydrobiol., Suppl. 73, Algol. Stud. **45**, 473—521.

KIRJAKOV, I. (1974): Prinos k"m vodoraslovata flora na B"lgarija. III. Naučni trudova **12**, 23—30.

— & VODENIČAROV, D. G. (1986): Die Gattung *Tetrastrum* CHOD. 1895 (Chlorococcales) in den Gewässern Bulgariens. Arch. Hydrobiol., Suppl. 73, Algol. Stud. **44**, 351—363.

KLOSE, H. (1968): Untersuchungen über den Indikatorwert des Potamoplanktons. Int. Rev. ges. Hydrobiol. **53**, 781—805.

KOMÁREK, J. (1974): The morphology and taxonomy of crucigenoid algae (Scenedesmaceae, Chlorococcales). Arch. Protistenkd. **116**, 1—75.

— (1979): Änderungen in der Taxonomie der Chlorokokkalalgen. Arch. Hydrobiol., Suppl. **56**, Algol. Stud. **24**, 239—263.

— (1983): Contribution to the chlorococcal algae of Cuba. Nova Hedwigia **37**, 65—180.

— & FOTT, B. (1983): Chlorophyceae (Grünalgen), Ordnung Chlorococcales. In: HUBER-PESTALOZZI, G., Das Phytoplankton des Süßwassers. 7. Teil, 1. Hälfte. Stuttgart.

— & PERMAN, J. (1978): Review of the genus *Dictyosphaerium* (Chlorococcales). Arch. Hydrobiol., Suppl. **51**, Algol. Stud. **20**, 233—297.

KOMÁRKOVÁ-LEGNEROVÁ, J. (1969): The systematics and ontogenesis of the genera *Ankistrodesmus* CORDA and *Monoraphidium* gen. nov. In: FOTT, B. (ed.), Studies in phycology, pp. 75 to 144. Praha.

KORŠIKOV, O. A. (1953): Pidklas Protokokkovi (Protococcinae). Vizn. prisnovodn. vod. URSR **5**. pp. 1—439. Kiev.

KRIENITZ, L. (1983): Einige chlorococcale Algen aus dem Gebiet der mittleren Elbe. Arch. Protistenkd. **127**, 297—305.

— (1984a): Zur Flora coccaler Grünalgen im Phytoplankton des Naturschutzgebietes Cösitzer Teich (Kreis Köthen, Bezirk Halle). Hercynia N. F. **21**, 20—51.

— (1984b): Zur Flora coccaler Grünalgen im Phytoplankton einiger Flachgewässer des Micheln-Trebbichauer Teichgebietes (Kreis Köthen, Bezirk Halle). ibid. **21**, 109—143.

— (1984c): Zur Flora coccaler Grünalgen im Phytoplankton einiger Gewässer des Biosphärenreservates Steckby-Lödderitzer Forst (Kreis Schönbeck, Bezirk Magdeburg). ibid. **21**, 264 bis 293.

— (1984d): Studien an planktischen coccalen Grünalgen des Köthener Gebietes unter Freiland- und Laboratoriumsbedingungen. Diss. B, Rostock.

— (1986a): Drei neue Arten coccaler Grünalgen (Chlorellales) aus dem Plankton der Elbe. Arch. Protistenkd. **132**, 299—311.

— (1986b): Algologische Ergebnisse der Exkursion in das Gebiet Kursk (UdSSR) 1983. Wiss. Hefte Päd. Hochsch. Köthen.

— (1987a): Studien zur Morphologie und Taxonomie der Untergattung *Acutodesmus* (Chlorellales). Arch. Hydrobiol., Suppl. **78**, Algol. Stud. **46**, 1—37.

— (1987b): Einige neue und interessante coccale Grünalgen (Chlorellales) aus Flachgewässern des Elbe-Saale-Gebietes (DDR). *Limnologica* (Berlin) **18** (2), 441—450.

— & HEYNIG, H. (1982): Beobachtungen an *Ankyra lanceolata* (KORŠ. 1953) FOTT 1957 und *Ankyra spatulifera* (KORŠ. 1953) FOTT 1957 (Chlorococcales) im Freiland. Arch. Protistenkd. **126**, 265—271.

— KLEIN, G., & BÖHM, H. (1982): Zur Kenntnis der Morphologie und Ultrastruktur von *Dactylosphaerium jurisii* HINDÁK (Chlorococcales). Arch. Hydrobiol., Suppl. **63**, Algol. Stud. **32**, 351—361.

——— (1985): Zur Morphologie und Ultrastruktur von *Selenastrum gracile* REINSCH 1867 (Chlorellales). Arch. Protistenkd. **130**, 79—92.

— — — (1986): Morphologie und Ultrastruktur einiger Arten der Gattung *Monoraphidium* (Chlorellales). II. *Monoraphidium contortum*, *M. convolutum* und *M. pusillum*. Arch. Hydrobiol., Suppl. **73**, Algol. Stud. **44**, 331—350.

—— HEYNIG, H., & BÖHM, H. (1083): Morphologie und Ultrastruktur einiger Arten der Gattung *Monoraphidium* (Chlorellales). I. *Monoraphidium griffithii*, *M. neglectum* und *M. tortile*. Arch. Hydrobiol., Suppl. **63**, Algol. Stud. **33**, 401—417.

MARVAN, P., KOMÁREK, J., & COMAS, A. (1984): Weighting and scaling of features in numerical evaluation of coccal green algae (genera of the Selenastraceae). Arch. Hydrobiol., Suppl. **67**, Algol. Stud. **37**, 363—399.

MASJUK, N. D. (1962): Novi ta cikavi vidi rodu *Scenedesmus* MEYEN z vodojmu Volinskogo polissja. Ukr. Bot. Žur. **19**, 73—83.

MEYEN, F. J. F. (1829): Beobachtungen über einige niedere Algenformen. Nova Acta phys.-med. Acad. Caes. Leop. Carol. **14**, 769—778.

MÖLLER, B., & PANKOW, H. (1981): Algensoziologische und saprobiologische Untersuchungen an Vorflutern der Elbe. *Limnologica* (Berlin) **13** (2), 291—350.

MÜLLER, U. (1984): Das Phytoplankton der Elbe. I. Jahreszyklus der Bacillariophyceae im Süßwasserbereich bei Pevestorf. Arch. Hydrobiol., Suppl. **61** (Untersuch. Elbe-Aestuar **5**), 587—603.

NAUWERCK, A. (1963): Die Beziehungen zwischen Zooplankton und Phytoplankton im See Erken. Symb. Bot. Upsal. **XVII**, **5**, 1—163.

NÖTHLICH, I. (1972): Trophische Struktur und Bioaktivität der Planktongesellschaft im unteren limnischen Bereich des Elbe-Aestuars. Arch. Hydrobiol., Suppl. **43** (Untersuch. Elbe-Aestuar **4**), 33—117.

NYGAARD, G., KOMÁREK, J., KRISTIANSEN, J., & SKULBERG, O. M. (1986): Taxonomic designations of the bioassay alga NIVA-CHL 1 („*Selenastrum capricornutum*") and some related strains. Opera Botanica **90**, 1—46.

PANKOW, H. (1986): Taxonomische und nomenklatorische Änderungen in der Gattung *Scenedesmus* MEYEN 1829. Arch. Protistenkd. **132**, 137—166.

PEUKERT, V. (1976): Die Primärproduktion der Elbe in Abhängigkeit von Globalstrahlung, Lichtklima und Temperatur. *Limnologica* (Berlin) **10**, 357—368.

PHILIPOSE, M. T. (1967): Chlorococcales. New Dehli.

PICKETT-HEAPS, J. D. (1975): Green algae: Structure, reproduction and evolution in selected genera. Sunderland.

PUNČOCHÁŘOVÁ, M., & KALINA, T. (1987): Taxonomy of *Chlorella vulgaris* BEIJERINCK, infraspecific taxa and related species. Mskr. Smolenice.

ŘEHAKOVÁ, H. (1969): Die Variabilität der Arten der Gattung *Oocystis* A. BRAUN. In: FOTT, B. (ed.), Studies in phycology, pp. 145—196. Praha.

SCHMIDLE, W. (1897): Algen aus den Hochseen des Kaukasus. Arb. bot. Garten Tiflis **2**, 267—276.

SCHMIDT, A. (1980): Beitrag zur Kenntnis der Gattung *Quadricoccus* FOTT (Chlorococcales). Arch. Hydrobiol., Suppl. **56**, Algol. Stud. **25**, 375—381.

— (1987): Algologische Daten aus der ungarischen Donaustrecke. Kurzref. d. 26. Arbeitstagung d. IAD, Passau, pp. 410—415.

SCHNEPF, E., DEICHGRÄBER, G., GLAAB, M., & HEGEWALD, E. (1980): Bristles and spikes in Chlorococcales: Ultrastructural studies in *Acanthosphaera*, *Micractinium*, *Pediastrum*, *Polyedriopsis*, *Scenedesmus*, and *Siderocystopsis*. J. Ultrastr. Res. **72**, 367—379.

SCHORLER, B. (1900): Das Plankton der Elbe bei Dresden. Z. Gewässerkd. **3**, 1—27.

— (1907): Mitteilung über das Plankton bei Dresden im Sommer 1904. Arch. Hydrobiol., Planktonkd. **2**, 355—357.

SCHULZ, H. (1961): Qualitative und quantitative Planktonuntersuchungen im Elbe-Aestuar. Arch. Hydrobiol., Suppl. **26** (Untersuch. Elbe-Aestuar **1**), 5—105.

SCHWOERBEL, J. (1966): Methoden der Hydrobiologie. Stuttgart.

SELK, H. (1908): Beiträge zur Kenntnis der Algenflora der Elbe und ihres Gebietes. Mitt. Bot. Staatsinst. Hamburg **25**, 1—119.

SIMPSON, P. D., & VAN VALKENBURG, S. D. (1978): The ultrastructure of *Mychonastes ruminatus* gen. et sp. nov., a new member of the Chlorophyceae isolated from brackish water. Br. phycol. J. **13**, 117—130.

SODOMKOVA, M. (1972): Taxonomische Übersicht der Gattung *Coelastrum* NÄGELI. Acta Univ. Carol. Biol., Praha **1970**, 481—512.

STEINBERG, C., HEINDEL, B., TILLE-BACKHAUS, R., & KLEE, R. (1987): Phytoplanktonstudien an langsamfließenden Gewässern: Donau und Vils. Arch. Hydrobiol., Suppl. **68**, (Donauforsch. 7), 437—456.

SWALE, E. M. F. (1969): Phytoplankton in two english rivers. J. Ecol. **57**, 1—23.

TELL, G., & MOSTO, P. (1982): Chlorophyceae, Chlorococcales. In: Flora criptogamica de tierra del fuego, pp. 1—147. Buenos Aires.

UHERKOVICH, G. (1966): Die *Scenedesmus*-Arten Ungarns. Budapest.

UTERMÖHL, H. (1958): Zur Vervollkommnung der quantitativen Phytoplankton-Methodik. Mitt. int. Ver. Limnol. **9**, 1—38.

VOLK, R. (1903): Hamburgische Elbe-Untersuchungen. I. Allgemeines über die Entwicklung der Sielgewässer auf die Organismen des Stromes. Mitt. Naturhist. Mus. Hamburg **19**, 65—154.

— (1906): Hamburgische Elbe-Untersuchungen. VIII. Studien über die Einwirkung der Trockenwetterperiode im Sommer 1904 auf die biologischen Verhältnisse der Elbe bei Hamburg mit einem Nachtrag über chemische und planktologische Methoden. ibid. **23**, 1—101.

WILLEN, E. (1976): A simplified method of phytoplankton counting. Br. phycol. J. **11**, 265—278.

Anschrift des Verfassers:

Dr. sc. LOTHAR KRIENITZ
Akademie der Wissenschaften der DDR
Zentralinstitut für Mikrobiologie
und Experimentelle Therapie Jena,
Abteilung Experimentelle Limnologie
Alte Fischerhütte
Neuglobsow
DDR-1431

Limnologica (Berlin) **21** (1), 233—235, Oktober 1990

Akademie der Wissenschaften der DDR, Institut für Geographie und Geoökologie, Abt. Aquatische Ökosysteme, Berlin

Rotifers of the Genus *Synchaeta* — an Important Component of the Zooplankton in the Coastal Waters of the Southern Baltic[1]

By HARTMUT ARNDT, CAROLA SCHRÖDER & WERNER SCHNESE†

With 2 Figures

Abstract

Preliminary studies were intended to contribute to our knowledge of *Synchaeta*, a rotifer genus that is abundant in brackish waters, but rarely been investigated. In the coastal waters between Hiddensee island and the Darss-Zingst peninsula, at least 16 species were found. Remarks on food items, field preferences for temperature and salinity, and growth rates for some species are given. In addition to several kinds of algae, bacteria (incl. cyanobacteria) and ciliates were ingested by the investigated species. Routine sampling in the Darss-Zingst estuary revealed highest abundances of *Synchaeta* species in early spring and autumn. During early spring, *Synchaeta* account for most of the metazooplankton biomass (> 60%) and are able to consume a significant fraction of the spring peak of phyto- and protozooplankton production. Their use as a food source by higher trophic levels seems to be of minor importance. Much taxonomic and ecological work has to be done to improve our knowledge concerning the function of this important rotifer genus in coastal ecosystems.

Introduction

Despite the importance of *Synchaeta* in many estuaries of the boreal and temperate regions, only a few studies have dealt with their ecology (e. g. HOLLOWDAY 1949; SCHWARZ 1962/63; GIERE 1968; HERNROTH 1983; ROUSSELET 1902). The following presentation of our preliminary results on *Synchaeta* species from the Darss-Zingst estuary (southern Baltic) could perhaps stimulate further investigators to study this delicate and complex, but interesting rotifer genus.

Remarks on species determination

One important reason for our poor knowledge of *Synchaeta* ecology are the difficulties in species determination: 1) only living animals are suitable for this purpose (!); 2) practice is necessary to recognize the important morphological features; 3) morphological characteristics could vary between individuals of the same species; 4) generally more than two species coexist. Fig. 1 presents drawings of the uncus of five *Synchaeta* species from the Darss-Zingst estuary. According to KOSTE (pers. comm.) the differentiation of *S. oblonga* and *S. littoralis* has yet to be clearly defined. Our population of *S.* '*oblonga*' was more delicate and significantly smaller (uncus 15—20 µm length) than *S.* '*littoralis*' (23—25 µm). Obviously unci of *S. oblonga* may differ from population to population (cf. DONNER 1965; POURRIOT, pers. comm.). In the Vistuła lagoon, these two species also seem to cooccur (cf. ADAMKIEWICZ-CHOJNACKA, pers. comm. prep.). Although there are useful keys for determination of species (e. g. KUTIKOVA 1970; KOSTE 1978), there is a strong demand for thorough anatomical investigation (cf. KOSTE 1981). Due to the species diversity and high productivity, the Baltic could serve as an excellent study area for such purposes.

Fig. 1. Drawings of unci (trophi) of *Synchaeta* species from the Darss-Zingst estuary, southern Baltic.
A: *S.* '*littoralis*' (23—25 µm length); B: *S. vorax* (23—26 µm); C: *S.* '*oblonga*' (15—20 µm); D: *S. cecilia* (9—10 µm); E: *S. curvata* (24 µm)

List of species

In the Darss-Zingst estuary (DZ) (own observations; 2—8°/₀₀ S) and a neighbouring body of water around Hiddensee island (Hi) (according to observations by SCHWARZ 1962/63; 7—11°/₀₀ S), at least 16 *Synchaeta* species (nomenclature according to KOSTE 1978) occur: *S. baltica* EHRB. (DZ, Hi), *S. cecilia* ROUSS. (DZ), *S. curvata* LIE-PETTERSEN (DZ, Hi), *S. grimpei* REMANE (Hi), *S. gyrina* HOOD (Hi), *S. lakowitziana* LUCKS (DZ), *S.* '*littoralis*' ROUSS. (DZ, Hi), *S. monopus* PLATE (DZ, Hi), *S.* '*oblonga*' EHRB. (DZ), *S. pectinata* EHRB. (DZ), *S. stylata* WIERZ. (DZ), *S. tavina* HOOD (Hi), *S. tremula tremula* (O. F. MÜLLER) (DZ), *S. t. kitina* (ROUSS.) (DZ), *S. triophthalma* LAUTERBORN (Hi), and *S. vorax* ROUSS. (DZ, Hi).

Remarks on ecology

Since knowledge concerning ecology of this important rotifer genus is very limited (e. g. CARLIN 1943; POURRIOT 1965, 1977; BERNER-FANKHAUSER 1983; JOHANSSON 1987; EGLOFF 1988), we present our preliminary results on the estuarine populations of the southern Baltic.

[1] Poster presented at the 9th Symposium of the Baltic Marine Biologists, Turku/Finland, June 1985.

Table 1. Food items of three species of *Synchaeta*

Species	Food organism	Feeding rate	Method
S. vorax	*Pseudomonas* sp.	3.5—14.2 ng dw · $ind^{-1} \cdot h^{-1}$	^{14}C
	Microcystis aeruginosa (single cells)	18800 ± 9700 cells · $ind^{-1} \cdot h^{-1}$	^{14}C
	Chlorella vulgaris	16100 ± 11300 cells · $ind^{-1} \cdot h^{-1}$	^{14}C
	Scenedesmus quadricauda	5000 cells · $ind^{-1} \cdot h^{-1}$	^{14}C
	Monoraphidium contortum	31600 ± 11600 cells · $ind^{-1} \cdot h^{-1}$	^{14}C
	Chilodonella sp. (ciliate, 20 × 30 μm)	0.5—3 cells · $ind^{-1} \cdot h^{-1}$	^{14}C
S. 'littoralis'	Centric diatoms (*Stephanodiscus* a. o.)		direct observations
	Paramecium sp. (ciliate, 135 × 40 μm)	0.2—0.4 cells · $ind^{-1} \cdot h^{-1}$	^{14}C and counting (BURCKHARDT & ARNDT 1987)
S. cecilia	*M. aeruginosa* *Peridinium* spp. *S. quadricauda* *S. acutus* *Ankistrodesmus falcatus* *Dictiosphaerium ehrenbergianum* *Dunaliella salina*	significant egg production when offered as food in Laboratory cultures	
	Oscillatoria redekei *O. agardhii* *Aphanizomenon flos-aquae*	no egg production	

A) Feeding: Species of the genus *Synchaeta* are able to ingest particles ranging in size from bacteria (see Table 1) to rotifers (KOSTE, pers. comm.). We found that even the animals of one population (*S. vorax*) are able to consume bacteria, cyanobacteria, algae, flagellates and ciliates. According to our studies involving culture experiments with different food items and determination of feeding rates using ^{14}C-labelled food, respectively, the food items given in Table 1 were consumed by *Synchaeta*. According to correlation analysis of field data flagellates seem to be a generally useful food item for *Synchaeta*.

B) Temperature preferences: Under field conditions a distinction exists between species such as *S. 'littoralis'*, *S. 'oblonga'*, and *S. lakowitziana* which are generally found in cooler waters (< 10—15 °C) and those such as *S. cecilia*, *S. t. kitina*, and *S. triophthalma* found in warmer waters (> 15 °C). *S. vorax* seems to be a eurythermal species.

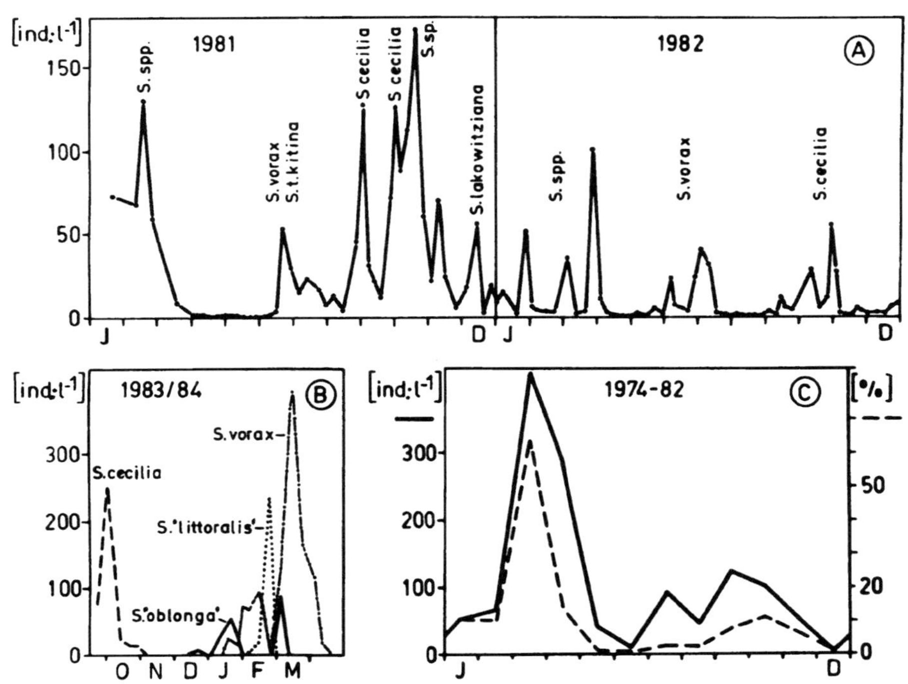

Fig. 2. Seasonal changes in abundances of *Synchaeta* spp. in the Darss-Zingst estuary at station Zingster Strom (3—7‰ S). A: Abundances and dominant species in 1981/82 (51-HYDROBIOS-sampler, 251 integreted samples, analysis of living and filtered fixed samples); B: Species succession in 1983/84 (living samples); C: Monthly mean abundances (———) for 9 years (1974—82, sedimented fixed samples) and percentage of *Synchaeta* as a part of total mesozooplankton biomass (— — —)

C) Salinity: In the Darss-Zingst estuary some of the marine *Synchaeta* species could be found at salinities down to 3‰ S: *S. cecilia*, *S. 'littoralis'*, and *S. vorax*. Some limnetic species tolerated salinities up to 5‰ S: *S. lakowitziana*, *S. 'oblonga'*, *S. t. tremula*, *S. t. kitina*.

D) Growth rates: Laboratory populations (22 °C) of *S. cecilia* reached r-values of up to $1.4 \cdot d^{-1}$ and a generation time of 2.2 days (cf. ARNDT et al. 1985), indicating a very high potential for growth under nearly optimal conditions. Analysis of field data revealed r-values for *S. cecilia* (Sept./Oct. 1983, 14 °C) and *S. vorax* (Feb./Mar. 1984, 2—3 °C) of 0.11 and $0.10 \cdot d^{-1}$, respectively, corresponding to values found by HERNROTH (1983). Such high values were also found in laboratory cultures by EGLOFF (1988).

Seasonal succession and importance in the food web

Routine sampling at the Zingster Strom station (Darss-Zingst estuary) revealed highest numbers of *Synchaeta* in early spring and a second peak of abundance in autumn (Fig. 2A—C). As SCHWARZ (1962/63) already reported there is an alternation of *Synchaeta* species which seems to be governed by changes in temperature, salinity, and abundance of food (e. g. flagellates). The short term succession of species points to significantly different ecological requirements among species. In early spring *Synchaeta* forms the major fraction of the zooplankton biomass (Fig. 2C). At this time *Synchaeta* species are able to consume a significant part of the primary (SCHRÖDER, unpubl.) and ciliate production (BURCKHARDT, unpubl.; ARNDT et al. 1989). In 1981 and 1982 *Synchaeta* species produced about 3.6 and $1.1\ g\,fw \cdot m^{-3} \cdot a^{-1}$, respectively (P/B estimates according to JOHANSSON 1983), but contributed less than 10 per cent to total annual zooplankton production (cf. ARNDT et al. 1984; ARNDT 1989). Little is known on *Synchaeta* as a prey organism for planktivores (e.g. HOLLOWDAY 1947, 1949). According to our own results, *Synchaeta* can serve as a food source for mysids in the Darss Zingst estuary, but during the mass occurrence of *Synchaeta* in early spring, gut content analysis of the main planktivores, smelt and herring, revealed that the fraction of *Synchaeta* production consumed by these predators is insignificant. Probably copepods act as predators (cf. EGLOFF (1988)). The most important function of *Synchaeta* in the food web of the Darss-Zingst estuary seems to be the remineralization of the early phyto- and protozooplankton peak in spring.

Acknowledgements

We are thankful for valuable comments by Dr. W. KOSTE (Quakenbrück) and Prof. R. POURRIOT (Paris). Research grants and laboratory facilities were kindly provided by the Department of Biology at the University of Rostock.

References

ARNDT, H. (1989): Zooplankton production and its consumption by planktivores in a Baltic inlet. Proc. 21st European Marine Biology Symposium, Gdansk, 14—19 Sept. 1986, 205—214.

— BURCKHARDT, R., PRENA, A., & HEERKLOSS, R. (1988): Interactions between mesozooplankton and pelagic ciliates in a Baltic inlet. Paper held at the 11th Symp. Baltic Marine Biologists, Gdansk, Sept. 1989, submitted.

— HEERKLOSS, R., SCHNESE, W. (1984): Seasonal and spatial fluctuations of estuarine rotifers in a Baltic inlet. *Limnologica* (Berlin) **15**, 377—385.

— KRAMER, H. J., HEERKLOSS, R., & SCHRÖDER, C. (1985): Zwei Methoden zur Bestimmung populationsdynamischer Parameter von Zooplanktern unter Laborbedingungen mit ersten Ergebnissen an *Eurytemora affinis* (Copepoda, Calanoida) und *Synchaeta cecilia* (Rotatoria, Monogononta). Wiss. Z. Univ. Rostock, Meeresbiol. Beitr. **34**, 17—21.

BERNER-FANKHAUSER, H. (1983): Abundance, dynamics and succession of planktonic rotifers in Lake Biel, Switzerland. Hydrobiologia **104**, 349—352.

BURCKHARDT, R., & ARNDT, H. (1987): Untersuchungen zur Konsumtion an Ciliaten durch Metazooplankter des Barther Boddens (südliche Ostsee). Wiss. Z. Univ. Rostock, Meeresbiol. Beitr. **36**, 22—26.

CARLIN, B. (1943): Die Rotatorien des Motalaströms. Meddelanden fran Lunds Universitets Limnologiska Institutionen **5**, 1—256.

EGLOFF, D. A. (1988): Food and growth relations of the marine microzooplankter *Synchaeta cecilia* (Rotifera). Hydrobiologia **157**, 129—141.

GIERE, O. (1968): Die Fluktuationen des marinen Zooplanktons im Elbe-Aestuar. Arch. Hydrobiol., Suppl. **31**, 379—546.

HERNROTH, L. (1983): Marine pelagic rotifers and tintinnids — important trophic links in the spring plankton community of the Gullmar Fjord, Sweden. J. Plankt. Res. **5**, 835—846.

HOLLOWDAY, E. D. (1947): On the capture of marine Rotifera as food by hydroid medusae. J. Quekett Micr. Club, Ser. 4, Vol. **2**, 190—192.

— (1949): A preliminary report on the Plymouth marine and brackish-water Rotifera. J. mar. biol. Ass. U. K. **28**, 239—253.

JOHANSSON, S. (1983): Annual dynamics and production of rotifers in an eutrophic gradient in the Baltic Sea. Hydrobiologia **104**, 335—340.

— (1987): Factors influencing the occurrence of males in natural populations of *Synchaeta* spp. Hydrobiologia **147**, 323—327.

KOSTE, W. (1978) : Rotatoria. Die Rädertiere Mitteleuropas. I. Textband, II. Tafelband. Berlin, Stuttgart.

— (1981): Das Rädertierporträt. Einige auffallende *Synchaeta*-Arten aus Küstengewässern. Mikrokosmos **70**, 169—176.

KUTIKOVA, L. A. (1970): Kolowratki Fauny SSSR (Rotatoria). Predeliteli po Faunje SSSR, Tom **104**. Leningrad.

POURRIOT, R. (1965): Recherches sur l'écologie des rotifères. Vie et Milieu Suppl. **21**, 1—224.

— (1977): Food and feeding habits of Rotifera. Arch. Hydrobiol., Beih. Ergebn. Limnol. **8**, 243—260.

ROUSSELET, C. F. (1902): The genus *Synchaeta*: A monographic study with descriptions of five new species. J. Royal Micr. Soc. **1902**, 269—290; 393—411.

SCHRÖDER, C. (1984): Faunistisch-ökologische Untersuchungen an Rotatorien der Gattung *Synchaeta* im Zingster Strom (südliche Ostsee). Dipl.-Arb., Universität Rostock.

SCHWARZ, S. (1962/63): Produktionsbiologische Untersuchungen am Zooplankton der Rügenschen, Hiddenseer und Darsser Boddengewässer (1953—1955). II. Rotatorien. Z. Fischerei N. F. **11**, 641—672.

Addresses of the authors:

Dr. HARTMUT ARNDT
Akademie der Wissenschaften der DDR
Institut für Geographie und Geoökologie
Bereich Hydrologie, Abt. Aquatische Ökosysteme
Müggelseedamm 260
Berlin
DDR-1162

Dipl.-Biol. CAROLA SCHRÖDER
Bezirkshygieneinstitut
Leipzig
DDR-7010

Limnologica (Berlin) **21** (1), 237—241, Oktober 1990

Wilhelm-Pieck-Universität-Rostock, Sektion Biologie, Rostock

Saprobiologische Untersuchungen an der Benthosflora der Recknitz im Norden der Mecklenburger Seenplatte (DDR)

Saprobiological Investigations on the Bottom Flora of the River Recknitz in the Northern Part of the Mecklenburgian Lake District (GDR)

Von GABRIELE BERG

Mit 3 Abbildungen

Key words: Lowland river; Micro- and macroflora; Saprobic index; Statistics.

Summary

Between August 1985 and May 1986 the bottom flora of the river Recknitz was investigated in saprobiological aspects. The Recknitz is a highly polluted lowland river in the northern part of the GDR. The saprobic index according to PANTLE & BUCK (1955) was calculated based on a list of species. A statistical survey on the deviation of the arithmetic mean was made, therefore the formula by MARVAN et al. (1980) was corrected. The saprobic indices showed β-mesosaprobic up to polysaprobic conditions in the river. The calculated index may be differ by 1/3 to 1/2 level from the real value. The results of the investigation of the microflora on the one hand and the macroflora on the other correlated very well. The use of autotrophic organisms for the determination of the water quality up to the polysaprobic level is possible and provides real results up to the α-mesosaprobic level.

1. Einleitung

In den letzten Jahren vollzogen sich tiefgreifende Änderungen unserer aquatischen Ökosysteme. Ursachen sind die Eutrophierung durch hohen Düngemitteleinsatz in der Landwirtschaft und die Zufuhr von Abwässern, der Eintrag toxischer Substanzen und die Verrohrung und Begradigung von Fließgewässern. Durch die Verschlechterung der Wasserqualität verringern sich die Nutzungsmöglichkeiten, und die Aufbereitungskosten für Trink- und Brauchwasser steigen enorm. Dem gegenüber steht ein ständig wachsender Wasserbedarf der Industrie, Landwirtschaft und Bevölkerung.

Die vorliegende Arbeit beschäftigt sich mit der ökologischen Erforschung und saprobiologischen Auswertung eines stark belasteten Fließgewässers.

2. Flußbeschreibung und Untersuchungsmethoden

Die Recknitz entspringt bei Warnkenhagen, im nördlichen Bereich der Mecklenburger Seenplatte (BERG 1988). Sie mündet bei Ribnitz-Damgarten in die Darß-Zingster Boddenkette ein. Die Flußlänge beträgt 68,9 km, das Einzugsgebiet umfaßt 668,9 km^2. Meliorationsarbeiten veränderten die ökologische Situation im ursprünglich stark mäandrierenden Flachlandfluß. Der Flußlauf wurde weitgehend begradigt und somit auch verkürzt, so daß 9 Staustufen eingebaut werden mußten. Ein geringes Talgefälle sowie die künstlich beeinflußten Wasserspiegelgefälle bewirken eine extrem geringe Fließgeschwindigkeit. Sie liegt größtenteils bei 0,1—0,02 m · (ZIELINSKI 1976). Die Recknitz ist nach ihrem natürlichen Charakter ein eutropher Flachlandfluß. Durch die intensive Nutzung des Einzugsgebietes sowie Einleitungen von industriellem und kommunalem Abwasser wurde die Recknitz zu einem stark verschmutzten Gewässer.

Zur Untersuchung des Mikrophytobenthos wurden an 7 repräsentativen Stationen von August 1985 bis Mai 1986 monatlich Proben von verschiedenen Substraten (Makrophyten, Holz, Steine, Molluskenschalen etc.) sowie aus der Sediment-Wasser-Kontaktzone entnommen und getrennt bearbeitet. Zum Vergleich wurden künstliche Substrate (Objektträger und Plastescheiben) ausgebracht. Die Proben wurden gemustert und die Häufigkeiten nach der 5-teiligen Skala (PANKOW & MARTENS 1973) geschätzt. Die Bestimmung der Arten erfolgte, soweit es möglich war, im lebenden Zustand. Für die Bestimmung einiger Algengruppen mußten bestimmte Präparationstechniken angewandt werden, andere Arten konnten nur in Kultur bestimmt werden. Die Auswertung erfolgte nach PANTLE & BUCK (1955). Die Formel für die Berechnung des Saprobienindex lautet:

$$S_{PB} = \frac{\Sigma(S \cdot h)}{\Sigma h} \qquad (1)$$

S_{PB} = Saprobienindex nach PANTLE & BUCK (1955);
S = Saprobienwerte der Arten; h = Häufigkeit.

Die Saprobienwerte der einzelnen Arten wurden WEGL (1983) entnommen. Der Saprobienindex ist das gewogene arithmetische Mittel der Einzelfunde. Um die Genauigkeit der Saprobitätsbestimmung einschätzen zu können, ist es notwendig, eine statistische Absicherung vorzunehmen (BUCK 1971). Übliche statistische Methoden ergeben eine Verfälschung der Genauigkeit (MARVAN et al. 1980). Die Streuung des arithmetischen Mittels ist von der Häufigkeit der Arten, d. h. von der verwendeten Häufigkeitsskala in starkem Maße abhängig. MARVAN et al. (1980) schlagen deshalb vor, die Streuung des gewogenen arithmetischen Mittels zu berechnen. Die von den Autoren in ihrer Arbeit verwendete Formel war in der angegebenen Form nicht verwendbar. Die korrigierte Formel lautet:

$$\sigma^2 = \frac{\Sigma h_i (S_i - S_{PB})^2}{\Sigma h_i} \qquad (2)$$

σ^2 = Varianz.

Die Konfidenzintervalle wurden nach der folgenden Formel berechnet:

$$K \pm t_{\alpha(n)} \cdot \frac{\sigma}{\sqrt{n}} \qquad (3)$$

K = Konfidenzintervall; n = Anzahl der Arten.

Die Irrtumswahrscheinlichkeit α wird mit 0,05% angenommen. Die Makrophyten wurden im August/September kartiert. Die Darstellung und Diskussion bezieht sich auf ihre Verbreitung im Fluß.

3. Ergebnisse

3.1. Bestimmung der Gewässergüte durch Mikrophyten

Die Aufwuchsbiocoenosen repräsentieren stationäre Organismenassoziationen, die den lokalen Milieubedingungen entsprechen (Tent 1981). Bei richtiger ökologischer Einschätzung der Artenzusammensetzung ist ein hoher Indikatorwert für die Gewässergütebeurteilung gegeben (Lange-Bertalot 1978).

In der Recknitz erfolgt die Ausprägung der Saprobiengesellschaften in Abhängigkeit von der Belastung des Gewässerabschnitts und von der Jahreszeit (vgl. Abb. 1). Zu Beginn der Untersuchungen, im Spätsommer, herrschten in der Recknitz β-mesosaprobe Bedingungen vor. Der mittlere Saprobienindex für die Monate August und September betrug S = 2,3. Diatomeenassoziationen prägten auf weiten Strecken das Bild der Benthosflora. Eine Ausnahme stellte der Gewässerabschnitt unterhalb der Stadt Laage dar. Durch starke Abwasserzufuhr war dort der heterotrophe Aspekt vorherrschend. Die erhöhte Belastung spiegelt sich auch im Saprobiewert wider (vgl. Abb. 1). Ab Oktober wurden an fast allen Stationen höhere Indizes bestimmt. Die mittleren Saprobienindizes von November bis März lagen bei S = 2,8. Aus Abb. 1 kann man entnehmen, daß sich der stark verschmutzte Bereich bis in den Raum Bad Sülze-Marlow ausdehnt. Das resultiert aus der saisonbedingten höheren Belastung (z. B. durch das Absterben der Makrophyten und Laubeintrag) und aus dem zusätzlichen Eintrag von Zuckerfabrikabwässern in Tessin. „Die niedrigen Temperaturen im Winter bewirken eine während des ganzen Winters anhaltende Stabilität der durch nur vorrübergehend hohe herbstliche Belastung induzierten heterotrophen Organismengesellschaft" (Ziemann & von Tümpling 1981). Im Herbst änderte sich auch das Bewuchsbild. Am auffälligsten wurde diese Änderung durch die Ausbildung von *Sphaerotilus natans* angezeigt. In den Wintermonaten traten im Bewuchs Bakterien, Ciliaten, Diatomeen, Euglenen und zahlreiche Flagellaten auf. Die Abundanz der autotrophen Organismen nahm ab. Unterhalb der Station Tessin bildete *Sphaerotilus natans* sehr hohe Biomassen. Die sich ablösenden Bakterienflocken verursachten ein starkes „Pilztreiben" im Fluß.

Im Frühjahr vollzog sich ein erhöhter Abbau der organischen Last. Auslösende Faktoren sind die ansteigenden Temperaturen und das verbesserte Lichtklima (Eichenberger 1967). Die erhöhten Aktivitäten der Organismen bewirken auch eine bessere Wasserqualität. Es vollzogen sich Veränderungen der Saprobiengesellschaften. Auffällige Massenentwicklungen erfuhren *Meridion circulare, Diatoma vulgare, Navicula slesvicensis* und *Gomphonema olivaceum* (Diatomeen). In der Sediment-Wasser-Kontaktzone stellten Euglenen oft typische Vertreter dar. Bei Laage, Tessin und Ribnitz-Damgarten waren Wasserblüten von *Euglena deses* und *Euglena viridis* ausgebildet.

In allen untersuchten Proben waren Diatomeen präsent. Ihre Artenmannigfaltigkeit und Dominanz schwankte dabei sehr stark. Entgegen früheren Annahmen stellten Lange-Bertalot & Bonik (1976) fest, daß bestimmte Diatomeen unter den Bedingungen der Wassergüte IV ein Entwicklungsoptimum haben. Das trifft besonders auf die Arten der Sektion Nitzschiae lanceolatae und auf die kleinen Naviculaceen zu. Viele ihrer Vertreter konnten auch in der Recknitz nachgewiesen werden (Berg 1988). Zwischen den einzelnen, an einer Station ermittelten Saprobienindizes verschiedener Substrate konnten keine signifikanten Unterschiede festgestellt werden. Die qualitative und quantitative Besiedlung unterschied sich aber durchaus. Die

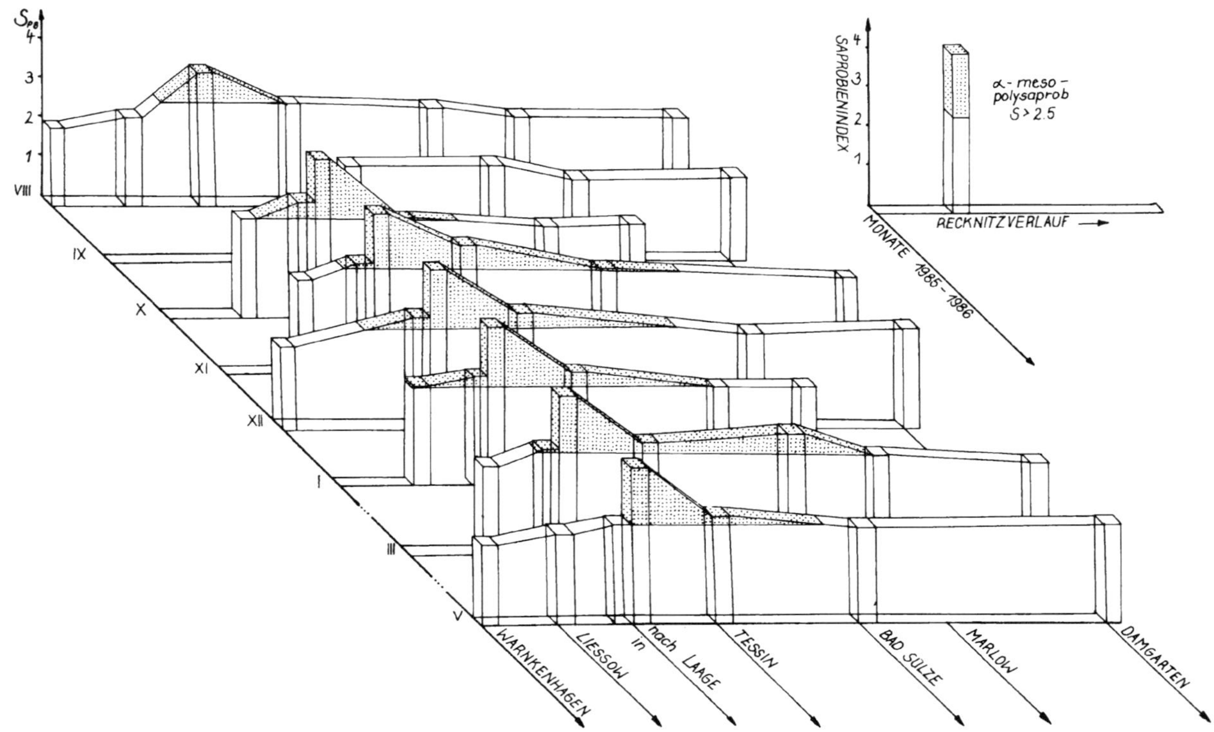

Abb. 1. Veränderungen der Saprobienindizes der Recknitz im Untersuchungszeitraum

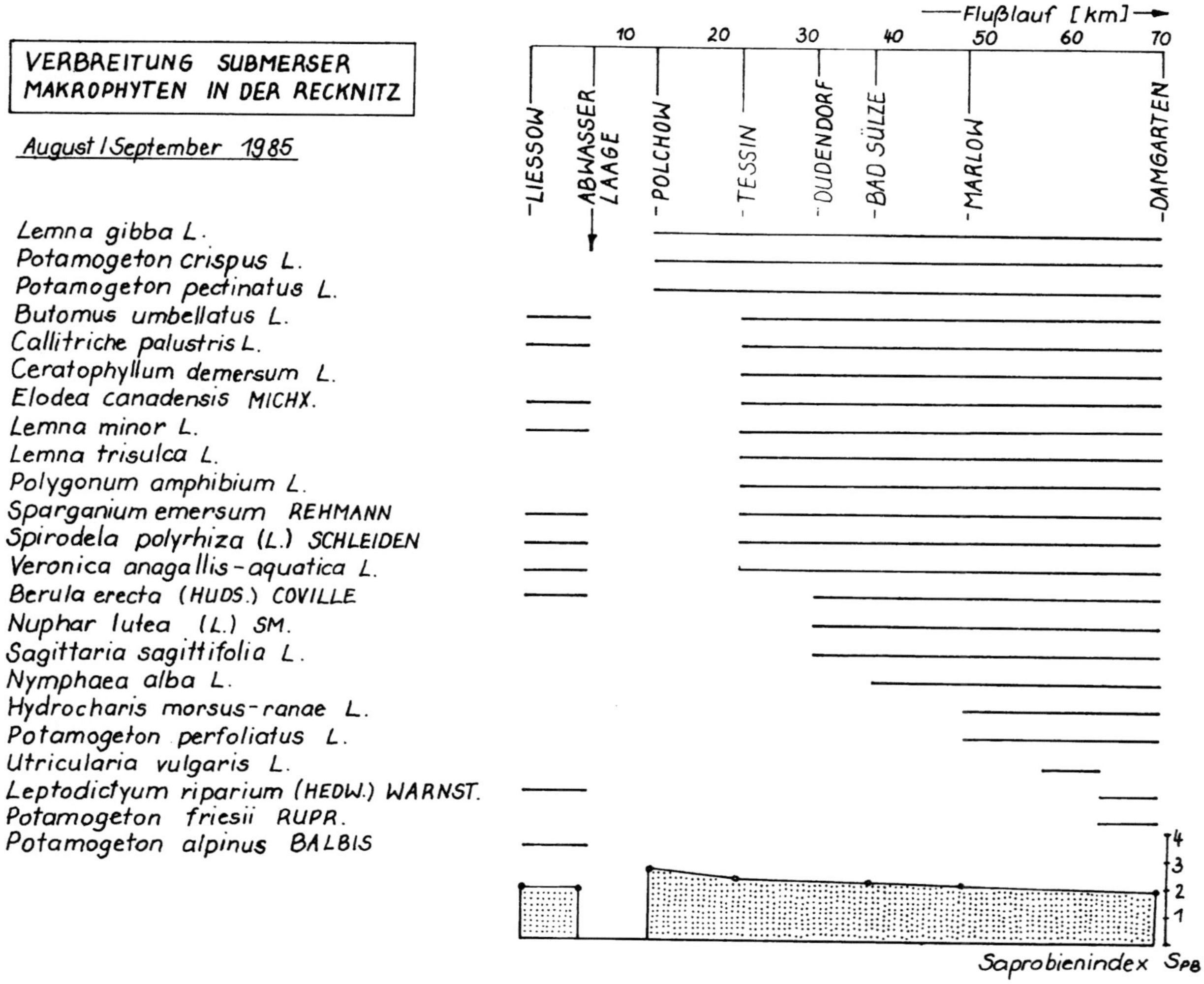

Abb. 2. Verbreitung submerser Makrophyten in der Recknitz

durch Analyse der Sediment-Wasser-Kontaktzone ermittelten Indizes zeigten oft einen höheren Verschmutzungsgrad an.

Die Frage, mit welcher Genauigkeit die Saprobitätsbestimmung durchgeführt werden kann, ist sehr wichtig. MARVAN et al. (1980) geben die Genauigkeit einer halben Saprobiestufe an. Dieser Wert entspricht auch unseren Berechnungen. Größtenteils konnten jedoch geringere Streuungen berechnet werden, die noch kleinere Konfidenzintervalle ergaben (K 0,1—0,3). Für Saprobiengesellschaften, die sehr heterogen sind (z. B. Übergang vom Winter- zum Frühjahrsaspekt), und für die Biocoenosen, in denen sehr wenig Autotrophe präsent sind (z. B. bei hohem Verschmutzungsgrad), wurden hohe Konfidenzintervalle berechnet (K 0,4—0,6). Geringen Unterschieden im Saprobienindex darf keine zu hohe Bedeutung beigemessen werden.

Einen Gesamtüberblick über die durchschnittliche Saprobität, ermittelt durch Analyse des Mikrophytobenthos während des Untersuchungszeitraumes, gibt Abb. 3.

3.2. Bestimmung der Gewässergüte durch Makrophyten

In der Recknitz sind günstige Voraussetzungen für die Entwicklung der Wasservegetation gegeben (BERG 1988). Gute Lichtverhältnisse (durch niedrige Wasserstände), geringe Fließgeschwindigkeit und mooriger Untergrund ermöglichen eine üppige Entwicklung der aquatischen Flora. Das Vorkommen der einzelnen Taxa zeigte eine charakteristische Verteilung. Sie war durch Umweltfaktoren wie Wassertiefe, Fließgeschwindigkeit, Beschaffenheit der Stromsohle u. a. bedingt. Es ließ sich aber auch eine eindeutige Abhängigkeit vom Belastungsgrad erkennen.

Bei Warnkenhagen, wo die Recknitz einem intensiv landwirtschaftlich genutztem Gebiet entspringt, traten vorwiegend Arten auf, die eine β-mesosaprobe Gewässergüte anzeigen (z. B. *Chara vulgaris*, *Elodea canadensis*, *Myriophyllum spicatum*, *Nuphar lutea*, *Potamogeton crispus* und *Potamogeton natans*). Die Verbreitung der submersen Makrophyten (incl. Bryophyten) im Abschnitt von der Straßenbrücke Liessow bis zur Mündung in Ribnitz-Damgarten ist Abb. 2 zu entnehmen. Durch die Abwassereinleitung der Stadt Laage war ein tiefgreifender Einschnitt in die Gewässervegetation festzustellen. Nach der Abwassereinleitung war die betreffende Flußseite verödet.

Auf der anderen Gewässerseite konnte man noch einige wenige Wasserpflanzenarten (*Elodea canadensis*, *Lemna minor*, *Sparganium emersum*) beobachten. Nach der Vermischung des Wasserkörpers fielen auch diese Arten aus. Es begann die Zone der Wasserpflanzen-

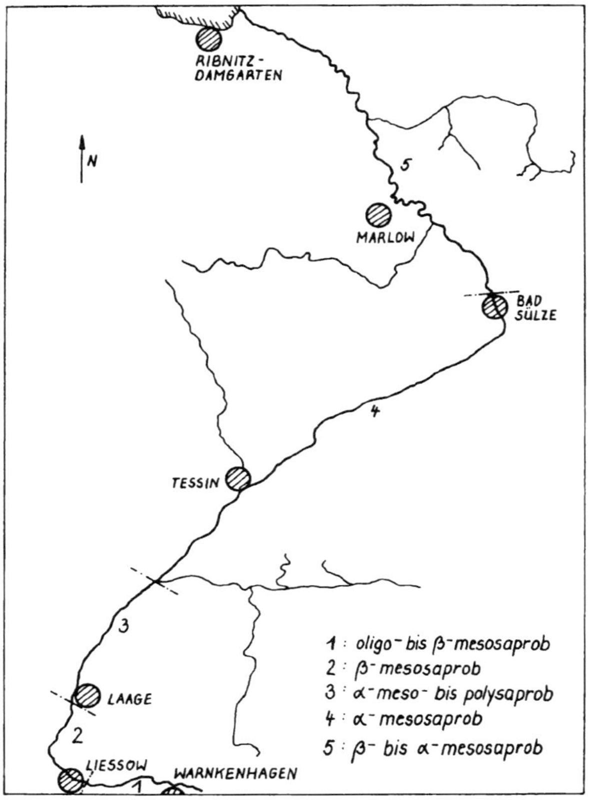

Abb. 3. Gesamtüberblick über die durchschnittliche Saprobität des Flußlaufes der Recknitz im Untersuchungszeitraum, ermittelt durch Analyse des Mikrophytobenthos

verödung. Nach etwa 5 bis 6 km traten die ersten Sippen (*Potamogeton pectinatus*, *Potamogeton crispus*, *Lemna gibba*) wieder auf. „*Potamogeton pectinatus* ist der einzige Makrophyt, der bei starker Verschmutzung mit höchster Stetigkeit zu beobachten ist" (ARENDT 1982). Dieses Laichkraut besitzt eine weite ökologische Amplitude, bei einer Massenentwicklung ist es jedoch als starker Verschmutzungszeiger zu werten. Gleiches trifft für *Potamogeton crispus* zu (KRAUSCH 1976). Die Buckelwasserlinse *Lemna gibba* ist ein ausgesprochener Eutrophierungszeiger.

Nach einer gewissen Selbstreinigungsstrecke treten Arten, die als β-mesosaprob zu werten sind, hinzu. Es handelt sich hierbei um abwasserunempfindliche Arten (ARENDT 1981). Eine Ausnahme stellt das Vorkommen des Wassersterns (*Callitriche palustris*) dar. Das ist damit zu erklären, daß es sich um eine Sammelart handelt, deren Kleinarten unterschiedliche ökologische Ansprüche besitzen. Den höchsten Deckungsgrad besaß die euryöke Art *Sparganium emersum*. Ab Bad Sülze war eine reichhaltige Wasserflora zu beobachten. In diesem Raum blieb das Flußbett erhalten. Die Vegetation wurde durch den Froschbiß (*Hydrocharis morsus-ranae*) und das Pfeilkraut (*Sagittaria sagittifolia*) geprägt. In den Mäanderbuchten konnte der Gemeine Wasserschlauch (*Utricularia vulgaris*) gefunden werden. Eine deutliche Abhängigkeit vom Untergrund zeigt das Wassermoos *Leptodictyum riparium*. Es kommt nur auf steinigen Böden vor. Sein Auftreten bei Liessow und Ribnitz-Damgarten ist damit zu erklären.

4. Diskussion

Die Mikrophytobenthoscoenosen spiegeln die Situation im Gewässer gut wider. Besonders im β- und α-mesosaproben Milieu bringt die Bestimmung durch Algen gute Ergebnisse. In den hohen Saprobiestufen verringert sich die Genauigkeit, da mit zunehmender Belastung der Anteil der Autotrophen zurückgeht (ZIEMANN 1985).

Probleme bei der Bestimmung autotropher Mikroorganismen ergeben sich aus der schwierigen Artabgrenzung für verschiedene Algengruppen durch schwache sexuelle Fortpflanzung und evolutive Prozesse (BONIK 1982). Viele häufig auftretende Arten sind als Sammelarten gekennzeichnet (z. B. *Euglena pisciformis*, *Oscillatoria limosa* und *Fragilaria ulna*). Das bedeutet, daß es Ökotypen einer Art geben kann, also morphologisch gleiche oder ähnliche Organismen, die auf Grund ihrer differenten ökologischen Amplituden in verschiedenen Biotopen vorkommen können. Man kann Indikatorarten nur dann festlegen, wenn die erklärten Organismen eindeutig taxonomisch abgrenzbar sind (BONIK & LANGE-BERTALOT 1978).

In der Recknitz läßt sich auch ein eindeutiger Zusammenhang zwischen der Besiedlung mit Makrophyten und der Wasserqualität erkennen (vgl. Abb. 2). Für die meisten Makrophyten stellt der Übergang von der α-mesosaproben in die polysaprobe Stufe die obere ökologische Verbreitungsgrenze dar, so daß ein Saprobienwert nur bis in diesen Bereich aufgestellt werden kann. Eine andere Grenze wird durch das herbstliche Absterben der meisten Arten gesetzt. Die große Belastung, die in der Recknitz mit Beginn der Zuckerkampagne einsetzt, kann dadurch nicht erfaßt werden.

Die Saprobienindizes der Mikro- und Makrophyten, die in Abhängigkeit von der Abwasserlast im Flußlauf verschieden sind, korrelieren miteinander (vgl. Abb. 1 und Abb. 2). Der Korrelationskoeffizient für den Monat August beträgt 0,992.

5. Zusammenfassung

Von August 1985 bis Mai 1986 wurden saprobiologische Untersuchungen am Mikro- und Makrophytobenthos der Recknitz, einem stark belasteten Flachlandfluß im Norden der DDR, durchgeführt. Anhand von Artenlisten wurde der Saprobienindex nach PANTLE & BUCK (1955) berechnet. Außerdem wurde die Standardabweichung des gewogenen arithmetischen Mittels bestimmt, dazu wurde die Formel von MARVAN et al. (1980) korrigiert. Es wurden Saprobienindizes bestimmt, die β-mesosaprobe bis polysaprobe Bedingungen kennzeichnen. Die Genauigkeit der Saprobitätsbestimmung beträgt 1/3—1/2 Saprobiestufe. Die Ergebnisse der Mikro- und Makrophytenuntersuchung korrelieren gut miteinander. Die Bestimmung der Wassergüte durch autotrophe Organismen ist bis zur polysaproben Stufe möglich und bringt bis zur α-mesosaproben Stufe reale Ergebnisse.

6. Danksagung

Das Thema wurde im Rahmen einer Diplomarbeit an der Sektion Biologie der Universität Rostock bearbeitet (GERSTÄDT 1986). Für die Betreuung der Arbeit möchte ich mich bei Herrn Prof. Dr. habil. H. PANKOW sehr herzlich bedanken. Frau Dr. G. KOCH, Dr. TH. HÜBENER (Rostock) und Herrn J. ZIELINSKI (Ribnitz-Damgarten) danke ich für die Unterstützung.

Literatur

ARENDT, K. (1981): Pflanzengesellschaften von Fließgewässern als Indikatoren der Gewässerverschmutzung, dargestellt am Beispiel des Uecker- und Havelsystems. *Limnologica* (Berlin) **13**, 485—500.

— (1982): Soziologisch-ökologische Charakteristik der Pflanzengesellschaften in Fließgewässern des Uecker-Havelsystems. *Limnologica* (Berlin) **14**, 115—152.

Berg, G. (1988): Beitrag zur Benthosflora der Recknitz. *Limnologica* (Berlin) **19** (2), 83—88.

Bonik, K. (1982): Gibt es Arten bei Diatomeen? Eine evolutionsbiologische Deutung am Beispiel der Gattung *Nitzschia* (Bacillariophyceae). Senkenbergiana biol. **61**, 413—434.

— & Lange-Bertalot, H. (1978): Strukturvariationen wichtiger Kieselalgen — ein Beitrag zur Taxonomie der lanceolaten Nitzschien und kleinen Naviculaceen. Cour. Inst. Senkenberg, Frankfurt.

Buck, H. (1971): Statistische Untersuchungen zur Saprobität und zum Leitwert verschiedener Organismen. Münch. Beitr. Abwasser-, Fischerei- und Flußbiol. **17**, 14—44.

Eichenberger, E. (1967): Ökologische Untersuchungen an Modellfließgewässern. I. Die jahreszeitliche Abhängigkeit der bestandsbildenen Arten bei verschiedener Abwasserbelastung. Schweiz. Z. Hydrol. **29**, 1—31.

Gerstädt, G. (1986): Botanische Untersuchungen zur Gewässergütebeurteilung der Recknitz. Dipl.-Arb., Rostock.

Krausch, H.-D. (1976): Die Makrophyten der mittleren Saale und ihre Biomasse. *Limnologica* (Berlin) **10**, 57—72.

Lange-Bertalot, H. (1978): Diatomeen-Differentialarten anstelle von Leitformen: ein geeignetes Kriterium der Gewässerbelastung. Arch. Hydrobiol. Suppl. **51**, 393—427.

— & Bonik, K. (1976): Massenentwicklungen bisher seltener und unbekannter Diatomeen als Indikator starker Abwasserbelastung in Flüssen. Arch. Hydrobiol. **49**, 303—332.

Marvan, P., Rothschein, J., & Zelinka, M. (1980): Der diagnostische Wert saprobiologischer Methoden. *Limnologica* (Berlin) **12**, 299—312.

Pankow, H., & Martens, B. (1973): Die Beziehung der Kleinalgenflora der Darß-Zingster Boddenkette (südl. Ostsee) zur Qualität dieser Gewässer. Wiss. Z. Univ. Rostock, Math.-nat. R. **22**, 1147—1151.

Pantle, R., & Buck, H. (1955): Die biologische Überwachung der Gewässer und die Darstellung ihrer Ergebnisse. Gas- und Wasserfach **96**, 604.

Tent, L. (1981): Der Aufwuchs im Hamburger Hafen. Struktur einer Biocoenose in einem Belastungszentrum des Elbe-Aestuars. Arch. Hydrobiol. **61**, 1—58.

Wegl, R. (1983): Index für die Limnosaprobität. Wasser und Abwasser **26**, Beitr. zur Gewässerforsch. **13**, Bundesanst. für Wassergüte, Wien-Kaisermühlen.

Zielinski, J. (1976): Abwasserbelastung der Recknitz — erforderliche Sanierungsmaßnahmen und wasserrechtliche Entscheidungen. Ingenieur-Arb., Magdeburg.

Ziemann, H. (1985): Über die erforderliche Vielfalt von Indikatororganismen des Aufwuchses bei der Bestimmung des Saprobitätsgrades in Fließgewässern — ein Diskussionsbeitrag. Acta hydrochim. hydrobiol. **13**, 531—536.

— & Tümpling, W. von (1981): Untersuchungen über die jahreszeitlichen Veränderungen der Saprobität in einem Fließgewässer. Acta hydrochim. hydrobiol. **9**, 131—146.

Anschrift des Verfassers:

Dipl.-Biol. Gabriele Berg
Universität Rostock
Sektion Biologie
WB Spezielle Botanik
Doberaner Straße 143
Rostock
DDR-2500

Limnologica (Berlin) **21** (1), 243—250, Oktober 1990

Department of Biology of Animals and Man, Faculty of Science, J. E. Purkyně University, Brno, Czechoslovakia

Microzoobenthos of the River Jihlava after the Construction of the Dalešice Waterworks

By VĚRA OPRAVILOVA

With 5 Figures

Summary

To ascertain the impact of Dalešice Waterworks, changes in microzoobenthos were followed at the Hrubšice station on the river Jihlava. The first year of research, i. e. 1976—1977, was devoted to collecting baseline data before filling the reservoirs, the 2nd year — 1977—1978 — as a transitional period, and the 3rd year (= the 8th year since the beginning of this research), i. e. 1984—1985, reflects the changes due to the operation of the waterworks. Microzoobenthos was studied in 4 microhabitats: epilithic algal periphyton and detritus on submerged macrovegetation in the torrentile stretch; epilithic algal periphyton and detritus on macrovegetation near the bank in the fluviatile stretch. Microzoobenthos consisted mainly of the following groups of animals: Rhizopoda, Ciliophora, Nematoda, Rotatoria and Tardigrada. Abundance and biomass were studied. The latter was calculated from a volume of 0.1 ml of the sample sediment. Also the indices of diversity (H') and equitability (E) were determined. In the last year of research, i. e. when Dalešice Waterworks had been in operation for several years, the following changes in the composition of the microzoobenthos were found in comparison with the original situation: the number of taxa had decreased somewhat (Rhizopoda, Ciliophora, Rotatoria), the representation of Metazoa was lower (particularly in Rotatoria), and the values of the indices of diversity (H') and equitability (E) had decreased in all microhabitats. It can be judged that the reservoirs affected microzoobenthos above all by considerably reducing the supply of detritus and also by deepening the river and thus effectively raising the water level. The character of river Jihlava at the station, which was originally that of the barbel zone, changed into that of the grayling zone.

Introduction

From 1976 to 1978, we carried out a comprehensive hydrobiological study of the river Jihlava at the Hrubšice station, the preliminary results of which for the first year, i. e. April 1976—April 1977, have been published (ZELINKA et al. 1984). More detailed studies for some groups of invertebrates and fishes have been published independently (LOSOS et al. 1980; LOSOS 1982; OPRAVILOVÁ 1980; ZELINKA 1980). Statistical analysis of some indices yielded by this research was carried out by JAŇÍKOVÁ (1983) and SYKOROVÁ (1983).

In 1984—1985 further research was performed at the station as a part of a diploma thesis. This work concerned macrozoobenthos (KUČERA 1986).

During the last stage of this research the present microzoobenthos studies were started to make it possible to identify long-term effects of Dalešice Waterworks on the population of the river Jihlava. The first year reflects more or less the original situation when the effect of the filled system of reservoirs (April 1977—1978) started making itself felt. The eighth year registers changes due to the operation of the Dalešice Waterworks (April 1984—1985).

Methods

Samples were taken from the same microhabitats and by the same methods as in 1976—78.

Epilithic algal periphyton was scraped from the surface of the neck of a polyethylene bottle (5.7 cm^2) with a wire brush according to the DOUGLAS method (ex SCHWOERBEL 1966). The number of samples per habitat varied between 3 and 6. The muddy sediment from the bottom was sampled by means of a Rawson sucker. Macrophyta sampling consisted in removing the same relative amount of the apical part of the vegetation and then rinsing the detritus off. The material was processed alive. About 0.1 ml of sediment was removed from each sample and transferred a Sedgwick-Rafter cell where it was made up to 1 ml with water. The individuals were counted and determined in the cell. For the determination of some taxa or groups (Nematoda, Tardigrada) it was necessary to make permanent preparations (glycerol-gelatine, Liquido-Faure). Samples were collected at intervals of one month.

Biological samples of epilithic algal periphyton were converted for an area of 1 cm^2:

$$M(n \cdot cm^{-2}) = 10 \cdot n \cdot \frac{x \cdot ml}{p \cdot cm^2},$$

where: M = number of individuals per cm^2; n = number of individuals found; x = sediment sample volume in ml; p = sample area.

The biomass of Protozoa (Rhizopoda, Ciliophora) and Rotatoria was calculated by HEAL's method (1965):

$$B(mg) = \frac{\pi \cdot \frac{4}{3} \cdot a \cdot b \cdot c}{10^9},$$

where: a, b, c = dimensions of protoplasm (length, width and height of body) in µm.

The biomass of Nematoda, Gastrotricha and Tardigrada was determined according to the formula currently used in nematodology (ŠÁLY 1983):

$$B(\mu g) = \frac{a^2 \cdot b}{16 \cdot 10^5},$$

where: a = maximum body width in µm; b = length in µm.

In the Testacea the so-called activity index (I_{AK}) was calculated; it expresses the ratio of living individuals to the overall number of shells, which equals 1 (LAMINGER et al. 1980):

$$I_{AK} = 1 - \frac{N_i}{N},$$

where: N_i = number of living individuals; N = total number of shells.

The diversity index (H') was determined according to LOSOS et al. (1984):

$$H' = -\sum_{i=1}^{s} \cdot \left(\frac{N_i}{N}\right) \cdot \log_2 \cdot \left(\frac{N_i}{N}\right),$$

where: N_i = the number of individuals of a certain species; N = the total number of individuals.

Equitability (E) was calculated according to Losos et al. (1984):

$$E = \frac{H'}{H_{max}},$$

where: H' = diversity index; $H_{max} = \log_2 s$; s = the number of taxa.

Characteristics of the station

a) Catchment area and hydrological data

The river Jihlava is in the northern part of the catchment area of the river Dyje. It springs in the Bohemian-Moravian Hills and is a right bank tributary of the river Svratka just before the confluence of the latter with the Dyje. The station studied near the village of Hrubšice is situated in the middle reaches of the stream at an altitude of 221.6 m.

b) Dalešice Waterworks

The Dalešice Waterworks were built on the river Jihlava to supply the nuclear power plant at Dukovany with water. Its construction was begun in 1972, and the filling of the reservoir started in 1976. The waterworks consist of a main reservoir and an auxiliary reservoir. The main reservoir has a volume of $127.3 \times 10^6\,m^3$ and a surface area of 480 ha. Its maximum depth is 85 m. The auxiliary reservoir Mohelno has a volume of $17.1 \times 10^6\,m^3$, a surface area of 118 ha and a maximum depth of 35 m. The water from the Mohelno reservoir is periodically pumped into the main reservoir Dalešice.

c) Temperature conditions

Before filling the reservoirs of Dalešice Waterworks in 1956—1975, the mean annual temperature was 8.9 °C. In 1978—1984 its temperature was 7.79 °C. After filling the reservoir, the difference between the maximum and the minimum temperatures in the course of the year decreased. The stretch of the river Jihlava below the dams does no longer freeze.

d) Discharge rate

In the period 1976—1977, the mean discharge rate at the Hrubšice station was $6.35\,m^3 \cdot s^{-1}$, the minimum being $0.8\,m^3 \cdot s^{-1}$ and the maximum $70\,m^3 \cdot s^{-1}$. In 1984—1985, the mean discharge rate was $4.37\,m^3 \cdot s^{-1}$, with a maximum of $10.12\,m^3 \cdot s^{-1}$ and a minimum of $1.02\,m^3 \cdot s^{-1}$. After Dalešice Waterworks started operation, the differences in discharge rate over the whole year disappeared, but sudden, irregular changes were observed, depending on the operation of the waterworks.

e) Water saprobity

In its upper reaches, the river Jihlava is loaded with industrial and municipal waste water. The main load consists of organic putrefactive substances which are relatively quickly mineralized in the riffle stretch. At the Hrubšice station about 11 km below the reservoirs, it can be said that the allochthonous substances are completely mineralized.

Before the start of the operation, the saprobity index at the Hrubšice station was 2.04, which indicates moderate β-mesosaprobity. According to graphs, this index value corresponds to an average BSK_5 of $3.0\,mg\,O_2 \cdot l^{-1}$.

After the start of the operation, the saprobity index was 1.78, which represents an improvement within the β-mesosaprobity range. According to graphs, the corresponding BSK_5 is $2.75\,mg\,O_2 \cdot l^{-1}$ (Zelinka et al. 1984; Kučera 1986; Peňáz & Wohlgemuth 1987).

Station description

The station studied is about 11 km from the dam of the auxiliary reservoir. The riverbed width in this stretch varies from 20 to 30 m. Torrentile stretches alternate with fluviatile ones in the stream. The bottom is mainly stony with stands of submerged macrovegetation. In the first year of research, the torrentile stretch accounted for 60%, fluviatile stretch 35% and the near-bank zone 15%. This ratio did not change in further years. In both stretches the bottom was covered with tufts of submerged macrovegetation, particularly the species *Ranunculus fluitans* Lamarck and *Myriophyllum spicatum* L. The near-bank zone contained stands of *Baldingera arundinacea* L. In the eighth year the tufts of submerged vegetation consisted only of *Ranunculus fluitans*, which covered a considerably larger area of the bottom.

Samples of microzoobenthos were taken at 6 microhabitats, but only four of them were followed all the time — i. e. for three years. They were:

1) torrentile stretch
   - epilithic algal periphyton — A
   - detritus on submerged macrovegetation — B
2) fluviatile stretch
   - epilithic algal periphyton — C
   - detritus on macrovegetation near the bank — D

(Symbols are identical to those used in the text and figures.)

Results

Biocoenose analysis

In this chapter we concentrate only on those groups of animals that occurred in such large numbers that it was possible to express in them the changes occurring in the course of the study period. In particularly, the first and the eighth years of research are compared. The other groups with smaller representation are only included in the overall evaluation of microzoobenthos.

Rhizopoda

A continuous increase in both abundance and biomass was found in the sediment of the vegetation near the bank (microhabitat D), and an increase in the periphyton of the two stretches was registered in the eighth year (microhabitats A and C). In stands of macrovegetation in the torrentile stretch, on the other hand, the values of both abundance and biomass decreased abruptly in the 8th year (microhabitat B; Fig. 1). The following taxa were found in the first year, but not in later years:

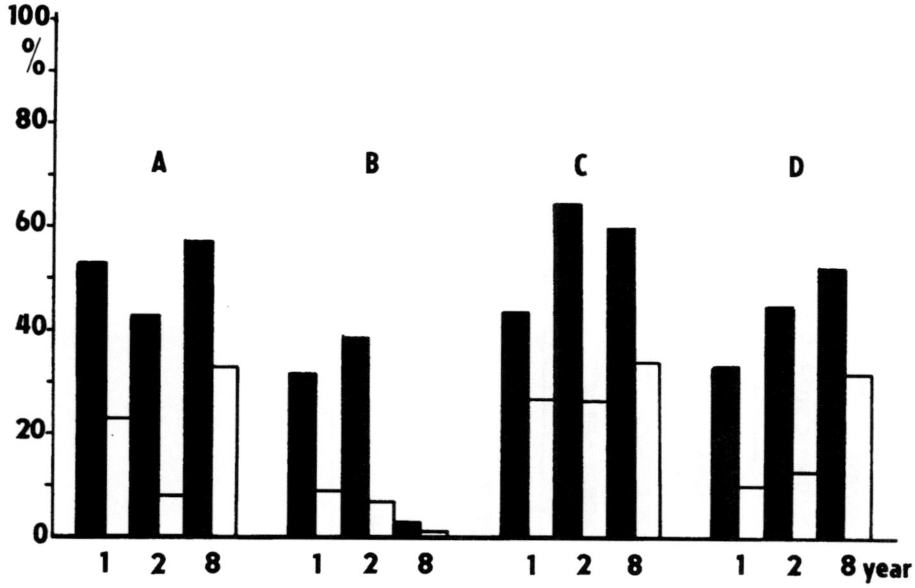

Fig. 1. Dominance (in %) of Rhizopoda on microhabitats: torrentile stretch — A — periphyton, B — submerged macrovegetation; fluviatile stretch — C — periphyton, D macrovegetation near the bank. Black column = abundance; White column = biomass

Dactylosphaerium vitraeum HERTWIG et LESSER, *Arcella gibbosa* PENARD, *Arcella hemisphaerica* v. *intermedia* DEFLANDRE, *Arcella rotundata* v. *aplanata* DEFLANDRE, *Arcella vulgaris* v. *undulata* DEFLANDRE, *Difflugia acutissima* DEFLANDRE, *Difflugia curvicaulis* PENARD, *Difflugia curvicaulis* v. *inflata* DECLOITRE, *Difflugia linearis* (PENARD) GAUTHIER-LIÈVRE et THOMAS, *Difflugia pyriformis* v. *claviformis* PENARD, *Difflugia penardi* (PENARD) HOPKINSON, *Difflugia penardi* v. *ogiva* DEFLANDRE, *Difflugia pristis* PENARD, *Difflugia smilion* THOMAS, *Heleopera petricola* LEIDY, *Hyalosphenia cuneata* STEIN, *Pareuglypha reticulata* PENARD.

In the 8th year following new taxa appeared:

Astramoeba radiosa EHRENBERG, *Thecamoeba striata* PENARD, *Arcella megastoma* PENARD, *Arcella vulgaris* v. *multinucleata* DEFLANDRE, *Difflugia lemani* v. *palustris* CHARDEZ, *Difflugia globulosa* DUJARDIN, *Difflugia pyriformis* v. *lata* JUNG, *Difflugia pyriformis* v. *longicollis* GASSOVSKIJ, *Difflugia pyriformis* v. *incondita* GAUTHIER-LIÈVRE et THOMAS, *Paraquadrula irregularis* (ARCHER) DEFLANDRE, *Pamphagus granulatus* SCHULZE.

In Testacea the greatest increase in abundance in the 8th year was recorded in the family Arcellidae, and particularly in the species *Arcella discoides* in the sediment on the vegetation near the bank (microhabitat D) the dominance increased from a few per cent to 25%. Also the I_{AK} index was relatively high (0.42).

Conversely in the family Difflugiidae there was a decrease in abundance from 28 % to 8 % in the periphyton in the fluviatile stretch (microhabitat C) and from 17 % to 2 % in the vegetation near bank (microhabitat D). A drop in abundance was also recorded in the species *Centropyxis aculeata* in these microhabitats (I_{AK} = 0.02). Table 1.

Table 1. An overview of individual dominance (A) and biomass (B) dominance (in %) of the Testacea families before and after the construction of the Dalešice Waterworks

	1st year								8th year							
	Torrentile stretch				Fluviatile stretch				Torrentile stretch				Fluviatile stretch			
	Periphyton		Submerged vegetation		Periphyton		Submerged vegetation		Periphyton		Submerged vegetation		Periphyton		Submerged vegetation	
	A	B	A	B	A	B	A	B	A	B	A	B	A	B	A	B
Cochliopodiidae	3.32	7.22	0.54	0.03	4.07	6.25	3.85	5.46	0.49	0.01	—	—	2.64	0.06	2.12	0.53
Microcoryciidae	0.47	—	0.54	—	0.72	—	0.61	0.05	0.49	0.12	10.00	3.63	1.38	0.21	0.96	0.26
Arcellidae	—	—	—	—	1.91	0.58	2.23	2.04	0.49	0.25	20.00	16.86	0.25		26.35	33.22
Centropyxidae	5.81	13.15	10.33	12.73	15.07	16.53	25.96	49.66	8.90	13.12	15.00	23.94	10.68	19.84	10.94	19.72
Plagiopyxidae	—	—	0.54	—	0.24	—	0.61	—	0.16	—	—	—	0.38	0.12	0.21	0.28
Difflugiidae	7.58	28.50	15.77	65.70	27.99	62.62	16.63	30.14	4.78	20.10	7.50	9.42	7.79	25.01	2.34	6.21
Hyalospheniidae	0.12	—	—	—	—	—	0.41	—	—	—	—		—	—	0.11	—
Phryganellidae	0.47	—	4.89	0.93	0.24	—	4.06	0.08	0.66	0.02	—	—	0.25	0.06	0.42	0.06
Cryptodifflugiidae	0.36	0.34	—	—	—	—	0.20	—	—	—	—	—	—	—	—	—
Cyphoderiidae	4.39	8.91	9.24	12.80	9.33	8.47	2.85	2.32	0.99	1.80	7.50	16.38	3.14	4.12	3.72	6.93
Gromiidae	76.30	41.66	40.76	6.71	30.14	4.59	36.71	9.89	72.16	61.04	7.50	21.64	54.77	45.05	44.21	31.16
Euglyphidae	1.18	0.22	17.39	1.10	10.29	0.96	5.88	0.36	10.88	3.54	32.50	8.13	18.72	5.53	8.62	1.63
Total	100	100	100	100	100	100	100	100	100	100	100	100	100	100	100	100

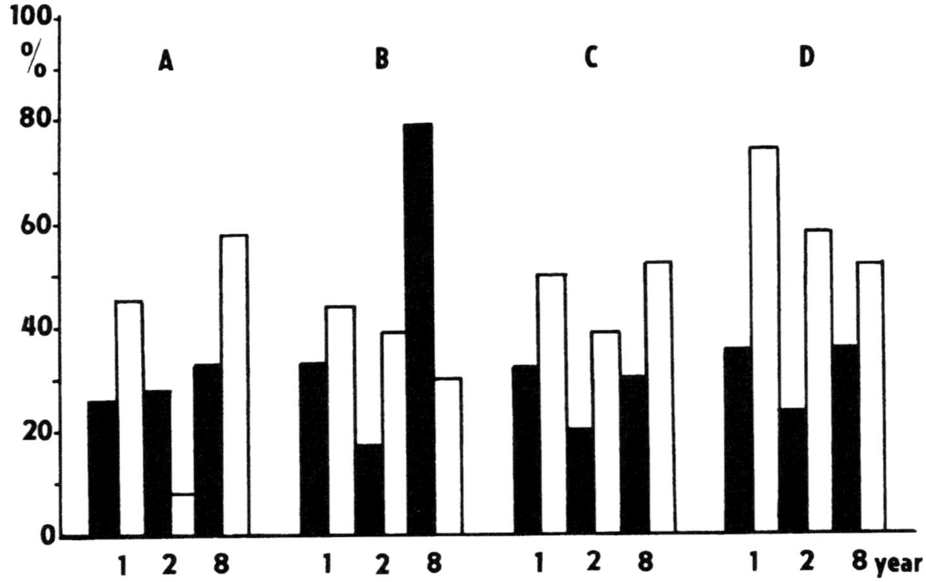

Fig. 2. Dominance (in %) of Ciliata on microhabitats: torrentile stretch — A — periphyton, B — submerged macrovegetation; fluviatile stretch — C — periphyton, D — macrovegetation near the bank. Black column = abundance; White column = biomass

Ciliophora

The greatest changes occurred in the detritus on macrovegetation in the torrentile stretch (microhabitat B), where in the 8th year the representation of Ciliophora rose abruptly; in the other microhabitats there were no striking changes. The drop occurred particularly in the 2nd year — i. e. during the transitory period (Fig. 2).

The following taxa were found only in the first year: *Amphileptus* sp., *Halteria* sp., *Phascolodon* sp., *Platycola* sp., *Strombidium* sp.

The following new taxa were recorded in the 8th year: *Cothurnia* sp., *Opercularia* sp., *Tocophrya* sp., *Vaginicola* sp.

In the 8th year, the proportion of the order Hypotrichida increased in the periphyton (microhabitats A and C) and the vegetation near the bank (microhabitat D). Further, the genus *Colpoda* appeared in larger numbers, particularly in the algal periphyton of the torrentile stretch (microhabitat A). In the orders Prostomatida and Peritrichida, representation in the periphyton (microhabitats A and C) decreased. The order Peritrichida was, however, abundant in detritus on submerged vegetation (microhabitat B), and a considerable increase occurred in the detritus on near-bank vegetation (microhabitat D) in the 8th year.

Ciliophora accounted for about 30% of all microbenthic individuals in almost all microhabitats, but reached 80% in the detritus on vegetation in the torrentile stretch (microhabitat B). In the share of biomass Ciliophora reached a higher representation than Rhizopoda (Table 2).

Table 2. An overview of individual dominance (A) and biomass (B) dominances (in %) of the Ciliophora orders before and after the construction of the Dalešice Waterworks

	1st year								8th year							
	Torrentile stretch				Fluviatile stretch				Torrentile stretch				Fluviatile stretch			
	Periphyton		Submerged vegetation		Periphyton		Submerged vegetation		Periphyton		Submerged vegetation		Periphyton		Submerged vegetation	
	A	B	A	B	A	B	A	B	A	B	A	B	A	B	A	B
Prostomatida	31.76	19.83	24.62	14.42	24.12	25.92	12.82	2.69	1.09	0.64	0.06	0.18	2.82	2.17	0.29	0.32
Pleurostomatida	13.09	24.43	1.52	0.42	0.39	1.42	0.64	0.06	0.55	0.13	0.06	0.06	0.94	0.32	3.64	1.86
Colpodida	—	—	—	—	—				21.86	7.33		—	2.59	1.22	3.35	2.33
Cyrtophorida	8.58	28.97	2.03	6.67	4.35	9.26	1.92	2.22	6.83	18.22	1.02	0.57	5.65	10.00	1.32	3.69
Suctorida	0.21	0.01	—	—	—	—	3.42	0.27	—	—	—	—	0.24	0.23	—	—
Hymenostomatida	6.44	5.72	5.33	3.33	32.41	18.37	31.62	9.51	6.28	2.93	19.90	53.45	24.23	15.86	17.64	22.33
Scuticociliatida	2.14	0.58	—	—	2.37	0.41	0.64	0.06	—	—	—	—	—	—	—	—
Peritrichida	26.83	9.59	60.66	20.52	19.76	2.79	23.08	2.94	8.20	2.09	74.77	31.99	1.88	0.35	40.96	15.27
Heterotrichida	0.21	4.28	2.79	53.49	4.35	36.79	12.39	77.61	1.09	18.42	—	—	—	—	0.15	2.75
Oligotrichida	—	—	—	—	0.39	0.16	0.43	0.02	—	—	—	—	—	—	—	—
Hypotrichida	10.74	6.59	3.05	1.15	11.86	4.88	13.04	4.62	54.10	50.24	4.19	13.75	61.65	69.85	32.65	51.45
Total	100	100	100	100	100	100	100	100	100	100	100	100	100	100	100	100

Nematoda

In the first year Nematoda reached about 10% in the detritus on submerged vegetation of torrentile stretch (microhabitat B) and in the periphyton of the fluviatile stretch (microhabitat C). In the 8th year, there was a great drop in abundance in these microhabitats. The biomass values for all microhabitats varied by several per cent or less (Fig. 3).

Rotatoria

In all microhabitats there was a drop in abundance in the 8th year. Their share in the biomass was, however, often considerable (Fig. 4).

The following taxa were registered only in the 1st year: *Brachionus urceolaris* MÜLL., *Collotheca* sp., *Colurella uncinata* (MÜLL.), *Monommata* sp., *Mytilina crassipes* (LUCKS), *Testudinella patina* (HERM.), *Trichocerca* sp., *Trichotria pocillum* (MÜLL.).

The following new taxa appeared in the 8th year: *Filinia longiseta* (EHR.), *Kellicottia longispina* (KELL.).

The number of individuals of the order Bdelloidea increased considerably on submerged macrovegetation in the torrentile stretch (microhabitat B) in the 8th year. In the 2nd year, the species *Proales theodora* (GOSSE) was registered for the first time. It reached its highest frequency (63 %) on submerged vegetation in the torrentile stretch (microhabitat B). In the family Euchlanidae, there was an abrupt drop in abundance on submerged macrovegetation in the torrentile stretch (microhabitat B), and this family disappeared completely from periphyton of this stretch in the 8th year (Table 3).

The species diversity and equitability of microzoobenthos

In all biocoenoses in the microhabitats studied there was a drop in the values of the two indices.

In the periphyton of the two stretches (microhabitats A and C), there was a striking drop in values particularly in the 2nd year. The indexes had risen somewhat by the 8th year, but had not reached the original values of the 1st year.

In the detritus on submerged macrovegetation in the torrentile stretch (microhabitat B) and in detritus on vegetation near the bank (microhabitat D), the two indices had a decreasing trend which was most conspicuous in microhabitat B (Table 4).

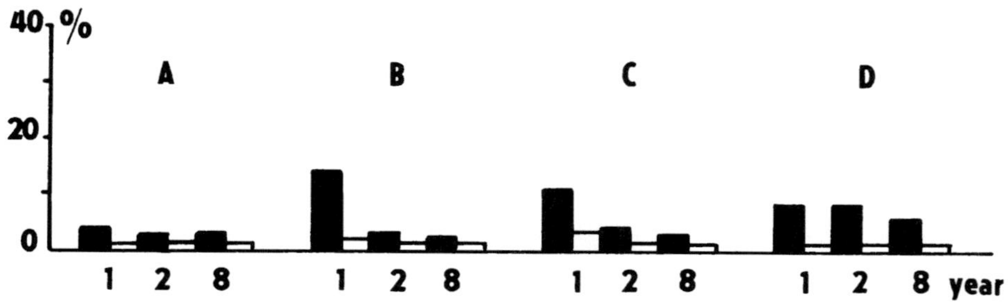

Fig. 3. Dominance (in %) of Nematoda on microhabitats: torrentile stretch — A periphyton, B — submerged macrovegetation; fluviatile stretch — C — periphyton, D — macrovegetation near the bank. Black column = abundance; White column = biomass

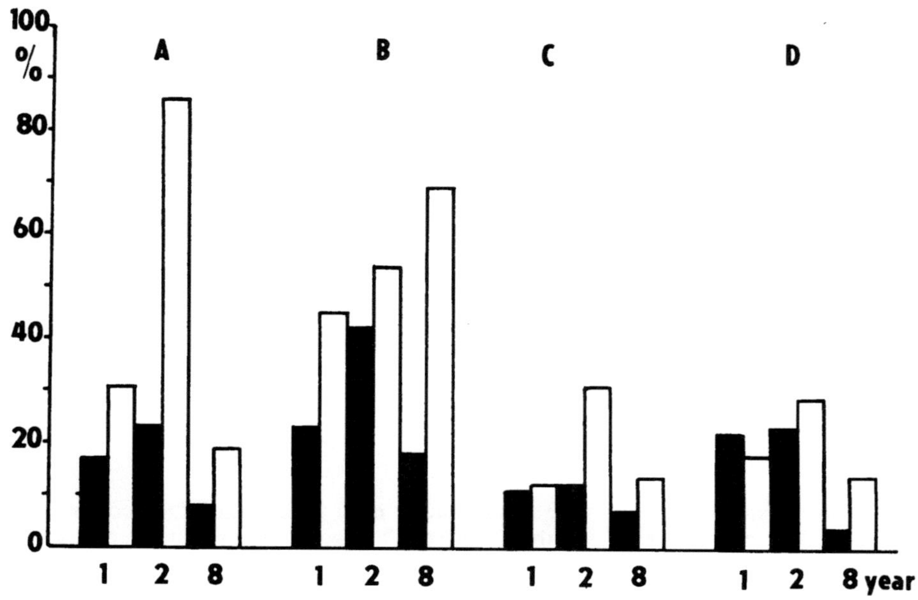

Fig. 4. Dominance (in %) of Rotatoria on microhabitats: torrentile stretch — A — periphyton, B — submerged macrovegetation; fluviatile stretch — C — periphyton, D — macrovegetation near the bank. Black column = abundance; White column = biomass

Table 3. An overview of individual dominance (A) and biomass dominance (B) (in %) of the Rotatoria order and of the families before and after the construction of the Dalešice Waterworks

	1st year								8th year							
	Torrentile stretch				Fluviatile stretch				Torrentile stretch				Fluviatile stretch			
	Periphyton		Submerged vegetation		Periphyton		Submerged vegetation		Periphyton		Submerged vegetation		Periphyton		Submerged vegetation	
	A	B	A	B	A	B	A	B	A	B	A	B	A	B	A	B
Bdelliodea	9.36	11.98	23.56	26.35	6.85	7.05	17.16	18.17	29.78	77.62	67.73	58.83	17.35	19.43	22.35	26.56
Epiphanidae	—	—	—	—	—	—	0.42	0.91	—	—	—	—	—	—	—	—
Brachionidae	0.33	0.25	1.92	1.27	6.85	5.82	14.64	9.13	5.32	1.96	0.79	0.46	5.10	3.36	5.88	3.13
Euchlanidae	30.44	79.69	28.37	63.90	1.37	2.91	7.53	16.44	—	—	0.26	0.15	1.02	0.77	1.18	0.95
Mytilinidae	0.33	0.04	—	—	1.37	2.91	1.26	2.74	—	—	—	—	—	—	3.53	3.71
Trichotriidae	—	—	—	—	9.59	20.35	4.60	10.05	—	—	—	—	—	—		—
Collurellidae	26.76	7.16	13.94	3.49	15.07	9.45	10.88	2.62	24.47	4.26	3.44	0.68	20.41	5.35	12.94	3.62
Lecanidae	1.34	0.52	4.33	1.18	4.11	2.28	4.60	4.31	2.13	2.12	—		8.16	3.43	10.59	4.81
Proalidae	—	—	—	—	—	—	—	—	17.02	9.14	19.58	33.86	15.31	35.34	8.24	20.17
Notommatidae	31.44	0.36	26.92	2.66	47.94	43.62	34.31	32.04	21.28	4.90	7.94	5.88	32.65	32.32	35.29	37.05
Trichocercidae	—	—	0.48	1.11	4.11	3.12	4.60	3.59	—	—	—	—	—	—	—	—
Testudinellidae	—		—	—	2.74	2.49	—	—	—	—	0.26	0.14	—	—	—	—
Collothecidae	—	—	0.48	0.04	—	—	—	—	—	—		—	—	—	—	—
Total	100	100	100	100	100	100	100	100	100	100	100	100	100	100	100	100

Table 4. Diversity index (H′) and equitability (E) indices in the microzoobenthos communities in the River Jihlava near Hrubšice

	Torrentile stretch				Fluviatile stretch			
	Periphyton		Submerged vegetation		Periphyton		Submerged vegetation near the bank	
	H′	E	H′	E	H′	E	H′	E
1st year	4.030	0.91	3.536	0.84	4.640	1.04	4.654	1.01
2nd year	3.210	0.83	3.351	0.80	3.430	0.80	4.466	0.99
8th year	3.686	0.87	2.203	0.59	4.250	0.96	4.291	0.53

Table 5. The ratio of Protozoa to Metazoa (A — abundance, B — biomass) in the microzoobenthos communities in the River Jihlava near Hrubšice

	Torrentile stretch				Fluviatile stretch			
	Periphyton		Submerged vegetation		Periphyton		Submerged vegetation near bank	
	A	B	A	B	A	B	A	B
1st year	3.7:1	1:1.5	1.5:1	2.1:1	3.2:1	3.3:1	3.0:1	4.8:1
2nd year	2.9:1	1:6.5	1.2:1	1:1.9	5.4:1	1.2:1	2.1:1	2.3:1
8th year	7.8:1	4.2:1	4.3:1	1:2.2	8.9:1	5.9:1	7.9:1	5.2:1

The ratio of Protozoa to Metazoa in the microzoobenthos

In the 8th year, the ratio between Protozoa and Metazoa also changed in favour of Protozoa. This change was most striking in their abundance among the periphyton communities (microhabitats A and C). In terms of biomass, the share of Protozoa increased in all microhabitats except the detritus on submerged macrovegetation in the torrentile stretch (microhabitat B) (Table 5).

Discussion

The abiotic factor most influenced by the construction of the Dalešice Waterworks is the water temperature; cooled water leaves the reservoir, so that there is less difference in temperature in the course of the year: in winter the river does not freeze (except in unusually cold winters), and in summer the temperature does not exceed 16 °C. There is also a more regular discharge throughout

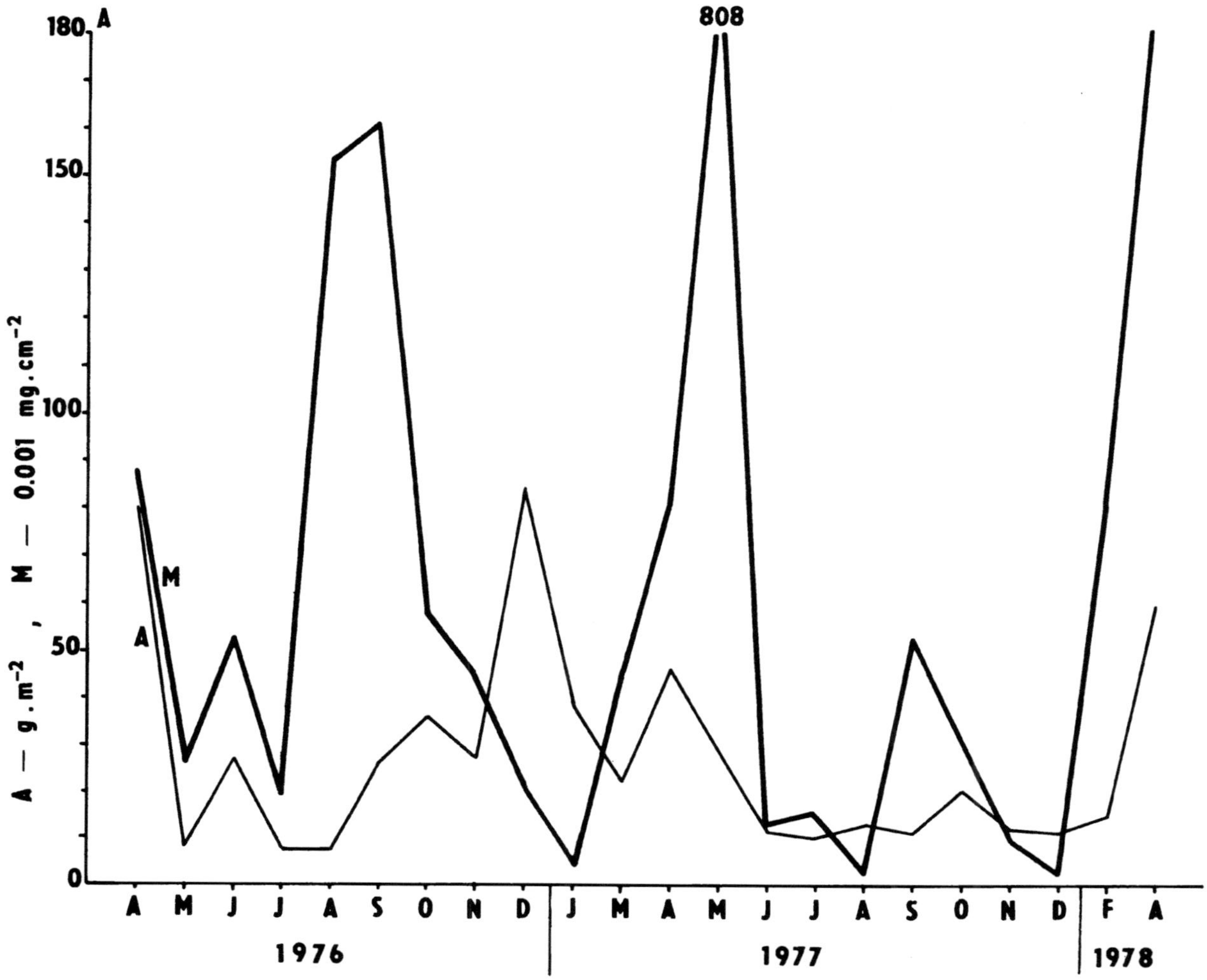

Fig. 5. Annual dynamics of microzoobenthos (M) and algae (A) in periphyton in the torrentile stretch. Biomass of microzoobenthos (fresh weight), biomass of algae (dry weight)

the year, and extreme discharge rates are limited (TRNKOVÁ 1984; KUČERA 1986).

For microzoobenthos, the reduced sedimentation of detritus due to increased discharge rates, particularly in the fluviatile stretch of the river, is probably of greatest importance.

The most conspicuous changes occurred in the biocoenosis in the detritus on submerged vegetation in the torrentile stretch (microhabitat B), where there was a marked increase in the share of sessile Ciliophora which resulted in the lowest value of the diversity index ($H' = 2.203$) and equitability index ($E = 0.59$) of all microhabitats (Fig. 2. Table 4).

Reduced sedimentation of drifting material also affected the occurrence of Metazoa and the ratio between Protozoa and Metazoa. This ratio was most strikingly affected in the periphyton of the two stretches (microhabitats A and C) and in the detritus on vegetation near the bank (microhabitat D), where not only the abundance, but also the biomass changed (Table 5).

On the basis of algological research carried out on the river Jihlava since 1976 (HELAN 1978; ZELINKA et al. 1984), it can be judged that most microzoobenthos representatives fed on algae, mainly diatoms, but also filamentous algae (*Cladophora glomerata* KÜTZ., *Ulothrix zonata* KÜTZ., *Stigeoclonium* sp.), detritus and bacteria.

It is possible to compare the development of algae on stones in the torrentile stretch with the abundance and biomass of the microzoobenthos. Following the dynamics throughout the year, a certain dependence can be found between the two components: more specifically, their spring maxima and the summer minima coincide (Fig. 5).

In the 8th year, the macrozoobenthos was followed in 2 microhabitats in the torrentile stretch: on stony substrate and on submerged macrovegetation. As with the microzoobenthos, the fauna on the stony substrate was richer in species (77 species) than that on submerged macrovegetation (51 species). The values of abundance and biomass were lower, but the diversity index (H') increased (JANÍKOVÁ 1983; KUČERA 1986):

	Diversity index (H')	
	Stones	Plants
1st year:	3.135	1.885
2nd year:	3.143	2.143
8th year:	3.347	2.097

Conclusions

On the basis of the research performed hitherto on the river Jihlava, it can be stated that the construction and operation of the Dalešice Waterworks has considerably influenced the benthic population of the river.

In the microzoobenthos, the share of Metazoa, and particularly of Rotatoria, decreased (Fig. 4, Table 3). The values of the diversity (H') and equitability (E) indices also decreased in all microhabitats, but most conspicuously in microhabitat B (detritus on submerged vegetation in the torrentile stretch) Table 4.

Among the macrozoobenthos, the species composition of the biocoenosis changed in favour of oligostenoterm species. The values of the diversity index (H') for the macrozoobenthos increased, in contrast to those for the microzoobenthos.

The river acquired the character of the grayling zone, and the species *Salmo trutta* m. *fario* and *Thymallus thymallus* became the main representatives of the fish stock (PEŇÁZ et al. 1979).

References

HEAL, O. W. (1965): Observations on Testate amoeboe (Protozoa: Rhizopoda) from Signy Island, South Orkney Island. Brit. Antarct. Surv. Bull. **6**, 43—47.

HELAN, J. (1978): Primary production of eutrophic stretch of the River Jihlava. Folia Fac. Sci. Nat. Univ. Purk. Brunensis 19, Biologia **64** (2), 5—15.

JANÍKOVÁ, M. (1983): Statistické zhodnocení některých ekologických vztahů v tekoucích vodách. II. Konzumenti (Makrozoobenthos). Dipl. práce katedry biologie živočichů a člověka Přír. Fak. UJEP Brno, 73 pp.

KUČERA, K. (1986): Struktura a dynamika makrozoobenthosu úseku řeky Jihlavy u Hrubšic. Dipl. práce katedry biologie živočichů a člověka Přír. fak. UJEP Brno, 93 pp.

LAMINGER, H. et al. (1980): Populationsdynamik terrestrischer Protozoen (Testacea, Rhizopoda) in zentralalpinen Lagen Tirols. I. Untersuchungen subalpiner Böden im Raum Obergurgl (Tirol/Österreich). Arch. Protistenkd. **123**, 280—323.

LOSOS, B. (1982): Communities of Chironomidae larvae (Diptera) in epipotamon of the Jihlava River. Scripta Fac. Sci. Nat. Univ. Purk. Brunensis 1, **12** (7), 335—347.

— et al. (1980): Food and growth of fishes of Jihlava River. Acta Sci. Nat. Brno **14**, 45 pp.

— et al. (1984): Ekologie živočichů. SPN, Praha, 316 pp.

OPRAVILOVÁ, V. (1983): A contribution to the knowledge of Testacea (Protozoa: Rhizopoda) of the Jihlava River near Hrubšice. Scripta Fac. Sci. Nat. Univ. Purk. Brunensis, Biologia **13** (1), 23—32.

PEŇÁZ, M., & WOHLGEMUTH, E. (1987): Posouzení vlivu rozšíření JE Dukovany na vodní ekosystémy. Ústav systematické a ekologické biologie ČSAV, Brno, 40 pp.

— — TRNKOVÁ, J. (1979): Změny ve složení společenstev ekosystému řeky Jihlavy po napuštění vodníhe díla Dalešice. Průběžná výzkumná zpráva úkolu P-09-159-211-02/a-E 03-C-1, Ústav pro výzkum obratlovců ČSAV, Brno, 16 pp.

SCHWOERBEL, J. (1966): Methoden der Hydrobiologie. Stuttgart.

SÝKOROVÁ, M. (1983): Statistické zhodnocení některých ekologických vztahů v tekoucích vodách. I. Producenti. Dipl. práce katedry biologie živočichů a člověka Přír. fak. UJEP Brno, 111 pp.

ŠÁLY, A. (1983): Volne žijúce Nematódy v SSR. SAV Bratislava, 157 pp.

TRNKOVÁ, J. (1984): Influence of the water works at Dalešice on macrozoobenthos of the Jihlava River. Věst. čs. Společ. zool. **48**, 223—240.

ZELINKA, M. (1980): Differences in the production of mayfly larvae in partial habitats of a barbel stream. Arch. Hydrobiol. **90** (3), 284—297.

— et al. (1984): Produkční poměry v parmovém úseku toku. Folia Fac. Sci. Nat. Univ. Purk. Brunensis, Biologia **25** (8), 91 pp.

Address of the author:

Dr. VĚRA OPRAVILOVÁ, CSc.
Department of Biology of Animals and Man,
Faculty of Science
J. E. Purkyně University
Kotlářská 2
611 37 Brno
Czechoslovakia

Limnologica (Berlin) **21** (1), 251—255, Oktober 1990

Division of Biosphere Sciences, Campden Hill Road King's College, London, England

The Identity of Suspended Particles in a Calcite-Depositing Stream and their Significance in Trapping and Binding Phenomena

By ALLAN PENTECOST

With 4 Figures

Abstract

The suspended load of a calcite-depositing stream has been determined over a one year period and the X-ray spectra of 960 particles analysed. Particles consisted of calcite (24.5%), quartz (17.6%), alumino-silicates (28.9%), organic matter excluding diatoms (19.6%) and diatoms (3.5%). The trapping and binding of $CaCO_3$ particles by microorganisms is shown to be negligible with > 85% of the calcite precipitated in situ.

Nucleation of calcite in the supersaturated water is considered unlikely.

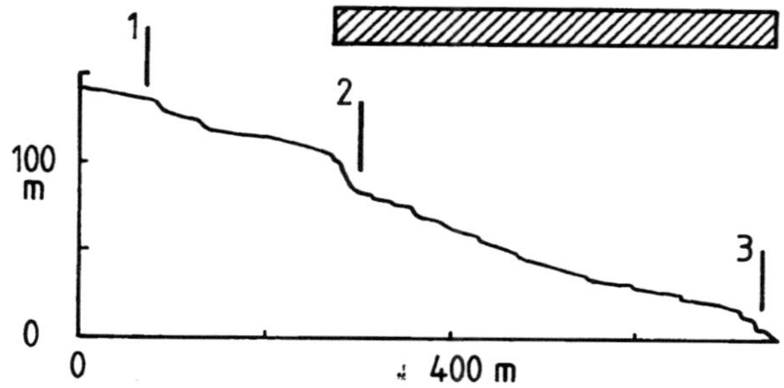

Fig. 1. Profile of Waterfall Beck showing sampling points and the main region of calcium carbonate deposition (shaded box)

Introduction

The binding of particles suspended in water by microorganisms, particularly cyanobacteria, is a phenomenon of considerable interest to microbiologists and sedimentologists. Organosedimentary structures known as stromatolites are believed to result from the trapping and binding of sediments (WALTER 1976). Stromatolites are the earliest known fossils and are still forming today on a small scale, but the trapping and binding of material by modern stromatolite-forming organisms has received little attention. Modern freshwater stromatolites grow by complex processes which include in situ precipitation in addition to trapping and binding (GOLUBIC 1976; PENTECOST 1990). This study was initiated to estimate the significance of trapping and binding of suspended particles in a stream containing stromatoliteforming cyanobacteria. The growth and calcification rate of these cyanobacteria have previously been studied in detail (PENTECOST 1981, 1987) together with the algal flora (PENTECOST 1982).

Materials and Methods

The investigation was made at three sites in Waterfall Beck, North Yorkshire, U.K. (National Grid Reference 34/908698). Site 1 (Fig. 1) was the main springhead, site 2 was situated 400 m downstream from site 1 and site 3 was at the confluence of this stream with Cowside Beck, 970 m from site 1. The vertical fall between sites 1 and 3 is 140 m.

Each site was visited four times during 1987 at three month intervals. For the collection of particles, 5 ml samples of water were drawn into a carefully washed plastic syringe which was then attached to a Millipore filter-holder containing a 0.22 μm Millipore filter [Millipore (U.K.) Ltd., Harrow]. The water was passed through the filter under low pressure and the filter removed and air-dried over silica gel. Because the water at sites 2 and 3 was supersaturated with respect to calcite, nucleation of calcite on the filter was checked by passing samples through a double filter followed by examination in the electron microscope. No nucleation was detected on the lower filter. Filters were carbon coated and examined in a Philips 501B scanning electron microscope fitted with a Tracor X-ray microanalysis system 5400 allowing detection of elements of atomic number 11 and above. Particles were analysed at magnifications of x1250 or more, and allocated size classes on the basis of their maximum diameters using a calibrated CRT display. For each sample, a total of 80 particles was analysed.

Suspended solids in the beck were determined at each site by filtering 1 l of water in situ through carefully dried and weighed 2.5 cm Whatman glass microfibre filters. Filtration was achieved through partial evacuation (400 mm Hg) using a hand-operated pump. The filters were kept over silica gel then dried to constant weight at 105 °C and reweighed on a Unimatic 5-figure balance. Suspended solids were determined by difference. During sampling, care was taken not to disturb stream sediments.

To obtain estimates of relative weights, each particle was assumed spherical and weights were estimated from the calculated volumes and specific gravities of the minerals involved. For the alumino-silicates, a specific gravity (S.G.) of 2.6, representative of average clay mineral (CARDER et al. 1974), was used and for organic matter, an S.G. of 1.0. To estimate the dry weight contribution of pennate diatoms, each frustule volume was estimated as the equivalent rectangular box and an average S.G. of 0.3 was used for the dried frustules, calculated from the data of PARSONS et al. (1961). The S. G. of the remaining particles was estimated as 2.6. Errors in these last two estimates will not greatly affect the overall results since they comprise only a small fraction of the total solids.

Water temperature was measured with a thermistor probe and discharge estimated at site 2 using an Ott current meter across a measured, approximately rectangular cross-section of the stream with a small correction for the turbulent flow profile (MORISAWA 1968). Water samples were taken at site 3 and analysed in a nearby laboratory for Ca, total CO_2 and pH, allowing the saturation quotient of the water to be obtained with respect to calcite (PENTECOST 1981; HOWARD et al. 1984).

A sample of tufa from 2 cm depth was taken from the stream at site 2, dried, weighed, decalcified with N HCl and the residue centrifuged, washed in water, dried at 105 °C and reweighed. Subsamples were filtered and particles analysed by X-ray analysis as described above. The same procedure was applied to a pooled aggregate of five Carboniferous Limestone samples taken from the stream catchment.

Results

Particle size distributions were positively skewed with > 50% of particles of diameter 2 µm or less and a mode of 1—2 µm (Fig. 2a). Because particles < 1 µm diameter were more difficult to detect, with some passing through the 0.22 µm filter, this size range must have been underestimated. Particles with diameters > 10 µm were rare and comprised less than 4% of the total. Calcium carbonate particles had a similar size distribution to total particles (Fig. 2b).

Particles were classified into six groups according to their X-ray spectra, viz: 1) calcium only; 2) silicon only; 3) strong Al and Si plus weaker signals for any combination of Ca, Fe, K, Na and Mg; 4) no peaks; 5) silicon peak with diatom frustule and 6) a small residuum of diverse particles often rich in iron. The first five series of spectra represent respectively: calcite; quartz, alumino-silicate minerals; organic matter and diatoms. The presence of calcite and quartz were confirmed by X-ray diffraction but no clear signals were obtained from the aluminosilicates, suggesting considerable mineralogical heterogeneity in this group.

Proportions of the various particles by number are shown in Fig. 3. In all but the January sampling, the proportion of calcite is seen to increase downstream, with few particles observed at the springhead. Quartz showed little variation between sites. The proportion of aluminosilicate (Table 2) was highest but wide variations were found particularly in the June and October samplings. The alumino-silicates could be subdivided further on their X-ray spectra into three categories, viz: 'pure' alumino-silicates (28%), K-alumino-silicates (44%) and the remainder containing a diversity of cations (28%).

No significant trends were found with organic matter but diatoms, mainly of the genus *Achnanthes* and *Fragilaria*, were found in considerable numbers during June at the downstream sites. At other times they were present only in small numbers (Table 2). The remaining particles made up 5.9% of the total with no clear spatial or temporal trends. These consisted mostly of Fe-rich material, probably hydrated iron oxides but they also included some less common elements. There were 8 particles with strong Ba and S peaks, probably representing the mineral barytes. Titanium was found in 5 particles, three with Si (probably titanite) plus two acicular crystals of rutile (TiO_2). Two particles contained Zr, perhaps the oxide, baddeleyite. Phosphorus was detected in 7 particles, usually with Al and Si and 9 particles contained S. Copper, Zn, Mn and Cl were detected only once.

The suspended solids in Waterfall Beck are extremely low for freshwaters, averaging 0.9 $mg \cdot l^{-1}$ (Table 1a). No significant difference in their temporal and spatial variation was obtained using 2-way analysis of variance ($p < 0.05$) but it is apparent that a positive correlation exists between the discharge (Table 1b) and the averaged suspended solids, with lowest values obtained in June.

Table 1 a) Suspended solids ($mg \cdot l^{-1}$)

	2 JAN	27 MAR	20 JUN	18 OCT
Site 1	1.3	0.55	0.59	0.74
Site 2	1.0	0.83	0.55	1.53
Site 3	1.3	1.25	0.52	0.62

b) Physical and chemical characteristics of the stream[2])

Discharge ($l \cdot sec^{-1}$)	77	47	5	73
Water temperature (°C)	5.2	5.9	17.0	7.8
pH	8.18	7.93	8.44	8.36
Ca^{2+} (mM)	1.16	1.19	1.17	1.82
Total CO_2 (mM)	2.17	2.18	2.25	3.46
Saturation quotient	2.70	1.34	6.59	9.21

c) Acid-insoluble particles in parent rock and tufa (% proportions by number)

	% Acid insoluble residue	SiO_2	Total alumino-silicate	Organic	other
Carboniferous limestone	0.27	8	36	28	28[1])
Tufa	3.4	23	54	17	6

[1]) 90% of these particles gave large Fe signals.
[2]) Measurements taken at site 2.

Table 2. Percent proportions of suspended particles (N = proportion by number; W = proportion by weight)

	JAN		MAR		JUN		OCT		TOTAL	
	N	W	N	W	N	W	N	W	N	W
$CaCO_3$	23.3	15.2	30.0	28.8	22.1	25.0	22.9	9.7	24.5	19.7
SiO_2	17.8	26.1	17.9	20.2	14.6	20.2	20.0	18.5	17.6	21.2
Alumino-Silicate	29.2	47.3	25.8	47.4	22.5	36.4	37.9	68.3	28.9	49.9
Organic Matter (excl. diatoms)	20.4	10.8	20.0	3.1	26.7	11.7	11.3	2.4	19.6	7.0
Diatoms	1.7	0.5	1.3	0.1	9.2	5.5	1.7	0.8	3.5	1.7
Other Particles	7.5	0.7	5.0	0.4	5.0	1.2	6.2	0.7	5.9	0.8

The relative contribution to the suspended solids by weight of these particles is shown in Fig. 4 and Table 2. In general, the pattern is similar to that shown in Fig. 3 but the overall variation between sites is greater. This is because a small number of large particles make a disproportionately large contribution towards the total masses. The proportion by weight of calcium carbonate is small at site 1 (Table 2) but increases downstream. Almost half of the suspended material appeared to consist of aluminosilicate but these particles were probably overestimated as many occurred as flakes whilst their weights were estimated as the equivalent diameter spheres. Despite their comparatively large dimensions, the diatoms never made a significant contribution to the suspended load, even in June.

The waters of Waterfall Beck contain large quantities of dissolved calcium, which in some years shows a seasonal variation. Dissolved calcium and total CO_2 peaked in October 1987 and the saturation quotient was always > 1 at site 3 (Table 1 b) indicating supersaturation of these waters with respect to calcite. This results from rapid degassing of the CO_2-rich groundwaters in the catchment.

The proportion of acid-insoluble particles present in Waterfall Beck tufa and Carboniferous Limestone are shown in Table 1 c. There is a predominance of aluminosilicate in both rocks and the proportions present in the tufa are similar to those in the suspended load, excluding calcium carbonate.

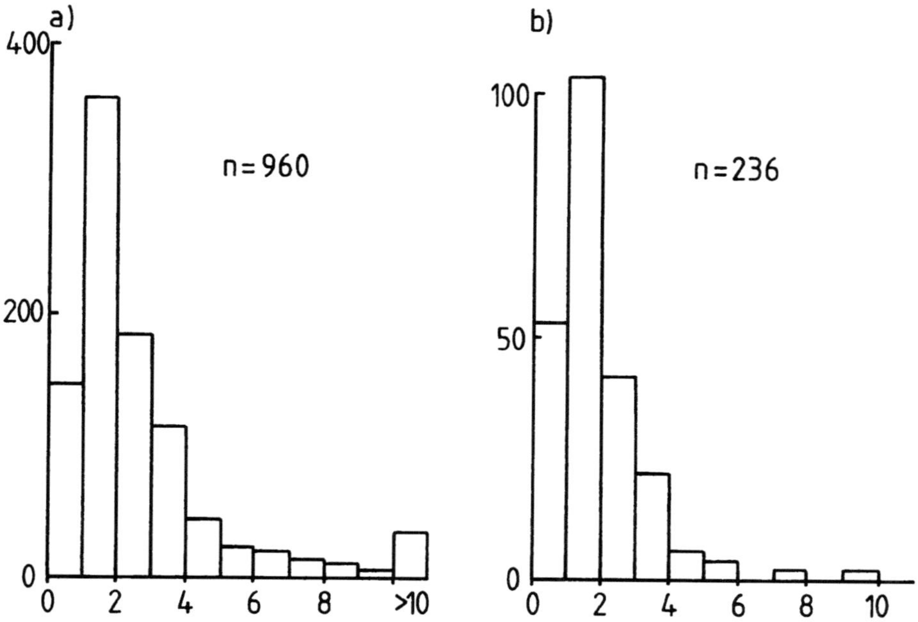

Fig. 2. Frequency histograms of suspended particle diameters (µm). a) all particles; b) calcium carbonate

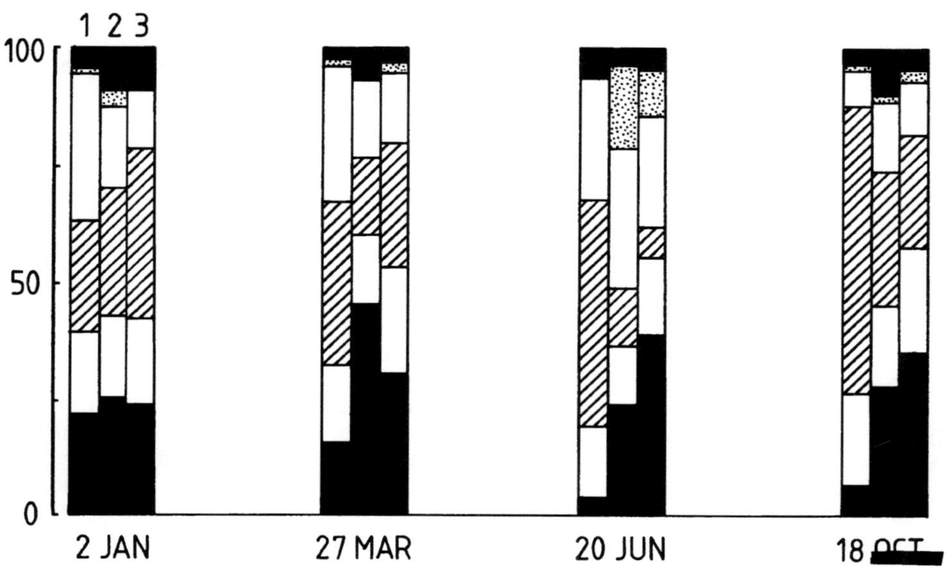

Fig. 3. Relative proportion of particle types at sites 1—3 respectively, sampled at approximately 3-month intervals. Classification, beginning at bottom: $CaCO_3$, black; SiO_2, white; aluminosilicates, shaded; organic matter, white; diatoms, stippled; remaining particles, black

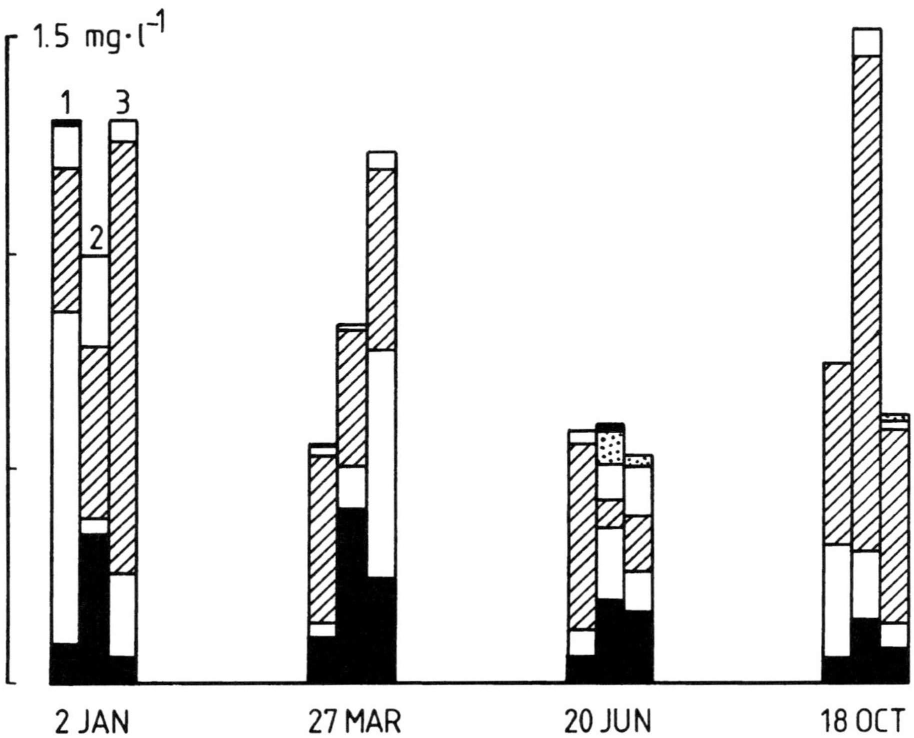

Fig. 4. Proportion of particle types estimated by weight at sites 1—3 respectively, sampled at approximately 3-month intervals. Classification as in Fig. 3

Discussion

The results obtained emphasize the importance of dissolved load as compared with suspended load in limestone streams. Using the discharge figures of Table 1, a loss of c. 280 kg · a^{-1} of suspended $CaCO_3$ is obtained, compared with a dissolved load of 210 tonnes · a^{-1}. Suspended loss is therefore about 0.1% of the dissolved loss.

Several lines of evidence indicate that the trapping and binding of suspended particles is low in Waterfall Beck. Detailed measurements of $CaCO_3$ accretion by cyanobacteria of the genera *Homoeothrix*, *Schizothrix* and *Rivularia* (PENTECOST 1987) indicate annual accretion rates of c. 1 mm. With an estimated 500 m^2 of encrusting colonies, a net annual accretion of 1.3 tonnes is obtained. Thus, even if all of the suspended $CaCO_3$ were trapped by microorganisms, it could furnish no more than 20% of the observed amount. Some entrapment must occur, however, as evidenced by the composition of the acid-insoluble fraction of tufa (Table 1c) where both SiO_2 and alumino-silicates were found. If trapping and binding are non-selective phenomena for the suspended minerals then the entrapment of $CaCO_3$ cannot be more than 0.7% of the total tufa dry weight, taking into account the relative proportions of $CaCO_3$ present in the suspended material (Table 2).

Suspended $CaCO_3$ actually increases in quantity downstream (Fig. 4) whilst efficient entrapment with a high collection efficiency of the microorganisms should give the reverse. This apparent genesis of $CaCO_3$ particles in the water could be due to either erosion of the stream bed or nucleation of calcite in the water. Of these, the former is most likely because the stream contains substantial quantities of tufa (Fig. 1) and the steep gradient ensures turbulent flow and cavitation. The possibility of nucleation is more difficult to establish. The waters become supersaturated with calcite 40 m above site 2 (PENTECOST 1981) and with an average current speed of 0.9 m · s^{-1} the time for nucleation is at best 40 seconds at site 2. Whether particles of $CaCO_3$ averaging 2 μm in diameter can form in this time is uncertain but must be considered unlikely with the Ca^{2+} ion activity around 1 mM · l^{-1}, resulting in low collision frequencies at the growing crystal surface. Thus, it is concluded that deposition of $CaCO_3$ in Waterfall Beck is not primarily due to trapping and binding, and by inference, the bulk of the deposited $CaCO_3$ must be precipitated in situ, often in close association with benthic microorganisms.

There have been few analyses of insoluble tufa residues but traces of quartz, illite, kaolinite and montmorillonite have been reported in some German tufas by IRION & MÜLLER (1968). The presence of several particles of $BaSO_4$ in Waterfall Beck is of interest and suggests local mineralization of the limestone. Small veins of galena and barytes occur 2 km SE of the beck catchment (O'CONNOR 1964).

Considerable variation in the suspended load is apparent at the three sites and this probably reflects a natural variation in the suspended load to be expected in turbulent flow regimes. The origin of the particles found at the springhead remains conjectural. The particles could have been released by dissolution of the Carboniferous Limestone. The ratio $CaCO_3$: acid-insoluble material in the limestone is 370:1 whilst the ratio dissolved load : suspended non-$CaCO_3$ load is 750:1, suggesting that there is more than sufficient insoluble material in the limestone to account for the suspended load. If, however, the pooled limestone particle analyses are representative of the entire formation, many more Fe-rich particles should have been found in the water (Table 1c).

Alternatively, a proportion of the suspended material may come from the overlying soils and patches of glacial drift which contain both silt and clay (CLAYTON 1981) and the occasional springhead diatoms must have originated from the soil.

In contrast to seawater where there is considerable information on suspended particles (e. g. BETZER et al. 1974) there is little information on freshwater. The occurrence of particulate $CaCO_3$ in springwaters from limestone catchments has been reported by ATKINSON et al. (1967) who found that up to 60% of the suspended load consisted of calcite. However, these workers did not report the total suspended load in their study, only the relative proportions of organic matter, 'mineral' and calcite.

Acknowledgements

I am indebted to Mr. K. IBALL for permission to use Malham Tarn Field Centre facilities during the survey and the Central Research Fund, University of London for travelling assistance. TONY BRAIN and MALCOLM WINEBERG are thanked for their assistance with the X-ray microanalyses and Dr. H. SHAW for the X-ray diffraction analyses.

References

ATKINSON, C. T., DREW, D. P., & HIGH, C. (1967): Mendip karst hydrology research project, phases One and Two. Wessex Cave Club Occas. Publ. Ser. 2, Part **1**, 1—38.

BETZER, P. R., CARDER, K. L., & EGGIMAN, D. W. (1974): Light scattering and suspended particulate matter on a transect of the Atlantic Ocean at 11 °N. In: R. G. GIBBS (ed.), Suspended solids in Water, pp. 173—193. New York.

CARDER, K. L., BETZER, P. R., & EGGIMAN, D. W. (1974): Physical, chemical and optical measures of suspended-particle concentrations: their intercomparison and application to the West African Shelf. In: R. G. GIBBS (ed.), Suspended solids in Water, pp. 173 to 193. New York.

CLAYTON, K. (1981): Explanatory description of the landforms of the Malham area. Fld. Stud. **5**: 389—423.

GOLUBIC, S. (1976): Organisms that build stromatolites. In: M. R. WALTER (ed.), Stromatolites, pp. 113—140. Amsterdam.

HOWARD, J. R., SKIRROW, G., & HOUSE, W. A. (1984): Major ion and carbonate system chemistry of a navigable freshwater canal. Freshwat. Biol. **14**: 515—532.

IRON, G., & MÜLLER, G. (1968): Mineralogy, petrology and chemical composition of some calcareous tufa from the Schwäbische Alb, Germany. In: G. MÜLLER & G. M. FRIEDMAN (eds.), Carbonate Sedimentology in Central Europe, pp. 157—171, New York.

MORISAWA, M. (1968): Streams, their dynamics and morphology. New York.

O'CONNOR, J. (1964): The geology of the area around Malham Tarn, Yorkshire. Fld. Stud. **2**: 53—82.

PARSONS, T. R., STEPHENS, K., & STRICKLAND, J. D. H. (1961): On the chemical composition of eleven species of marine phytoplankters. J. Fish Res. Bd. Canada **18**: 1001—1016.

PENTECOST, A. (1981): The tufa deposits of the Malham district, North Yorkshire. Fld. Stud. **5**: 365—387.

— (1982): A quantative study of calcareous and Tintenstriche algae from the Malham district, Northern England. Br. phycol. J. **17**: 443—456.

— (1987): Growth and calcification of the freshwater cyanobacterium *Rivularia haematites*. Proc. R. Soc. Lond. **B232**: 125—136.

— (1990): Calcification processes in cyanobacteria and algae. In: R. RIDING (ed.), 5th International Symposium on Fossil Algae. Amsterdam (in press).

Adress of the author:

Dr. ALLAN PENTECOST
Division of Biosphere Sciences
King's College
Campden Hill Road
London W 8 7 AH
England

Limnologica (Berlin) **21** (1), 257—261, Oktober 1990

Zoologisches Institut der Universität Kiel, Kiel, Bundesrepublik Deutschland

Zur Fischfauna einiger stehender Gewässer bei Concepcion (Paraguay)

The Fish Fauna of Various Bodies of Stagnant Water Near Concepción (Paraguay)

Von RAINER BRINKMANN & KLAUS BÖTTGER

Mit 4 Abbildungen

Key words: Paraguay; Stagnant waters; Fish Fauna.

Abstract

Zoological and limnological studies of one shallow lake and 4 perennating pools (so-called Tajamares) in the near of the City of Concepción, Paraguay, in 1985 also involved fish catching (small fish).

The waters were characterized by chemical and physical parameters as well as some data regarding the vegetation. 18 species belonging to 9 families were caught. The most species (13) were found in the shallow lake.

1. Einleitung

Im September/Oktober 1985 führten wir einige zoologisch-limnologische Untersuchungen an stehenden Gewässern südöstlich der paraguayischen Stadt Concepción durch. (Nähere Angaben zur Lage des Untersuchungsgebietes s. KOSTE 1986). Bei diesen Untersuchungen wurden neben Rotatorien, aquatischen Insekten und Wassermilben (s. VIETS & BÖTTGER 1986) auch Fische gefangen. Dem Fang letzterer dienten Handkescher (Öffnung 0,3 × 0,3 m; Maschenweite 5 mm), die erwartungsgemäß nur die Kleinfische erfaßten.

Über die Fischfauna von Paraguay ist erst relativ wenig bekannt (s. BONETTO 1986; EIGENMANN & KENNEDY 1903; GERY 1969; KULLANDER 1981; PEARSON 1937; RINGUELET 1975). Dies gilt vor allem für Gewässer, die wie im vorliegenden Fall nicht unmittelbar mit dem System des Rio Paraguay — Paraná in Verbindung stehen. Die vorliegende Arbeit gibt deshalb einen Überblick über die von uns gefangenen Arten sowie Angaben zum Biotop.

2. Charakteristik der Fundorte

Bei den 5 Untersuchungsgewässern handelt es sich um stehende Gewässer zweier unterschiedlicher Typen:

1. Flachsee (s. Abb. 1)

Er liegt südlich des Río Ypané und 1 km östlich der Estancia Santa María (s. Probestelle 2 bei KOSTE 1986). Die O-W-Ausdehnung beträgt 500 m, die N-S-Ausdehnung über 1000 m. Zu- und Abfluß existieren nicht. Während der Untersuchungszeit (Ende der winterlichen Trockenzeit) betrug die Wassertiefe bis zu 1,5 m. Umfangreiche Areale der Wasseroberfläche sind von schwimmender Vegetation (vornehmlich *Salvinia auriculata*, *Eichhornia azurea*, *E. crassipes*) bedeckt. Diese Tatsache mag erklären, warum der See auf der „Carta Nacional, Paraguay 1:50.000" (Blatt 5473 IV, Puerto Ybapobó) lediglich als Sumpf eingezeichnet ist.

Das Wasser ist kalkarm und reagiert sauer (s. Tab. 1). Temperatur und Sauerstoff-Konzentration zeigen innerhalb der den See kennzeichnenden dichten Schwimmpflanzen-Bestände starke tageszeitliche Schwankungen.

Die größte im Laufe eines Tages ermittelte Temperatur-Amplitude betrug 13,5 °C (Schwankungen zwischen 20,5 und 34,0 °C), und für die Sauerstoff-Sättigungsindices ergaben sich Werte zwischen 22 (2,0 mg O_2/l) und 129% (10,0 mg O_2/l). Für die Schwimmpflanzen-Bestände der restlichen Untersuchungsgewässer wurden ähnlich große Schwankungen ermittelt (s. auch BONETTO et al. 1984).

Tab. 1. Chemisch-physikalische Daten der Untersuchungsgewässer. Der pH-Wert und der Chlorid-Gehalt wurden zwischen Ende September und Mitte Oktober 1985 mehrmals vor Ort bestimmt. Die Wasserproben zur Bestimmung der restlichen Faktoren wurden am 14. 10. 1985 entnommen und für eine spätere Analyse konserviert (s. FURCH et al. 1983; SCHWEDT & SCHNEPEL 1981). FS = Flachsee, K = Kleingewässer

Parameter	Untersuchungsgewässer				
	FS	K1	K2	K3	K4
pH	5,8—6,6	7,6—7,9	6,2—6,3	6,9—8,0	5,8—6,2
Leitfähigkeit (μS_{20}/cm)	56—80	95	30—38	37—56	30—52
Alkalinität (m-Wert)	0,6—0,7	1,1	0,6	0,6	0,4—0,5
Cl^- (mg/l)	5	10	5	5	5
Gesamt-P (mg/l)	0,05	0,27	0,47	0,58	—
Gesamt-N (mg/l)	4,2	4,1	2,2	2,8	—
Na (mg/l)	13,06	1,95	4,33	5,11	—
K (mg/l)	8,23	20,49	1,04	2,82	—
Mg (mg/l)	0,88	2,91	0,41	0,91	—
Ca (mg/l)	1,55	4,63	1,70	1,72	—
Si (mg/l)	2,87	5,32	9,82	37,09	—
Fe (mg/l)	0,26	3,14	0,91	8,01	—
Mn (mg/l)	0,04	0,09	0,03	0,11	—

2. Kleingewässer des Weidelandes (sog. Tajamares)

Sie liegen innerhalb natürlicher oder anthropogen geschaffener Geländesenken. Die Wassertiefe ist durch Ausbaggerung oder Aufstau mittels Erdwällen derart vergrößert, daß die Gewässer perennierend sind und als Trinkwasserreservoire für das Vieh während der niederschlagsarmen Jahreszeit dienen können.

Vier dieser Kleingewässer wurden von uns untersucht. Alle vier liegen nördlich des Río Ypané, auf dem Gebiet der Estancia Ybú:

Kleingewässer 1 (s. Abb. 2)

Es befindet sich ca. 400 m südwestlich der Gebäude der Estancia Ybú. Die Flächenausdehnung beträgt 15 × 15 m, die Wassertiefe bis 1 m. Das Gewässer ist identisch mit der Probestelle 3 bei KOSTE (1986).

Die aquatische Makrophyten-Vegetation ist als Gürtel an den Ufern ausgebildet. Dieser Gürtel ist stellenweise unterbrochen, und zwar dort, wo das Ufer abgeflacht ist und das Vieh zum Tränken in das Wasser laufen kann. Von den 4 untersuchten Kleingewässern ist dieses das vom Vieh am stärksten beeinflußte. Die Leitfähigkeit ist hier am höchsten, desgleichen die Alkalinität, der Gehalt an Chlorid und Gesamt-Stickstoff.

Als Makrophyten dominieren *Nymphoides indica* (Gentianaceae; mit Beständen bis 4 m Breite am N-Ufer) und *Eleocharis* sp. (Cyperaceae; vornehmlich am S- und SO-Ufer). Zwischen diesen Beständen befinden sich einzelne Algenwatten.

Kleingewässer 2 (s. Abb. 3)

Es liegt ca. 800 m nordöstlich der Gebäude der Estancia Ybú. Es ist identisch mit der Probestelle 4 von KOSTE (1986). Die Flächenausdehnung beträgt 50 × 60 m, die Wassertiefe maximal 3 m. Das Gewässer ist von Erdwällen umgeben. In ihm sammelt sich außer dem Niederschlag das Wasser benachbarter Quellen. Ein durchgehender Zaun verhindert den Zutritt und damit die Beeinträchtigung (Vertritt, Eutrophierung) durch Weidevieh. Eine Tränke ist am Überlauf des Gewässers eingerichtet.

Am N- und SW-Ufer befinden sich ausgedehnte, vornehmlich von *Eichhornia azurea* (Pontederiaceae) gebildete Schwimmpflanzen-Bestände.

Kleingewässer 3 (s. Abb. 4)

Es liegt ca. 1000 m nördlich der Gebäude der Estancia Ybú, am Ende der Gras-Flugpiste. Es entspricht der Probestelle 5 von KOSTE (1986). Die Ausdehnung beträgt 50 × 70 m, die Tiefe bis über 2 m. Das Gewässer wird ebenfalls durch Quellwasser gespeist. Die Beeinträchtigung durch Rinder ist gering.

Der Uferabfall ist überwiegend steil. Die aquatische Vegetation ist nur schwach entwickelt. An weiten Uferstrecken siedeln überhaupt keine Wasserpflanzen, sondern lediglich bis in das flache Wasser reichende Gräser. *Nymphoides indica* ist in kleinen Beständen vorhanden. Vereinzelt stehen Cyperaceen-Bulte im Wasser.

Kleingewässer 4

Es befindet sich ca. 300 m südlich der Gebäude der Estancia Ybú. Es ist identisch mit Probestelle 6 von KOSTE (1986) und Fundort 4 von VIETS & BÖTTGER (1986). In der zuletzt genannten Publikation ist es auch abgebildet.

Das Gewässer wird wiederum von Quellen gespeist. Das Wasser letzterer wird über einen kleinen, mehrere hundert Meter langen Graben von N aus herangeführt.

Abb. 1. Teilansicht des untersuchten Flachsees (Wassertiefe bis 1,5 m). Im linken und mittleren Bildteil ist eines der wenigen Areale mit weitgehend freier Wasseroberfläche zu sehen. Im rechten Bildteil ist das Wasser überwiegend von schwimmender Vegetation bedeckt und daher nicht zu erkennen, daß sich der See auch im Hintergrund bis an den Wald erstreckt

Abb. 2. Kleingewässer 1 mit allseitig freiem Zutritt durch Weidevieh. Links im Bild (N-Ufer) Schwimmblätter von *Nymphoides indica*; rechts Bestände von *Eleocharis* sp.

Abb. 3. Kleingewässer 2. Im Vordergrund (N-Ufer) ausgedehnte Bestände von *Eichhornia azurea*

Abb. 4. Kleingewässer 3. Im Vordergrund rechts Uferbereich mit verstärkter Makrophyten-Vegetation. Als Schwimmpflanze *Nymphoides indica*. Blickrichtung NO

Tab. 2. Zusammenstellung der in den 5 Untersuchungsgewässern gefundenen Fische. 3 Familien sind taxonomisch noch unbearbeitet; sie treten ausschließlich im Flachsee (FS) auf und werden als jeweils 1 Art gewertet. K = Kleingewässer

Familie und Art	Untersuchungsgewässer				
	FS	K1	K2	K3	K4
Characidae:					
Aphyocharax paraguayensis EIGENMANN, 1915					+
Aphyocharax rathbuni EIGENMANN, 1907		+	+		+
Astyanax bimaculatus (LINNAEUS, 1758)				+	
Cheirodon kriegi SCHINDLER, 1937	+		+		+
Cheirodon piaba LÜTKEN, 1874		+	+		
Ctenobrycon spilurus (VALENCIENNES, 1849)	+		+		+
Gymnocorymbus ternetzi (BOULENGER, 1895)	+				
Hyphessobrycon callistus (BOULENGER, 1900)	+				
Lebiasinidae					
Pyrrhulina brevis STEINDACHNER, 1875	+	+	+		+
Erythrinidae					
Hoplias sp.				+	
Cyprinodontidae					
Rivulus punctatus BOULENGER, 1895	+		+		
Cichlidae					
Apistogramma borellii (REGAN 1906)	+				
Apistogramma trifasciata (EIGENMANN & KENNEDY, 1903)	+				
Cichlasoma dimerus (HECKEL, 1840)	+	+	+	+	
Callichthyidae					
Hoplosternum thoracatum (VALENCIENNES, 1840)	+				
Curimatidae	+				
Trichomycteridae	+				
Hypopomidae	+				
Summe Arten	13	4	7	3	5

Die Beeinträchtigung durch Vieh ist gering und auf besonders niederschlagsarme Jahre beschränkt.

1985 war der Wasserstand deutlich niedriger als 1984 (Beobachtungen des Zweitautors) und die Wasseroberfläche im Gegensatz zum Vorjahr vollständig von schwimmender Vegetation (vornehmlich *Azolla* sp. und *Hydrocleis nymphoides*) bedeckt.

3. Ergebnisse

Die Kescherfänge in den 5 Untersuchungsgewässern erbrachten 18 Arten, wobei die bislang taxonomisch nicht bearbeiteten 3 Familien (Curimatidae, Trichomycteridae, Hypopomidae) als jeweils eine Art gezählt wurden (s. Tab. 2).

Die größte Artenzahl (13) tritt im Flachsee, die kleinste (3) im Kleingewässer 3 mit steilem Uferabfall und weitgehendem Fehlen aquatischer Makrophyten auf. Innerhalb der 4 Kleingewässer leben die meisten Arten (7) in dem vor Vieh-Beeinträchtigung geschützten und durch ausgedehnte Schwimmpflanzen-Bestände gekennzeichneten Kleingewässer 2.

Keine der Arten kommt in allen 5 Untersuchungsgewässern vor; am weitesten verbreitet sind die beiden Arten *Pyrrhulina brevis* und *Cichlasoma dimerus*, die jeweils in 4 der 5 Gewässer leben.

Von den 13 Arten des Flachsees fehlt über die Hälfte (8 Arten) in den Kleingewässern.

4. Zusammenfassung

Im Rahmen zoologisch-limnologischer Untersuchungen im Gebiet der paraguayischen Stadt Concepción wurden 1985 Kescherfänge nach (Klein-) Fischen ausgeführt. Bei den 5 untersuchten Gewässern handelt es sich um einen Flachsee und 4 perennierende Kleingewässer (sog. Tajamares). Die Gewässer werden anhand chemisch-physikalischer Parameter und einiger Angaben zur Vegetation charakterisiert. Insgesamt wurden 18 Fischarten aus 9 Familien gefangen. Die größte Artenzahl (13) ergab sich für den Flachsee.

5. Danksagung

Die Diagnose der Fischarten verdanken wir Herrn M. Kottelat, Laboratoire d'Ichthyologie, CH — 2800 Delémont. Herrn W. Speiser, Verwalter der Estancia Ybú (Concepción, Paraguay), danken wir für die Gastfreundschaft und Unterstützung unserer Arbeiten. Für die Analyse fixierter Wasserproben danken wir Frau Dr. K. Furch (Max-Planck-Institut für Limnologie, D-2320 Plön; Kationen) und dem Städtischen Labor Kiel (N- und P-Konzentrationen). Den Reisebegleitern des Botanischen Instituts der Universität Kiel (s. Viets & Böttger 1986) sei für die Bestimmung der aquatischen Vegetation gedankt.

Literatur

Bonetto, A. et al. (1984): A limnological study of an oxbow-lake covered by *Eichhornia crassipes* in the Paraná River. Verh. Int. Verein. Limnol. **22** 1315—1318.

— (1986): Fish of the Paraná system. In: B. R. Davies & K. F. Walker, The ecology of River Systems (Monogr. Biol. **60**), pp. 573—588. Dordrecht.

Eigenmann, C. H., & Kennedy, C. H. (1903): On a collection of fishes from Paraguay, with a synopsis of the American genera of Cichlids. Proc. Acad. Nat. Sci. Philadelphia **5**, 497—537.

Furch, K. et al. (1983): Seasonal variation in the major cation (Na, K, Mg, and Ca) content of the water of Lago Cameleão, an Amazonian floodplain-lake near Manaus, Brazil. Amazoniana **8** 75—89.

Gery, J. (1969): The freshwater fishes of South America. In: E. J. Fittkau et al., Biogeography and ecology in South America, pp. 828—848. The Hague. 848.

Koste, W. (1986): Über die Rotatorienfauna in Gewässern südöstlich von Concepción, Paraguay, Südamerika. Osnabrücker naturwiss. Mitt. **12**, 129—155.

Kullander, O. (1981): Cichlid fishes from the La Plata basin. Part I. Collections from Paraguay in the Muséum d'Histoire naturelle de Genève. Rev. Suisse Zool. **88**, 675—692.

Pearson, N. E. (1937): The fishes of the Beni-Mamoré and Paraguay basins, and a discussion of the origin of the Paraguayan fauna. Proc. Calif. Acad. Sci. (4. Ser.) **23**, 99—114.

Ringuelet, R. A. (1975): Zoogeografía y ecología de los peces de aguas continentales de la Argentina y consideraciones sobre las áreas ictiológicas de América del Sur. Ecosur **2**, 1—122.

Schwedt, G., & Schnepel, F.-M. (1981): Analytisch-chemisches Umweltpraktikum. Anleitung zur Untersuchung von Luft, Wasser und Boden. Stuttgart.

Viets, K. O., & Böttger, K. (1986): Wassermilben (Hydrachnellae, Acari) aus Paraguay, nebst einigen Angaben zur Begleitfauna. Studies Neotrop. Fauna **21**, 103—128.

Anschrift der Verfasser:

Dipl.-Biol. Rainer Brinkmann
Prof. Dr. Klaus Böttger
Zoologisches Institut der Universität Kiel
Olshausenstr. 40
D-2300 Kiel

Limnologica (Berlin), **21** (1), 263—274, Oktober 1990

University of Port Harcourt, Hydrobiology/Fisheries Research Unit, Department of Zoology, Port Harcourt, Nigeria

A Hydrobiological Survey of the Chanomi Creek System, Lower Niger Delta, Nigeria

By CHUKWUEMEKANIM NWADIARO

With 2 Figures

Contents

Abstract

A hydrobiological survey of an estuarine system, Chanomi creek, in the lower Niger delta of Nigeria was conducted between December 1984 and April 1985. The aim was to contribute to the dearth of limnological data on Nigerian brackishwaters and to ascertain how far the system has recovered approximately three years after some areas had suffered crude oil spillage. The area was divided into six zones (three previously polluted and three previously unimpacted zones); these were further sub-divided into sixteen zones. Water samples taken at high and low tides at surface, midwater and bottom levels, were analysed for pH, transparency, temperature, total alkalinity, total dissolved solids (TDS), dissolved oxygen, oxygen saturation, biochemical oxygen demand (BOD), phosphates, nitrates silicates, chlorophyll-a concentration and phytoplankton productivity. The diversity of the phytoplankton, benthic algae and zooplankton were also studied. The methods of STRICKLAND & PARSONS (1972) were generally used for these investigations.

The pH ranged from 6.8 to 8.1, zone 1 being only slightly acidic, while the depth of water ranged from 2.65 m at station 1A (mouth of Stuart Creek) to more than 15 m in the dredged areas of the main Chanomi creek. The temperature, transparency, alkalinity, TDS, dissolved oxygen, percentage oxygen saturation and BOD had respective ranges of 24—29 °C, 0.75—1.75 m, 1.10—1.53 meq $\cdot l^{-1}$, 11.1—32.0 mg $\cdot l^{-1}$, 7—13 mg $O_2 \cdot l^{-1}$, 94—155% oxygen saturation and a 24 h BOD (25 °C) of 0.17—3.66 mg $\cdot O_2 \cdot l^{-1}$.

The mean chlorophyll-a concentration ranged from 3.55 mg $\cdot m^{-3}$ chlorophyll-a in zone 2 to 9.43 in zone 4. On the other hand, the gross phytoplankton productivity lay in the range 40—813 mg $O_2 \cdot l^{-1} \cdot h^{-1}$, with the highest mean in zone 2 and the lowest in zone 1. The phytoplankton consisted predominantly of diatoms (over 41 species) followed by dinoflagellates (7 species). The species composition of benthic algae closely resembled that of the phytoplankton except that a few blue-green algae and green algae, but no dinoflagellates, occured in the samples. Zooplankton density was high, 42,877—527,708 organisms per 10 min, 5 knot $\cdot h^{-1}$ tow using a 55 µm mesh plankton net. The zooplankton consisted of adult calanoid and cyclopoid copepods, copepod nauplii, barnacle nauplii, Oikopleura (Larvaceae), polychaete larvae, gastropod larvae, shrimp larvae and a few chaetognaths.

In general, the various zones were similar and non-significantly different in terms of the various limnological variables measured in spite of their crude oil pollution history. There is some evidence that, three years after the 1982 crude oil spill, the Chanomi creek has recovered hydrobiologically.

1. Introduction

Limnological data on Nigeria's freshwater and brackishwater ecosystems are rather restricted. Of the 1,090 freshwater lakes, ponds, and rivers enumerated by ITA et al. (1985) for Nigeria, not more than 0.5% have been subjected to any published hydrobiological investigations. The available information includes that on the Eleiyele reservoir (IMEVBORE 1965; 1967; 1968), Rivers Oshun and Ogun (EGBORGE 1971, 1972a, b, c, 1973, 1974; ADEBISI 1980). Lake Asejire (EGBORGE 1979) and the Ibadan freshwater ecosystems (EGBORGE & SAGAY 1979). These are in the southwestern region of Nigeria. In the northwest, there are studies on the River Sokoto (HOLDEN & GREEN 1960; 1962) and the River Niger/ Lake Kainji system (IMEVBORE 1970; 1975; IMEVBORE & BOSZORMENYI 1975; BOSZORMENYI & IMEVBORE 1975; ADENIYI 1978). The data from the northeastern area of Nigeria are contained in the works of GRAS et al. (1967) and COMPERE (1974, 1975a, b, 1976a, b, 1977) on L. Chad basin and KHAN et al. (1983) on a reservoir in Jos, a near temperate climatic area in the north.

From the above review, the dearth of information on the southeastern freshwaters and on the brackish/estuarine systems is very apparent. For freshwaters, there are the relatively recent studies on L. Oguta (NWADIARO & UMEHAM 1985; NWADIARO 1989) and L. Opi (HARE & CARTER 1984). The brackishwater studies on the southern systems are those of MILLS (1932) on the Warri estuary, OLANIYAN (1961, 1969) and WEBB & HILL (1958) on the Lagos lagoon, IKUSEMIJU (1981) on the Lekki lagoon, NWADIARO (1984a, b; 1985) and NWADIARO & EZEFILI (1986) on the River Sombreiro in the Lower Niger delta. The hydrobiology of the Lower Niger delta has thus received little attention. This partly prompted the survey reported in this paper. The main objective was to characterize Chanomi creek, a major system of the Niger delta, in terms of its physico-chemical features, planktonic and benthic algal species diversity, biomass and production, zooplankton taxonomic composition and standing crop. Field studies were conducted in December 1984 and January 1985 while Laboratory analyses continued until April, 1985.

2. Description of study area (Fig. 1)

Chanomi Creek is an extensive area of inter-connected creek systems linking the Forcados and Escravos estuaries in the western Lower Niger delta. It is located between latitudes 5°15′ and 5°35′N and between longitudes 5°00′ and 5°30′E. The main creek channel experiences very high boat and ocean vessel traffic coming from the high seas through the Forcados or Escravos estuaries towards the western port of Warri. The Chanomi creek system is an area of extensive oil exploration both off-shore and in the swampy mangrove forestland. The Forcados estuary is the location of a major crude oil terminal for Shell Petroleum Nigeria Ltd., just as the Escravos estuary has a major terminal for the Gulf Oil production system. Several oil pipelines cross different parts of the creek. Due to these oil activities, crude oil spillages sometimes occur due to pipelines bursting during normal field operations and the discharge of diesel oil from commercial boat traffic. The last crude oil spill occurred in 1982 when the oil pipeline burst. Apart from the above activities.

Chanomi creek is an area of active artisanal fisheries by the coastal inhabitants from Bendel and Ondo States of Nigeria. Commercial fisheries are based on such fishes as the croaker, *Pseudotolithus enlongatus* (demersal species) and a pelagic clupeid, the bonga, *Ethmalosa fimbriata*. The major shellfisheries are based on the Paenid shrimps, *Nematopalaemon hastatus* and *Panaeus*.

For purposes of this survey, Chanomi creek system was divided into six zones comprising sixteen stations. With the exception of zones 3 and 4, each of which has four stations, all zones had two stations each. The positions and boundaries of the various zones and stations are shown in Fig. 2 and Table 1. Zones 3 and 4 constitute the main channel of the Chanomi; zone 3, is the approach from the Forcados river, while zone 4 is the exit area into the Escravos estuary. Other zones are peripheral, low traffic areas.

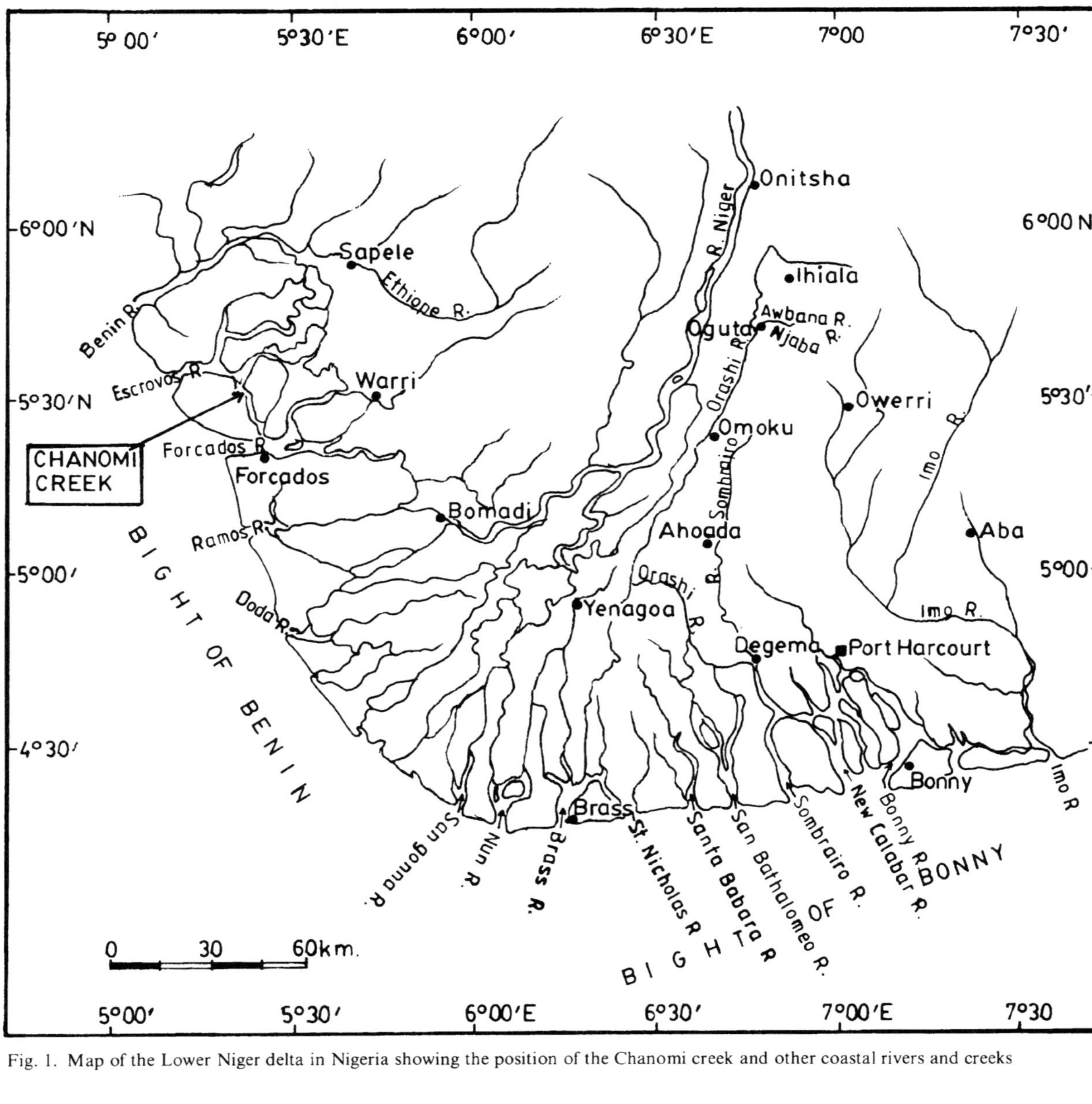

Fig. 1. Map of the Lower Niger delta in Nigeria showing the position of the Chanomi creek and other coastal rivers and creeks

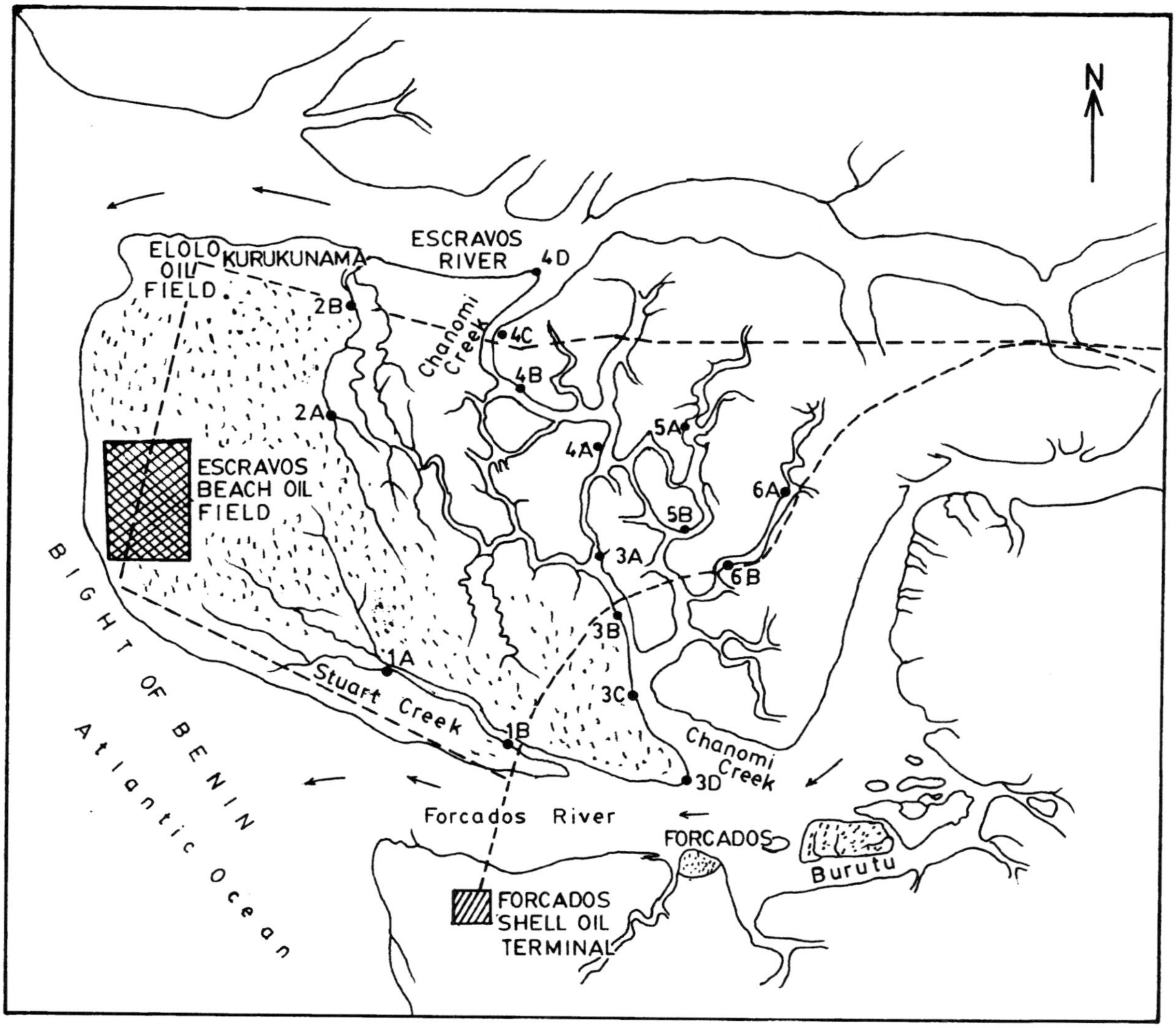

Fig. 2. A detailed map of the Chanomi creek system showing the various zones and sampling stations, shown by numbers

Table 1. Characteristics of the zones

Hydrocarbon affected areas as at 1982 oil spill	Unaffected control areas as at the 1982 oil spill
Zone 1 Hydrocarbon impacted small creek with relatively small boat traffic, with a direct connection to wide river estuary (Forcados).	**Zone 2** Unimpacted small creek with relatively small boat traffic with a direct connection to a wider river estuary (Escravos).
Zones 3 Heavily hydrocarbon impacted wide river channel, with heavy boat and ship traffic, with direct connection to a wide river estuary (Forcados).	**Zones 4** Unimpacted wide river channel, with heavy boat and ship traffic, with direct connection to a wide river estuary (Escravos).
Zone 5 Hydrocarbon impacted small creek with relatively small boat traffic and a direct connection to a heavily hydrocarbon impacted wide river channel (Chanomi creek).	**Zone 6** Unimpacted small creek with relatively small boat traffic, and a direct connection to a heavily hydrocarbon impacted wide river channel (Chanomi creek).

3. Material and Methods

3.1. Physico-chemical analyses of water

Triplicate water samples for the analysis of various physical and chemical characteristics were taken from the surface, middle and bottom strata of the water column at the 16 stations in the six zones defined in the Chanomi creek system (Fig. 2, Table 1). The samples were taken between 07.00 h and 13.00 h using 2.5 l Hydrobios water samplers at both high and low tide. Analyses of the various characteristics were either done in the field or, a few hours after sampling, in the laboratory.

Light penetration into the water at various stations was assessed by the Secchi disc transparency method. Air temperature was taken using a mercury thermometer (0.1 °C graduation) held about 1 m above the water surface for a few minutes. The temperature of the various water strata were read from the thermometer attached to the Hydrobios water sampler. All temperature readings were recorded to the nearest 0.1 °C. As a rough indication of the total ionic content, the total dissolved solids (TDS) were determined as the weight of the residue left after evaporating to dryness 50 ml of the filtered (Whatman GF/C, 0.45 µm pore) water samples.

The total alkalinity was determined by titrating known volumes of the filtered samples with 0.02 mol hydrochloric acid using phenolphthalein and methyl orange indicators. Dissolved oxygen concentration was estimated by the unmodified Winkler method (WELCH 1948) and the percentage saturation levels calculated from a record of the temperature at the time of sampling. For the biochemical oxygen demand (BOD), duplicate water samples were incubated in the dark at 25 °C for 24 h before the oxygen level was determined. Nitrate-nitrogen, soluble reactive phosphorus (PO_4-P) and dissolved silica were determined by the phenol-disulphonic acid method (MACERETH 1971), molybdenum blue (WETZEL & LIKENS 1979) and picric acid standardization technique (MACRERETH 1971).

3.2. Phytoplankton Studies

One litre of the water samples taken as described in the previous section was preserved with 5 ml of Lugol's iodine, shaken and stood for 48 h to sediment the composite algae. The supernatant was decanted in several stages to obtain algal concentrates of about 15 cm^3. These provided samples for the qualitative assessment of the taxonomic composition and diversity of the phytoplankton. Identification was done with the aid of line drawings and descriptions or illustrations given by MILLS (1932), FRITSCH (1939), NEWELL & NEWELL (1963) and LEVEQUE & DURRAND (1979).

Chlorophyll-a concentration was used as an indirect measure of phytoplankton biomass. One litre water samples were filtered through Whatman GF/C microfibre glass filter and chlorophyll was extracted in 90% methanol. After reading the absorbance of the extracts at different wavelengths, the chlorophyll-a concentration was calculated using the equation of STRICKLAND & PARSONS (1972) in VOLLENWEIDER (1974).

Phytoplankton productivity was determined by the oxygen light-and-dark bottle method (VOLLENWEIDER 1974). Water samples taken from the various strata at all stations were incubated under natural light in 250 cm^3 paired light and dark Winkler bottles for 4 h (13.30 h—17.30 h). Oxygen changes were determined by the Winkler method at the expiration of the incubation period. Productivity estimates were calculated according to VOLLENWEIDER (1974). The results are expressed in mg $O_2 \cdot l^{-1} \cdot h^{-1}$.

Table 2. Physico-chemical and biological values of the Chanomi creek at various stations. Each sample is coded by a number and two letters (e.g. 1 AS, where 1 = zone 1, A = station A, S = surface water)

Sample zone, station and stratum	pH	Depth (m)	Transparency (m)	T (°C)	Alkalinity (meq $\cdot l^{-1}$)	TDS (mg $\cdot l^{-1}$)	DO (mg $\cdot l^{-1}$)	O_2-Sat. (%)	BOD (24 h incubation, 25 °C)	PO_4-P (µg $\cdot l^{-1}$)	NO_3-N (µg $\cdot l^{-1}$)	Silica (mg $\cdot l^{-1}$)	Chlorophyll-a (mg $\cdot m^{-3}$)	Gross phytoplankton productivity (µg $O_2 \cdot l^{-1} \cdot h^{-1}$)
1 AS	7.0	2.65	0.80	26.2	1.20	11.10	7.80	97.6	0.33	0	53.9	0.76	4.98	295
1 AM	7.0	—	—	24.6	1.13	11.85	9.11	110.4	0.17	Tr	38.5	1.20	4.65	184
1 AB	7.1	—	—	24.7	1.20	11.75	8.13	94.6	0.20	0	42.3	0.33	4.59	113
1 BS	6.8	3.50	1.00	28.0	1.13	15.45	12.60	162.6	0.40	0	18.5	0.52	4.59	173
1 BM	6.8	—	—	26.2	1.22	15.95	11.83	148.1	—	0	13.5	1.08	4.95	255
1 BB	6.9	—	—	26.1	1.22	15.70	11.63	145.6	0.16	0	11.5	0.40	4.33	040
2 AS	7.2	6.25	0.90	27.8	1.30	17.25	6.91	89.2	1.62	Tr	15.4	1.50	0.95	813
2 AM	7.3	—	—	25.8	1.25	18.20	6.91	86.5	1.42	Tr	14.3	0.70	2.48	305
2 AB	7.4	—	—	25.8	1.22	17.75	8.13	101.8	2.64	Tr	20.0	0.50	2.59	559
2 BS	7.4	8.50	1.65	29.0	1.30	22.95	10.98	143.7	2.85	Tr	20.6	0.40	10.58	610
2 BM	8.0	—	—	26.8	1.22	25.20	10.98	139.7	3.05	Tr	18.9	0.90	2.50	420
2 BB	7.3	—	—	26.8	1.20	20.25	9.55	121.5	2.03	Tr	32.6	0.30	2.20	458
3 AS	7.5	25	1.65	28.5	1.28	18.2	10.57	137.3	0.41	0	15.4	1.40	5.25	153
3 AM	7.8	—	—	26.6	1.22	19.9	10.37	131.9	0.20	0	11.6	0.70	4.95	305
3 AB	8.1	—	—	26.6	1.20	21.1	12.40	157.8	1.63	0	13.5	1.50	4.95	305
3 BS	7.6	8.50	1.60	28.0	1.20	22.6	10.77	139.0	0.41	Tr	9.6	1.20	4.95	458
3 BM	7.1	—	—	28.6	1.20	32.6	10.98	139.7	1.22	Tr	7.7	1.60	4.67	250
3 BB	7.2	—	—	26.6	1.28	23.8	11.38	144.8	0.61	Tr	11.5	1.90	4.65	100
3 CS	8.0	9.68	1.70	28.5	1.23	18.4	11.38	147.8	0.20	0	Tr	0.56	5.31	153
3 CM	8.0	—	—	26.7	1.25	19.6	12.20	155.2	1.22	0	3.9	0.60	4.39	253
3 CB	8.1	—	—	26.8	1.30	21.1	10.57	134.5	0.20	0	3.9	0.72	4.39	358
3 DS	8.3	4.40	0.86	28.5	1.10	18.5	12.20	158.4	0.42	0	7.7	1.52	4.64	153
3 DM	7.9	—	—	26.4	1.13	19.7	11.59	145.1	0.20	0	3.1	0.76	5.28	100
3 DB	7.8	—	—	26.4	1.53	19.9	11.79	147.6	0.61	0	Tr	0.80	4.96	153
4 AS	7.3	12.00	1.75	28.0	1.20	19.7	11.38	146.8	0.40	Tr	4.7	1.40	22.48	408
4 AM	7.4	—	—	26.4	1.23	19.1	10.98	140.9	0.41	Tr	3.0	1.20	6.34	305
4 AB	7.8	—	—	26.5	1.23	21.3	11.39	144.9	0.81	Tr	3.6	0	12.35	610
4 BS	8.0	15.00	1.70	28.4	1.20	18.6	10.57	136.4	1.21	Tr	7.5	0	18.87	405
4 BM	8.1	—	—	26.6	1.15	19.6	13.42	170.7	1.63	Tr	4.9	0.20	4.73	0.478
4 BB	7.8			26.6	1.23	26.1	12.20	155.2	2.04	Tr	5.2	4.00	6.67	380
4 CS	7.8	10.0	0.90	28.0	1.25	32.0	10.98	141.7	0.40	Tr	16.8	0.60	10.37	455
4 CM	7.3	—	—	26.6	1.10	18.5	10.98	139.7	0.41	Tr	7.9	2.00	9.26	455
4 CB	7.8	—	—	26.0	1.20	19.00	10.57	134.5	3.66	Tr	15.3	7.32	5.11	408
4 DS	8.0	9.57	1.00	28.0	1.10	19.10	11.18	144.3	1.48	Tr	25.8	2.40	5.26	305
4 DM	8.1	—	—	26.6	1.30	17.10	10.98	139.7	1.22	Tr	10.5	6.60	6.54	305
4 DB	8.1	—	—	26.6	1.15	17.20	10.77	137.0	1.83	Tr	18.9	4.00	5.27	508
5 AS	7.9	15.0	0.75	28.0	1.15	17.65	10.77	139.0	5.28	Tr	10.0	0.90	1.954	915
5 AM	7.6	—	—	26.6	1.15	18.00	10.16	129.3	3.86	Tr	25.3	1.50	5.50	660
5 AB	7.8	—	—	26.6	1.25	17.85	8.94	113.7	1.22	Tr	18.4	1.30	2.96	508
5 BS	7.6	15.0	1.05	28.4	1.18	17.60	8.33	107.5	2.03	Tr	15.3	0.50	4.15	358
5 BM	7.6	—	—	27.0	1.23	18.90	9.35	119.0	1.83	Tr	9.5	0.60	6.25	203
5 BB	7.5	—	—	26.6	1.20	18.50	8.33	106.0	1.01	Tr	17.4	1.10	8.12	358
6 AS	7.2	14.4	1.20	27.5	1.15	15.2	8.74	112.1	2.03	Tr	30.0	2.00	3.95	560
6 AM	7.3	—	—	25.8	1.25	13.9	9.55	119.5	1.63	Tr	37.5	6.75	8.71	240
6 AB	7.0	—	—	25.8	1.20	14.1	9.76	122.2	1.62	Tr	35.0	1.75	2.88	255
6 BS	7.0	9.5	0.80	28.0	1.25	18.2	10.98	141.7	1.01	Tr	40.0	1.75	4.69	500
6 BM	6.8	—	—	26.4	1.50	19.6	11.18	141.2	0.49	Tr	31.3	1.25	5.78	203
6 BB	7.0	—	—	26.5	1.40	18.4	10.40	131.3	1.80	Tr	47.5	3.25	3.79	450

S — surface; M — middle; B — bottom; Tr — Traces.
Last letter for a sample shows the stratum of water sampled.

3.3. Benthic Algal Studies

Benthic algae in both freshwaters and estuarine ecosystems have rarely been investigated in the past, even though they may produce significant standing crops and contribute greatly to the primary productivity of such systems (WETZEL 1975). This situation is due essentially to the difficulties encountered in the representative sampling and quantitative estimation of periphyton (LUND & TALLING 1957; SLADECKOVA 1962; WETZEL & WESTLAKE 1974; TAI & HODGKISS 1975). They are closely associated with the substrata which can act as reservoris for any residual pollutant in the aquantic environment. The residual effect of the previous oil pollution in the Chanomi creek system could affect the diversity and standing stock of the benthic algal populations.

Samples of the benthic algae were collected from the intertidal mudflats at the various stations indicated in the map (Fig. 2). At each station, six samples of algae were taken at 1-metre intervals along a transect starting at the approximate point of intersection of the water with land (i. e. the shoreline). Sampling involved using a circular plastic ring (area = 24 cm^2) to mark off the sediment at the appropriate point and scraping off the top surface. The scrapings were suspended in 50 ml of the estuarine water and fixed immediately with Lugol's iodine (1:200 v/v).

In the laboratory, the samples were examined microscopically using a series of temporary mounts. Composite algal taxa were drawn and subsequently identified as far as possible using the algal descriptions in MILLS (1932), FRITSCH (1939), NEWELL & NEWELL (1963) and LEVEQUE & DURRAND (1979).

Each of these samples was later homogenised by shaking and replicate 0.5—1 ml aliquots were transferred to shallow Kolkwitz chambers for population density estimations. The numbers of colon dividing and unicellular individuals, multicellular algae and the filaments of other algae, excluding empty diatom frustules, were recorded at x400 magnification using a Hydrobios inverted microscope. Four replicate aliquot counts from each suspension were considered to be representative.

3.4. Zooplankton Studies

At each station, triplicate horizontal tows for zooplankton were performed at subsurface level. The tow continued for 10 min at approximately 5 knots $\cdot h^{-1}$ using a 55 µm mesh plankton net (length = 135 cm, mouth area = 255 cm^2). Samples were preserved in 5% Formalin and later analysed in the laboratory. The composite taxa were identified using the guides provided by NEWELL & NEWELL (1963) for marine/estuarine plankton. The population density of the various taxa was estimated by counting four replicate 1 ml aliquots of homogeneously mixed samples under the Hydrobios inverted microscope.

4. Results and Discussion

4.1. Physico-chemical conditions of water

Table 2 shows the results of the physical and chemical water analysis. The values given are the means of triplicate determinations using the samples listed in the table. In general, the waters were rather turbid, of low transparency and of variable colour ranging from dark brown, "black" waters in the head regions of zones 1 and 6 through greenish or blue-greenish with some patches of brown in zones 3 and 4 to blue-green/green at stations 5B and 6B. No striking differences in the colour of the water emerged when zones 1, 3, 5, which were previously affected by hydrocarbon spills were compared with zones 2, 4 and 6 which were relatively unaffected. For example, the mouth of Chanomi creek with Forcados estuary (Station 3D) had the same turbid, brown flowing water as the Chanomi creek/Escravos estuary (station 4D). This common feature is caused by the eddy resulting from the meeting of two water masses. A colour difference was observed between zones 1 and 2, dark brown water in zone 1 and the greenish water in zone 2. This difference may arise as a result of dissolved organic matter such as humic acid being washed from nearby soils and raffia swamps. It is a common feature of waters near forest swamps. These are the so-called "black" waters common in the Niger delta system. Apart from this, there is little difference in the Secchi disc transparency of the zones. In Lekki lagoon in the southwest, the transparency ranged from 0.52—1.04 m (IKUSEMIJU 1981). A similar result was obtained by OLANIYAN (1969) for Lagos lagoon. In the Bonny estuary, ONUOHA (1980) found a transparency range of 0.5—3.5 m. Although the seasonal fluctuation was not studied, the Chanomi creek has a relatively high transparency (0.75—1.75 m).

With respect to the other physico-chemical variables, statistical analyses (Student's t-test) were performed in order to objectively compare the various pairs of zones, e. g. zone 1 vs. 2, 3 vs. 4 and 5 vs. 6. The results of these analyses are presented in Table 3, while Table 4 shows the pooled means and standard deviation of the values of the parameters determined. There were no significant differences between the mean values for temperature, percentage oxygen saturation and soluble reactive silica when the various pairs of zones were compared (Table 3).

The mean concentration of total dissolved solids was significantly higher in zone 2 than zone 1 and in zone 5 than zone 6 because of the closer proximities of zones 2 and 5 to the bigger and more saline water masses of Chanomi creek and Escravos estuary, respectively. Zones 1 and 6 are nearer to the freshwater swamps of the system as shown by the vegetation. The direction of the differences in total dissolved solids in a zone 1 vs. 2 and zone 5 vs. 6 comparison obviates any tendency to associate these differences to the previous oil spills. Moreover, the differences in mean total dissolved solids (TDS) between zone 3 and zone 4 were not significant ($p < 0.05$). This was also the case when all previously polluted and unpolluted zones were compared in this respect (Table 3). With a mean salinity (as TDS) in the range 13.63—21.28 $mg \cdot l^{-1}$ for the various zones of the Chanomi creek there is a high similarity with that of Bonny estuary (13.77—24.0%; ONUOHA 1980). The values for Lekki lagoon fluctuated enormously between 0.04 and 0.30‰, but were more in the freshwater range (IKUSEMIJU 1981) while that of Lagos lagoon showed greater fluctuations and was higher (0.5—28.6‰; FAGADE & OLANIYAN 1974).

Oxygen concentrations were generally high in these waters and were of similar magnitudes in all the other zones, the saturation being in the range 86—155%.

The nutrients (phosphates, nitrates and silica) had low concentrations in the Chanomi creek system. Phosphates were not detectable in all the samples analysed and so were available only in very trace amounts. This is not unusual. Tropical waters are generally always low in dissolved primary nutrients because of the high rate of utilization and turnover (IMEVBORE 1970). Nutrients supplied to the system are quickly utilised for primary synthesis of organic matter. Moreover, it is the rate of supply of the ions rather than concentration per se that is of biological importance to aquatic systems. In general, there were no significant differences in the concentration of these nutrients between the previously polluted and unpolluted areas.

In the Bonny estuary, phosphate phosphorus was very low (0.10—0.14 $mg \cdot l^{-1}$, mean = 0.12 mgl^{-1}; ONUOHA

Table 3. Calculated t-statistics for comparing differences in the means of the variables for pairs of the zones

Physico-chemical characteristics	$N_1 = N_2 = 6$ zones 1 vs. 2	$N_1 = N_2 = 12$ zones 3 vs. 4	$N_1 = N_2 = 6$ zones 5 vs. 6	$N_1 = N_2 = 24$ zones 1, 3 and 5 vs. 2, 4 and 6
Temperature (0 °C)	1.5708	0.4565	1.1622	0.5058
Alkalinity (meq · l^{-1})	2.8901*	2.8246*	1.9107	0.0709
TDS (mg · l^{-1})	4.9735*	0.5934	3.3494*	0.8004
Dissolved oxygen saturation	0.9535	0.1648	0.1149	0.1035
DO (mg · l^{-1})	7.9288*	7.7995*	1.6767	5.6048*
PO_4-P (mg · l^{-1})**	—	—	—	—
NO_3-N (mg · l^{-1})	1.3484	1.2360	6.4505*	0.9756
Silica (mg · l^{-1})	0.0080	1.9471	1.8325	2.0034
Chlorophyll (mg · m^{-3})	0.8660	1.7726	0.1121	1.8157
Gross Phytoplankton Productivity	4.7395*	4.6709	1.1770	3.0591*

* Significant, $P < 0.05$
** No detectable values for phosphates.

Table 4. The means ± standard deviation of the various physical, chemical and biological variables in the various delineated zones of the Chanomi creek system

Zones	1	2	3	4	5	6
Temperature (°C)	25.97 ± 1.14	27.00 ± 1.13	27.18 ± 0.86	27.08 ± 0.73	27.2 ± 0.73	26.68 ± 0.82
Alkalinity (meq · l^{-1})	1.18 ± 0.039	1.25 ± 0.04	1.24 ± 0.10	1.20 ± 0.058	1.22 ± 0.083	1.23 ± 0.086
Total dissolved solids (mg · l^{-1})	13.63 ± 2.09	20.27 ± 2.92	21.28 ± 3.77	20.61 ± 4.10	18.08 ± 0.47	16.57 ± 2.25
Dissolved oxygen (mg · l^{-1})	8.52 ± 3.0739	8.91 ± 1.7121	11.35 ± 0.67	11.28 ± 0.77	9.31 ± 0.91	10.10 ± 0.85
O_2-Saturation (%)	127.15 ± 25.84	113.73 ± 22.80	144.93 ± 8.50	144.32 ± 9.55	119.08 ± 11.80	128.00 ± 11.04
BOD (mg · l^{-1})	0.25 ± 0.096	2.27 ± 0.62	0.61 ± 0.46	1.29 ± 0.91	2.54 ± 1.53	1.43 ± 0.52
NO_3-N (mg · l^{-1})	29.7 ± 16.0	20.30 ± 5.96	7.33 ± 4.94	10.30 ± 6.71	15.98 ± 5.37	36.88 ± 5.84
Silica (mg · l^{-1})	0.72 ± 0.33	0.72 ± 0.40	1.11 ± 0.45	2.48 ± 2.40	0.98 ± 0.36	2.46 ± 1.94
Chlorophyll-a (mg · m^{-3})	4.68 ± 0.23	3.55 ± 3.19	4.87 ± 0.31	9.43 ± 5.55	4.82 ± 2.07	4.97 ± 1.89
Gross phytoplankton productivity (μgO_2 · l^{-1})	176.3 ± 84.1	527.5 ± 160.8	228.4 ± 107.3	414.3 ± 86.6	500.5 ± 233.3	369.3 ± 141.2

1980) while in the freshwater R. Sokoto, only traces of phosphorus could be detected (HOLDEN & GREEN 1960).

4.2. Phytoplankton diversity

A preliminary checklist of all phytoplankton taxa encountered during the survey is given in Table 5. A maximum of 36 taxa was identified at the stations in zone 2, while the lowest number of species (26) was recorded in zone 6. The diversity of estuarine/marine phytoplankton is not as high as that found in freshwaters, even though the few species can constitute an enormous biomass. The phytoplankton were predominantly diatoms, which constituted over 80% of the total taxa. The dinoflagellates were the only other group of organisms in the phytoplankton community. This situation is normal and common for estuarine and marine ecosystems. A similar result arose from a recent study by NWADIARO & EZEFILI (1986) on the phytoplankton of the brackish zones of the New Calabar River in the south-eastern region of the Niger Delta. There were about 46 algal taxa in the brackish end of New Calabar River and 29 genera in the Bonny estuary (ONUOHA 1980). In order to detect any differences in phytoplankton diversity in the various zones, SORENSON's (1948) coefficient of similarity was computed for all possible pairs of zones. The coefficient is computed as:

$$\frac{200\,C}{A + B}$$

where: A and B = total number of species or taxa found respectively in the two zones or stations; C = the total number of taxa common to both stations.

According to these computations, there was a generally high degree of similarity between the various zones of Chanomi creek in terms of phytoplankton species; the index ranging from 69% (zones 1 vs. 2) to a maximum of 89% (zones 3 vs. 4). The relatively lower similarity between zones 1 and 3 is due to the relatively large amounts of freshwaters flowing into them. As revealed in the physico-chemical study of the water, zone 1 had low total dissolved solids, ionic content and thus, lower

Table 5. A preliminary checklist of the phytoplankton taxa in the various zones of the Chanomi creek system showing the distribution of the identified species.
*** — very abundant; ** — abundant; * — present

Phytoplankton taxa identified	Zones					
	1	2	3	4	5	6
CLASS: BACILLARIOPHYCEAE						
ORDER: CENTRALES						
Coscinodiscus lineatus	***	***	***	***	***	***
C. oculus-iridis	***	***	***	***	***	***
C. rudolfi	**	**	**	**	**	**
Stephanodiscus astrea	*	*	*	*	*	*
Cyclotella stelligera	*	*	*	*	*	*
Cyclotella sp.	*	*	*	*	*	*
Melosira sp.	—	*	*	—	—	—
Triceratium/Hydrosera	*	*	*	*	*	*
Thalassiosira decipiens	—	*	*	—	—	—
Chaetoceras densum	*	—	—	—	—	
C. danicum	*	—	—	—	—	—
C. decipiens	*	—	—	—	—	—
C. teres	*	—	—	—	—	—
Biddulphia aurita	*	—	—	—	—	—
B. mobiliensis	*	*	*	*	*	*
B. rhombus	—	*	*	*	—	—
B. sinensis	—	—	*	*	—	—
B. regia	*	—	—	—	*	—
Ditylium brightwelli	*	—	—	—	*	—
Lithodesmium nodulatum	—	*	—	—	*	—
Bacteriastrum hyalinum	—	*	—	—	—	—
ORDER: PENNALES						
Amphiprora gigantea	—	*	—	—	—	—
Amphora sp.	**	**	***	**	**	**
Eunotia linearis	***	**	*	*	**	***
Pinnularia major	*	*	*	*	*	*
Grammatophora marina	—	*	*	—	—	*
Navicula sp.	*	*	*	*	*	*
Suriella sp.	*	*	*	*	*	*
Synedra	*	*	*	*	*	*
Fragilaria	—	*	*	*	—	—
Tabellaria	*	—	*	*	—	—
Asterionella	—	*	*	*	—	—
Cymbella	—	*	—	—	*	—
Cocconeis	—	*	—	—	—	—
Bacillaria paradoxa	—	*	*	*	—	—
Thalassiothrix longissima	—	—	*	—	—	—
Nitzschia sinuata	*	*	*	*	*	*
Gyrosigma attenuatum	**	**	**	**	**	**
Pleurosigma	**	**	**	**	**	**
Rhizosolenia	—	—	—	—	—	—
Denticula	—	—	*	—	—	—
CLASS: DINOPHYCEAE						
Noctiluca scintillans	*	*	**	**	*	*
Pyrocystis lunula	*	**	**	***	**	*
Ceratium fuscus	*	*	*	*	*	*
C. extensum	*	*	**	*	**	*
C. furca	*	*	*	*	**	*
C. lineatum	*	*	*	**	*	**
Peridinium sp.	—	*	*	—	—	—
Total number of taxa	31	36	35	30	28	26

salinity. These physico-chemical factors have been recognised as crucial for the phytoplankton species zonation of rivers of the lower Niger Delta system (NWADIARO & EZEFILI 1986). The maximal value of 89% similarity index between zones 3 and 4 is expected. These zones embrace virtually the whole water mass with links to the major Forcados and Escravos estuaries, respectively (Figs. 1 and 2).

Of remarkable importance in this study is the marked similarity between the previously polluted zones (1, 3 and 5) and the previously unpolluted zones 2, 4 and 6. Between zones 5 and 6, a 85% similarity index was found while between zone 3 and the remote zone 6 the similarity was as high as 86%. The general impression that this leads us to is that the previous oil spill has led to no change in the species composition of the phytoplankton community. If it did during the initial impact, there is good evidence to regard the system as having recovered to its normal condition.

4.3. Chlorophyll-a concentration

The chlorophyll-a concentration is used here as an indirect, but universally acceptable, measure of phytoplankton biomass. As shown in Table 4, the mean chlorophyll-a concentrations ranged from 3.55 mg $\cdot$ m^{-3} to 9.43, with very wide variations as shown by the high standard deviations. These were recorded in zones 1 and 4 respectively. Comparison of the mean values for various previously polluted and unpolluted zones using Student's t-statistics shows that the means were not significantly different. In other words, the various zones had approximately the same phytoplankton biomass irrespective of their previous status. This quantitative

Table 6. A preliminary checklist of the benthic intertidal algae of the Chanomi creek system.
*** — very abundant; ** — abundant; * — present

Algal genera and species	Zones					
	1	2	3	4	5	6
BACILLARIOPHYCEAE						
Coscinodiscus lineatus	**	**	**	**	**	**
C. oculus-iridis	*	*	*	*	*	*
C. rudolfi	*	*	*	*	*	*
Coscinodiscus spp.	*	*	*	*	*	*
Stephanodiscus	**	*	*	*	*	*
Cyclotella	*	*	**	**	*	—
Triceratium	*	*	*	**	—	—
Hydrosera	*	*	*	*	*	—
Navicula (several species)	***	***	***	**	**	***
Pinnularia	—	—	**	—	—	*
Bacillaria paradoxa	—	—	—	**	*	*
Pleurosigma	***	***	**	***	**	**
Gyrosigma attenuatum	**	**	**	—	*	*
Eunotia linearis	**	**	—	—	—	—
Amphiprora gigantea	—	—	**	*	—	—
Amphiprora alata	—	—	**	*	—	—
Amphora	***	***	***	**	**	**
Cymbella	*	—	**	—	—	—
Synedra	—	*	***	**	*	*
Stenopterobia intermedium	**	*	**	**	*	*
Algal genera and species	1	2	3	4	5	6
Rhizosolenia	*	*	—	—	*	—
Diatoma	—	*	—	**	*	—
Diatomella	—	*	—	—	—	—
Frustulia	*	*	—	—	*	*
Cocconeis	*	—	—	*	*	—
Biddulphia rhombus	*	—	*	—	—	—
Algal genera and species	1	2	3	4	5	6
Nitzschia	—	—	**	—	*	—
Tabellaria	—	—	—	*	*	*
Terspinoe musica	—	—	**	**	—	—
Epithemia	—	*	*	—	—	—
Cymatopleura	*	*	—	—	—	—
Surirella	*	*	—	—	—	—
Fragilaria	*	*	—	—	—	*
Melosira jürgensi	—	*	**	**	—	—
Melosira	*	*	*	*	*	*
CYANOPHYCEAE						
Nodularia harveyana	***	—	**	—	—	*
Nodularia spumigena	***		**	—	—	*
Algal genera and species	1	2	3	4	5	6
Anabaena sphaerica	***		**	—	—	*
Anabaena sp.	***	*	**	*	*	*
Oscillatoria spp.	*	*	**	—	—	***
CHLOROPHYCEAE						
Ulothrix (several species)	**	—	**	—	**	***
Microspora	*	—	—	—	—	—
Uronema	*	—	—	—	—	—
Penium (a desmid)	*	—	—	—	—	—
Mesotaenium (a desmid)	*	—	—	—	—	—
Total algal taxa	34	28	30	23	23	23

measure corroborates the evidence of uniform phytoplankton distribution given in the previous section.

There are virtually no studies on the chlorophyll-a concentration of Nigerian coastal waters to compare this result with. Using the criteria of SAKAMOTO (1966), the Chanomi creek water could be described as a meso-eutrophic water.

Phytoplanktonic organisms are the basis of aquatic productivity and fishery productivity in general. The common estuarine fish, the clupeid *Ethmalosa fimbriata* forms the main commercial catch in the Forcados and Escravos estuaries. They are essentially plankton feeders. In view of the uniform density of their foods in both the previously polluted and unpolluted zones, it is concluded that the overall feeding potential for the growth and general well-being of the fisheries has been restored in the creek.

4.4. Phytoplankton productivity

The gross phytoplankton productivity shows the total rate of metabolic synthesis or production of the primary organic matter that forms the basis of fishery productivity. Several studies have shown a positive correlation between both standing stock and production of phytoplankton on the one hand and fishery productivity on the other. Although this is so, there may be instances where changes in the standing stock of primary producers do not correlate with productivity (BOYD & LICHKOPPLER 1979).

Phytoplankton productivity at the various stations and zones in the Chanomi creek system are shown in Tables 2 and 4. The mean values range from 176.3 $\mu gO_2 \cdot l^{-1} \cdot h^{-1}$ in zone 1 to 527.5 in the previously unpolluted zone 2. These figures compare very favourably with those found by ONUOHA (1980) in the Bonny River estuary in the south-eastern area of the Niger Delta. The figures show no abnormal features in phytoplankton productivity when compared to other Nigerian brackish waters which have not suffered crude oil spills (ONUOHA 1980).

4.5. Benthic algal diversity and relative density

Table 6 is a preliminary checklist of the algal taxa found in the epipelic and episammic periphyton of the intertidal region of the Chanomi creek system. A total of 36 taxa was found. The list is a preliminary one and cannot be regarded as complete because most algal specimens have not been identified to species level.

The diatoms had the greatest taxonomic and numerical representation in all 96 samples taken from the various zones of the creek. The next most important groups are the blue-green algae (Cyanophyceae) while the Chlorophyceae were relatively insignificant in the periphyton population. This proportional representation by the diatoms, blue-greens and green algae is typical of estuarine and even fresh water periphyton. There were no odd features in the nature of the algal components in the community at all the stations investigated.

There is a high degree of similarity between the algal composition of the periphyton and that of the phytoplankton. Most of the diatom taxa are common to both communities e. g. the centric types like *Coscinodiscus* and *Stephanodiscus* and the pennate form *Navicula*. Noticeably absent in the phytoplankton but present in the periphyton are the Chlorophyceae and the Cyanophyceae. This condition accords with the general observation made for most aquatic ecosystems (BOWKER & DENNY 1978) undisturbed by ecological changes such as oil pollution. As shown in Table 6, the zone with the highest diversity (number of species) is zone 1, with 33 taxa identified. Most of the algal types responsible for this high diversity were recorded from the upstream, low salinity stations in Stuart creek (zone 1). Most of these species cannot tolerate the relatively high salinities of the open waters of Chanomi creek or the Escravos or Forcados estuaries. Examples of these taxa are *Ulothrix*, *Microspora*, *Uronema* and even the desmids *Mesotaenium* and *Penium*. The zones with the lowest taxonomic diversity were 4, 5 and 6. There is little difference in overall algal composition between zone 4 (previously unpolluted) and zone 3 (previously polluted). One easy indication of a polluted or stressed biological population is the reduction of the diversity and size of the population segment which is unable to tolerate the stress. On the other hand, species diversity is expectedly high in ecosystems free of pollutants or stress factors. There is no evidence in this study of any adverse effect on the benthic algae that can be attributed to the crude oil pollution in 1982. Zone 3 with the second highest number of algal taxa (30) was the area of the 1982 pipeline leakage along Chanomi creek. The indication is that of a broadly recovered periphyton community.

Application of SORENSON's (1948) coefficient showed that the similarity between the various zones in terms of periphytic algal types was generally lower than the degree of similarity shown for the phytoplankton. The diversity in the microhabitats of the epipelon and epipsammon can account for the low similarity. It is very difficult to sample identical microhabitats in two separate zones. There are enormous variations in the amount of moisture, cover, organic debris, soil characteristic and duration of total submergence in water. The highest similarity of 72—74% occurred between the two open water channels of zones 3 and 4, and between zones 1 and 2, while the lowest similarity index was between zones 1 and 4.

Table 7 presents the numerical estimates of the relative size of the periphyton population in the zones. The figu-

Table 7. Mean total count of algae (number per ml of periphyton suspension) in the various stations and zones of the Chanomi creek. Filamentous and colonial algae are counted as individuals while cells of unicellular diatoms are counted singly.

Station	Station mean	Zone mean
1A	142	155
1B	167	—
2A	956	549
2B	141	—
3A	200	188
3B	176	—
3C	152	165
3D	178	—
4A	127	120
4B	112	420
4C	350	420
4D	490	—
5A	259	409
5B	559	—
6A	600	413
6B	235	—

res refer to pooled means of six samples along the transect at one station. For the reasons advanced for the low interzonal similarity, there was also a wide variation in the estimates. Zone 2 had the highest value while the previously unpolluted zone 4 had the lowest. When the zones were grouped into two previously polluted (zones 1, 3 and 5) and previously unpolluted (zones 2, 4 and 6), the differences were not statistically significant ($t = 2.30$, d. f. $= 6$, $p < 0.05$). There is therefore little or no difference in the size of the periphyton population due to the previous oil pollution. It is possible that this occurred in the immediate post-spill period, but the present evidence shows that the attached algal community is not under any stress.

Both the species composition and numerical density of the epipelic and epipsammic periphyton of the Chanomi creek have recovered from any adverse effects that can be associated with the previous oil spill. The algae are taxonomically and numerically adequately evenly distributed in all zones of the creek. There is therefore no limitation to the feeding potential of any commercial or non-commercial fishes or general fishery production which are dependent on these benthic algae.

4.6. Zooplankton diversity and numerical density

The zooplankton community of the Chanomi creek system was composed mainly of larval and adult copepods of the suborders Cyclopoidea and Calanoidea. These were followed by barnacle nauplii, larval protochordates (Oikopleura), gastropod larvae, larval shrimp and chaetognaths. Minor components of the community were crab zoea and fish eggs. The general indication is that all these are normal components of a healthy marine or brackish water zooplankton community (Newell & Newell 1963; Okpuruka 1983). Secondly, all these are adequately represented in all zones and at all stations investigated during this study, as shown in Table 8. There is therefore no evidence of any adverse effects caused to the diversity of the zooplankton organisms in the Chanomi creek. The exploitable aquatic food resources dependent on the zooplankton have no limitation on the type of these animals that they can feed on.

The quantitative data for the zooplankton components are also shown in Table 8. A 10 min horizontal plankton net tow (50 µm) at 5 knots · h^{-1} collected zooplanktonic organisms whose total number ranged from 34,486 at station 4D of zone 4, to 527,708 at station 6A of zone 6. Each of the zones had enormous amount of zooplankton, indicating a generally rich water endowed with an immense food base for fisheries production.

There was wide variation in the numerical density of the organisms from one station to the other and from one zone to the other. From the means calculated from Table 8, the previously polluted zone 1 and 3 had approximately twice as much zooplankton (112,353 and 220,651 respectively) as the comparable previously unpolluted zones 2 and 4, whose mean zooplankton counts were 88,729 and 91,206 respectively. Between zones 5 and 6, the opposite was the case, with means of 60,996 and 286,671 respectively, the latter being for the previously unpolluted area.

Rather than indicating adverse effects of the 1982 oil spill on the zooplankton, the data indicate that there has been a general population explosion even in the previously polluted zones. This would serve to boost the fishery production of zooplanktophagous teleosts. Most of these planktonic animals are particulate feeders; feeding on debris, detritus, bacteria, algae and decomposing organic matter (Wetzel 1975) which probably became more abundant due to the decomposition of organisms that were killed by the immediate impact of the oil spills.

The varous taxonomic components (Table 8) varied enormously in their percentage contribution to the total zooplankton standing crop at the various stations. These site variations are of no significance for the general productivity of the water or its fishery resources.

References

Adebisi, A. A. (1980): The physico-chemical hydrology of a tropical seasonal river — Upper Ogun River. Hydrobiologia **79**, 157—165.

Adeniyi, I. F. (1978): Studies on the physico-chemical factors and planktonic algae of Lake Kainji. Ph. D. Thesis, University of Ife, Ile-Ife, Nigeria, 597 p.

Table 8. Composition and numerical density (No. per sample) of zooplanktonic organisms in the Chanomi creek system. Means of triplicate sample

Sample code	Total zooplankton	Adult Calanoid	Adult cyclopoid	Copepod nauplii	Barnacle nauplii	Oikopleura	Polychaete larvae	Gastro-larvae	Shrimp larvae	Chaetognatha and others
1A	61,863	16,433	18,750	21,890	14,385	—	390	33,500	—	900
1B	162,842	20,900	100,460	14,900	18,767	200	—	6,815	—	800
2A	42,877	13,824	24,521	1,469	1,820	—	339	264	226	414
2B	134,581	11,466	90,151	18,595	12,649	910	1,516	364	—	5,551
3A	179,340	104,100	29,970	43,350	150	960	330	—	30	450
3B	184,776	31,160	88,473	61,523	2,644	—	488	205	—	283
3C	171,885	29,015	81,410	57,995	1,190	385	910	70	70	840
3D	346,601	52,733	141,933	126,134	23,167	167	367	1,367	33	700
4A	62,338	19,059	31,527	9,680	791	226	—	490	75	490
4B	75,420	14,070	48,510	10,980	960	300	180	30	—	390
4C	192,59	7,917	161,184	22,484	98	190	254	13	25	354
4D	34,486	5,922	3,557	9,460	14,245	257	367	73	—	605
5A	58,378	24,276	22,467	4,998	4,567	234	—	918	68	850
5B	63,614	28,876	15,948	11,592	5,472	191	948	227	120	240
6A	527,708	44,058	137,927	42,897	153,369	425	—	284,750	—	312
6B	45,634	12,867	6,067	4,833	18,767	—	367	2,600	—	133

BOSZORMENYI, S., & IMEVBORE, A. M. A. (1975): Phosphate absorption as an index of phytoplankton activity: the case of Lake Kainji. In: IMEVBORE, A. M. A., & ADEGOKE, O. S. (eds.), The Ecology of Lake Kainji — the transition from River to Lake, pp. 128—135. University of Ife Press, Ile-Ife, Nigeria.

BOWKER, D. W., & DENNY, P. (1978): The periphyton communities of Nyumba ya Mungu reservoir, Tanzania. Biol. J. Linn. Soc. **10**, 49—65.

BOYD, C. E., & LICHKOPPLER, F. (1979): Water quality management in pond fish culture. Auburn University Research Rev. Series, No. 22. Proj. AID/DSANG — 0039, Auburn, Alabama, U.S.A.

COMPERE, P. (1974): Algues de la region du lac Tchad. II. Cyanophycees. Cah. O.R.S.T.O.M. ser. Hydrobiol. **7** (3—4), 142—190.

— (1975a): Algues de la region du lac Tchad. III. Rhodophycees, Euglenophycees, Cryptophycees, Dinophycees, Chrysophycees, Xanthophycees. Cah. O.R.S.T.O.M. ser. Hydrobiol. **9** (3), 167—199

— (1975b): Algues de la region du lac Tchad. IV. Diatomophycees. Cah. O.R.S.T.O.M. ser. Hydrobiol. **9** (4), 203—294.

— (1976a): Algues de la region du lac Tchad. V. Chlorophycophytes (1re partie): Cah. O.R.S.T.O.M. ser. Hydrobiol. **10** (2), 77—118.

— (1976b): Algues de la region du lac Tchad. VI. Chlorophycophytes (2e partie): Ulotrichophycees, Zygnematacees. Cah. O.R.S.T.O.M. ser. Hydrobiol. **10** (3), 135—164.

— (1977): Algues de la region du lac Tchad. VII. Chlorophycophytes (3. partie): Desmidées. Cah. O.R.S.T.O.M. ser. Hydrobiol. **11** (2), 77—177.

EGBORGE, A. B. M. (1971): The chemical hydrology of the River Oshun, Western State, Nigeria. Freshwat. Biol. **1**, 257—272.

— (1972a): The sulphate concentration of a Nigerian river. Arch. Hydrobiol. **70**, 67—71.

— (1972b): The physical hydrology of the River Oshun, Nigeria. Arch. Hydrobiol. **70**, 72—81.

— (1972c): A preliminary checklist of the zooplankton organisms of the River Oshun in the Western State of Nigeria. Nig. J. Sci. **6**, 67—71.

— (1983): A preliminary checklist of the phytoplankton of Oshun River, Western Nigeria. Freshwat. Biol. **3**, 569—572.

— (1974): The seasonal variation and distribution of Phytoplankton of River Oshun, Nigeria. Freshwat. Biol **4**, 177—191.

— (1979): The effect of impoundment on the water chemistry of Lake Asejire, Nigeria. Freshwat. Biol. **2**, 403—412.

— & SAGAY, E. (1979): The distribution of phytoplankton and zooplankton in some Ibadan freshwater ecosystems. Pol. Arch. Hydrobiol. **26**, 323—335.

FAGADE, S. O., & OLANIYAN, C. I. O. (1974): Seasonal distribution of fish fauna in Lagos lagoon. Bull. Inst. Fr. Afr. Noire, ser. A. **36** (1), 244—252.

FRITSCH, F. E. (1939): The structure and reproduction of the algae. Cambridge.

GRAS, R., ILTIS, A., & LEVEQUE-DUWAT, S. (1967): Le plancton du bas Chari et de la partie est du lac Tchad. Cah. O.R.S.T.O.M. ser. Hydrobiol. **1** (14), 25—97.

GREEN, J. (1960): Zooplankton of the River Sokoto — The Rotifera. Proc. Zool. Soc. Lond. **133**, 415—453.

— (1962): Zooplankton of the River Sokoto — The Crustacea. Proc. Zool. Soc. Lond. **135**, 491—523.

HOLDEN, M. J., & GREEN, J., (1960): The hydrology and plankton of the River Sokoto. J. Anim. Ecol. **29**, 65—84.

HARE, L., & CARTER, J. C. H. (1984): Diel and seasonal physicochemical fluctuations in a small natural West African Lake. Freshwat. Biol. **14** (6), 597—610.

IKUSEMIJU, K. (1981): The hydrobiology and fishes of the Lekki lagoon, Nigeria. Nigerian J. Nat. Sci. 3 (1/2), 135—146.

IMEVBORE, A. M. A. (1965): A preliminary checklist of the planktonic organisms of Eleiyele reservoir, Ibadan. J. W. Afri. Sci. Ass. **10**, 56—60.

— (1967): Hydrology and plankton of Eleiyele reservoir, Ibadan, Nigeria. Hydrobiologia **30**, 154—176.

— (1968): Planktonic algae of Eleiyele reservoir. Nig. J. Sci. **2**, 85—90.

— (1970): The chemistry of the River Niger in the Kainji reservoir area. Arch. Hydrobiol. **67**, 412—431.

— (1975): The chemistry of Lake Kainji waters — August 1968 to September 1969. In: IMEVBORE, A. M. A., & ADEGOKE, O. S. (eds.), The ecology of Lake Kainji — the transition from river to lake, pp. 82—102. Ile-Ife, Nigeria.

— & BOSZORMENYI, Z. (1975): Preliminary measurements on the photosynthetic productivity of Lake Kainji. In: IMEVBORE, A. M. A., ADEGOKE, O. S. (eds.), The ecology of Lake Kainji — the transition from river to lake, pp. 136—145. Ile-Ife, Nigeria.

ITA, E. O., SADO, E. K., BALOOUN, J. K., PANDOGART, A., & IBITOYE, B. (1985): Inventory survey of Nigeria's Inland waters and their fishery resources. 1. A preliminary checklist of inland water bodies in Nigeria. New Bussa, Nigeria.

KHAN, M. A., FAGBEMI, T., & EJIKE, C. (1983): Diurnal variations of physico-chemical factors and planktonic organisms in Jos Plateau (West Africa) water reservoir. Jap. J. Limnol. **44** (1), 61—72.

LEVEQUE, C., & DURAND, J. R. (1979): Flores et Faunes aquatiques de l'Afriques Sahelo — Soudannienne. Vol. 1. Paris.

LUND, J. W. G., & TALLING, J. F. (1957): Botanical limnological methods with special reference to the algae. Bot. Rev. **23**, 489—583.

MILLS, F. W. (1932): Some diatoms from Warri, Nigeria. J. Roy. Microsc. Soc. **582**, 383—395.

MACERETH, F. J. H. (1971): Water analysis for limnologists. Freshwater Biological Association, Windermere, England.

NEWELL, G. E., & NEWELL, R. C. (1963): The marine plankton, a practical guide. London.

NWADIARO, C. S. (1984a): A comparative study of the food habit and distribution of *Tilapia* (and *Sarotherodeon*) and *Pelvicachromis* in River Sombreiro, Nigeria (Pisces, Teleostei, Cichlidae) Rev. Zool. Afr. **98** (1), 41—66.

— (1984b): The longitudinal distribution of macroinvertobrates and fish in a Lower Niger delta river. (R. Sombreiro) in Nigeria. Hydrobiol. Bull. **18** (2), 133—140.

— (1985): The distribution and food habits of the dwarf African cichlid, *Pelvicachromis pulcher* in River Sombreiro, Nigeria. Hydrobiologia **121**, 157—164.

— & UMEHAM, S. N. (1985): The chemical hydrology of Oguta Lake, Imo State, Southern Nigeria. Arch. Hydrobiol. **105** (2), 251—265.

— (1989): Preliminary observations on the nature, taxonomic composition, distribution, behaviour and nutrient requirements of the unusual algal jellies of Oguta Lake. Int. Rev. ges. Hydrobiol. **74** (6), 633—642.

— & EZEFILI, E. O. (1986): A preliminary checklist of the phytoplankton of New Calabar River Lower Niger delta, Nigeria. Hydrobiol. Bull. **19** (2), 133—138.

OKPURUKA, D. C. (1983): Diurnal, tidal and semi-lunar variations in the plankton of a mangrove creek in southeastern Nigeria. M. Sc. Thesis, Univ. of Port Harcourt, Nigeria, 79 pp.

OLANIYAN, C. I. O. (1961): Observations on the salinity and stratification of tidal currents in Lagos Harbour, Nigeria. J. West Afri. Sci. Ass. **7**, 49—58.

— (1969): The seasonal variation in the hydrology and total plankton of the lagoons of southwest Nigeria. Nigerian. J. Sci. **3** (2), 101—119.

ONUOHA, G. C. (1980): Phytoplankton production and oil pollution in the Niger delta. M. Sc. Thesis, Univ. of Port Harcourt, Nigeria, 69 pp.

SAKAMOTO, M. (1966): The chlorophyll amount in the euphotic zone in some Japanese lakes and its significance in the photosynthetic production of the phytoplankton community. Bot. Mag. Tokyo **79**, 77—88.

SLÁDEČKOVÁ, A. (1962): Limnological investigation methods for the periphyton community. Bot. Rev. **28**, 286—350.

SORENSON, T. (1948): A method for establishing groups of equal amplitude in plant sociology based on similarity of species content and its application to analyses of vegetation on Danish Commons. Biol. Skr. **5**, 1—34.

STRICKLAND, J. D. H., & PARSONS, T. R. (1972): A practical handbook of seawater analyses. 2nd ed. Bull. Fish. Res. Bd. Can. **167**, 311 pp.

TAI, Y. C., & HODGKISS, I. J. (1975): Studies on Plover Cove reservoir, Hongkong. II. Seasonal changes in naturally occurring periphytic communities. Freshwat. Biol. **5**, 85—103.

VOLLENWEIDER, R. A. (1974): A manual on methods for primary production in the aquatic environments. I. B. P. Handbook No. 12, Oxford.

WEBB, J. E., & HILL, M. B. (1958): The ecology of Lagos Lagoon. Phil. Trans. Roy. Soc. Lond. **241** (B 683), 307—419.

WELCH, P. S. (1948): Limnological Methods. New York, U.S.A.

WETZEL, R. G. (1975): Limnology. Philadelphia, New York, U.S.A.

— & LIKENS, L. H. (1979): Limnological analyses. Philadelphia, U.S.A.

— & WESTLAKE, D. F. (1974): Periphyton. In: VOLLENWEIDER, R. A. (ed.), A manual of methods for measuring primary production in the aquatic environments. I.B.P. Handbook No. 12, Oxford.

Adress of the author:

Dr. CHUKWUEMEKANIM NWADIARO
Hydrobiology/Fisheries Research Unit
Department of Zoology
University of Port Harcourt
P.M.B. 5323
Port Harcourt
Nigeria

Limnologica (Berlin) **21** (1), 275—279, Oktober 1990

Iraqi Atomic Energy Commission, Baghdad, Iraq

Local and Seasonal Variation of the Epipelic Algae in Samarra Impoundment, Iraq

By Anmar W. Sabri

With 2 Figures

Summary

The epipelic algal populations at Samarra impoundment were studied seasonaly during 1987 and 1988. Some physical and chemical factors were measured, as well as some important nutrient salts (NO_2-N, NO_3-N, PO_4-P, and SiO_2). A total of 78 taxa were identified. The Bacillariophyta were the dominant group and represented by 73 taxa. These taxa were mostly of the pennate type. Summer and autumn were found to be the best growth season on which most taxa were present. Quantity wise, *Cyclotella ocellata* was the dominant species in the pool region, while no clear dominance appeared in the other studied stations. Chlorophyta and Myxophyta (Cyanobacteria) were occasionally recorded in low densities only during summer and autumn. The possible influences of the studied environmental factors on biomass (as chlorophyll-a and total counts) and species distribution were discussed.

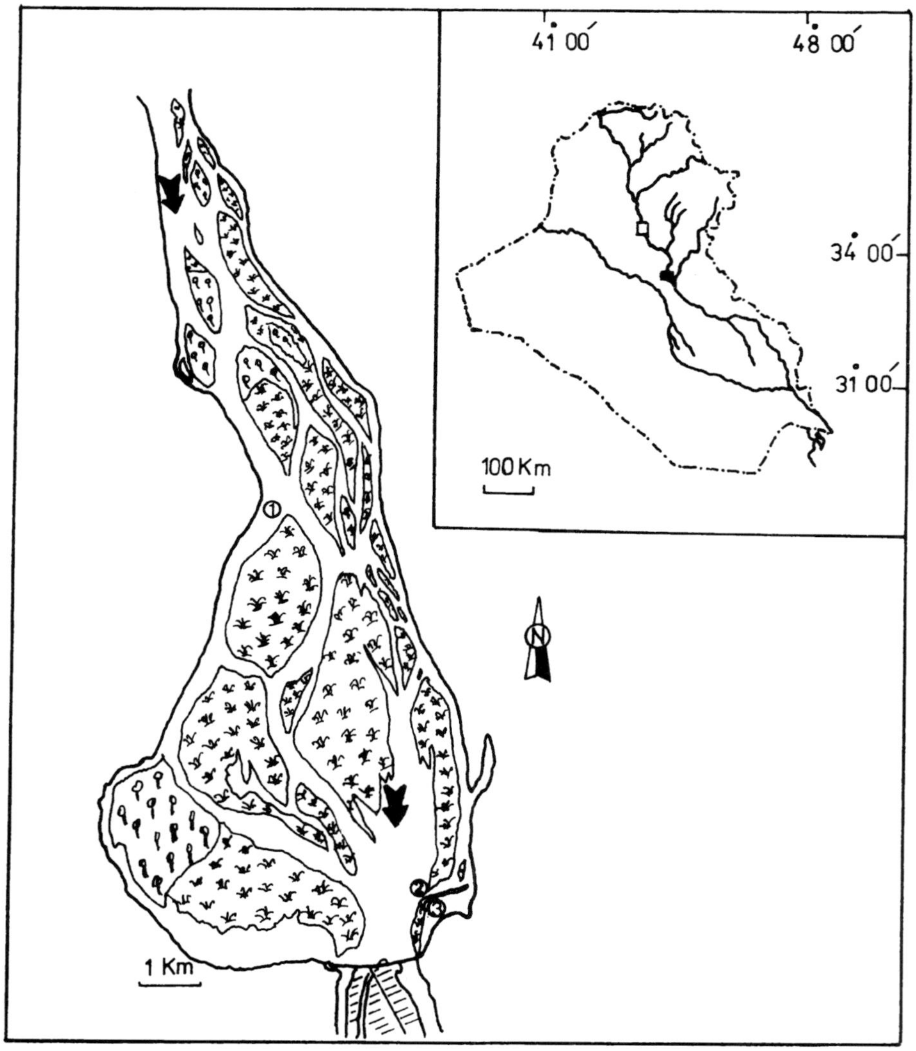

Fig. 1. Map of Samarra impoundment showing sampling stations 1 to 3 (indicated by numbers and ○ mark). Shadded patches within the impoundment showing the distribution of riverin vegetation. Upper left corner showing the map of Iraq. □ showing Samarra impoundment

1. Introduction

In spite of the presence of various freshwater ecosystems in Iraq (i. e. rivers, springs, reservoirs, lakes, impoundment and irregation channels), studies on epipelic algae are very scarce. The only investigation (to the authors knowledge) was that of KASSIM (1986) who described the epipelic algae, qualitatively and quantitatively, of the southern marshes and the river Garmat Ali.

The present work was carried out on the epipelic algae of the river Tigris at Samarra impoundment. Qualitative and quantitative information together with some environmental data are presented. It is hoped that this work will encourage others to fill the large gap in information about the epipelic algae in Iraq.

2. Study area

Samarra impoundment (Max. width 6 km; 22 km long) is located about 180 km (by river) north Baghdad. It regulates the water level in the downstream of the river Tigris. The impoundment is shallow (max. depth 6.5 m) and includes many small islands covered with dense riverian type vegetation. Three sampling stations were selected (Fig. 1). Station 1 was located in the main channel of the river current within the impoundment. The water was about 6 m deep and the bottom was mainly silt and sand. Station 2 was about 4.5 m deep and located about 500 m away from the shore. The bottom bed was grayish in colour and composed of silt, clay and sand. Some patches of *Phragmites australis* (CAV.) TRIN. ex. STEUD were observed on the side shore of the river near station 1. At station 2 there are patches of *Phragmites australis*. *Typha domingensis* PERS. filled the area at both stations. Water current ranged from 0.09—1.98 $m \cdot s^{-1}$ at both stations. Station 3 was located in a pool connected via station 2 to the main water body by a channel. It was 4.5 m deep. The bottom bed was mainly dark clay and silt. Patches of *Myriophyllum spicatum* L., *Potamogeton lucens* L., *Potamogeton crispus* L., *Phragmites australis* and *Typha domingensis* occupied the littoral area around the pool. The water exchange with main body starts during the early rain season (autumn). The water was still and without any detectable current throughout the year. More details of the study area were published earlier (SABRI 1988).

3. Materials and Methods

Sediment and water samples were collected at three stations on July 21, 1987; October 19, 1987; February 2, 1988 and April 10, 1988 (Fig. 1). Samples of the top 5 mm of submerged sediment were taken by drawing the sediment into polythene bottles and placed in the dark for 5—7 h to allow the algae and sediment to settle. The supernatant was then removed by gentle suction and the solids vigorously shaken to mix the algae and sediment. A subsample was taken and placed in a petri dish of 8.5 cm diameter to give a depth of 0.5—1.0 cm. Excess water and animals were removed. The epipelic algae were trapped using the lens tissue method (EATON & MOSS 1966). The epipelic algae were harvested by removing the lens tissue on the following day between 09.00 and 10.00 h.

Tissues for cell count and identification of taxa were placed in vials containing 10 ml distilled water with a few drops of Lugol's solution added and gently shaken to release trapped algal cells. A drop of the preserved material was placed on a clean coverslip that had been dried and cleaned with hot concentrated nitric acid. The diatoms were counted by the microtransect method and the other algae by the haemocytometer method described by MARTINEZ et al. (1975).

Lens tissues used for estimation of chlorophyll-a were placed in a glass homogenizer, and the pigment was then extracted in the dark with 8 ml 90% aqueous aceton in the presence of 0.1 g anhydrous magnesium carbonate (to prevent chlorophyll-a degradation into phaeophytin-a) for 24 h at 3—4 °C. The extracts were centrifuged for 10 min at 300 r.p.m. to remove suspended particulate matter. The amounts of chlorophyll-a were then determined spectrophotometrically and calculated as described by STRICKLAND & PARSONS (1972).

Water temperature was measured with a mercury thermometer (range —10 to 60 °C). The pH-values were obtained using a digital portable pH-meter (CG818, SCHOTT Geräte). Transparency was

Table 1. Environmental conditions of Samarra impoundment during July (J), October (O), February (F), and April (A), 1987—1988

Parameter	Month	Sampling stations 1	2	3
	J	25.2	27.93	30.0
	O	17.0	17.4	18.75
Water temperature	F	9.5	9.5	10.5
(°C)	A	16.5	16.0	19.0
	J	8.38	8.36	8.54
pH	O	8.49	8.33	8.5
	F	8.44	8.22	8.46
	A	8.31	8.24	8.34
	J	66.67	48.33	100.0
Secchi disc	O	75.0	60.0	95.0
(cm)	F	20.0	20.0	80.0
	A	—	—	—
	J	356.67	345.0	361.67
Conductivity	O	370.0	360.0	345.0
($\mu s \cdot cm^{-1}$)	F	450.0	450.0	440.0
	A	375.0	350.0	355.0
	J	8.63	8.35	10.08
Dissolved oxygen	O	8.3	14.63	15.85
($mg \cdot l^{-1}$)	F	10.95	10.47	9.9
	A	9.55	9.6	10.9

Parameter	Month	Sampling stations 1	2	3
	J	124.33	125.0	114.0
	O	136.0	150.0	149.0
Total hardness	F	228.0	224.0	214.0
($mg \cdot l^{-1}$)	A	200.0	198.0	182.0
	J	0.016	0.072	0.058
	O	0.056	0.005	0.054
Nitrite-N	F	0.017	0.018	0.008
($mg \cdot l^{-1}$)	A	0.016	0.016	0.016
	J	1.911	1.199	0.787
	O	1.236	0.642	0.027
Nitrate-N	F	2.481	2.137	0.632
($mg \cdot l^{-1}$)	A	2.018	0.884	1.737
	J	7.953	7.889	0.331
	O	7.925	5.842	1.976
Silicate-SiO_2	F	8.764	10.014	0.006
($mg \cdot l^{-1}$)	A	8.545	8.495	0.037
	J	0.012	0.028	0.030
	O	0.025	0.012	0.039
Phosphate-P	F	0.008	0.013	0.003
($mg \cdot l^{-1}$)	A	0.005	0.003	0.014
Organic matter ($mg \cdot g^{-1}$)	A	116.72	157.13	190.89

estimated using a 30 cm diameter Secchi disc. A modified Winkler method was used for dissolved oxygen determination (American Public Health Association 1975).

Conductivity was measured in the field using a digital portable conductivity (Model 19300 HACH). Total hardness was determined by titration according to method reported by LIND (1979). Nitrite, nitrate, phosphorus and silicate were determind spectrophotometrically following methods described by PARSONS et al. (1984).

4. Results and Discussion

4.1. Environmental conditions

Water characteristics at stations 1 to 3 are given in Table 1. Water temperature ranged from 9.5 °C (winter) to 30 °C (summer), and the pH-values were always above 8. Transparency fluctuated from 20—100 cm and conductivity from 345—450 $\mu S \cdot cm^{-1}$ during summer and winter. No stagnation was recorded during the present survey, since the dissolved oxygen concentration was always above 80% saturation. The total hardness varied from 114 $mg \cdot l^{-1}$ in summer to 228 $mg \cdot l^{-1}$ in winter. All the above results agree with those presented by SABRI et al. (1988) from their 3 year investigation on the river Tigris.

The observed ranges of nitrate and nitrite concentration at Samarra impoundment were lower than that reported by MAULOOD et al. (1988) for the river Tigris. This seems to confirm MAULOOD's view that Tigris water in the investigated area is uncontaminated and is a common feature of oligotrophic ecosystems. The amount of phosphate recorded during the present work ranged from 0.003 to 0.039 $mg \cdot l^{-1}$. Lower values were reported during winter and spring. This indicates the possibility that phosphorus is a limiting factor for algal growth (HYNES 1974) especially during winter and spring at Samarra impoundment. Silicate was recorded in concentrations sufficient for algal growth (more than 1 $mg \cdot l^{-1}$). However, low values were recorded at station 3, especially during winter. This agrees with the known general sequence of silicate depletion after algal bloom.

The organic matter content of the sediment was estimated in April. The values ranged from 116.72 to 190.89 $mg \cdot g^{-1}$. The maximum was recorded at station 3. This conforms with the nature of the sediment (i. e. colour and texture) at that station, and reflects the pool condition.

Table 2. List of the epipelic algae collected in three stations during 1987—1988.

DIVISION: Myxophyta
CLASS: Cyanobacteria
Oscillatoria spp.
Anabaena sp.
DIVISION: Chlorophyta
CLASS: Chlorophyceae

Pediastrum simplex (MEYEN) LEMM.
Scenedesmus bijuga (TURP.) LAGER.
S. quadricauda (TURP.) DE BRÉB.
DIVISION: Bacillariophyta
CLASS: Bacillariophyceae
Centrales
Cyclotella comta (EHR.) KÜTZ.
C. kützingiana THWAITES
C. kützingiana var. *planetophora* FRICKE
C. menghiniana KÜTZ.
C. ocellata PANT.
C. operculata var. *mesoleia* GRUN.
C. stelligera CL. et GRUN.
C. striata (KÜTZ.) GRUN.
Melosira granulata (EHR.) RALFS
M. italica (EHR.) KÜTZ.
Stephanodiscus sp.

Pennales
Achnanthes biasolettiana KÜTZ.
A. minutissima var. *exilissima* OSTR.
A. minutissima var. *genuina*
Amphora sp.
Anomoeoneis exilis (KÜTZ.)
Bacillaria paradoxa GMELIN
Cocconeis placentula var. *euglypta* (EHR.) CL.
Cymatopleura solea (BRÉB.) W. SMITH
Cymbella affinis KÜTZ.
C. microcephala GRUN.
C. naviculiformis AUERSWALD
C. tumida (BRÉB.) VAN HEURCK
C. ventricosa KÜTZ.
Denticula rainerensis SOV.
Diatoma vulgare BORY
D. vulgare var. *producta* GRUN.
Diploneis ovalis (HILES) CL.
D. pseudovalis HUST.
Eunotia arcus EHR.
E. praerupta EHR.
E. valida HUST.
Fragilaria brevistriata GRUN.
Gomphoneis olivaceum (HORNE.) P. DAWSON et ROSS & SIMS.
Gomphonema acuminatum var. *turris* (EHR.) CL.
G. antarctica
G. augur var. *gautieri* v. HEURCK
G. constrictum var. *capitatum* (EHR.) GRUN.
G. intricatum var. *pumilum* GRUN.
G. sphaerophorum EHR.
Gyrosigma peisonis (GRUN.) HUST.
G. spenceri (W. SMITH) CL.
Hantzschia amphioxys (EHR.) GRUN.
Mastogloia smithii var. *lacustris* GRUN.
Navicula atomus (KÜTZ.) GRUN.
N. creuzburgensis KRASSKE
N. cryptocephala var. *intermedia* GRUN.
N. cryptocephala f. *minuta* BOYE-P.
N. muralis GRUN.
N. parva (MENEGH.) CLEVE-EULER
N. pygmaea KÜTZ.
N. rhynchocephala KÜTZ.
Neidium productum (W. SMITH) CL.
Nitzschia acicularis W. SMITH
N. acuta HANTZSCH
N. amphibia GRUN.
N. apiculata (GREGORY) GRUN.
N. dissipata (KÜTZ.) GRUN.
N. filiformis (W. SMITH) HUST.
N. frustulum var. *perminuta* GRUN.
N. obtusa W. SMITH.
N. palea (KÜTZ.) W. SMITH
N. sigmoidea (EHR.) W. SMITH
N. tryblionella var. *levidensis* (W. SM.) GRUN.
Pinnularia borealis EHR.
P. microstauro var. *brebissonii* (KÜTZ.) HUST.
Surirella angustata KÜTZ.
S. capronii BRÉB.
S. ovata KÜTZ.
Synedra acus KÜTZ.
S. acus var. *angustissima*
S. ulna (NITZSCH) EHR.

4.2. Epipelic algae

The list of collected and identified epipelic algal taxa during the study period is shown in Table 2. A total of 78 taxa were identified, of which 62 were pennate diatoms, 11 were centric diatoms, 3 were Chlorophyta and 2 were Myxophyta.

The mean cell counts of each phyla and the total epipelic algae as well as the mean chlorophyll-a content are given in Table 3. The diatoms were the dominant group in the Samarra impoundment during the study period and comprised more than 95% of the total epipelic algal flora. Such dominance agrees with the previous reports on the planktonic and benthic flora of Iraqi inland waters (SAAD & KELL 1975; TALLING 1980; KASSIM 1986) and other aquatic ecosystems of the world (ROUND 1972; GRUENDLING 1971; MOORE 1974, 1976; AYKULU 1982; ANTOINE & ESHO 1984; ANTOINE & BENSON-EVANS 1985). The sediments of the Samarra impoundment are rich in organic matter (range: 116.72 to 190.89 mg · g^{-1}). Calcium is major component of Iraqi soil especially in the northern parts (RZOSKA 1980; ANTOINE 1984). These factors would explain the dominance of diatoms (ROUND 1957; ANTOINE & ESHO 1984).

Chlorophyta (represented by *Pediastrum* and *Scenedesmus*) and Myxophyta (represented by *Oscillatoria* and *Anabaena*) were most abundant at station 3 during summer. The pool's ecological conditions were characterised by the absence of current, high water temperature during summer and high organic matter contents in the sediment. These conditions are known to be favourable for the growth of both groups (ROUND 1957; GOLDMAN & HORNE 1983; ANTOINE 1984; STEVENSON 1984).

The mean chlorophyll-a contents are shown in Table 3. The maximum value (3.42 mg · m^{-2}) was recorded at station 3. The values correlated closely with the mean total cell counts (Fig. 2). This reflects the fact that diatoms were the main contributers to the chlorophyll-a content at all stations. However, the Chlorophyta, which represent about 4% of the mean total cell number, at station 3 would also have made a small contribution to the chlorophyll-a content at that station. A very similar result was reported by ANTOINE & ESHO (1984) for the river Ely in south Wales, U. K. In addition to the above reasons, it was observed that nutrient salt concentrations in the water at station 3 were lower than recorded at other stations. This may reflect a greater growth of algae in the water column (i. e. greater uptake from water). The results for silicate at this station support this suggestion. This would increase the chance for recruitment of planktonic algae into benthic habitats (STEVENSON 1984).

Summer and autumn were found to be the best growth seasons, in which the total counts of algal cells reached

Table 3. Mean total counts of the total epipelic algae and different algal phyla (Cells · 10^3 · cm^{-2}) and mean chorophyll-a values (mg · m^{-2}) in Samarra impoundment during 1987—1988

	Sampling stations		
	1	2	3
Bacillariophyta	33.75	19.3	219.38
Chlorophyta	0.24	—	7.58
Myxophyta	0.37	0.75	1.15
Total epipelic algae	34.36	20.08	22.11
Chlorophyll-a	0.41	0.31	2.61

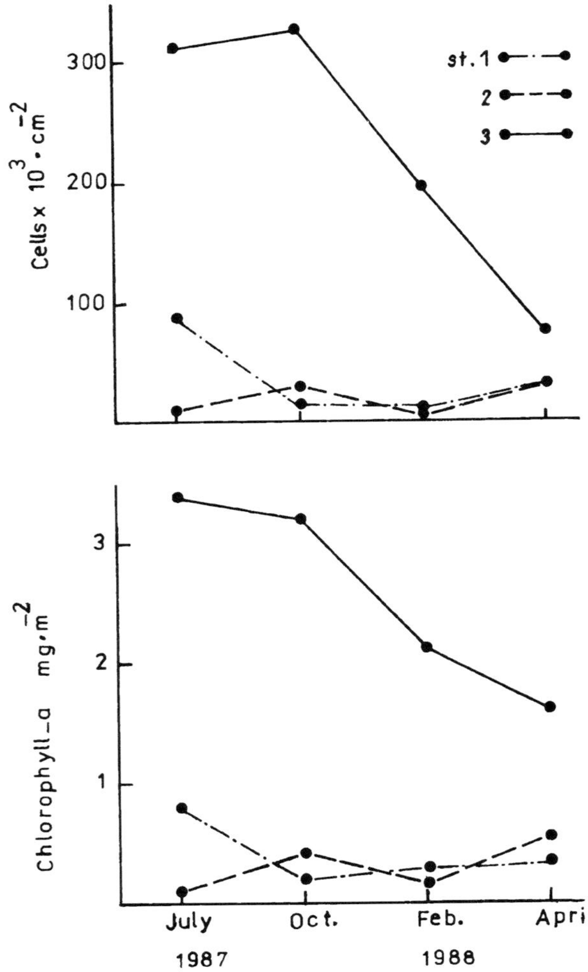

Fig. 2. Seasonal variation of the total counts of epipelic algal (Cells · 10^3 · cm^{-2}) and chlorophyll — a contents (mg · m^{-2}) at stations 1 to 3

more than 300 × 10^3 cells · cm^{-2} (Fig. 2). The flora of the impoundment was dominated by *Cyclotella ocellata* during the present work. This species accounted for more than 60% of the total cell number. This species was known to be dominant or very abundant in the plankton of most Iraqi rivers including the river Tigris (TALLING 1980; AL-NIMMA 1982). This underscores the views of STEVENSON (1984) that the recruitment of planktonic species into benthic habitats is an important factor affecting floral composition in epipelic algal communities. Other quantitatively important taxa forming more than 5% of the total algal numbers were *Navicula cryptocephala* var. *intermedia* (10.63%) and *Nitzschia palea* (5.22%) at station 1; *Achnanthes minutissima* var. *genuina* (7.85%), *Anomoeoneis exilis* (10.01%), *Navicula cryptocephala* var. *intermedia* (8.89%) and *Nitzschia apiculata* (5.66%) at station 2, and *Cyclotella stelligera* (5.92%) at station 3.

References

AL-NIMMA, B. A. B. (1982): A study on the limnology of Tigris and Euphrates Rivers. M. Sc. Thesis, Univ. Salahalddin, Iraq. American Public Health Association (1971): Standard methods for the examination of water and wast water. 14th ed. New York,

ANTOINE, S. E. (1984): Studies on the sediments and planktonic algae of the polluted Khora Canal and the Shatt al-Arab River at Basrah, Iraq. *Limnologica* (Berlin **15** (1), 55—61.

— & ESHO, R. T. (1984): Studies on the bottom sediments and epipelic algae of the River Ely, South Wales, U. K. *Limnologica* (Berlin) **16** (1), 1—7.

— & BENSON-EVANS, K. (1985): The epipelic algal flora of the River Wye system, Wales, U. K. 1. Productivity and total biomass dynamics. Int. Rev. ges. Hydrobiol. **70** (4), 575—589.

AYKULU, G. (1982): The epipelic algal flora of the River Avon. Br. Phycol. J. **17**, 27—38.

EATON, J. W., & MOSS, B. (1966): The estimation of numbers and pigment content in epipelic algal populations. Limnol. & Oceanogr. **11**, 584—595.

GOLDMAN, C. R., & HORNE, A. J. (1983): Limnology. Tokyo, Japan.

GRUENDLING, G. K. (1971): Ecology of epipelic algal communities in Marion Lake, British Columbia. J. Phycol. **7**, 239—249.

HYNES, H. B. N. (1974): The biology of polluted waters. Liverpool.

KASSIM, T. I. (1986): An ecological study on the benthic algae in some marsh areas, Southern Iraq. M. Sc. Thesis, Univ. Basrah, Iraq.

LIND, O. T. (1979): Handbook of common methods in limnology. St. Louis.

MARTINEZ, M. R., CHAKROFF, R. P., & PANTASTICO, J. B. (1975): Note on direct phytoplankton counting technique using the haemocytometer. Phil. Agric. **59**, 1—12.

MAULOOD, B. K., SABRI, A. W., AL-JOBOURY, M. I., AL-HAIDERI, A. M., IDDAN, K. R., & SULAIMAN, N. E. (1988): A seasonal study on chemical nutrients in River Tigris. J. Iraqi Chem. Soc. **12**, in press.

MOORE, J. W. (1974): Benthic algae of Southern Baffin Island. I. Epipelic communities in rivers. J. Phycol. **10**, 50—57.

— (1976): Seasonal succession of algae in rivers. I. Examples from the Avon, a large slow-flowing river. J. Phycol. **12**, 342—349.

PARSONS, T. R., MAITA, Y., & LALLI, C. M. (1984): A manual of chemical and biological methods for seawater analysis. Oxford.

ROUND, F. E. (1957): Studies on bottom-living algae in some lakes of the English Lake District. Part I. Some chemical features of the sediments, related to algal productivities. J. Ecol. **45**, 133—148.

— (1972): Patterns of seasonal succession of freshwater epipelic algae. Br. Phycol. J. **7**, 213—220.

RZOSKA, J. (1980): Euphrates and Tigris mesopotamian ecology and desting. The Hague, Boston, London.

SAAD, M. A. H., & KELL, V. (1975): Observations on some environmental conditions as well as phytoplankton blooms in the lower reaches of Tigris and Euphrates. Wiss. Z. Univ. Rostock, Math.-Nat. R., Jg. **24**, 781—787.

SABRI, A. W. (1988): The distribution of benthic organisms in Samarra impoundment, Iraq. Acta Hydrobiol., in press.

— MAULOOD, B. K., & SULAIMAN, N. E. (1988): Limnological studies on River Tigris. Some physical and chemical characters. J. Bio. Sci. Res., in press.

STEVENSON, R. J. (1984): Epilithic and epipelic diatoms in the Sandusky River, with emphasis on species diversity and water pollution. Hydrobiologia **114**, 161—175.

STRICKLAND, J. D. H., & PARSONS, T. R. (1972): A practical handbook of seawater analysis. 2nd. Fish. Res. Board of Canada, Bull. **167**, 1—310.

TALLING, J. F. (1980): Water characteristics in Euphrates and Tigris. In: RZOSKA, J., Euphrates and Tigris, mesopotamien ecology and destiny, pp. 63—80. The Hague, Boston, London.

Adress of the author:

Dr. ANMAR W. SABRI
Iraqi Atomic Energy Commission
Baghdad
P. O. Box 765
Baghdad
Iraq

Limnologica (Berlin) **21** (1), 281–285, Oktober 1990

Department of Zoology, Fisheries and Limnology Laboratory, University of Kalyani, Kalyani, India

Production of Chironomid Larvae in Culturing Media of Various Organic Wastes

By B. B. JANA & G. P. PAL

With 2 Figures

Summary

Estimates of population number, biomass and production of three size classes (large, medium and small) of chironomid larvae were obtained from culturing media comprising mustard oil cake, mohua oil cake, cow dung, poultry waste and rice bran. The large, medium and small size classes occurred in maximal numbers in mustard oil cake, rice bran and poultry waste, respectively. The monthly mean production ranged from 5.4 $g \cdot m^{-2}$ to 10.0 $g \cdot m^{-2}$, while the total biomass varied between 5.7 $g \cdot m^{-2}$ and 15.8 $g \cdot m^{-2}$. Among the culture media, the average P/B coefficient was highest for pond water (1.3) and lowest for mustard oil cake (0.42).

1. Introduction

Recent years have witnessed a growing interest in the mass culture of fish food organisms because of their immense value as supplementary natural fish food in intensive fish farming systems. Productive utilization of farm wastes as in input in agriculture and animal husbandry is recognised as a means of efficient land use under low cost farming systems. Animal wastes, human wastes and agro-industrial wastes thus hold great promise and potential for aquaculture development in developing countries. This will make the production system much cheaper than usual (EDWARDS 1980).

Many investigations have shown that chironomid larvae are one of the major dietary components of many benthivorous fishes and tilapias under natural conditions (MERLA 1964; GUZIUR 1976; KUGLER & CHEN 1968) and in fish ponds (LIEDER 1965; YASHOUV & ALHONES 1952; SCHÄPERCLAUS 1966; LEUGER & MEDERED 1973; SPATARU 1976). Since chironomid flies often breed in natural pools and ditches enriched with organic wastes, it is possible that aquatic media utilizing agro-industrial wastes might be a potential source for mass production of chironomid larvae. The present study examines the potential of various organic wastes as medium for the secondary production of chironomid larvae, which form an important link in the food chain of many cultivable fishes.

This investigation was supported by the University Grants Commission, New Delhi by the award of a Teacher Fellowship to G. P. PAL.

2. Material and Methods

Population dynamics and production of chironomid larvae were studied in outdoor culture tanks using different organic manures comprising rice bran, cow dung, poultry waste, mustard oil cake and mohua oil cake. Pond water was considered as a control. The methods for preparing the medium and dose of manures used in the present study were described earlier (JANA & PAL 1983, 1984, 1985). The physico-chemical and biological characteristics of these media are given by JANA & PAL (1983). The prepared medium was allowed to remain in the outdoor culture tanks for breeding of chironomid flies. Chironomid larvae, therefore, appeared as a result of natural phenomena, and no artificial inoculum was used. The abundance of chironomid larvae in the tanks was determined at monthly intervals from February 1980 to May 1981 following the standard method for collection and enumeration of benthic invertebrates (APHA 1976). Basing on the size distribution, chironomid larvae were grouped into small (0.2 to 0.4 cm), medium (0.5 to 0.8 cm) and large (0.9 to 1.6 cm). Likewise, the density of chironomid pupae in the samples was determined at monthly intervals. The abundance of the total chironomid population was expressed as numbers/m^2.

The production of chironomid larvae occurring in these culture media was considered to be the sum of the standing crop biomass and growth increments during the period under consideration. The method used to determine production was described earlier by PAL (1984). The estimation of production required quantitative data on the growth of different size groups of chironomid larvae. Owing to the absence of predators in the culturing media, the factor of consumption was not taken into account in the production calculation (PAL 1984).

The growth increments for three size classes (small, medium and large) of chironomid larvae were obtained from a separate culture experiment. At least 20 individuals of each size class were collected and their lengths and weights were recorded. They were placed in glass jars, in triplicate, and then suspended in the respective culture medium for growth. The chironomid larvae were removed from the culture medium at weekly intervals and their growth increments were recorded. Differences between the initial and final length and weight measurements gave the growth rate of the animal for the period under consideration. The production of chironomid larvae was then determined by multiplying the average weekly biomass with the growth increments of the animals for the specified period.

3. Results

3.1. Relative abundance

Measurements of the population densities of the three size classes of chironomid larvae revealed a dominance of larger ones (0.9 to 1.6 cm) in the mustard oil cake and mohua oil cake for most of the period of observation; the dominance of this class was even 100% of the total population in November. The abundance of larger ones in other media ranged from 10 to 100% of the total population (Fig. 1). The medium size class (0.5 to 0.8 cm), on the other hand, was most predominant in rice bran, especially during April through June (100%). The values varied from 7 to 86% in the remaining culture media. Although the small size class (0.2 to 0.4 cm) was high in control and poultry medium, it formed the entire population (100%) in mohua oil cake particularly during June. Representation of chironomid pupae generally was lower in all culturing media except the control, where it comprised about 50% of the total population in July (Fig. 1).

3.2. Total number

Enumeration of total numbers of three size classes of chironomid larvae (Table 1) showed a marked difference in numbers in the different organic media. Two way analysis of variance of the monthly mean of total number revealed a significant difference ($F_{5,6} = 527$; $P < 0.001$) among these variants. The variance ratio did not differ ($F_{1,6} = 1.4$; $P > 0.05$) between the replicates, which confirmed the validity of the experimental design. The total number observed in rice bran ($7411/m^2$) was significantly higher ($P < 0.05$) than in any other test media in which counts ranged from 6388 to $4166/m^2$.

Seasonal changes in the numbers of the three size classes and chironomid pupae are shown in Fig. 2 and the monthly variations of their total numbers are given in Table 1. The chironomid population was highly variable in numbers in different months of the study

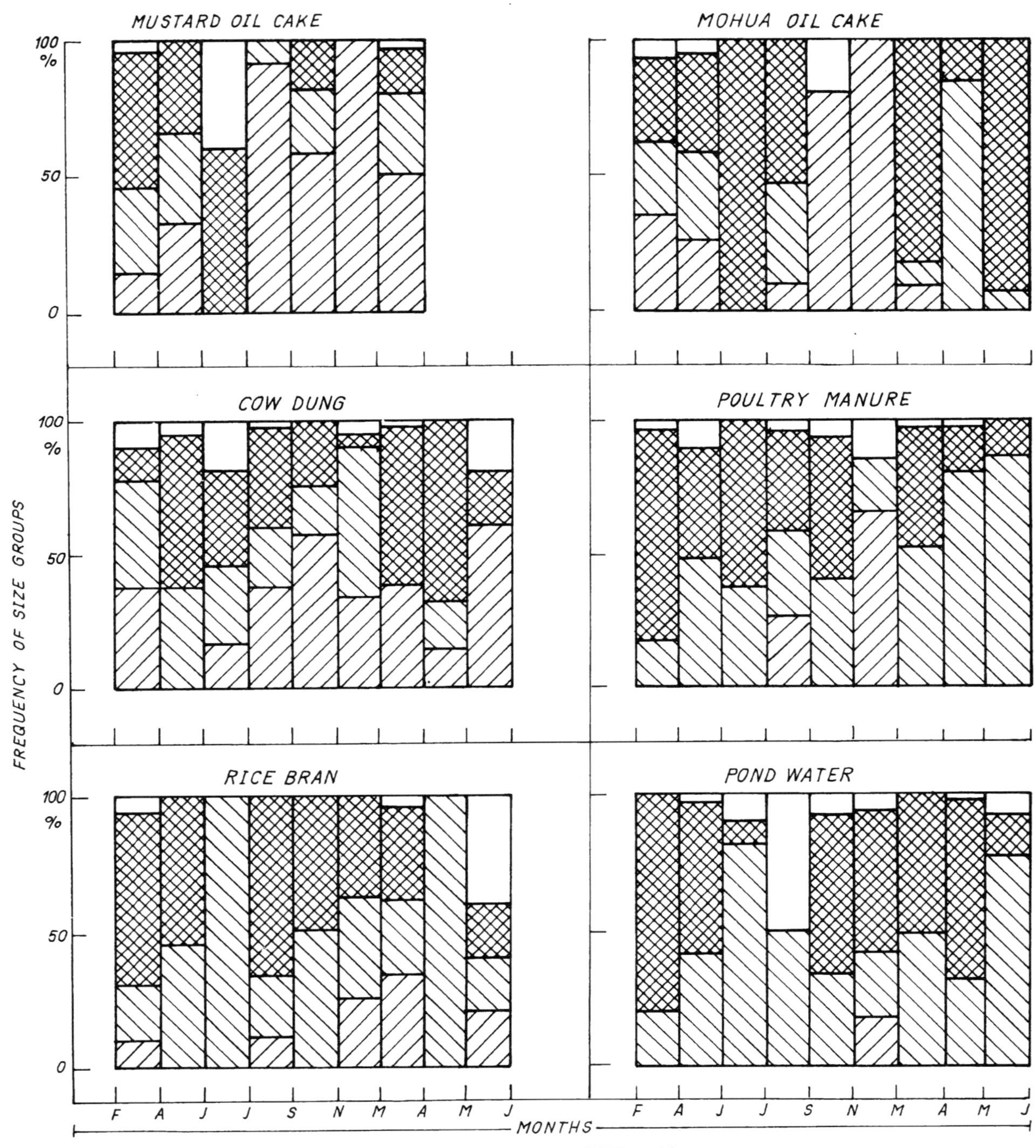

Fig. 1. Per cent distribution of three size classes of chironomid larva and pupa in different culture media

Table 1. Total number (per m²) and biomass (g/m²) of chironomid populations obtained in different culture media

Date	Mustard oil cake		Cow dung		Rice bran		Mohua oil cake		Poultry waste		Pond water	
	Total population	Total weight	Total population	Total weight	Total population	Total weight	Total population	Total weight	Total population	Total weight	Total population	Total weight
26. 2. 80	18700	45.4	13600	36.9	25200	24.4	15200	23.0	8600	5.2	4800	2.4
16. 4. 80	5200	13.5	12900	11.1	6600	8.6	17100	36.6	7900	9.4	2900	2.4
5. 6. 80	200	1.7	2400	26.2	100	0.4	100	0.4	4000	3.2	1200	1.0
24. 7. 80	2400	7.3	6900	10.6	7100	11.5	11900	19.6	13400	18.1	22200	13.0
18. 9. 80	1200	4.3	400	11.3	600	0.6	500	2.0	3000	3.8	3800	3.7
4. 11. 80	1400	5.3	11400	30.1	800	1.5	—	—	2100	7.2	7800	12.3
3. 3. 81	8400	28.9.	4900	10.9	25500	53.2	2400	1.9	3800	4.7	2800	2.9
10. 4. 81	—	—	2800	5.1	300	0.6	2600	8.1	4000	6.7	6800	6.0
21. 5. 81	—	—	500	0.7	500	0.8	1300	1.6	1600	3.3	5200	7.7
Average	4166.67	11.8	6200	15.8	7411.1	11.29	5677.78	10.3	5377.78	6.8	6388.89	5.7

($F_{6,35} = 6.5$; $P < 0.001$). There were three peaks in poultry waste, mohua oil cake and rice bran, whereas mustard oil cake and cow dung media showed two in each. The peaks of the three size classes occurred almost simultaneously in all media and the summer peak was encountered in all culturing media.

3.3. Biomass

The wet weight of chironomid larvae (Tables 1 and 2) also differed markedly among the six variants ($F_{5,6} = 297$; $P < 0.001$). Although the mean population density observed in cow dung (6200/m²) was relatively lower than in rice bran (7411/m²), the biomass observed in the former (15.8 g) was significantly higher ($P < 0.05$) than that in rice bran (11.29 g). Likewise, a significant difference ($P < 0.05$) in biomass was also observed between the cow dung (15.8 g) and mustard oil cake medium (11.8 g). Again, the biomass observed in mohua oil cake (10.3 g) was about 19 and 36% lower ($P < 0.05$) than that in rice bran (11.29 g) and cow dung (15.8 g), respectively. The wet weight of chironomids found in mohua oil cake (10.3 g) was markedly higher ($P < 0.05$) than in poultry waste (6.8 g) or filtered pond water (5.7 g).

3.4. Production

Monthly mean production of all the chironomid larvae (Table 2) ranged from $5.4\,g \cdot m^{-2}$ to $10.0\,g \cdot m^{-2}$, while the total biomass ranged from $5.70\,g \cdot m^{-2}$ to $12.0\,g \cdot m^{-2}$. The trend of variation in monthly mean production of chironomid larvae in these media is as follows: rice bran

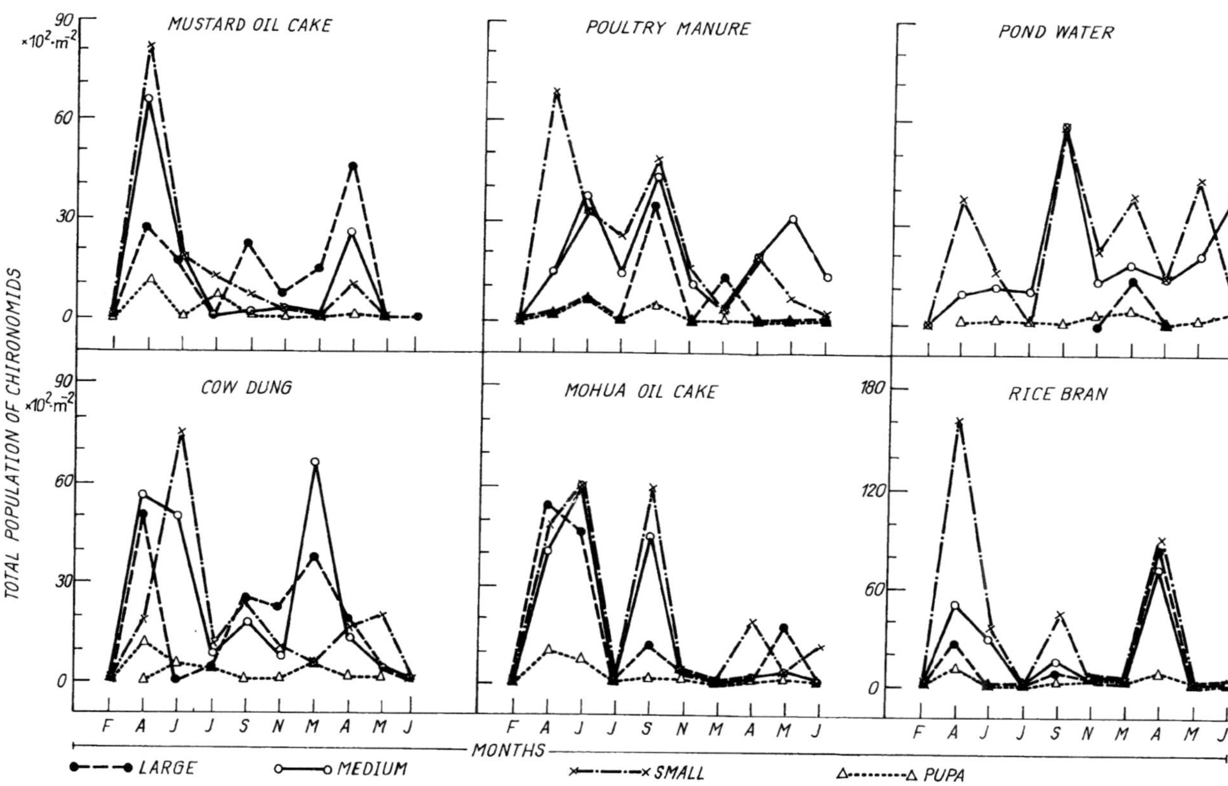

Fig. 2. Monthly variations in three size classes of chironomid larva and pupa in different culture media

Table 2. Measurement of production (g/m^2), biomass (g/m^2) and P/B coefficient of chironomid larvae cultured in different media

Date	Mustard oil cake			Cow dung			Rice bran		
	Production	Biomass	P/B ratio	Production	Biomass	P/B ratio	Production	Biomass	P/B ratio
26. 2. 80	25.7	45.4	0.56	15.8	36.9	0.42	36.2	24.4	1.40
16. 4. 80	6.9	13.5	0.51	19.8	11.1	1.78	10.5	8.6	1.22
5. 6. 80	3.2	1.7	1.80	2.8	26.2	0.10	0.1	0.4	0.25
24. 7. 80	2.0	7.3	0.27	8.8	10.6	0.83	10.5	11.5	0.90
18. 9. 80	1.3	4.3	0.30	4.5	11.3	0.39	0.9	0.6	1.50
4. 11. 80	1.1	5.3	0.20	14.4	30.1	0.47	1.1	1.5	0.73
3. 3. 81	8.5	28.9	0.29	6.1	10.9	0.55	30.0	53.2	0.56
10. 4. 81	—	—	—	4.1	5.1	0.80	0.4	0.6	0.60
21. 5. 81	—	—	—	0.6	0.7	0.85	0.4	0.8	0.50
Average	5.4	11.8	0.42	8.5	15.8	0.53	10.0	11.29	0.89

Date	Mohua oil cake			Poultry waste			Pond water		
	Production	Biomass	P/B ratio	Production	Biomass	P/B ratio	Production	Biomass	P/B ratio
26. 2. 80	18.6	23.0	0.80	13.2	5.2	2.5	7.6	2.4	3.1
16. 4. 80	22.4	36.6	0.61	11.3	9.4	1.2	4.4	2.4	1.8
5. 6. 80	0.1	0.4	0.25	6.4	3.2	2.0	1.7	1.0	1.7
24. 7. 80	17.7	19.6	0.90	17.7	18.1	0.97	15.8	13.0	1.2
18. 9. 80	0.30	2.0	0.15	4.5	3.8	1.1	5.6	3.7	1.5
4. 11. 80	0	0	0	2.2	7.2	0.3	10.5	12.3	0.85
3. 3. 81	3.6	1.9	1.80	6.0	4.7	1.2	4.4	2.9	1.5
10. 4. 81	2.7	8.1	0.33	6.2	6.7	0.92	10.7	6.0	1.7
21. 5. 81	2.0	1.6	1.20	2.5	3.0	0.83	7.6	7.7	0.98
Average	7.4	10.3	0.71	7.7	6.8	1.1	7.5	5.7	1.3

(10.0 g) > cow dung (8.5 g) > poultry waste (7.7 g) > pond water (7.5 g) > mohua oil cake (7.4 g) > mustard oil cake (5.4 g).

It should be noted that the production peak often coincided with the biomass peak in these media. In some media (cow dung, rice bran and mustard oil cake), there were two peaks, the first in February and the second in November or March. Three peaks, however, occurred in April, July and March/April respectively in the remaining culture media (mohua oil cake, poultry waste, pond water). The average P/B coefficient was highest for pond water (1.3) and lowest for mustard oil cake (0.42). In pond water, there was low biomass but good production, whereas biomass was high and production was low in other media.

4. Discussion

The high level of production of chironomid larvae in the rice bran medium was perhaps due to its higher C/N ratio (prepared aquatic medium: 2.43; dry manure: 23.0) than the other culture media.

Similar cases of nutrient differences causing wide variation in chironomid population were also found by KALFF & LEGGETT (1975). Further, SMITH (1969), LE BRASSEUR & KENNEDY (1977) and DERMOTT et al. (1977) stressed the role of increased phytoplankton level in increasing the consumer biomass. Although the annual chironomid production is dependent upon the substrate type in some lakes (BEATTIE 1982), this was not a variable in the present study owing to the identical substrate conditions in the six media.

Because of dominance of small and medium sized individuals in the cow dung medium, a relatively low total biomass in this medium compared with the others was expected. The percent distribution of the three size classes of the chironomid populations (Fig. 1) leads to a similar conclusion. Since production in the rice bran, cow dung and poultry waste media was markedly higher than in the others, the former media seem to be most useful for the mass production of chironomid larvae.

In the present investigation, the turnover rate expressed as the ratio of production to biomass was highly variable in space and season, depending upon the amount of nutrients in the culture medium. Higher P/B ratios in pond water than in the culture medium were suggestive of a lower turnover rate of the biomass than the latter.

References

AMERICAN PUBLIC HEALTH ASSOCIATION (1976): Standard methods for the examination of water and wastewater. 14th ed. A.P.H.A., New York.

BEATTIE, D. M. (1982): Distribution and production of the larval chironomid populations in Tjeukemeer. Hydrobiologia **95**, 287—306.

DERMOTT, R. M., KALFF, J., LEGGETT, W. C., & SPENCE, J. (1977): Production of *Chironomus*, *Procladius* and *Chaoborus* at different level of phytoplankton biomass in lake Memphremagog, Quebec-Vermont. J. Fish. Res. Board Can. **34**, 2001—2006.

EDWARDS, P. (1980): A review of recycling of organic wastes into fish with emphasis on the tropics. Aquaculture **21**, 261—279.

GUZIUR, J. (1976): The feeding of two years old carp *(Cyprinus carpio)* in Vendeace Lake Klawo. Ekol. Polska **24**, 211—235.

JANA, B. B., & PAL, G. P. (1983): Some life history parameters and production of *Daphnia carinata* (KING) grown in different culturing media. Water Res. **17**, 735—741.

— (1984): The life history parameters of *Diaphanosoma excisum* (Cladocera) grown in different culturing media. Hydrobiologia **118**, 205—212.

— (1985): The life history parameters of *Moina micrura* (KÜRZ) grown in different culturing media. Water Res. **19**, 863—867.

KALFF, J., & LEGGETT, W. C. (1975): Studies on the nutrient dynamics of a transboundry lake. Progr. Rep. No. 1, contract OSU 5-0157. Dept. of Biology, McGill Univ. Montreal.

KUGLER, J., & CHEN, H. (1968): Distribution of chironomid larvae in lake Tiberias and their occurrence in the food of the fish of the lake. Israel J. Zool. **17**, 97—115.

LE BRASSEUR, R. J., & KENNEDY, O. D. (1972): The fertilization of Great lake. 11. Zooplankton standing stock. U. S. Fish. Wildl. Serv. Fish. Bull. **70**, 25—36.

LEUGER, E. F., & MEDERED, F. A. (1973): Predation of mosquitoes and chironomid larvae in ponds by *Tilapia zillii* and *T. mossambica*. Proc. Calif. Mosq. Control Ass. **41**, 119—121.

LIEDER, U. (1965): Das Eiweiß in der Nahrung der Karpfen. Dtsch. Fischereiz. **12**, 16—26.

MERLA, G. (1964): Weitere Untersuchungen über die Nahrungstierausnutzung durch die Karpfen mit Getreidezufütterung. Dtsch. Fischereiz. **11**, 88—92.

PAL, G. P. (1984): The relative growth, egg production, population size and some biochemical analyses of the fish food organisms under different culturing media. Ph. D. thesis, University of Kalyani, West Bengal.

SCHÄPERCLAUS, W. (1966): Weitere Untersuchungen über Größe und Bedeutung des Naturnahrungsteils an der Gesamtnahrung der Karpfen bei Fütterung mit Getreidekörnern in Abwachsteichen. Z. Fischerei, NF. **14**, 71—99.

SMITH, M. W. (1969): Changes in environment and biota of a natural lake after fertilization. J. Fish. Res. Board Can. **26**, 3101—3132.

SPATARU, P. (1976): Natural feed of *Tilapia aurea* (STEINDACHNER) in polyculture with supplementary feed and intensive manuring. Bamidgeh **28**, 12—17.

YASHOUV, A., & ALHONES, M. (1952): Breeding of chironomids in concrete ponds. Bamidgeh **4**, 1—5.

Address of the authors:

Dr. B. B. JANA
Dr. G. P. PAL
Department of Zoology
Fisheries and Limnology Laboratory
University of Kalyani
Kalyani — 741235
India

Limnologica (Berlin) **21** (1), 287—292, Oktober 1990

Department of Zoology, Gauhati University, Gauhati, Assam, India

Impact of Physico-chemical Complexes on Plankton Density in Dhir Beel of Assam

By Y. S. YADAVA & S. C. DEY

With one Figure

Key words: Physical and chemical variables; Plankton biomass; Dhir beel; Assam.

Summary

A set of 23 physical and chemical variables along with sectors, levels and months were regressed in a step-wise procedure against plankton density in Dhir beel (a river formed lake) in Assam. 10 variables exhibited a profound influence on the plankton population and explained 61% of the variation for combined levels (surface + bottom). Regression lines when drawn separately for surface and bottom levels, increased the multiple correlation coefficient significantly. The interaction of multiple variables on plankton density is more striking in the present study than single limiting factors.

1. Introduction

In N. E. India the term **beel** denotes a river-formed or tectonic lake. In Assam alone, 1392 such beels with a water area of about 5 × 10^4 ha exist (DEY 1981). In contrast to the average annual fish production of about 6—7 kg · ha^{-1} from Indian reservoirs (JHINGRAN & TRIPATHI 1969), the overall fish production from Assam beel is more than 100 kg · ha^{-1} · yr^{-1} (DEY 1981) and potentially an annual crop of 5000 t · yr^{-1} is possible from these lakes. Limnological investigations on these

Table 1. Average and range (parentheses) data on the physical and chemical conditions of water some important beels of Assam. (NR — not recorded)

Parameters	Dora Beel (DEY & LAHON 1979)	Dipar Beel (DEY 1981)	Sone Beel (DEY & KAR 1982)	Dighali Beel (YADAVA et al. 1987)
Location	26°04′19″—26°05′50″N and 91°26′05″—91°28′E	26°05′26″—26°09′26″N and 91°36′39″—91°41′25″E	24°36′40″—24°44′30″N and 92°24′50″—92°28′25″E	26°28′N and 91°80′E
Area (ha)	463.4	146.3	3458.1	250.0
Depth (cm)	164.0 (64.0—304.0)	214.0 (13.5—461.0)	147.0 (20.0—569.0)	105.0 (50.0—450.0)
Transparency (cm)	41.0 (1.0—137.0)	149.0 (3.0—295.0)	NR	74.0 (45.9—105.1)
Water temp. (°C)	24.9 (18.0—32.0)	26.4 (19.8—33.0)	25.7 (18.7—32.3)	25.7 (17.7—29.7)
pH	6.5 (6.0—7.2)	6.0 (4.5—7.5)	6.8 (6.0—7.9)	6.9 (6.5—7.2)
DO (mgl^{-1})	6.3 (3.1—10.6)	6.3 (2.4—10.2)	4.3 (2.4—6.0)	6.8 (4.3—9.0)
TA (mgl^{-1})	25.0 (14.0—54.0)	46.0 (12.0—80.0)	51.8 (25.0—74.4)	31.0 (25.0—43.0)
NH_3-N (mg · l^{-1})	0.31 (0.01—1.40)	0.86 (0.0—1.72)	NR	0.10 (0.06—0.18)
NO_3-N (mg · l^{-1})	0.16 (0.0—1.4)	0.60 (0.0—1.2)	NR	0.29 (0.15—0.51)
Fe (mg · l^{-1})	3.27 (0.40—25.4)	4.4 (0.11—17.5)	NR	0.06 (0.0—0.19)
Ca (mg · l^{-1})	8.4 (1.0—18.0)	23.0 (5.0—40.0)	NR	NR
PO_4 (mg · l^{-1})	0.58 (0.27—1.04)	0.71 (0.46—0.96)	NR	0.11 (0.06—0.16)
SiO_2 (mg · l^{-1})	4.3 (1.0—11.8)	11.0 (2.2—20.0)	NR	4.5 (1.5—7.0)
DOM (mg · l^{-1})	NR	NR	NR	28.3 (5.6—64.0)
Electrical conductivity (µmhos · cm^{-1})	57.2 (26.0—93.0)	150.0 (51.0—252.0)	153.3 (52.0—393.0)	74.4 (55.0—93.5)

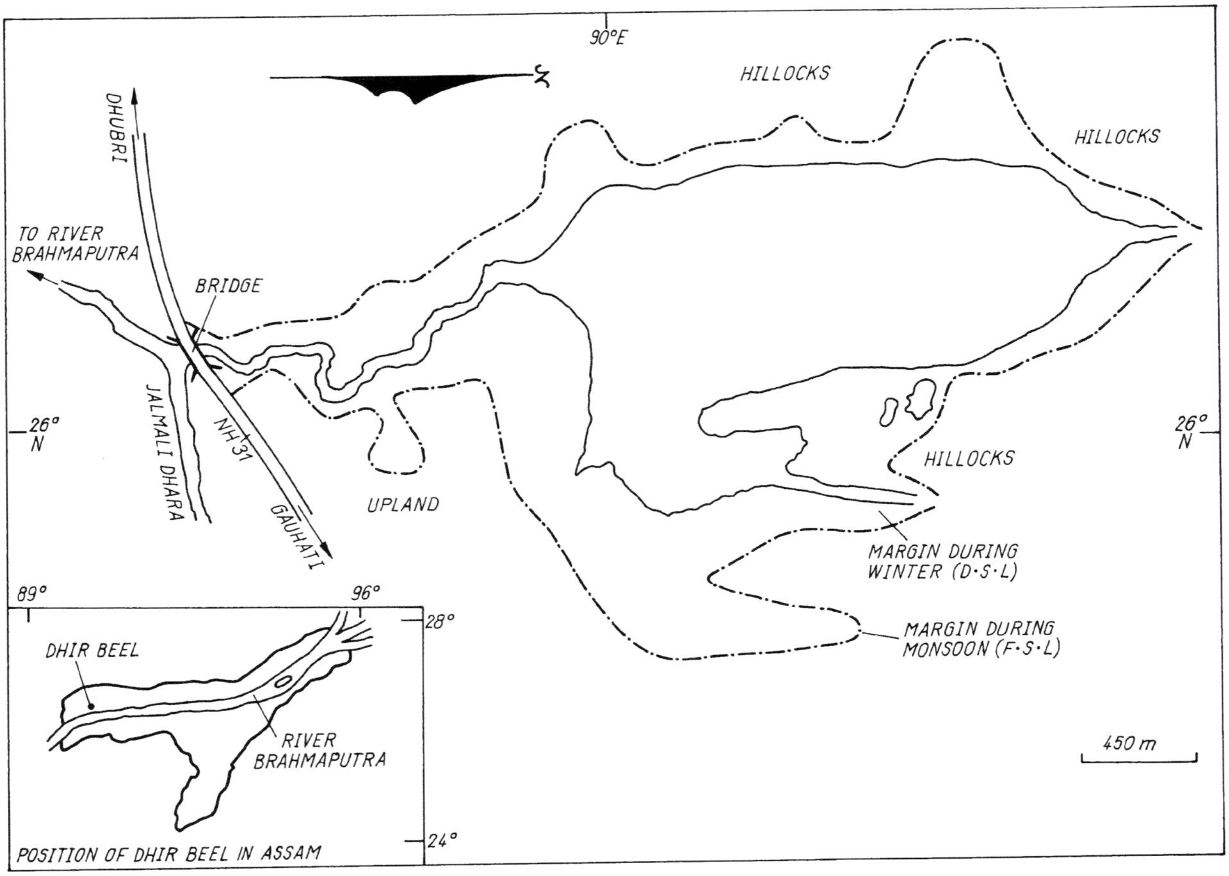

Fig. 1. Shore contour of Dhir beel

water bodies are restricted to the works of DEY & LAHON (1979), DEY (1981), DEY & KAR (1982) and YADAVA et al. (1987). A summary of their findings especially in respect of the physico-chemical parameters of the water is presented in Table 1.

As a part of work on the limnology of Dhir beel (90° 50′E; 26°25′N), a 689 ha (at FSL), a riverine lake in the Dhubri district of Assam (Fig. 1), the present paper studies the impact of physical and chemical complexes in the water on plankton density through multivariate analysis.

We thank Dr. A. K. ADHIKARY of the Indian Statistical Institute, Calcutta for his help in computer work.

Table 2. Average monthly records of the physical and chemical conditions of Dhir beel during 1983 at surface and bottom (in parentheses) levels. (Values are averages of sectors I, II and III)

Parameters	Jan	Feb	Mar	Apr	May	Jun	Jul	Aug	Sep	Oct	Nov	Dec
Water temp. (°C)	19.0	26.0	26.2	25.4	31.2	31.2	30.4	31.2	29.7	28.8	24.8	19.3
Depth (cm)	134.0	104.0	100.0	135.0	198.0	228.0	413.0	523.0	362.8	286.0	223.0	157.0
Transparency (cm)	71.0	84.0	90.0	94.0	96.0	110.0	131.0	113.0	104.0	126.0	102.0	93.0
pH	6.8	7.3	6.9	6.9	7.4	7.1	6.8	6.6	6.6	6.4	7.0	7.1
	(6.9)	(6.7)	(7.3)	(6.9)	(7.5)	(7.2)	(6.8)	(6.6)	(6.7)	(6.4)	(7.1)	(7.1)
DO (mgl^{-1})	7.9	8.4	8.4	7.6	8.6	8.1	7.7	8.6	9.6	9.4	9.1	10.6
	(8.3)	(8.2)	(8.1)	(7.1)	(8.5)	(8.3)	(7.3)	(8.1)	(8.9)	(9.2)	(9.4)	(10.1)
TA ($mg \cdot l^{-1}$)	25.0	23.0	21.0	49.0	55.0	49.0	19.0	58.0	18.6	16.6	21.8	23.0
	(20.0)	(20.0)	(29.0)	(38.0)	(59.0)	(46.0)	(22.0)	(53.0)	(15.3)	(17.3)	(22.3)	(22.0)
NH_3-N ($mg \cdot l^{-1}$)	0.01	0.02	0.05	0.09	0.05	0.21	0.03	0.04	0.01	0.06	0.25	0.03
	(0.01)	(0.01)	(0.01)	(0.09)	(0.03)	(0.13)	(0.03)	(0.06)	(0.01)	(0.08)	(0.01)	(0.04)
NO_3-N ($mg \cdot l^{-1}$)	0.04	0.06	0.08	0.01	0.13	0.31	0.01	0.05	0.06	0.03	0.27	0.18
	(0.04)	(0.07)	(0.06)	(0.01)	(0.14)	(0.11)	(0.01)	(0.06)	(0.32)	(0.06)	(0.24)	(0.21)
Fe ($mg \cdot l^{-1}$)	0.65	0.60	0.32	0.34	0.61	0.37	0.21	0.40	0.66	0.20	0.48	0.18
	(1.07)	(0.68)	(0.46)	(0.54)	(0.63)	(0.52)	(0.21)	(0.40)	(0.86)	(0.22)	(0.17)	(0.85)
Ca (mgl^{-1})	10.0	7.3	8.0	23.0	35.0	23.0	9.0	7.7	5.3	5.0	5.9	9.0
	(9.0)	(7.3)	(4.7)	(25.0)	(36.0)	(23.0)	(9.0)	(6.7)	(5.3)	(6.0)	(12.0)	(9.0)
P ($mg \cdot l^{-1}$)	0.12	0.11	0.11	0.09	0.37	0.18	0.05	0.19	0.18	0.17	0.20	0.08
	(0.11)	(0.06)	(0.10)	(0.12)	(0.33)	(0.19)	(0.05)	(0.20)	(0.18)	(0.18)	(0.19)	(0.09)
SiO_2 ($mg \cdot l^{-1}$)	7.8	7.6	7.5	3.0	4.0	4.7	2.5	3.5	1.3	3.0	6.0	6.2
	(8.4)	(8.6)	(6.5)	(3.0)	(4.6)	(4.4)	(2.5)	(3.9)	(1.3)	(3.2)	(4.4)	(5.4)
DOM ($mg \cdot l^{-1}$)	3.86	3.32	2.81	9.00	3.25	5.80	6.40	7.00	6.75	6.31	2.70	4.30
	(4.12)	(2.85)	(6.30)	(9.55)	(3.20)	(6.38)	(6.57)	(6.59)	(7.21)	(6.50)	(2.96)	(5.39)

Table 3. Average monthly records of the physical and chemical conditions of Dhir beel during 1984 at surface and bottom (in parentheses) levels. (Values are averages of sectors I, II and III)

Parameters	Jan	Feb.	Mar	Apr	May	Jun	Jul	Aug	Sep	Oct	Nov	Dec
Water temp. (°C)	18.7	21.0	27.0	26.2	26.5	29.6	29.9	31.0	29.7	29.2	23.8	20.9
Depth (cm)	149.0	90.0	156.0	188.0	291.0	391.0	445.0	329.0	535.0	273.0	176.5	115.0
Transparency (cm)	77.6	83.0	85.0	23.0	57.0	113.0	108.0	117.0	76.0	74.3	116.3	104.0
pH	6.7	7.1	7.4	7.4	6.9	6.6	6.5	6.6	6.5	6.9	6.9	7.5
	(6.7)	(7.2)	(7.0)	(7.5)	(7.0)	(6.6)	(6.3)	(6.6)	(6.1)	(6.8)	(6.9)	(7.5)
DO ($mg \cdot l^{-1}$)	9.4	10.5	8.3	10.0	8.1	8.8	9.1	12.7	12.4	8.0	9.6	11.4
	(9.8)	(10.7)	(8.1)	(9.7)	(8.5)	(8.6)	(6.9)	(12.9)	(9.0)	(7.7)	(10.0)	(12.5)
TA ($mg \cdot l^{-1}$)	19.0	25.0	27.3	65.0	33.0	19.0	15.7	16.0	14.5	41.7	27.0	22.0
	(19.7)	(23.3)	(27.6)	(67.0)	(30.0)	(19.0)	(14.7)	(16.0)	(14.1)	(53.7)	(26.7)	(23.3)
NH_3-N ($mg \cdot l^{-1}$)	0.01	0.03	0.07	0.01	0.01	0.01	0.01	0.01	0.01	0.07	0.02	0.04
	(0.01)	(0.01)	(0.01)	(0.01)	(0.01)	(0.01)	(0.01)	(0.10)	(0.07)	(0.04)	(0.02)	(0.05)
NO_3-N ($mg \cdot l^{-1}$)	0.39	0.17	0.19	0.29	0.15	0.09	0.05	0.06	0.09	0.09	0.11	0.09
	(0.41)	(0.19)	(0.17)	(0.30)	(0.16)	(0.11)	(0.07)	(0.07)	(0.09)	(0.10)	(0.11)	(0.10)
Fe (mg^{-1})	0.20	0.35	0.35	2.20	1.30	0.59	0.33	0.30	0.29	0.11	0.27	0.11
	(0.15)	(0.41)	(0.37)	(6.30)	(1.90)	(0.87)	(0.39)	(0.39)	(0.42)	(0.35)	(0.35)	(0.20)
Ca ($mg \cdot l^{-1}$)	8.70	7.30	6.30	44.0	18.0	8.7	4.7	(5.3)	6.0	30.6	10.7	6.0
	(9.3)	(7.3)	(6.3)	(43.0)	(18.0)	(8.7)	(6.0)	(6.0)	(8.0)	(36.6)	(10.7)	(5.7)
P ($mg \cdot l^{-1}$)	0.05	0.06	0.34	0.50	0.63	0.35	0.28	0.01	0.07	0.06	0.06	0.21
	(0.07)	(0.08)	(0.33)	(0.71)	(0.53)	(0.22)	(0.26)	(0.03)	(0.08)	(0.08)	(0.08)	(0.22)
SiO_2 ($mg \cdot l^{-1}$)	2.5	8.3	3.3	4.3	4.9	3.3	2.8	2.8	3.0	2.7	5.4	3.3
	(1.9)	(8.6)	(4.0)	(4.0)	(4.7)	(3.4)	(3.6)	(3.1)	(3.0)	(3.0)	(5.3)	(2.9)
DOM ($mg \cdot l^{-1}$)	3.0	1.95	3.0	10.8	12.5	4.10	10.15	5.80	15.0	8.95	11.87	4.40
	(2.8)	(2.1)	(3.5)	(9.1)	(12.4)	(4.2)	(11.15)	(4.67)	(15.4)	(10.3)	(11.6)	(5.4)

2. Material and Methods

Fortnightly samples from three different sectors of the lake were collected from January, 1983 through December, 1984. These samples provide data on the physical and chemical elements of the water and productivity in terms of plankton. Water samples from the surface and bottom levels were collected between 06.30 and 08.30 h at random from different spots of each sector using a 1-litre jug and a 5-litre Kemmerer sampler. Simultaneously, to obtain net plankton, 50 l of water were filtered through 55 µm (mesh size) bolting silk. The plankton concentrate from 50 l water was preserved in 2—4% (v/v) aqueous formalin solution. Counting was done in a Sedgwick-rafter cell of 1 ml capacity. All thousand cells of the counter were examined under a CZ-NFPK stereoscopic microscope and the plankton was recorded as unit cells $\cdot l^{-1}$. Physical and chemical analysis of water were done after A.P.H.A. (1980).

Twenty-three independent variables (X) were estimated, water temperature (X_1), water depth (X_2), transparency (X_3), pH at surface (X_4), at bottom (X_5); dissolved oxygen at surface (X_6), at bottom (X_7); total alkalinity at surface (X_8), at bottom (X_9); ammonical nitrogen at surface (X_{10}), at bottom (X_{11}); nitrate nitrogen at surface (X_{12}), at bottom (X_{13}); iron at surface (X_{14}), at bottom (X_{15}); calcium at surface (X_{16}), at bottom (X_{17}); phosphate at surface (X_{18}), at bottom (X_{19}); Silicate at surface (X_{20}), at bottom (X_{21}); dissolved organic matter at surface (X_{22}) and at bottom (X_{23}); (Tables 2 and 3).

Besides physical and chemical variables, the plankton density might also be dependent on the sectors (S), the months (T) and levels (L) where the observations were taken. Reasonably, the variables S_I, S_{II}, S_{III} (for sector I, II and III), T_{1-12} (for 1-12th month of observation) and L_I and L_{II} for surface and bottom levels were also introduced.

The step-wise forward selection method (DRAPER & SMITH 1966) was used in a linear multiple regression of plankton density (Y) against the independent variables. A BMD package programme (DIXON 1973) was used in an ORG-80 computer at the Indian Statistical Institute, Calcutta.

The step-wise procedure made no allowance for the possibility that a variable initially entered as significant might become insignificant on the addition of further variables into the equation (SAY et al. 1977). And a variable entered into the regression equation (RE) and subsequently removed (after addition of several other variables) would indicate that the variable is insignificant in reducing the variation. The final regression thus includes only significant ($P \lesseqgtr 0.05$) variables (EFROYMSON 1960).

3. Results

Twelve variables of physical and chemical parameters (X_4, X_5, X_6, X_7, X_{10}, X_{15}, X_{16}, X_{18}, X_{19}, X_{20}, X_{21}, X_{22}), six of time (T_2, T_3, T_4, T_5, T_6 and T_7), one of sectors (S_{III}) and one of levels (L_{II}) appeared in the final RE. The remaining variables were subsequently deleted by the step-wise procedure. Correlation matrices computed

Table 4. Correlation matrix of regression coefficients (levels combined)

		T 2	X_5 9	X_6 10	X_7 11	X_{10} 14	X_{15} 19	X_{19} 23	X_{21} 25	T_7 34	L_2 44
T	2	1.0000									
X_5	9	0.1836	1.0000								
X_6	10	—0.1875	0.2228	1.0000							
X_7	11	—0.2626	—0.4145	—0.6415	1.0000						
X_{10}	14	0.1385	—0.1244	0.0849	—0.0932	1.0000					
X_{15}	19	—0.0122	—0.2396	—0.2587	0.1826	0.0987	1.0000				
X_{19}	23	—0.1570	—0.0976	0.2676	0.0388	0.0599	—0.6159	1.0000			
X_{21}	25	0.3100	—0.1020	0.1039	—0.1071	0.1908	0.0275	0.0690	1.0000		
T_7	34	—0.0852	0.0477	0.0075	0.2402	0.1140	0.0394	0.1056	0.1670	1.0000	
L_2	44	—0.0182	0.0218	0.0052	—0.0103	—0.0131	—0.0120	—0.0071	0.0003	—0.0092	1.0000

Table 5. Correlation matrix of regression coefficients (surface level)

		T 2	X_6 10	X_7 11	X_{10} 14	X_{15} 19	X_{16} 20	X_{19} 23	X_{20} 24	X_{21} 25	X_{22} 26
T	2	1.0000									
X_6	10	−0.0524	1.0000								
X_7	11	−0.3828	−0.6357	1.0000							
X_{10}	14	0.0388	0.0802	−0.0783	1.0000						
X_{15}	19	−0.0631	−0.2359	0.1353	0.1277	1.0000					
X_{16}	20	−0.0187	0.0709	0.0339	−0.1864	−0.3896	1.0000				
X_{19}	23	−0.1699	0.1886	−0.0282	0.0289	−0.5656	0.1158	1.0000			
X_{20}	24	0.0715	−0.0193	−0.0888	−0.2743	−0.1447	0.0630	0.0569	1.0000		
X_{21}	25	0.1181	0.1360	−0.0356	0.2508	0.0574	−0.0434	−0.0596	−0.8132	1.0000	
X_{22}	26	−0.5051	−0.2946	0.4634	0.1226	0.1085	−0.0354	−0.0081	−0.0129	−0.0722	1.0000
T_2	29	−0.1253	−0.1755	0.1468	0.0818	0.0643	0.0080	0.0436	0.0726	0.4292	0.2950
T_3	30	−0.1129	−0.0778	0.2588	0.0301	0.1946	0.0180	−0.2599	−0.0697	−0.0605	0.3287
T_4	31	0.3563	0.1366	−0.1656	−0.0458	−0.1510	−0.3025	−0.2740	0.0109	0.1120	−0.3323
T_5	32	0.1818	0.0815	−0.0777	0.0543	0.2605	−0.3617	−0.5097	−0.0063	0.0032	−0.1313
T_6	33	−0.0430	0.0406	0.1156	−0.1603	0.1299	−0.1455	−0.2745	0.0286	−0.0073	0.1285
T_7	34	−0.0391	0.0496	0.2438	0.0489	0.0095	0.0883	−0.0364	0.0715	0.0345	−0.0193
S_3	42	−0.0628	0.3106	−0.1003	0.1852	0.0052	−0.2262	−0.0386	−0.1747	0.1930	−0.0216

Table 6. Correlation matrix of regression coefficients (bottom level)

		T 2	X_4 8	X_6 10	X_7 11	X_{10} 14	X_{18} 22	X_{21} 25	T_7 34
T	2	1.0000							
X_4	8	0.0758	1.0000						
X_6	10	−0.2384	0.0216	1.0000					
X_7	11	−0.2273	−0.1416	−0.5983	1.0000				
X_{10}	14	0.1637	−0.0877	0.1315	−0.1501	1.0000			
X_{18}	22	−0.1632	−0.2206	0.1850	0.1728	0.1314	1.0000		
X_{21}	25	0.3120	−0.1989	0.1209	−0.1456	0.1933	0.0622	1.0000	
T_7	34	−0.0806	0.1068	0.0068	0.2724	0.1072	0.1612	0.1342	1.0000

Table 7. Summary table of step-wise procedure (combined data)

Step No.	Variable		Multiple		Increase in RSQ	F — to enter	F — to remove	No. of independent variables included
	Entered	Removed	R	RSQ				
1	T_7	—	0.4824	0.2327	0.2327	41.2409	—	1
2	T	—	0.5313	0.2823	0.0496	9.3394	—	2
3	L_2	—	0.5513	0.3039	0.0216	4.1564	—	3
4	X_5	—	0.5645	0.3187	0.0147	2.8784	—	4
5	X_{21}	—	0.5739	0.3293	0.0107	2.1004	—	5
6	X_{10}	—	0.5817	0.3384	0.0091	1.7937	—	6
7	X_{19}	—	0.5889	0.3469	0.0085	1.6826	—	7
8	X_{15}	—	0.5963	0.3555	0.0087	1.7377	—	8
9	X_6	—	0.6018	0.3621	0.0066	1.3243	—	9
10	X_7	—	0.6102	0.3723	0.0102	2.0565	—	10

for the combined data (surface + bottom levels) and separately for surface and bottom levels are presented in Tables 4—6, while Tables 7—9 contain a summary account of the different steps performed in the present exercise.

The multiple linear regression (MLR) of Y on independent variables in different levels is obtained as,

$$\text{Combined: } Y = -\ 173893.500 - 15911.684\ T + 113863.00\ X_5 - 54066.027\ X_6 + 43282.711\ X_7 - 621207.938$$
$$- 54066.027\ X_6 + 43282.711\ X_7 - 621207.938\ X_{10} + 48631.609\ X_{15} - 21861.617\ X_{19} - 325.559\ X_{21} + 739213.375\ T_7 + 126073.875\ L_{II}$$

with a multiple correlation coefficient (R) = 0.6102 and (R^2) = 0.3723.

$$\text{Surface: } Y = 353180.0 - 8352.2\ T - 50969.0\ X_6 + 43212.9\ X_7 - 245645.4\ X_{10} + 80887.9\ X_{15} - 1672.0\ X_{16} - 22708.1\ X_{19} + 25926.8\ X_{20} - 51657.6\ X_{21} + 5291.1\ X_{22} + 178285.9\ T_2 + 203000.0\ T_3 + 136936.2\ T_4 + 175599.6\ T_5 + 78748.9\ T_6 + 448724.9\ T_7 - 133998.0\ S_{III}$$

with (R) = 0.8436 and (R^2) = 0.7117.

$$\text{Bottom: } Y = -8567.4 - 25731.5T + 265710.2X_4 - 91767.0X_6 + 78602.6\ X_7 - 1132889.4\ X_{10} - 24982.6\ X_{18} - 54244.6\ X_{21} + 1078378.2\ T_7$$

with (R) = 0.6742 and (R^2) = 0.4545.

T_2	T_3	T_4	T_5	T_6	T_7	S_3
29	30	31	32	33	34	42
1.0000						
0.2909	1.0000					
−0.1223	0.0419	1.0000				
0.0514	0.2191	0.4488	1.0000			
0.0809	0.2696	0.2351	0.3069	1.0000		
−0.0094	0.1762	0.1362	0.1446	0.1878	1.0000	
−0.0788	0.0290	0.1702	0.1689	0.0780	0.0451	1.0000

The analysis of variance for the three data sets is tabulated in Table 10.

4. Discussion

In Dhir beel, 10 variables explain 61% of the variation when plankton densities at different levels are not considered separately. But R' increases significantly when levels are treated separately (17 variables accounting for 94% variation at the surface and 8 explaining 67% variation at the bottom). The present findings, therefore, indicate that multiple variable interaction can better explain the variation in plankton density at separate levels.

The classical concept of limiting factors has been applied with success in many studies of plankton growth (RYTHER & GUILLARD 1959; RYTHER & DUNSTAN 1971; DROOP 1973; KOLEKAR et al. 1983), yet in several instances a single limiting factor cannot fully explain the variation in plankton population (MADDUX & JONES 1964).

The RE of all three analyses show that DO (surface and bottom), NH_3-N (surface), SiO_2 (bottom) and T_7

Table 8. Summary table of step-wise procedure (surface data)

Step No.	Variable Entered	Variable Removed	Multiple R	Multiple RSQ	Increase in RSQ	F — to enter	F — to remove	No. of independent variables included
1	T_7	—	0.5427	0.2946	0.2946	28.8104	——	1
2	T_4	—	0.6326	0.4002	0.1057	11.9793	—	2
3	S_2	—	0.6732	0.4532	0.0530	6.4937	—	3
4	T	—	0.6932	0.4805	0.0273	3.4725	—	4
5	X_{15}	—	0.7197	0.5179	0.0374	5.0412	—	5
6	X_{14}	—	0.7391	0.5463	0.0284	4.0022	—	6
7	S_3	—	0.7563	0.5720	0.0257	3.7172	—	7
8	—	S_2	0.7533	0.5674	−0.0045	—	0.6684	6
9	T_5	—	0.7591	0.5762	0.0088	1.3093	—	7
10	X_{19}	—	0.7681	0.5900	0.0138	2.0877	—	8
11	T_3	—	0.7813	0.6104	0.0204	3.1887	—	9
12	—	X_{14}	0.7782	0.6056	−0.0048	—	0.7468	8
13	X_6	—	0.7846	0.6155	0.0099	1.5703	—	9
14	X_7	—	0.7943	0.6309	0.0154	2.5070	—	10
15	X_{22}	—	0.8045	0.6473	0.0163	2.7298	—	11
16	T_1	—	0.8120	0.6594	0.0121	2.0656	—	12
17	X_{21}	—	0.8177	0.6686	0.0092	1.5835	—	13
18	T_2	—	0.8284	0.6862	0.0176	3.1487	—	14
19	—	T_1	0.8270	0.6839	−0.0023	—	0.4113	13
20	X_{20}	—	0.8326	0.6932	0.0092	1.6806	—	14
21	X_{10}	—	0.8362	0.6092	0.0060	1.0967	—	15
22	T_6	—	0.8404	0.7062	0.0071	1.3022	—	16
23	X_{16}	—	0.8436	0.7117	0.0054	1.0008	—	17

Table 9. Summary table of step-wise procedure (bottom data)

Step No.	Variable Entered	Variable Removed	Multiple R	Multiple RSQ	Increase in RSQ	F — to enter	F — to remove	No. of independent variables included
1	T_7	—	0.5343	0.2854	0.2854	25.9656	—	1
2	T	—	0.6005	0.3606	0.0751	7.5211	—	2
3	X_5	—	0.6138	0.3768	0.0162	1.6359	—	3
4	X_{18}	—	0.6269	0.3930	0.0162	1.6588	—	4
5	X_{10}	—	0.6366	0.4052	0.0122	1.2514	—	5
6	X_{21}	—	0.6492	0.4214	0.0162	1.6817	—	6
7	X_6	—	0.6574	0.4321	0.0107	1.1104	—	7
8	X_7	—	0.6665	0.4442	0.0121	1.2591	—	8
9	X_4	—	0.6743	0.4547	0.0105	1.0960	—	9
10	—	X_5	0.6742	0.4545	−0.0001	—	0.0139	8

Table 10. Analysis of variance for the three data sets (combined; surface; bottom)

Levels	Source	Degree of freedom	Sum of squares	Mean sum of squares	F-Ratio	R^2
Combined	Regression	10	92104252.0	9210425.2	7.53	0.3723*
	Residual	127	155289520.0	1222752.0		
	Total	137	247393772.0			
Surface	Regression	17	2028444.0	119320.2	7.70	0.7117**
	Residual	53	821778.94	15505.26		
	Total	70	2850222.94			
Bottom	Regression	8	9714680.0	1214335.0	6.04	0.4545**
	Residual	58	11658099.0	201001.7		
	Total	66	21372779.0			

* Significant at 5%
** Significant at 1%

(July) correlate best with Y, giving an exponential fit, whereas pH (bottom), Fe (bottom), P (bottom) and L_{II} (bottom level) are significant when levels are combined, Fe (bottom), Ca (surface), P (bottom), SiO_2 (surface), DOM (surface), T_2—T_7 (February to July) and S_{III} (sector III) are significant at the surface level and pH (surface) and P (surface) at the bottom level. The appearance of level (L_{II}) and sector (S_{III}) in the combined RE indicates variations in plankton density on both the vertical and horizontal planes in the beel.

The overall trend indicates the role of various physical and chemical factors and their levels where maximum interaction with Y takes place and the variables appearing in most of the equations can be considered as predicting factors. The present findings further justify the deletion of insignificant factors from such studies, which helps increase the efficiency of data collection and arrival at a pragmatic inference.

The strong numerical affinities of variables in the RE do arise out of the interaction of different variables (SAMUELS et al. 1979). Thus, as a measure of the strength of the relationship of two or more variables, the correlation coefficient is a purely mathematical interpretation and is irrespective of any cause and effect implication (HOEL 1971). The use of regression analysis to delineate such relationship appears more useful if known or hypothesized functional relationships support the correlation (CASSIE 1961; BLACKBURN 1973) as observed in the present case.

References

A.P.H.A. (1980): Standard method for the examination of water and waste water. 15th ed. New York.

BLACKBURN, M. (1973): Regression between biological oceanographic measurements in the eastern tropical pacific and their significance to ecological efficiency. Limnol & Oceanogr. **18**, 552—563.

CASSIE, R. M. (1961): The correlation coefficient as an index of ecological affinities in plankton populations. Mem. Lst. Ital. Idrobiol. **13**, 151—177.

DEY, S. C. (1981): Studies on the hydrobiological conditions of some commercially important lakes (Beels) of Kamrup district of Assam and their bearing on fish production. Final Technical Report, North Eastern Council, Shillong, 177 pp.

— & KAR, D. (1982): An account of *Hilsa ilisha* (HAM.) in Sone beel of Assam. Proc. 3rd Indian Sem. Ichthyol., 3.

— & LAHON, B (1979): Observations on the interrelationship of fish population in an oxbow lake of Assam, India. Proc. 67th Indian Sci. Congr., 159.

DIXON, W. J. (1973): Biomedical computer programme. Los Angeles California.

DRAPER, N. R., & SMITH, H. (1966): Applied Regression Analysis. New York.

DROOP, M. R. (1973): Some thoughts on nutrient limitation in Algae. J. Phycol. **9**, 264—272.

EFROYMSON, M. A. (1960): Multiple Regression Analysis. In: A. RALSTON & H. S. WILF (ed.), Mathematical methods for digital computors, pp. 191—203. New York.

HOEL, P. G. (1971): Elementary Statistics. New York.

JHINGRAN, V. G., & TRIPATHI, S. D. (1969): A review of the measures adopted for the development of fisheries in reservoirs in India. Proc. Sem. Ecol. Fish Freshwater Reserv., CIFRI, 637—651.

KOLEKAR, V., YADAVA, Y. S., SINGH, R. K., & CHOUDHURY, M. (1983): Role of inorganic phosphate in phytoplankton cycle in beel ecosystems. Proc. Int. Conf. Biomet., 24.

MADDUX, W. S., & JONES, R. F. (1964): Some interactions of temperature, light intensity and nutrient concentration during the continuous culture of *Nitzschia*, *Closterium* and *Tetraselmis* sp. Limnol. & Oceanogr. **9**, 79—86.

RYTHER, J. H., & DUNSTAN, W. M. (1971): Nitrogen, phosphorus and eutrophication in the coastal marine environment. Science **171**, 1008—1013.

— & GUILLARD, R. R. L. (1959): Enrichment experiments as a mean of studying nutrients limiting to phytoplankton production. Deep-Sea Res. **6**, 65—69.

SAMUELS, W. B., UZZO, A., & NUZZI, R. (1979): Correlations of phytoplankton standing crop, species diversity and dominance with physical chemical data in a coastal salt pond. Hydrobiologia **64**, 233—237.

SAY, P. J., DIAZ, B. M., & WHITTON, B. A. (1977): Influence of zinc on lotic plants. I.-Tolerance of *Hormidium* species to zinc. Freshwat. Biol. **7**, 357—376.

YADAVA, Y. S., SINGH, R. K., CHOUDHURY, M., & KOLEKAR, V. (1987): Limnology and productivity of Dighali beel (Assam). Trop. Ecol. **28**, 137—146.

Adress of the authors:

Dr. Y. S. YADAVA
Dr. S. C. DEY
Department of Zoology
University of Gauhati
Gauhati — 781014
Assam, India

Limnologica (Berlin) **21** (1), 293—301, Oktober 1990

Department of Zoology, Government Home Science College, Hoshangabad, India; Department of Zoology, Government College, Harda (M.P.), India; Department of Zoology, University of Sagar, Sagar, India

Seasonal Variations and Relationships of Different Physico-chemical Characteristics in Newly Made Tawa Reservoir

By S. SINGHAI, G. M. A. RAMANI & U. S. GUPTA

With 17 Figures

Abstract

The Tawa reservoir is located in Hoshangabad district of Madhya Pradesh, India. The present paper deals with the monthly and seasonal variation of different physico-chemical characteristics at three different stations (two littoral and one limnetic) with three levels (surface, middle and bottom). Correlation coefficients were calculated between 17 pairs of varibales measured, from these correlation matrices were then constructed. The results show the oligotrophic nature of the reservoir.

Introduction

The Tawa is a newly constructed reservoir in Ranipur (M. P.), India (Fig. 1). The reservoir water is utilized for irrigation and fisheries. No limnological data are available and due to this the present study has been taken. The results of the present study would be helpful in the management of fisheries and in the study of the development of the ecosystem in the future.

The Tawa dam has been constructed across the Tawa river, a tributary of Narmada, 35 km W. N. W. of Itarsi, it is a 56 m high and 1994 m long composite dam. 72 Mill. m^3 of water are stored in the reservoir. At the Tawa dam site, the Tawa river is 180 m wide and both the banks rise in the form of terraces about 20 m higher than the river bed. The geological formations at the dam site are the sandstone and shales of the Upper Gondawana system (BALACHANDRAN 1975).

The salient features of the Tawa dam and reservoir are as follows:

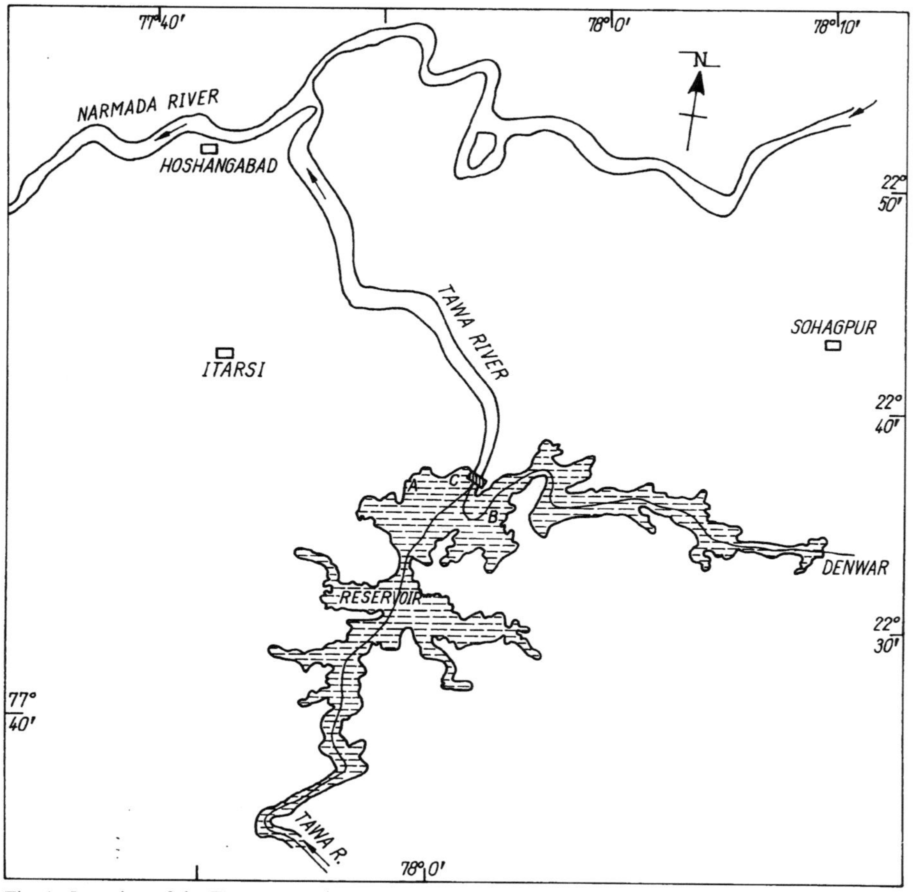

Fig. 1. Location of the Tawa reservoir

Location	22°33′; 77°58′; 35 km W.N.W of Itarsi (India)
Catchment area	6913.60 km²
Run-off	1.192×10^{-2} km²/m
Flood discharge	28,320 Cu · m/s
Gorss storage	72×10^3 km²/m
Live storage	0.68×10^3 km²/m
Free board reduced level	355.39 m
Maximum water level	356.60 m
Area under submergence	199.68 km²

Materials and Methods

Physico-chemical analysis of water was done following the standard methods (A.P.H.A. 1960). Monthly sampling was done from March 1983 to March 1984 at three different stations, two littoral (A, B) and one limnetic (C) with three levels (surface, middle and bottom).

Results and Discussion

Secchi Transparency: The minimum value of Secchi transparency was observed in the rainy season except August (Fig. 2). DESMUKH (1964) in Kanchan river, BISWAS (1973) in man-made lake Volta of Ghana, and SARAN (1980) in Sagar lake observed low transparency during flood season.

Secchi transparency bears an inverse correlation with a number of physico-chemical parameters in different seasons (Tables 1, 2).

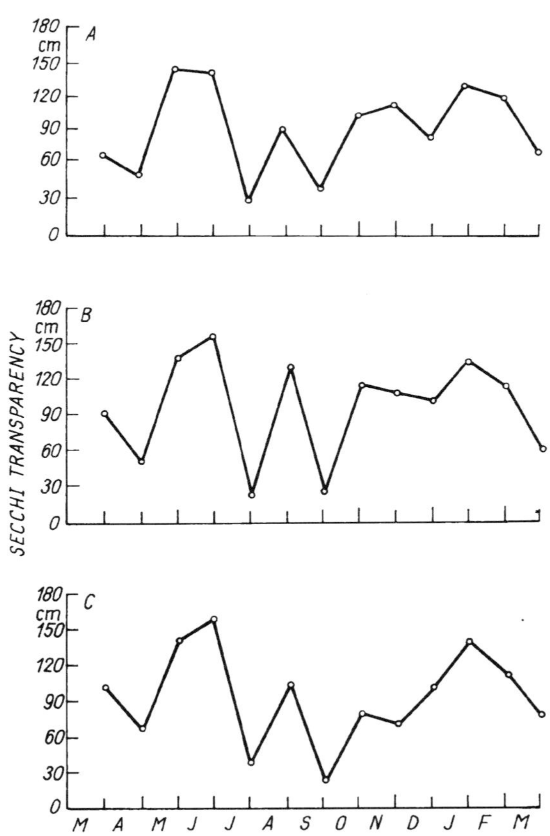

Fig. 2. Seasonal and spatial variation of mean values of Secchi transparency.
A, B, C — stations

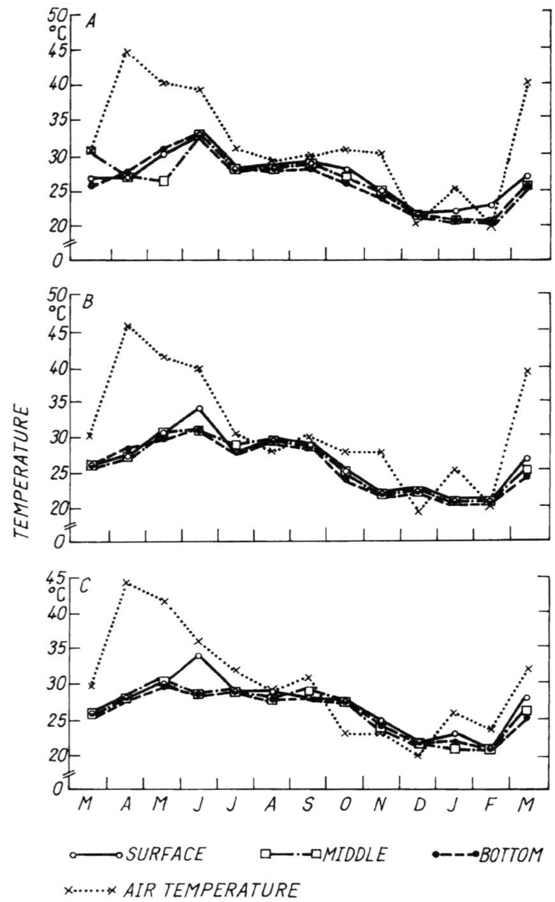

Fig. 3. Seasonal and spatial variation of mean values of temperature

Temperature: Variations in the temperature of air and water are shown in Fig. 3. Air and water temperature varied significantly with season.

A direct relationship was found between air and water temperature ($r = +0.991$). A significant positive correlation was also observed between water temperature and pH in the summer season ($r = +0.665$; Table 1). This may be considered as due to complex behaviour of the phytoplanktonic gross primary productivity. It was observed that periods of high temperatures nearly coincided with those of low oxygen content, but correlation values between temperature and dissolved oxygen were not significant (Table 1). At elevated temperatures the metabolic activity of the organisms increases, requiring more oxygen.

pH-values: The water of Tawa reservoir remained alkaline (Fig. 4) throughout the period of study and this may be due to the abundance of buffering substances brought with rain water and due to the presence of sufficient quantities of carbonates.

The analysis of variance for pH was observed insignificant with season, position and station (Table 1). PEARSALL (1930) and ZAFAR (1966) observed that the pH of the water appears to be dependent upon the relative quantities of calcium carbonates and bicarbonates. The water tends to be more alkaline when it possesses carbonates. It is much less alkaline when it possesses larger quantities of bicarbonates, carbondioxide and calcium.

In the present study positive correlations of pH with temperature, bicarbonates, and dissolved oxygen were

Table 1. Analysis of variance for different physico-chemical parameters

Variable	Source of variation	Df (Degree of freedom)	F-Ratio
Secchi transparency	Season	2	0.583
	Station	2	0.006
Air temperature	Season	2	50.673*
	Station	2	0.895
Water temperature	Season	2	131.35*
	Station	2	0.078
	Position	2	1.09
pH	Season	2	0.10
	Station	2	0.275
	Position	2	0.073
Free carbondioxide	Season	2	31.72*
	Station	2	0.624
	Position	2	0.261
Total carbondioxide	Season	2	18.52*
	Station	2	0.299
	Position	2	0.358
Carbonate alkalinity	Season	2	23.31*
	Station	2	0.289
	Position	2	0.126
Bicarbonate alkalinity	Season	2	35.76*
	Station	2	0.370
	Position	2	0.506
Dissolved oxygen	Season	2	11.59*
	Station	2	0.857
	Position	2	0.081
Percent oxygen	Season	2	9.294*
	Station	2	0.303
	Position	2	0.329
Chloride	Season	2	10.88*
	Station	2	0.584
	Position	2	0.833
Calcium hardness	Season	2	159.34*
	Station	2	1.47
	Position	2	14.24*
Magnesium hardness	Season	2	1.389
	Station	2	0.165
	Position	2	0.190
Total hardness	Season	2	31.37*
	Station	2	12.176*
	Position	2	6.565*
Sulphate	Season	2	0.598
	Station	2	3.726*
	Position	2	0.658
Phosphate	Season	2	0.0005
	Station	2	0.0002
	Position	2	—
Nitrate	Season	2	50.657*
	Station	2	1.153
	Position	2	1.133

* Significant at 5% level.

noticed (Table 2). Many other workers like RAO (1955), ZAFAR (1964), RAO (1971) and MUNAWAR (1970) have also found a positive relationship between pH and carbonates.

Carbondioxide: The variations in the carbondioxide values are shown in Figs. 5 and 6. The absence of free carbondioxide is either due to its complete utilization in the photosynthetic activity (SREENIVASAN 1965; SAHAI & SINHA 1969) or it was being inhibited by the presence of an appreciable amount of carbonates in the water (SAHAI & SINHA 1969).

High values of free carbondioxide were recorded in the monsoon period. This can be attributed to less availability of sunlight due to cloudy weather, which causes a decrease in the photosynthetic activity and a high rate of respiration. BADOLA & SINGH (1981) reported the maximum values of free carbondioxide in the rainy season in Alknanda water and explained that in the rainy season the phytoplankton was found in a negli-

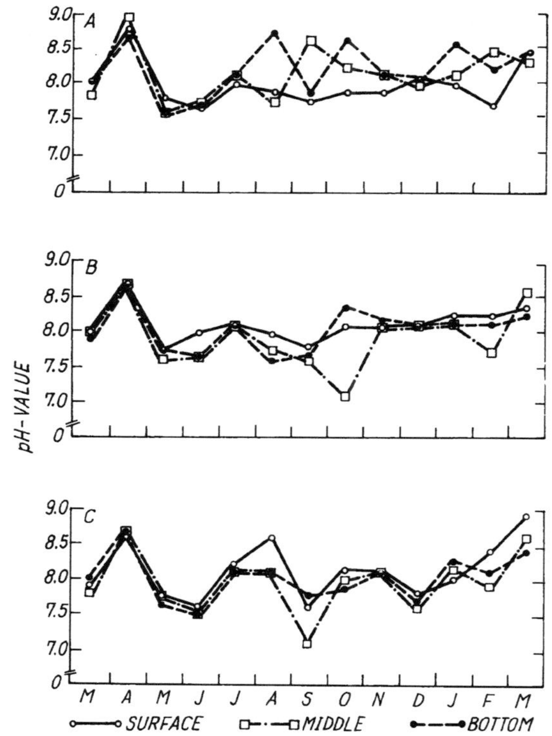

Fig. 4. Seasonal and spatial variation of mean pH-values

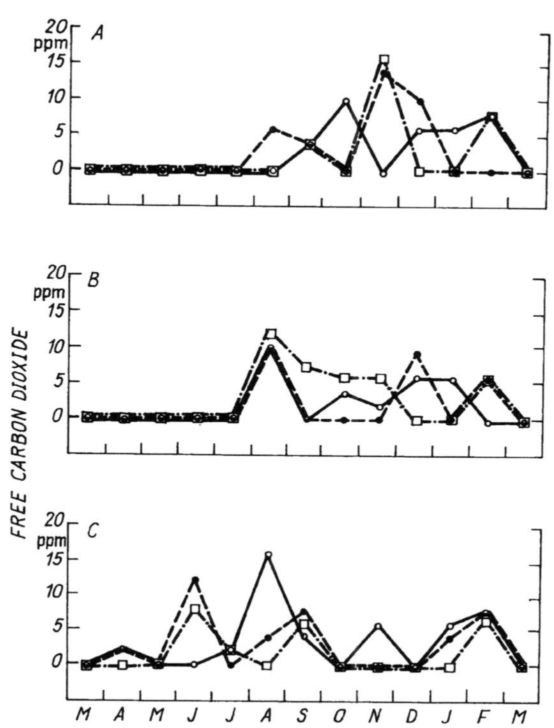

Fig. 5. Seasonal and spatial variation of mean values of free carbon dioxide

Table 2. Correlation 'Matrix' of different physico-chemical parameters of 3 different seasons

	Season	Secchi Transparency	Air temperature	Water temperature	pH	Free CO_2	Total CO_2	CO_3^{2-}	HCO_3^-	Dissolved Oxygen	Percent Oxygen	Chloride	Calcium hardness	Magnesium hardness	Total hardness	SO_4^{2-}	PO_4^{3-}	NO_3^-
Secchi	S	—	—	—	—	+0.996	+0.986	—	—	—	—	—	—	—	—	—	—	—
Trans-	R	—		—	—	—	—	—	—	—	—	—	—	—	—	—	+0.991	—
parency	W		—	−0.996	—	—	—	−0.975	—	—	—	−0.988	—	—	—	—	—	—
Air	S	—	—	—	+0.975	−0.998	—	—	—	—	—	—	—	—	—	—	−0.984	−0.967
tempe-	R	—	—	—	—	—	—	+0.958	—	—	—	+0.987	—	+0.970	+0.988	—	—	—
rature	W	—	—	+0.991	—	—	—	+0.953	—	—	—	+0.981	—	—	—	—	—	—
Water	S	—	—	—	−0.656	—	+0.516	+0.686	—	—	—	—	−0.497	—	—	—	—	—
tempe-	R	—	—	—	—	+0.617	—	—	—	—	—	—	−0.607	—	—	−0.476	—	—
rature	W	—	—	—	−0.541	—	—	—	—	+0.729	+0.560		+0.506	—	−0.509	—	—	—
pH	S				—	—	—	—	—	—	—	—		—	—	—	+0.609	−0.930
	R				—	—	+0.610	—	+0.547	—	—	—	+0.570	—	—	—	−0.810	—
	W				—	—	—	−0.723	—	+0.908	—	+0.527	—	—	—	—	—	−0.499
Free	S					—	−0.813	−0.830	—	—	—	—	−0.558	—	—	—	−0.817	−0.835
CO_2	R					—	—	−0.738	—	−0.654	−0.578	—	—	−0.515	—	—	—	—
	W					—	—	—	—	—	—	+0.475	−0.500	—	—	—	—	—
Total	S						—	+0.979	—	—	−0.515	—	—	—	—	—	+0.685	+0.723
CO_2	R						—	—	—	—	—	—		—	—	—	−0.944	+0.526
	W						—	+0.550	+0.564	—	—	—	—	+0.693	—	−0.679	—	—
CO_3^{2-}	S							—	—	−0.529	−0.636	—	—	—	—	—	+0.556	+0.773
	R							—	−0.555	+0.617	+0.494	—	—	—	—	—	−0.631	—
	W							—		—	—	—	—	—	—	—	—	—
HCO_3^{2-}	S								—	+0.878	+0.649	−0.477	+0.600	—	—	+0.869	—	—
	R								—	—	—	—	—	—	—	—	−0.827	−0.633
	W								—	—	—	—	—	—	—	−0.517	+0.559	—
Dis-	S									—	+0.822	+0.655	—	—	—	+0.736	—	−0.521
solved	R									—	+0.981	—		—	−0.492	—	−0.949	—
Oxygen	W									—	+0.995	−0.549	−0.584		−0.523	—	−0.616	—
Percent	S									—	—	—	—	—	—	+0.594	—	−0.724
Oxygen	R										—	—	—	—	—	—	—	—
	W										—	—	−0.606	—	−0.575	—	—	—
Chloride	S											—	—	—	—	−0.820	—	—
	R											—	—	—	—	—	—	−0.609
	W											—	—	−0.501	—	—	—	−0.602
Calcium	S												—	−0.509	—	—	+0.704	—
hardness	R												—	—	—	—	—	+0.564
	W												—	—	+0.660	—	—	+0.476
Mag-	S													—	+0.967	—	−0.474	—
nesium	R													—	+0.538	—	—	—
hardness	W													—	+0.528	−0.615	—	+0.791
Total	S														—	—	—	—
hardness	R														—	+0.491	—	—
	W														—	—	—	—
SO_4^{2-}	S															—	—	—
	R															—	+0.692	—
	W															—	+0.638	−0.757
PO_4^{3-}	S																—	+0.623
	R																—	—
	W																—	—
NO_3^-	S																	—
	R																	—
	W																	—

S — Summer season (March to June); R — Rainy season (July to October); W — Winter season (November to January).

gible amount and carbondioxide was not utilized, hence remained in water.

Results of analysis of variance for free and total carbondioxide with season were significant (F = 31.72 and F = 18.52).

Carbonates: The range of carbonate alkalinity is given in Fig. 7. The increased seasonal trend was noticed from winter to summer reaching a maximum in May. This coincided with the decrease in water level, dilution of water in the reservoir, rise in temperature and increase in the productivity. Lower carbonate values were recorded during winter months. ZAFAR (1966) found higher quantities of carbonates during the summer stagnation periods but after the rains of July and August considerably large amounts of carbonates get accumulated in the surface and in the middle layer. SARAN & ADONI (1985) have reported a similar trend in Sagar lake.

An inverse correlation has been observed between carbonates and other physico-chemical parameters. Carbonates and pH showed negative correlation ($r = -0.723$) in winter season. A negative correlation between carbonates and bicarbonates was observed in rainy season ($r = -0.555$). The occurrence of such correlations is in accordance with the established carbondioxide cycle in water systems. An inverse correlation between free carbondioxide and carbonate alkalinity was obser-

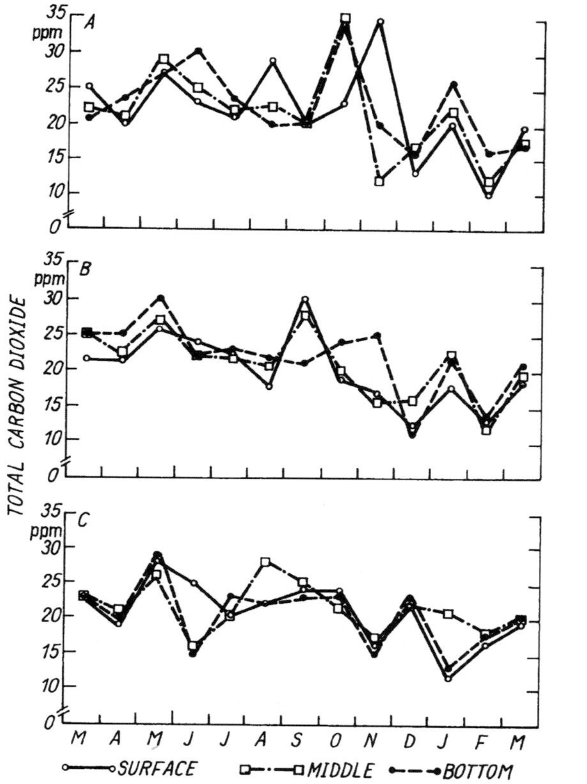

Fig. 6. Seasonal and spatial variation of mean values of total carbon dioxide

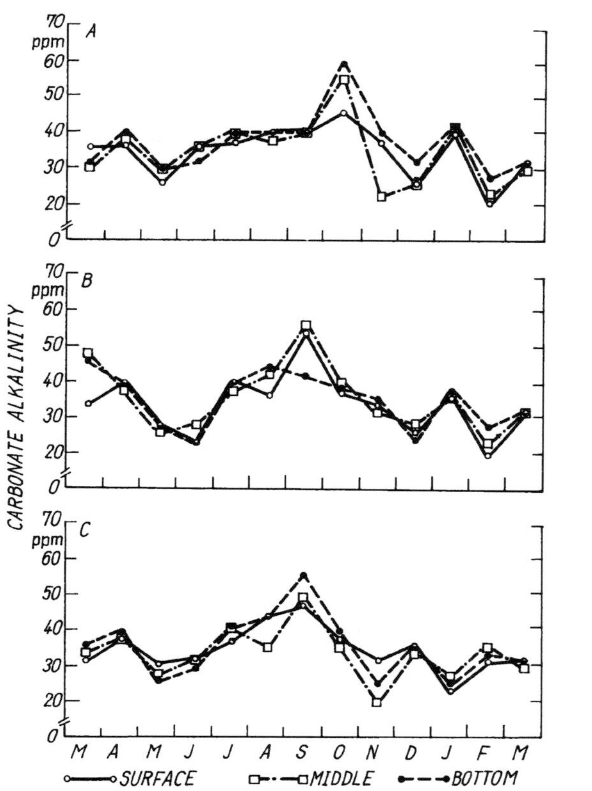

Fig. 7. Seasonal and spatial variation of mean values of carbonate alkalinity

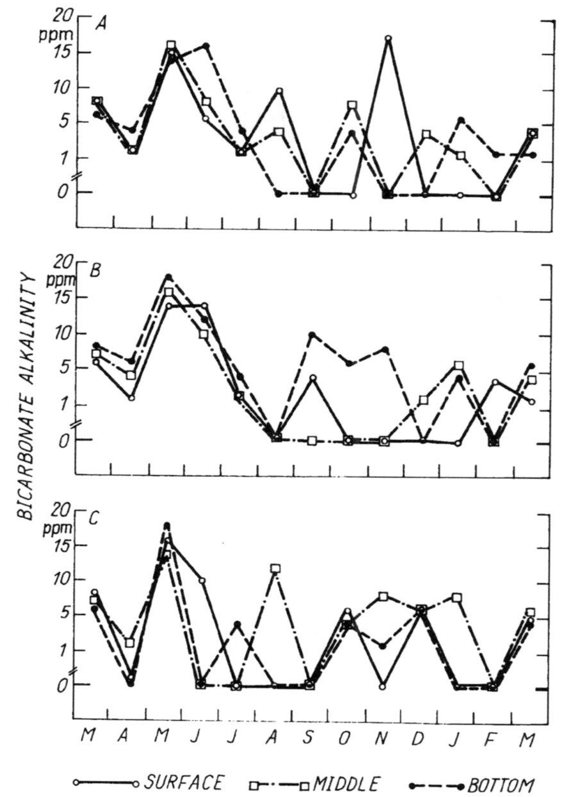

Fig. 8. Seasonal and spatial variation of mean values of bicarbonate alkalinity

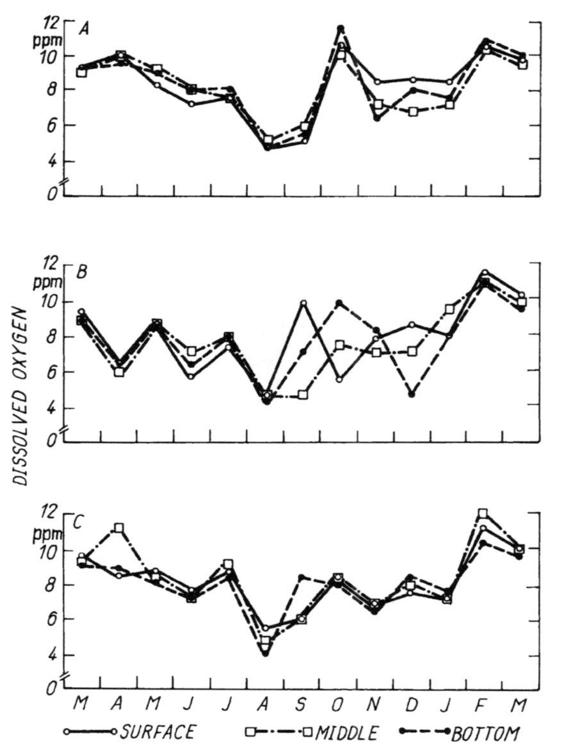

Fig. 9. Seasonal and spatial variation of mean values of dissolved oxygen

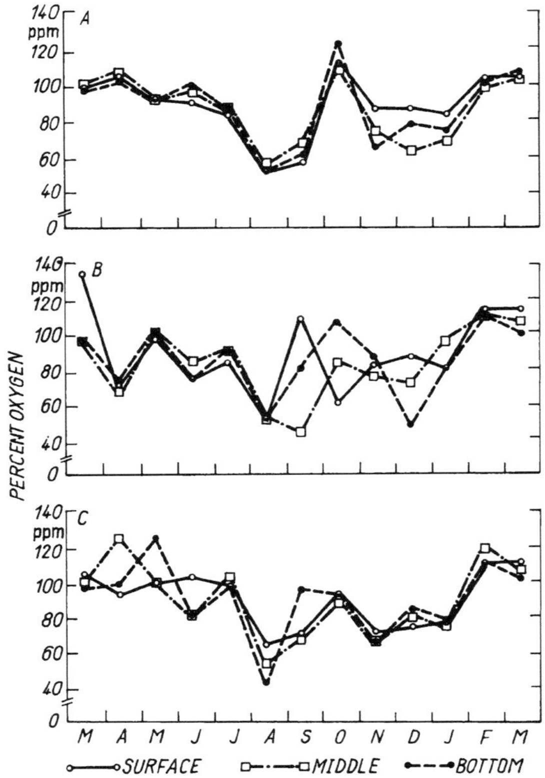

Fig. 10. Seasonal and spatial variation of mean values of percent oxygen

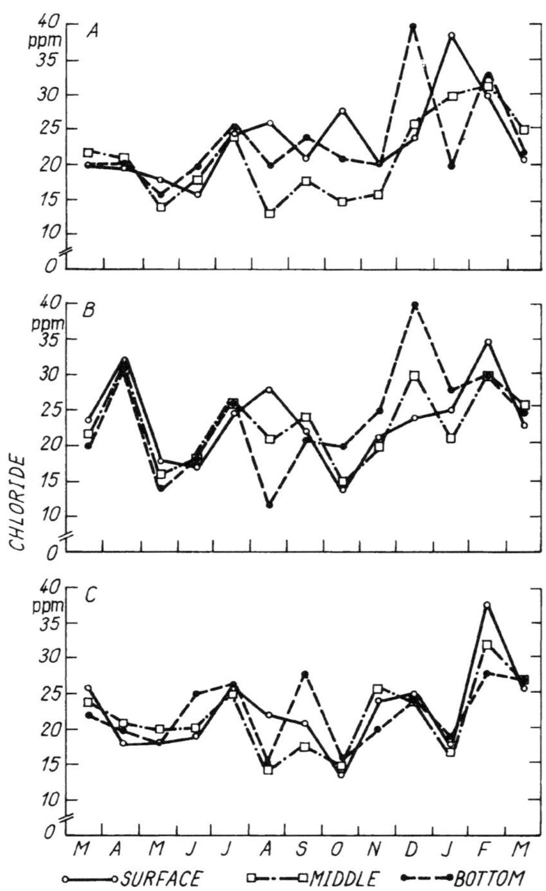

Fig. 11. Seasonal and spatial variation of mean values of chloride

ved in all three seasons (Table 2). QUADRI & SHAH (1984) detected a higher alkalinity during the period of low free carbondioxide level.

Bicarbonates: Highly significant values ($F = 35.76$) were observed for the bicarbonate with season (Fig. 8). Bicarbonate alkalinity values varied between 20 and 60 ppm. Total carbondioxide, bicarbonate and carbonate alkalinity showed a significant interrelationship among themselves (Table 2). Higher values of bicarbonate contents are reported in eutrophic waters and sewage ponds (MOSS 1973; MUNAWAR 1970).

Dissolved oxygen: High oxygen concentrations were recorded in late winter and early summer, while low values were recorded in rainy season (Figs. 9, 10). The low values of oxygen during this season may be due to heavy influx of waters resulting in poor photosynthesis. TRIVEDI & GOEL (1984) reported that low oxygen concentrations are associated with heavy contamination by organic matter. They reported that in such conditions sometimes oxygen totally disappears from the water. QUADRI & SHAH (1984) noticed that dissolved oxygen showed more or less a pattern of fluctuations and is exhibiting two pulses, one during winter and early spring and the other in summer.

The results of analysis of variance for dissolved oxygen with season were recorded as significant ($F = 11.59$, Table 1).

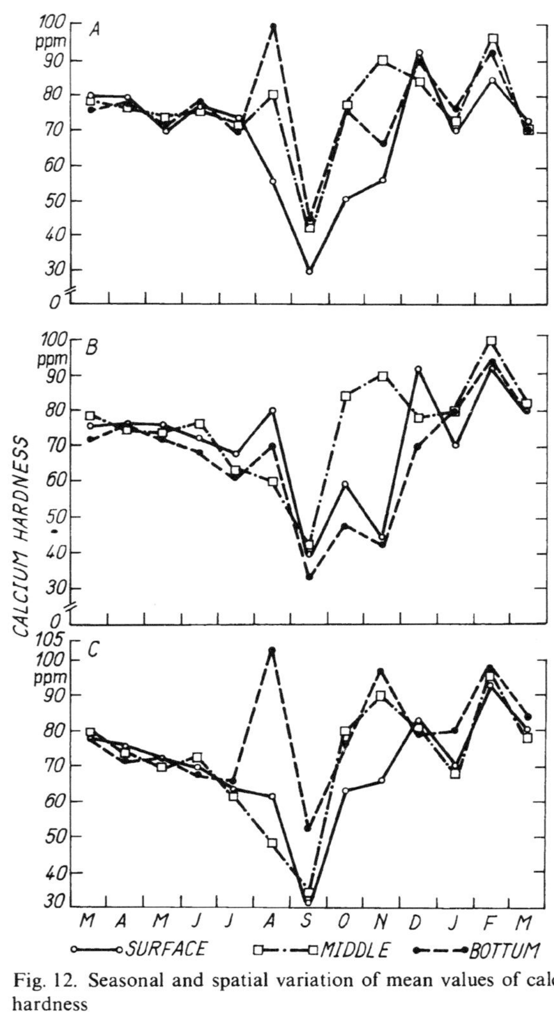

Fig. 12. Seasonal and spatial variation of mean values of calcium hardness

Dissolved oxygen was positively correlated with pH ($r = +0.363$ and $r = +0.908$) during rainy and winter seasons respectively, and negatively correlated with bicarbonates (Table 2). SARAN & ADONI (1985) have reported similar results for Sagar lake. The negative correlations of dissolved oxygen with total carbondioxide ($r = -0.351$ and $r = -0$—102) were investigated during the present study. Such correlations support the role of photosynthesis in governing above parameters. Photosynthesis utilizes the total carbondioxide and the dissolved oxygen.

In the present study a negative relationship between dissolved oxygen and phosphate was observed in all the three seasons (Table 2). AWATRAMANI (1980) observed an inverse curve for oxygen and phosphate for Sagar lake.

Chlorides: The analysis of variance for chloride was significant with season (Table 1). GONZALVES & JOSHI (1946) are of the opinion that the chloride concentration increases in the summer when the water level is low. KLEIN (1957) found a direct correlation between chloride concentration and pollution level. MUNAWAR (1970) has suggested that higher levels of chlorides in the water are an index of pollution of animal origin. In Tawa reservoir the chloride concentration varies between 12—40 ppm which shows the oligotrophic nature of the reservoir (Fig. 11).

Hardness: The analysis of variance for calcium and total hardness was significant with season (Table 1). The seasonal variations in hardness seem to be lesser biologically induced, than by the high temperature and the evaporation during summer months. This may result in a high concentration of Ca and Hg, whereas the dilutions caused by rains could lowering the values during the rest of the period.

The continuous increase in calcium and magnesium hardness of reservoir water towards winter and summer may be attributed to the steady state of hardening of water due to the evaporation of the surface water.

Both magnesium and calcium hardness were found to have a significant correlation with the total hardness (Figs. 12—14). However, the role of magnesium hardness was observed to be more prominent, because magnesium hardness recorded positively correlated during all the seasons (Table 2). SINGH (1960) has reported a positive correlation between the total hardness on one hand with calcium and magnesium on the other.

Sulphate: Sulphate values were recorded between 1.9 and 5.7 ppm. No clear seasonal trend in sulphate values was recorded (Fig. 15). The results of analysis of variance were significant ($F = 3.276$) with station. Sulphate was positively correlated with phosphate during rainy and winter season (Table 2).

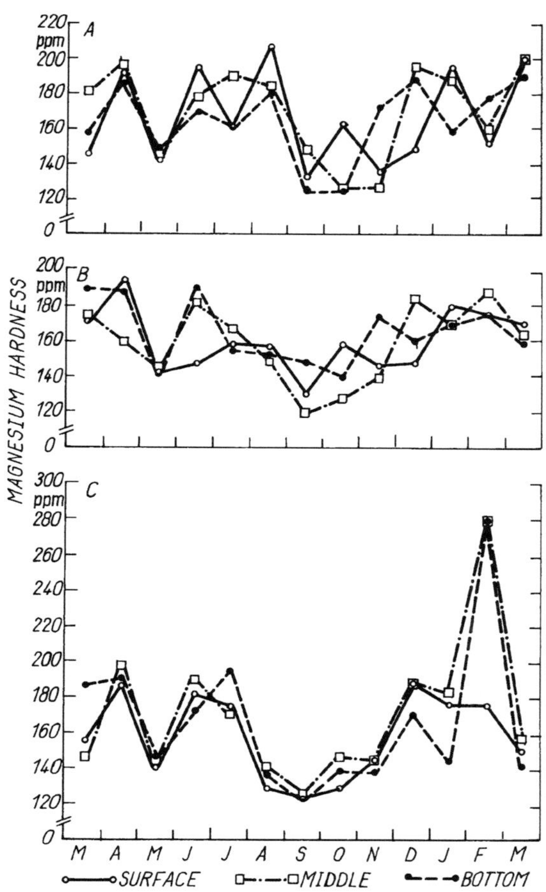

Fig. 13. Seasonal and spatial variation of mean values of magnesium hardness

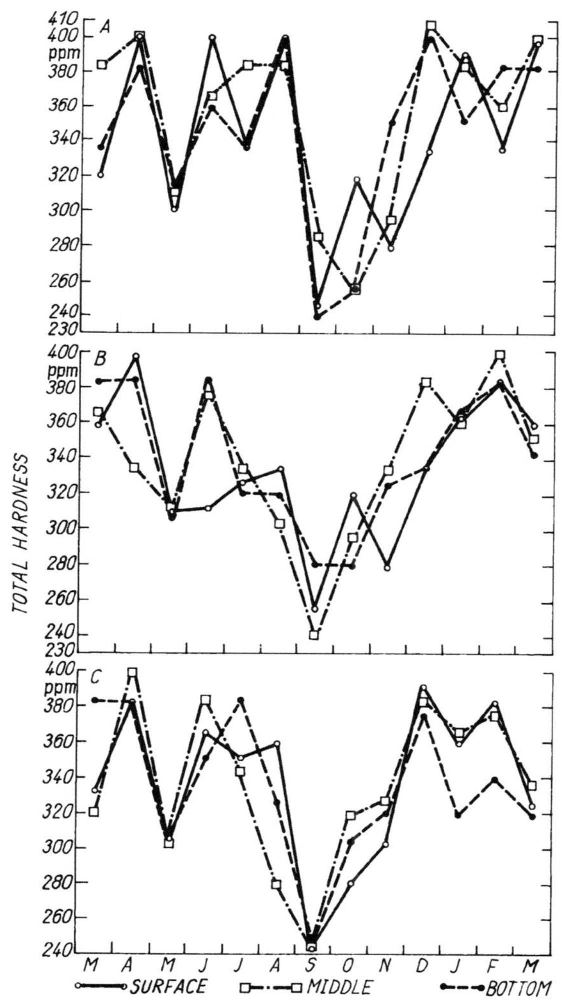

Fig. 14. Seasonal and spatial variation of mean values of total hardness

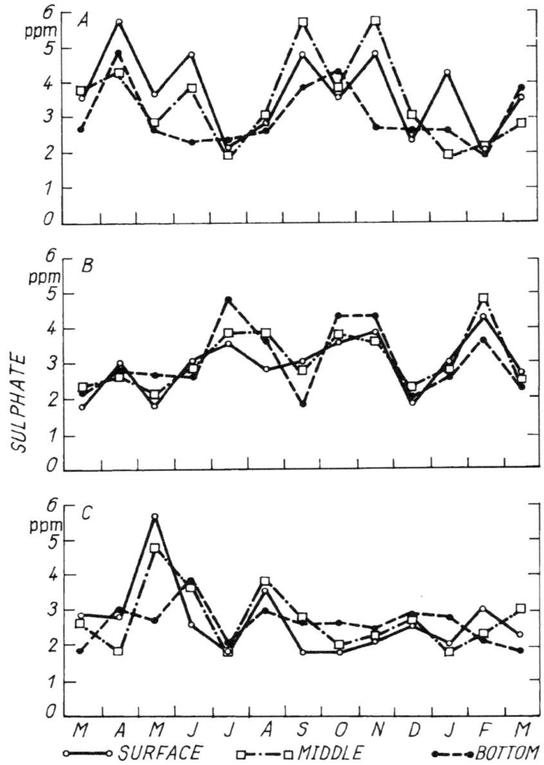

Fig. 15. Seasonal and spatial variation of mean values of sulphate

Phosphate: The lowest values of phosphate observed were 0.060 ppm and highest were 0.098 ppm. The values remain nearly constant in all three seasons (Fig. 16). SAWYER (1966) suggested 0.03 mg/l of phosphate-phosphorous as critical level and a higher concentration of it has been reported in eutrophic waters (STROM 1939; ZAFAR 1959; WETZEL 1975). Tawa reservoir is recently constructed, hence water is poor in nutrient contents, the low concentration of phosphates shows its oligotrophic nature.

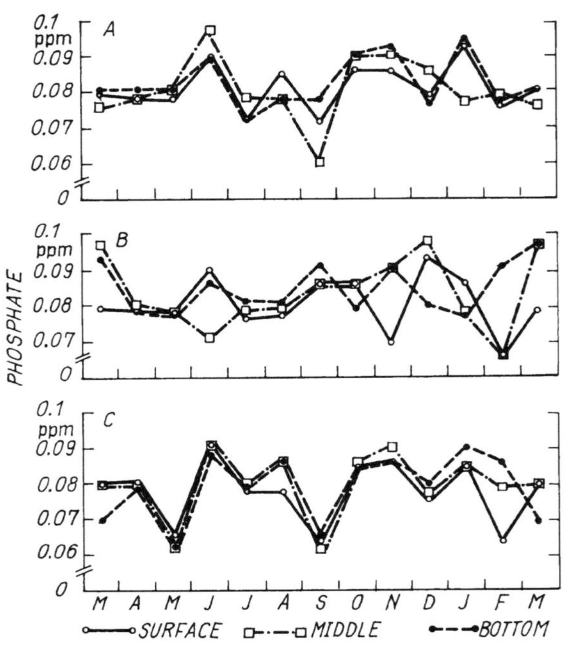

Fig. 16. Seasonal and spatial variation of mean values of phosphate

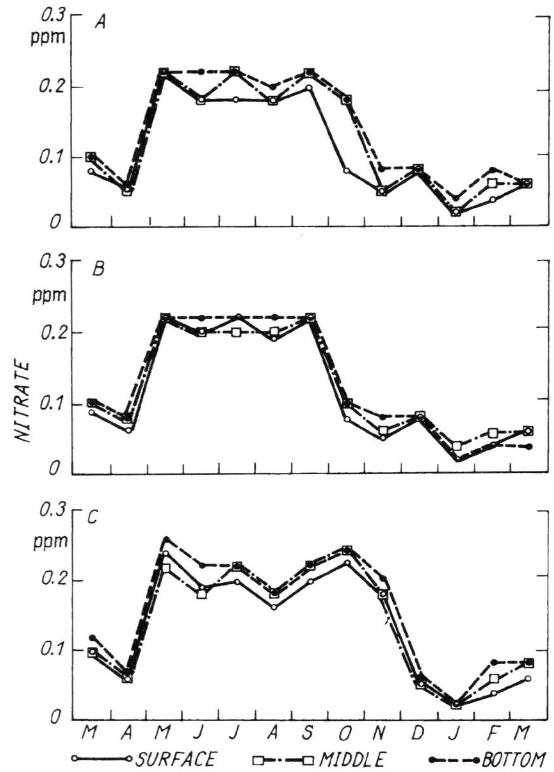

Fig. 17. Seasonal and spatial variation of mean values of nitrate

Nitrate: The seasonal trend of nitrate was not very sharp and the concentration of nitrates was maximum in rainy season, an increased trend was observed from summer season. The subsequent lower values were observed in winter (Fig. 17). Several workers have noticed that the rainfall is responsible for increasing the amount of nitrates in water.

In the present study the values of nitrate during rains were higher than in other seasons, primarily due to addition of nitrates into the reservoir water by run off water.

The high concentration of nitrate-nitrogen has been reported to be an index of eutrophication (STROM 1930; ZAFAR 1959; WETZEL 1975). GANAPATI (1960) pointed out that tropical waters, particularly unpolluted ones, are deficient in nitrates and the concentration beyond 0.15 mg/l of nitrate-nitrogen is indicative of eutrophication (SAWYER 1966).

A typical seasonal cycle of nitrate-nitrogen, i. e. with maximum in winter and minimum in summer occurs in eutrophic waters, while the reverse is common with unpolluted water bodies (REYNOLD 1971; HOLDEN & CAIRNS 1974; WOOD & GIBSON 1974; WILSON et al. 1975).

The seasonal variation for nitrates was highly significant ($F = 50.657$, Table 2).

Nitrate was negatively correlated with dissolved oxygen in summer season ($r = -0.521$). An inverse relationship of nitrate with temperature was also observed but values were insignificant. Such correlations for other water bodies were also reported by many workers (GANAPATI 1960; ZAFAR 1964; MUNAWAR 1970).

The physico-chemical and biological characteristics have been variously employed in the classification of water bodies and the level of their eutrophication. The results of the present study show the oligotrophic nature of the reservoir. The planktonic fauna and variations in the populations would be published elsewhere.

Acknowledgements

The award of Junior Fellowship to S. SINGHAI by C.S.I.R., New Delhi, and the facilities provided by Principial, Govt. N.M.V., Hoshangabad, are thankfully acknowledged.

References

American Public Health Association (1976): Standard methods for the examination of water and waste water. 14th ed. APHA, AWWA, WPCF, Washington.

AWATRAMANI, G. M. (1980): Limnological studies of Sagar lake, Sagar. Ph. D. Thesis, University of Sagar, Sagar (M.P.).

BADOLA, S. P., & SINGH, H. R. (1981): Hydrology of the river Alknanda of the Garhwal Himalaya. Indian J. Ecol. **8**, 269—276.

BALACHANDRAN, V. (1975): Tawa Project, Madhya Pradesh. Geol. Survey of India, Mis. Publ. No. **29**, 179—187.

BISWAS, S. (1973): Limnological observations during the early formation of Volta lake in Ghana. In: Man made lakes. Their problems and environmental effects. Geophys. Monogr. Ser. **17**, Amer. Geophys., pp. 121—128. Union Washington, D. C.

DESMUKH, S. G. (1964): Physico-chemical characteristics of Kanchan river water. Indian J. Environm. Health **6** (3), 181—185.

GANAPATI, S. V. (1960): The ecology of tropical waters. Proc. Symposium on Algology 1959 (I.C.A.R. 1960), pp. 204—218.

GONZALVES, E. A., & JOSHI, D. B. (1946): Freshwater algae near Bombay. I. The seasonal succession of the algae in a tank of Bandra. J. Bombay Nat. Mist. Soc. **46**, 154—176.

HOLDEN, A. V., & CAINES, L. A. (1974): Nutrient chemistry in Loch Leven, Kinrose. Proc. R. Soc. Edin. **33**, 402—320.

MOSS, B. (1973): The influence of environmental factors on the distribution of fresh water algae. An experimental study. II. Role of pH and the carbondioxide bicarbonate system. J. Ecol. **61**, 157—177.

MUNAWAR, M. (1970): Limnological studies of fresh water ponds of Hyderabad, India. I. The Biotope. Hydrobiologia **35**, 127—162.

PEARSALL, W. H. (1930): Phytoplankton in the English lakes I. The production in the water of some dissolved substances of biological importance. J. Ecol. **18**, 306—320.

QUADRI, M. Y., & SHAH, G. M. (1984): Hydrobiological features of Hokarsar: A typical wetland of Kashmir. I. Biotope. Indian J. Ecol. **11** (2), 203—206.

RAO, C. B. (1955): On the distribution of algae in a graip of six small ponds. I. J. Ecol. **41**, 62—71.

RAO, W. S. (1971): An ecological study of three fresh water ponds of Hyderabad, India. I. The environment. Hydrobiologia **38**, 213—223.

REYNOLD, C. S. (1971): The ecology of the planktonic blue green algae in the north Shropshire. Mires Field studies **3**, 409—432.

SAHAI, R., & SINHA, A. B. (1969): Investigations on Bioecology of inland of Gorakhpur (U.P.) India. I. Limnology of Ramgarh Lake. Hydrobiologia **34** (3—4), 433—447.

SARAN, H. M. (1980): Ecology of some lentic and lotic fresh water habitats around Sagar with special reference to production studies. Ph.D. Thesis, University of Sagar, Sagar.

— & ADONI, A. D. (1985): Studies on seasonal variation in pH and dissolved oxygen contents in Sagar lake. Acta Bot. Indica **10**, 324—326.

SAWYER, C. N. (1966): Basic concepts of eutrophication. J. Water Poll. Contr. Fed. **38**, 737—44.

SINGH, V. P. (1960): Phytoplankton ecology of inland waters of Uttar Pradesh. Proc. Symp. on Algology 1959 (I.C.A.R. 1960), pp. 343—371.

SREENIVASAN, A. (1965): Limnology of tropical impoundments. I. Hydrobiological Features and Fish production in the Stanley reservoir, Mettus Dam. Int. Rev. ges. Hydrobiol. **51**, 295—306.

STROM, K. M. (1930): Limnological observations on Norwegian lakes. Arch. Hydrobiol. **21**, 97—127.

TRIVEDI, R. K. & GOEL, P. K. (1984): Chemical and biological methods for water and waste water treatment. Environmental publications, India.

WETZEL, R. G. (1975): Limnology. Philadelphia, U.S.A.

WILSON, R. S., SLEIGY, M. A., MAXWELL, T. R. A., MANCE, G., & MILNE, R. A. (1975): Physical and chemical aspects of Chew valley and Blagdon lakes, two eutrophic reservoirs in North Somerset, England. Freshwater Biol. **5**, 357—377.

WOOD, R. B., & GIBSON, C. E. (1974): Eutrophication and Loch Neagen. Water Research **7**, 163—287.

ZAFAR, A. R. (1959): Taxonomy of Lakes. Hydrobiologia **13**, 287—299.

— (1964): On the ecology of algae in certain fish ponds of Hyderabad, India I. Physico-chemical complexes. Hydrobiologia **23**, 179—195.

— (1966): Limnology of Mussian Sagar Lake, Hyderabad, India. Phykos **5**, 115—126.

Adress of the authors:

Dr. S. SINGHAI
Department of Zoology
Governement Home Science College
Hoshangabad
India

Dr. G. M. A. RAMANI
Department of Zoology
Government College
Harda (M.P.)
India

Dr. U. S. GUPTA
Department of Zoology
University of Sagar
Sagar — 470003
India

Limnologica (Berlin) **21** (1), 303—311, Oktober 1990

Rezensionen

R. KUMMERT & W. STUMM: **Gewässer als Ökosysteme**. Grundlagen des Gewässerschutzes. Zürich: Verlag der Fachvereine. VIII, 242 S., 95 Abb., 28 Tab. Brosch. Fr. 39.—

WERNER STUMM, Ordinarius an der Eidgenössischen Technischen Hochschule Zürich und Direktor der Eidgenössischen Anstalt für Wasserversorgung, Abwasserreinigung und Gewässerschutz (EAWAG), ist durch seine grundlegenden Arbeiten zum Chemismus der Gewässer weit über die Grenzen der Schweiz bekannt. Wer seine Bücher „Chemical processes in lakes" oder „Aquatic chemistry" kennt, geht mit hoher Erwartung an diese Neuerscheinung. Um es vorweg zu nehmen — der Leser wird nicht enttäuscht. Im Gegenteil, was hier in gemeinsamer Arbeit mit ROBERT KUMMERT, Mitarbeiter der EAWAG und Mittelschullehrer an der Kantonschule Büelrain, entstanden ist, verdient allergrößte Anerkennung.

In wohltuender Verständlichkeit wird eine Einführung in Grundlagen der Ökosystemtheorie der Gewässer gegeben. Damit schaffen die Autoren die Voraussetzungen dafür, die anschließend behandelten Probleme der Beeinflussung der Gewässer mit Schadstoffen und des Gewässerschutzes in ihrer ganzen Komplexität verstehen zu können. Wir leben in einer Zeit, in der es dringend darauf ankommt, bei breiten Schichten der Bevölkerung offene Ohren zu finden, um unsere Ökosysteme zu retten, zu regenerieren und zu schützen. Verständliche Wissenschaft ist gefragt. Es geht darum, die Kompliziertheit der ökologischen Zusammenhänge allgemein verständlich zu machen, damit die Besorgnis um die Gefährdung der Gewässer und der Umwelt geteilt wird und weitreichende Maßnahmen zur Verbesserung der degradierten Ökosysteme eingeleitet werden.

Das Buch unternimmt diesen Versuch. Es ist so geschrieben, daß es sowohl der Schüler der oberen Klassen, der allseitig interessierte Mitbürger, der Politiker, der Student, der Praktiker, ja selbst der Wissenschaftler im Gewässer- und Umweltschutz mit Gewinn zur Hand nehmen wird.

Im 1. Teil des Buches werden die Gewässer als Ökosysteme vorgestellt. Prinzipien ihrer Struktur und Funktion werden erläutert. Der 2. Teil ist der Beeinträchtigung der natürlichen Gewässer gewidmet. Hier geht es um die Entwicklung der Gewässerbelastung, die Reaktionen der Gewässer auf Beeinträchtigungen, die Verunreinigungsquellen, das Verhalten und die Umwandlung von Schadstoffen sowie um den Gewässerzustand und die Gewässerqualität. Ein 3. Teil behandelt den Gewässerschutz. Ausgehend von einer allgemeinen Übersicht werden der Gewässerschutz in der Schweiz, Abwasserreinigungstechniken sowie Menge und Güte von Maßnahmen zum Gewässerschutz unter Einbeziehung der Ursachenbekämpfung und des Verursacherprinzipes behandelt. Die einzelnen Abschnitte des Buches werden mit sehr instruktiven Abbildungen hervorragend unterstützt. Ein Anhang mit einem Literaturverzeichnis, der gesondert nach Kapiteln geordneten, empfehlenswerten Literatur und mit einem Sachregister beschließen das sehr informative und didaktisch ausgezeichnet aufgebaute Buch, dem eine weite Verbreitung zu wünschen ist.

R. KOSCHEL, Neuglobsow

Wasser und Abwasser. Band 31 (1987). Wasserhaushalt und Gewässergüte. Hrsg. Bundesanstalt für Wassergüte Wien — Kaisermühlen. Schriftleitung: Hofrat Univ.-Doz. Dr. WERNER KOHL. 1987. 491 S., Geb. ÖS 260,—

Der Band enthält vor allem die Vorträge der Fachtagung der Bundesanstalt für Wassergüte vom Mai 1987 in Wien — Kaisermühlen, die der Wassergüte der Donau gewidmet war. Daneben sind auch Beiträge über die Wassergüte der Mur, den Nachweis schwefelhaltiger mikrobieller Geruchsstoffe im Neusiedler See, aquatische Toxizität, Versuche zur Enteisung, Entmanganisierung und Nitrifikation in einem „reduzierten Grundwasser", die Rolle der Actinomyceten in einer biologischen Wasseraufbereitungsanlage und über den Einfluß von Ultraschall auf die Auswertung mikrobieller Proben aufgenommen.

Die Mehrzahl der Donau-Vorträge orientiert auf regionale Güteprobleme. Dabei werden viele interessante abwasserbiologische Fallbeispiele diskutiert. Hinzuweisen ist auf die aktuellen Ergebnisse über die radioaktive Belastung der Donau in den letzten Jahren (Tschernobyl!).

Für den Limnologen besonders zu erwähnen sind auch die Beiträge von HERZIG über die Limnologie des Donaustaus Altenwörth (im Rhithral der Donau) und von DANECKER über das Makrozoobenthos generell in Flußstauen. Diese Arbeit bringt auch einen Vorschlag zur Darstellung von Flußstauen auf Gütekarten. Auch dieser Band der bewährten Schriftenreihe enthält, wie immer, viele wertvolle Informationen sowohl für den Wasserwirtschaftler als auch für den Limnologen.

W. SCHÖNBORN, Jena

C. F. JORDAN (ed.): **Amazonian Rain Forests**. Ecosystem Disturbance and Recovery. Case Studies of Ecosystem Dynamics under a Spectrum of Land Use-Intensities (Ecol. Stud. **60**). New York, Berlin, Heidelberg: Springer-Verlag 1987. X, 133 S., 55 Abb. Geb. DM 108,—

Im Jahre 1970 begann der Springer-Verlag mit „Analysis of Temperate Forest Ecosystems" (ed. D. E. REICHLE) eine Monographien-Reihe unter dem Titel „Ecological Studies, Analysis and Synthesis". Daß nur 17 Jahre später mit „Amazonian Rain Forests" schon der 60. Band vorliegt, beweist die Notwendigkeit und den Erfolg dieses Publikationsunternehmens.

Unter der Federführung von C. F. JORDAN versuchen hier sieben Autoren aus den USA (R. J. BUSCHBACHER, C. E. RUSSELL, J. G. SALDARRIAGA, C. UHL), Kanada (G. A. J. SCOTT) und Brasilien (E. A. S. SERRÃO) durch die Analyse von zehn Fallstudien die Verschiedenartigkeit der Störungen und der Regeneration der Ökosysteme im Regenwald des Amazonasbeckens zu erfassen. Die Darstellung ist in neun Kapitel gegliedert. In der Einführung werden, ausgehend von der unermeßlichen Größe dieses Regenwaldgebietes (5,8 Millionen km^2), Gründe für die Abholzung und Argumente für die Erhaltung der Regenwald-Ökosysteme zusammengetragen. Daraus ergibt sich die Auswahl der näher untersuchten Fälle, die in knapper und prägnanter Form in den Kapiteln 2—8 vorgestellt werden.

So wurden die Auswirkungen des Wanderackerbaus („shifting cultivation") mit seinen Brandrodungen, dem Nährstoffentzug und der anschließenden Sukzession von Sekundärwäldern in den dünn besiedelten Gebieten nahe San Carlos de Rio Negro in Venezuela studiert. Die Untersuchung des Waldes 80 Jahre nach dem Aufhören des Wanderackerbaus am oberen Rio Negro ergibt optimistische

Aussichten für eine mögliche völlige Regeneration der natürlichen Ökosysteme, die aber einen Zeitraum von mehr als einem Jahrhundert benötigen. Im Gebiet des Gran Pajonal in Peru muß durchden stärkeren Bevölkerungsdruck der Wald wieder gerodet werden, ehe er sich regeneriert hat. Hier ist Ackerbau ohne chemische Düngung über mehrere Jahrzehnte hinweg nicht möglich.

Die Konsequenzen der Abholzung und Schaffung von Weideland an der unübersichtlichen Grenze Venezuelas zu Brasilien werden ebenso wie die Ergebnisse von drei Studien an ständigen Flächen für Ackerbau und Forstwirtschaft und einer in Forstplantagen *(Gmelina, Pinus caribaea)* zur Zellstofferzeugung in Pará dargestellt. Im östlichen Amazonasgebiet zeigte sich schließlich, daß selektives Fällen die gleichen oder noch schlimmere Folgen hat wie die Überführung des Regenwaldes in Weideland. Im abschließenden Kapitel werden Ergebnisse der dargestellten 10 Fallstudien verglichen, wie Produktivität, Energiebilanz, Entwicklung und Schutz der Ökosysteme. Für die weitere Entwicklung des Amazonasgebietes erscheint dabei die Nutzung der natürlichen Resourcen des Regenwaldes am wünschenswertesten.

Der in der vom Springer-Verlag gewohnten Qualität hergestellte und großzügig mit Diagrammen und Kartenskizzen illustrierte Band wird abgeschlossen durch ein umfangreiches Literaturverzeichnis und ein Sachregister.

H. Manitz, Jena

E.-D. Schulze & H. Zwölfer (eds.): **Potentials and Limitations of Ecosystem Analysis** (Ecol. Stud. **61**). Berlin, Heidelberg, New York, London, Paris, Tokyo: Springer-Verlag 1987. XII, 435 S., 141 Abb., 48 Tab. Ln. DM 198,—

Der vorliegende 61. Band der von W. D. Billings, F. Golley, O. L. Lange, J. S. Olson & H. Remmert herausgegebenen „Ecological Studies" geht auf ein vom 26.—28. Juni 1985 von der Deutschen Forschungsgemeinschaft an der Universität Bayreuth veranstaltetes Symposium „Potentials and limitations of ecosystem analysis" zurück. Ausgehend von den dort gehaltenen Vorträgen geben 25 profilierte Fachwissenschaftler verschiedener Wissenschaftsdisziplinen unter der Federführung des Pflanzenökologen E.-D. Schulze und des Tierökologen H. Zwölfer einen breitgefächerten Einblick in verschiedene Erkenntnisse und Probleme von Ökosystemanalysen. Es wird versucht, unter den Bezugspunkten „Potenzen" und „Begrenzungen" allgemeine, das gesamte System betreffende Aspekte, wie Stabilität, Diversität, Komplexität, Stoffflüsse und -umsetzungen mit speziellen Prozessen und Funktionen auf der Ebene der Primärproduzenten und tierischen Konsumenten zusammenzuführen. Vorwiegend wird dabei von ökologischen Untersuchungen in terrestrischen Ökosystemen ausgegangen. Der Limnologe oder marine Ökologie wird seine aquatischen Systeme nur auf wenigen Seiten wiederfinden. Diese Seiten sind jedoch hoch interessant. Es handelt sich um die Beiträge von W. Lampert (Predictability in lake ecosystems: the role of biotic interactions), E. Vareschi (Saline lake ecosystems) und R. Herrmann (Environmental transfer of some organic micropollutants).

Das Buch gliedert sich insgesamt in drei Abschnitte. Im ersten Abschnitt werden unter der Überschrift „Input/output analysis of ecosystems" Beiträge von B. Ulrich (Stability, elasticity and resilience of terrestrial ecosystems with respect to matter balance), P. G. Jarvis (Water and carbon fluxes in ecosystems), R. Herrmann (s. oben) und R. Aldag (Simple and diversified crop rotations — approach and insight into agroecosystems) vorgestellt.

Der zweite Abschnitt „Processes and functioning at the primary producer level" enthält Arbeiten von E.-D. Schulze & F. S. Chapin (Plant specialization to environments of different resource availability), O. L. Lange, W. Beyschlag & J. D. Tenhunen (Control of leaf carbon assimilation — input of chemical energy into ecosystems), M. M. Caldwell (Plant architecture and resource competition), S. Lindner (Responses to water and nutrients in coniferous ecosystems), E. A. Bazzaz & T. W. Sipe (Physiological ecology, disturbance and ecosystem recovery), A. Gigon (A hierarchic approach in causal ecosystem analysis. The calcifuge — calcicole problem in alpine grasslands), H. Sukopp & L. Trepl (Extinction and naturalization of plant spezies as related to ecosystem structure and function) und A. Bertsch (Flowers as food sources and the cost of outcrossing). Der 3. Abschnitt „Processes and functions at the consumer level" beinhaltet Beiträge von H. Zwölfer (Species richness, species packing, and evolution in insect-plant systems), V. Loeschcke (Niche structure and evolution in ecosystems), W. Lampert (s. oben), E. Vareschi (s. oben), B. Statzner (Characteristics of lotic ecosystems and consequences for feature research direction), K. Reise (Experimental analysis of processes between species on marine tidal flats) und W. Baltensweiler & A. Fischlin (On methods of analyzing ecosystems: lessons from the analysis of forest-insect system). Eine Einführung, Vorworte zu den drei Hauptabschnitten, ein Synthesekapitel und zwei Indizes (Sach- und Organismenregister) ergänzen das Buch, dessen Wert vorwiegend in den sachbezogenen, instruktiven Einzeldarstellungen liegen sollte.

Druck und Ausstattung des Bandes sind hervorragend.

R. Koschel, Neuglobsow

M. G. Turner (ed.): **Landscape Heterogeneity and Disturbance** (Ecol. Stud. **64**). New York, Berlin, Heidelberg, London, Paris, Tokyo: Springer-Verlag 1987. XI, 239 S., 56 Abb. Hard cover DM 128,—

Der vorliegende Band der Ecological Studies enthält die Beiträge eines Landschaftsökologie-Symposiums „The Role of Landscape Heterogeneity in the Spread of Disturbance". Er ist Ausdruck des Bemühens, landschaftsökologische Forschung als eine „neue Disziplin der Ökologie" zu entwickeln. Dabei ist unverkennbar, daß biologische Disziplinen als Träger des wissenschaftsmethodologischen Konzepts vorherrschen und geographische Ansätze zurücktreten. So knüpfen auch nur einige Autoren an die europäischen Schulen der Landschaftsökologie an.

Das Buch ist in vier Kapitel gegliedert, die konzeptionelle Überlegungen, empirische Studien und Managementbeispiele enthalten. Ein erstes einführendes Kapitel bemüht sich um die Definition des Forschungsgegenstandes der Landschaftsökologie. So werden Begriffe wie „landscape", „heterogeneity" und „disturbance" inhaltlich bestimmt und Vorschläge für den wissenschaftlichen Gebrauch der Termini „structure", „function" und „change" unterbreitet und an Beispielen erläutert. Des weiteren werden Grundprinzipien der Arbeitsweise landschaftsökologischer Forschung vorgestellt, die den biologischen und geographischen Forschungsansatz und dessen Abhängigkeit vom Maßstab der Prozeßanalyse und der raum/zeitlichen Muster umreißen. In neun Punkten zusammengefaßte „Herausforderungen der Landschaftsökologie" sollen die weitere Entwicklung der Forschungsdisziplin programmatisch stützen. Der Maßstabseffekt der Landschaftsforschung wird umfassend auf breiter Literaturbasis untersucht. In diesem Beitrag ist die geographische Handschrift spürbar, wird doch ausgegangen von den Arbeiten Troll's und Tüxen's und der europäischen Tradition der Landschaftsökologie.

Das zweite Kapitel enthält Untersuchungen über Störungen in der Landschaft. So werden die Probleme der „Landschaftsökologie und Luftverschmutzung" in den USA dargestellt, der Einfluß von „Parasiten und Blitzschlag auf das Vegetationsmosaik naturnaher Landschaften" wie auch von „Feuer und Weide auf die Heterogenität der Landschaft einer Georgia Barrier-Insel" erläutert. Den Einfluß von Tierpopulationen auf ihre Lebensräume stellt der Beitrag „Störungen durch Biber *(Castor canadensis* Kuhl*)* und ansteigende Heterogenität der Landschaft" vor. Daran schließen Beiträge über die Unterdrückung natürlicher Prozesse an Küsten und die Vegetationsdynamik einer Agrarlandschaft an.

Im dritten Kapitel werden Folgerungen für das Landschaftsmanagement gezogen. In einem vorangestellten Beitrag werden theoretisch-konzeptionelle Überlegungen zur „Wiederherstellung der Landschaft in Entgegnung auf vorhergehende Zerstörung" angestellt. Das Ziel der Restoration wird in der Wiedereinführung natürlich vorkommender Arten von Pflanzen und Tieren in geeignete Biotope der Kulturlandschaft gesehen, so daß diese die ästhetischen und dynamischen Charakteristika der natürlichen Vegetation, die sie ersetzen, demonstrieren. An Beispielen von Reservaten wird daran anschließend die Rekonstruktion der natürlichen Vegetation (patch-within-patch restoration) erläutert sowie die Berücksichtigung der Strukturierung der Agrarlandschaften im Nutzungsprozeß dargestellt.

In dem abschließenden vierten Kapitel werden Schlußfolgerungen gezogen und ethische Positionen bestimmt.

Das Buch vermittelt einen Einblick in den Stand und die Breite landschaftsökologischer Forschung in den USA, ohne dabei eine Vollständigkeit anzustreben oder erreichen zu können.

L. Reichhoff, Potsdam

L. Forró & D. G. Frey (eds.): **Cladocera**. Proceedings of the Cladocera Symposium, Budapest 1985 (Developm. in Hydrobiol. **35**). Dordrecht, Boston, Lancaster: Dr. W. Junk Publishers 1987. 351 S., 173 Abb., 42 Tab. Dfl. 275,00/US $ 118,00

Im August 1985 trafen sich in Budapest 50 Cladocerologen aus 18 und 10 Poster wurden präsentiert. Der vorliegende Band der bekannlogie und Limnologie eigentlich längst überfällig war. 34 Vorträge Ländern zu ihrem ersten internationalen Symposium, einer Veranstaltung, die bei der großen Bedeutung dieser Tiergruppe für Zooten und bewährten Reihe „Developments of Hydrobiology" enthält 38 Beiträge, die 3 Hauptthemen zugeordnet werden: 1. Taxonomie und Systematik; 2. Verbreitung und Genetik; 3. Ökologie, Populationsstudien und Geschichte.

Der erste Teil enthält neben einem Übersichtsreferat von D. G. Frey über Taxonomie und Biogeographie der Cladocera auch mehrere Arbeiten zur Morphologie (Ephippienbau, Kopf- und Schalenporen von *Ceriodaphnia*, Bau der Extremitäten von *Daphnia*). G. Fryer stellt in seinem bemerkenswerten Beitrag über die Klassifikation der Cladocera fest, daß diese keine monophyletische Gruppe sind, sondern wahrscheinlich 4 getrennte, nicht näher verwandte Ordnungen umfassen, eine Auffassung, die spätestens seit Eriksson (1934) vorbereitet worden ist, ohne daß bislang die klassifikatorischen Schlußfolgerungen daraus gezogen worden wären. Eine ausführliche Begründung der Ansichten Fryers ist inzwischen im Zool. J. Linn. Soc. **91**, 1987 erschienen.

Der Abschnitt Verbreitung und Genetik bringt neben Beiträgen über die Verbreitung der Chydoriden in Kanada und über Cladocera im Grundwasser die für evolutionstheoretische Fragen besonders wichtigen Untersuchungen über das Vorkommen von natürlichen Hybridisationen in den Gattungen *Daphnia* (U. Lieder; G. Wolf) und *Simocephalus* (B. Hann). Eine willkommene Übersicht zur genotypischen Charakterisierung der Cladocera gibt P. D. N. Hebert.

Unter dem Themenkreis Ökologie, Populationsstudien und Geschichte sind Arbeiten über interspezifische Konkurrenzbeziehungen, rezente Gewässerversauerungen, Besiedlung und Lebenszyklen in spezifischen Habitaten, Ernährung und Energiehaushalt und über Populations- und Fortpflanzungsbiologie der Cladocera zusammengefaßt. Zwei Übersichtsreferate befassen sich mit der Rolle der Cladocera als Räuber und Beute in aquatischen Ökosystemen (R. De Bernardi, G. Giussani & M. Manca) und der paläolimnologischen Bedeutung der Tiergruppe (W. Hofmann).

Die Beiträge umfassen somit alle wesentlichen Aspekte der aktuellen Cladocerenforschung und sind außer für Spezialisten der Tiergruppe auch für Hydrobiologen, Limnologen, Biogeographen und Evolutionsforscher von Bedeutung. Leider fehlt dem Band ein Sach- und Namenverzeichnis, das den vielseitigen Inhalt leichter zugänglich machen würde. Alle Arbeiten dieses Bandes sind gleichzeitig in Hydrobiologia, Bd. **145**, 1987 publiziert. — Das 2. Cladoceren-Symposium wird 1989 in der ČSSR stattfinden.

D. Flössner, Jena

C. Heip, B. F. Keegan & J. R. Lewis (eds.): **Long-term Changes in Coastal Benthic Communities**. Proceedings of a Symposium held in Brussels, Belgium, December 9—12, 1985 (Developm. in Hydrobiol. **38**). Dordrecht, Boston, Lancaster: Dr. W. Junk Publ. 1987. 340 S., 190 Abb., 30 Tab. Geb. Dfl. 275.00/£ 96.25

Die erste Auswertung des westeuropäischen Küstenforschungprojektes — COST 647 — (**Co**operation europienne dans la domaine de la Recherche Scientifique et Technique) an dem führende Benthosforscher aus 11 Ländern beteiligt waren, ist Gegenstand des vorliegenden Bandes. In insgesamt 32 Beiträgen wird der heute zentralen ökologischen Frage nach der Unterscheidung zwischen natürlichen und anthropogenen Fluktuationen nachgegangen. Dabei stehen nach wie vor das einfacher zu erfassende Makrozoo- und Phytobenthos im Vordergrund der Betrachtungen. Mit der inzwischen fest etablierten Meiobenthosforschung befassen sich 2 Artikel, das zugegebenermaßen schwierige Mikrobenthos fehlt auch in dieser Auswahl.

Fünf Gastvorträge, vor allem aus den USA und dem Ostseeraum, in denen auch grundsätzliche theoretische Betrachtungen zur Populations- und Community-Dynamik im Benthos angestellt und auch Plankton-Aspekte berücksichtigt werden, runden die zahlreichen wertvollen Einzelbefunde ab.

Neben den traditionellen Methoden und Techniken der Benthosforschung wird die fotogrammetrische Auswertung von Unterwasser-Stereofotografien als zuverlässige Methode für Langzeitstudien vor allem im tieferen Felslitoral herausgestellt. Wenn auch in dieser Bearbeitungsphase sicherlich nicht einfach, so hätte sich doch der Rezensent zumindest den Versuch einer Zusammenschau der vielen Teilergebnisse durch die sehr erfahrenen Herausgeber gewünscht. Bedauerlicherweise fehlen auch Sach- und Autorenregister. Trotz alledem ist das außerordentlich gut aufgemachte Buch quasi als Pflichtlektüre für alle Benthosforscher im Meer und Süßwasser dringend zu empfehlen.

J.-A. von Oertzen, Rostock

Linda May, Robert Wallace & Alois Herzig (eds.): **Rotifer Symposium IV.** Proceedings of the IVth Rotifer Symposium held in Edinburgh, Scotland, August 18—25, 1985 (Developm. in Hydrobiol. **42**). Dordrecht, Boston, Lancaster: Dr. W. Junk Publ. 1987. 381 S., 28 Schwarz-weiß-Fotos, 157 Abb., 56 Tab. Geb. Dfl. 290,—/ US $ 140.—

Der Verlag und die Herausgeber setzen mit dem 42. Band der Developments in Hydrobiology die nun schon zur Tradition gewordene Herausgabe der gesammelten Vorträge der Rotatoriensymposien fort. Der Überblick über die insgesamt 50 Vorträge wird durch die Aufteilung in sieben Themenkomplexe erleichtert.

Während der Teil 1 mit 15 Vorträgen zur Taxonomie und Biogeographie am umfangreichsten ist und vor allem Beiträge zur Rotatorienfauna Asiens, Afrikas, Australiens und Südeuropas umfaßt, sind der Teil 2 (Ökologie und Lebenserwartung der bdelloiden Rotatorien) mit 3 Beiträgen sowie der Teil 3 (Koloniebildende Arten) mit zwei Beiträgen am kürzesten. Die im Teil 4 zusammengefaßten 11 Vorträge zur Populationsdynamik und räumlichen Verteilung zeigen den deutlichen Trend zu Kurzzeituntersuchungen, Nahrungsketteninteraktionen und Enclosure-Versuchen innerhalb der Untersuchungsmethodik von Populationen.

Die starke Betonung des Teiles 5 mit 9 Vorträgen zum Freßverhalten bestätigt die Notwendigkeit der Aufklärung des Fraßverhaltens. Dieser Teil macht ebenso wie Teil 6 (Reproduktionsverhalten) den verstärkten Trend zur Aufklärung der Bedeutung der Rotatorien innerhalb der Nahrungskette deutlich. 5 Beiträge zur Ultrastruktur und Biochemie ergänzen in Teil 7 diesen Verhandlungsband. Insgesamt zeigt sich immer deutlicher, daß die Rotatorien als Primärkonsumenten ein wichtiges Glied innerhalb der Nahrungskette der Gewässer darstellen und durch ihre schnelle und kurzzeitige Reproduktion ein bedeutender Faktor sein können.

Die Verhandlungsbände sind für Spezialisten eine wichtige Quelle, um moderne Tendenzen in der Rotatorienforschung verfolgen zu können, doch sie stellen auch eine Verbindung zu anderen Teildisziplinen der Limnologie her. Verlag und Herausgebern gebührt Dank für die schnelle Publikation und gute Qualität des Symposiumsbandes.

D. Ronneberger, Neuglobsow

Jiro Kikkawa & Derek J. Anderson (eds.): **Community Ecology, Pattern and Process**. Melbourne, Oxford, London, Edinburgh, Boston, Palo Alto: Blackwell Scientific Publ. 1986. 432 S., 65 Abb., 32 Tab. Kart.

Seit die Ökologie etwa um die Jahrhundertwende eine selbständige, naturwissenschaftliche Disziplin zu werden versuchte, gab es immer wieder Stimmen, die die Berechtigung eines solchen Anspruchs bestritten. Diese Auseinandersetzung betrifft in exemplarischer Weise auch eines der besonders frühen und typisch ökologischen Konzepte, dasjenige der Gemeinschaft (community). Die Standpunkte reichen dabei von der grundsätzlichen Anerkennung bis hin zur totalen Ablehnung, weil die „Gemeinschaft" ein „Allerweltsbegriff" wäre, der nicht faßbar und damit gänzlich bedeutungslos sei. Wie auch immer — das Konzept der Gemeinschaft hat nicht nur schlechthin überlebt, sondern ist zu einem untrennbaren und nützlichen Bestandteil der modernen Ökologie geworden.

JIRO KIKKAWA und DEREK I. ANDERSON sowie 16 Koautoren versuchen in ihrem Buch „Community Ecology: Pattern and Process" den gegenwärtigen Entwicklungsstand der Forschungen über Organismengemeinschaften vorzustellen. Insbesondere möchten sie diejenigen Strukturen und Prozesse darstellen, die hauptsächlich zur Steuerung der Gemeinschaft beitragen, sie beschränken sich dabei in erster Linie auf Freilandbeobachtungen (real world systems) untersuchen bestehende Theorien und wollen neue Gedanken sowie Untersuchungen anregen.

Das Buch umfaßt fünf Kapitel, deren einzelne Abschnitte in ähnlicher Weise aufgebaut sind, wodurch der Charakter eines Lehrbuches erreicht werden soll. Die Autoren formulieren jeweils zunächst ihr Anliegen, bringen dann eine allgemeine Darstellung ihres Gegenstandes und schließlich eine Reihe von Beispielen. Dabei geht es um die historische Entwicklung des Gemeinschaftsbegriffs, um methodologische Probleme um strukturelle und funktionelle Muster, die bei der Steuerung der Gemeinschaft wichtig sind. Weiter befassen sie sich mit ökologischen Prozessen und ihrer Bedeutung für die Organisation der Gemeinschaft. Im letzten Kapitel wird die Gemeinschaft als Objekt der Evolution dargestellt. Ein umfangreiches Literaturverzeichnis (ca. 1450 Zitate) und ein Sachwortindex beschließen den Band.

In den Kapiteln wird eine Vielzahl interessanter Einzelfragen behandelt, von denen hier einige genannt sein sollen: Handelt es sich bei Organismengemeinschaften um mehr oder weniger regelmäßige Gruppierungen, die unter ähnlichen Umweltbedingungen vorkommen, und damit vorhersagbar sind? Wie verhalten sich Komplexität, Diversität und Stabilität zueinander? Welche Prozesse haben zu der besonders hohen Artendiversität in den Tropen geführt? Welchen Einfluß haben Konkurrenzprozesse auf die Struktur der Gemeinschaft, und wie sollte man diesbezügliche, aussagekräftige Experimente durchführen? Warum gibt es viel mehr herbivore Insekten- als Säugetierarten? Welchen Einfluß haben Räuber — Beute-Beziehungen auf die Organisation der Gemeinschaft? Wie wirkt der Selektionsdruck auf Struktur und Funktion der Gemeinschaft?

Insgesamt ist es den Autoren überzeugend gelungen, die Berechtigung und Produktivität des Gemeinschaftskonzeptes zu zeigen. Deswegen ist dieses Buch im „Zeitalter" des Reduktionismus besonders nützlich.

P. KASPRZAK, Neuglobsow

WALTER L. H. MOLL: **Taschenbuch für Umweltschutz IV: Chemikalien in der Umwelt. Ausgewählte Stoffe** (Uni-Taschenbücher **1449**). München, Basel: Ernst Reinhardt Verlag 1987. 376 S., 23 Tab., 2 Graph. DM 29,80

Die vom gleichen Autor in den Jahren 1972 bis 1980 vorgelegten Bände (I: Chemische und technologische Informationen; II: Biologische Informationen; III: Ökologische Informationen) sind in *Limnologica* bereits positiv rezensiert worden. Sie erlebten auch Nachauflagen, was für den Autor einerseits und für das ausgeprägte Interesse der Leser andererseits spricht. Der Band IV stellt nun eine Materialsammlung mit Zahlen, Fakten und Wertungen aus verstreuter internationaler Fachliteratur dar. Von den ca. 6 Millionen registrierter Chemikalien werden in dem Taschenbuch über 1000 Einzelchemikalien beschrieben und zum Teil historisch betrachtet. Erst in den letzten Jahrzehnten gibt es zahlreiche Grundlagenforschungen, durch die Schadstoffe, Schadstoffkombinationen und Spätschäden erkannt wurden. Gerade die Spätschäden treten erst nach jahrelanger oder sogar jahrzehntelanger Einwirkung zutage. Stellvertretend aus den verschiedenen Bereichen seien hier von den anorganischen Verbindungen das Selen, von den organischen Verbindungen die Chlorkohlenwasserstoffe, die Polychlorierten Biphenyle (PCB), die Pestizide (DDT u. ä.) sowie das Asbest genannt. Auf gewässergefährdende Stoffe wird mehrfach speziell eingegangen.

Erschütternd ist nicht nur die weitverbreitete Unbedarftheit, sondern auch die bis in die Gegenwart anhaltende Beschönigung durch Produzenten und ihre Lobby. Ein ganzes Kapitel widmet der Autor der Schadstoffbegrenzung im Sinne der verschiedenartigen Grenzwerte. Dabei machen die Toleranzbreite in den verschiedenen Staaten und die Ungenauigkeit der Analytik betroffen. Nur an wenigen Stellen muß der Autor wertend oder mahnend kommentieren — meist sprechen die zitierten Materialien für sich. Ein waches Umweltbewußtsein hat den gereiften Wissenschaftler zur Ausarbeitung dieses Handbuches getrieben, und es wird vielfältiges Umweltbewußtsein bei seinem großen Leserkreis hervorbringen.

L. KREY, Jena

D. G. SHAW & M. J. HAMEEDI (eds.): **Environmental Studies in Port Valdez, Alaska**. A Basis for Management (Lecture Notes in Coastal and Estuarine Stud. **24**). New York, Berlin, Heidelberg, London, Paris, Tokyo: Springer-Verlag 1988. XIV, 423 S., 46 Abb. Soft cover DM 98,—

Um es vorweg zu nehmen, der wegen des massiven Angebotes an „Umweltfallstudien" erhöhten „Erwartungs-Reizschwelle" sollte der vorliegende Band auf keinen Fall zum Opfer fallen.
Geographisch weit entfernt von den wissenschaftlichen Zentren hat ein hochproduktives interdisziplinäres Team in 15-jähriger Arbeit am Rande des Golf von Alaska, am Beispiel eines subarktischen Fjords, eine der komplexesten meeresökologischen Studien mit höchster Praxisrelevanz erstellt. Anlaß — ein gigantischer Ölumschlagsplatz — bei welchem unvorstellbare Mengen mit Kohlenwasserstoffen und Schwermetallen verunreinigte Ballastwasser anfallen.

Trotz aufwendiger Aufbereitungsverfahren (täglich werden ca. 280 m^3 Öl zurückgewonnen) enthalten die zur Vorflut gelangenden 45 Mio. Liter Seewasser/d noch ca. 1% freies Öl und Spuren von Schwermetallen. In 10 äußerst kompakten Kapiteln gehen 16 Spezialisten (auf ca. 280 Seiten) der zentralen Frage nach: Wie reagieren die Strukturelemente des Naturhafenökosystems auf diese kontinuierliche Belastung und welche Funktionsstörungen lassen sich erkennen?

Unerwartet und hochwillkommen sind dabei die sehr detaillierten Angaben zur saisonalen Bioaktivität von alten Bekannten aus dem Ostseebenthos wie *Mytilus edulis*, *Macoma baltica* und *Balanus improvisus*.

Sehr stark vereinfacht das Ergebnis: Trotz der in exponierten Sedimenten und auch in einigen benthischen Filtrierern nachweisbaren Kohlenwasserstoffrückstände und den nicht ganz auszuschließenden subletalen Schäden sind bei keiner der untersuchten Organismengruppen (und dazu gehörten u. a. auch vier Lachsarten, Wasservögel, Seeottern und Robben) akute Auswirkungen der Öl- und Schwermetallbelastung nachzuweisen. Diese Erkenntnis wird nicht als Freibrief für einen extensiven Umgang mit dem unerwartet hohen Selbstreinigungspotential eines Kaltwasserökosystems ausgelegt, sondern bildet das Fundament für eine kritische Auseinandersetzung mit dem Umweltmanagement in höheren Breiten, incl. den erforderlichen wissenschaftlichen, technologischen und legislativen Konsequenzen.

Alle 15 Kapitel sind vergleichbar aufgebaut (einige Doppeldarstellungen, z. B. Kap. 2, Abb. 3 und Kap. 3, Abb. 1, hätten sicherlich vermieden werden können), stets sind Gegenüberstellungen mit anderen Ökosystemen zu finden; kurze Zusammenfassungen erleichtern die Übersicht.

Eine Generalzusammenfassung mit Schlußfolgerungen sowie kombinierte Arten- und Sachregister sind ebenso enthalten wie die obligatorischen Betrachtungen zur Hydrographie und Geomorphologie des Untersuchungsgebietes.

Alles in allem für denjenigen, der sich mit der Rohölproblematik auseinandersetzen muß — die Technologie der Ballastwasseraufbereitung, die Abwassereinleitungsproblematik werden genauso behandelt wie Fragen des biologischen Ölabbaus, der Bioakkumulation oder Toxizität von Kohlenwasserstoffen — eine obligatorische Lektüre.

J.-A. VON OERTZEN, Rostock

W. L. Graf (ed.): **Fluvial Processes in Dryland Rivers** (Springer Series in Physical Environment, Vol. 3). Berlin, Heidelberg, New York, London, Paris, Tokyo, Hong Kong: Springer Verlag 1988. XIV, 346 S., 143 Abb. Hard cover DM 148,—

Dieses aufschlußreiche Werk versucht sich in einer Zusammenschau der Wirkung fließenden Wassers und seiner Formungsprozesse in semiariden, ariden und extrem ariden Gebieten auf unserem Planeten.

Geomorphologen, insgesamt jedoch Geowissenschaftler unterschiedlicher Richtungen, werden das Buch gern in die Hand nehmen, um aus ihm einerseits einen Literaturüberblick zu gewinnen, wobei die wichtigste deutschsprachige Literatur enthalten ist (jedoch nur die wichtigste!). Andererseits werden in ihm Ideen und Methoden dargelegt, die die Feldforschung befruchtet haben. Soll der Wert dieses Buches kurz zusammengefaßt ausgedrückt werden, so ließe sich das Werk am besten als Vademekum zu dem behandelten Thema verstehen.

Aus bekanntem und selbst erforschtem Raum wird das Thema erdweit verfolgt. Dies ist ein völlig legitimer Weg. Eigene Untersuchungsergebnisse und eigene Erkenntnisse fließen somit in die Entwicklung ein und lassen — in Wechselwirkung mit Resultaten anderer — das vorgelegte Bild entstehen. Darüber hinaus versucht der Autor, aus den bisher zusammengetragenen Kenntnissen sowie Ergebnissen eigener Untersuchungen ein theoretisches Gebäude zu Problemen fluvialer Prozesse in Trockengebieten zu entwickeln.

Im ersten Teil des Buches werden Überblicke vermittelt.

Eingestimmt wird der Leser mit der Tätigkeit des fließenden Wassers in den Trockengebieten. Dabei wird der Leitgedanke des Buches gleich im ersten Satz umrissen: „One of the most startling paradoxes of the world's drylands is that although they are lands of little rain, the details of their surfaces are mostly the products of the action of rivers" (S. 3).

Ehe auf die ältere Erforschung der Trockengebiete eingegangen wird, werden die Trockenbereiche unseres Planeten nach verschiedenen Autoren ausgewiesen und der Blick auf die der anderen Planeten gerichtet. Ein zweiter Abschnitt im ersten Teil beschäftigt sich mit theoretischen Aussagen, mit Methoden und Hypothesen.

Der zweite Teil des Buches stellt den Hauptteil dar. Er läßt im ersten Abschnitt das Spezifische des oberirdischen Wassers in Trockengebieten lebendig werden und mündet in die Erörterung paläohydrologischer Ereignisse ein. Im zweiten Abschnitt werden fluviale Sedimentite charakterisiert, Erosion wie Transport geschildert und auch die vom Wasser bewegten Mengen an Material zu erfassen versucht. Ein dritter Abschnitt setzt sich mit den Prozeß-Formen-Beziehungen auseinander. Hier erfahren die Bildung von badlands einschließlich der Entwicklung unterirdischer Entwässerungswege in Tunneln, sog. piping, die Anlage von Pedimenten, Pfannen, rezenten Taleinschnitten mit Überschwemmungsbereichen bis zu Ablagerungen in Tälern sowie einer Zusammenbindung in drei Landschaften eine Darstellung.

Im dritten Teil werden die Veränderungen der Prozesse und Formen diskutiert. Ein erster Abschnitt will die Einflüsse der Vegetation in vielfältiger Weise erfassen, nicht nur der flächenhaft ausgebreiteten, sondern auch der Ufervegetation, wobei die speziellen Phänomene in Trockengebieten berücksichtigt werden. Der vorletzte Abschnitt untersucht direkte anthropogene Einflüsse auf die Fließgewässer in Trockenräumen. Hier werden die Auswirkungen von Dämmen flußaufwärts mit ihren Wirkungen auf die Prozesse und Beckenablagerungen wie auch diejenigen im flußabwärtigen Bereich dargelegt und die Urbanisierungsein- und -rückwirkungen ebenso wie die Einflüsse durch die landwirtschaftliche Entwicklung umrissen.

Aus allen vorhergehenden Abschnitten werden schließlich synthetisierende theoretische Konsequenzen abzuleiten versucht. Sie sollen grundsätzlich wichtige Regeln signalisieren, sie mit Prozessen und Formenbildung verbinden sowie die Veränderungen von Prozessen und Gestaltung in ein theoretisches Netz einknüpfen.

Wenn abschließend die Anwendungsbereiche aus der geomorphologisehen Forschung für die Praxis gezeigt werden, so bilden theoretische Ausführungen wie Forschungsergebnisse der Geländeuntersuchungen das Fundament, auf dem Planer und Praktiker Entscheidungen zur Nutzung von Trockengebieten fällen können.

J. Marcinek, Berlin

Robert D. Webster: **The Australian Paniceae (Poaceae).** Berlin, Stuttgart: J. Cramer in der Gebrüder Borntraeger Verlagsbuchhandlung 1987. III, 322 S., 263 Fig. Brosch. DM 120,—

Nach den Asteraceae, Orchidaceae und Fabaceae stellen die Poaceae die viertgrößte Blütenpflanzenfamilie dar. Es fällt aber schwer, gesicherte Angaben zur systematischen Gliederung und zum Umfang der Süßgräser zu finden, denn selbst in der neuesten Literatur differieren die Ansichten sehr stark. So geben z. B. Clayton & Renvoize (Genera *Graminum*, 1986) 6 Subfamilien, 40 Tribus, 651 Gattungen und ca. 10000 Arten an, Mabberley (The plant book, 1987) kennt 7 Subfamilien, über 50 Tribus, 737 Gattungen und 7950 Arten, Cvelev (Sistema zlakov, 1987) dagegen nur 2 Subfamilien, 41 Tribus, 899 Gattungen und 10300 Arten.

Ein Grund für diese unterschiedlichen Auffassungen muß im Fehlen moderner systematischer Bearbeitungen für viele Teilgruppen der Poaceae gesucht werden. So ist es sehr zu begrüßen, wenn R. D. Webster nach seiner Beschäftigung mit der Gattung *Digitaria* jetzt eine Revision der australischen Vertreter der Paniceae vorlegt. Diese in den Tropen und Subtropen mit 90 Gattungen weit verbreitete Tribus kommt nur gelegentlich in temperaten Gebieten vor. In Mitteleuropa ist sie nur durch archaeo- oder neophytische Arten von *Digitaria*, *Echinochloa*, *Panicum* und *Setaria* vertreten, in Australien stellt sie dagegen mit 45 Gattungen und 308 Arten und infraspezifischen Taxa die umfangreichste Gruppe der Familie dar.

Grundlage der vorliegenden Bearbeitung bildete die Erfassung von 208 Merkmalen aus dem vegetativen Bereich, den Infloreszenzen, der Ährchen, der Cytologie und Verbreitung (Auflistung S. 272—281) bei allen Sippen. Die Verarbeitung der Informationsfülle erfolgte mit Hilfe eines Computers in zwei Programmen: DELTA zur Erstellung der Beschreibungen und KEY zur Erstellung der Bestimmungsschlüssel.

Im taxonomischen Teil werden nach einem Schlüssel zur Bestimmung der australischen Paniceen-Genera (S. 3—7) die einzelnen Gattungen und ihre Arten in „klassischer" Weise bei alphabetischer Anordnung von *Alloteropsis* bis *Zygochloa* behandelt (S. 7—271). Nach dem korrekten Namen, den Synonymen, Angaben zum Typus und der Zitierung wichtiger Literatur folgt jeweils die ausführliche Beschreibung, die — bedingt durch das Computerprogramm, aber sicher nachahmenswert für andere noch „von Hand" erstellt Revisionen und Floren — stets an gleicher Stelle das gleiche Merkmal bringt, angefangen von der Lebensdauer bis hin zur Antherenlänge. Daran schließen sich Angaben zur Verbreitung in Australien, zur Vegetationsbindung und Blütezeit sowie mitunter recht ausführliche Bemerkungen an. Den Abschluß bildet die Zitierung repräsentativer Herbarbelege. Durch die Bearbeitung des Materials wurde die Neubeschreibung folgender Taxa notwendig: *Cenchrus robustus*, *Panicum latzii*, *Paspalidium reflexum*, *Urochloa atrisola*, *U. holosericae* (R. Br.) R. Webster ssp. *velutina* und *Yakirra australiensis* (Domin) Lazarides et R. Webster var. *intermedia*. Außerdem konnten beim Durchblättern 16 Neukombinationen auf Art- sowie je zwei auf Unterart- und Varietätsniveau festgestellt werden [*Urochloa fasciculata* (Sw.) R. Webster ist wegen fehlenden Basionymzitats invalid]. Eine Auflistung dieser neuen Taxa und Namen wäre ebenso wie die der verstreuten Lectotypisierungen sehr nützlich gewesen.

Leider sind in Webster's Buch keine Abbildungen von Pflanzen oder ihren diagnostisch wichtigen Teilen enthalten, dafür aber Verbreitungskärtchen von 263 Sippen. Ein Index der wissenschaftlichen Namen rundet den sauber hergestellten, aber nicht strapazierfähig gebundenen Band ab, dessen Preis einer weiten Verbreitung sicher nicht förderlich ist.

H. Manitz, Jena

Günther Sterba: **Süßwasserfische der Welt**. Leipzig, Jena, Berlin: Urania-Verlag 1987. 915 S., 1425 Fotos, 526 Zeichn., 75 Karten. Ln. M 130,—

Seit dem letzten Erscheinen der „Süßwasserfische aus aller Welt" 1968 sind fast 20 Jahre vergangen. Dadurch machte sich eine völlige Neubearbeitung auf Grund des starken Kenntniszuwachses notwendig.

In den neuen „Süßwasserfischen der Welt" sind alle bis 1984

aquaristisch gepflegten Arten erfaßt. Rund 1540 Arten werden näher beschrieben, wobei Hauptverbreitung, äußere Merkmale, Farben, Verhalten, Beckeneinrichtung, Futter, Temperatur und Jungenaufzucht in gedrängter Form und stichwortartig zusammengefaßt werden. In den Familienbeschreibungen werden darüber hinaus allgemeine und ausführliche Hinweise zur Familie sowie zur Pflege und Zucht gegeben. Der größte Teil der besprochenen Arten ist in meist farbigen Fotos oder zumindest in Zeichnungen wiedergegeben. Eine Einführung befaßt sich mit der Erklärung systematisch wichtiger Kennzeichen und der allgemeinen Fischgestalt sowie der verwendeten Systematik. Die Verbreitungskarten werden den Familienbeschreibungen vorangestellt. Obwohl der Titel nur von den „Süßwasserfischen" spricht, sind eine ganze Reihe von Brackwasserarten mit aufgenommen worden. Der Wert des Buches liegt in der umfassenden Darstellung der Aquarienfische, selbst wenn einzelne Arten nur selten gehalten werden oder fast ausschließlich auf Schauaquarien beschränkt bleiben werden. Die jahrzehntelange Erfahrung des Autors auf dem Gebiet der Aquaristik und die wissenschaftliche Akribie der Darstellung lassen das Buch in der vorliegenden erweiterten Form zu einem internationalen Nachschlagewerk werden, das nicht nur die Aquarianer, sondern auch die Fachkollegen gern benutzen werden.

D. RONNEBERGER, Neuglobsow

The Freshwater Fishes of Europe. Vol. 9 ANTON LELEK: **Threatened Fishes of Europe.** Hrsgeg. von dem Naturschutzkommitee des Europarates in Straßburg. Wiesbaden: Aula-Verlag 1987. 343 S., 85 Fig. Ln. DM 236,— (Subskriptionspreis DM 198,—)

Nach dem ersten Band dieser neuen mehrbändigen Serie über die Süßwasserfische erschien nun Band 9. Er enthält alle in ihrem Bestand bedrohten Arten. Die insgesamt 107 als bedroht eingestuften Fischarten umfassen 9 Petromyzontidae, 8 Accipenseridae, 2 Clupeidae, eine Anguillidae, eine Esocidae, eine Umbridae, 8 Coregonidae, eine Thymallidae, 13 Salmonidae, eine Osmeridae, 38 Cyprinidae, 4 Cobitidae, eine Siluridae, eine Gadidae, 2 Gasterosteidae, 2 Cottidae, 10 Percidae, 2 Gobiidae und 2 Pleuronectidae.

Jede der behandelten Arten wird dabei nach ihrem Gefährdungsgrad eingestuft, und die Beschreibung enthält detaillierte Angaben zur allgemeinen Charakteristik, zur Verbreitung (oftmals mit Karte), zur Ökologie, zu den Ursachen des Rückganges sowie zu vorgenommenen und noch möglichen Schutzmaßnahmen. Somit wird ein guter Überblick über die gefährdeten und zum Teil nur noch in kleinen Arealen lebenden Fischarten Europas gegeben. Neben den lateinischen Namen sind die Vulgärnamen (soweit bekannt) in Englisch, Französisch und Deutsch bzw., bei begrenzten Vorkommen, in der entsprechenden Landessprache genannt. Ein zusammenfassendes Kapitel zum Schutz der bedrohten Fischarten, eine umfassende Bibliographie sowie Indizes der wissenschaftlichen und Vulgärnamen erleichtern das Auffinden der Arten. Wünschenswert wären Querverweise zwischen den behandelten Arten und dem allgemeinen Teil, mit Angabe der jeweiligen Seiten. Das Buch bietet eine Fülle von Hinweisen zu jeder Art, jedoch wird bei eng begrenzten Vorkommen manchmal nur auf entsprechende Literatur verwiesen.

Die Bedrohung vieler Fischarten ist vor allem auf die Verschmutzung unserer Gewässer sowie auf die Verbauung von Flüssen zurückzuführen. Dadurch haben Wanderfische häufig keine Chance, flußaufwärts zu den Laichplätzen zu wandern oder die Brutplätze selbst sind vielerorts vernichtet. Auch durch den zunehmenden Schwebstoffgehalt in den Seen und Flüssen werden durch das Verschütten der Eier die Schlupfraten stark dezimiert. Für viele empfindliche Arten ist die Aussicht auf das Überleben größerer Populationen gering, zumal Schutzmaßnahmen teilweise nicht bekannt oder nicht mehr möglich sind. Der Band macht durch die hohe Zahl der bedrohten Fischarten betroffen und weist auf die starke Gefährdung unserer Gewässer insgesamt hin.

D. RONNEBERGER, Neuglobsow

C. B. COWEY, A. M. MACKIE & J. G. BELL (eds.): **Nutrition and Feeding in Fish.** London, New York, Sydney, Tokyo: Academic Press 1985. 489 S., 107 Tab., 57 Abb. Hard cover US $ 48.00

Der vorliegende Band bringt 27 Arbeiten von insgesamt 45 Autoren zum Thema „Ernährung und Nahrungsaufnahme bei Kulturfischen". Alle Beiträge wurden auf einem Symposium vorgestellt, das in Stirling, U. K., stattgefunden hat. Die Schwerpunkte sind: Eiweißstoffwechsel, künstliches Futter, Vitaminstoffwechsel und Fettstoffwechsel.

Zur Illustration des Inhalts sollen einige Arbeiten vorgestellt werden.

CHO & KAUSHIK befassen sich mit Problemen des Eiweißstoffwechsels in Abhängigkeit von der Futterzusammensetzung. Sie konnten nachweisen, daß die Fische bei ungenügender Versorgung mit Fetten und Kohlenhydraten Nahrungseiweiß zur Energiegewinnung benutzen. TACON & JACKSON prüfen mit ihren Untersuchungen die Möglichkeit des Fischmehlersatzes als Eiweißquelle durch andere, billigere Rohstoffe. Sie konnten u. a. die Eignung von hydrolysiertem Federmehl, Abfällen aus der Geflügelindustrie, Klärschlamm und *Candida lipolytica* nachweisen. In der Regel jedoch bringen diese Ersatzstoffe geringere Zuwachsraten als Fischmehl. KNIGHTS untersucht die Bedeutung des Verhaltens der Fische für die Aquakultur. Viele Kulturfische zeigen Revierverhalten, so daß es zu unerwünschten Unterschieden beim Wachstum der Individuen kommt. Eine gewisse Problemlösung ist durch hohe Bestandsdichten möglich, weil die Reviere dann aufgegeben werden. Eine andere Möglichkeit besteht in der Aussonderung kleiner Exemplare. Schließlich muß das Fütterungsregime so eingerichtet werden, daß alle Tiere ausreichend Nahrung bekommen. SPRINGATE & BROMAGE prüfen den Einfluß der Futtermenge auf die Reproduktion der Regenbogenforelle. Praktisch alle Kenngrößen des Reproduktionsprozesses, angefangen vom Zeitpunkt der Geschlechtsreife bis hin zur Überlebensrate der Brut, werden durch eine ausreichende Ernährung positiv beeinflußt. Die Produktion von Speisefischen in Binnengewässern, vor allem in Seen, ist stets mit der Eutrophierungsgefahr verbunden, weil nur etwa 20% des Futterphosphors im Fischgewebe festgehalten werden. Diesem Problem widmet sich KETOLA. Er konnte zeigen, daß der Einsatz von entfluoridiertem Mineralphosphor die P-Belastung im Abfluß einer Fischfarm um etwa 50% senkte.

In erster Linie, so zeigen die gebrachten Beispiele, wendet sich der Band an Forscher der Aquakultur. Aber die Resultate sind sicherlich auch für Limnologen von Interesse, denn in jüngster Vergangenheit ist die steuernde Rolle der Fische im Seeökosystem mehr und mehr erkannt worden. Unter diesem Blickwinkel könnten die vorliegenden Ergebnisse prinzipielle Bedeutung haben.

P. KASPRZAK, Neuglobsow

O. ROGER ANDERSON: **Comparative Protozoology.** Ecology, Physiology, Life History. Berlin, Heidelberg, New York: Springer-Verlag 1988. 440 S., 114 Abb., 16 Tab. Hard cover DM 118,—

In der Ökologie hat in den letzten zehn Jahren ein Umdenken hinsichtlich der Hauptstoffflüsse in den verschiedenen Ökosystemen eingesetzt. Man weiß heute, daß den Protozoen eine ganz wichtige Funktion im Stoffhaushalt der meisten Ökosysteme zukommt. Die größte Bedeutung wird dabei den Gruppen bei heterotrophen Flagellaten, Rhizopoden und Ciliaten zugeschrieben.

Das Buch von ANDERSON hält in dieser Hinsicht, was es verspricht — eine umfassende Bearbeitung der Protozoen zu sein, die die modernen Ergebnisse zur Ökologie, Physiologie und Lebensgeschichte dieser wichtigsten Protozoengruppen analysiert und miteinander vergleicht. Dabei liegt der Schwerpunkt auf den freilebenden Protozoen und Protozoengemeinschaften, teilweise werden aber auch die parasitischen Formen berücksichtigt. Die einzelnen Protozoengruppen werden allerdings nicht im Komplex, sondern in mehreren Sektionen und Kapiteln gleichzeitig behandelt. Dieses Vorgehen des Autors unterstützt das Anliegen des Buches, den Vergleich der Protozoengruppen, ist aber für diejenigen, die speziell nur an einer Protozoengruppe interessiert sind, etwas kompliziert. Ein ausführliches Inhaltsverzeichnis, eine Leittabelle und ein Sach- und Artenregister erleichtern jedoch sehr den Zugriff zu den Ausführungen bezüglich der speziellen Gruppen.

Das Buch ist in drei Sektionen gegliedert: 1. Morphologie und Ökologie (mit 9 Kapiteln zur Systematik und Ökologie von Flagellaten, Rhizopoden, Ciliaten und parasitischen Protozoen des Menschen), 2. Funktionelle Mikroanatomie (mit 5 Kapiteln zum allgemeinen Bauplan von Protozoenzellen und speziell von Flagellaten, Rhizopoden und Ciliaten), 3. Physiologie und Lebensprozesse (mit 6 umfangreichen Kapiteln zu Biochemie, Ernährung, Respiration und Osmoregulation, Bewegung, Reproduktion, Lebenszyklen und Genetik). In der ersten Sektion sind eine Einführung in die Phylogenie der Protozoen sowie Hinweise zur Systematik der verschiedenen Protozoengruppen enthalten. In allen Sektionen wird häufig auch auf Grundlagenwissen eingegangen, was insbesondere für Studenten von großem Wert ist. Ein großer Vorteil des Buches gegenüber vergleichbaren Werken ist die Bearbeitung der Flagellaten, Rhizopoden, Ciliaten und Apicomplexa (Plasmodium) in einem ausgewogenen Verhältnis zum gegenwärtigen Kenntnisstand und zu ihrer Bedeutung in den Ökosystemen. Ein Literaturverzeichnis mit vielen modernen Arbeiten, vor allem Übersichtsarbeiten, ergänzt das Lehrbuch.

Das vorliegende Buch stellt ein wertvolles aktuelles Kompendium der vergleichenden Protozoologie dar und ist als ein modernes Lehrbuch der Protozoologie zu empfehlen.

H. Arndt, Berlin

Dieter Matthes (Hrsg.): **Protozoenfauna. Band 7/1. Suctoria und Urceolariidae** (Peritricha). Hrsgeg. von Dieter Matthes, Walter Guhl & Gerhard Haider. Stuttgart, New York: Gustav Fischer Verlag 1988. XIII, 309 S., 204 Abb., 1 Tab. Geb. DM 198,—

Protozoen haben für die moderne Biologie — sei es für die Grundlagenforschung, sei es in angewandter Richtung — außerordentlich große Bedeutung. Seit langem bestand eine empfindliche Lücke in der Bestimmungsliteratur zu dieser Tiergruppe. So liegt es z. B. mehr als ein halbes Jahrhundert zurück, daß Alfred Kahl sein grundlegendes Ciliatenbestimmungswerk im Rahmen der „Tierwelt Deutschlands" (herausgegeben von F. Dahl) veröffentlicht hat. Für diese artenreichste Protozoenklasse ist inzwischen der Artenbestand so stark gestiegen und hat es in der systematischen Gliederung derartig viele und gravierende Änderungen gegeben, daß nicht nur der Systematiker und Taxonom, sondern auch der im Arbeitsfeld der Hydrobiologie, und hier speziell der biologischen Gewässeranalyse, stehende Ökologe von diesem Mangel besonders betroffen wurde.

Aus diesen Gründen entschloß sich eine Reihe namhafter europäischer Protozoologen, ein neues, alle freilebenden Protozoen des Süß- und Brackwassers umfassendes Bestimmungswerk in Angriff zu nehmen. Die erste Teilveröffentlichung dieser auf sieben Bände konzipierten „Protozoenfauna" ist jetzt mit dem Halbband „Suctoria und Urceolariidae" erschienen. Dabei nehmen die Sauginfusorien mit 226 Seiten den breitesten Raum ein. Diese Ciliatenordnung — bisher in der Bestimmungsliteratur sehr stiefmütterlich behandelt — wird hier endlich umfassend und souverän von D. Matthes, einem ihrer besten Kenner, dargestellt. Außer dem sicheren Weg zur Determinierung jeder bislang bekannten Art des Süß- und Brackwassers (es werden weltweit alle Arten berücksichtigt) mit Hilfe eines gut angelegten dichotomen Schlüssels und sehr zahlreicher klarer Abbildungen (zum größten Teil vorzügliche Strichzeichnungen — eine Form der bildlichen Darstellung, die sich für die Bestimmungsarbeit an Suktorien am besten bewährt hat; ergänzend dazu instruktive Mikrophotos), wird eine Fülle zusätzlicher Informationen gegeben. So behandelt der „Allgemeine Teil" u. a. Bau und Funktion der Tentakel, Fortpflanzung, Stiele und Gehäuse, Kerne und Konjugation, Lebensweise, Bakteriensymbiosen, Parasitismus, Stammesgeschichte und Untersuchungstechnik. Zusätzlich werden bei den einzelnen Arten spezielle Angaben — soweit sie möglich sind — zur Morphologie (mit Maßen und Variationsbreiten), Fortpflanzung, Vorkommen, Ökologie und Biologie gemacht. Eine Abbildung jeder Art ist obligatorisch; oft werden außerdem Varianten oder Details bildlich dargestellt und damit die Bestimmung der Arten und ihre gegenseitige Abgrenzung erleichtert und abgesichert. Wichtig sind auch die bei vielen Arten gegebenen Hinweise auf weiterführende Literatur (das Literaturverzeichnis umfaßt 12 Seiten) sowie die Aufführung der in zahlreichen Fällen nötig gewordenen Synonymisierungen, die teils auf frühere Revisionen und sonstige Umstellungen zurückgehen, teils hier neu vorgenommen werden.

Der Benutzer dieses umfassenden Suktorienbestimmungswerkes gewinnt sicheren Zugang zu einer Ciliatengruppe, die trotz ihrer weiten Verbreitung und ihrer Häufigkeit in vielen und sehr verschiedenartigen Lebensräumen auch dem wissenschaftlich arbeitenden Zoologen weitgehend fremd geblieben ist.

Der zweite Abschnitt des Teilbandes ist den Urceolariiden gewidmet, jener sekundär frei beweglich gewordenen Familie der peritrichen Ciliaten, die vagil symphoriont auf Vielzellern lebt. Allgemeiner Teil, viele Artbeschreibungen und Teile des Bestimmungsschlüssels gehen auf die Monographie G. Haiders (1964) zurück. Auf 73 Seiten wird diese nicht nur morphologisch, sondern auch ökologisch so außerordentlich interessante, hochspezialisierte Ciliatengruppe vorgestellt. Schlüssel, Artbeschreibungen, Abbildungen, Angaben zur Morphologie, zum Vorkommen und zur Biologie (Trägertiere) sowie Synonymie-Zitate und ein umfangreiches Literaturverzeichnis ermöglichen auch hier eine fundierte Einarbeitung und sichere Determinierung; auf Teilung, Konjugation, Cysten und Evolution der mobilen Peritrichen wird hier nicht eingegangen, ihre Darstellung sollte ihren Platz jedoch in weiterem Rahmen im noch ausstehenden Band über die Peritrichen finden.

Die Benutzung des gesamten Teilbandes wird durch zwei Verzeichnisse der Arten und Gattungen der beiden behandelten Ciliatengruppen erleichtert.

Herausgeber, Autoren und Verlag ist zu danken, daß der erste gelungene Schritt zu einem Protozoenbestimmungswerk getan ist, dem weite Verbreitung und Gültigkeit über viele Jahre vorausgesagt werden darf. Dem Verlag ist besonders zu danken für seinen Entschluß, ein solches Werk, das weit über den deutschen Sprachraum hinaus sich für jeden systematisch und ökologisch arbeitenden Protozoologen als wichtiges Instrument erweisen wird, in deutscher Sprache erscheinen zu lassen; die Tradition, in der die Protozoologie steht, berechtigt ihn hierzu vollauf.

F. Wenzel, Hamburg

Eberhard Hofmann: **Die stofflichen Grundlagen des Lebens — Dynamische Biochemie. Band I**. 5. Aufl. Berlin: Akademie-Verlag 1984. 222 S., 54 Abb., 11 Tab. Brosch. M. 8,—

Die in der 5. Auflage erschienenen Bände der „Dynamischen Biochemie" (siehe auch *Limnologica* **14**, S. 431) wurden unter Einbeziehung neuer Erkenntnisse völlig überarbeitet. Der Grundaufbau aller vier Teile wurde jedoch beibehalten. Der vorliegende Band I enthält wie bisher eine ausführliche Darstellung des chemischen Aufbaus, der Struktur und der Analytik von Proteinen, Nukleinsäuren, Kohlenhydraten und Lipiden. Neu hinzu kommen Kapitel zu den Eigenschaften wäßriger Lösungen, der Chemie der Porphyrine, Glycoproteine und Proteoglycane sowie zu Prinzipien der Strukturbildung in biologischen Systemen. Insgesamt ist diese Schrift ein wertvolles Hilfsmittel zum Verständnis biochemischer Prozesse nicht nur für Studenten der Biochemie, Biologie und Medizin, sondern auch für Wissenschaftler angrenzender Fachgebiete.

F. Walter, Jena

Gisela Gerdes & Wolfgang E. Krumbein: **Biolaminated Deposits** (Lecture Notes in Earth Sci. Vol. **9**). Berlin, Heidelberg, New York, London, Paris, Tokyo: Springer-Verlag 1987. 183 S., 43 Abb., 11 Tab. Soft cover DM 42,—

Die biogene Herkunft wichtiger Rohstofflagerstätten führte seit jeher zur Zusammenarbeit von Geologen und Biologen. In den vergangenen 20 Jahren entwickelte sich die interdisziplinäre Forschung und führte zur Herausbildung der neuen Richtung Geomikrobiologie, deren Entwicklung eng mit dem Namen W. E. Krumbein's verbunden ist.

Die Dissertation von G. Gerdes bildet die Grundlage des vorliegenden Heftes 9 der Reihe „Lecture Notes in Earth Sciences". Das Buch ist straff gegliedert.

In einem einführenden Teil wird die Mannigfaltigkeit der oft synonym gebrauchten Termini und Definitionen ordnend aufgearbeitet. Den Hauptteil (127 Seiten) des in drei Abschnitte gegliederten Buches bildet das zweite Kapitel, „Stromatolite environments in the peritidal zone — modern examples". Hier stellen die Autoren mit Gavish Sabkha und Solar Lake zwei hypersaline Habitate auf der Sinai-Halbinsel vor sowie das Farbstreifen-Sandwatt auf der Insel Mellum, Nordsee. Sehr übersichtlich werden die Gemeinsamkeiten und Besonderheiten der Sedimentschichtungen und deren Abhängigkeit von Salinität, Wassergehalt, Mikroorganismensukzessionen, physikalisch-chemischen Umweltbedingungen u. a. dargestellt. Zeichnungen und Photographien der Standorte und der Sedimentschichten sowie Mikroaufnahmen illustrieren die Ausführungen in brillanter Weise.

Eine gelungene Darstellung der Bedeutung mikrobieller Aktivitäten für die Herausbildung von Sedimentschichten und ein aktuelles Literaturverzeichnis beschließen den Band.

Dieses Heft verdient einen breiten Leserkreis und ist ökologisch interessierten Biologen und Geologen besonders zu empfehlen.

P. CASPER, Neuglobsow

H. H. HAHN: **Wassertechnologie**. Fällung, Flockung, Separation. Berlin, Heidelberg, New York, London, Paris, Tokyo: Springer-Verlag 1987. XIV, 168 S., 172 Abb. Brosch. DM 78,—

Die Wassertechnologie wird im wesentlichen von drei Prozessen dominiert — der Fällung, der Flockung und der Separation. Diese Prozesse mit ihren Möglichkeiten und Grenzen in der Anwendung werden in dem vorliegenden Buch einer ausführlichen Darstellung unterzogen. Die dazu notwendige Theorie wird exakt und gut verständlich abgehandelt. Insgesamt liegt das Schwergewicht bei der Abwassertechnologie. Der Praktiker erhält wichtige Hinweise zur Chemikalienauswahl und -dosierung. Es werden Ausführungen zu reaktor-theoretischen Konzepten (Reaktortypen, Durchströmungsmuster, Energiedissipationsmuster) einbezogen. Einen breiten Raum nimmt die Darstellung der Feststoffabtrennung ein. Im wesentlichen werden hier die drei heute praktisch eingesetzten und erprobten Verfahren (Filtration, Sedimentation, Flotation) analysiert. Neben den Grundlagen der Verfahrenstechnik wird auch über Aufwand, Wirksamkeit und Erfolg der Feststoffabtrennung informiert. Die anfallenden Feststoffe werden in ihrer Quantität und Qualität dargestellt.

Ein Buch, das besonders den Studenten und Wassergüteingenieur aber auch den Wissenschaftler anspricht, und das sicher bald zu den Standardwerken auf dem Gebiet der Wassertechnologie gehören wird.

R. KOSCHEL, Neuglobsow

D. L. MULCAHY, G. BERGAMINI MULCAHY & E. OTTAVIANO (eds.): **Biotechnology and Ecology of Pollen**. New York, Berlin, Heidelberg, Tokyo: Springer-Verlag 1986. XXIII, 528 S., 141 Abb. Geb. DM 129,—

Biotechnologie und Ökologie des Pollens war das Rahmenthema einer internationalen Konferenz, die im Juli 1985 an der University of Massachusetts in Amherst stattfand. J. HESLOP-HARRISON hatte 1979 zu Recht den gametophytischen Teil des Lebenszyklus der Angiospermen als „forgotten generation" bezeichnet. Zwar erschienen seit ca. 100 Jahren eine nahezu unüberschaubare Zahl von Beiträgen zur Morphologie und später auch zur Feinstruktur der Pollenwand, meist in Verbindung mit systematischen Fragen oder Problemen der Identifikation. Die Funktion des Pollens beschränkt sich aber nicht nur auf die Übertragung der männlichen Gameten zur Eizelle, sondern es gibt auch eine Selektion in diesem haploiden Stadium.

Der vorliegende Band versucht nun, mit 78 Einzelbeiträgen und 14 Posterbeschreibungen diese erweiterte Sicht darzustellen. Der Inhalt ist in sechs Themenkreise gegliedert.

In den 7 Arbeiten des ersten Komplexes „Gene Expression in Pollen" wird u. a. nachgewiesen, daß über 60% der sporophytischen Gene im Gametophyten wirksam werden. Diese Erkenntnis bildet die Grundlage für neue biotechnologische Verfahren zur Pflanzenzüchtung, die im zweiten Komplex („Pollen in Biotechnology") mit 20 Arbeiten behandelt werden. Durch die Übereinstimmung sporophytischer und gametophytischer Genexpression ist es möglich, Resistenz gegen Schwermetalle, Herbizide oder Phytotoxine bereits am Pollen zu testen.

Der dritte Komplex „Self-Incompatibility and Pollen-Style Interactions" untersucht mit 17 Beiträgen Fragen der Bestäubungsphysiologie und der Selbstinkompatibilität. Für letztere kann das Vorkommen von Lektinen oder lektinverwandten Glykoproteinen verantwortlich gemacht werden. Im vierten Teil „Pollen Ultrastructure and Development" sind 7 Arbeiten enthalten, die sich vorwiegend mit dem Bau der Spermazelle beschäftigen; nur ein Beitrag behandelt neue Aspekte der Sporopollenin-Biosynthese. Unter dem Thema „Pollen Physiology and Metabolism" beschäftigen sich 12 Arbeiten vorwiegend mit der Zellwandsynthese und den Vorgängen beim Pollenschlauchwachstum. Der abschließende sechste Teil „Gametophytic Ecology" enthält 15 Beiträge. Nach einem Überblick über die Geschichte der Pollenbiologie im Zeitraum 1600—1900 werden populationsökologische Probleme der Bestäubung und Befruchtung sowie Fragen der Pollenheteromorphie behandelt.

Die „Abstracts of Poster Presentations", ein Autoren- und ein Sachindex beschließen den soliden Band, der einen guten Überblick über die verschiedensten Aspekte der modernen Pollenbiologie bietet. Zu bedauern ist lediglich die uneinheitliche Zitierweise der Literatur in den einzelnen Beiträgen und der relativ hohe Preis.

H. MANITZ, Jena

H.-J. ELSTER: **Möglichkeiten, Grenzen und ethische Probleme der Biotechnik** (Schriften der Gesellschaft für Verantwortung in der Wissenschaft **5**). Stuttgart: E. Schweizerbart'sche Verlagsbuchhandlung (Nägele u. Obermiller) 1987. VI, 114 S., 12 Abb., 17 Tab. DM 28,—

Die 1966 gegründete „Gesellschaft für Verantwortung in der Wissenschaft" hat sich auf ihrer 5. Tagung vom 18.—20. Oktober 1985 in Konstanz mit den Problemen der Biotechnik beschäftigt. Das vorliegende Buch enthält die Vorträge und einen Auszug aus der Diskussion.

Nach einer Einleitung durch H.-J. ELSTER über Verantwortung in Wissenschaft, Technik, Bildungspolitik und Gesellschaft folgen 2 Beiträge über neue Entwicklungstrends und Probleme bei der Aquakultur (H. ROSENTHAL, G. PETERS). Die weiteren Vorträge haben die Abwasserbehandlung (C. J. SOEDER), die Gentechnologie in der Pflanzenzüchtung (K. HAHLBROCK) und neue Entwicklungsrichtungen in der Biotechnologie (P. PRÄVE) zum Inhalt. Den Abschluß bilden 2 Beiträge aus dem medizinischen Bereich, die die Gentechnologie in der Medizin und die ethischen Probleme bei der Anwendung von neuen Techniken (R. KNIPPERS, H. SCHAEFER) behandeln.

Das Anliegen dieses Buches, nicht nur die Möglichkeiten der Biotechnik zu erkennen, sondern auch gleichzeitig über die Probleme und Risiken nachzudenken und dabei jedem Wissenschaftler seine Verantwortung für die Zukunft von Natur und Gesellschaft bewußt zu machen, ist von großer Aktualität.

Die Vorträge sind recht unterschiedlich in Aufbau und Aussage. Bei einem Teil steht das Grundanliegen der Veranstaltung im Mittelpunkt, andere sind nur kurze Informationsbeiträge. Bei dem Versuch einer einfachen und allgemein verständlichen Darstellung aktueller Forschungsgebiete sind einige Ungenauigkeiten entstanden. Auch kann der Rezensent nicht mit allen Aussagen übereinstimmen. Dennoch vermittelt die Lektüre des Buches einem breiten Interessentenkreis manch wissenswerte Information über die verschiedenen Gebiete der Biotechnik und gibt neue Denkanstöße für die Bewältigung der ethischen Probleme.

J. HEYER, Jena

RAINER FLINDT: **Biologie in Zahlen**. Eine Datensammlung in Tabellen mit über 10000 Einzelwerten. Stuttgart, New York: Gustav Fischer Verlag 1988. 3. durchges. u. erw. Aufl. 283 S. Kt. DM 39,—

Nun liegt diese interessante Sammlung von Daten aus allen Bereichen der Biologie bereits in der 3. Auflage vor (vgl. die Rezensionen zu den beiden ersten Auflagen: *Limnologica* **18**, 1978, S. 249; **19** (2), S. 198).

Das ist ein Ausdruck der offenbar unvermittelt hohen Nachfrage und der Notwendigkeit, die Datenflut gerade in der Biologie zu systematisieren und in einer für den interessierten Laien wie für den Fachmann ansprechenden Form darzustellen. Besonders gelungen ist dabei die übersichtliche Gliederung nach einzelnen Themen und Teilgebieten der Biologie, so daß ein repräsentativer Querschnitt dieser Wissenschaft entsteht. In der vorliegenden Neuauflage wurden weitere Daten aufgenommen und durch Graphiken ergänzt.

Durch eine Lizenzausgabe im VEB Gustav Fischer Verlag Jena würde das Buch sicher auch in der DDR eine positive Resonanz finden.

CH. SCHÖNBORN, Rostock

ERHARD OESER: **Psychozoikum**. Evolution und Mechanismus der menschlichen Erkenntnisfähigkeit. Berlin, Hamburg: Verlag Paul Parey 1987. 213 S., 45 Abb. Geb. DM 48,—

RUPERT RIEDEL & FRANZ M. WUKETITS (Hrsg.): **Die Evolutionäre Erkenntnistheorie**. Bedingungen, Lösungen, Kontroversen. Berlin, Hamburg: Verlag Paul Parey 1987. 287 S., 6 Tab. Geb. DM 39,80

Aus der solide ausgestatteten und entsprechend gestalteten Buchreihe „Biologie und Evolution interdisziplinär" des Verlages Paul Parey, die schon früher vorgestellt wurde (*Limnologica* **18**, 242—244, 1987), liegen jetzt zwei weitere Bände mit interessanter Thematik zur Besprechung vor.

J. HUXLEY hatte vorgeschlagen, den Menschen wegen seiner einzigartigen Merkmale systematisch den Rang eines eigenen Reiches der Lebewesen, der „Psychozoa" zuzubilligen. Der durch sein aktives Wirken geprägte Bruchteil der Geschichte unseres Planeten erhält dann folgerichtig die Bezeichnung „Psychozoikum". E. OESER verwendet nun diesen Terminus als Titel eines Buches, in dem er versucht, eine „Version der evolutionären Erkenntnistheorie vorzulegen, die sowohl den gegenwärtigen Stand der naturwissenschaftlichen Forschung als auch dem Problembewußtsein der traditionellen Philosophie und modernen Wissenschaftstheorie entspricht" (S. 5).

Nach einer Einleitung, in der Evolution, evolutionäre Erkenntnistheorie sowie die Beziehungen von Realität und Wahrheit behandelt werden, stellt der Verfasser in fünf Kapiteln die Vielschichtigkeit und auch die konsequente Entwicklung seines Themas dar, angefangen von „Emergenzstufen der universalen Evolution" über „Das Zeitalter des Menschen als Katastrophe der Naturgeschichte", „Der Spiegel des Universums: Die Evolution des Bewußtseins" und „Die kollektive Vernunft: Der Mechanismus einer Termitenintelligenz" bis hin zu „Das wilde Denken: Der Ursprung menschlicher Erkenntnisfähigkeit". Er will damit zeigen, „daß die Rückanwendung der naturwissenschaftlichen Erkenntnisse auf die Erkenntnistheorie, die erst mit dem Auftreten der Evolutionstheorie gerechtfertigt war, einen neuen Zugang zu alten Problemen ermöglicht, den es vorher nicht gegeben hat und der auch nicht mehr rückgängig zu machen ist" (S. 9). OESER's Zwei-Stufen-Modell der evolutionären Erkenntnistheorie besagt, daß selbst die größten Leistungen der heutigen Zivilisation ihren Ursprung in phylogenetisch bedingten Mechanismen des Informationsgewinns der Organismen haben. Auf der Grundlage der genetischen Determinanten, der „genetischen Propensität", entwickelt sich beim Menschen durch epigenetische Überformung eine zusätzliche kulturelle Determination. Ihr Zusammenwirken führt dazu, daß „das geistige Leben des Menschen eine neue Art von Leben ist" (K. LORENZ 1973). Das Buch „Psychozoikum" endet, ehe es durch Literaturverzeichnis, Personen- und Sachregister abgeschlossen wird, mit einer eindringlichen Mahnung: „. . . wie die Zauberlehrlinge stehen wir nun an einem Wendepunkt der Weltgeschichte, der gefährlich ist, wie nie einer zuvor. Denn kaum eine wissenschaftliche Entdeckung wird heute noch gemacht, die nicht der Zerstörung oder der Vorbereitung zur Zerstörung dient. Wir haben zwar das wilde Denken unserer Vorfahren domestiziert und . . . zu Leistungen gesteigert, die uns den Sieg über die Natur ermöglicht haben, aber den Sieg über uns selbst haben wir noch nicht errungen (S. 190).

Im April 1986 fand in Wien ein Symposium statt über die „evolutionäre Lehre vom Kenntnisgewinn, die man auch Evolutionäre Erkenntnistheorie nennt", das nach den Angaben der Veranstalter „über tausend Teilnehmer" hatte. Hier versuchten 27 Redner, vorwiegend aus Österreich und der BRD, aber auch aus Schweden, Großbritannien, den USA und der DDR, in 12 Vorträgen nebst obligaten Koreferaten (als „Kommentar") und vier „zusammenfassenden Kommentaren" den Gegenstand dieser Evolutionären Erkenntnistheorie darzustellen und ihn aus der Sicht von Philosophie, Erkenntnis- und Wissenschaftstheorie zu kommentieren. An den daran anschließenden Diskussionen beteiligte sich ein noch größerer Personenkreis.

Alle Interessenten werden R. RIEDEL & F. M. WUKETITS sehr dankbar sein, daß diese Bestandsaufnahme der „E E" nun als Buch vorliegt. Sein Inhalt gliedert sich in drei Teile:

— die „Bedingungen", zu denen K. LORENZ (Evolution und Apriori), K. POPPER (Die erkenntnistheoretische Position der Evolutionären Erkenntnistheorie), E. OESER (Das Realitätsproblem) und G. P. WAGNER (Der Passungsbegriff und die logische Struktur der evolutionären Erkenntnislehre) sprachen;

— die „Lösungen", vorgestellt von R. RIEDEL (Grenzen der Adaptierung), G. RADNITZKY (Erkenntnistheoretische Probleme im Lichte von Evolutionstheorie und Ökonomie), G. VOLLMER (Was Evolutionäre Erkenntnistheorie nicht ist) und R. KASPAR (Materialismus, Idealismus und Evolutionäre Erkenntnistheorie);

— die „Perspektiven" (im Untertitel des Buches werden allerdings „Kontroversen" angeboten) mit Beiträgen von W. LEINFELLNER (Evolutionäre Erkenntnistheorie und Spieltheorie), F. M. WUKETITS (Evolutionäre Ursprünge der Metaphysik), H. MOHR (Evolutionäre Erkenntnistheorie, Ethik und Moral) und H. v. DITFURTH (Evolution und Transzendenz).

In einem kurzen „Rückblick und Ausblick" geht E. OESER noch einmal auf die Stellung der Evolutionären Erkenntnistheorie ein, er versteht sie als Rückwirkung der biologischen Erkenntnistheorie auf die Philosophie. So bietet dieser preiswerte Band, abgerundet von einem Personen- und einem Sachregister, eine ausgezeichnete Übersicht über den gegenwärtigen Stand der Diskussion um die oft als neue „Kopernikalische Wende" apostrophierte Theorie.

H. MANITZ, Jena

ISBN 3-05-500735-2
ISSN 0075-9511

Erschienen im Akademie-Verlag Berlin, Leipziger Straße 3—4,
Berlin O-1086

Printed in Germany
Gesamtherstellung: Druckhaus „Thomas Müntzer" GmbH,
Bad Langensalza O-5820
Umschlaggestaltung: Wolfgang Janisch
LSV 1305
Bestellnummer: 764 049 4 (2111/21/1)

Inhalt/Contents

Band 21 der LIMNOLOGICA umfaßt 2 Hefte (Volume 21 of LIMNOLOGICA contains two numbers).
Band 21, Heft 2, wird folgende Arbeiten enthalten (Volume 21, number 2, will contain the following contributions):

KLAPPER, H.: Der Arendsee — Vorwort. — BAHR, K.: Der Arendsee — Forschungsobjekt und Pilotprojekt für eine Tiefenwasserableitung. — RÖNICKE, H., K. BAHR, D. MÄTZOLD & E. RUSCHAK: Planktondynamik im Arendsee unter besonderer Berücksichtigung heterocystenführender Cyanophyceen. — RÖNICKE, H.: Planktische N_2-Fixation durch heterocystenführende Cyanophyceen im Arendsee. — KLAPPER, H.: Zur ökonomischen Einordnung ökotechnologischer Sanierungsmaßnahmen. — HAMBRIGHT, K. D., R. W. DRENNER, S. R. MCCOMAS & N. G. HAIRSTON: Gape-limited Piscivores, Planktivore Size Refuges, and the Trophic Cascade Hypothesis. — KRIENITZ, L.: Algologische Beobachtungen in Gewässern des Biosphärenreservates „Steckby-Lödderitzer Forst“. — VÖGE, M.: Tauchuntersuchungen an der submersen Vegetation in 13 Seen der BRD unter besonderer Berücksichtigung der Isoetiden-Vegetation. — UHERKOVICH, G., & K. CSERMAK: Beiträge zur Kenntnis der Algenvegetation auf der Sedimentoberfläche im Schilfgürtel des Plattensees (Balaton, Ungarn). — CZECZUGA, B.: Studies of Aquatic Fungi. XVII. Aquatic Fungi of the Lake Hańcza in the Suvalki Scenic Park and of Some Adjacent Lakes. — HEYNIG, H.: Beitrag zur Kenntnis des Planktons in Gewässern des Parks Branitz (Bezirk Cottbus, DDR). — SÖCHTIG, W.: Die Makroinvertebraten-Fauna des Benthos zweier Altarme des Fließgewässers Innerste bei Salzgitter-Bad (Niedersachsen, BRD). — WATERSTRAAT, A.: Populationsökologische Untersuchungen an *Cottus gobio* L. und anderen Fischarten aus zwei Flachlandbächen der DDR. — MODENUTTI, B. E.: Zooplankton of the Samborombón Sub-basin: The Effects of Estuarine Waters (Rio de la Plata, Argentina). — CASPER, P.: Methanhaushalt in baltischen Seen unterschiedlicher Trophiestufe. — CSERMÁK, K., A. CSERMÁK & F. MÁTÉ: Methanbildung im Sediment des Balaton (Plattensee, Ungarn). — WEJNAR, R.: Untersuchungen über Photosynthese-Pigmente bei Lemnaceen. VIII. Der Pigmentgehalt auto- und mixotroph kultivierter Pflanzen von *Lemna gibba* L. — WEJNAR, R., & H. AUGSTEN: Untersuchungen über Photosynthese-Pigmente bei Lemnaceen. IX. Analyse der Bleichwirkung des Herbizids Paraquat bei deetiolierenden und autogrophen Pflanzen von *Lemna gibba* L. — SABRI, A. W., T. I. KASSIM & A. A. AL-LAMI: Ecological Studies on an Epiphytic Algal Community in the River Tigris at Samarra Impoundment, Iraq. — AYYAPPAN, S., K. SHAKUNTALA, S. PARAMESWARAN & S. SIVAKAMI: Comparative Evaluation of Periphyton and Plankton Production in a Tropical Freshwater Lake. — SINGH, H. R. et al.: The Ganga in the Garhwal Himalaya: A. Study with Special Reference to Water Quality Monitoring. — SINGHAI, S., G. M. RAMANI & U. A. GUPTA: Limnobiotic Study of the Newly Made Tawa Reservoir. — Rezensionen.

ISBN 3-05-500735-2
ISSN 0075-9511

Bei Fragen zur Produktsicherheit wenden Sie sich bitte an:
If you have any questions regarding product safety,
please contact:

Walter de Gruyter GmbH
Genthiner Straße 13
10785 Berlin
productsafety@degruyterbrill.com